급배수위생설비

계획 · 설계

空気調和 · 衛生工学会 編

유성종 · 문경환 · 채경희 역

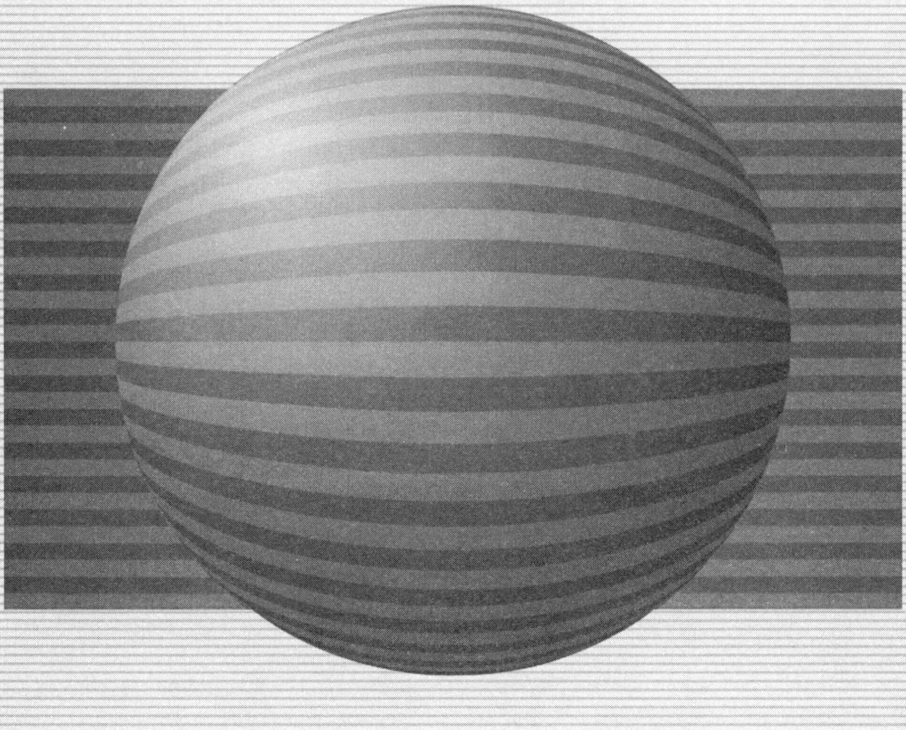

Ohmsha

圖書出版 東和技術

給排水衛生設備 計画設計の実務の知識

空気調和·衛生工学会 編

改訂2版

Original Japanese edition
Kyuhaisui Eisei Setsubi Keikaku Sekkei no Jitsumu no Chishiki
By Kuki Chouwa·Eisei Kougakkai

Published by Ohmsha, Ltd.
This Korean Language edition co-published by Ohmsha, Ltd. and Dong Hwa Technology Publishing Co.

서 론

이 책은 1965년에 「공기조화 · 위생설비 실무지식」으로 간행된 이래 1971년에 대대적인 개정을 하면서, 「급배수 · 위생설비 실무지식」과 「공기조화설비 실무지식」의 2권으로 나뉘었다. 특히 1977년(개정 제2판), 1986년(개정 제3판)의 개정을 거치면서, 1995년에는 「급배수 · 위생설비 계획 설계 실무지식」, 「공기조화설비 계획 설계 실무지식」, 「공기조화 · 급배수위생설비 시공 · 유지관리 실무지식」의 3권으로 출판하였다.

그동안 이 책은 건축설비설계나 시공현장에서의 실무서로서, 또한 대학이나 기업에서의 연수용 교재로서 정착, 애독되어 오늘에 이르고 있다.
최근 지구환경문제와 관련하여 건축설비의 영역은 광범위하게 영향을 미치고 있으며, 기술의 발전은 물론 법규나 기준의 개정이 어지러울 정도로 급변하는 등, 지금까지 10년을 목표로 이루어지고 있는 개정에서는 현실에 알맞은 기술서로서는 어울리지 않는 현실에 부닥치고 있다. 이러한 현실에 입각하여 1999년 4월에 본 학회 출판위원회에 「공기조화 · 위생설비 지식」, 「공기조화 · 급배수위생설비 실무지식」 개정준비 소위원회가 설치되어서 1년간에 걸친 내용검토와 함께, 교재로서 2가지를 모두 사용하고 있는 본 학회 「초급기술자를 위한 연수회」의 여러 강사들에 대한 앙케이트조사를 한 결과, 아래에 기술한 내용을 기본방침으로 하여 내용수정을 하기로 결정하였다. 그래서 2000년 4월에 출판위원회 「지식」, 「실무지식」 개정 소위원회가 설치되었으며, 내용을 정밀히 검토한 목차 안을 작성하여 이번 기회에 개정이 이루어졌다.

① 「공기조화 · 위생설비 지식」은 설비의 개요를 제시하는 데 국한시켜서, 전문대학이나 대학의 교재로서의 입문서적인 내용으로 한다.

② 「공기조화설비 계획 설계 실무지식」, 「급배수 · 위생설비 계획 설계 실무지식」은 연구자나 기업의 실무자용 실용 참고서로서의 수준으로서, 설비계획 · 설비방법에 중점을 둔 내용으로 하며, 기업이나 학교에서의 연

수 · 교육용 교재로서 정착되어있는 현상에 입각하여 기초지식에 대해서도 개요를 기술한다.

이상과 같은 경과를 거치면서 개정 간행된 이 책은 단위를 이미 SI단위로 하였으며, 법규내용은 최신에 개정한 것으로 적용하였고, 실무서로서 기초학문적인 부분은 필요 최소한으로 국한시켰다. 특히 도표나 데이터는 실용적인 것만을 한정하는 등 실무서로서의 성격을 강하게 함과 동시에, 연수 · 교육용 교재로서도 사용되도록 배려한 내용으로 함을 목표로 조정 · 편집되었다.

또한 기술서로서 특히 상세히 기술되어야 하는 부분도 있으나 페이지수에 대한 분량의 제한을 받기 때문에 해당 기술에 관해서는 본 학회의 「편람」이나 다른 전문서적을 참조해 주기 바라며 개요를 제시하는 것으로 마감했다.

끝으로 이번 개정 시에 바쁜 와중에도 집필에 참여해 준 여러분, 기획편집 및 사독 · 조정에 온 힘을 기울인 위원 및 학회 사무국의 여러 직원, 제작을 담당한 출판사(ォーム 社)의 여러분들에게 마음으로부터 깊은 감사를 드린다.

출판위원회
「지식」「실무지식」 개정위원회
급배수 위생설비 담당
책임위원　小川 正晃

차 례

chapter **01**

chapter **02**

chapter

03

급탕설비 93

chapter

04

배수 통기설비 131

01 개 요

1.1 급배수 위생설비의 개요

1.1.1 급배수 위생설비란

급배수 위생설비란「건물이나 부지 내에서 사람이 생활하거나 생산 활동을 하기위해 필요한 물을 위생적으로 안전하게 공급하고, 사용한 물은 지체 없이 건물 밖으로 배제하기 위한 설비」를 말한다. 즉 사람이 생리작용을 영위하는데 필요한 음료용은 물론 취사용, 목욕용, 세탁용, 세척용, 청소용, 소화용 등에 사용하는 물이나 온수를 공급하고, 사용한 물은 생활환경에 영향을 주지 않도록 신속히 건물 밖으로 배출시킴으로서, 편리하고 위생적인 환경을 만들어가는 필수적인 설비이다.

이러한 설비에는 물을 공급하는 급수설비, 온수를 공급하는 급탕설비, 사용한 물이나 온수를 배출하기 위한 배수 통기설비, 물이나 온수를 사용하는 위생기구설비, 배수를 처리하여 주변 환경에 해를 주지 않고 방류하기 위한 오수처리설비 등이 있다. 이외에 소화설비・가스설비・배수재이용설비・빗물이용설비 기타 주방・세탁・진공청소・쓰레기처리・목욕탕・수영장・분수・병원설비 등 특수설비가 포함된다. 급배수 위생설비의 개요를 도시설비와 관련시켜 그림 1.1에 나타냈으며, 각 설비가 구비해야 할 요구 성능을 표 1.1에 나타냈다.

표 1.1 각 설비가 구비해야 할 조건

설비의 종류	구비해야 할 조건
급수설비	이용목적에 적합한 수질의 물을 적절한 수압으로 필요수량(水量)을 공급할 것. 또한 음료수 계통은 급수의 오염이 없어야 하며, 소음・진동이 생기지 않을 것
급탕설비	급수설비의 요구 성능과 동일하다. 위생적인 수질의 온수를 적절한 압력으로 필요한 양을 공급함과 동시에, 적합한 온도의 물을 적절한 시간 내에 공급할 것.
위생기구설비	물이나 온수의 사용이 편리하며 청결을 확보할 것. 또한 자원절약의 관점에서 절수나 리사이클에 대한 배려가 있을 것.
배수 통기설비	사용한 물을 막힘이 없이 신속하게 배출시킴과 동시에, 하수가스의 실내침입을 방지하며 위생적일 것.
배수처리・재이용설비	보건 위생상의 예방은 물론 수질오염방지에 의한 수자원확보와 자연환경 및 경관의 보전에 만전을 기할 수 있도록 할 것.

이러한 설비의 목적은 사람이 거주 또는 활동하는 장소나 건물의 환경을 위생적으로 안전하게 유지함과 동시에 편리성과 방재성(防災性)을 보증하는 것이다. 보건 위생상의 요구수준은 시대적・사회적 또는 국가 실정에 따라 다르나, 사람의 생명유지를 최저 필요조건으로 하고 나아가 건강증진은 물론 자연의 경관보전 및 풍요로운 환경보전을 확보해 가는 방향으로 발전되어가고 있다. 이러한 경

향은 사람의 활동으로 인하여 자연을 파괴한 것에 대한 반성에 의해 촉진되어 왔다. 최근에는 자연과의 균형을 고려하면서 도시설비를 포함, 물을 다각적으로 유효하게 이용하기 위한 물환경 계획을 배려하고 있으며, 급배수 위생설비도 그 일환으로 생각하여 계획을 세워야 한다는 주장이 대두되고 있다. 따라서 이와 관련된 설비 기술자는 공학 기초에서 경제영역까지의 폭넓은 지식과, 환경문제나 자원에너지문제, 더 나아가 사람의 심리적 · 생리적 영향에도 깊은 관심과 이해가 요구되고 있다.

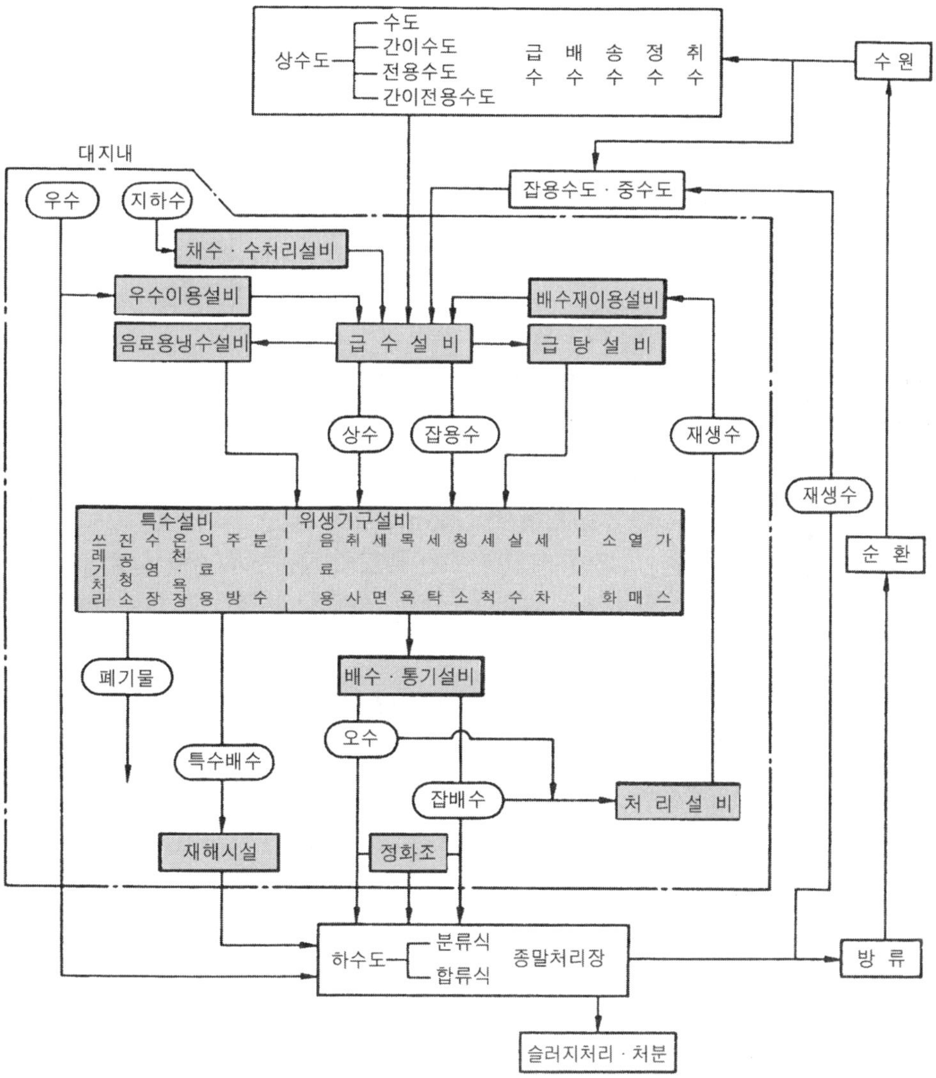

그림 1.1 급배수 위생설비의 개요도

1.1.2 급배수 위생설비의 역사

[1] 고대

인류는 이미 수천년 전부터 현재의 것과 같이 완전한 것은 아니지만 상・하수도와 급・배수설비를 갖추고 있었다. 인더스강 유역, 이집트, 고대 바빌로니아제국, 크레타 섬, 로마 등지에서 우물・지하수로・하수로・욕실・수세식 화장실・대형 목욕탕・상하수도 등의 유적이 발견되었다. 이집트에서는 구리로 만든 급수관이 궁전의 각 방을 따라 매설되었고 각 침실에는 욕실이 있었다. 고대 바빌로니아제국에서는 유프라테스강과 티그리스강 사이의 광대한 지역에 운하망을 건설하였고, 바빌론에서는 벽돌로 쌓은 커다란 하수로를 만들었다. 그리스시대, 로마시대에 들어와서는 장거리의 수도, 하수도, 대형 공중목욕탕이 건설 되었으며, 그 중에서도 특히 로마의 수도나 하수도, 카라칼라 공중목욕탕 등은 매우 유명하다.

[2] 중세

로마제국의 멸망과 함께 이후 약 천년간은 위생설비의 암흑기로 접어들었으며 가장 비위생적인 시대로 불리고 있다. 이 시기에는 여러 층으로 건설된 성 및 대도시에서는 건물 주위나 도로, 호수나 숲에 오물이나 배수를 버리고, 화장실을 강 위에 만들기도 하기 때문에 상당히 비위생적인 생활을 하게 되었다. 또한 오염된 하천수의 사용으로 인해 페스트나 콜레라 등 수계 전염병이 여러 차례 발병하여 유럽 각지에 유행하였다. 특히 1347~1351년에는 전 유럽에 페스트가 유행하여 인구가 격감하기도 했다.

이와 같은 전염병의 만연에 대한 대책으로서 위생적인 측면에서 상수도나 하수도가 건설되기 시작하였다. 이러한 수도나 하수도가 건물 내에까지 설치하게 되었던 것이 급배수 위생설비에 대한 근대화의 시작이라고 할 수 있다.

1388년에 영국에서는 도시위생법이 생겨 개천이나 강에 오물을 버리는 것을 금지하였으며, 1581년에는 런던에서 최초로 수도회사가 설립되어 관로망(木管)을 부설하고 템스강의 물을 정수처리 없이 공급하였다.

[3] 근세

유럽의 경우 각지에서 상수도와 하수도가 건설되었으나 상수도는 처리하지 않은 물을 공급했고 하수도는 처리하지 않은 채 강으로 방류하였다. 1858년경에는 런던 템스강의 악취 때문에 국회가 폐회되거나 재판이 폐정되기도 하였다. 본격적으로 물을 정수처리하게 된 것은 1829년 런던 체르시 수도

회사이였으며, 하수처리가 이루어진 것은 1893년 영국에서 살수여상법이 고안되면서 부터이다.

미국도 상수도 상황이 유럽과 거의 같았다. 1845년 이후 건물 내에 배수관이 설치되기 시작했으며, 1850년경에는 하수관으로부터 하수가스가 실내로 들어오지 못하도록 트랩을 사용하였고, 1874년에는 통기관을 설치하면 트랩내의 봉수가 유지된다는 것을 이해하였다. 1870년에는 워싱턴시에 급배수 설비규칙이 규정되어 많은 도시가 표본으로 삼았다. 1909년에는 배수가 급수관으로 역류하는 것을 막는 진공브레이커가, 1910년에는 세척밸브(플러시밸브)가 발명되었다.

[4] 현대

급수의 경우 수질확보를 위한 정수수단으로서 19세기 초에 완속 모래여과법이 처음 채용되었으며, 19세기 말에는 세균을 제거하는 여과법 및 황산철 응집제에 의한 급속여과법이 채용되었다. 배수시스템은 1936년에 영국에서 활성오니법 처리장이 설치되었고, 19세기 후반에는 현재의 것과 유사한 수봉식 트랩을 갖는 변기가 고안되었으며, 급탕기도 등장하여 욕조에 온수를 공급할 수가 있었다.

이와 같이 발전되어 오면서 19세기 말에는 상하수도가 거의 완비되고, 건물 내에서도 배관에 의한 근대적인 급배수 시스템이 채용되었으며 수세식 변기의 등장과 함께 오수와 잡배수를 별도로 하는 분류방식 시스템이 적용되었다.

미국에서는 1928년에 급배수의 기준을 나타낸 Hover´s Code가 발표되었으며, 현재 사용되고 있는 모델 플러밍 코드(Plumbing Code)의 기원이 되었다. 1930년경에는 현재 설계되고 있는 배수통기시스템이 확립되었다. 특히 1933년 시카고의 만국박람회장에서 욕조와 대변기의 물이 급수관으로의 역류에 의한 이질 전염병이 발생하여 98명이 사망하고 1,409명의 환자가 발생하는 사고를 계기로, 현재는 세계에서 가장 엄격한 급배수 위생설비기준(NPC ; National Plumbing Code)을 갖고 있다.

[5] 우리나라

경주 안압지의 발굴조사에서 상수도관과 하수도관으로 사용되었던 토기관이 출토됨으로써 7~10세기 통일신라시대에 물의 이용에 대한 기술을 추측할 수 있다. 하수도는 1394년 조선조의 도읍지를 개성에서 한양을 옮긴 이후부터 청계천 개수정비가 있었으며, 1410~1430(태종 11년~세종 16년)에 자연하천에 제방을 쌓았고, 1760(영조 36년)에는 홍수피해를 막기 위해 폭을 넓히는 등 대대적인 청계천 개수준설작업이 있었다.

상수도는 1874년 부산에서 일본 거류민단이 보수천 상류에 집수거와 자연여과장치 및 대청동 배수지를 설치한 것이 최초의 시설이며, 1900~1902년에는 구덕수원지를 완속여과지로 축조하여 현대적인 정수법이 사용되었다. 서울에서는 1906년 뚝섬유원지에 완속여과지 공사를 시작하여 1908년에 준공함으로써 현대적인 상수도시설로 급수를 시작하였고 이어서 인천, 평양, 대구, 목포 등으로 상수도시설이 보급되었다.

근대적인 하수도는 1918~1940년 사이에 약 225 km의 지선과 간선이 건설되었고, 해방 후 1949~1950년에 청계천을 준설하였으며, 1954년 전쟁복구사업과 함께 하수도 개수사업이 시작되면서 발전하여 왔다.

1.2 급배수 위생설비의 목적과 구성

1.2.1 급배수 위생설비의 목적

좁은 의미로서 급배수 위생설비의 목적은 건물에서의 물이용에 따른 위생적 환경의 보존 유지이며, 동시에 사용자가 물을 이용할 때 편리를 도모하는 것이다. 실제로 급배수 위생설비의 범주에는 이러한 목적의 설비 이외에, 건물의 배관설비는 물론 소화설비, 가스설비, 의료용 배관설비 등이 포함된다.

급배수 위생설비에 관한 기술적인 기준으로는 건축법의 규정 외에, 일본의 경우 공기조화 · 위생공학회 규격 HASS 206-2000(급배수 위생설비규준 · 동 해설, 이하 HASS 206라고 한다)이 있으며, 우리나라는 공기조화 · 냉동공학회의 급배수 위생설비 기술기준(1999)이 있다. HASS 206에 따르면, 급배수 위생설비라 함은 「건물 및 그 부지 내에 급수 · 급탕, 배수 · 통기, 위생기구 및 배수재이용, 빗물이용에 관한 제반설비 및 특수설비의 총칭을 말한다.」라고 정의되어 있다.

또한 수도직결부분의 급수설비는 수도법의 급수장치에 해당하므로 동법의 규정을 받고, 배수를 공공 하수도에 방류하는 경우의 배수설비는 하수도법의 규정에 따르며, 설치 또는 구조에 대해서는 건축법 또는 그 외의 규정이 있는 경우에 그러한 법령의 규정은 물론 시행령으로 정하는 기술상의 기준에 따라야 한다.

1.2.2 급배수 위생설비의 구성

급배수 위생설비는 기본적으로 아래와 같은 설비로 구성된다.

(1) 급수설비
(2) 급탕설비(온수공급설비)
(3) 위생기구설비
(4) 배수 통기설비
(5) 오수처리설비

(6) 소화설비
(7) 가스설비

이러한 기본적인 설비 외에 건물의 용도·규모 등에 따라 아래와 같은 특수설비가 포함되는 경우가 있다.

(1) 배수 재이용설비 및 빗물이용설비
(2) 주방설비
(3) 세탁설비
(4) 의료용 배관설비
(5) 공장 등에서의 특수배관설비
(6) 수영장설비
(7) 목욕탕설비
(8) 수경 및 살수설비
(9) 사업계 폐수처리설비
(10) 방사성 폐수처리설비
(11) 쓰레기처리설비

1.3 급배수 위생설비와 외부 환경과의 관계

급배수 위생설비는 대부분의 경우 단독으로는 존재하지 않고, 자연환경 및 인프라스트럭처(사회적 생산기반)와 밀접한 관계가 있다. 그림 1.2에 이러한 관계를 나타냈다.

또한 급배수 위생설비의 설치 및 운용에 한정하지 않고, 인간의 사회활동은 유한한 화석연료의 소비, 유해물질에 의한 수역·토양·대기의 오염, 오존층의 파괴, 지구 온난화, 폐기물의 배출 등 자연환경 파괴의 원인이 되고 있다.

따라서 급배수 위생설비의 계획·설계시에는 시공 및 운용단계에서 에너지절약을 꾀할 수 있고, 자연환경을 가능한 한 파괴하지 않도록 계획·설계하는 것이 필요하다.

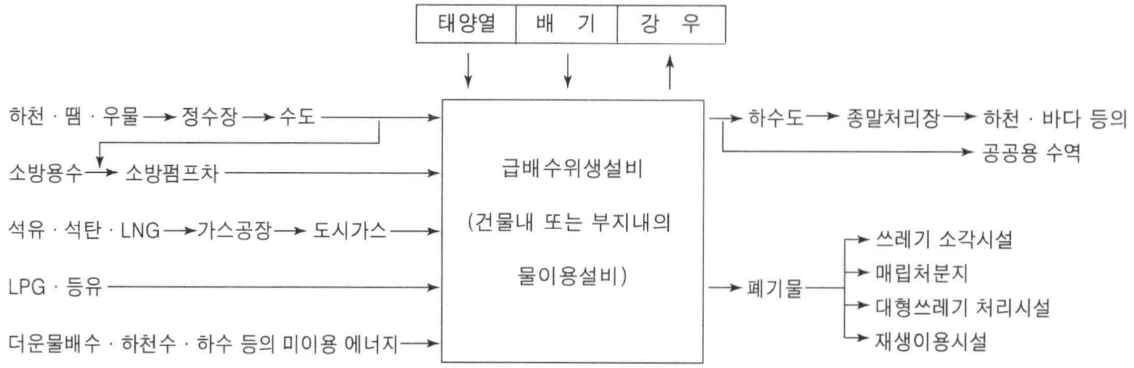

그림 1.2 급배수위생설비와 외부환경과의 관계

1.4 급배수 위생설비의 기본 원칙

1.2절에서 기술한 급배수 위생설비의 목적을 달성하기 위해서는, 급배수 위생설비의 계획 · 설계 · 시공 · 유지관리를 할 때에 준수해야 할 기본적인 원칙이 있다. 급수설비, 급탕설비, 배수 · 통기설비 및 위생기구설비에 관해서는 HASS 206의 44항 1에 기본원칙을 제시하고 있다. 이러한 요지를 기술하면 다음과 같다.

1.4.1 급배수 위생설비 전체

(1) 모든 급배수 위생설비는 HASS 206의 각 조항에 준해 계획, 설계, 시공 및 유지관리를 한다.
(2) 관련 법규에 따라 계획, 설계, 시공 및 유지관리를 한다.
(3) 설비의 증설, 시스템이나 기기의 교체, 수리에서도 기본 원칙을 준수한다.
(4) 계획, 설계, 시공, 운용, 개수, 폐기의 단계에서 에너지 소비와 환경부하의 절감을 꾀한다.
(5) 건물 용도의 사회적 중요도에 따라 비상시의 용수확보 · 위생성의 보존 유지를 고려해 계획한다.
(6) 지역의 특성, 상하수도 등의 조사 및 주변 환경과 조화를 이룰 수 있는 방식으로 한다.
(7) 수자원을 유효하게 이용하는 조치를 강구한다.
(8) 건축 및 그 용도와 조화를 도모하고, 각각의 기능을 손상시키는 일이 없도록 계획한다.
(9) 증설, 변경, 교체 · 수리에 쉽게 대응할 수 있는 사회적 · 경제적 합리성을 갖게 한다.
(10) 요구하는 성능의 내용과 목표 기준을 명확하게 하고, 완성 후에 요구한 성능의 적합성을 평가한다.
(11) 적절한 건물관리를 위해 필요한 곳에 수량 · 수질 등을 계측할 수 있도록 조치를 강구한다.

(12) 내구성이 있는 자재를 사용하여 목표로 하는 내용연수에 맞추고, 내용연수 후의 교체에 대해서도 고려한다.
(13) 재사용하는 자재도 이 규격의 취지에 따른다.
(14) 환경위생 및 보안상 장해우려가 있는 자재는 적절한 방호조치나 예방조치가 없이는 사용하지 않는다.
(15) 건물의 구조 강도에 영향을 주는 일 없이, 또한 구조 부재에 손상을 주지 않도록 시공한다.
(16) 기재에는 지진과 지반침하대책을 강구하고, 접속하는 배관에는 적절한 변위흡수 조치를 강구한다.
(17) 적절한 시험・검사를 한다.
(18) 이 규격에 기재가 없는 새로운 재료・공법을 채용하는 경우에는 이 규격의 관련조항 취지를 따라야 한다.
(19) 건물의 소유자・관리자 또는 점유자는 설비를 항상 환경 위생상 및 보안상 장해가 없도록 유지관리기준을 작성하여 계획적으로 관리한다.

1.4.2 급수・급탕설비

(1) 상수를 사용하는 경우는 상수계통을 설치하고 음료에 적합한 물을 공급・관리한다. 용도에 따라 상수계통 이외의 물을 공급하는 경우에는, 안전하고 또한 사용자에게 적절한 수질의 물을 공급한다.
(2) 상수의 급수・급탕계통에서는 크로스 커넥션(cross connection)이 되도록 배관해서는 안 된다.
(3) 상수의 급수・급탕계통은 역류나 역사이펀작용이 생기지 않도록 한다.
(4) 위생기구 등의 기능을 만족하게 발휘하도록 적정한 수량・수압의 물을 공급한다.
(5) 급탕계통은 적정한 온도・수량・수압을 갖는 온수를 공급할 수 있도록 한다.
(6) 급수・급탕은 워터해머(수격작용), 높은 유수음(流水音), 비정상적인 진동이 생기지 않도록 한다.
(7) 물의 가압・가열에 의해 장치에 파열 및 부식이 생기지 않도록 한다.

1.4.3 배수・통기설비

(1) 배수를 안전・확실하고 또한 위생적으로 배제할 수 있도록 한다.
(2) 높은 유수음, 비정상적인 진동이 생기지 않도록 한다.
(3) 각각의 기구에는 적절한 구조와 봉수강도를 갖는 수봉트랩을 설치한다.
(4) 필요에 따라 포집기를 적절하게 설치한다.

(5) 배수의 체류나 관의 막힘이 생기지 않도록 하고, 적절한 위치에 청소구를 설치한다.

(6) 배수의 역류가 생기지 않도록 하고, 특정기구로부터의 배수는 간접배수로 한다.

(7) 배수가 건물 내로 역류할 우려가 있는 경우에는 적절한 방지장치를 마련한다.

(8) 특수배수는 액 질에 적절한 처리장치로 처리하고 나서 배수한다.

(9) 배수조 및 배수계통에는 통기관을 마련하는 등 통기조치를 강구한다.

(10) 통기관의 개구부는 외부까지 연장하고, 개구부가 막히거나 건물내부로 오염된 공기가 침입하지 않도록 한다.

(11) 빗물은 신속하게 배제할 수 있도록 하고, 적절한 배수계통을 마련한다.

(12) 빗물은 오수처리시설(정화조)의 배수관에 접속하지 않아야 한다.

(13) 빗물은 공공 하수도에 우수관이 있는 경우 거기에 접속한다.

(14) 우수관을 합류식의 배수수평주관·부지 배수관에 접속하는 경우는 수봉트랩을 설치한다.

(15) 공공 하수도의 처리구역 내에서의 배수는 공공하수도로 배제한다.

(16) 공공 하수도가 없는 구역에서는 배수를 적절한 처리시설을 설치하여 처리해야 한다.

(17) 공공 하수도, 공공용 수역 또는 지하수에 악영향을 미치는 배수는 적절한 처리장치를 설치하여 처리한 다음 방류 또는 지하로 침투시킨다.

1.4.4 위생기구설비

(1) 사용목적에 적합하고 적절한 공간을 확보할 수 있는 위치에 적정한 수의 기구를 설치한다.

(2) 위생기구는 매끄럽고 불침투성의 표면을 가지며 항상 청결하게 유지할 수 있는 것을 설치한다.

1.5 관련 법규

급배수 위생설비에 관련된 법규는 다방면에 걸쳐있다. 이러한 법규는 시대의 요청에 따라 새로운 법규가 제정되거나 기존의 법규가 자주 개정되므로, 항상 최근의 법규 내용을 숙지할 필요가 있다. 표 1.1에 급배수위생설비의 각 설비에 적용되는 주요한 법률 명을 나타냈다.

각 법률은 국회가 정하고 법률에 근거해 대통령령으로 정하는 시행령이 있으며, 또한 시행령에 근거하여 해당부처의 장관이 정하는 시행규칙과 고시가 있다. 법령이외에 지방 자치체가 정하는 조례가 있다.

표 1.2 급배수 위생설비관련 주요법규

관련법규 \ 설비항목	급수설비	급탕설비	배수설비	위생기구	오수처리설비	소방설비	가스설비	환경공해설비	쓰레기처리설비	상수도설비
건축법, 건축법시행령, 건축법시행규칙	○		○	○	○	○				
주택건설기준 등에 관한 규칙	○					○	○			
도시계획시설기준 규칙	○				○	○	○		○	
학교시설사업촉진법, 동법시행령 및 시행규칙	○			○		○				
공중위생법, 동법시행령 및 시행규칙	○	○	○		○		○			
수도법, 동법시행령 및 시행규칙	○									○
수도시설의 청소 및 위생관리 등에 관한 규칙	○									
하수도법, 동법시행령 및 시행규칙			○		○					
환경정책기본법, 동법시행령 및 시행규칙								○	○	
대기환경보전법, 동법시행령 및 시행규칙								○		
수질환경보전법, 동법시행령 및 시행규칙			○		○					○
오수·분뇨 및 축산폐수의 처리에 관한 법률, 동법시행령 및 시행규칙					○					
폐기물관리법, 동법시행령 및 시행규칙									○	
소음·진동규제법, 동법시행령 및 시행규칙								○		
소방법, 동법시행령 및 시행규칙						○				○
소방시설의 설치유지 및 위험물제조소 등 시설기준 등에 관한 규칙						○				
고압가스안전관리법, 동법시행령 및 시행규칙							○			
도시가스사업법, 동법시행령 및 시행규칙							○			
액화석유가스의 안전 및 사업관리법							○			
보일러 설치, 시공 및 검사기준		○								
압력용기제조 및 설치검사기준		○								
가스보일러 설치기준							○			
에너지이용합리화법, 동법시행령 및 시행규칙		○								
건축물의 설비기준 등에 관한 규칙	○	○	○	○						
공업용수 공급규칙	○									○
자원절약과 재활용 촉진에 관한 법률	○	○	○	○	○	○	○	○	○	○

1.6 급배수 위생설비의 용어 정의

일본의 HASS 206에는 동 규격 중에 사용하는 용어 중, 급배수 위생설비에서 특징적이고 해석을 명확하게 해 둘 필요가 있는 112개의 용어가 아래와 같이 정의되어 있다. HASS 206에서는 용어가 순서대로 기재되어 있지만, 여기서는 이러한 용어를 여섯 개의 그룹으로 분류하고 각각의 분류 중, 원칙으로서 일반 · 급수 · 급탕 · 배수통기 · 우수에 관한 용어의 순서로 게재하였다. 우리나라의 경우 공기조화 · 냉동공학회(SAREK) 급배수 위생설비 기술기준에서 5개 항목으로 분류하여 85개의 용어를 정의하고 있다.

1.6.1 설비시스템에 관한 것

- **급배수 위생설비[plumbing system]** : 건물과 그 부지 내에서 급수 · 급탕 · 배수 통기 · 위생기구 · 배수 재이용 · 우수이용에 관한 제반설비 및 특수설비의 총칭
- **급배수 위생설비공사[plumbing construction, plumbing installation]** : 급배수 위생설비의 신설, 증설, 변경, 수리 및 철거공사
- **급수설비[(domestic cold) water supply system]** : 건물과 그 부지 내에서 관 · 이음쇠 · 밸브 · 물탱크 · 펌프 · 기타 기기 등을 이용해서 물을 공급하는 설비의 총칭
- **급탕설비[domestic hot water supply system]** : 건물과 그 부지 내에서 관 · 이음쇠 · 밸브 · 탱크 · 급탕기기 · 기타 기기 등을 이용해서 탕(온수)을 공급하는 설비의 총칭
- **배수 통기설비[drainage, waste and vent system, DWV(drain- waste -vent) system]** : 건물과 그 부지 내에서 관 · 이음쇠 · 밸브 · 물탱크 · 기기 등을 이용해서 배수하는 설비의 총칭
- **배수 재이용설비[water recycling system, water reclaiming system]** : 배수를 처리하여 잡용수 등으로 재이용하는 설비
- **우수이용설비** : 건물이나 부지 등에 내린 비를 집수 · 저장 · 처리하여 잡용수 등에 이용하는 설비
- **쓰레기처리설비[refuse disposal equipment]** : 폐기물관리법에서 말하는 일반폐기물을 주로 하여, 그 배출의 제한 · 분별(分別) · 재생 및 수집 · 운반 · 중간처리 · 최종처리를 행하는 제반설비의 총칭
- **특수설비[special appliances]** : 주방설비, 세탁설비, 의료 및 특수배관설비, 수영장설비, 목욕탕설비, 수경 및 살수설비, 사업계배수처리설비, 방사성폐수처리설비, 쓰레기처리설비 등 특수한 설비의 총칭

1.6.2 기기 · 장치에 관한 것

- **수수용기(물받이 용기)[receptacle, vessels]** : 사용할 물 또는 사용한 물을 일시적으로 저장 또는 그것

을 배수계통으로 유도하기 위해 사용하는 기구 및 용기

- **오버플로구**[overflow outlet, overflow hole] : 위생기구 또는 그 외의 물사용기기나 물탱크 윗부분의 테두리로 물이 넘치지 않도록 설치한 유출구
- **급수기구**[supply fitting, supply fixture] : 위생기구 중에 특히 물이나 온수를 공급하기 위해 설치하는 수도꼭지・세척밸브・볼탭 등의 기구
- **자동수전**[automatic faucet] : 감지센서를 사용하여 자동적으로 개폐하는 수도꼭지
- **자동세척장치**[automatic flushing device] : 대변기・소변기 등의 위생기구를 자동적으로 세척하는 장치
- **진공브레이커**[vacuum breaker] : 물사용 기기에서 토수한 물 또는 사용한 물이 역사이펀작용에 의해 역류하는 것을 방지하기 위해, 급수관 내에 부압(-)이 발생할 때 자동적으로 공기를 흡인하도록 구조를 가진 기구
- **역류방지기** : 역류를 방지하기 위한 기구・장치
- **급탕기류** : 물에 온도를 높여서 급탕하는 기기의 총칭
- **배수기구**[drain fitting, drainage fixture] : 위생기구 중에 수수용기의 배수구와 배수관과를 접속하는 금구류・트랩・바닥배수구 등
- **트랩**[trap] : 위생기구 또는 배수계통중의 장치로서 그 내부에 봉수부를 가지며, 배수흐름에 지장을 주지 않고 배수관중의 공기(유해가스)가 배수구로부터 실내로 침입하는 것을 저지하는 것
- **포집기**[interceptor] : 배수 중에 포함된 유해・위험한 물질 또는 재이용 가능한 물질의 유하를 저지・분리・수집하고 나머지 물만을 배수시키도록 하는 형상・구조를 갖는 기구 또는 장치
- **청소구**[clean out] : 배수계통의 점검・청소 등을 위해 배수관의 요소에 설치하는 개폐부품
- **통기밸브** : 통기관의 말단에 설치하여 배수 통기관 속이 부압(-)이 될 때는 개구를 하여 공기를 흡입하고, 정압(+)시에는 닫히도록 되어있는 가동밸브
- **루프드레인**[roof drain] : 우수를 우수수직관으로 유도하기 위해 지붕면 등에 설치한 기구
- **우수통**[storm water catch basin] : 부지 등에 내린 빗물을 집수하든가 또는 배관의 점검・청소를 위해 지중매설배관의 합류부나 구부러진 곳에 설치하는 배수통(피트)
- **위생기구**[plumbing fixture(미), sanitary appliance(영)] : 물을 공급하기 위해 또는 액체는 물론 세척해야 할 오물을 받아들이기 위해 또는 그것을 배출하기 위해 설치한 급수기구・수수용기・배수기구 및 부속품
- **연합싱크**[combination sink] : 복수의 물받이 통을 병렬로 한 싱크
- **설비유닛**[equipment unit] : 위생기구류나 배관 기타 바닥・벽・천정・칸막이류 등을 조합시켜, 그 일부를 공장에서 하나의 유닛으로 제작한 것

1.6.3 생물 · 물질 · 상태 · 현상에 관한 것

- **위생해충[noxious insect]** : 쥐 · 곤충 등 배수계통 내에서 살거나 침입하는 동물의 총칭
- **상수[potable water]** : 음료용 등에 사용하는 것을 목적으로 하며, 수도법에 의해 공급되는 물 및 사설 급수설비에 의해 급수되는 물로서, 수도법으로 정한 수질기준에 적합한 물
- **잡용수[non-potable water, non drinking service water]** : 세척 등의 목적으로 공급되는 물
- **배수[drain, drainage, soil and waste water]** : 건물과 그 부지 내에서 생기는 오수 · 잡배수 · 우수 · 특수배수 등 버리는 물의 전부 및 이것을 배제하는 일
- **오수[sanitary sewage, foul drain, soil water, sanitary drain]** : 대소변기 및 이와 유사한 용도를 가진 기구로부터의 배수. 다만, 하수도법에서 말하는 오수와는 구별한다.
- **잡배수[waste water, waste]** : 대소변기 및 이와 유사한 용도를 가진 기구를 제외한 그 밖의 기구로부터의 배수
- **고온배수** : 수온이 60℃이상의 배수. 다만, 하수도법에서는 수온이 45℃ 이상의 배수를 말한다.
- **특수배수[special waste(water)]** : 일반 배수계통 또는 하수도로 직접 방류하지 않는 유해 · 유독 · 위험 기타 바람직하지 않는 물질을 갖는 배수
- **용수[artesian spring]** : 건물의 지하부분 등에서 바닥 · 주위 벽 등으로부터 침입하는 물
- **물넘침[over floor, flood]** : 위생기구 또는 기타 물사용기기의 경우는 그 윗부분의 테두리에서, 물탱크(수조)의 경우는 오버플로구로부터 물이 넘쳐나가는 현상
- **역압[back pressure]** : 정상흐름이나 압력전파 상태와 역방향으로 작용하는 압력
- **역류[backflow]** : 물이 급수계통에서는 유출 쪽에서 급수본관 쪽으로, 배수계통에서는 하류 쪽에서 상류 쪽으로 흐르는 일
- **역사이펀작용[back siphonage]** : 수수용기 중으로 토출된 물, 사용된 물 또는 기타의 액체가 급수관 내에 생긴 부압 때문에 흡인작용에 의해 급수관 내로 역류하는 일
- **간접배수[indirect waste]** : 배수계통을 일단 대기 중에서 끊어서 일반배수계통으로 직접 연결하지 않고 수수용기 또는 배수기구 중으로 배수하는 일
- **수봉[water sealing, water seal]** : 트랩에 물을 고이게 하여 배수관 등으로부터의 냄새, 하수가스, 위생해충 등이 실내로 침입하는 것을 방지하는 일
- **자기사이펀작용[self-siphonage]** : 자기 기구배수에 따른 사이펀작용에 의해, 잔류하는 트랩봉수가 정상 봉수심보다 작아지는 현상
- **유도사이펀작용[inducted siphonage]** : 배수관내의 공기압력 변동에 따라 트랩봉수가 영향을 받아 변동하면서 봉수가 손실되는 현상
- **파봉[seal destruction seal break]** : 트랩의 봉수가 감소하여 공기가 유통하도록 되는 현상

- **통기[vent]** : 배수계통에서 배수를 원활히 하고, 더욱이 배수에 의해 생기는 기압변동으로부터 트랩 봉수를 보호할 목적으로 공기를 유통시키는 일, 또한 물탱크에서 수위변동에 따라 생기는 기압변동을 조정할 목적으로 공기를 유통시키는 일

1.6.4 치수 · 성능에 관한 것

- **물넘침선[flood level rim]** : 위생기구 기타 물사용기기의 경우는 윗부분의 테두리에서, 물탱크의 경우는 오버플로구에서 물이 넘쳐나가는 부분의 최 하단.
- **토수구공간[air gap]** : 급수전 또는 급수관의 토수구 끝과 물넘침선과의 수직거리
- **봉수심[water seal depth]** : 트랩의 디프(deep)와 위어(weir) 사이의 수직거리
- **봉수강도[seal strength]** : 배수관 내에 정압이나 부압이 생긴 경우, 트랩의 봉수 유지능력
- **트랩의 자정작용[self-cleaning of trap]** : 배수가 흘러내리는 수세(힘)에 의해 트랩의 봉수부에 침적 또는 부착하는 각가지 작은 물질을 흘러가게 하는 작용
- **배수구공간[air gap for indirect water, air break]** : 배수계통에 직결되어있는 기구 및 수수용기의 물넘침선 또는 배수를 받는 바닥면과 간접배수관 끝과의 수직거리

1.6.5 배관방식 · 부위 · 명칭에 관한 것

- **주관[main pipe, main]** : 배관계통에서 지관이 접속되어 있는 계통의 주요 간선을 구성하는 부분
- **지관[branch, branch pipe]** : 기구급수관, 기구급탕관, 기구배수관 및 각개통기관과 이들 주관과의 사이에 있는 관
- **수평관[horizontal pipe]** : 수평 또는 수평과 45° 미만의 각도로 설치된 관
- **수직관[vertical pipe, stack, riser]** : 수직 또는 수직과 45° 이내의 각도로 설치된 관
- **업셋[offset]** : 배관경로를 평행 이동할 목적으로 엘보 또는 벤드이음쇠로 구성되어 있는 이행부분
- **지중배설관[underground]** : 관의 전부 또는 일부분을 지중에 매설하는 관
- **급수관[water supply pipe]** : 상수 또는 잡용수를 공급하는 관. 다만, 수도법에 있는 급수장치에 포함된 급수관의 용도와는 구별한다.
- **기구급수관[fixture supply pipe, fixture supply]** : 수도꼭지, 세척밸브 및 기타 기기에 접속한 급수관에서 그 다음의 다른 급수관까지의 관
- **급탕관(domestic hot water supply pipe]** : 상수를 가열한 온수를 공급하는 관
- **기구급탕관[fixture hot water supply pipe]** : 급탕전 및 기타 기기에 접속한 급탕전에서 그 다음의 다른 급탕관까지의 관

- **분류식배수[separate drain]** : 오수와 잡배수를 별도의 배수계통으로 배제하는 방식
- **합류식배수[combination drain]** : 오수와 잡배수를 동일 배수계통으로 배제하는 방식
- **특수이음쇠 배수시스템[special drainage fitting system]** : 배수용 특수이음쇠를 사용한 배수시스템
- **배수관[drainage pipe, waste pipe, drain pipe]** : 오수·잡배수·우수 등을 각각 단독으로 또는 합류해서 배제하는 관
- **기구배수관[fixture drain]** : 위생기구에 부속 또는 내장하는 트랩에 접속하는 관으로 트랩으로부터 다른 배수관까지의 관
- **배수수평지관** : 복수의 기구배수관이 접속되고, 배수 수직관까지의 배수 수평관
- **부지배수관[building sewer, house sewer]** : 부지 내에 매설된 배수관으로, 건물 외벽으로부터 시작하여 공공하수도 등에 접속하는 지점 또는 지하침투용 피트 등에 접속하는 지점까지의 배관부분
- **통기관[vent pipe]** : 배수계통 또는 물탱크 등에서 통기를 위해 설치하는 관
- **각개통기관[individual vent pipe]** : 1개의 트랩을 통기하기 위해 트랩 하류 쪽에서 취출하여 그 기구보다 위쪽에서 통기계통에 접속하든지 또는 대기 중에 개구하도록 설치한 통기관
- **루프통기관[loop vent pipe]** : 2개 이상의 트랩을 보호하기 위해 최상류의 기구배수관이 배수수평지관에 접속하는 지점 바로 하류 쪽에서 입상시켜 통기수직관 또는 신정통기관에 접속하기까지의 통기관
- **신정통기관[stack vent(pipe)]** : 최상부의 배수수평지관이 배수수직관에 접속한 지점보다도 더 위쪽으로 배수수직관을 연장해서 이것을 통기관으로 사용하는 부분
- **공용통기관[common vent pipe]** : 뒷면을 맞대거나 병열로 설치한 위생기구의 기구배수관 교점에 접속하여 세워 올려서, 양쪽기구의 트랩봉수를 보호하는 1개의 통기관
- **습통기관[wet vent pipe]** : 2개 이상의 트랩을 보호하기 위해 기구배수관과 통기관을 겸용하는 부분
- **반송통기관[return vent pipe]** : 기구의 통기관을 그 기구의 물넘침선보다 높은 위치로 일단 세워 올리고, 거기서 꺾어 되돌려 내려서 그 기구배수관이 다른 배수관과 합치기 직전의 수평부에 접속하든가 또는 바닥 밑으로 수평배관을 하여 통기수직관에 접속하는 관
- **도피통기관[relief vent pipe]** : 배수 통기 양쪽계통사이의 공기유통을 원활하게 하기 위해 설치하는 통기관
- **결합통기관[yoke vent pipe]** : 배수수직관 내의 압력변화를 완화하기 위해, 배수수직관으로부터 분기하여 세워 올려 통기수직관에 접속하는 도피통기관
- **통기헤더[vent header]** : 복수의 신정통기관 또는 통기수직관의 정부를 연결하고 모아서 대기에 개구하는 통기관
- **우수관[rain water pipe]** : 빗물 및 이에 준하는 배수를 배제하는 관

- **2중관헤더식 배관** : 헤더에서 기구 지관을 복수로 분기시켜 각각의 2중관 속을 통하여 수도꼭지 등으로 이끄는 배관방식
- **배관유닛[piping unit]** : 공장 등에서 미리 제작된 배관부분의 집합체

1.6.6 기기용량 · 관경결정법에 관한 것

- **관경[pipe diameter, pipe size]** : 관 및 이음쇠에서 특정의 경우 이외에 상거래상의 호칭지름을 말한다. 각종 관 재료의 실제치수에 대해서는 그것이 적용되는 규격 중에 표시되어 있는 것으로 한다.
- **배관길이[developed pipe length, pipe length]** : 배관의 중심선을 따라 잰 길이
- **구배[gradient, grade, slope]** : 수평선에 대해서 경사진 수평배관에서, 수평투영 단위길이에 대한 경사에 의해 생긴 수직높이의 비율
- **순간최대급수(급탕)유량[instantaneously maximum flow pipe]** : 급수(급탕)관에 접속된 기구의 사용 상태에 따라, 그 급수(급탕)관에 흐른다고 예상되는 유량 중에 최대로 되는 순간 값
- **기구급수부하단위[water supply fixture unit, fixture unit]** : 위생기구의 종류에 따른 사용빈도, 사용시간 및 다수 기구의 동시사용을 고려한 부하율을 예상해서 급수유량을 단위화한 것
- **기구급수단위유량[unit flow of fixture]** : 위생기구별로 표준 물사용상태를 설정하고, 설치된 급수기구로부터 유출하는 1초마다의 급수량 중에서 최대값을 취하여 매분의 유량으로 환산한 것
- **기구급수단위[water supply fixture unit, fixture unit for water supply]** : 각종 급수기구의 기구급수단위유량을 미리 정한 기준유량으로 나누어서 만든 수치
- **물사용시간율[ratio of water used duration]** : 기구를 점유한 시간에 대한 물사용시간의 비율
- **임의이용형태[optically usage system, loss system]** : 사무소 · 빌딩 등 기구이용이 특정의 짧은 시간에 한정되지 않은 이용형태로서, 이용자가 기다리는 일이 드문 경우를 말한다.
- **집중이용형태[intensive system, delay system]** : 극장 · 학교 등 기구이용이 특정의 짧은 시간에 집중하는 이용형태로, 이용자의 일부가 기다리는 일이 있는 경우를 말한다.
- **물흐름 사용[washing with running water]** : 수도꼭지로부터 물을 토출시키면서 수수용기(물받이 용기)에 저장하지 않고 물을 사용하는 형태
- **저장사용[washing in filled water]** : 물을 물받이 용기에 일단 받아서 사용하는 형태
- **동시최대물사용기구수[maximum number of fixture simultaneous water usage]** : 일정한 확률과정 하에서 설치기구 중에 물을 동시에 사용한다고 예상되는 기구수의 최대값
- **기구급탕단위[fixture unit for hot water supply]** : 기구급수단위를 급수와 급탕의 온도비로 분할한 것
- **기구배수[fixture drain]** : 위생기구 등 물사용기기에서의 실질적인 배수
- **연속배수[continuous flow]** : 장시간 계속해서 흘리는 배수상태

- **기구배수량[discharge quantity from a fixture, discharge volume of fixture]** : 1회의 배수에 의해 기구가 배출하는 전체의 수량
- **기구배수유량[flow rate from a discharge, discharge rate of fixture]** : 1개의 기구가 단독으로 배수한 경우, 기구배수관의 말단에서 배출되는 유량
- **기구평균배수유량[average flow rate from a fixture, average discharge ratio of fixture]** : 기구배수에서 배수량의 20%가 배출되고 나서 80%가 배출되기까지 사이의 평균유량
- **기구평균배수간격[average interval of fixture discharge, average discharge of fixture]** : 기구에서 1회의 배수개시로부터 다음번의 배수개시까지의 평균시간
- **기구정상유량[regular flow rate of fixture]** : 기구배수량을 그 기구의 기구평균 배수간격으로 나눈 수치
- **배수관의 정상유량[regular flow ratio of drain]** : 배수관 내에 생기는 흐름을 시간적으로 평균화하여, 정상적인 연속배수인 경우의 유량을 말한다. 상류에 설치된 각 기구의 기구배수유량을 기구평균배수간격으로 나눈 것을 전 기구에 대해서 합계한 것과 같다.
- **배수관의 부하유량[loading flow rate of drain]** : 상류에 설치된 기구 및 사용 상태에 의해 배수관에 흐른다고 예상되는 배수유량
- **배수관의 허용유량[permissible flow ratio of drain]** : 배수 통기계통에 장해를 일으키지 않고 배수관에 흐르는 것이 허용된 배수유량
- **브랜치간격[branch interval]** : 배수 수직관에 접속하고 있는 각 층의 배수수평지관 또는 배수수평주관 사이의 수직거리가 2.5m를 초과하는 배수 수직관의 구간
- **필요통기량[required volume of vent]** : 배수계통에 장해를 일으키지 않도록 하기 위해 통기관으로 흘러야 할 필요한 공기량
- **통기저항** : 배수 통기관 내에서 공기의 흐름에 대한 저항
- **통기관의 허용압력차[permissible pressure difference of vent pipe]** : 배수계통에 장해를 일으키지 않는 한도 내에서, 통기 기점과 종점과의 사이에 허용된 압력차
- **통기길이[length of vent]** : 해당 통기배관의 실제길이에 국부손실 상당관길이를 더한 길이

참고문헌

1) 국토교통성 토지 · 수자원국 수자원부편 : 일본의 수자원(평성 13년판)(2001)p. 169, 재무성 인쇄국

02 급수설비

2.1 설계순서

급수설비의 설계는 건물의 사용상황을 파악하여 개략적으로 하루의 사용수량을 산정하는 것으로부터 시작된다. 그 후 현장조사 및 관계관청 등과 협의를 하고 관계관청의 지도요강 등 제반조건을 확인한다. 그 결과 수도만으로 물이 부족한 경우에는 다른 수원의 이용이나 배수 재이용, 빗물이용 등 잡용수로의 이용을 고려한다.

급수설비에 음료수 계통과 잡용수 계통을 마련하는 등 다원급수계통으로 설계하는 경우에는, 용도별 사용수량을 산정하고 경제성과 물의 양적흐름을 고려하여 어떠한 용도로 수돗물 이외의 물을 사용할 것인가를 결정한다.

그 후에 조닝(zoning)과 급수방식을 결정한 다음 급수부하의 상세계산, 기기용량의 산정, 기기재료의 사양 및 관경을 결정하고 마지막으로 적산을 한다.

2.2 수원과 수질기준

2.2.1 수원

수돗물은 수도법에 근거해 수도사업자가 사람의 음용에 적합한 물로서 공급하는 물이다. 급수설비의 수원은 수도가 일반적이지만, 수돗물을 얻을 수 없는 지역 혹은 수도에 의해서 충분히 수량을 얻을 수 없는 경우에는 우물물을 사용하기도 한다. 다만, 지하수의 채취에 관해서는 건축물용 지하수의 채취규제에 관한 법률에 의해 지하수의 채취를 규제하고 있는 지역이 있다. 그러한 지역에서는 스트레이너의 깊이 및 양수기의 토출구 단면적이 정해져 있다.

도시에 따라서는 물부족에 대처하기 위해, 또한 대규모 건물의 경우 경제성으로 인해 잡용수로 배수재이용수나 빗물 사용을 권장하고 있는 경우가 있다.

2.2.2 수질기준

[1] 먹는 물의 수질기준

수돗물의 수질기준은 「먹는 물 관리법」 제5조(먹는 물의 수질관리) 및 「수도법」 제18조에 의한 환경부령 "먹는 물 수질기준 및 검사 등에 관한 규칙" 제2조(수질기준)에 표 2.1과 같이 정하고 있다.

수도법 제18조에서는 "수도에 의하여 음용을 목적으로 공급되는 물에는 다음 각호에 해당하는 물질이 함유되어서는 아니 된다."라고 정하고 있다.

1. 병원미생물에 오염되었거나 오염될 우려가 있는 물질
2. 건강에 유해한 영향을 미칠 수 있는 무기물질 또는 유기물질
3. 심미적 영향을 미칠 수 있는 물질
4. 기타 건강에 유해한 영향을 미칠 수 있는 물질

우리나라의 먹는 물 수질기준 항목은 2002년 7월 현재 1) 생물에 관한 기준 6개 항목. 2) 건강상 유해영향 무기물질에 관한 기준 11개 항목. 3) 건강상 유해영향 유기물질에 관한 기준 24개 항목. 4) 심미적 영향물질에 관한 기준 16개 항목으로 분류하고 총 57개 항목에 대한 기준을 설정, 관리하고 있다.

이외에 위생상 조치로 「수도시설의 청소 및 위생관리 등에 관한 규칙」 제2조에서는 "수도꼭지에 있어서의 먹는 물의 유리잔류염소가 항상 0.2 mg/L (결합잔류염소의 경우에는 1.5 mg/L) 이상이 되도록 할 것. 다만, 병원생물에 의하여 오염되었거나 하절기 등 취약시에 오염될 우려가 있는 경우에는 유리잔류염소가 0.4 mg/L(결합잔류염소의 경우에는 1.8 mg/L) 이상이 되도록 할 것"이라고 규정하고 있다.

수돗물 이외의 물을 음료수계통에 급수하는 경우에도 먹는 물 수질기준에 적합한 물로, 수도꼭지에서 상기의 잔류염소를 유지할 수 있는 물을 공급할 필요가 있다.

[2] 먹는 물 이외의 수질기준

먹는 물 이외의 물 즉 여러 가지 잡용수 중에서 수질기준을 법령으로 정한 것은 표 2.2에 나타낸 중수도 수질기준(수도법 시행규칙 제3조 관련)이 있다. 기타 하천수질기준 · 호소수질기준 · 지하수수질기준 · 해역수질기준 등 상수수원에 대한 수질기준은 수도법에서 다루지 않고 환경정책기본법에서 포괄적으로 규정하고 있다.

표 2.1 먹는 물의 수질기준

구분	항 목	기 준	구분	항 목	기 준
미생물	일반세균	1 mL중 100 이하		트리클로로에틸렌	0.03 mg/L 이하
	총대장균군	50 mL 에서 불검출		디클로로메탄	0.02 mg/L 이하
	대장균, 분원성대장균군	100 mL 에서 불검출		벤 젠	0.01 mg/L 이하
	분원성연쇄상구균·녹농균·살모넬라 및 쉬겔라	250 mL에서 불검출		톨루엔	0.7 mg/L 이하
				에틸벤젠	0.3 mg/L 이하
	아황산환원혐기성포자형성균	50 mL 에서 불검출		크실렌	0.5 mg/L 이하
	여시니아균	2 L 에서 불검출		1.1-디클로로에틸렌	0.03 mg/L 이하
				사염화탄소	0.002 mg/L 이하
건강상유해영향무기물질	납	0.05 mg/L 이하	소독제 및 소독부산물질	유리잔류염소	4.0 mg/L 이하
	불소	1.5 mg/L 이하		총트리할로메탄 및 클로로포름	0.1 mg/L 이하
	비소	0.05 mg/L 이하		클로랄하이드레이트	0.03 mg/L 이하
	세레늄	0.01 mg/L 이하		디브로모아세토니트릴	0.1 mg/L 이하
	수은	0.001 mg/L 이하		디클로로아세토니트릴	0.09 mg/L 이하
	시안	0.01 mg/L 이하		트리클로로아세토니트릴	0.004 mg/L 이하
	암모니아성질소	0.5 mg/L 이하		할로아세틱에시드	0.1 mg/L 이하
	6가크롬	0.05 mg/L 이하			
	질산성질소	10 mg/L 이하			
	카드뮴	0.01 mg/L 이하			
	보론	0.3 mg/L 이하			
건강상유해영향유기물질	다이아지논	0.02 mg/L 이하	심미적영향물질	경도	300 mg/L 이하
	파라티온	0.06 mg/L 이하		과망간산칼륨소비량	10 mg/L 이하
	페니트로티온	0.04 mg/L 이하		냄새	무취
	카바릴	0.07 mg/L 이하		맛	무미
	페 놀	0.005 mg/L 이하		동	1.0 mg/L 이하
	1,1,1-트로클로로에탄	0.1 mg/L 이하		색도	5도 이하
	테트라클로에틸렌	0.01 mg/L 이하		세제	0.5 mg/L 이하
	1.2-디브로모-3-클로로프로판	0.003 mg/L 이하		수소이온농도	5.8~8.5
				아연	1.0 mg/L 이하
				염소이온	250 mg/L 이하
				증발잔류물	500 mg/L 이하
				철	0.3 mg/L 이하
				망간	0.3 mg/L 이하
				탁도*	1.0 NTU 이하
				황산이온	200 mg/L 이하
				알루미늄	0.2 mg/L 이하

표 2.2 중수도 수질기준

항 목	수세식 변소용수	살수용수	조경용수
대장균군	1 mL 당 10을 넘지 아니할 것	검출되지 아니할 것	검출되지 아니할 것
잔류염소	검출될 것	0.2 mg/L 이상일 것	
외관	이용자가 불쾌감을 느끼지 아니할 것	이용자가 불쾌감을 느끼지 아니할 것	이용자가 불쾌감을 느끼지 아니할 것
탁도	5도를 넘지 아니할 것	5도를 넘지 아니할 것	10도를 넘지 아니할 것
생물화학적 산소요구량(mg/L)	10을 넘지 아니할 것	10을 넘지 아니할 것	10을 넘지 아니할 것
냄새	불쾌한 냄새가 나지 아니할 것	불쾌한 냄새가 나지 아니할 것	불쾌한 냄새가 나지 아니할 것
수소이온농도	pH 5.8 ~ 8.5 이하일 것	pH 5.8 ~ 8.5 이하일 것	pH 5.8 ~ 8.5 이하일 것

- "살수용수"라 함은 도로청소작업, 건설공사 등을 하는 경우에 뿌리는 물로 이용되는 중수도를 말한다.
- "조경용수"라 함은 주택단지 등의 인공연못, 인공하천 및 분수 등에 이용하는 중수도를 말한다.
- 공업용으로 쓰는 중수도에 대해서는 수질기준을 적용하지 아니한다.

2.2.3 수도의 구성

[1] 수도법에서의 용어의 정리

수도법의 목적은 동법 제1조에 "이 법은 수도에 관한 종합적인 계획을 수립하고 수도를 적정하고 합리적으로 설치 · 관리함으로써 공중위생의 향상과 생활환경의 개선에 이바지함을 목적으로 한다." 라고 규정되어 있다. 또한 동법 제3조(용어)에 다음의 정의를 나타냈다.

(1) "원수"라 함은 음용 · 공업용 등에 제공되는 자연 상태의 물을 말한다. 다만, 농어촌정비법 제2조 제1호 2의 규정에 의한 농어촌용수는 제외한다.

(2) "상수원"이라 함은 음용 · 공업용 등에 제공하기 위하여 취수시설을 설치한 지역의 하천 · 호소 · 지하수 등을 말한다.

(3) "수도"라 함은 도관 기타의 공작물을 사용하여 원수 또는 정수를 공급하는 시설의 전부를 말하며, 일반수도 · 공업용수도 및 전용수도로 구분한다. 다만, 일시적인 목적으로 설치된 시설과 농어촌정비법 제2조 제4호의 규정에 의한 농업생산기반시설은 제외한다.

(4) “간이상수도”라 함은 지방자치단체가 대통령령이 정하는 간이의 수도시설에 의하여 급수인구 100인 이상 2,500인 이내에게 정수를 공급하는 일반수도로서 1일공급량이 20 m^3 이상 500 m^3 미만인 수도 또는 이와 비슷한 규모의 수도로서 시장 · 군수 · 구청장이 지정하는 수도를 말한다.

(5) “전용상수도”라 함은 100인 이상을 수용하는 기숙사 · 사택 · 요양소 기타의 시설에서 사용되는 자가용의 수도와, 수도사업에 제공되는 수도외의 수도로서 급수인구(학교 · 교회 등의 유동인구를 포함한다) 100인 이상 5,000인 이내에게 원수 또는 정수를 공급하는 수도를 말한다. 다만, 다른 수도에서 공급되는 물만을 상수원으로 하는 것과 그 수도시설의 규모가 대통령령이 정하는 기준에 미달하는 것은 제외한다.

(6) “소규모 급수시설”이라 함은 주민이 공동으로 설치 · 관리하는 급수인구 100인 미만 또는 1일 공급량 20 m^3 미만인 급수시설 중 시장 · 군수 · 구청장이 지정하는 급수시설을 말한다.

(7) “중수도”라 함은 사용한 수돗물을 생활용수 · 공업용수 등으로 재활용할 수 있도록 다시 처리하는 시설을 말한다.

(8) “수도시설”이라 함은 원수 또는 정수를 공급하기 위한 취수 · 저수 · 도수 · 정수 · 송수 · 배수 시설, 급수장치 기타 수도에 관련된 시설을 말한다.

(9) “수도사업”이라 함은 일반의 수요자 또는 다른 수도사업자에게 수도에 의하여 원수 또는 정수를 공급하는 사업을 말하며, 일반수도사업과 공업용 수도사업으로 구분한다.

(10) “급수장치”라 함은 수도사업자가 일반의 수요자에게 원수 또는 정수를 공급하기 위하여 설치한 배수관(配水管)으로부터 분기하여 설치된 급수관 · 계량기 · 저수조 · 수도꼭지 기타 급수에 관련된 기구를 말한다.

[2] 수도시설

수도법 시행령 제18조(시설기준)에서 「일반수도사업자는 법 제13조의 규정에 의하여 원수의 질 · 양 및 지리적 조건과 당해 수도의 종류 및 시설의 규모에 따라 기준에 적합한 취수시설 · 저수시설 · 도수시설 · 정수시설 · 송수시설 및 배수시설을 갖추어야 한다」라고 규정하고 있다.

수도시설의 기본구성을 그림 2.1에 나타내었다.

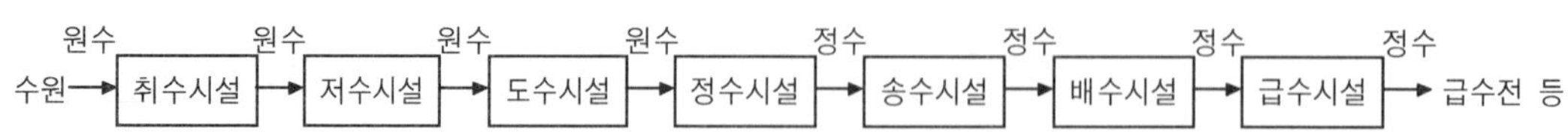

그림 2.1 수도시설의 기본구성

취수시설은 가능한 한 상질의 원수를 확보할 수가 있는 곳으로 한다.

저수시설은 수원으로서 수량이 풍부한 지하수나 하천의 흐르는 물을 이용할 수 있는 경우에는 필요없지만, 그렇지 않은 경우에는 갈수시에도 필요량의 원수를 공급하는데 필요한 저수능력을 갖는 것으로 한다.

도수시설은 필요량의 원수를 정수시설로 보내는데 필요한 펌프, 도수관 그 외의 설비를 갖는 것으로 한다.

정수시설은 원수를 정수로 만드는 시설로, 원수의 질 및 양에 따라 수도물의 수질기준에 적합한 필요량의 정수를 얻는데 필요한 침전지, 여과지 그 외의 설비를 가지며 또한 소독설비를 갖는 것으로 한다. 그림 2.2에 정수시설의 기본 구성을 나타내었다.

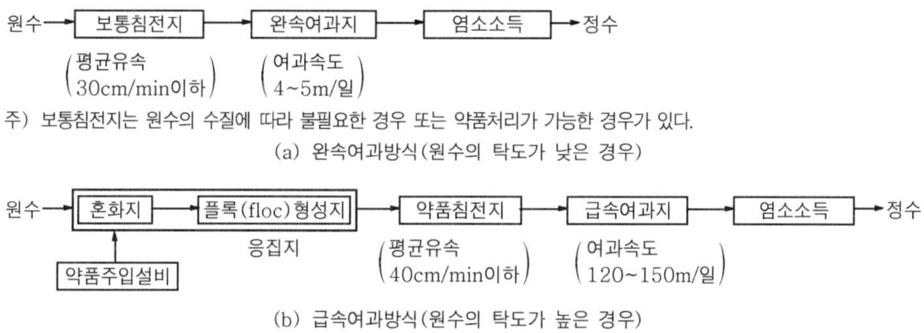

그림 2.2 정수시설의 기본구성

원수의 수질오탁이 진행되고 있는 경우에는 착수정이나 혼화지에 염소를 주입하는 전 염소처리설비, 침전지와 여과지 사이에 염소를 주입하는 중간염소처리설비, 생물처리설비 등을 설치하는 경우도 있다. 원수에 철이나 망간이 다량으로 포함되어 있는 경우는 여과지 앞에 제철설비 혹은 제망간 설비를 설치한다. 또한 고도처리로서 여과지의 뒤에 활성탄 흡착설비, 오존처리설비 등을 설치하는 경우도 있다.

송수시설은 필요량의 정수를 배수시설로 보내는데 필요한 펌프, 송수관 그 외의 설비를 가지고 있다.

배수(配水)시설은 필요량의 정수를 일정 이상의 압력으로 연속해서 급수장치로 공급하는데 필요한 배수지, 펌프, 배수관(配水管 ; 일반적으로 수도관이라고 부른다) 그 외의 설비를 가진다.

급수장치는 [1]항의 (10)에서 정의되어 있는 장치이다. 따라서 수도의 배수관에 직접 접속되어 있는 급수설비는 급수장치에 해당하므로 수도법의 규정을 받으며, 일반적인 배관에 관한 규정 이외는 건축법의 규정은 받지 않는다.

[3] 그 외 수원인 경우의 수처리

우물물 등 수도 이외의 물을 음료수로 공급하는 경우에는 수도의 정수시설에 준한 수처리를 하는 것이 좋다. 원수의 수질에 따른 처리방법으로는 수돗물의 수질기준에 적합하도록 처리하고, 수도시설의 청소 및 위생관리 등에 관한 규칙 제2조 3항에 규정하는 잔류염소의 값을 유지할 수 있도록 염소소독을 한다. 처리하는 수량이 다량이 아닌 경우의 여과설비에는 여과지가 아닌 압력식의 급속여과설비가 이용된다. 또한 이러한 물을 잡용수로 이용하는 경우에는 원수의 수질과 물의 용도에 따라서 수처리를 하게 된다.

배수재이용수나 우수를 잡용수로 사용하는 경우의 수처리는 6장을 참조하기 바란다.

2.3 음료수의 오염 방지

2.3.1 오염의 원인

음료수는 사람이 마시는 물이기 때문에 절대로 오염되어서는 안 된다. 음료수의 오염에는 아래와 같은 원인이 있다.

(1) 크로스 커넥션(cross connection) 및 역사이펀 작용에 의해, 한 번 토수한 물이나 음료수 이외의 물이 음료수 배관으로의 역류

(2) 수수조 등의 개방수조로 이물질의 혼입

(3) 물과 접촉하고 있는 기기 및 재료로부터의 유해물질이 음료수로 용출

음료수 배관에서의 역류 원인으로는 역압과 역사이펀 작용이 있다. 역압이란 음료수 배관을 접속하는 끝의 압력이 음료수의 압력보다 높은 경우에 음료수 배관에 미치는 압력을 말한다. 역사이펀 작용이란 음료수 배관내가 단수 등의 원인에 의해 부압이 될 경우에 용기내의 물이 음료수 배관으로 빨려 들어가는 작용이다.

2.3.2 크로스 커넥션

크로스 커넥션이란 음료수의 급수·급탕 계통과 그 외의 계통이 배관·장치에 의해 직접 접속되는 것을 말한다. 크로스 커넥션을 하면 접속 끝의 물의 압력이 가열 등의 원인에 의해 음료수 배관내의 압력보다 높아질 경우에, 접속 끝의 물이 음료수 배관으로 역류할 가능성이 있다.

크로스 커넥션에 의한 역류는 일반적인 체크밸브를 사용하는 경우 밸브시트에 이물질이 낄 가능성이 있기 때문에 방지할 수가 없다. 크로스 커넥션의 금지에 관해서는 일본의 경우 건축기준법 시행령에서 「음료수의 배관설비(이것과 급수계통을 같이 하는 배관설비를 포함)와 그 외의 배관설비와는 직접 연결하지 않는 것」이라고 규정하고 있다.

구미에서는 스프링으로 억누른 체크밸브를 2개 설치한 역류방지기를 개입시켜, 음료수 배관과 그 외 용도의 배관을 접속하고 있는 국가도 있다. 그러나 역류방지기는 이물질 외에 스프링이나 다이어프램 등의 열화에 의해 작동불량이 될 가능성이 있어, 그러한 국가에서는 역류방지기 검사자격자에 의해 1년에 1회 정도의 역류방지장치에 대한 작동점검을 하고 있다.

일본에서도 수도직결 증압방식의 경우에 수도 사업자가 건물내의 물이 배수관으로 역류하는 것을 방지하기 위해서 설치하고 있으며, 그 작동의 정기적 점검은 역류방지기를 조립한 증압펌프유닛의 제조자가 하고 있다.

2.3.3 역사이펀 작용

음료수 배관내는 주관의 단수시 외에 아래층에서 대량의 물이 사용될 경우나, 증압펌프 또는 직송펌프의 성능이 경년 등에 의해 열화할 경우에는 위층에서 부압이 될 가능성이 있다.

증압펌프 혹은 직송펌프에 의한 급수방식의 경우 역사이펀 작용에 의한 역류의 설명도 예를 그림 2.3에 나타내었다.

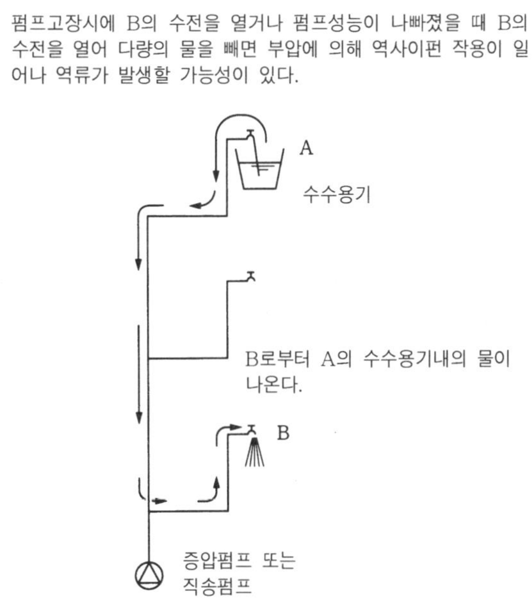

그림 2.3 역사이펀 작용에 의한 역류의 설명도

표 2.3 토수구 공간의 치수

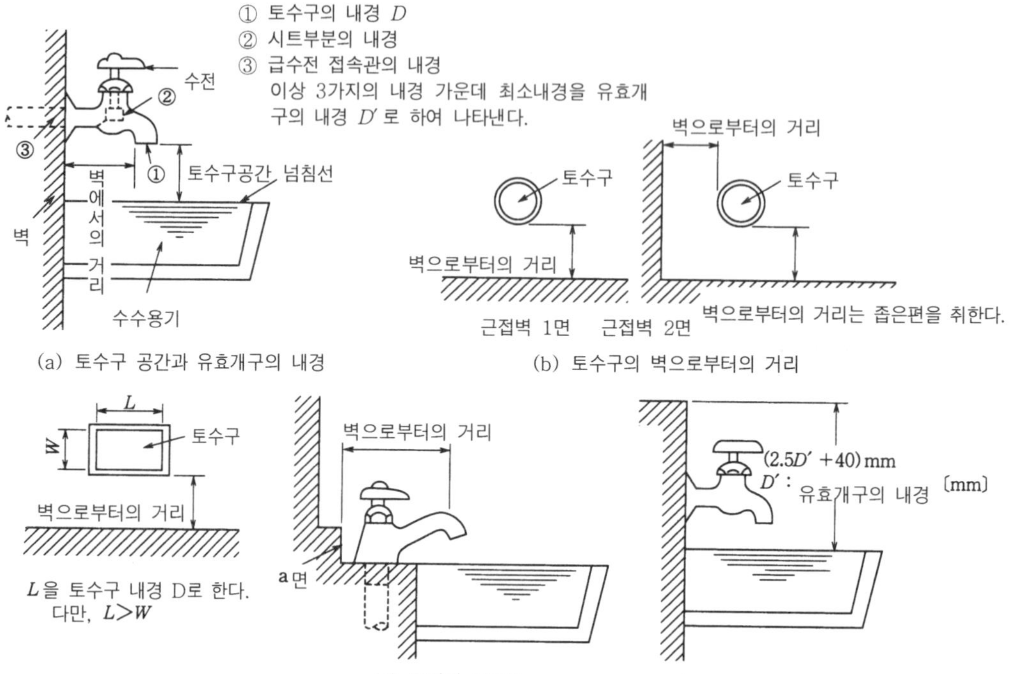

(a) 토수구 공간과 유효개구의 내경

(b) 토수구의 벽으로부터의 거리

(c) 토수구가 장방형인 경우

(d) 근접벽 취하기

(e) 근접벽의 높이와 토수구의 공간

근접벽의 영향이 없는 경우	근집벽의 영향이 있는 경우						
$1.7D'+5$	근접벽 1면인 경우			근접벽 2면인 경우			
	벽으로부터의 거리			벽으로부터의 거리			
	3D 이하	3D를 초과 5D 이하	5D를 초과한 것	4D 이하	4D를 초과 6D 이하	6D를 초과 7D 이하	7D를 초과한 것
	$3.0D'$	$2.0D'+5$	$1.7D'+5$	$3.5D'$	$3.0D'$	$2.0D'+5$	$1.7D'+5$

(주) 1. D : 토수구 내경[mm], D' : 유효개구의 내경[mm]
2. 토수구 단면이 장방형인 경우는 긴변을 D로 한다.
3. 넘침선보다 조금이라도 높은 벽이 있는 경우는 근접벽으로 보며, 근접 1면, 근접 2면의 경우 수치에 따른다.
4. 토수구 단면이 넘침면에 대해 평행하지 않은 경우는 토수구 끝의 최하단과 위생기구·수수용기 넘침선과의 공간을 토수구 공간으로 한다.

역사이펀 작용에 의한 역류방지에 관해서는 건축기준법 시행령(일본)에 「수조, 싱크 기타 물을 넣거나 또는 받는 설비로 급수하는 음료수 배관설비의 수전 개구부에는, 넘침면과 수전 개구부와의 수직거리를 적당하게 유지하는 등 유효한 물의 역류방지를 위한 조치를 강구할 것」이라고 규정하고 있다.

역사이펀 작용에 의한 역류를 방지하기 위해서는 토수구와 기구 넘침선과의 사이에 충분한 높이의 토수구 공간을 마련하는 것이 가장 확실한 방법이지만, 대변기 세척밸브와 같이 토수구 공간을 확보할 수 없는 경우에는 음료수 배관의 도중에 진공 브레이커를 설치한다.

토수구 공간의 값을 표 2.3에 나타내었다. 토수구 공간의 높이가 충분하지 않으면 그림 2.4에 나타낸 것처럼, 역사이펀 작용에 의한 역류가 발생할 가능성이 있다. 또한 음료용 수조에 급수하는 경우의 토수구 공간은 토수구와 수조의 오버플로(over flow)관 하단 사이에 확보하는 것이 좋다.

진공브레이커(vacuum breaker)는 물이 흐를 때만 수압이 걸리지 않는 최종밸브 이후의 배관에 설치하는 대기압식과, 항상 수압이 걸리는 최종밸브의 1차측에 설치하는 압력식이 있다. 부압파괴 성능의 값은 일반 진공브레이커의 경우 75 mm 이하이지만, 데크설치형의 경우에는 특별하게 규정되어 있지 않기 때문에 부압파괴 성능시험을 하여 결정할 필요가 있다.

어떤 것이든 설치높이는 안전을 고려하여 기구의 넘침선으로부터 부압파괴 성능의 2배 이상 높이로 해야 한다.

덧붙여 압력식 진공브레이커는 앞서 말한 역류방지기와 마찬가지로 이물질이나 스프링 또는 다이어프램 등의 열화에 의한 작동불량 가능성이 있으므로, 1년에 1회 정도 작동의 정기적 점검이 필요하다.

그림 2.5에 대기압식 진공브레이커의 예를, 그림 2.6에 압력식 진공브레이커의 예를 나타내었다.

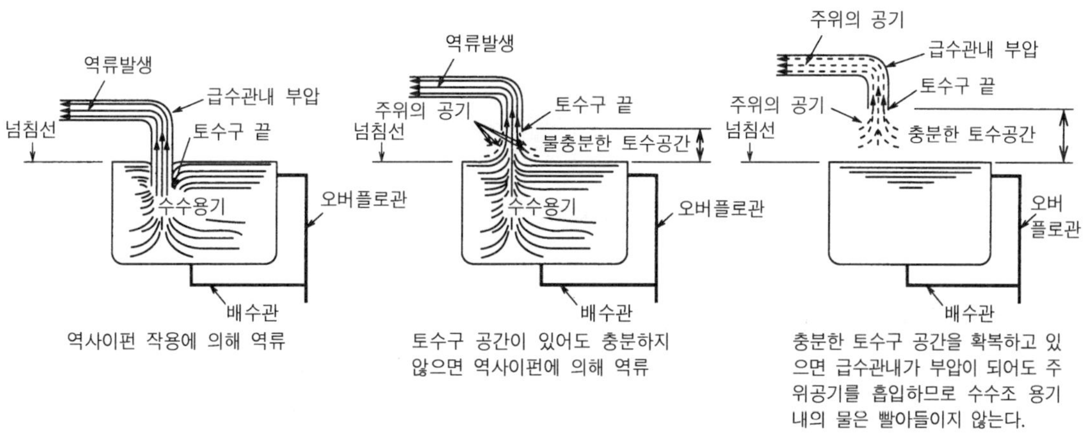

(a) 토수구 공간이 없는 경우 (b) 토수구 공간이 충분하지 않는 경우 (c) 충분한 토수구 공간이 있는 경우

그림 2.4 토수구 공간의 설명도

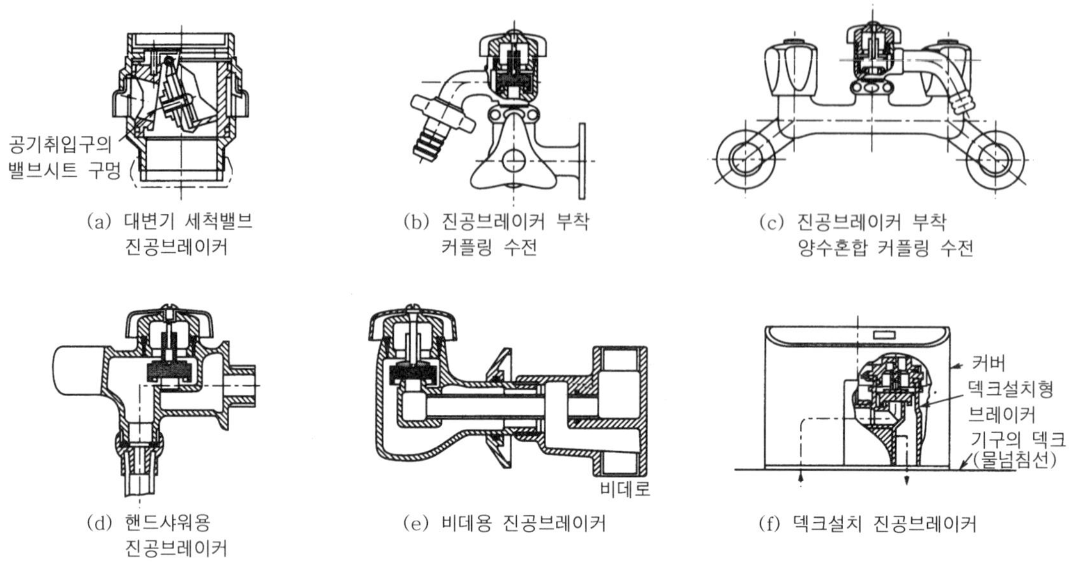

그림 2.5 대기압식 진공브레이커

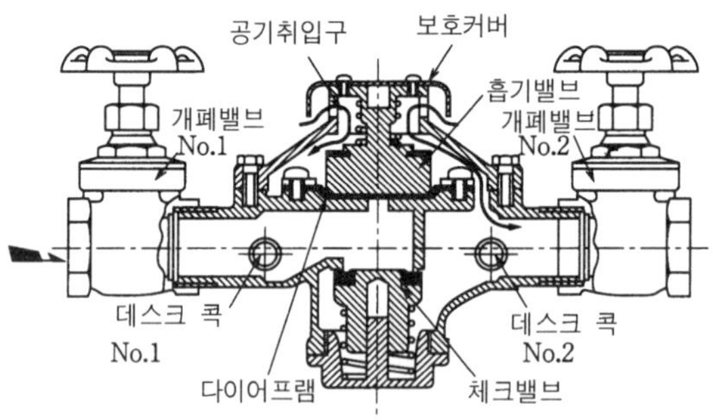

그림 2.6 압력식 진공브레이커의 예

2.3.4 수수조 등 개방수조의 설치

음료수용 수수조, 고가수조 등은 완전하게 밀폐되어 있지 않은 개방수조이므로 외부로부터의 오염을 완전하게 방지할 수는 없지만, 가능한 한 수조내의 물이 오염되지 않게 하는 것이 필요하다.

지하저수조에 대해서는 건축법 제58조에서 비상급수시설로서 설치하도록 규정하고 있으며, 규모 및 기술기준을 정하고 있다. 또한 시행령 91조에서는 「연면적이 5,000 m^2(건축물안의 주차장 면적 제외)이상인 건축물은 비상급수설비를 설치하여야 한다」라고 되어 있다.

음료용 개방수조의 설치에 관해서는, 「수도시설의 청소 및 위생관리 등에 관한 규칙」 제3조(저수조설치기준)에 규정되어 있으며 그 요지에 대한 해설은 다음과 같다.

(1) 건물의 옥내, 옥상 또는 최하층의 바닥밑에 설치하는 경우
 ① 수조 주위에 필요한 스페이스 및 주의사항을 그림 2.7에 나타내었다.
 ② 음료용 개방수조의 내부구조 및 접속배관을 그림 2.8에 나타내었다.
(2) (1)의 장소 이외에 설치하는 경우 : 수조의 바닥이 지반면 아래에 있고, 더욱이 해당 수조로부터 화장실의 오수조, 정화조, 배수관(수조의 물빼기관 또는 오버플로관에 접속하는 배수관은 제외한다), 가솔린 탱크 기타 위생상 유해한 것의 저장 또는 처리로 이용하는 시설까지의 수평거리가 5 m 미만인 경우에도 (1)의 경우와 같다.

그림 2.7에 음료수용 개방수조의 설치 요령을, 그림 2.8에 음료용 수조의 내부 배관 및 접속 배관의 유의점을 나타내었다. 소규모 건물의 경우 규정이 제외되었더라도 음료수가 오염되지 않도록 하는 것은 당연하다.

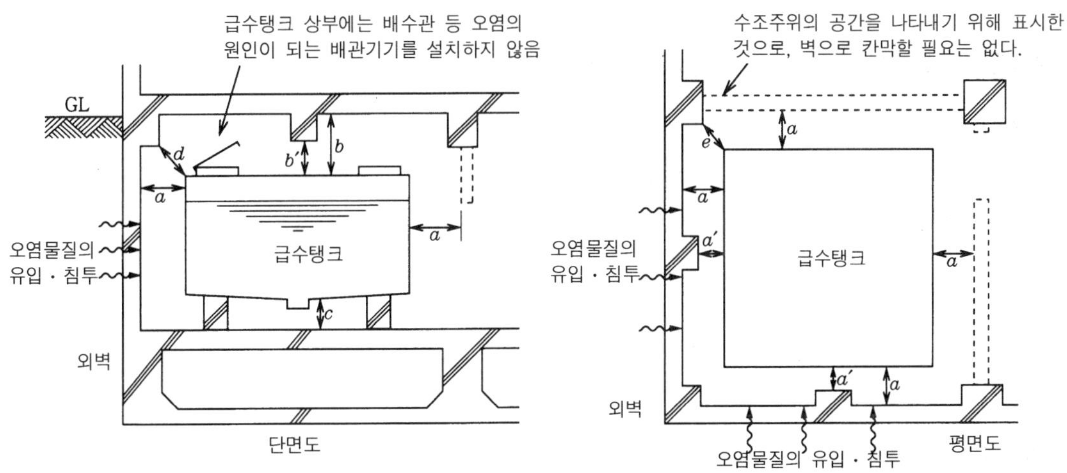

(주) 1. a, b, c의 어느것도 보수점검을 용이하게 할 수 있는 거리로 한다(표준적으로는 a, c≥60 cm, b≥100 cm). 또한 보나 기둥 등은 맨홀의 출입에 지장이 되는 위치로 해서는 아니되고, a′, b′, d, e는 보수점검에 지장이 없는 거리로 한다.
 2. 급수탱크 등의 천정, 바닥 또는 벽은 건물의 다른 부분과 겸용해서는 안된다.
 3. 최하층의 바닥 기타 침수에 의해 오버플로관으로부터 물이 역류할 우려가 있는 장소에 급수탱크 등을 설치하는 경우는 침수를 쉽게 알 수 있도록 침수를 검지하여 경보를 알리는 장치를 설치하거나 기타의 조치를 강구한다.

그림 2.7 음료수용 개방수조의 설치

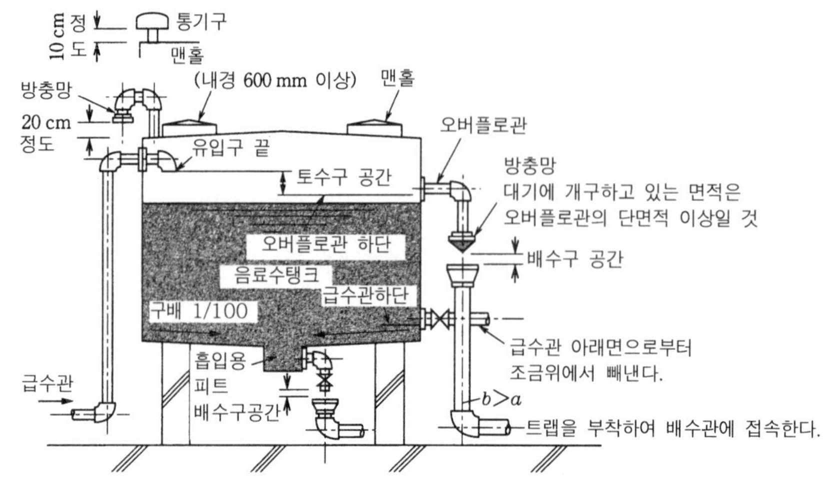

그림 2.8 음료수용 수조의 내부구조 및 접속배관의 유의점

2.3.5 기기 재료로부터의 유해물 침출

음료수용 기재는 물과 접촉하는 부위로부터 유해물질이 침출하여 음료수가 오염되는 경우가 있다. 특히 새로운 재료를 사용하는 경우에는 주의가 필요하다.

이에 관해서는 건축기준법 시행령(일본) 제129조 2의 5 제2항 제3호에 규정되어 있으며, 그 요지는 다음과 같다.

음료수 배관설비의 구조는 해당 배관설비로부터 누수가 없고 용출하는 물질에 의해 오염되지 않는 것으로 하며, 국토교통대신이 정한 구조방법을 이용하거나 인정받은 것이어야 한다.

국토교통대신이 정한 구조방법은 2000년 건설성 고시 제1390호에, 배관설비의 재질은 불침투질의 내수재료 그 외에 물이 오염되는 것이어서는 아니 되는 것 등을 규정하고 있다.

기기재료로부터의 유해물 침출시험에는 JIS 3200-7(수도용기구-침출성능시험방법)이 있으며, 음료수 배관 기재가 물과 접촉하는 부위는 이 시험에 적합한 기재를 사용해야 한다.

2.3.6 수도물 및 음료수 배관오염의 실례

표 2.4에 수도물 및 음료수 배관오염의 실례를 나타내었다. 수도물에서의 사례가 많으며 건물에서의 음료수의 사례가 적은 것은, 종래의 급수는 고치수조방식이 많기 때문에 부압발생의 가능성이 적었기 때문으로, 향후 수도직결증압방식이나 펌프직송방식이 보급되게 되면, 역사이펀 작용에 의한 역류는 증가할 가능성이 있다.

표 2.4 수돗물 및 음료수 배관오염의 실례

연 월	장 소	환자수	원 인
1948. 6	일본	장티프스 550명(사망3)	단수시에 오수흡인
1951. 9		적리환자 30	단수시에 오수흡인
1952. 3		적리환자 35	단수시에 오수흡인
1952. 7		적리환자 35	공업용수(얕은 우물)와의 크로스 커넥션 또는 정화조 등에 의한 오염
1952.11		적리환자 55	밸브파손에 의한 단수시의 오수흡인
1954. 3		적리환자 64	노후배수관에 인한 수압저하시 오수흡인
1955. 3		적리환자 266	단수시에 고무호스에 의한 오수흡인(멸균중절)
1955. 6		적리환자 118(사망1)	공사중의 송수관에 오수침입
1958. 6		적리환자 57	변소로부터의 오염(수도는 학교전용)
1958.10		적리환자 821	급수전으로부터 오수흡인
1959.10		적리환자 193	오수흡인
1966. 3		집단적리환자 435	구조부적절한 우물물에 의한 오염우물물, 염소멸균 불완전
1969. 5		적리환자 83	잘못된 공업용수 급수
1972. 8		-	도금공장이 이온교환탑과 수도관을 직결, 근린의 수도에 6가크롬 유입
1975. 3		두통·하리환자속출	콘크리드제 수수조에 균열이 생겨, 누출되어 있는 등유가 침입
1982.10		집단중독환자 7,751	구조부적절한 우물에 의한 오염우물물, 염소소독은 불완전
1983. 3		두통·하리환자 8	음료수급수관과 중수급수관과의 부적절한 접합
1998. 5		집단적리환자 800	구조부적절한 우물에 의한 오염우물물, 염소멸균은 불완전

2.4 급수량과 급수압력

2.4.1 사용수량

일반 가정에서의 1인 1일당의 물사용량은, 환경부통계(1999)에 의하면 세탁용수 41L, 화장실 세척용수 57L, 세면 23L, 샤워 · 목욕탕 29L, 음료 · 취사 43L, 청소 · 기타 14L로 합계 207L이다.

생활용수의 사용량 추이는 해마다 조금씩 증가하여 왔으나, 건물에서의 물사용량은 절수기구의 설치, 배수 재이용 · 우수이용설비의 설치, 사용자의 절수의식 향상 등에 의해, 그림 2.9에 나타낸 것처럼 서서히 감소하여 현재는 소강상태가 되고 있다.

건물내 물사용량의 시간적 변화는 건물의 용도, 계설, 요일 등에 의해 크게 다르다. 그림 2.10에 각종 용도의 건물에서 시각별 변동을 1일 사용수량에 대한 비율로 나타내었다.

또한 각종 건물에서 1일 사용수량의 실적 예를 표 2.5에 나타내었다.

2.4.2 설계용 급수량

사용수량의 실측값은 반드시 건물에서의 최대 급수량시의 값이라고는 할 수 없다. 그러므로 설계용 급수량은 사용수량의 실측값에 여유를 준 값으로 할 필요가 있다.

표 2.5에 근거해 결정한 각종 건물에서의 설계용 1일 급수량, 1일 물사용시간 등을 표 2.6에 나타내었다.

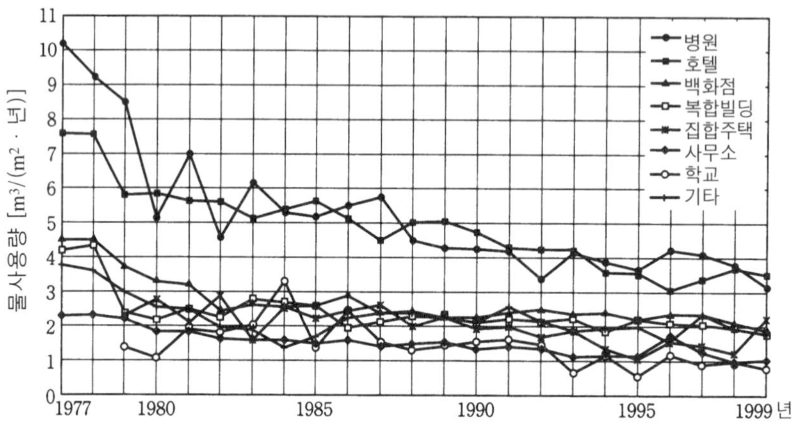

그림 2.9 건물용도별 사용수량 실적[7)]

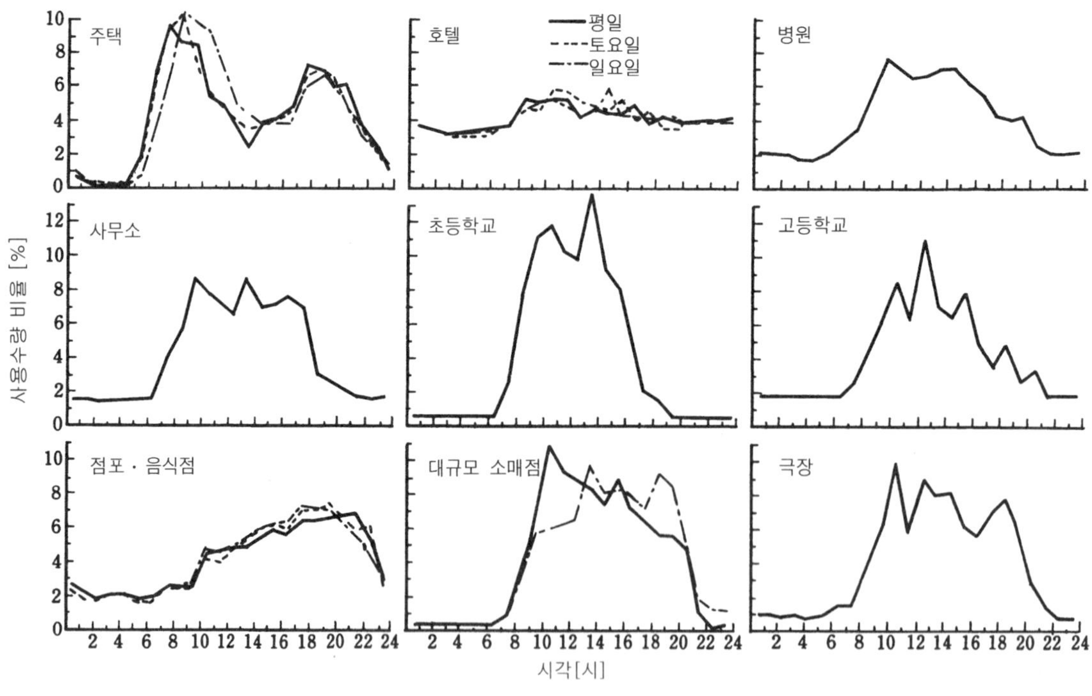

그림 2.10 건물 전체 사용수량의 시간변동[7)]

표 2.5 건물 종류별 물사용량의 실적

건물종류	연평균 1일 사용량	샘플수	비 고
일반가정	평균 10.8 L/(m²·일) [표준편차 10.6 L/(m²·일)] 평균 187 L/(인·일) [표준편차 89.2 L/(인·일)]	6,059	집합주택도 포함 1인세대평균 263 L/(인·일) ~7인세대 평균 149 L/(인·일)
중앙식난방이 있는 독립주택	평균 6.98 L/(m²·일) [표준편차 1.70 L/(m²·일)] 평균 243 L/(인·일) [표준편차 57.8 L/(인·일)]	7 7	
집합주택	평균 599 L/(호·일) [411~762 L/(호·일)]	7단지	계 7,418호
청사·사무소	평균 8.05 L/(m²·일) [표준편차 3.89 L/(m²·일)] 평균 127 L/(베드·일) [표준편차 65.0 L/(베드·일)]	102 96	다소의 테넌트는 포함
호텔	평균 24.2 L/(m²·일) [표준편차 10.8 L/(m²·일)] 평균 2,002 L/(병상·일) [표준편차 3141 L/(병상·일)]	32 25	
병원	평균 22.4 L/(m²·일) [표준편차 8.35 L/(m²·일)] 평균 1,290 L/(객·일) [표준편차 572 L/(객·일)]	46 45	
다방	평균 57.3 L/(m²·일) [표준편차 16.3 L/(m²·일)] 평균 11.0 L/(객·일) [표준편차 5.65 L/(객·일)]	5 5	연평균 1일 사용량이 아니라 실측일의 24시간 사용수량
음식점	평균 205 L/(m²·일) [표준편차 166 L/(m²·일)] 평균 57.8 L/(객·일) [표준편차 26.1 L/(객·일)]	31 14	연평균 1일 사용량이 아니라 실측일의 24시간 사용수량
사원식당	평균 80.2 L/(m²·일) [표준편차 45.9 L/(m²·일)] 평균 27.2 L/(식·일) [표준편차 6.63 L/(食·일)]	4 3	연평균 1일 사용량이 아니라 실측일의 24시간 사용수량
백화점	평균 21.8 L/(m²·일) [표준편차 7.91 L/(m²·일)]	46	
슈퍼마켓	평균 12.4 L/(m²·일) [표준편차 6.85 L/(m²·일)]	15	
지하가	평균 25.0 L/(m²·일) [표준편차 9.94 L/(m²·일)]	5	
초·중·고등학교 (풀용수 제외)	평균 8.31 L/(m²·일) [표준편차 4.20 L/(m²·일)] 평균 40.0 L/(인·일) [표준편차 20.3 L/(인·일)]	53 53	(직원+학생)당
초·중·고등학교 (풀용수 포함)	평균 11.1 L/(m²·일) [표준편차 8.71 L/(m²·일)] 평균 72.5 L/(인·일) [표준편차 52.7 L/(인·일)]	31 32	(직원+학생)당
극장·영화관	평균 13.1 L/(m²·일) [표준편차 11.8 L/(m²·일)] 평균 37.0 L/(객·일) [표준편차 18.7 L/(객·일)]	23 23	
공회당	평균 14.3 L/(m²·일) [표준편차 28.0 L/(m²·일)] 평균 42.5 L/(객·일) [표준편차 40.9 L/(객·일)]	10 10	
미술관·박물관	평균 3.57 L/(m²·일) [표준편차 2.00 L/(m²·일)]	23	
터미널역	평균 111 L/(m²·일) [표준편차 73.3 L/(m²·일)] 평균 4.48 L/승강객 1,000인 [표준편차 5.13 L/승강객 1,000인]	5 5	다소의 테넌트는 포함
보통역	평균 12.4 L/(m²·일) [표준편차 10.6 L/(m²·일)] 평균1.49 L/승강객 1,000인 [표준편차 89.2 L/승강객 1,000인]	20 20	다소의 테넌트는 포함

注) 주로 아래문헌을 참고하였으며, 과대·과소하다고 생각되는 것은 대상에서 제외하고 작성하였다.

1) 石川義夫외 2명 : 수도협회잡지, 525(1978. 6)
2) 井上宇市, 尾島俊雄 : 공기조화·위생공학, 42-7(1968. 7) ; 42-8(1968. 8) ; 43-3(1969. 3) ; 44-6(1970. 6) ; 46-9(1972. 9) ; 50-7(1976. 7) ; 51-12(1977. 12)의 공조설비 경상비(조사결과 통계) 제 3~9보
3) 동경도 수도국 계획부 : 도시활동용수의 사용실태조사 보고서, 소화 48년도(1974)
4) 근기지방 건설국 기획부 : 주택단지에 관한 물 고도이용조사(1972)
5) 黑崎幸夫·長谷川功 : 공기조화·위생공학회 학술강연회 논문집(1984. 10)
6) 村川三郎·芳村惠司 : 공기조화·위생공학, 48-4(1974. 4)
7) 橋口敬·安齊明良 : 공기조화·위생공학회 학술강연회 논문집(1976. 10)

* 공조용수도 포함. 비고란에 특기가 없는 한 연간사용량을 365로 나눈 값으로, 휴업일이 없는 날의 평균사용량은 이란의 수치보다 많다.

표 2.6 건물종류별 단위급수량 · 사용시간 · 인원

건물종류	단위급수량	사용시간 [h/일]	주 기	유효면적당 인원 등	비 고
단독주택	300～400 L/인	10	거주자 1인당	0.16인/m^2	
집합주택	200～350 L/인	15	거주자 1인당	0.16인/m^2	
독신자 기숙사	400～600 L/인	10	거주자 1인당		
관공서 사무소	60～100 L/인	9	재근자 1인당	0.2인/m^2	남자 50 L/인, 여자 100 L/인, 사원식당 · 테넌트 등은 별도가산
공장	60～100 L/인	조업시간 +1	재근자 1인당	앉은 작업 0.3인/m^2 서있는 작업 0.1인/m^2	남자 50 L/인, 여자 100 L/인, 사원식당 · 샤워 등은 별도가산
종합병원	1500～3000 L/상 30～60 L/m^2	16	연면적 1 m^2당		설비내용 등에 의해 상세히 검토한다.
호텔전체	500～600 L/상	12			상동
호텔 객실부	350～450 L/상	12			객실부만
요양소	500～800 L/인	10			
찻집	20～35 L/객 55～130 L/점포m^2	10		점포면적에는 주방면적을 포함	주방에서 사용되는 수량만 화장실세척수 등은 별도가산
음식점	55～130 L/객 110～530 L/점포m^2	10			상동 정성적으로는 경식 · 면 · 식당 · 일식 · 양식 · 중화의 순으로 많음
사원식당	25～50 L/식 80～140 L/식당m^2	10			상동
급식센터	20～30 L/식	10			상동
백화점 · 수퍼마켓	15～30 L/m^2	10	연면적 1 m^2당		종업원분 · 공조용수를 포함
초 · 중 · 고등학교	70～100 L/인	9	(학생 + 직원)1인당		교사 · 종업원분을 포함 풀용수(40～100 L/인)는 별도가산
대학 강의동	2～4 L/m^2	9	연면적 1 m^2당		실험 · 연구용수는 별도가산
극장 · 영화관	25～40 L/m^2 0.2～0.3 L/인	14	연면적 1 m^2당 입장객 1인당		종업원분 · 공조용수를 포함
터미널역	10 L/1,000인	16	승객 1,000인당		열차급수 · 세차용수는 별도가산
일반역	3 L/1,000인	16	승객 1,000인당		종업원분 · 다소의 테넌트분을 포함
사원 · 교회	10 L/인	2	참석자 1인당		상주자 · 상근자분을 별도가산
도서관	25 L/인	6	열람자 1인당	0.4인/m^2	상근자분은 별도가산

(주) 1. 단위급수량은 설계대상급수량으로 연간 1일평균 급수량이 아님

2. 다수의 문헌을 참고로 하여 집필자의 판단에 의해 작성

3. 비고란에 특기가 없는 한 공조용수, 냉동기 냉각수, 실험 · 연구용수, 프로세스용수, 풀 · 사우나용수 등은 별도 가산한다. 또한 냉동기 냉각수량은 원심냉동기의 경우는 3.6 L/(min · kW), 흡수냉동기 · 흡수냉온수발생기의 경우 4.9 L/(min·kW)로, 냉각탑을 사용하는 경우에는 이들 값의 2% 정도를 보급수량으로 본다.

2.4.3 예상 급수량

수수조 방식에서 기기의 용량은 물이 1일에 건물 내에서 어느 정도로 사용되는가를 추정하여 정한다. 이것을 양적으로 표현한 것이 예상 급수량이며, 1일 사용량 V_d를 1일 물사용시간 T로 나눈 시간평균예상 급수량, 1일 중 가장 물이 많이 사용되는 1시간에 사용된 시간최대 예상급수량 및 15분간 정도 계속하는 피크시 예상급수량 등이 있으며, 이들을 식 (2.1)~(2.3)으로 나타냈다.

시간평균 예상급수량

$$Q_h = \frac{V_d}{T}[\,\mathrm{L/h}] \tag{2.1}$$

시간최대 예상급수량

$$Q_m = k_1 Q_h[\,\mathrm{L/h}] \tag{2.2}$$

피크시 예상급수량

$$Q_p = \frac{k_2 Q_h}{60}[\,\mathrm{L/min}] \tag{2.3}$$

여기서, k_1는 1.5~2.0 정도의 값으로 사용하고 있으나 그림 2.10의 시간적 변동을 고려하여 결정한다. 또 k_2는 3.0~4.0 정도의 값으로 많이 사용하지만, 기설 건물 등에서의 데이터가 있으면 그것을 참고로 하여 결정하는 것이 좋다.

2.4.4 급수압력과 조닝

[1] 급수압력

수전, 세척밸브 등의 급수기구가 제기능을 다하여, 세척 등이 확실히 이루어지기 위한 기구의 필요압력을 표 2.7에 나타냈다.

급수압력이 너무 높으면 사용자에게 지장을 초래할 뿐 만 아니라, 유속이 빨라져 후술하는 워터해머나 소음이 발생한다. 급수압력은 주택이나 호텔객실 등 사생활의 장소에는 300～400 kPa 이하, 그 외의 일반 건물에서는 400～500 kPa 이하로 유지하고, 급수관내의 유속은 2.0 m/s 이하로 한다.

[2] 조닝

조닝(zoning)이란 계통을 나누는 것이다. 고층건물에서는 수직방향을 하나의 계통으로 급수하면 아

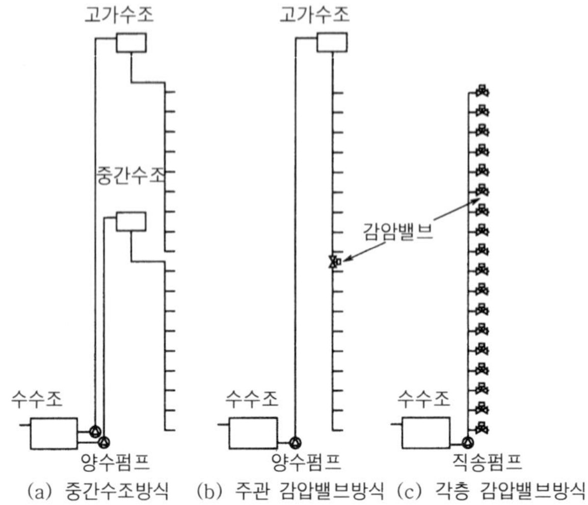

그림 2.11 조닝의 예

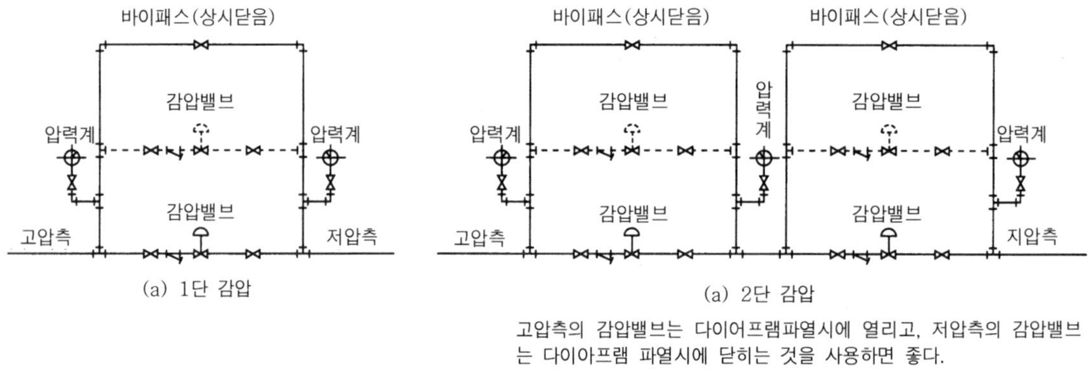

그림 2.12 감압밸브주위의 배관[8)]

래층에는 수압이 너무 높아진다. 이 경우에는 그림 2.11에 나타낸 것처럼 급수계통을 수직방향으로 조닝한다.

감압밸브를 사용하는 경우에는 감압밸브의 조정가능유량이 정격유량의 5%정도인 것을 선택하며, 그림 2.12에 나타낸 것 같은 바이패스 감압밸브와 바이패스 배관을 마련하는 것이 좋다. 이 경우 바이패스 감압밸브의 용량은 주감압밸브의 20%로 하며, 주감압밸브보다 빨리 작동하도록 저압측 설정압력을 주감압밸브의 저압측 설정압력보다 15~30 kPa 정도 높게 한다.

또한 감압밸브의 고압측과 저압측의 압력 차이가 매우 큰 경우에는, 감압밸브 밸브시트에서의 캐비테이션 방지를 위해서 그림 2.12(b)에 나타낸 것처럼 2단 감압할 필요가 있다. 상온의 맑은 물에서는 식 (2.4)의 캐비테이션 계수 K의 값이 0.5 이하인 경우 2단 감압으로 할 필요가 있다.

$$K = \frac{P_2 + 101.3}{P_1 - P_2} \tag{2.4}$$

여기서, K = 캐비테이션 계수

P_1 = 감압밸브에서의 고압측 압력 [kPa]

P_2 = 감압밸브에서의 저압측 압력 [kPa]

101.3 = 대기압 [kPa]

2단 감압하는 경우의 중간압력은 고압측 압력, 중간압력 및 저압측 압력을 각각 P_2 및 P_3, 고압측 감압밸브 및 저압측 감압밸브에서의 캐비테이션 계수를 같게 하면, 중간압력 P_2는 식 (2.5)에 의해 구할 수가 있다.

$$P_2 = 0.5\sqrt{41,000 + 4(P_3P_1 + 101.3P_1 + 101.3P_3)} - 101.3 \tag{2.5}$$

1단감압의 감압밸브는 다이어프램 파열 등의 고장시에 주밸브가 열리는 구조의 것을, 2단 감압의 경우 고압측의 감압밸브는 고장시에 열리고, 저압측의 감압밸브는 고장시에 닫히게 되는 것을 이용하면 좋다.

2.5 급수방식

급수방식에는 다음과 같은 방식이 있으며 건물의 용도, 규모 등을 고려해 채용방식을 결정한다.

수도직결방식

(a) 수도직결 직압방식

(b) 수도직결 증압방식

수수조 방식

(a) 고가수조방식

(b) 펌프직송방식

(c) 압력수조방식

이러한 방식중 수도직결방식은 수도법의 급수장치에 해당하는 방식으로 단수시에는 급수가 불가능하게 된다. 수수조 방식은 건물내에 수수조를 마련해 급수하는 방식으로 단수시에도 어느 정도 급수가 가능하다.

수도를 수원으로 하는 경우 수조의 유효용량 합계가 10 m^3를 넘는 경우에는 간이 전용수도에 해당하며, 수도법의 규정에 따라 1년에 1회 이내마다 정기적인 수조의 청소나 수질검사를 해야 한다.

지하수 기타 수도물 이외의 물을 수원의 전부 또는 일부 음료수로 공급하는 경우에는, 규정에 근거하여 수수조 등의 청소, 수질검사를 해야 한다.

압력수조방식은 수수조로부터의 물을 급수펌프에 의해 압력수조내로 송수하여, 수조내의 압력변화에 의해 급수펌프를 작동 · 정지시켜 급수하는 방식이다. 지하가 등 고가수조를 설치하는 장소가 없는 경우에 채용되었지만, 직송펌프방식이 출현하고 나서는 그다지 채용되지 않게 되었으므로 상세한 설명은 생략한다.

2.5.1 수도직결 직압방식

이 방식은 그림 2.13에 나타낸 것처럼, 수도본관으로부터 분기하여 급수관을 끌어 들여 수도본관의 수압에 의해 건물내의 필요한 곳에 급수하는 방식으로, 식 (2.6)이 만족되는 경우에 사용된다. 2층 건물 정도의 소규모 건물에 적용되어 왔으나 수도본관의 수압이 높은 지역에서는, 5층 정도의 건물에도 적용되고 있다.

$$P \geq P_1 + P_2 + P_3 \tag{2.6}$$

여기서, P : 수도본관의 동수압(kPa)

P_1 : 수도본관으로부터 최고위 등 최악의 조건에 있는 수전 또는 기구까지의 높이에 상당하는 수압[kPa]

P_2 : 수도본관으로부터 최고위 등 최악의 조건에 있는 수전 또는 기구까지의 양수기 · 직관 · 이음쇠 · 밸브류 등에 의한 마찰손실압력[kPa]

P_3 : 최고위 등 최악의 조건에 있는 수전 또는 기구의 필요압력(kPa)(표 2.7 참고)

2.5.2 수도직결 증압방식

이 방식은 그림 2.14에 나타낸 것처럼, 수도인입관에 증압펌프를 접속하여 건물내의 필요한 곳에 급수하는 방식으로, 구미에서는 이미 오래전부터 채용되고 있는 방식이다. 일본에서는 간이 전용수도에 해당하지 않는 것으로서, 청소 의무가 없는 10 m^3 이하의 비위생이 되기 쉬운 소규모 수수조 설치를 피하기 위함이다. 또한 수수조를 설치하면 수도관의 수압을 이용할 수 없어 에너지절약에 위배되므로 개발된 방식이다. 이 방식에 대해서는 수도 사업자가 그 사용 범위를 정하고 있으므로, 적용시

표 2.7 기구의 유수시 필요압력

기 구	유수시 필요압력[kPa]
일반수전	30
자동수전	50
물비누부착 자동수전	60
대소변기 세척밸브	70
샤워	40~160(형식에 따라 다름)
가스급탕기	20(출탕량 : 3L/min 정도) ~80(출탕량 : 10L/min 정도)

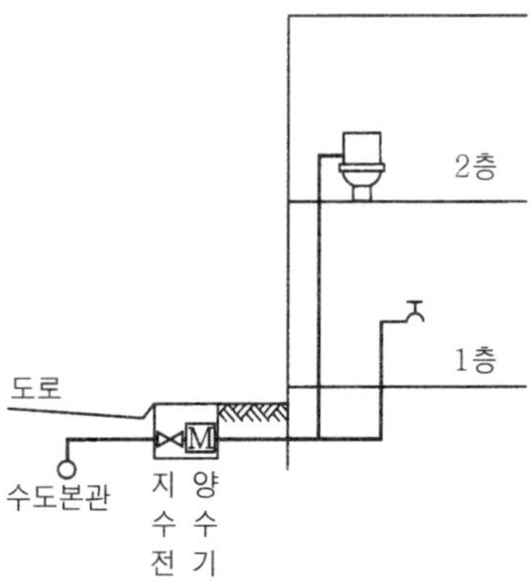

그림 2.13 수도직결 직압방식

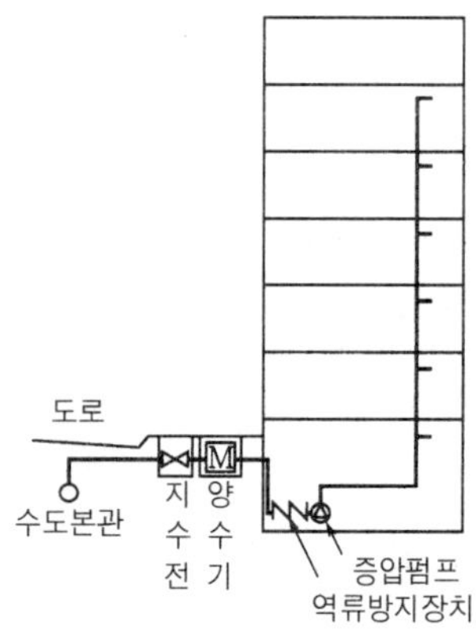

그림 2.14 수도직결 증압방식

에는 사전협의가 필요하다.

증압펌프는 인버터에 의한 변속펌프의 변속제어와 대수제어에 의해 운전된다. 특히, 건물내의 물이 수도본관의 부압시에 수도관으로 역류하지 않도록, 증압펌프의 흡입측에 역류방지기를 설치한다. 증압펌프, 역류 방지기, 제어반 등을 함께 넣은 패키지 제품이 설치되고 있다.

2.5.3 고가수조방식

이 방식은 그림 2.15에 나타낸 것처럼 수도본관으로부터 분기하여 급수관을 끌어 들여, 수수조에 저수하고 나서 양수펌프에 의해 고가수조에 양수하고, 이후 중력에 의해 건물내의 필요한 장소에 급수하는 방식이다.

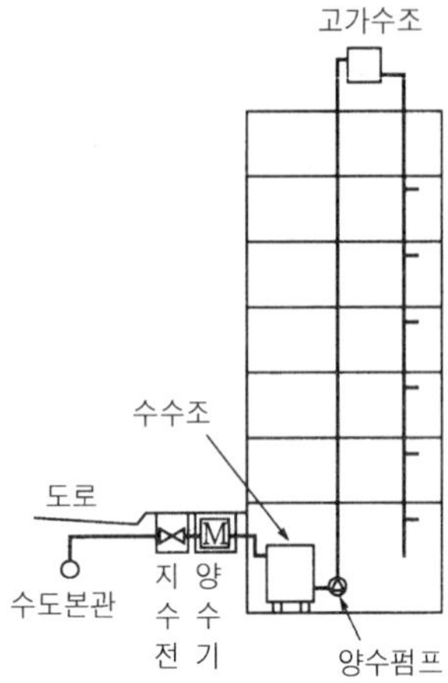

그림 2.15 고가수조방식

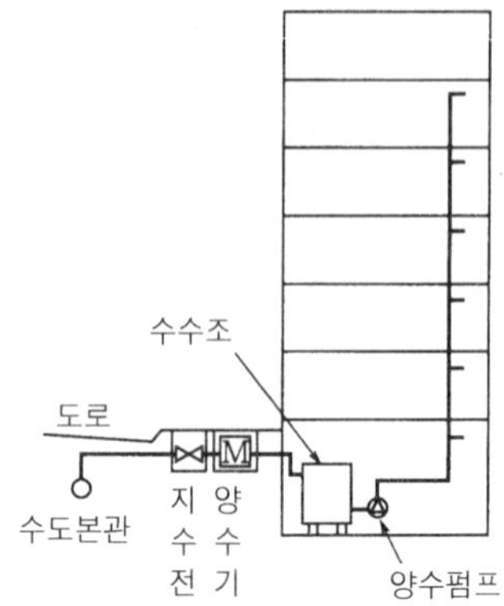

그림 2.16 펌프직송방식

2.5.4 펌프직송방식

이 방식은 그림 2.16에 나타낸 것처럼 수수조로부터 직송펌프에 의해 건물내의 필요한 곳에 급수하는 방식이다. 직송펌프는 인버터 제어에 의한 변속펌프의 회전수제어, 정속펌프의 대수제어 또는 이들 조합의 제어에 의해 운전된다. 일반적으로 직송펌프, 제어반 등을 함께 넣은 패키지 제품이 설치된다.

2.5.5 각 급수방식의 비교

각 급수방식의 비교를 표 2.8에 나타내었다.

2.6 기기용량의 결정

2.6.1 증압펌프

증압펌프의 양수량은 순간최대 예상급수량 이상으로 하며, 양정은 식 (2.7)에 의해 구한다.

$$H \geq H_1 + H_2 + H_3 - H_4 \tag{2.7}$$

여기서, H : 수도본관의 동수압에 상당하는 수두[m]

H_1 : 수도본관으로부터 최고위 등 최악 조건에 있는 수전 또는 기구까지의 높이에 상당하는 수두[m]

H_2 : 증압관로에서의 양수기 · 직관 · 이음쇠 · 밸브류 등에 의한 마찰손실수두[m]

H_3 : 최고위 등 최악의 조건에 있는 수전 또는 기구의 필요압력에 상당하는 수두[m]

H_4 : 수도본관의 최저동수압에 상당하는 수두[m]

표 2.8 각종 급수방식의 비교

항목 \ 급수방식	수도직결방식		수수조방식	
	수도직결직압방식	수도직결증압방식	고가수조방식	펌프직송방식
수질오염가능성	1	1	3	2
급수압력의 변동	수도관의 동수압에 따라 변화	거의 일정	거의 일정	거의 일정
단수시의 급수	불가능	불가능	수수조와 고가수조내에 남아 있는 수량을 이용할 수 있음	수수조에 남아 있는 수량을 이용할 수 있음
정전시의 급수	가능	수도본관의 동수압 이용이 낮은 층에서는 급수가능 발전기를 설치하면 가능	발전기를 설치하면 가능	발전기를 설치하면 가능
기계실 공간	불필요	증압펌프유닛의 공간이 필요	수수조 및 양수펌프의 공간필요	수수조 및 직송펌프유닛의 공간이 필요. 특히 압력수조방식인 경우는 직송펌프유닛방식의 공간이 크다.
유지관리	거의 불필요	증압펌프의 유지관리가 필요	수수조 및 고가수조의 청소가 필요	수수조의 청소 및 직송펌프의 유지관리가 필요

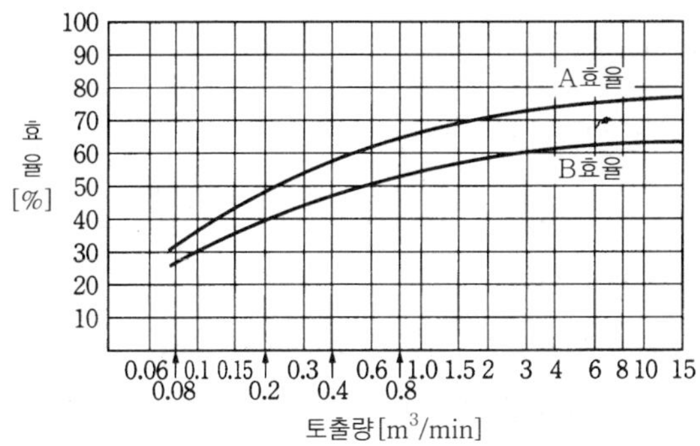

(주) 펌프효율의 최고치는 그 토출양이 그림의 A효율 이상이 되어야 한다. 또 규정 토출양에서의 펌프효율은 그림의 B효율 이상이 아니면 안 된다.

그림 2.17 소형 원심펌프의 효율[10)]

펌프에 필요한 축동력은 식 (2.8)로 구한다

$$L = \frac{\rho Q g H}{\eta_p \cdot \eta_t}(1 + \alpha) \tag{2.8}$$

여기서, L : 펌프의 축동력[W]
ρ : 물의 밀도(=1,000 kg/m^3)
Q : 양수량[m^3/s]
g : 중력 가속도(=9.8 m/s^2)
H : 양정[m]
η_p : 펌프효율(그림 2.17 참조)
η_t : 전동효율(전동기 직결의 경우는 1)
α : 여유율(전동기의 경우는 0.1~0.2)

물의 밀도 및 중력 가속도의 값을 식 (2.8)에 대입해서, 양수량을 L/min로 나타내고 축동력의 단위를 kW라고 하면 식 (2.8)은 식 (2.9)으로 표시된다.

$$L = \frac{0.163QH}{\eta_p \cdot \eta_t}(1+\alpha) \times 10^{-3} \tag{2.9}$$

2.6.2 수수조

수수조의 유효용량은 수도본관 등 수원의 급수능력에 좌우되지만, 물 사용시간대를 고려하면 식 (2.10)을 만족하고, 물 사용시간대 이외의 시간대에 수수조가 만수로 복원할 것인지를 고려하면 식 (2.11)을 만족해야 한다.

$$V_s \geq V_d - Q_s T \tag{2.10}$$

$$Q_s(24 - T) \geq V_s \tag{2.11}$$

여기서, V : 수수조의 유효용량[m^3]
V_d : 1일 사용수량[m^3/일]
Q_s : 수도본관 등 수원으로부터의 급수능력[m^3/h]
T : 1일 평균 물 사용시간(h)

수원이 수도인 경우에는 수도본관의 압력변동에 따라 급수능력이 변화하므로, 일반적으로 수수조의 유효용량은 1일 사용수량의 절반정도로 한다. 그러나 수도사업자의 규정이 있는 경우가 많기 때문에 그 규정을 확인할 필요가 있다. 수수조의 용량을 과대하게 하면 수조내 수중의 잔류염소가 소멸하여 일반세균 등이 번식하므로 바람직하지 않다. 부득이 용량을 크게 하는 경우에는 양수펌프 등과 연동해 가동하는 염소소독장치를 설치한다.

예제 1.1 우물물을 수원으로 하는 수수조를 설치하여 1일 900 m^3의 물을 사용하는 공장에서, 우물물 처리장치의 능력을 600 L/min라고 할 경우 수수조의 유효용량을 구하시오. 다만, 1일 물 사용시간은 9시간으로 한다.

풀이

물 사용시간대에 필요한 수수조의 유효용량은

$$V_s \geq 900\ \mathrm{m^3} - 0.6\ \mathrm{m^3/min} \times 60\ \mathrm{min/h} \times 9\ \mathrm{h} = 576\ \mathrm{m^3}$$

물 사용시간대 이외로 필요한 수수조의 유효용량은

$$0.6\ \mathrm{m^3/min} \times 60\ \mathrm{min/h} \times (24-9)\ \mathrm{h} = 540\ \mathrm{m^3} < 576\ \mathrm{m^3}$$

따라서 수수조의 유효용량은 576 m^3 이상이면 된다.

2.6.3 양수펌프의 양수량과 고가수조의 유효용량

양수펌프의 양수량과 고가수조의 유효용량과는 식 (2.12)에 나타낸 것 같은 관계가 있다.

$$V_e \geq (Q_p - Q_{pu})T_1 + Q_{pu}T_2 \tag{2.12}$$

여기서, V_e : 고가수조의 유효용량[L]

Q_p : 피크시 예상급수량[L/min]

Q_{pu} : 양수펌프의 양수량[L/min]

T_1 : 피크의 계속시간[min]

T_2 : 양수펌프의 최단운전시간[min]

이 관계를 그림 2.18에 나타내었다.

일반적으로 Q_{pu}를 시간최대 예상급수량 정도, T_1을 30 min 정도, T_2를 10~15 min 정도로 하고 있다. 고층빌딩에서는 고가수조를 작게 하기 위해서, Q_{pu}를 Q_p에 근접하게 하고, 고가수조의 용량은 양수펌프의 발정기능으로서 사용하는 경우도 있다.

그림 2.18에서 알 수 있듯이, 고가수조의 용량이 커도, 저수위 이하의 수량을 $(Q_p - Q_{pu})T_1$이 되도록 펌프운전용의 수위를 설정해 두지 않으면 저수위시에 피크가 생길 경우 급수가 불가능하게 된

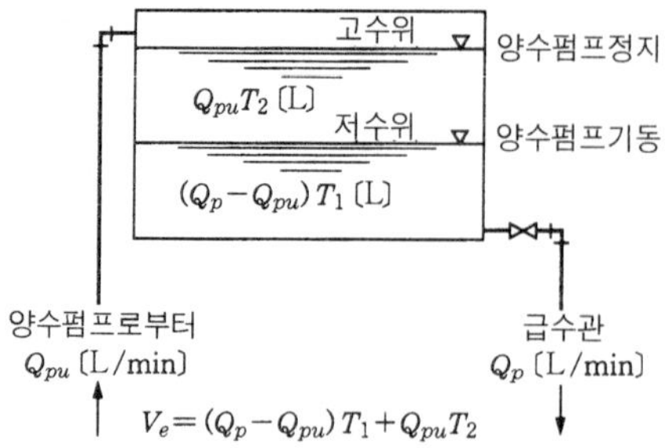

그림 2.18 고가수조의 용량

다. 양수펌프의 양정은 식 (2.13)에 의해 구한다.

$$H \geq H_1 + H_2 + V^2/(2g) \tag{2.13}$$

여기서, H : 양수펌프의 양정[m]

H_1 : 양수펌프의 흡수면으로부터 양수관 정부까지의 높이[m]

H_2 : 양수관로에서의 직관 · 이음쇠 · 밸브류 등에 의한 마찰손실수두[m]

$V^2/(2g)$: 양수관 토출구에서의 속도수두[m]

g : 중력 가속도 ($=9.8\ \mathrm{m/s^2}$)

일반적으로 양수관 토출구에서의 속도수두는 얼마되지 않으므로 생략해도 지장이 없다.

2.6.4 직송펌프

직송펌프의 양수량은 순간최대 예상급수량 이상으로 하며, 양정은 식 (2.14)에 의해 구한다.

$$H \geq H_1 + H_2 + H_3 \tag{2.14}$$

여기서, H : 직송펌프의 양정[m]

H_1 : 직송펌프의 흡입면으로부터 최고위 등 최악의 조건에 있는 수전 또는 기구까지의 높이에 상당하는 수두[m]

H_2 : 직송관로에서의 직관 · 이음쇠 · 밸브 등에 의한 마찰손실수두[m]

H_3 : 최고위 등 최악의 조건에 있는 수전 또는 기구의 필요압력에 상당하는 수두[m]

2.7 배관방식

배관방식에는 그림 2.19에 나타낸 것과 같은 방식이 있다. 급수주관을 최하층의 천정에 배관하고,

수직관을 이 주관에서 취출해 위쪽방향으로 배관하는 상향방식과, 급수주관을 최상층의 천정에 배관하고, 수직관을 이 주관에서 취출하여 아래쪽으로 배관하는 하향방식이 있다.

2.7.1 트리방식

가장 일반적인 급수방식으로, 주관을 최상층의 천정 또는 최하층의 천정에 배관하고, 이 주관으로부터 수직관을 분기하고 또한 수직관으로부터 각 층의 지관을 분기하는 방식이다.

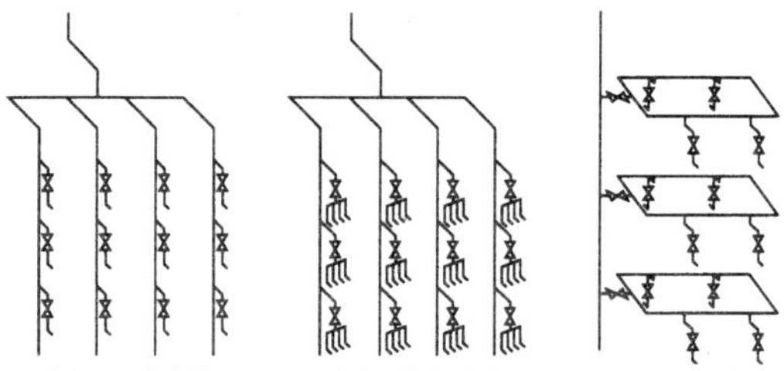

(a) 트리방식 (b) 헤더방식 (c) 루프방식

그림 2.19 급수배관방식

2.7.2 헤더방식

집합주택 등에서 트리방식으로부터 가구내로 지관을 분기한 개소에 헤더를 설치하고, 그 헤더로부터 각 기구마다 지관을 분기하는 방식으로, 각 기구로의 지관은 가구내의 바닥밑 혹은 천정에 배관된다.

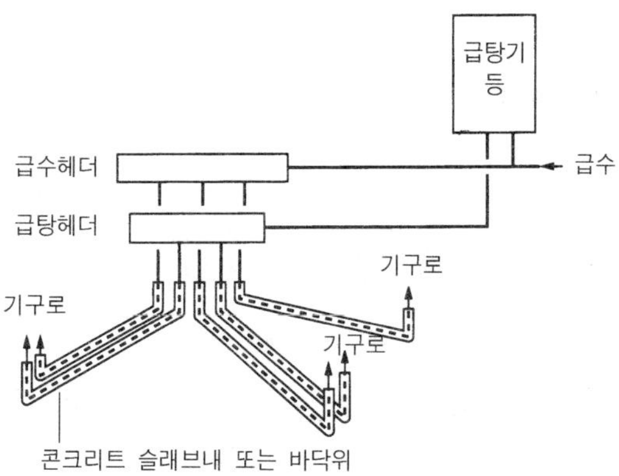

그림 2.20 이중관 헤더공법

바닥밑으로 배관되는 경우에는 이중관을 먼저 배관하고, 이후에 배관을 통관하는 그림 2.20에 나타낸 것 같은 이중관헤더공법이 많이 채용된다. 이중관헤더공법의 배관에는 일반적으로 폴리브틸렌관, 가교폴리에틸렌관 등 통관하기 쉬운 수지관이 많이 사용된다. 이 공법은 헤더 이후의 배관에 누수의 원인이 되는 이음쇠를 사용하지 않고, 배관의 교체를 용이하게 할 수 있도록 개발된 방법이다.

2.7.3 루프방식

평면적으로 넓은 건물이나 집합주택 등에서 주관 혹은 각 층의 지관을 루프모양으로 배관하는 방식이다. 배관의 단수(斷水)를 가능한 한 줄이는 경우 또는 사수(死水)를 피하는 경우 등에 채용되며, 루프배관방식이나 밸브설치위치에 따라 여러 가지 방식이 있다.

2.8 유체역학의 기초

2.8.1 베르누이의 정리

비압축성 · 비점성 유체의 정상류에서, 유선상의 임의의 점 1과 점 2에 대해서 식 (2.15)가 성립한다.

$$H = \frac{P_1}{\rho g} + \frac{v_1^2}{2g} + h_1$$
$$= \frac{P_2}{\rho g} + \frac{v_2^2}{2g} + h_2 = \text{일정} \qquad (2.15)$$

여기서, P : 압력[Pa]
ρ : 유체의 밀도[kg/m^3]
g : 중력 가속도(=9.8 m/s^2)
v : 유속[m/s]
h : 기준면으로부터의 높이[m]

H를 전헤드(물의 경우는 전수두), $P/(\rho g)$를 압력헤드(물의 경우는 압력수두), $v^2/(2g)$를 속도헤드(물의 경우는 속도수두), h를 위치헤드(물의 경우는 위치수두)라고 한다. 이 정리를 베르누이의 정리라고 한다.

또한 압력헤드와 속도헤드를 각각 압력으로 나타낸 것이 정압 및 동압이고, 정압과 동압의 합을 전압이라고 한다.

식 (2.15)는 비점성 유체를 대상으로 하고 있으나, 실제의 관로에서는 마찰에 의한 헤드의 손실이 있다. 점 1로부터 점 2까지의 마찰에 의한 헤드의 손실을 h_{f12}라고 하면 식 (2.16)이 성립한다.

$$H = \frac{P_1}{\rho g} + \frac{v_1^2}{2g} + h_1 \tag{2.16}$$

$$= \frac{P_2}{\rho g} + \frac{v_2^2}{2g} + h_2 + h_{f12} = \text{일정}$$

2.8.2 토리첼리의 정리

단면적이 큰 수조내에 수심 h인 곳의 구멍으로부터 유출하는 액체의 유속 v는, h_2를 기준면으로 하면 식 (2.16)에서 $P_1 = P_2$, $h_1 = h_2$, $h_2 = 0$, $v_1 = 0$, $v = v_2$이고 수조의 단면적이 크기 때문에 $h_{f12} = 0$으로 생각해도 무방하므로 유속은 식 (2.17)로 나타낼 수 있다.

$$v = \sqrt{2gh} \tag{2.17}$$

이것을 토리첼리의 정리라고 한다.

2.8.3 피토관

피토관은 흐름에 대항해서 설치되어 있는 전압공에 걸리는 전압과, 흐름에 평행으로 설치된 정압공에 걸리는 정압과의 차이인 동압에 상당하는 밀도 ρ'의 액주 h를 측정하여 유속을 구하는 것이다. 그림 2.21에 그 원리를 나타내었다.

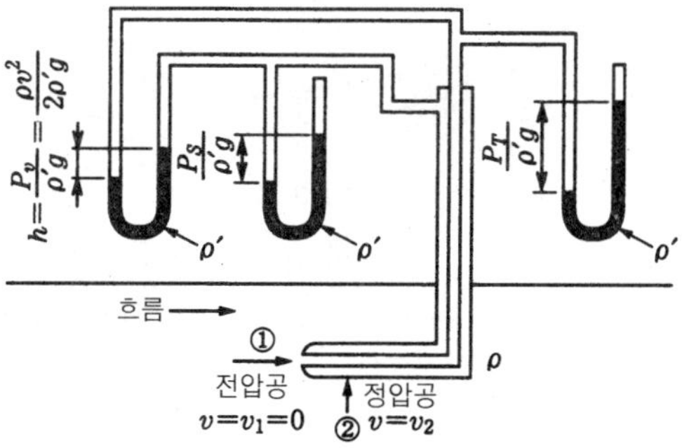

그림 2.21 피토관의 원리

2.9 급수관지름의 결정

2.9.1 유량공식

급수관에서 직관의 유량공식은 식 (2.18)에 나타낸 달시-바이스바하(Darcy-Weisbach)의 식이 기본식이지만, 하젠-윌리엄스(Hagen-Williams)의 식이 많이 사용된다.

$$\Delta p = \lambda \frac{l}{d} \cdot \frac{\rho v^2}{2} \tag{2.18}$$

여기서, Δp : 압력손실[Pa]

λ : 관마찰계수(그림 2.22의 무디선도로부터 구한다)

l : 직관길이[m]

d : 관내경[m]

ρ : 물의 밀도(=1,000 kg/m^3)

v : 관내 평균유속[m/s]

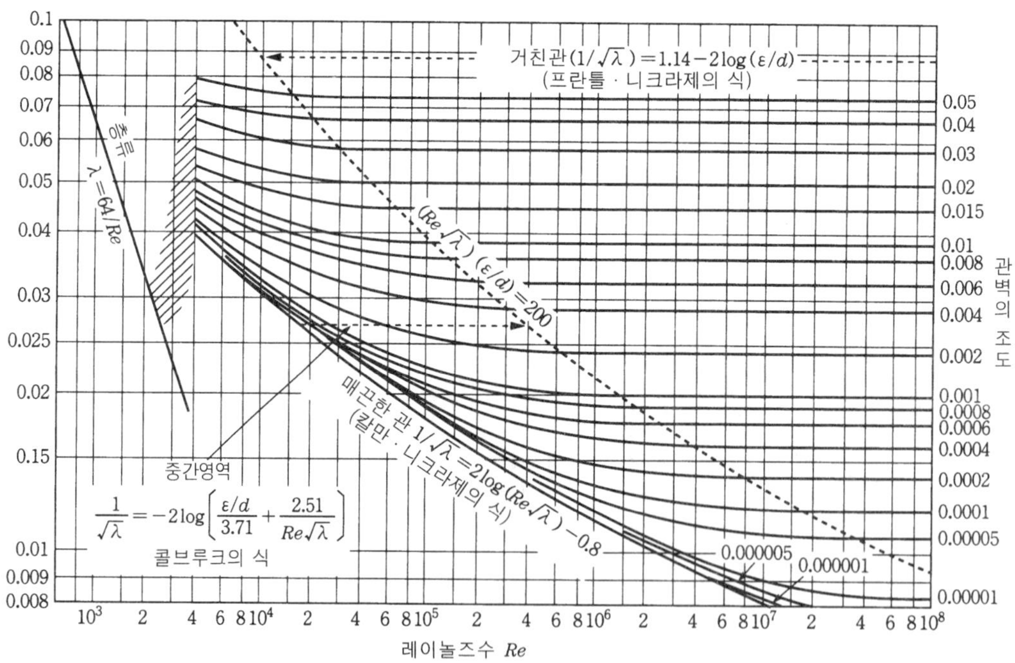

그림 2.22 무디선도[11]

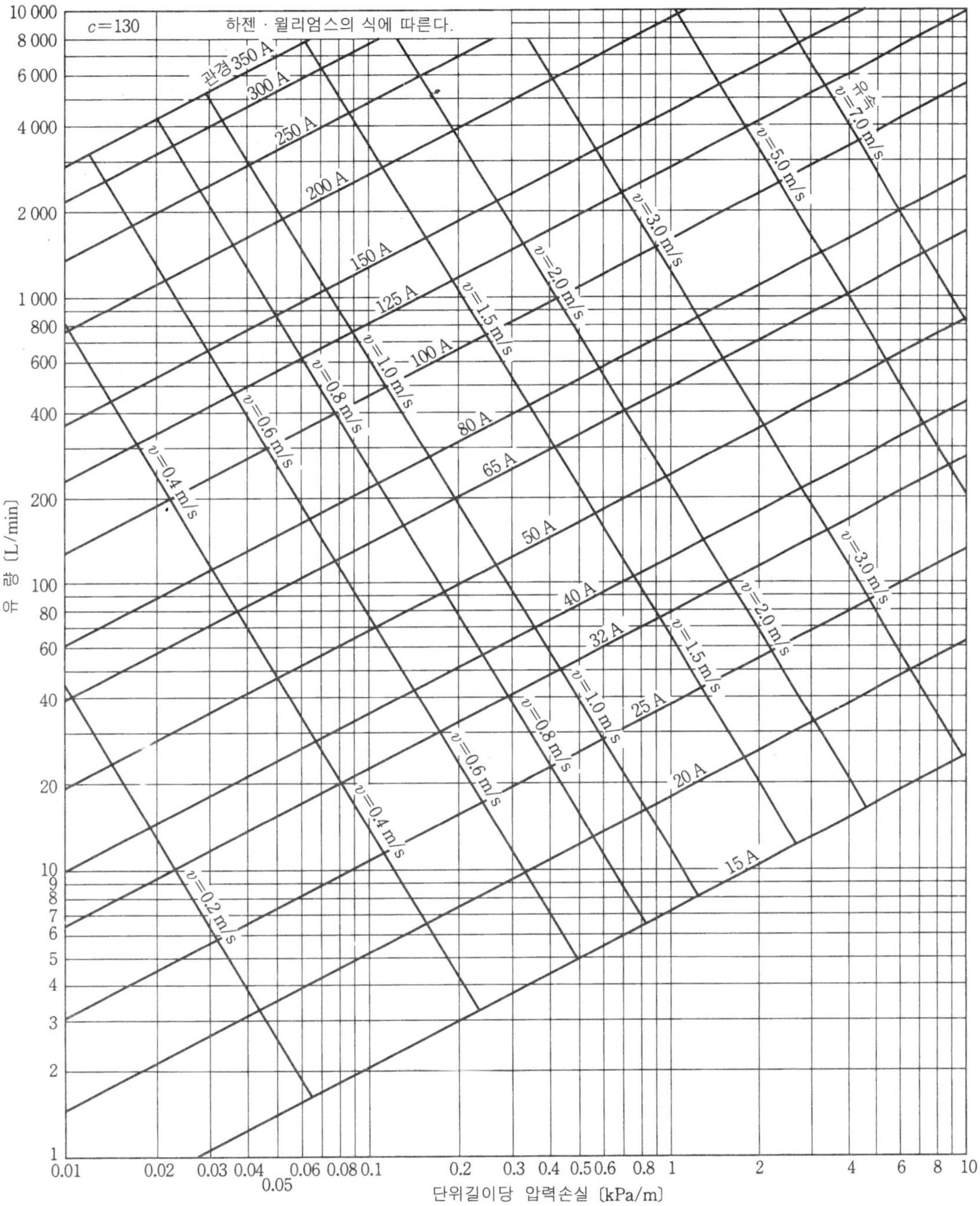

그림 2.23 경질염화비닐라이닝강관 유량선도[14)]

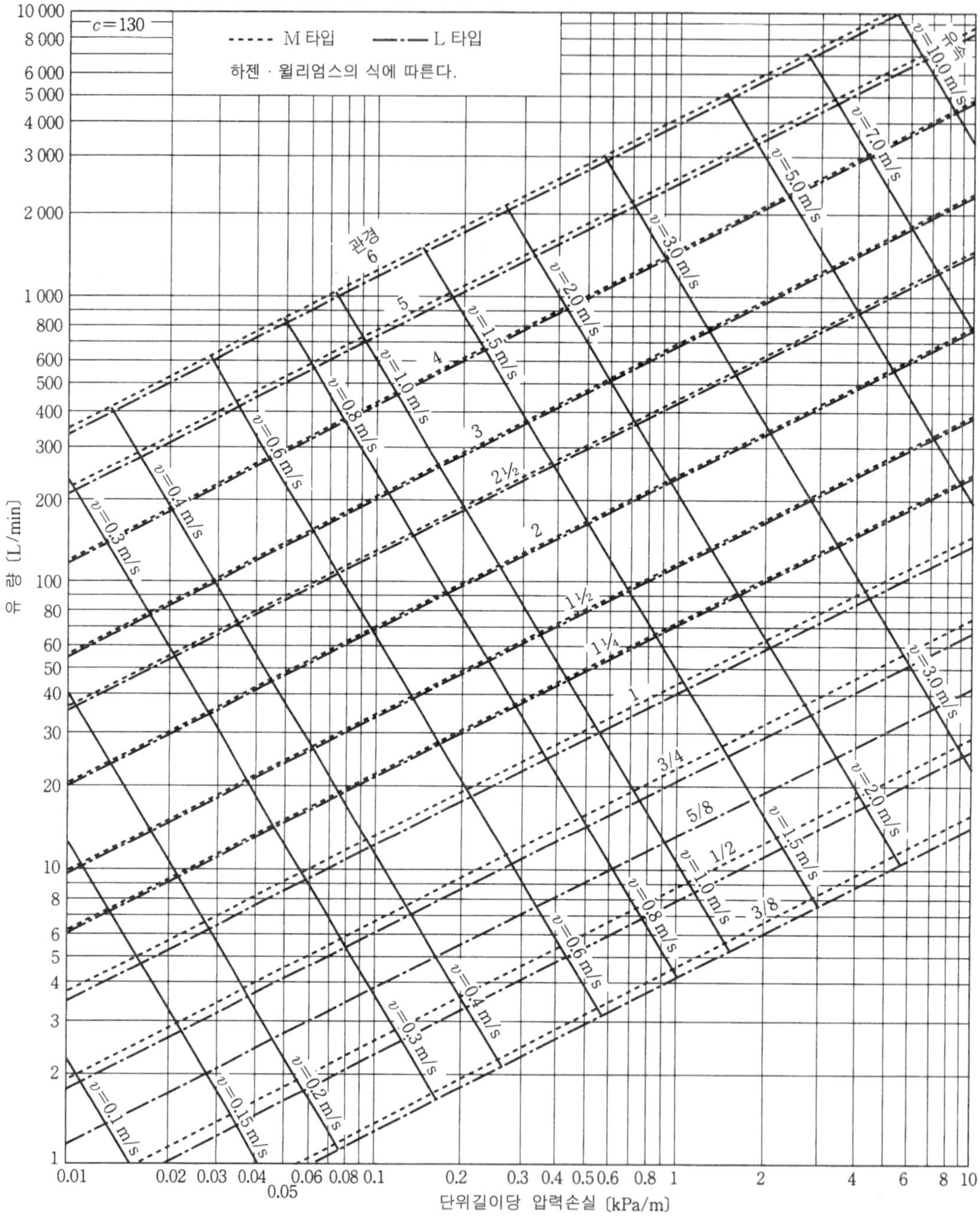

그림 2.24 동관 유량선도[15)]

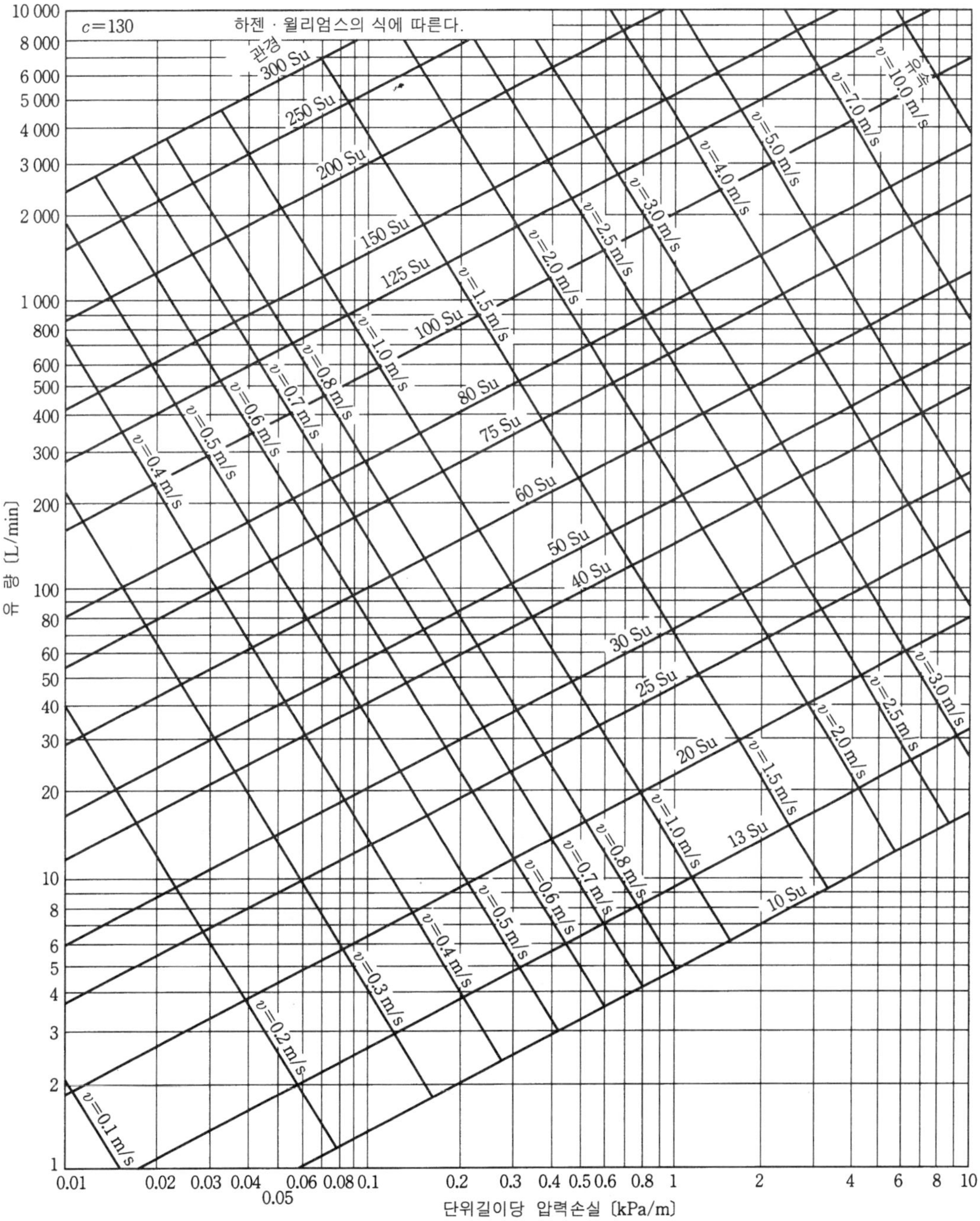

그림 2.25 일반배관용 스테인리스강관 유량선도

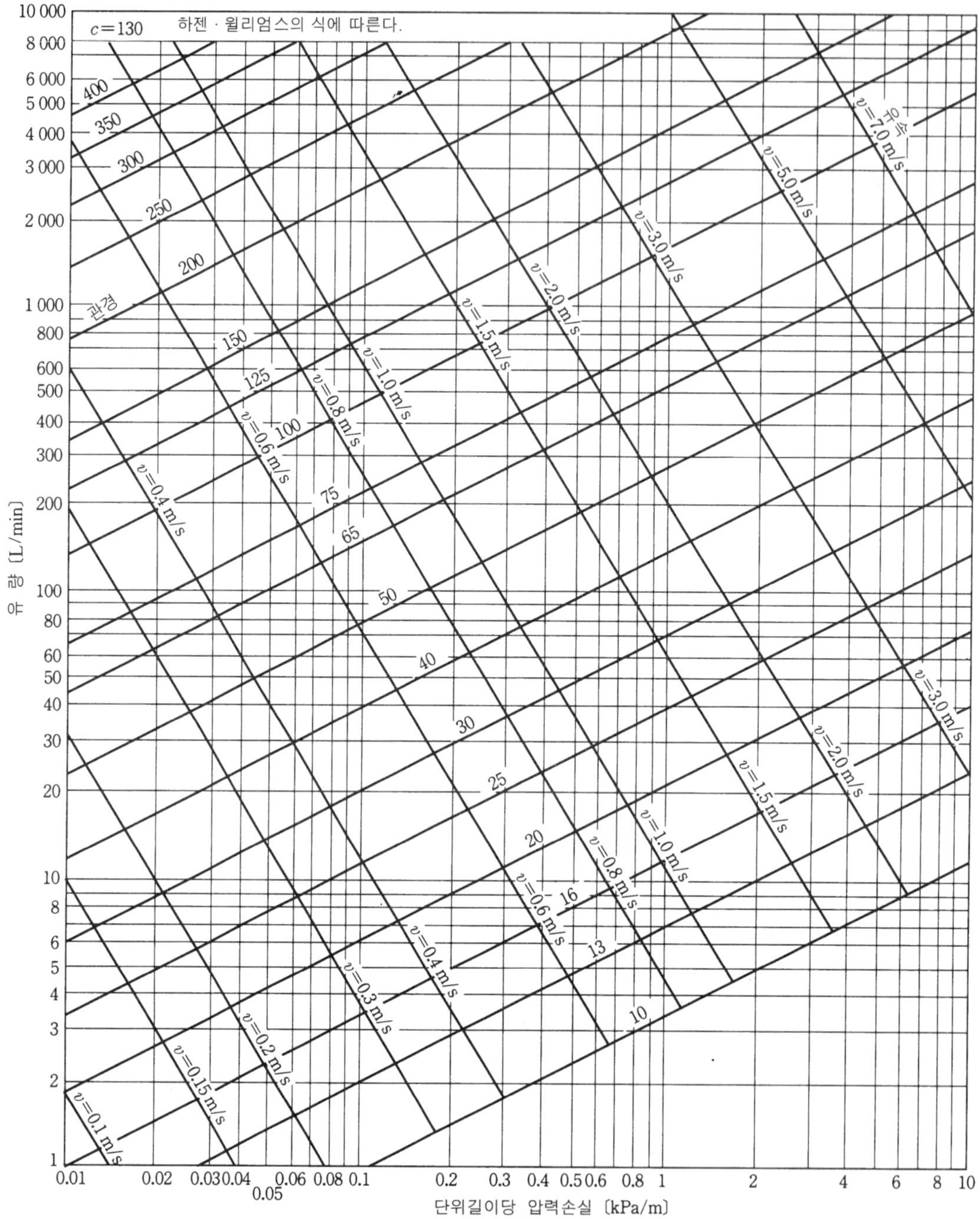

그림 2.26 경질염화비닐관 유량선도

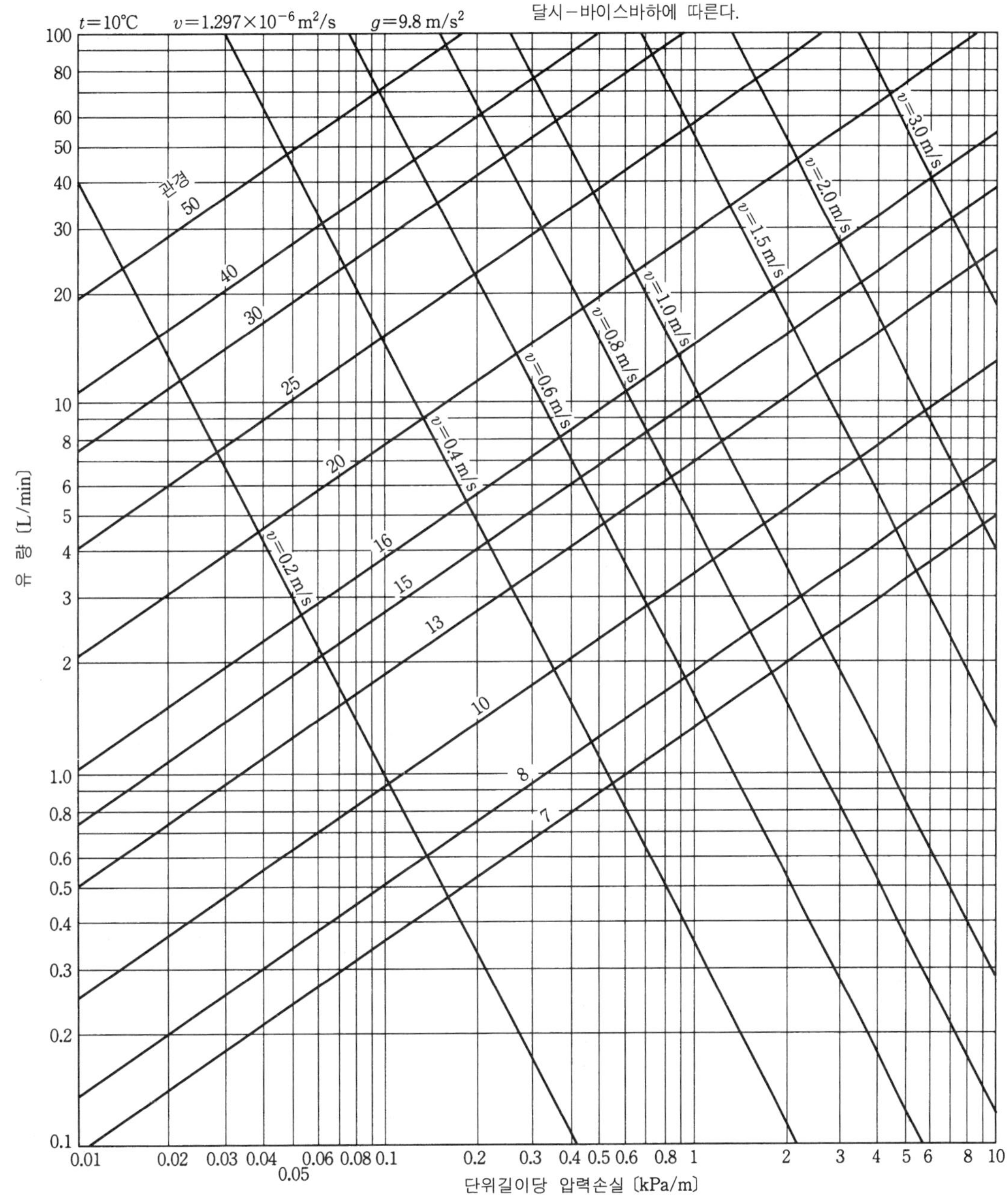

그림 2.27 폴리브틸렌관 유량선도

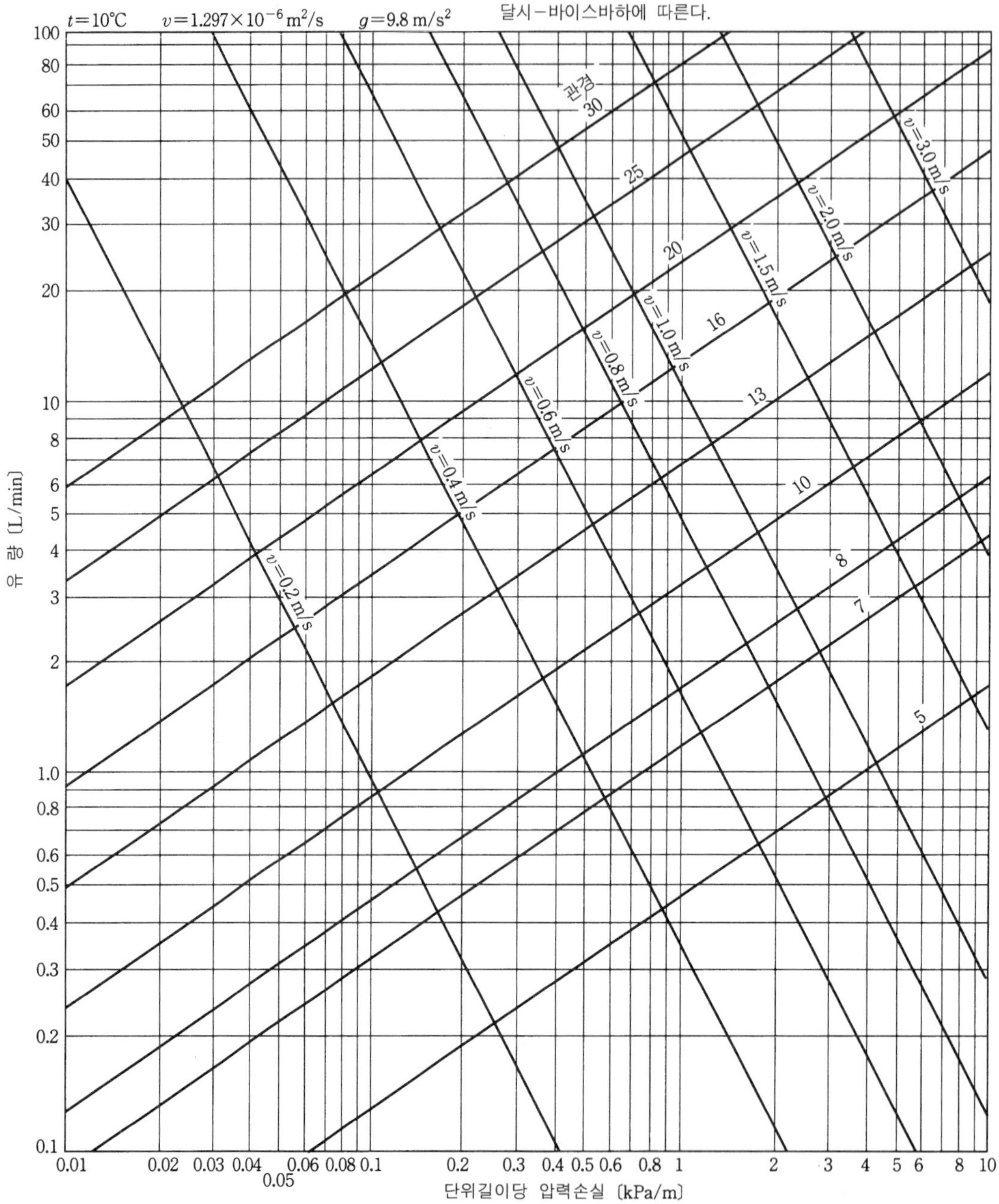

그림 2.28 가교화폴리에틸렌관 유량선도

무디선도 수평축의 Re는 레이놀드수로 vd/ν (ν : 물의 동점성계수), ε는 관 내벽의 불규칙 돌기의 평균치이다. ε/d는 관벽의 조도로 불린다.

하젠-윌리엄스의 실험식을 식 (2.19)에 나타냈다.

$$Q = 4.87\, C d^{2.63}\, i^{0.54} \times 10^3 \tag{2.19}$$

여기서, Q : 유량 [L /min]

C : 유속계수(표 2.9참조)

i : 단위길이당 압력손실 [kPa/m]

표 2.9 각종 관의 유속계수[13)]

관 종류	C
신황동관 · 신동관 · 신연관 · 신시멘트라이닝주철관 또는 강관 · 신석면시멘트관	140
신강관 · 신주철관 · 고황동관 · 고동관 · 고연관 · 경질염화비닐관	130
고시멘트라이닝관 · 도관	110
고주철관 · 고강관	100

그림 2.23~2.28은 하젠-윌리엄스의 식 또는 달시-바이스바하의 식에 의한 각종 배관의 유량선도이다. 실험식에 의한 유량공식은 이 외에도 웨스턴공식, 이케다공식, TW 실험식 등이 있다.

관내의 마찰손실압력은 직관 이외에, 이음쇠, 밸브 등에 의해서도 생긴다. 이들은 모두 $\xi\rho v^2/2$로서 나타내지만, 급수설비에서는 설치되는 이음쇠 · 밸브류의 개수가 많아서, 이들 하나하나의 마찰손실압력을 계산하는 것은 번잡하므, 일반적으로 사용되는 이음쇠 · 밸브류의 마찰손실압력은, 이것들과 동일한 마찰손실압력이 생기는 같은 지름의 직관길이로 환산한 상당관길이를 직관길이에 가산해서 계산한다. 표 2.10 및 표 2.11에 급수용 경질염화비닐관 및 동관 · 일반배관용 스테인리스강관의 이음쇠 · 밸브류에 대한 상당관길이의 값을 나타내었다.

그러나 실제의 급수배관에는 수많은 이음쇠 · 밸브류가 사용되고 있어 이들 상당관길이를 일일이 가산해나가는 작업도 번잡하므로, 개략적인 계산값으로서 상당관길이의 합계를 직관길이의 100~200%로 하는 경우도 많다.

그림 2.29에 양수기의 마찰손실압력을 나타내었다. 특수밸브류에 의한 마찰손실압력은 제조회사의 자료 등에서 구한다.

표. 2.10 급수용 경질염화비닐 라이닝강관용 국부손실상당길이[21)]

호칭경 [mm]	상당관길이[m]							
	90°엘보	45°엘보	90°T(분류)	90°T(직류)	게이트밸브	글로브밸브	앵글밸브	체크밸브
15	3.0*1	2.3*1	3.8*1	1.2*1	3.5*2	4.5	2.4	5.5*2
20	3.1*1	2.2*1	3.8*1	1.6*1	2.3*2	6.0	3.6	2.7*2
25	3.2*1	1.8*1	3.3*1	1.2*1	1.7*2	7.5	4.5	2.9*2
32	3.6*1	2.3	4.0*1	1.4*1	1.3*2	10.5	5.4	3.2*2
40	3.3*1	1.9*1	3.6*1	0.9*1	1.7*2	13.5	6.6	2.6*2
50	3.3*1	1.9*1	3.5*1	0.9*1	1.9*2	16.5	8.4	3.7*2
65	4.4*1	2.4*1	4.4*1	1.1*1	0.48	19.5	10.2	4.6
80	4.6*1	2.4*1	4.9*1	1.3*1	0.63	24.0	12.0	5.7
100	4.7*1, 4.2	2.7*1, 2.4	6.6*1, 6.3	1.5*1, 1.2	0.81	37.5	16.5	7.6
125	5.1	3.0	7.5	1.5	1.5	42.0	21.0	10.0
150	6.0	3.6	9.0	1.8	1.8	49.5	24.0	12.0
200	6.5	3.7	14.0	4.0	4.0	70.0	33.0	15.0
250	8.0	4.2	20.0	5.0	5.0	90.0	43.0	19.0

(주) *1 관끝방식형. 철관이음매협회자료에 따름. 폴리에틸렌 분체 라이닝강관과 겸용한다.
*2 관끝방식형. K사, Y사 자료에 따름. 폴리에틸렌 분체 라이닝강관과 겸용한다.
1. 풋밸브는 앵글밸브와 같고 체크밸브는 스윙형의 경우임.
2. *표시가 없는 데이터는 강관용 데이터를 사용.

표 2.11 동관 · 일반배관용 스테인리스강관용 국부손실상당길이[22)]

호칭경		상당관길이[m]							
A	Su	90°엘보	45°엘보	90°T(분류)	90°T(직류)	게이트밸브*1	글로브밸브*1	풋밸브 스윙형체크 밸브	소켓
13	13	0.30	0.18	0.45	0.09	0.06	2.27	2.4	0.09
20	20	0.38	0.23	0.61	0.12	0.08	3.03	3.6	0.12
25	25	0.45	0.30	0.76	0.14	0.09	3.79	4.5	0.14
32	40	0.61	0.36	0.91	0.18	0.12	5.45	5.4	0.18
40	50	0.76	0.45	1.06	0.24	0.15	6.97	6.8	0.24
50	60	1.06	0.61	1.52	0.30	0.21	8.48	8.4	0.30
65	75	1.21	0.76	1.82	0.39	0.24	10.00	10.2	0.39
80	80	1.52	0.91	2.27	0.45	0.30	12.12	12.0	0.45
100	100	2.12	1.21	3.18	0.61	0.42	19.09	16.5	0.61
125	125	2.73	1.52	3.94	0.76	0.52	21.21	21.0	0.76
150	150	3.03	1.82	4.55	0.91	0.61	25.45	21.0	0.91
200	200							33.0	
250	250							43.0	

*1 청동주물제
*2 50A 이하 : 청동주물, 65A 이상 : 주철제
일반배관용 스테인리스강관에 대해서는 고유의 데이터가 없으므로 본 표를 사용한다.

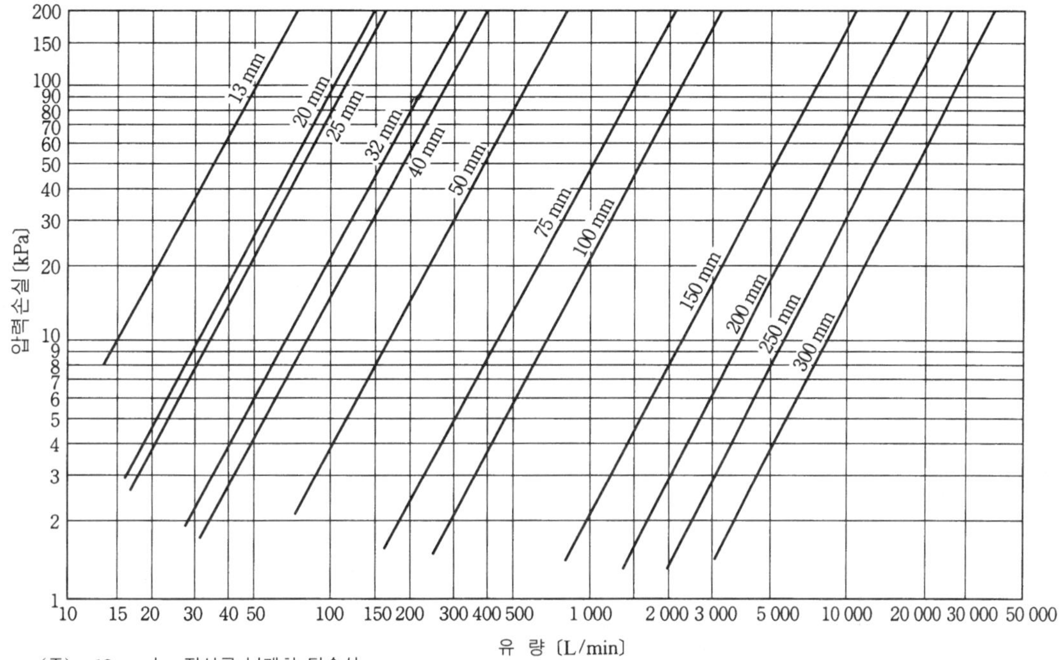

(주) 13 mm는, 접선류 날개차 단습식
20~40 mm는 JWWA B 128(접선류날개차 복상식 수도미터)
50~100 mm는 종형축류 날개차식
150~300 mm는 횡형축류 날개차식

그림 2.29 양수기의 압력손실 예[20]

2.9.2 부하유량의 산정

부하유량은 순간최대유량으로 한다. 순간최대유량의 산정방법에는 다음의 4가지 방법이 있다.

(1) 물사용시간율과 기구급수단위에 의한 방법

(2) 기구급수부하단위법

(3) 기구이용으로부터 예측하는 방법

(4) 가구수 또는 거주인원으로부터 예측하는 방법(집합주택의 경우)

이들 방법의 특징에 대한 비교를 표 2.12에 나타냈다. 일반건물에는 (2)의 기구급수부하단위에 의한 방법이 간편해서 많이 사용되며, 집합주택에는 (4)의 가구수 또는 거주인원으로부터 예측하는 방법이 많이 사용되고 있다.

이들 이외에 간이 도해법, 신급수부하단위법 등이 있다. 이러한 방법에 관해서는 HASS 206를 참고하기 바란다.

표 2.12 순간최대급수유량의 산정방법 비교[23)]

방 법	적용 용도	사용시의 특성
방법 1 물사용시간율과 기구급수단위에 의한 방법	전반적으로 사용가능	· 데이터의 집적을 거쳐, 보다 합리성을 가진 산정법 · 설계자의 판단요소가 많고, 보다 실태에 적합한 관경계산 · 수계산에서는 산정방법이 번잡 · 물사용시간율 η는 잠정치가 많음 · 이종기구를 합성하는 경우의 가산계수 1/2의 검토가 필요 · 설치기구수에 대한 사용인수가 적은 경우의 저감이 고려되어 있음 · 기구수의 보정데이터가 변기·세면기만으로, 다른 기구의 보정방법이 불명확함
방법 2 기구급수부하단위에 의한 방법	전반적으로 사용가능	· 산정방법이 간단 · 기구급수부하단위가 10 이하(기구수가 적음)의 경우나, 기구급수부하단위가 3,000 이상인(기구수가 많음) 경우는 산정할 수 없음(그림이 준비되어 있지 않음) · 세척밸브와 세척탱크가 혼재하는 경우의 산정방법이 불명확함 · 설치기구수에 대한 사용인수가 적은 경우의 저감이 고려되지 않음 · 과대부하가 되고있음
방법 3 기구이용으로부터 예측하는 방법	기구수가 적은 경우 기구의 사용이나 사용수량에 규칙성이 있는 경우에 설계자의 판단으로 사용한다.	· 산정방법이 간단 · 예를들면 다음과 같은 경우의 적용에 효과적이다. 1) 주택이나 집합주택의 가구내 2) 학교에서 사용시간대가 다른 부분(실험교실 · 조리교실과 학생용 화장실 등) 3) 학교에서 샤워와 같이 기구의 사용이 집중하는 경우

[1] 물사용시간율과 기구급수단위에 의한 방법

계산순서는 다음과 같다.

(1) 표 2.13에 나타낸 물사용시간율 및 표 2.14에 나타낸 이용형태에 따라, 그림 2.30을 이용하여 설치하고 있는 기구수로부터 순간최대유량을 구한다.

(2) 임의이용형태의 경우 혹은 계수가 2 이상의 경우에는, 그림 2.31을 이용해 인원수에 대응하는 기구수를 보정한다.

(3) 이종기구가 혼재하는 경우의 순간최대유량은, 각각 기구의 순간최대유량중 최대의 것에 다른 기구의 순간최대유량의 1/2을 더해 구한다. 소변기에 자동세척탱크를 사용하는 경우 등에는 연속류로서 그 유량을 그대로 가산한다.

표 2.13 기구급수단위(기구급탕단위)와 물사용시간율η의 표준치 [24)]

기구명	급수방식 등	구경	기구급수 단위	절수기 사용 단위	기구급탕 단위	물사용시간율 η	비 고
대변기	세척밸브/사이펀형/남	25	9			0.03(10/300)	
	세척밸브/사이펀형/여	25	9			0.15(15/100)	
	세척밸브/세출·세락/남	25	6			0.03(10/300)	
	세척밸브/세출·세락/여	25	6			0.15(15/100)	
	세척탱크/남	13	1			0.15(50/300)	
	세척탱크/여	13	1			0.5 (50/100)	
소변기	세척밸브	13	2			0.3(13/40)	
	세척탱크	13	0.5			1.0(연속류)	탱크 1개당
세면기	수직수전 } 모아씻기	13	1	0.5	0.6	0.5	
	혼합수전 } 씻어내리기	13	1	0.5	0.6	0.5	
수세기	수직수전	13	1	0.5	0.6	0.5	
수술용수세기		13	1		0.6	0.5	
세발기	세발수전	13	1		0.7	0.5잠정치	
일본식 욕조	소형	13	2	1.5	1.4	0.3(360/1,200)	
	대형	20	5		3.5	0.5잠정치	
	대형	25	7		4.8	0.5잠정치	
서양식 욕조	욕조·샤워	20	3		2.1	0.15(180/1,200)	
샤워		13	1		0.7	0.15(180/1,200) 0.5(300/600)	
상탕	욕조수전	20	3		2.0	0.3(360/1,200)	
	목이긴·혼합수전	13	2	1.5	1.3	0.3(360/1,200)	
서양식 욕실	세척밸브 세척탱크	- -	12 4	 4	8.3 2.8	0.02(10/1,200 ×2) 0.15(180/1,200)	세척밸브+욕조 세척탱크+욕조+세면기
조리싱크	가정용, 자재·혼합	13	1	0.5	0.7	0.5잠정치	
	영업용, 자재·혼합	13	1		0.7	0.5잠정치	
	영업용, 자재·혼합	20	2		1.3	0.5잠정치	
탕비장싱크	자재수전	13	1	0.5	0.7	0.5잠정치	
세면싱크	목이 긴 수전	13	1		0.6	0.5	
청소싱크	목이 긴 수전	20	3		1.9	0.5잠정치	
세탁싱크	목이 긴·만능수전	13	1	0.5	0.6	0.5잠정치	
오물싱크	세척밸브	25	9			0.5잠정치	
실험싱크	화학수전	13	1		0.6	0.5잠정치	
탕비기	저장식	13	0.5			0.5잠정치	음료용
	저장식	20	1			0.5잠정치	음료용
	순간식	13	0.5			0.5잠정치	원지식
살수전	살수전	13	2			0.5잠정치	
	살수전	20	5			0.5잠정치	

(주) 기준유량은 세면기의 씻어내기의 유량, 표준수압 100kPa에서 매분 14L를 취하고, 이것을 급수단위 1로 정함

표 2.14 임의이용형태 및 집중이용형태의 건물 [25)]

건물의 특성구분		임의이용형태의 건물	집중이용형태의 건물
a. 1가구 · 실단위로 기구가 설치되어 있는 것을 기본으로 하는 건물	1가구단위의 설치가 기본으로 되어 있는 건물	단독주택 · 집합주택	
	실단위의 설치가 기본으로 되지만, 공용부분의 피크인원산정도 필요한 건물	여관 · 리조트호텔 · 모텔	
b. 수용자수 · 정원 · 객석수 등으로부터 피크인원을 예측할 수 있는 건물	일정한 틀이 있으며, 피크인원의 변동이 비교적 적은 건물	기숙사 · 요양소 · 양로원 · 양호시설 · 음식점 · 주차장 · 대학 · 간이합숙소 · 합숙소 · 유스호스텔	보육소 · 유치원 · 탁아소 · 초등학교 · 중학교 · 고등학교 · 대학 · 각종학교(대학은 양쪽 형태가 고려된다)
	일정한 틀이 있으나, 피크인원의 변동이 비교적 많은 건물	도서관 · 미술관 · 박물관 · 교회	극장 · 공회당 · 집회장 · 영화관 · 연예장 · 관람장 · 경기장
c. 연면적 · 영업면적 등으로부터 피크인원을 예측할 수 있는 건물	피크인원의 변동이 비교적 적은 건물	연구소 · 시험소	공장 · 작업소 · 관리소
	외래(객)이 있어, 피크인원의 변동이 다소 있는 건물	사무소 · 관청 · 은행 · 신문사 · 점포 · 마켓	
	이용객의 출입이 대단히 빈번하여 피크인원의 변동이 많은 건물	클럽하우스 · 공중목욕탕 · 체육관 · 풀 · 볼링장 · 스케이트장 · 사원 · 시장 · 진료소 · 병원	
d. a～c의 복합건물	a와 b와 c의 복합건물	종합병원(병동 · 진료 동)	
	a와 c의 복합건물	도심형 호텔	
	b와 c의 복합건물	백화점 · 양판점	
e. 보행자 등이 대상이 되며, 피크인원의 예측이 곤란한 건물		공중화장실 · 지하가 · 주유소	역 · 버스터미널 · 서비스에어리어 · 드라이브인

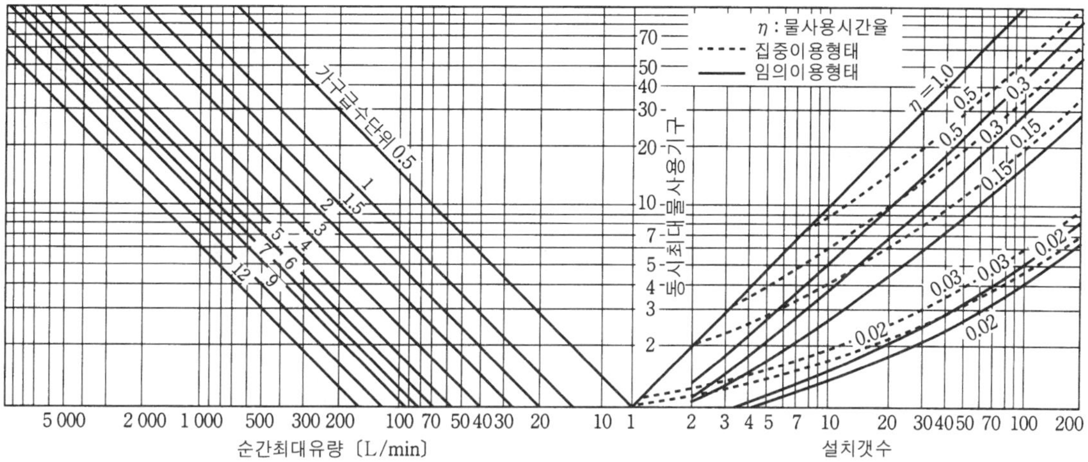

그림 2.30 순간최대유량의 산정(물사용시간율과 기구급수단위에 의한 방법)[26]

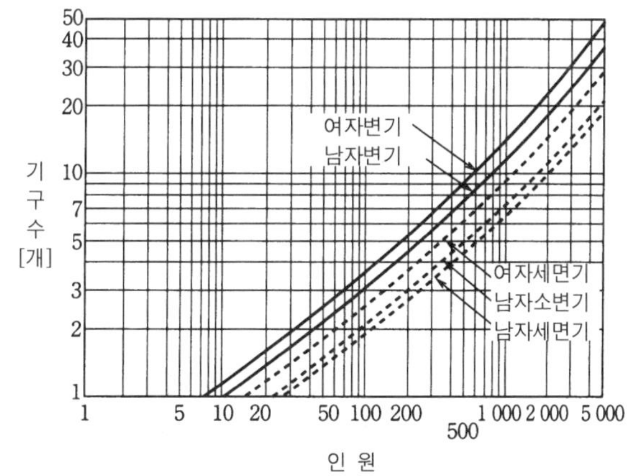

그림 2.31 기구수의 보정(임의 이용형태)[27]

[2] 기구급수부하단위법

표 2.15로부터 각 기구의 기구급수부하단위를 구하고, 그림 2.32를 이용하여 해당 기구급수부하단위수로부터 순간최대유량을 구한다.

표 2.15 기구급수부하단위[28)]

기구명	수 전	기구급수부하단위		기구명	수 전	기구급수부하단위	
		공중용	개인용			공중용	개인용
대변기	세척밸브	10	6	연합싱크	급수전		3
대변기	세척탱크	5	3	세면싱크 (수전1개당)	급수전	2	
소변기	세척밸브	5		청소용싱크	급수전	4	3
소변기	세척탱크	3		욕조	급수전	4	2
세면기	급수전	2	1	샤워	혼합수전	4	2
수세기	급수전	1	0.5	욕실세트	대변기가 세척밸브에 의한 경우		8
의료용 세면기	급수전	3		욕실세트	대변기가 세척탱크에 의한 경우		6
사무실용 싱크	급수전	3		음수기	음료수 수전	2	1
부엌용싱크	급수전		3	탕비기	볼탭	2	
요리장싱크	급수전	4	2	살수・차고	급수전	5	
요리장싱크	혼합수전	3					
식기세척	급수전	5					

(주) 급탕전 병용인 경우, 1개의 수전에 대한 기구급수부하단위는 상기 수치의 3/4로 한다.

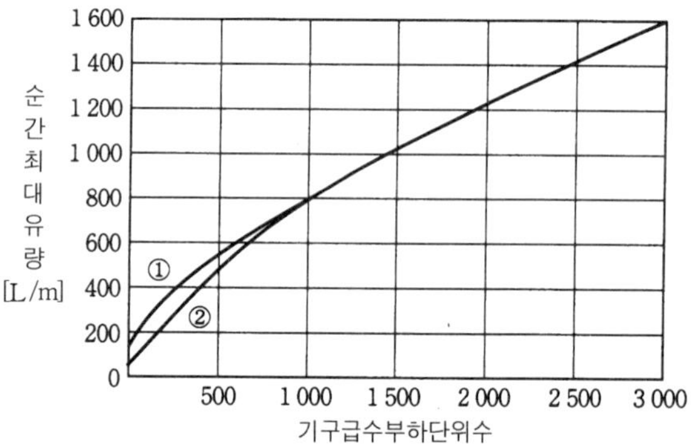

(a) 순간최대유량

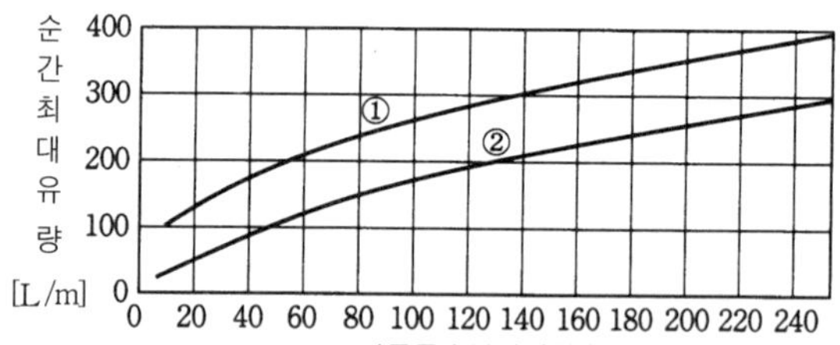

(b) 순간최대유량(일부확대)

(주) 곡선 ①은 대변기 세척밸브가 많은 경우, 곡선 ②는 그 이외의 경우에 사용한다.

그림 2.32 순간최대유량의 산정(기구급수부하단위법)[29)]

[3] 기구이용으로부터 예측하는 방법

표 2.16을 이용해 동시사용 기구수를 구해 그 기구수에 표 2.17의 순간최대유량을 곱해 구한다.

표 2.16 기구의 동시사용률(%)[30]

기구종별 \ 기구수	1	2	4	8	12	16	24	32	40	50	70	100
대변기(세척밸브)	100	50	50	40	30	27	23	19	17	15	12	10
일반기구	100	100	70	55	48	45	42	40	39	38	35	33

(주) 표준 동시사용율을 나타낸 것이다.

표 2.17 각종 위생기구 · 수전의 사용량 및 순간최대유량[31]

기구명	1회당 사용량[L]	순간최대유량 [L/min]	비고
대변기 세척밸브	15	105	
절수형 대변기 세척밸브	13		
로탱크 세척 세락 · 세출식 대변기	12	10	사용량은 1세척/회의 경우, 공공적인 화장실에서 세척회수는 남자 1.5세척/회, 여자 2.0세척/회 정도이다.
로탱크 세척 사이펀식 대변기	16		
로탱크 세척 사이펀젯트식 대변기	20		
절수형 로탱크 세척 세락 · 세출식 대변기	8		
절수형 로탱크 세척 사이펀식 대변기	13		
절수형 로탱크 세척 사이펀젯트식 대변기	13		
소변기 세척밸브	4~6	30	대욕조 경우의 필요유량은 욕조를 채우는 시간으로부터 구한다.
소변기 자동세척탱크		8~10	
수세기	3	8	
세면기	10	10	
싱크류(13 mm 수전)	15	15	
싱크류(20 mm 수전)	25	20	
살수전		20	
동양식 욕조	크기에 의존	크기에 의존	
서양식 욕조	100~160	25~30	
샤워	24~60	12~20	
수음기	0.2~0.5	3	

[4] 가구수 또는 거주인원으로부터 예측하는 방법

이 방법에는, 가구수로부터 순간최대급수량을 구하고 일본의 「우량주택 부품인정 기준 자료」와 일본수도협회발행 「수도시설 설계지침」에 의해 거주인원으로부터 순간최대급수량을 구하는 방법 등이 있다. 전자의 방법은 식 (2.20), 식 (2.21) 또는 식 (2.22)에 의해 산정한다.

10호 미만

$$Q = 42N^{0.33} \tag{2.20}$$

10호 이상 600호 미만

$$Q = 19N^{0.67} \tag{2.21}$$

600호 이상

$$Q = 2.8N^{0.97} \tag{2.22}$$

여기서, Q : 순간최대유량[L / min]

N : 가구수[호]

후자의 방법은 식 (2.23) 또는 식 (2.24)에 의해 산정한다.

$$1 \sim 30\text{인} \quad Q = 26P^{0.36} \tag{2.23}$$

$$31 \sim 200\text{인} \quad Q = 13P^{0.56} \tag{2.24}$$

여기서, Q : 순간최대유량[L / min]

P : 거주인원[인]

예제 1.2 그림 2.33에 나타낸 사무소 건물에서 남자화장실의 구간 A, B 및 C에 흐르는 순간최대급수량을 물사용시간율과 기구급수단위에 의한 방법, 기구급수부하단위법 및 기구 이용으로부터 예측하는 방법에 의해 결정하시오. 또한 물사용시간율과 기구급수단위에 의한 방법인 경우에는, 같은 화장실이 그림 2.34에 나타낸 것처럼 3층에 걸쳐서 설치되는 경우 급수수직관의 각 구간에 흐르는 순간최대급수량도 구하시오.

풀이

(1) 물사용시간율과 기구급수단위에 의한 방법 : 이용형태는 사무소건물이기 때문에 표 2.14로부터 임의이용형태이다.
각 층의 화장실에서 급수관의 구간별 순간최대유량 계산을 표 2.18에, 급수수직관 구간별 순간최대급수량 계산을 표 2.19에 나타내었다.

(2) 기구급수부하단위법에 의한 방법 : 순간최대유량의 계산을 표 2.20에 나타내었다.

(3) 기구이용으로부터 예측하는 방법 : 순간최대유량계산을 표 2.21에 나타내었다.

표 2.18 [예제 1-2]에서 화장실내 급수관의 구간별 순간최대유량 계산 (물사용시간율과 기구급수단위에 의한 방법)

구간	급수기구명	갯수	기구급수단위	물사용시간율	순간최대유량
			표 2.13으로부터		그림 2.30으로부터
D	소변기용 감지식 세척밸브	3	2	0.3	$Q_D = 40\,\text{L/min}$
C	절수용 세면기 수전	2	0.5	0.5	$Q_s = 10\,\text{L/min}$
	+D				$Q_c = Q_D + \frac{Q_s}{2} = 40 + \frac{10}{2} = 45\ \text{L/min}$
B	사이펀식대변기용세척밸브	2	9	0.03	$Q_B = 120\,l/\text{min}$
A	B+C	–	–	–	$Q_A = Q_B + \frac{Q_c}{2} = 120 + \frac{45}{2} = 143\ \text{L/min}$

표 2.19 [예제 1-2]에서 급수수직관의 구간별 순간최대급수량 계산 (물사용시간율과 기구급수단위에 의한 방법)

구간	각층 급수기구명	각 층의 갯수	인원 [인]	보정인수 [인]	보정 기구수	기구 급수 단위	물사용 시간율 η	기구별 순간최대 유량	구간 순간최대유량
					그림 2.31로부터	표 2.13으로부터		그림 2.30으로부터	
E	소변기용 감지식 세척밸브	3	200	200×2=400	4.3	2	0.3	55 L/min	$Q_E = 121 + \frac{55+14}{2} = 155.5\ \text{L/min}$
	절수용 세면기 수전	2	105	105×2=210	2.9	0.5	0.5	14 L/min	
	사이펀식 대변기용 세척밸브	2	42	42×2=84	2.8	9	0.03	121 L/min	
F	소변기용 감지식 세척밸브	3	200	200×3=600	5.4	2	0.3	72 L/min	$Q_F = 125 + \frac{72+15}{2} = 165.5\ \text{L/min}$
	절수용 세면기 수전	2	105	105×3=315	3.5	0.5	0.5	15 L/min	
	사이펀식 대변기용 세척밸브	2	42	42×3=126	3.6	9	0.03	125 L/min	

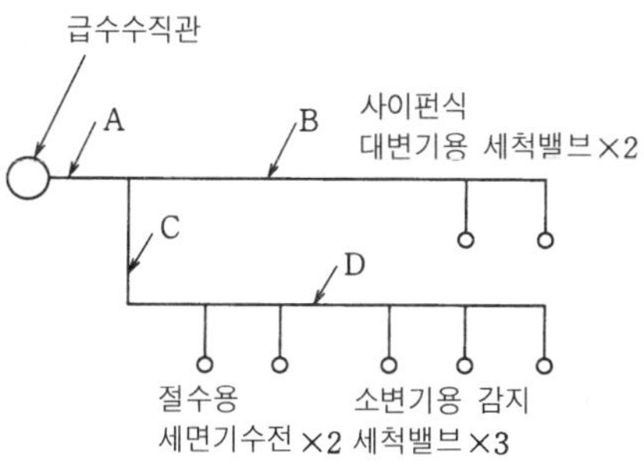

그림 2.33 [예제 1-2]의 설명도(1)

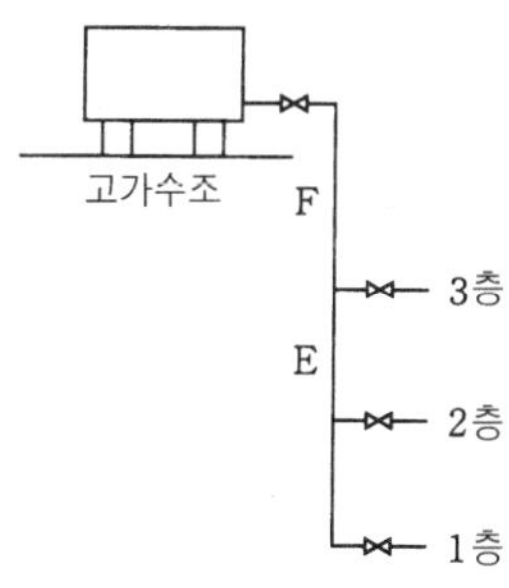

그림 2.34 [예제 1-2]의 설명도(2)

표 2.20 [예제2-2]에서 화장실내 급수관의 구간별 순간최대유량 계산 (기구급수부하단위법에 의한 방법)

구간	급수기구명	갯수	기구급수부하단위 수	기구급수부하 단위의 합계	담당기구급수 부하단위 수	순간최대급수량
			표 2.15로부터			그림 2.32로부터
D	소변기용 감지식 세척밸브	3	5	15	15	$Q_D = 50$ L/min
C	절수용 세면기 수전	2	2	4	–	–
	+D	–	–	–	15+4=19	$Q_C = 60$ L/min
B	사이펀식 대변기용 세척밸브	2	10	20	20	$Q_B = 120$ L/min
A	B+C	–	–	–	20+19=39	$Q_A = 165$ L/min

표 2.21 [예제2-2]에서 화장실내 급수관의 구간별 순간최대유량 계산 (기구이용으로부터 예측하는 방법)

구간	급수기구명	갯수	동시사용율 [%]	동시 사용 갯수	기구1개의 순간최대유량	기구갯수에 의한 순간최대유량	순간최대급수량
			표 2.16으로부터		표 2.17로부터		
D	소변기용 감지식 세척밸브	3	85	2.55	30	76.5 L/min	Q_D=76.5 L/min
C	절수용 세면기 수전	2	100	2	10	20 L/min	
	D+	–	–	–	–	–	Q_C=76.5 L/min +20 L/min =96.5 L/min
B	사이펀식 대변기용 세척밸브	2	50	1	105	105 L/min	Q_B=105 L/min
A	B+C	–	–	–	–	–	Q_A=96.5 L/min +105 L/min =201.5 L/min

2.9.3 관경의 결정

급수관의 관경 결정은, 결정하려고 하는 부위에 흐르는 순간최대유량을 기초로 하여, 유량선도로부터 급수압력이 약 100 kPa 미만인 층의 경우에는, 기구에 필요한 수압이 주어지도록 허용단위길이당의 마찰손실압력을 기초로 하여 결정하고, 급수압력이 약 100 kPa 이상인 아래쪽 층의 경우에는, 유속이 2.0 m/s 정도 이하가 되도록 결정한다.

급수압력이 약 100 kPa 미만인 층의 경우 허용단위길이당의 허용마찰손실압력은 식 (2.25)에 의해 계산한다.

$$i = \frac{P - P_f - P'}{l + l'} \tag{2.25}$$

여기서, i : 허용단위길이당의 마찰손실압력[kPa/m]

P : 정수압[kPa]

P_f : 관경을 결정하려고 하는 구간까지의 마찰손실압력[kPa]

P' : 관경을 결정하려고 하는 구간의 말단기구에서의 필요수압[kPa]

l : 직관의 길이[m]

l' : 이음쇠・밸브류의 상당관길이 합계[m]

설치 기구수가 적은 경우에는 관균등표를 이용하여 관경을 간편하게 결정하는 경우도 있다. 관균등표란 가는 관(일반적으로 지름 15 mm의 관) 몇개가 굵은 관 1개와 동일한가를 나타낸 표로서, 하젠-윌리엄스의 식에서, 가는 관이나 굵은 관도 단위길이당의 마찰손실압력을 동일하다고 보고, 식 (2.26)에 의해 계산한 균등본수를 표로 나타낸 것이다.

그러나 가는 관과 굵은 관의 단위길이당 마찰손실압력이 동일하지 않으며, 동시사용율도 고려되지 않으므로 어디까지나 기구수가 적은 경우의 간편법이다.

$$n = Q/q^{2.63} \tag{2.26}$$

여기서, n : 균등본수(개)

Q : 굵은 관에서의 유량

q : 가는 관의 유량

표 2.22~2.26에 각종 관의 균등표를 나타내었다.

표 2.22 경질염화비닐라이닝강관 균등표[32]

	15	20	25	32	40
15	1				
20	2.5	1			
25	5.2	2.1	1		
32	11.1	4.4	2.1	1	
40	17.2	6.8	3.3	1.5	1
50	33.7	13.9	6.4	3.0	2.0

표 2.23 동관(L타입) 균등표[33]

	15	20	25	32	40
15	1				
20	2.6	1			
25	4.9	2.0	1		
32	9.2	3.5	1.7	1	
40	14.5	5.5	2.7	1.6	1
50	30.0	11.5	5.7	3.3	2.1

표 2.24 동관(M타입) 균등표[34)]

	15	20	25	32	40
15	1				
20	2.5	1			
25	5.1	2.0	1		
32	8.6	3.4	1.7	1	
40	13.4	5.3	2.6	1.6	1
50	27.6	10.9	5.4	3.2	2.1

표 2.25 경질염화비닐관 균등표[35)]

	13	16	20	25	30	
13	1					
16	1.7	1				
20	3.1	1.8	1			
25	5.6	3.2	1.8	1		
30	9.8	5.7	3.2	1.8	1	
40	19.2	11.1	6.2	3.4	2.0	1
50	36.4	21.1	11.7	6.5	3.7	1.9

표 2.26 일반배관용 스테인리스강관 균등표[36)]

	13	20	25	32	40
13	1				
20	2.5	1			
25	5.1	2.1	1		
30	8.1	3.2	1.6	1	
40	15.3	6.1	3.0	1.9	1
50	21.9	8.8	4.3	2.7	1.4

예제 1.3 그림 2.35에 나타낸 급수배관에서 각부의 관경을 구하시오. 다만, 배관은 경질염화비닐관을 사용하는 것으로 하고, 이음쇠·밸브류의 상당관길이 합계는 직관길이와 동일한 것으로 한다. 순간최대유량은 기구급수부하단위법에 의해 구하시오.

풀이

각 구간에서의 순간최대유량은 그림 2.35로부터 표 2.27의 해당관에 나타낸 것처럼 산출할 수 있다.

수리적으로 불리한 위층으로부터 관경을 결정해 나간다. 최상층에서 가장 높은 수압을 필요로 하고, 또한 가장 멀리 있는 기구는 d_4점의 세척밸브식 대변기이므로 A～d_4구간에 대해서 생각하면, 정수압 P는 $10.0-(0.6+0.6)=8.8$ m의 수두에 의한 압력이기 때문에, d_4에 필요한 수압 P'는 대변기 세척밸브이기 때문에 70 kPa, 직관길이 l은 21.61 ≒ 22 m, 이음쇠·밸브류의 상당관길이 $l'=l=22$ m이므로

$$i=\frac{86.24-70}{22+22}=0.37\,\text{kPa/m}$$

따라서 그림 2.26을 사용하여 표 2.27의 a부를 작성할 수 있다.

다음으로 B～d_3간에 대해서 생각하면, 정수압 P는 $8.8+3.5=12.3$ m의 수두에 의한 압력이기 때문에 120.54 kPa, A～B관의 마찰손실압력 P는 표 2.27의 A～B간의 단위길이당의 마찰손실

압력이 0.3 0kPa/m이기 때문에, $2\times(3.0+2.5+8.0)\times 0.30\,\text{kPa/m}=8.10\,\text{kPa}$, $P'=70\,\text{kPa}$, 따라서

$$i=\frac{120.54-8.10-70}{12+12}=1.77\,\text{kPa/m}$$

그러므로 그림 2.26으로부터 $i=1.77\,\text{kPa/m}$로 관경을 결정하면, 30A 이상의 배관 관경은 유속으로 결정하면 좋다는 것을 알 수 있으므로 표 2.27의 b, c 및 d부를 작성할 수 있다.

표 2.27 [예제 1.3]에서 각 구간에서 순간최대유량

	구간	담당기구급수 부하단위[FU]	유량 [L/min]	$i=0.37$ kPa/m로 제한하였을 때의 관경	그때의 v [m/s]	그때의 i [kPa/m]
a	A~B	96	260	65A	1.35	0.3
	B~a_4	24	140	50A	1.2	–
	a_4~b_4	22	135	50A	1.15	–
	b_4~c_4	20	130	50A	1.1	–
	c_4~d_4	10	100	50A	0.2	–
				$v=2.0$ m/s로 제한하였을 때의 관경		
b	B~C	72	220	50A		
	C~a_3	24	140	40A		
	a_3~b_3	22	135	40A		
	b_3~c_3	20	130	40A		
	c_3~d_3	10	100	30A		
c	C~D	48	190	50A		
	D~d_2	–		C~d_3와 동일		
d	D~E	24	140	40A		
	E~d_1	–		C~d_3와 동일		

2.10 워터해머

2.10.1 워터해머의 원인

급수배관에서 워터해머의 발생원인에는 다음의 두 가지가 있다.

(1) 배관내 물 흐름의 폐지

(2) 펌프정지시의 수주분리

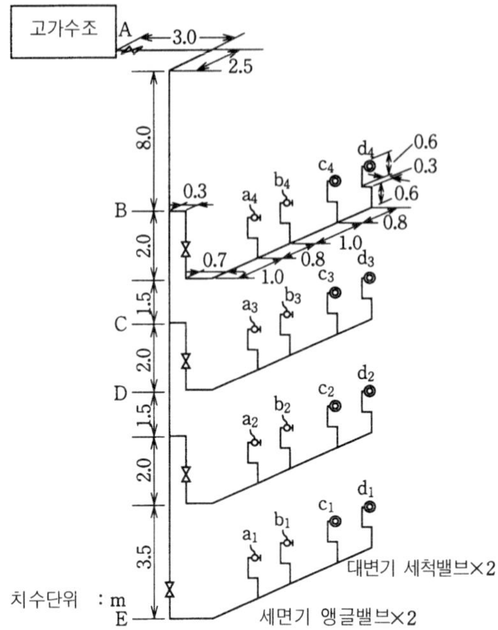

그림 2.35 [예제 1-3]의 설명도

[1] 배관내 물 흐름의 급폐지

배관내를 흐르고 있던 물이 갑자기 멈추면, 흐르고 있던 물의 에너지가 물을 압축하여 수압을 상승시키는 에너지, 충격음을 발하는 에너지, 배관을 진동시키는 에너지, 배관재료를 팽창시키는 에너지 등으로 변환된다. 이 때의 상승압을 수격압이라고 한다.

상승한 압력은 압력파가 되어 폐지한 지점과 상류측과의 사이의 배관내를 왕복하며, 배관내의 압력은 그림 2.36에 나타낸 것처럼 고저로 변동하면서 차츰 감쇠한다. 정수압이 낮은 위치에서는 배관내의 압력이 부압이 되는 경우도 있으므로 주의할 필요가 있다.

직선 배관에서의 워터해머 해석은 충분히 이루어지고 있지만, 실제의 급수배관은 복잡한 형상을 하고 있으므로 충분하게는 해석되어 있지 않다.

워터해머에 의한 압력파의 전달속도는 식 (2.27)로 나타낸다.

$$a = \frac{K/\rho}{1 + \dfrac{K}{E} \cdot \dfrac{d}{t}} \tag{2.27}$$

여기서, a : 압력파의 전파속도[m/s]

K : 관내유체의 체적탄성계수(상온에서 맑은 물의 경우는 2.03×10^9 Pa)

ρ : 관내유체의 밀도[kg/m^3]

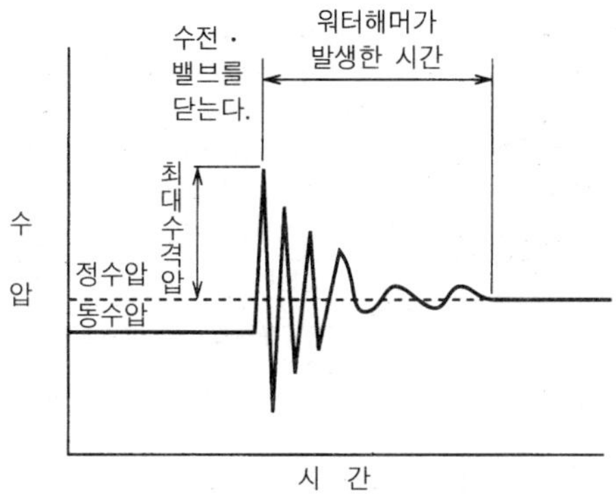

그림 2.36 워터해머의 설명도

E : 관벽재료의 종탄성계수(강관 : 2.06×10^{11} Pa, 일반배관용 스테인리스강관 : 1.93×10^{11} Pa, 동관 : 1.20×10^{11} Pa, 경질염화비닐관 : 2.94×10^{9} Pa)

d : 관의 내경[m]

a : 관벽의 두께[m]

워터해머에 의한 수격압은 밸브 등의 폐지시간에 따라 다르다. 폐지시간 T가 수격압이 전해지는 관 길이 L을 왕복하는 시간보다 짧은 경우 즉, $T \leq 2L$의 경우를 급폐지라고 하며, 급폐지인 경우 수격압의 크기는 식 (2.28)로 나타난다.

$$P = \rho av \tag{2.28}$$

여기서, P : 급폐지 경우의 수격압[Pa]

ρ : 관내 유체의 밀도[kg/m^3]

a : 압력파의 전파속도[m/s]

v : 흐르고 있던 유속[m/s]

그림 2.37에 흐르고 있는 유속이 1 m/s인 경우 각종 관에 생길 수 있는 수격압을 나타내었다. $T \leq 2L/a$의 경우는 급폐지의 경우보다 수격압이 작으며 그 해석은 복잡하지만, 유속에 거의 비례한다.

[2] 펌프 정지시의 수주분리

펌프의 토출측에 스윙식 체크밸브를 사용할 경우, 펌프가 정지해 역류가 시작되고 나서 체크밸브가 급폐지 하여 [1] 항에서 기술한 워터해머가 생기는 경우가 있으며, 그 외에 수주분리에 의해 워터해머가 발생하는 경우가 있다.

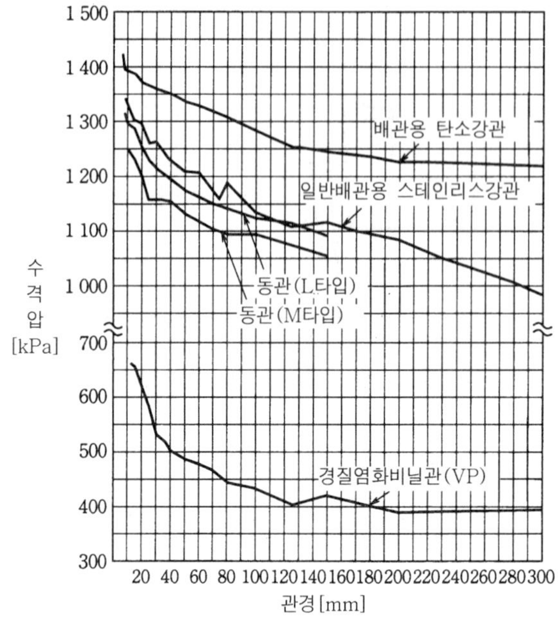

(주) 이외의 경우는 이 그래프의 값에 유속[m/s]을 곱하여 구하면 된다.

그림 2.37 각종 관에서 v = 1.0 m/s의 경우에 일어날 수 있는 수격압

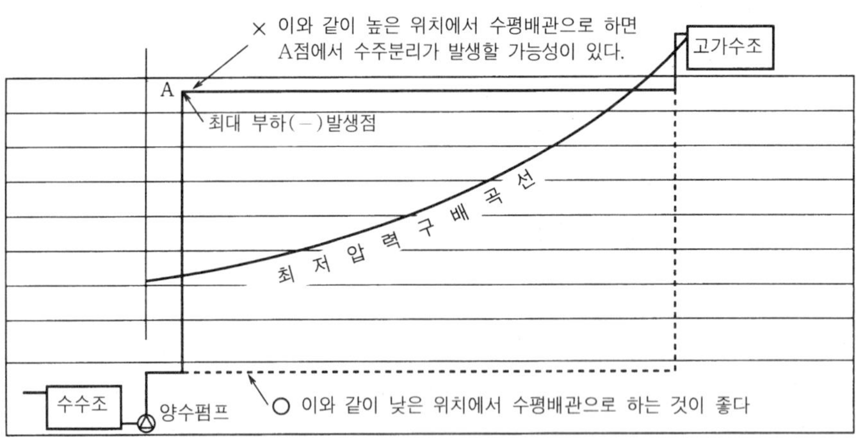

그림 2.38 양수관에서 수주분리의 발생과 양수관의 수평 높이 배관

수주분리라는 것은, 양수펌프가 정지해도 배관내의 물은 관성력에 의해 양수를 지속하려고 하므로, 양수관내의 압력은 그림 2.38의 최저압력 구배곡선과 같이 된다. 이 구배곡선보다 위에 있는 양수관의 부분에서는 배관내부가 부압이 되어, 그 압력이 물의 포화증기압 이하가 되면 물이 증발하여 수주

가 분리한다. 그러나 배관내의 압력은 곧바로 원래로 돌아오므로, 수주는 다시 결합해 하나의 수주가 되면서 격렬한 수격압이 발생한다.

최저압력 구배선의 작도방법은 번잡하므로 여기에서는 생략하지만, 필요한 경우 워터해머의 전문서를 참조하기 바란다.

2.10.2 워터해머 방지방법

밸브 등의 급폐지에 의한 워터해머의 발생을 방지하기 위해서는 아래와 같은 방법을 이용한다.

(1) 배관내의 유속을 2.0 m/s 미만으로 억제한다.

(2) 워터해머가 생기기 쉬운 전자밸브나 급폐수전 등의 근처에 그림 2.39에 나타낸 것 같은 워터해머 방지기를 설치한다.

(3) 양수펌프의 정지시 물의 역류에 의한 워터해머의 발생 방지에는, 역류가 시작되기 전에 밸브를 닫는 급폐 체크밸브 또는 역류를 허락하면서 밸브를 닫는 완폐 체크밸브 등의 수격방지 체크밸브를 사용한다.

양수펌프 정지시의 수주분리에 의한 워터해머 발생은, 양수관이 그림 2.38에 나타낸 최저압력 구배곡선보다 아래에 오는 위치, 즉 양수관의 수평배관은 가능한 한 낮은 위치로 배관하여 방지한다.

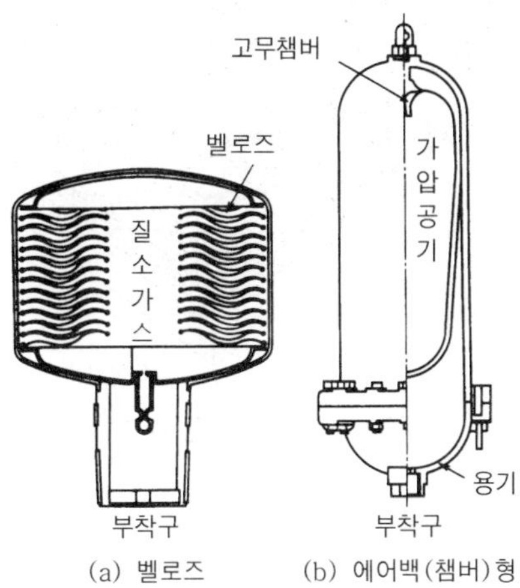

그림 2.39 워터해머 방지기의 구조

2.11 기기 · 재료

2.11.1 수조

수조에는 개방식 수조인 수수조나 고가수조 등과 밀폐식 수조인 압력수조가 있다. 개방식 수조의 재질에는 강판제, 스테인리스강판제, FRP제, 목제 등이 있다.

최근의 수조는 펌프실, 펌프 유닛, 수중펌프를 내장하거나, 지진에 대비하여 긴급차단밸브나 연통밸브가 부속되는 등 다양화하고 있다.

[1] 강판제 수조

강판제는 과거에 내부를 에폭시수지 코팅한 일체형이 사용되어 왔으나, 최근에는 나일론수지를 코팅한 1 m×1 m, 1 m×2 m, 0.5 m×1 m 등의 패널을 현장에서 조립하는 그림 2.40에 나타낸 것 같은 패널형태가 많이 사용되고 있다. 일체형에는 각형 외에 원통형의 것도 있다.

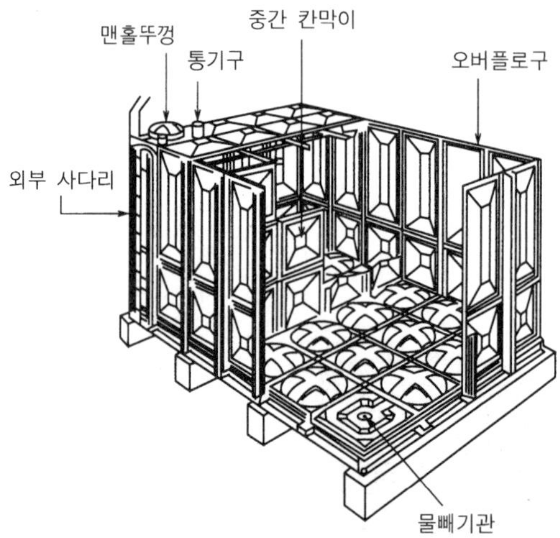

그림 2.40 패널형 수조

[2] 스테인리스강판제 수조

스테인리스강판제도 패널형 수조가 많이 사용되고 있다. 스테인리스강은 가공시의 잔류응력이 남아 있으면 응력부식균열이 생기기 쉽고, 응력부식균열은 SUS 304, SUS 304L, SUS 316, SUS 444의 순서로 생기기 어렵다. 또한, 스테인리스강은 염소에 약하기 때문에 액상부(液相部)에는 SUS 444를 사용하고, 물방울이 부착해 물이 증발한 후 염소농도가 높아지거나 수중 잔류염소가 발산하여 염소

농도가 높아지는 고수위면보다 상부의 기상부(氣相部)에는, 응력부식에도 강하고 염소에도 비교적 강한 SUS 329 J 4L를 사용하는 경우가 많다.

[3] FRP제 수조

FRP는 유리섬유를 강화한 불포화폴리에스테르수지이다. 처음에는 일체형으로 제조되었다. 현재는 패널형이 많이 사용되고 있다. FRP수조에는 FRP단판으로 된 수조, 표면재는 FRP로 하고 중심재를 합성수지 발포체로 한 샌드위치 구조의 수조 및 이들을 조합한 수조가 있다.

[4] 목제 수조

목제 수조는 그림 2.41에 나타낸 것처럼 나무욕조를 크게 한 것 같은 것으로, 미국에서는 예전부터 많이 사용되고 있다. 나무로는 노송, 미송 등이 사용된다. 목제 수조는 접합부를 암수부로 가공한 판재를 현장에 옮겨, 현장에서 강철 밴드를 단단히 조여 조립하는 것으로, 완성된 형상은 원통이나 타원형이다.

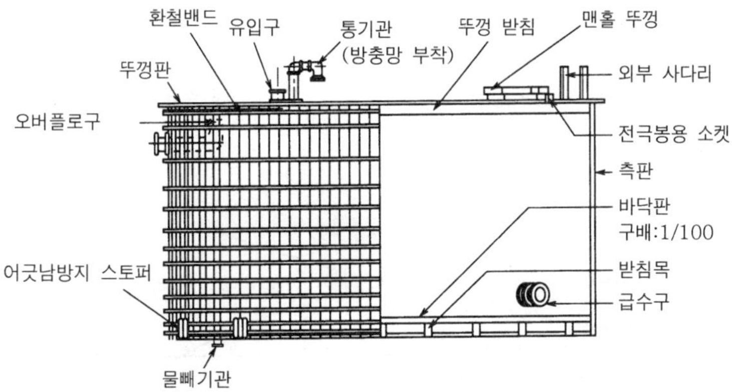

그림 2.41 목제 수조

2.11.2 펌프

급수펌프에는 편흡입 벌류트펌프가 일반적으로 많이 사용되며, 양정이 높은 경우에는 안내깃이 있는 디퓨저 펌프가 사용된다. 모두 원심펌프의 일종이다. 이러한 펌프에는 단단식과 다단식이 있으며 양정이 높은 경우에는 다단식이 사용된다.

[1] 펌프의 성능

펌프의 성능은 그림 2.42에 나타낸 특성곡선(성능곡선이라고도 불린다)에 의해 표시된다. 실제의 배관에 펌프를 설치할 경우 펌프는 그림 2.43에 나타낸 것처럼 펌프의 전양정곡선과 배관의 저항곡선과의 교점에서 운전된다.

펌프의 토출량은 회전수에 비례하고, 전양정은 회전수의 2승에 비례하며, 또한 축동력은 회전수의 3승에 비례한다.

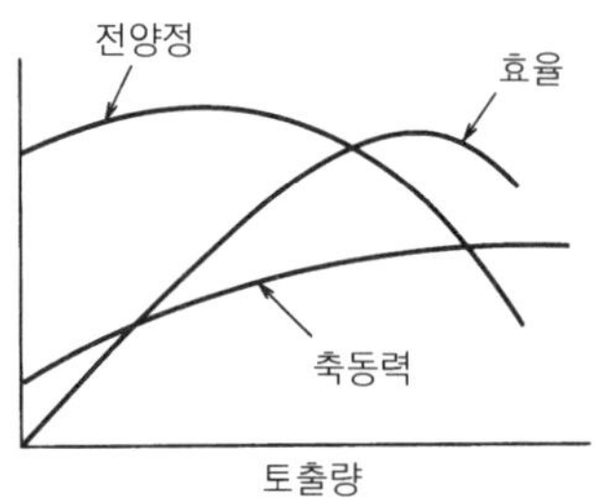

그림 2.42 원심펌프의 특성곡선

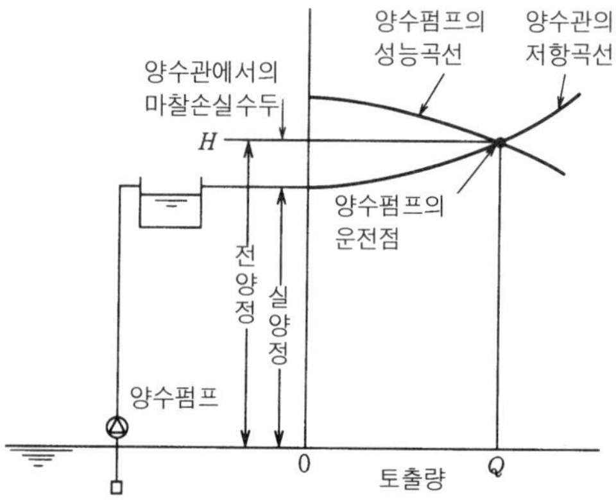

그림 2.43 양수펌프의 운전점

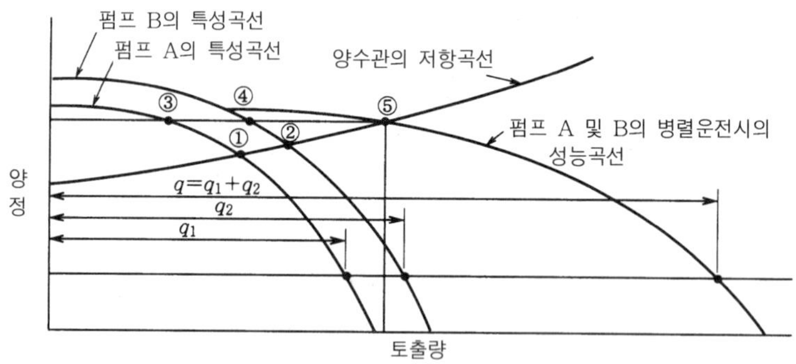

그림 2.44 펌프 2대의 병렬 운전시 각 펌프의 운전점

[2] 펌프의 병렬운전

그림 2.44에 나타낸 펌프 A 및 펌프 B의 운전점을 생각해 보면, 각각의 펌프를 단독운전하는 경우 각 펌프의 운전점은 ① 및 ②이다. 이러한 2대의 펌프를 병렬로 운전하는 경우의 특성곡선은, 임의의

양정일 때 토출량 q는 전양정의 경우 각 펌프 토출량의 합 $(q_1 + q_2)$이 된다. 펌프 A와 펌프 B를 병렬로 운전할 경우 운전점은 ⑤가 되며, 펌프 A는 ③점에서, 펌프 B는 ④점에서 운전되어 토출량, 전양정 모두 증가하지만, 토출량은 펌프 A와 펌프 B가 각각 단독으로 운전하는 경우의 토출량 합보다는 적다.

[3] 펌프에서의 캐비테이션

캐비테이션이란 흐름상태에서 액체의 압력이 그 액체의 온도에 상당하는 포화증기압보다 낮아지면, 그 부분에서 물이 증발해 기포가 발생하는 현상이다. 캐비테이션이 발생하면 펌프의 효율이 저하하고, 토출량이 감소하거나 양수불능이 되는 수도 있다. 캐비테이션은 진동, 소음을 발생시키는 것 말고도, 발생부에서 침식을 일으켜 펌프의 수명을 짧게 한다. 펌프에서의 캐비테이션은 흡입양정에서 사용하는 경우 펌프의 임펠러 입구부에서 발생할 가능성이 있다.

펌프의 흡입구에서 액체의 압력과 그 당시 액체의 온도에 상당하는 포화증기압과의 차이를 액주로 나타낸 값을 유효흡입수두(Net Positive Suction Head : NPSH)라고 한다. 따라서 펌프가 흡입해서 끌어 올리 수 있는 액체의 높이는, 수온이 높을수록 작으며 또한 흡입관에서의 마찰손실압력도 생기므로 상온의 맑은 물에서 6 m 정도이다.

[4] 급수용 펌프

최근 급수펌프의 재질은 소형 펌프는 임펠러, 케이싱 모두 스테인리스강 제품을, 대형 펌프는 임펠러는 청동제, 케이싱은 나일론수지코팅 주철제가 많이 사용되고 있다.

급수용 펌프의 형식은 그림 2.45에 나타낸 것처럼, 바닥위에 설치하는 횡형펌프나 입형펌프, 수중에 설치하는 수중펌프가 있다.

펌프의 운전 · 정지제어는, 고가수조방식의 경우 고가수조에 설치된 수위를 감지하는 전극봉에 의해, 압력수조의 경우는 압력수조에 설치된 수압을 감지하는 압력스위치에 의해 이루어진다.

증압펌프의 경우에는 인버터제어에 의한 추정 말단압력 일정제어가, 직송펌프의 경우에는 인버터제어에 의한 추정 말단압력 일정제어 및 인버터제어, 펌프 임펠러의 간격제어, 감압밸브 등에 의한 토출압력 일정제어가 있다.

또한 압력수조에 의한 압력제어, 추정 말단압력 일정제어 및 토출압력 일정제어의 경우에는 펌프, 제어장치, 제어반, 부속품 및 펌프 주위의 배관, 수수조를 포함한 패키지형 제품이 시판되고 있다. 고가수조에 의한 수위제어의 경우에도 패키지형 제품이 시판되고 있다.

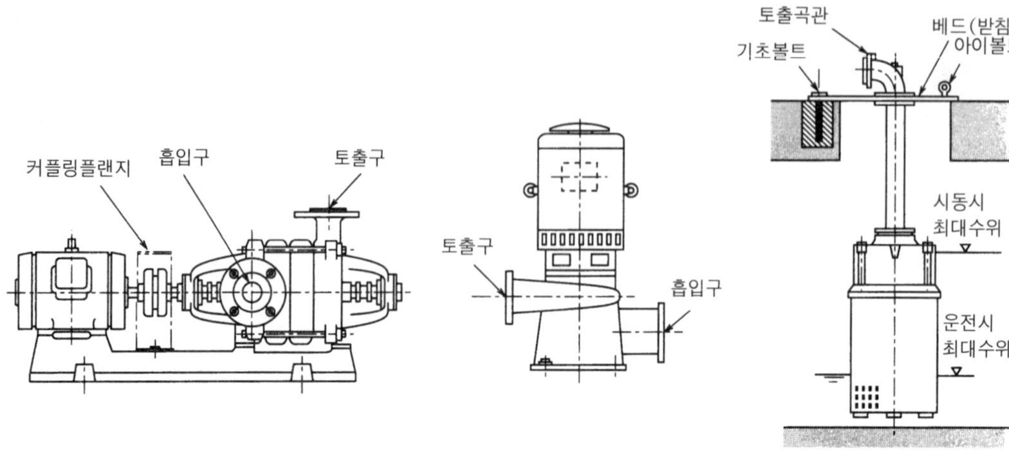

(a) 횡형 급수펌프 (b) 입형 급수펌프 (c) 수중급수펌프

그림 2.45 펌프의 형식

2.11.3 배관재료 · 이음쇠 · 밸브류

[1] 배관재료 및 이음쇠

급수배관에는 KS D 3507(배관용 탄소강관)을 원관으로 하는 수지라이닝강관, 일반배관용 스테인리스강관, 동관, 수지관 등이 사용된다. 또한 이후에 기술하는 폴리에틸렌 수지를 라이닝한 연관은 소구경의 양수기 주위에 사용되고 있다.

(a) 수지라이닝강관

급수용 수지라이닝강관에는 표 2.28에 나타내는 것 같은 종류의 것이 있다. 기호의 마지막에 D가 붙어 있는 것은 외면도 수지라이닝 되어 있는 지중매설배관용이다.

수지라이닝강관은 일반적으로 나사이음에 의해 접속된다. 수지라이닝강관을 절단할 경우에 관 끝에 강이 노출되므로, 그곳으로부터 녹이 발생하지 않도록 그림 2.46에 나타낸 것과 같은 관끝방식(防蝕) 이음쇠를 사용한다. 수지라이닝강관은 나사이음 외에 플랜지이음 등에 의해서도 접합된다.

(b) 스테인리스강관

일반배관용 스테인리스강관의 규격에는 KS D 3595(일반배관용 스테인리스강관)이 있다. 비교적 지름이 작은 관의 접합은 그림 2.47에 나타내는 것 같은 이음쇠에 의해 메커니컬 이음으로 접속된다. 지름이 큰 관은 그림 2.48에 나타낸 것 같은 플랜지 이음이나, 그림 2.49에 나타낸 것과 같은 스테인리스강의 산화를 막기 위해서 아르곤 등의 불활성가스를 흘리면서 용접하는 TIG(Tungsten Inert Gas) 용접에 의해 접속한다.

표 2.28 급수용 수지라이닝강관의 종류

규격명칭	규 격	적용관경 (호칭경)	기 호	방 식 사 양	
				내 면	외 면
수도용 경질염화비닐라이닝관	KS D 3761 JWWA K116	15A～150A	VA	경질염화비닐	1차방청도장
			VB		아연도금
			VD		경질염화비닐
플랜지부착 경질염화비닐라이닝강관	WSP 011	20A～450A	FVA	경질염화비닐	1차방청도장
			FVB		아연도금
			FVD		경질염화비닐
수도용 폴리에틸렌분체라이닝강관	KS D 3619 JWWA K132	15A～100A	PA	폴리에틸렌	1차방청도장
			PB		아연도금
			PD		폴리에틸렌
플랜지부착 폴리에틸렌분체라이닝강관	WSP 039	15A～500A	FPA	폴리에틸렌	1차방청도장
			FPB		아연도금
			FPD		폴리에틸렌
수도용 관끝코어부착 수지라이닝강관	WSP 058	15A～80A	K-VA～D		1차방청도장
					아연도금
			K-PA～D		경질염화비닐, 폴리에틸렌

(주) 1. JWWA는 일본하수도규격
2. WSP는 일본수도강관협회규격
3. 1/2B~4B까지의 급수용 라이닝강관의 나사식 이음쇠 규격에는 철관이음쇠협회규격 JPF MP003(수도용라이닝강관용 나사식 관끝방식 관이음쇠)가 있으며, 1/2B~4B의 급탕용 염화비닐라이닝강관의 나사식 이음쇠의 규격에는 동협회규격 JPF MP005(내열성경질염화비닐 라이닝강관용 나사식 관끝방식 관이음쇠)가 있다.

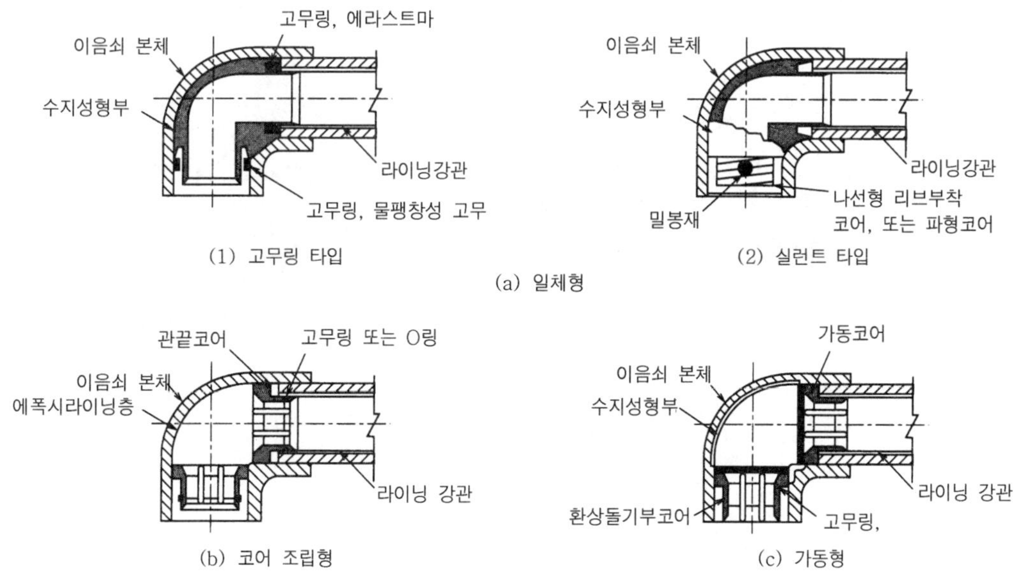

그림 2.46 내면 수지라이닝 강관용 관끝방식 관 이음쇠

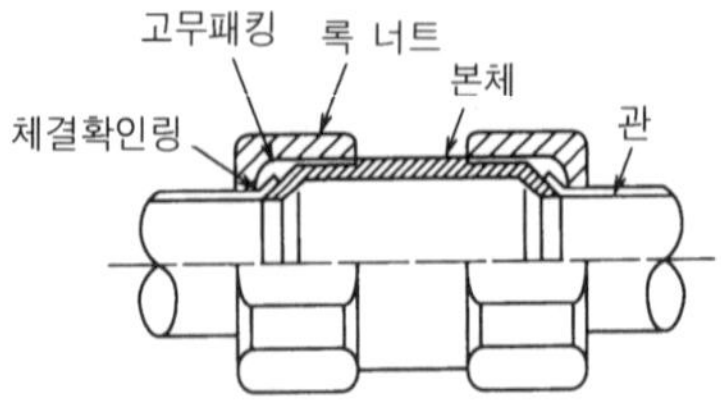

(a) 플레어식 관 이음쇠
(13～50 Su)

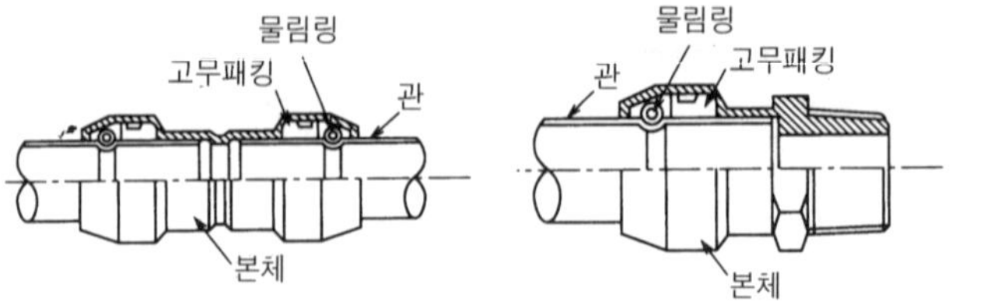

(1) A형 (2) B형(밸브기기 접속용, 탈착기구부착)

(b) 차입식 관 이음쇠
(13～25 Su)

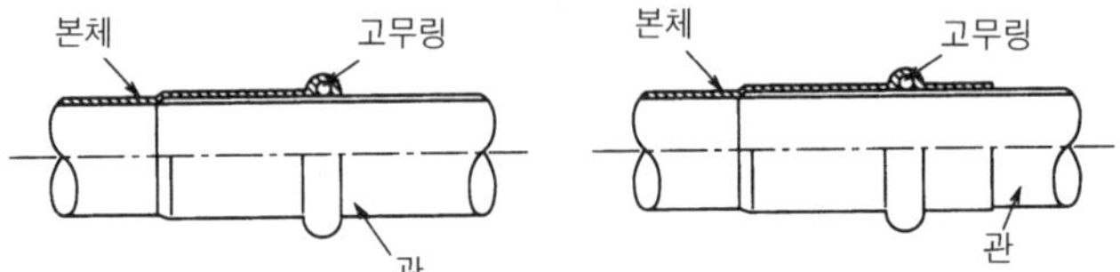

(13～60 Su) (2중 접합)
(13～50 Su)

(c) 프레스식 관 이음쇠

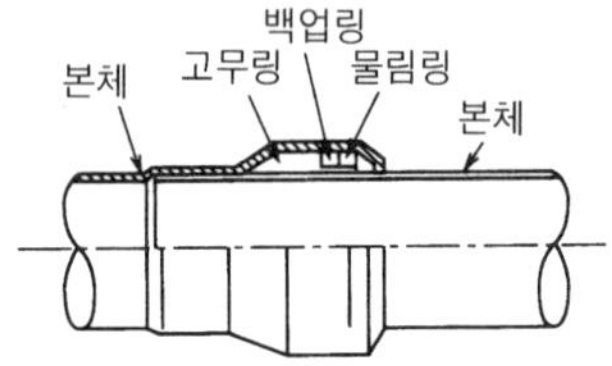

(d) 그립식 관 이음쇠
(30～60Su)

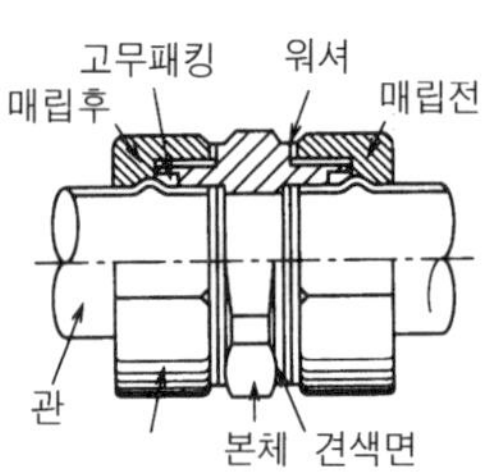

(e) 확관식 관 이음쇠
(13～60 Su)

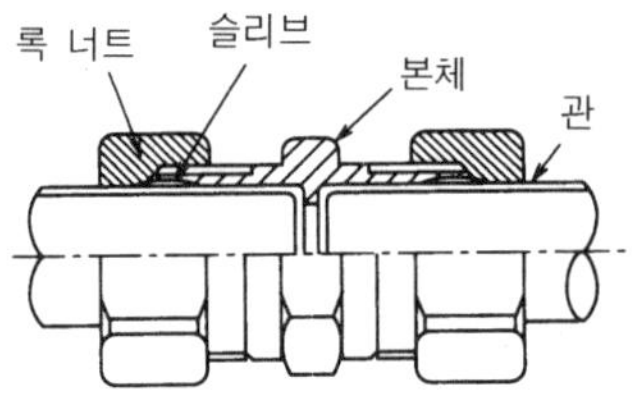

(f) 압축식 관 이음쇠
(13～25 Su)

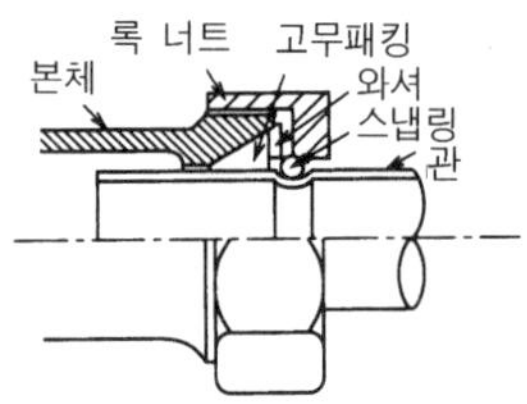

(g) 드레서형 스냅링식 관 이음쇠
(30～80 Su)

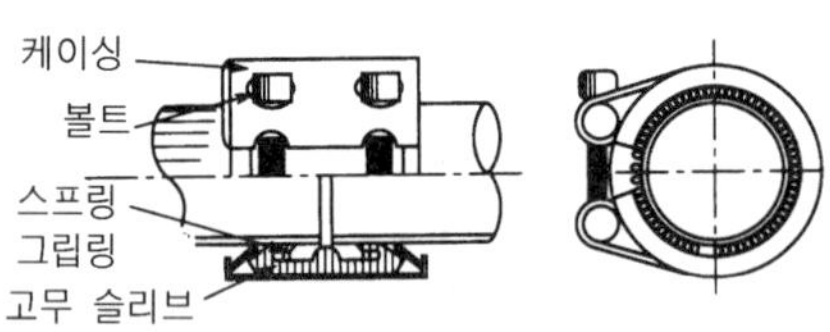

(h) 커플링 관 이음쇠
(40～80Su)

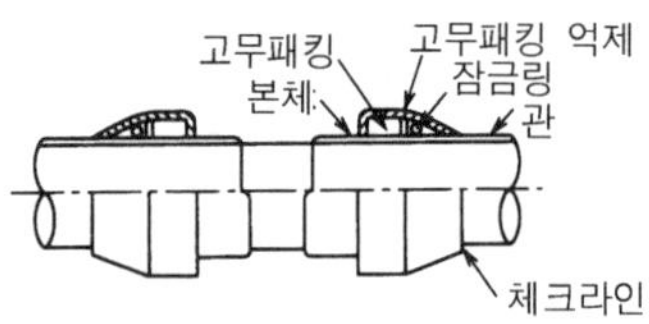

(i) 차입식 관 이음쇠
(13～60Su)

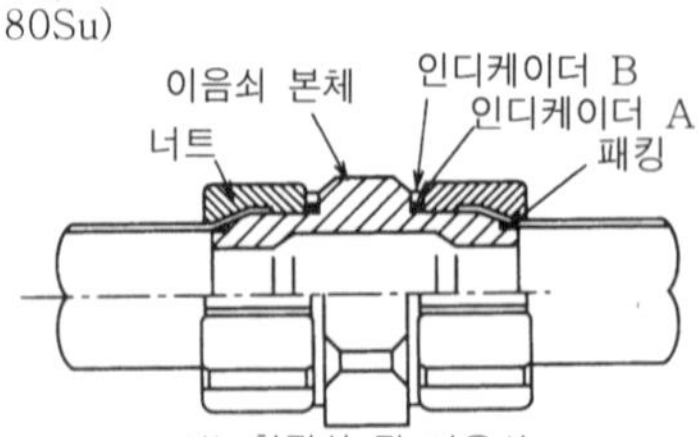

(j) 확관식 관 이음쇠
(13～60 Su)

그림 2.47 일반배관용 스테인리스강관용 메커니컬 이음쇠

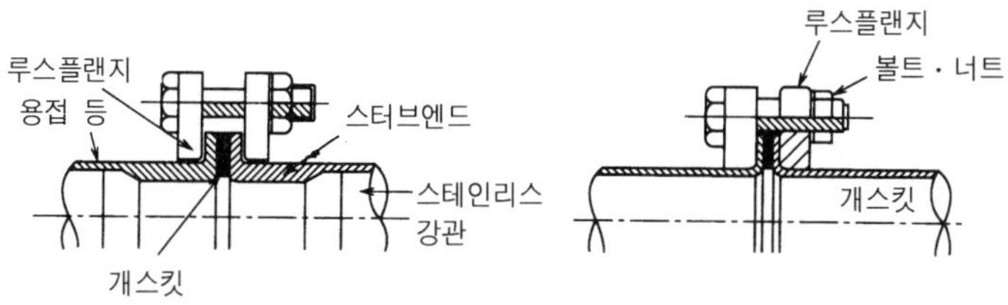

(a) 스터브엔드(stub end)에 의한 방법 (b) 랩(lap)플랜지에 의한 방법

그림 2.48 일반 배관용 스테인리스강관의 플랜지 이음

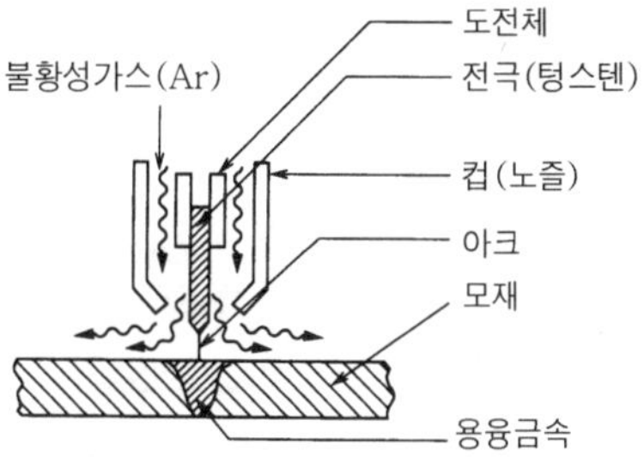

그림 2.49 TIG용접

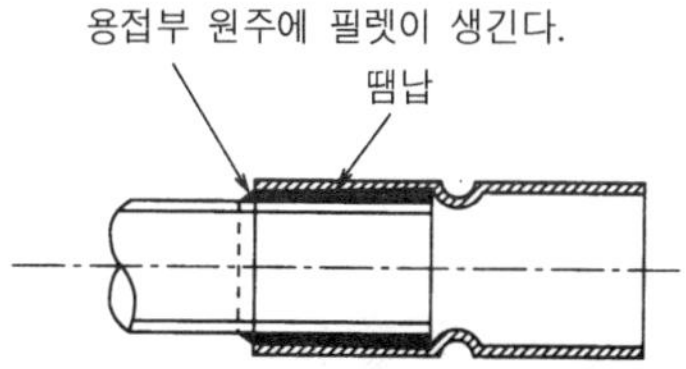

그림 2.50 동관의 삽입이음

지름 13~50 Su의 관에는 가요성이 있는 파형 스테인리스강관이 사용된다. 내진성이 좋기 때문에 수도인입관으로도 사용되고 있다.

(c) 동관

급수배관용 동관의 규격에는 KS D 5301(이음매 없는 동 및 동합금관)이 있다.

동관의 이음은 일반적으로 그림 2.50에 나타낸 것처럼 삽입이음(납땜이음)에 의하지만, 지름 25A 이하의 소구경관은 기계적 이음도 이루어진다.

납땜이음은 관의 삽입부와 이음쇠 수구와의 사이 0.05~0.15 mm의 틈에, 32A이하 정도의 관에는 연납을, 지름 40A이상인 관에는 경납을 가열용해하여, 모세관 현상에 의해 흡입하도록 하여 접합하는 방법이다.

(d) 납관(연관)

납관은 이전에는 소구경의 수도인입관 등에 사용되었지만, 납의 유독성으로 인해 KS D 6703(수도용 연관)을 납관의 내외면에 폴리에틸렌 수지를 라이닝 한 KS D 6703(수도용 폴리에틸렌 라이닝 납관, 지름 13~50)의 규격으로 변경하여 양수기와의 배관에 사용되고 있다.

(e) 수지관

급수용 수지관에는 경질염화비닐관, 폴리브틸렌관 및 가교화 폴리에틸렌관이 사용된다.

모두 일반용 규격과 수도용 규격이 있지만, 음료수 배관에는 수도용을 사용하는 것이 바람직하다. 급수용 경질염화비닐관에는 KS M 3401(수도용 경질염화비닐관의 VP, HIVP)가 있다. 경질염화비닐관과 이음쇠의 접합은 그림 2.51에 나타낸 것처럼, 이음쇠 내부가 테이퍼로 된 TS이음관을 사용해서, 접착제에 의해 TS(Taper Solvent) 이음을 한다.

호칭지름 10~25A의 폴리부틸렌관 및 가교화폴리에틸렌관은, 2중관 헤더공법으로 사용되는 것이 많다.

폴리브틸렌관의 규격에는 KS M 3363(폴리부틸렌관), JIS 6778(폴리브틸렌관, 지름 7~100) 및 JIS K6792(수도용 폴리브틸렌관, 지름 10~50)이 있다.

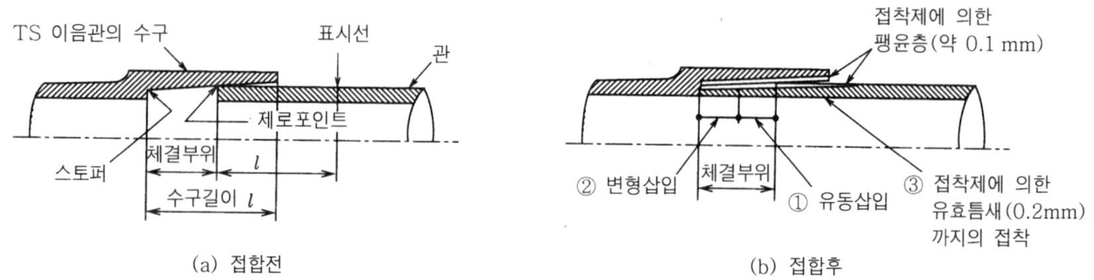

그림 2.51 경질염화비닐관의 접합

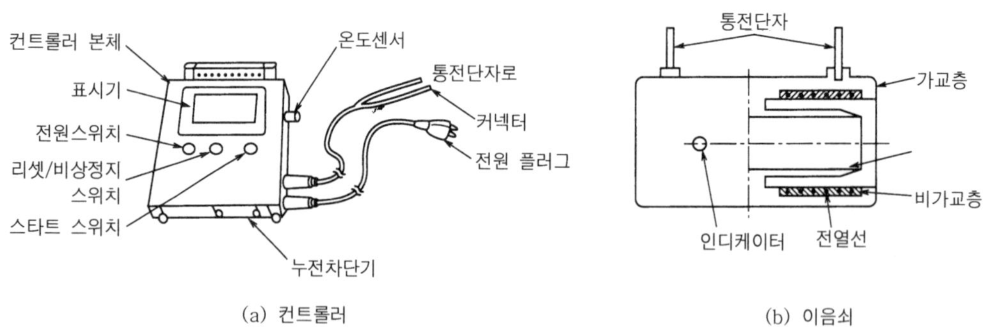

그림 2.52 가교화 폴리에틸렌관의 전기융착이음

폴리브틸렌관 이음쇠에는 메커니컬식의 M종(지름 10A 및 13 및 20A), 전기융착식의 E종(지름 10A, 13A 및 20A) 및 열융착식의 H종(지름 10~50A)이 있다.

폴리브틸렌관과 이음쇠와의 접합에는 이음쇠의 종류에 따라 메커니컬 이음쇠를 사용하는 메커니컬 이음, 열융착기에 의한 열융착이음 또는 그림 2.52에 나타낸 전기융착기에 의한 전기융착이음이 있다.

가교화 폴리에틸렌관의 규격에는 KS M 3357(가교화 폴리에틸렌관, 지름 6~40)이 있으며 상품명인 엘셀파이프로 알려져 있다.

KS M 3357에는 1종(PN 10, 호칭지름 12~50A)과 2종(PN 15, 지름 6~50A)의 2종류가 있다. 최고사용압력은 1종이 1.00~0.4MPa, 2종이 1.5~0.65 MPa이며 모두 최고사용압력은 온도가 높을수록 낮다. 가교화 폴리에틸렌관과 이음쇠의 접합은, 이음쇠의 종류에 따라 폴리브틸렌관의 경우와 마찬가지로 메커니컬이음, 열융착이음 또는 전기융착이음이 있다.

[2] 밸브류

급수설비에 이용되는 밸브류에는, 일반적으로 슬루스밸브(게이트밸브라고도 불린다), 글로브밸브(스톱밸브라고도 불린다), 체크밸브, 볼밸브, 버터플라이 밸브 등이 있으며, 밸브의 개폐를 전기적으로 하는 전자밸브나 전동밸브도 있다.

(a) 슬루스밸브 · 글로브밸브

슬루스밸브는 열림정도에 비례해 유량이 변화하지 않기 때문에 단순한 개폐밸브으로서 사용한다. 글로브밸브는 열림정도에 비례하여 유량을 조정할 수 있으므로 유량조절용으로 사용되며, 흐름의 방향이 정해져 있다. 또, 글로브밸브는 슬루스밸브와 비교해 전개시의 마찰손실압력이 크다. 그림 2.53에 이들 밸브의 구조를 나타내었다.

(b) 체크밸브

체크밸브는 유체의 역류를 방지하기 위한 밸브이지만, 밸브에 이물질 등이 붙게 되면 역류를 방지할 수 없기 때문에 엄밀한 의미의 역류 방지밸브는 아니다.

체크밸브에는 스윙식과 리프트식이 있으며, 스윙식은 수평배관 또는 수직배관에 사용하고, 리프트식은 수평배관에만 사용한다. 그림 2.54에 체크밸브의 구조를 나타내었다.

양수펌프의 토출측에 설치하는 체크밸브는, 전술한 것처럼 워터해머의 발생을 방지하기 위해 급폐체크밸브 혹은 완폐체크밸브를 사용한다. 일반적으로 글로브밸브, 슬루스밸브 및 체크밸브는 압력 5K의 것과 10K의 것이, 재질별로 KS B 2301(청동밸브)와 KS B 2350(주철밸브)로 구분하여 규격화하고 있다. 밸브에서의 액체상태와 최고허용압력과의 관계를 표 2.29에 나타내었다. 또한 일반 밸브류에도 관끝방식 나사이음형 밸브가 있다. 회주철밸브는 적수발생방지를 위해서 에폭시수지 혹은 나일론 수지로 분체도장된 것이 많이 사용되고 있다.

(c) 볼밸브

볼밸브는 콕의 일종으로 핸들을 90도 회전하는 것만으로 개폐할 수 있는 밸브로, 소구경의 밸브에 사용되는 것 이외에 대구경의 경우에는 전동밸브로 사용된다.

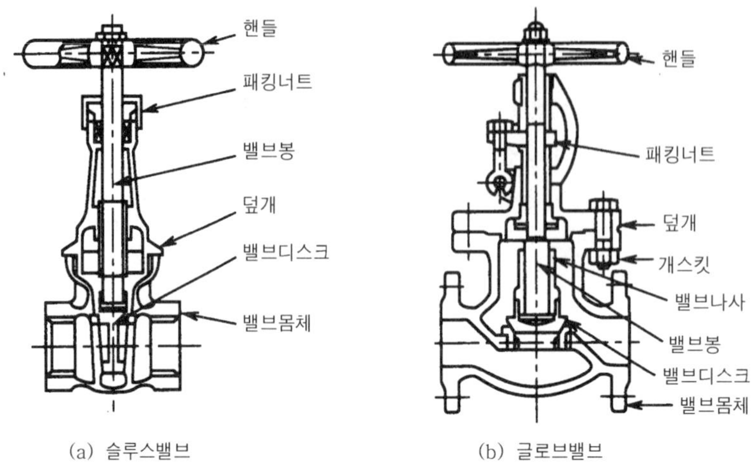

그림 2.53 일반 개폐밸브

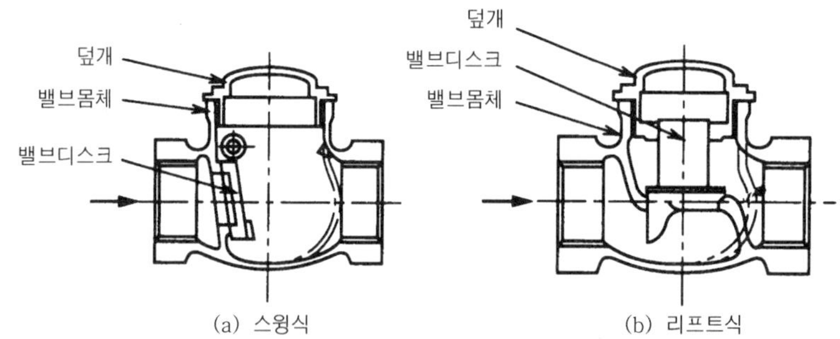

그림 2.54 체크밸브

(d) 버터플라이밸브

버터플라이밸브는 밸브몸체의 중심에 원반형태의 밸브디스크를 달아 축의 회전에 의해 밸브디스크를 회전시켜 개폐하는 밸브로, 설치면간의 치수가 작고 유량조정도 가능하다. 그림 2.55에 볼밸브와 버터플라이밸브의 구조를 나타내었다.

표 2.29 액체의 상태와 최고 허용압력과의 관계

액체의 상태	최고허용압력(MPa)			
	호칭압력 5K인 밸브		호칭압력 10K인 밸브	
	청동밸브	주철밸브	청동밸브	주철밸브
120℃ 이하의 기름, 맥동수 및 공기	0.5	0.5	1.0 0.85[2]	1.0
포화증기[1]	0.3	0.2	1.0	0.7[3]
120℃ 이하의 정류수	0.7	0.7	1.4 1.2[2]	1.4

주) 1) 솔더형 이음에는 적용하지 않는다.
2) 호칭지름 32A 이상인 솔더형 이음에 적용한다.
3) 나사조임식 디스크시트

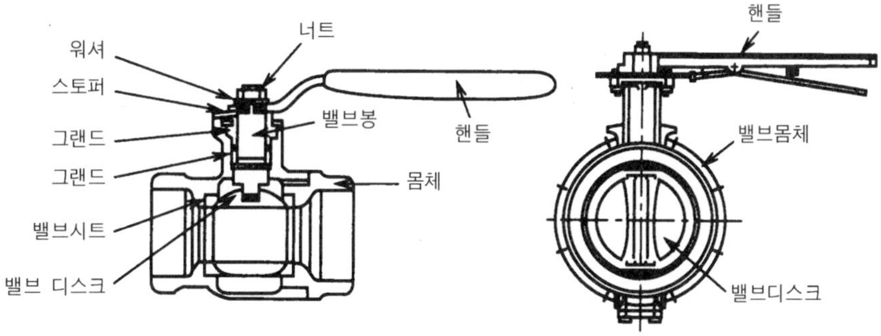

(a) 볼밸브 (b) 버터플라이밸브

그림 2.55 볼밸브 및 버터플라이밸브

(e) 감압밸브

감압밸브는 그림 2.56에 나타낸 것 같이 2차측의 압력을 검지하여 밸브의 열림을 조정하는 글로브 밸브형식이 많다.

(f) 정유량밸브

정유량 밸브는 감압밸브의 일종으로, 공공용의 샤워실 등에서 물이나 뜨거운 물의 낭비를 피하기 위한 목적 등으로 사용된다. 그림 2.57에 정유량밸브의 구조 예를 나타내었다.

(g) 볼탭

볼탭은 비교적 작은 물탱크의 수위를 일정하게 유지하는 밸브로, 지름 25A정도 이하의 것은 밸브

가 하나인 단식, 지름 32A 이상인 것은 밸브가 두개 있는 복식이 이용된다. 복식인 볼탭의 구조를 그림 2.58에 나타내었다.

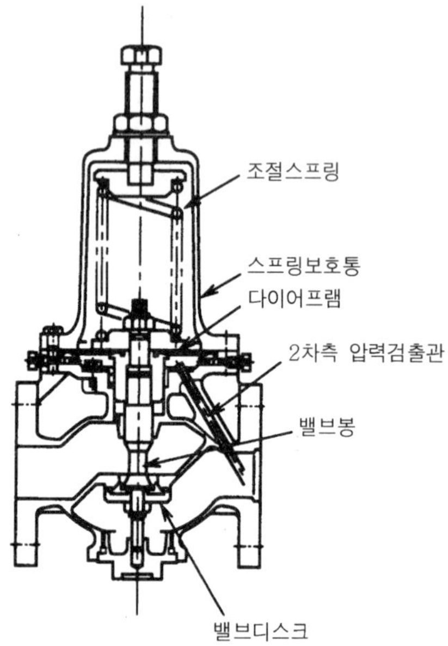

그림 2.56 급수용 감압밸브

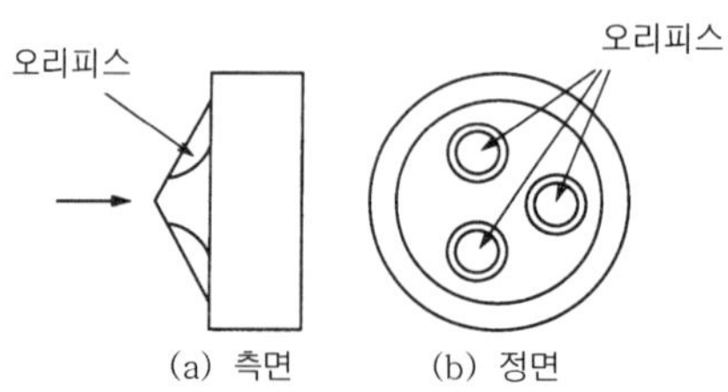

그림 2.57 정유량밸브의 구조 예

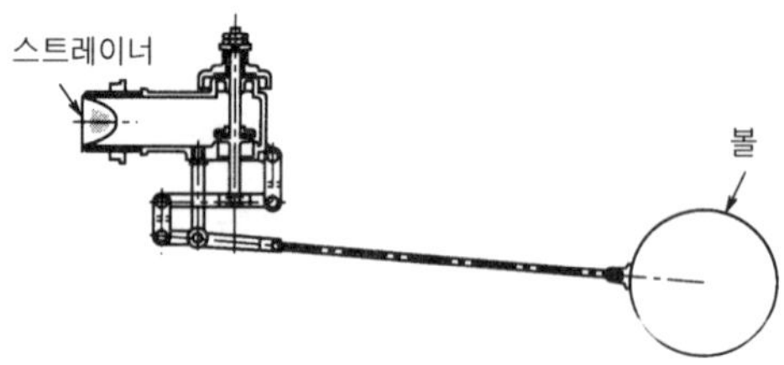

그림 2.58 복식 볼탭

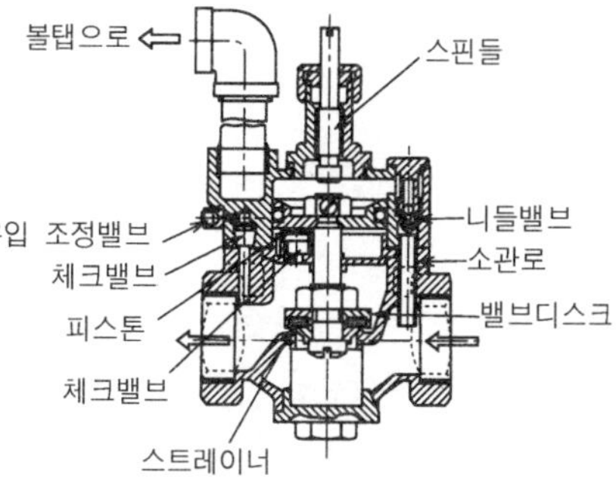

(a) 정수위밸브

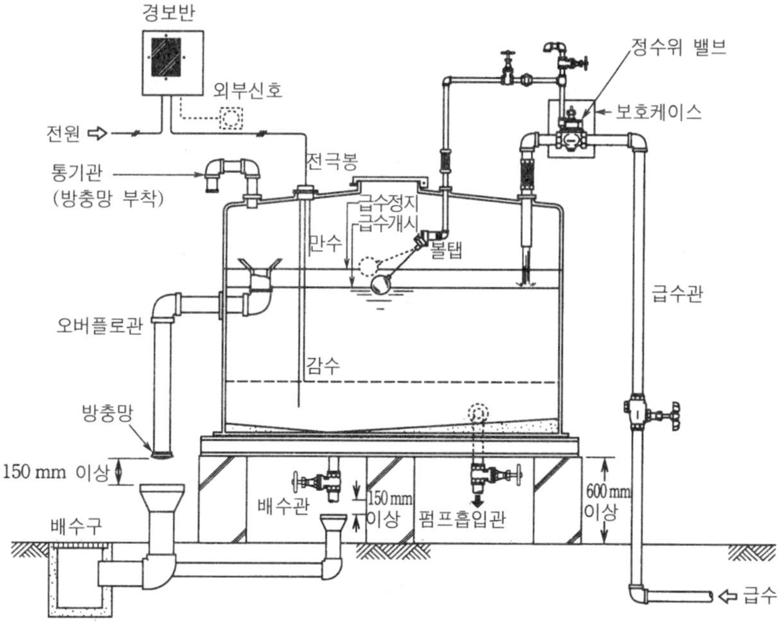

(b) 설치 예

그림 2.59 정수위밸브 및 설치 예

(h) 정수위밸브

큰 수수조 등에서 볼탭을 사용하면, 수면의 물결에 의해 볼탭이 개폐를 반복하여 워터해머의 발생 원인이 되므로, 그림 2.59에 나타낸 것 같은 정수위밸브를 사용한다.

참고문헌

1) 평성 4년 후생성령 제69호
2) 공기조화・위생공학회규격「HASS 206−2000 급배수위생설비규준・동 해설」(2000) pp. 58~59, 공기조화・위생공학회
3) 건설성 주택국 건축지도과 감수 : 급배수설비기술기준・동 해설(1983년판) p. 34, 일본건축센터 가필
4) 공기조화・위생공학회편 : 공기조화・위생공학편람, 제12판, 제4권(1995) p. 85 공기조화・위생공학회
5) 건축설비검사자격자 강습텍스트, 상권(1994. 8) p. 368. 일본건축설비안전센터 가필
6) 일본빌딩에너지 종합관리기술협회 : 건축물에너지소비량 실태조사보고서, 소화52년~평성11년도판을 함께 작성
7) 일본건축학회편 : 건축과 물의 레이아웃(1984) PP, 60~69 창국사
8) Irving God&Gregory Minasian : Air Conditioning, Heating and Ventilating, Vol. 65, No. 6(1968. 6) pp. 70−74
9) 前島健 : 급수・급탕설비에서의 감압밸브, 건축설비와 배관공사 Vol. 10, No. 9 (1972. 9) p. 77, 일본공업출판
10) JIS B 8313(소형 와권펌프)
11) 공기조화・위생공학회편 : 공기조화・위생공학편람, 소화42년판, 제(1)권 (1968) p. 55 공기조화・위생공학회
12) 공기조화・위생공학회편 : 급배수・위생설비의 실무지식(1971) p. 19, オーム사
13) 공기조화・위생공학회편 : 공기조화・위생공학편람, 제12판, 제4권(1995) p. 122, 공기조화・위생공학회
14) 공기조화・위생공학회규격「HASS 206−2000 급배수위생설비규준・동 해설」(2000) p, 208, 공기조화・위생공학회
15) 공기조화・위생공학회규격「HASS 206」2000 급배수위생설비규준・동 해설」(2000) p. 209, 공기조화・위생공학회
16) 공기조화・위생공학회규격 「HASS 206−2000 급배수위생설비규준・동 해설」(2000) p. 210, 공기조화・위생공학회
17) 공기조화・위생공학회규격「HASS 206−2000 급배수위생설비규준・동 해설」(2000) p. 211, 공기조화・위생공학회
18) 공기조화・위생공학회규격「HASS 206−2000 급배수위생설비규준・동 해설」(2000) p. 213, 공기조화・위생공학회
19) 공기조화・위생공학회규격「HASS 206−2000 급배수위생설비규준・동 해설」(2000) p. 212, 공기조화・위생공학회
20) 수도시설설계지침・해설〈1990년도판) (1991) p. 636, 일본수도협회, 그림10. 6 및 그림10. 7을 함께 작성

21) 공기조화・위생공학회규격「HASS 206－2000 급배수위생설비규준・동 해설」(2000) p. 215, 공기조화・위생공학회

22) 공기조화・위생공학회규격「HASS 206－2000 급배수위생설비규준・동 해설」(2000) p. 216, 공기조화・위생공학회

23) 공기조화・위생공학회규격「HASS 206－2000 급배수위생설비규준・동 해설」(2000) p. 198, 공기조화・위생공학회

24) 공기조화・위생공학회규격「HASS 206－2000 급배수위생설비규준・동 해설」(2000) p. 199、공기조화・위생공학회

25) 공기조화・위생공학회규격「HASS 206－2000 급배수위생설비규준・동 해설」(2000) Ⅰ). 184, 공기조화・위생공학회

26) 공기조화・위생공학회규격「HASS 206－2000 급배수위생설비규준・동 해설」(2000) p. 200, 공기조화・위생공학회

27) 공기조화・위생공학회규격「HASS 206－2000 급배수위생설비규준・동 해설」(2000) p. 200, 공기조화・위생공학회

28) 공기조화 위생공학회편 : 공기조화・위생공학회편람, 소화42년판 제11판(1967) p. 1159, 공기조화・위생공학회

29) 공기조화・위생공학회편 : 공기조화・위생공학편람, 소화42년판, 제11판1967) p. 1158, 공기조화・위생공학회((주)는 수정)

30) 泉息之 : 건축설비핸드북(1967) p390, 朝倉書店

31) 공기조화・위생공학회규격「HASS 206－2000 급배수위생설비규준・동 해설」(2000) p. 204, 공기조화・위생공학회

32) 공기조화・위생공학회규격「HASS 206－2000 급배수위생설비규준・동 해설」(2000) p. 216, 공기조화・위생공학회

33) 공기조화・위생공학회규격「HASS 206－2000 급배수위생설비규준・동 해설」(2000) p. 216, 공기조화・위생공학회

34) 공기조화・위생공학회규격「HASS 206－2000 급배수위생설비규준・동 해설」(2000) p. 216, 공기조화・위생공학회

35) 공기조화・위생공학회규격「HASS 206－2000 급배수위생설비규준・동 해설」(2000) p. 216, 공기조화・위생공학회

36) 공기조화・위생공학회규격 HASS 206－2000 급배수위생설비규준・동 해설」(2000) p. 216, 공기조화・위생공학회

03 급탕설비

3.1 기초지식

3.1.1 물의 성질

물의 밀도는 4℃에서 최대치 1,000 kg/m^{3}를 나타내며, 온도가 상승하거나 하강해도 감소한다. 따라서 질량이 일정한 경우 온도의 상승에 따라 체적이 팽창하므로, 밀폐용기내에서 물을 가열하면 내부압력이 상승한다.

표 3.1에 표준기압(101.325 kPa)에서의 물의 온도와 밀도와의 관계를 나타냈다.

예제 3.1 4℃의 물을 60℃로 가열했을 때 물의 팽창비율을 구하시오.

풀이

표 3.1로부터 4℃ 및 60℃에서의 밀도는 각각 1,000.0 kg/m^3, 983.1 kg/m^{3}이므로,
1,000.0/983.1 = 1.017 즉 1.7% 팽창한다.

표 3.1 물의 성질

온도[℃]	밀도[kg/m^3]	온도[℃]	밀도[kg/m^3]
0	999.8	70	997.7
4	1,000.0	80	971.6
10	999.8	90	965.1
15	999.2	100	958.1
20	998.3	110	950.7
25	997.1	120	942.8
30	995.7	130	934.6
35	994.1	140	925.9
40	992.3	150	916.8
50	988.0	160	907.3
60	983.1	170	897.3

물 속에서 기체의 용해도는 수온이 높을수록 작아지므로, 물 속에 용해되어 있던 용존기체는 물을 가열함에 따라 분리된다. 용존산소에 의해 금속의 부식작용이 증대하며, 용기나 배관내에 공기의 체류에 의해 흐름을 저해한다. 이러한 용존기체의 분리현상은 압력이 낮아질수록 현저하게 된다.

반대로 고체나 액체는 수온이 높을수록 용해도가 커지므로, 세탁물이나 식기 등의 더러움은 수온이 높을수록 떨어지기 쉬워진다. 표 3.2에 기체의 물에 대한 용해도를 나타냈다.

표 3.2 기체의 물에 대한 용해도

물질	화학식	0℃	20℃	40℃	60℃	80℃	100℃
염소	Cl_2	4.61	2.30	1.44	1.02	0.68	0.00
공기	—	0.029	0.019	0.014	0.012	0.011	0.011
산소	O_2	0.049	0.031	0.023	0.019	0.018	0.017
이산화탄소	CO_2	1.71	0.88	0.53	0.36	—	—
질소	N_2	0.024	0.016	0.012	0.010	0.0096	0.0095

상기와 같이 물을 가열하면 (1) 팽창한다, (2) 밀폐용기 내에서는 압력이 증가한다, (3) 용존기체가 분리된다, (4) 가열 에너지의 소비와 그에 따른 CO_2가 발생한다, (5) 수중의 잔류염소량이 감소하거나 소멸된다 등을 염두에 두고 급탕설비를 계획 · 설계하는 것이 필요하다.

3.1.2 열량의 단위

단위 질량의 물체 온도를 1℃ 올리는데 필요하는 열량을 비열이라고 한다. 물의 비열은 온도에 따라 다소 차이가 있으나 대략 4,186 J/kg · ℃이다.

또 물의 밀도는 표 3.1에 나타낸 것처럼 온도에 따라서 다르나 계산의 번잡을 피하기 위해 물의 밀도를 1kg/L로서 취급하며, 1 L 의 물을 1℃ 상승시키는데 필요한 열량은 다음식에 의해 산출할 수 있다.

$$H = \frac{4,186q}{3,600}\rho\Delta T = 1.163q\rho\Delta T \tag{3.1}$$

여기서, H : 가열 능력[W]

q : 수량[L /h]

ρ : 물의 밀도(≒1 kg/L)

ΔT : 온도차[℃]

3.1.3 물과 온수의 혼합

급탕설비에서는 일반적으로 60℃의 온수를 공급하여, 사용개소에서 급수와 혼합해 사용 목적에 적합한 온도로 만들어 사용하므로, 급탕량은 사용온도에 따라 60℃의 온수와 물의 혼합비율에 의해 산출하게 된다. 급수량과 급탕량의 비율은 대기로의 방열이 없는 것으로 하고, 복잡함을 피하기 위해서 온도변화에 따른 밀도와 비열의 변화를 무시하면 다음식으로 구할 수 있다.

$$Q_h(t_h - t_c) = (Q_c + Q_h)(t_m - t_c) \tag{3.2}$$

여기서, Q_h : 급탕량[L]

Q_c : 급수량[L]

t_m : 혼합탕의 온도[℃]

t_c : 급수온도[℃]

t_h : 급탕온도[℃]

표 3.3에 급탕온도 60℃ 일때의 각 급수온도에 있어서의 혼합탕량에 대한 급탕량의 비율을 나타냈다.

표 3.3 급탕온도를 60℃로 할 때 수온과 혼합탕의 온도별 혼합탕량에 대한 급탕량의 비율

급탕온도[℃] \ 급수온도[℃]	5	10	15	20
40	0.636	0.600	0.556	0.500
41	0.655	0.620	0.578	0.525
42	0.673	0.640	0.600	0.550
43	0.691	0.660	0.714	0.575
44	0.709	0.680	0.644	0.600
45	0.727	0.700	0.667	0.625

3.1.4 급탕온도

온수는 사용용도에 따라 일반적으로 표 3.4에 나타낸 것 같은 온도로 사용되지만, 세면이나 목욕용으로는 대개 37~43℃의 온수가 사용되고 있다.

중앙식 급탕설비에서는 60℃정도의 온수를 공급하고, 국소식의 경우에는 가열장치에 따라 다르다. 심야전력 온수기에서는 85℃정도의 온수를 공급하고, 가스 순간식 온수기에서는 45℃정도로 설정하여 사용하는 경우도 있다.

또한 급탕설비에서는 온수에 의한 화상에 대해서도 유의해야 한다. 화상은 탕온과 뜨거운 물에 접촉하는 시간과 관계가 있으므로, 접촉시간을 10초로 할 때 화상을 입지 않는 탕온의 한계는 58℃정도이다[1]. 노인시설이나 신체 및 정신적 약자가 사용하는 시설 등에서는, 급탕온도를 내려 공급하는

경우도 있지만, 급탕온도를 55℃ 이하로 하는 경우에는 배관이나 저탕조를 정기적으로 소독하여, 레지오넬라 속균의 번식 방지대책을 강구할 필요가 있다.

표 3.4 용도별 사용 적정 온도 · 적정 유량

사용용도	사용온도 [℃]	적정유량 [L /min]	비고
식기세척	39.0	7.5	보통토수
		5.0	샤워토수
세수	37.5	8.5	
머리감기	40.5	8.0	
목욕	40.5	-	
핸드샤워	40.5	8.5	
벽걸이 샤워	42.0	13.0	
식기세척기	70~80		기종에 따라 다름

3.1.5 레지오넬라증 방지대책

일본에서는 1999년에 시행된 감염증 신법(감염증의 예방 및 감염증의 환자에 대한 의료에 관한 법률)에 의해, 레지오넬라 감염증이라고 진단한 경우에는 신고가 의무화되었으므로 레지오넬라증 환자가 표면화되면서, 레지오넬라증 방지대책을 강력히 주장하게 되었다.

레지오넬라속균은 자연계의 토양이나 강 · 호수와 늪 등의 담수에 널리 생식하고 있다. 수온이 30~45℃정도의 인공 환경에서는 다른 세균류, 해초류, 미생물에 기생해 증식하며, 사람이 흡입하는 것으로 감염한다. 따라서 레지오넬라증의 방지대책으로는 증식 환경을 형성시키지 않는 것과, 사람이 흡입하지 않도록 에어로졸(눈으로 보이지 않는 미세한 물방울)을 발생시키지 않는 것이 필요하며, 염소계 약제에 의한 소독이 유효하다[2)].

급탕은 소독에 필요한 잔류염소농도를 유지하는 것이 어려우므로, 항상 급탕온도를 55℃이상으로 유지하고 온수의 체류개소가 없도록 배관계획을 면밀히 세워야 한다. 또한 배관 내벽이나 탱크 내에 슬라임(slime, 미끈미끈한 부착물 : 생물막)이 형성하지 않도록 청결하게 유지하는 동시에, 에어로졸이 발생하지 않는 기구(수전이나 샤워)를 사용하는 등의 주의가 필요하다.

특히 목욕시설이나 숙박시설의 순환식 욕조는 감염원인이 되기 쉬우므로 주의가 필요하며, 자세한 내용은 9장을 참조하기 바란다.

3.1.6 급탕설비에서의 에너지절약기준

호텔 또는 여관, 병원 또는 진료소 및 물품 판매업을 경영하는 점포에서의 급탕설비 에너지 절약 기준은 건축주가 판단하는 기준으로, 급탕소비 에너지계수(CEC/HW)의 값으로 나타내고 있다.

CEC/HW란 급탕용 가열량, 배관·기기로부터의 방열량, 순환펌프의 에너지 소비량 등 급탕설비가 1년간에 소비하는 에너지량을 같은 기간동안의 가상 급탕부하로 나눈 값으로, 호텔·여관에서는 1.5 이하, 병원·진료소 및 물품판매점포에서는 1.7 이하로 나타나 있다(상세한 내용에 관해서는 주택·건축에너지 절약기구에 의한 「건축물의 에너지 절약기준과 계산의 안내」를 참조하기 바란다).

급탕설비의 에너지 절약대책으로는 배관 경로를 가능한 한 단축하고, 밸브류·플랜지 부분을 포함시켜서 보온을 완전히 하며, 급탕 순환량이 많을수록 방열량이 커지므로 순환량은 필요 최소한으로 유지하고, 급탕사용시간 이외는 순환펌프를 정지시키는 방법 등이 있다.

3.2 설계순서

급탕설비는 온수의 온도를 이용하는 것으로, 항상 일정한 온도와 필요유량을 확보하기 위한 적절한 가열능력을 필요로 한다. 부족할 경우에는 즉석에서 그 결과가 「온수의 온도가 낮다」라고 명확히 나타나기 때문에, 계획·설계가 잘 되었는지 잘못되었는지 쉽게 판별이 되는 설비이다. 설비계획의 양부가 문제되기 쉬운 설비다.

3.2.1 설계조건의 정리

설계조건이 되는 항목을 정리하면 아래와 같다.

(1) 급탕설비의 사용 인원수
(2) 급탕개소
(3) 사용 탕량 원단위 [L/인·일, L/(m^2·일) 등]
(4) 시간최대급탕량 [L/h]
(5) 시간최대급탕량 발생시의 계속시간
(6) 급탕소비 형태
(7) 계획지역의 겨울철 급수온도
(8) 급탕온도(공급온도)
(9) 각 기구에서의 사용 적정온도와 적정유량

(10) 가열용 열원의 종류와 발열량

(11) 급탕사용시간

(6)은 열병합발전시스템이나 태양열이용, 히트펌프 급탕 시스템 등 1일의 열부하 형태를 기초로 하여 시스템을 계획하는 경우에 필요하다.

3.2.2 급탕방식

급탕방식에는 중앙급탕방식과 국소급탕방식이 있다. 사용 온수량이나 급탕개소가 많고 비교적 건물전체에 분포되어 있을 경우에는 중앙식 급탕방식을, 급탕개소가 적고 건물내에 분산되어 있을 경우에는 국소식 급탕방식이 적합한 경우가 많으며, 재산 구분이나 관리 형태 등에 대해서도 검토해서 결정한다. 음용급탕은 필요한 장소에 전용 급탕기를 설치하는 국소급탕방식으로 한다.

[1] 중앙급탕방식

중앙급탕방식은 호텔・여관, 병원 등과 같이 광범위에 걸쳐 급탕개소가 필요한 경우에 채용되며, 가열장치(가열기・저탕조), 배관, 순환펌프, 안전장치(팽창탱크・도피밸브・팽창관・신축이음쇠 등)로 구성된다.

중앙급탕방식을 채용할 경우, 입지조건이나 이용자의 경향 등에 따라 극단적으로 동시사용률이 높아지는 시기가 있으므로 주의가 필요하다. 예를 들면 숙박시설에서는 다수의 수험생이 숙박할 때나 연수장소로 사용되어질 때, 또는 유명한 불꽃놀이 등이 있는 지역은 급탕사용이 단시간에 집중하는 경향이 있다. 또한 의료시설이나 고령자시설 등에서는, 정기적으로 저탕조나 배관을 70℃이상의 온수로 고온살균하는 등의 레지오넬라증(Legionnaires disease) 방지대책을 고려하는 것이 바람직하다.

[2] 국소급탕방식

급탕개소가 분산되어 있거나 떨어져 있는 경우 또는 사용시간이 다른 급탕개소 등에 각각 단독으로 급탕설비를 설치하는 방식이다. 가열장치로는 순간식 가열기나 저탕식 가열가가 사용된다.

(a) 순간식

가스 순간식 온수기(탕비기) 등을 사용해서 비교적 근접한 급탕개소에 급탕하는 방식으로, 가열장치는 순간최대급탕량에 상당한 물을 급탕온도까지 가열하는 능력이 요구된다. 따라서 순간최대급탕량을 파악하기 어려울 경우에는 적절한 가열능력을 산출하는 것이 불가능하므로, 저탕식 가열장치를 채용하는 편이 유리하다.

한편, 가스 온수기는 급탕온도를 임의로 설정할 수 있지만, 서모스탯(thermostat)식 혼합꼭지를 사용하는 경우는 사용온수 온도보다도 10℃ 정도 고온의 온수를 공급하는 것이 필요하다.

(b) 저탕식

순간최대급탕량 또는 급탕 사용량이 많을 경우에는 순간식으로 급탕하는 경우 가열능력이 지나치게 커지므로 저탕식이 필요하다. 가열장치에는 저탕식 보일러나 저탕조와 조합된 소형 보일러 등이 사용된다.

3.2.3 급탕량

[1] 사용 온수량의 산정

온수의 사용량은 계절이나 요일 · 시간에 따라 변동하며, 일반적으로 여름철보다도 겨울철이 많다. 요일에 따른 변동은 건물의 용도에 따라 다르다. 의료시설에서는 휴일보다 평일이 많고, 주택이나 리조트호텔에서는 그 반대가 된다. 그림 3.1에 각종 건물의 시간에 따른 사용량의 변동 상황을 나타내었다. 급탕 사용량과 가열장치용량의 산출에는 다음과 같은 방법이 있다.

(1) 사용인원에 의한 방법
(2) 기구이용 예측에 의한 방법
(3) 급탕단위에 의한 방법
(4) 적정유량 · 적정온도에 의한 방법
(5) 물사용시간율과 기구급탕단위에 의한 방법

(a) 사용인원에 의한 방법

주로 중앙급탕방식의 가열기나 저탕조의 용량을 결정하는 경우에 많이 채용된다. 표 3.5로부터 1일의 급탕량이나 시간최대급탕량을 구하고, 저탕조와 가열능력은 다음식에 나타낸 것과 같은 관계가 성립되므로, 저탕조의 유효저탕량을 시간최대급탕량으로 하여 가열능력을 산출한다. 설치장소의 제약으로 저탕조를 작게 할 경우에는 가열능력을 크게 하면 된다.

$$1.163(t_{h1} - t_{h2})V + HT \geq 1.163\{(t_{h1} + t_{h2})/2 - t_c\}QT \tag{3.3}$$

여기서, t_{h1} : 급탕최대사용시 시작전 저탕조 내의 온도 (일반적으로 60℃)

t_{h2} : 급탕최대사용시 종료후 저탕조 내의 온도 (일반적으로 55℃)

t_c : 급수온도 [℃]

V : 저탕조 내의 유효저탕량 [L] (일반적으로 저탕조 용량의 70% 정도)

Q : 시간최대급탕량 [L/h]

H : 가열능력 [W]

T : 시간최대급탕량의 계속시간 [h]

예제 3.2 숙박 손님수 200인의 비지니스 호텔에서 객실계통의 저탕조 용량과 가열기의 가열능력을 구하시오. 다만, 급탕온도는 55℃ 이상으로 유지하고, 급수온도는 5℃로 한다.

풀이

표 3.5로부터 숙박객 1인당 시간최대급탕량을 20 L/(h · 인)라고 하면,

시간최대급탕량 = 200인 × 20 L/(h · 인)

= 4,000 L/h시간

시간최대급탕량을 저탕하는 것으로 하고, 유효저탕량을 저탕조 용량의 70%로 하면 저탕조 용량은 4,000 L/0.7 ≒ 5700 L

식 (3.3)에서

$$1.163(60-55)\times 4,000 + 2H \geq 1.163\{(60+55)/2-5\}4,000\times 2$$

$$23,260 + 2H \geq 488,460$$

$$\therefore H \geq (488,460-23,260)/2 = 232,600 \text{ W}$$

가열능력은 240 kW가 된다.

표 3.5 설계용 급탕량

건물종별	급탕량 (년평균 1일당)	시간최대급탕량 [L/h]	시간최대급탕량 의 계속시간[h]	비고
사 무 소	7~10 L/사람	1.5~2.5(1인당)	2	
호텔(객실)	150~250 L/사람	20~40(1인당)	2	비지니스 호텔은 150 L/h
종합병원	2~4 L/m^2	0.4~0.8(m^{2}당)	1	
	100~200 L/병상	20~40(병상당)	1	
레스토랑	40~80 L/m^2	10~20(m^{2}당)	2	(객석+주방)면적당
경양식점	20~30 L/m^2	5~8(m^{2}당)	2	상동 : 국수, 차, 경양식
집합주택	150~300 L/가구	50~100(가구당)	2	

(주) 참고문헌 3)의 표 6.12 및 참고문헌 5)의 표 3.4를 바탕으로 작성.

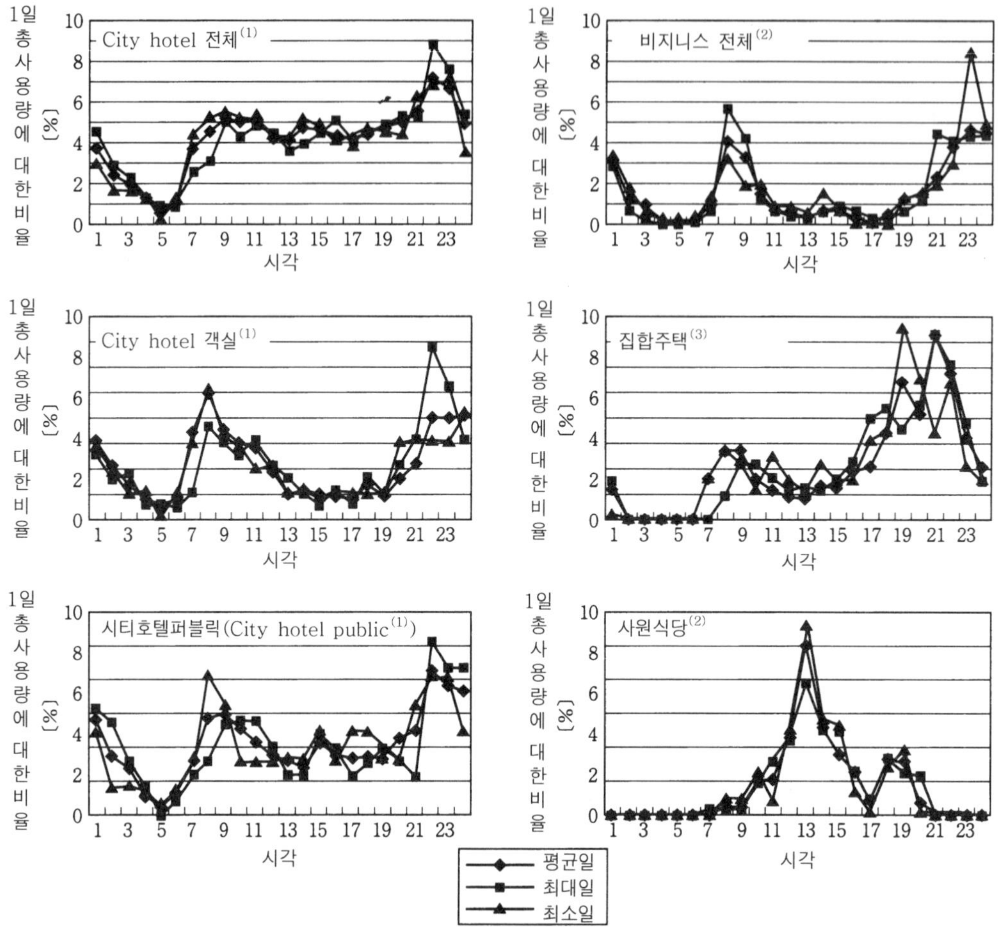

급배수설비위원회 설계데이터 재점검 소위원회자료(小成信二)

(1) 上田俊彦・市川憲良・紀谷文樹 : 공기조화・위생공학회 논문집(1987. 10) p. 125)
(2) 小川正晃・小坂信二・紀谷文樹, 외 3명 : 공기조화・위생공학회논문집(1988. 9) p. 104
(3) 尾島俊雄・佐土原聡 : 공기조화・위생공학회논문집(1985. 10) p. 76에서 작성

그림 3.1 각종 건물의 시각별 급탕비율

(b) 기구수의 예측에 의한 방법

소규모의 중앙급탕방식 및 국소급탕방식의 가열기나 저탕조 용량을 산출하는데 이용되며, 다음식에 의해 산출한다.

$$Q_h = U(\sum n \cdot H_q) \tag{3.4}$$

$$V = Q_h \cdot v_t \tag{3.5}$$

$$H = 1.163 Q_h (t_h - t_c) \tag{3.6}$$

여기서, U : 기구의 사용률

Q_h : 1시간당 급탕량 [L/h]

H_q : 기구의 1시간당 급탕량 [L/h]

H : 가열능력 [W]

V : 저탕용량 [L]

n : 사용기구수

v_t : 저탕용량계수

표 3.6에 건물 종류 및 기구별의 급탕량 · 동시사용률 · 저탕용량계수를 나타내었다.

표 3.6 각종 건물의 기구별 급탕량(급탕온도 60℃ 기준) (ASHRAE, 1991)[21)]

[L/(기구1개 · h)]

기구종류 \ 건물종류	개인주택	집합주택	사무소	호텔	병원	공장	학교	YMCA	체육관
개인세면기	7.6	7.6	7.6	7.6	7.6	7.6	7.6	7.6	7.6
일반세면기	–	15	23	30	23	45.5	57	30	30
서양식 욕조	76	76	–	76	76	–	–	114	114
샤 워	114	114	114	284	284	850	850	850	850
부 엌 싱 크	38	38	76	114	76	76	76	76	–
배 선 싱 크	19	19	38	38	38	–	38	38	–
식기세척기*1	57	57	–	190~760	190~570	75~380	76~380	26~380	–
청 소 싱 크	57	76	57	114	76	76	–	76	–
세 탁 싱 크	76	76	–	106	106	–	–	106	–
동시사용률	0.30	0.30	0.30	0.25	0.25	0.40	0.40	0.40	0.40
저탕용량계수*2	0.70	1.25	2.00	0.80	0.60	1.00	1.00	1.00	1.00

(주) 1. 가열능력은 각 기구의 소요급탕량 누계에 동시사용률을 곱한 값에, (60℃－급수온도)의 온도차를 곱하여 구한다.

2. 유효저탕용량은 각 기구의 소요급탕량 누계에 동시사용률을 곱한 값에, 저탕용량계수를 곱하여 구한다.

*1 사용하는 기기의 기종을 알고 있을 경우에는, 그 기종에 대한 제조자의 데이터에 의해 산출한다.

*2 열원을 충분히 얻을 수 있을 경우에는 이 계수를 감해도 좋으나, 그만큼 가열능력을 크게 할 필요가 있다.

(c) 급탕단위에 의한 방법

기구급탕단위의 합계값으로부터 동시사용유량(순간최대유량)을 산출하는 방법으로, 배관지름의 결정에 이용된다. 표 3.7에 기구별 급탕단위를, 그림 3.2에 동시유량선도를 나타내었다.

표 3.7 각종 건물의 기구별 급탕단위(급탕온도 60℃ 기준) (ASHRAE, 1991)[22]

기구종류 \ 건물종류	집합주택	사무소	호텔·기숙사	병원	공장	학교	YMCA	체육관
개인세면기	0.75	0.75	0.75	0.75	0.75	0.75	0.75	0.75
일반세면기	—	1.0	1.0	1.0	1.0	1.0	1.0	1.0
서양식 욕조	1.5	—	1.5	1.5	—	—	—	—
샤 워 기*	1.5	—	1.5	1.5	3.5	1.5	1.5	1.5
부 엌 싱 크	0.75	—	1.5	3.0	3.0	0.75	3.0	—
배 선 싱 크	—	—	2.5	2.5	—	2.5	2.5	—
식기세척기	1.5	—			객석수 250에 대해서 5급탕단위			
청 소 싱 크	1.5	2.5	2.5	2.5	2.5	2.5	2.5	—

* 급탕설비의 주된 목적이 체육관이나 공장의 교대시에 사용하는 샤워일 경우에, 설계유량은 이 급탕단위에 따르지 않고 동시사용률을 100%로 하여 구한다

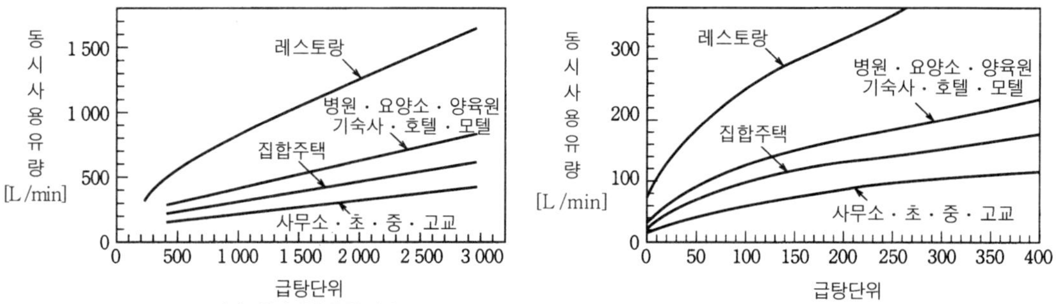

(a) 동시사용유량 (1)　　(b) 동시사용유량 (2)

그림 3.2 급탕단위에 따른 동시사용유량(ASHRAE, 1991)[14]

(d) 적정유량·적정온도에 의한 방법

표 3.4에 나타낸 기구 각각의 적정한 탕온도와 적정한 유량으로부터 가열기의 능력을 산출하는 방법으로, 가스 순간온수기 등을 사용하는 국소급탕방식의 설계에 채용할 수 있다.

예제 3.3 세면기, 샤워, 욕조(200 L), 부엌싱크대 각 1개가 설치되어 있는 주택 가스 순간온수기를 선정하시오. 다만, 급수온도는 5℃, 욕조로 온수를 공급하는 지속시간은 10분 이내로 한다

풀이

적정유량·적정온도에 의한 방법에 의해 선정한다.

표 3.4를 참고로 해서 각 기구의 적정유량, 적정온도는

세면기 : 38℃, 8.0 L /min

샤워 : 40℃, 8.5 L /min

욕조 : 41℃

부엌싱크대 : 39℃, 7.5 L /min

라고 하면

세면기 : (38 − 5) × 8.0 g/min × 4.186 = 1,105 kJ/min

샤워 : (40 − 5) × 8.5 L/min × 4.186 = 1,245 kJ/min

부엌싱크대 : (39 − 5) × 7.5 L/min × 4.186 = 1,067 kJ/min

합계 값이 3,417 kJ/min이 되므로

3,417 kJ/min × 60/3,600 ≒ 57 kW

가스 순간온수기의 능력표시로 채용할 수 있는 1호는 104.65 kJ/min(1.74 kW)므로, 가스 순간온수기는 3,417 × 1/104.65 ≒ 32호가 된다.

동시사용을 샤워와 부엌싱크대로 한정하면

(1,245 kJ/min + 1,067 kJ/min) × 1/104.65 ≒ 24호가 되지만,

욕조로 온수를 공급하는 지속 시간을 10 min 이내로 하는 조건으로부터, 욕조로 공급하는 온수량을 욕조용량의 80%로 하고, 욕조로 공급하는 동안의 온도저하를 고려하여 공급온도를 43℃로 하면

$$\frac{(200\ \text{L} \times 0.8) \times (43 - 5) \times 4.186 \times 1}{24 \times 104.65} = 10.1\ \text{min}$$

이 되어 상기 조건에서는 24호로 하더라도 무난하다.

(e) 물사용시간율과 기구급수단위에 의한 방법

2장에서 기술한 물사용시간률과 기구급수단위에 의한 방법을 채용하고, 2장의 표 2.13에서 나타낸 급탕단위를 사용해서 급수와 마찬가지로 순간최대급탕유량을 산출하는 방식으로서 순간온수기의 능력이나 급탕관경의 결정에 사용한다.

한편, 표 2.13에 나타낸 급탕단위는 급수온도를 5℃, 급탕온도를 60℃로 하여 각 기구에서의 사용온도를 표 3.4에 나타낸 적정온도로 산출한 냉온수혼합전에서의 급탕단위로서, 급탕전을 단독으로 사용할 경우에는 급수단위를 급탕단위로서 사용한다. 온도조건이 다른 경우에는 다음 식에 의해 급탕단위를 산출해서 사용한다.

$$H_{fu} = \{(t_f - t_c)/(t_h - t_c)\} \times C_{fu} \tag{3.7}$$

여기서, H_{fu}: 기구급탕단위

C_{fu} : 기구급수단위

t_f : 기구에서의 사용온도 [℃]

t_c : 급수온도 [℃]

t_h : 급탕온도 [℃]

급수온도는 그 지역에서의 급수온도를 사용한다.

[2] 음료용 급탕량

음료용의 급탕은 요구온도가 85~90℃의 고온이며, 음용으로서 위생적으로 고도의 안전성이 요구되기 때문에, 세면이나 목욕용 급탕과는 다르게 전용 급탕설비로 한다. 일반적으로는 가스나 전력을 열원으로 하는 저장식 온수기를 사용하는 것이 많다. 저탕용량은 다음 식에 의해 산출한다[5].

$$Q = q_n \cdot N/K \tag{3.8}$$

여기서, Q : 저탕용량 [L]

q_n : 1인 1회당 사용량 [L / 사람](일반적으로 0.25 L / 사람)

N : 사용인원 [인]

K : 유효출탕량비율(일반적으로 70%)

음용 저장식 온수기에는 일반적으로 개방형이 많이 사용되고 있지만, 싱크대의 하부 등에 설치하는 밀폐식 전기온수기도 있다. 압력도피밸브의 배수는 역류방지기능을 가진 전용 배수금구를 배수관에 접속하거나 간접배수로 한다.

3.2.4 가열장치

가열장치는 가열기와 저탕조로 구성되었으며, 가열방식에는 가스 · 기름 · 전기를 열원으로 하여 물을 직접 가열하는 직접가열방식과, 증기나 온수를 열원으로 하는 간접가열방식, 증기와 물을 혼합시켜서 가열하는 혼합가열방식이 있다. 또한 대기, 하천수, 더운물 배수 등을 열원으로 하는 히트펌프에 의해 가열하는 방법이나 태양열을 이용하는 방법도 사용되고 있다.

중앙급탕방식에서는 사용인원으로부터 1일 사용량을 산정하여 가열장치를 결정하고, 국소급탕방식은 기구의 종류와 설치수로부터 동시사용을 추정해서 급탕량을 산정한다. 가스급탕기 등의 순간식 가열기를 사용할 경우에는 순간최대급탕량 [L/min]을 구해서 가열능력을 결정한다.

공조설비로 보일러나 온수기를 설치하는 경우는 열원을 공용으로 하고, 급탕설비 단독으로 열원을 설치할 경우에는 건물의 관리체제, 설치장소, 급탕이외에 온열원을 필요로 하는 설비가 있는지, 열원의 종류(가스, 기름 등), 라이프 사이클 비용(life cycle cost) 등을 고려해서 결정한다. 그림 3.3에 중앙급탕방식의 가열장치 예를 나타냈다.

일반적으로는 법으로 정해진 자격자를 필요로 하지 않는 진공식 온수발생기나 대기압식 온수발생기 등과 저탕조를 조합시켜서 사용하는 경우가 많다.

국소급탕방식의 경우에는 순간온수기, 전기온수기, 소형 저탕보일러 등을 급탕사용량이나 순간최대급탕량에 따라서 선정한다.

저탕조는 비교적 단시간에 다량인 온수를 사용하는 시설에서 안정적으로 온수를 공급할 수 있게 설치하는 것으로, 중앙급탕방식에서는 가열기와 조합시켜서 사용하고, 국소급탕방식에서는 저탕식 가열기를 사용하는 경우가 많다.

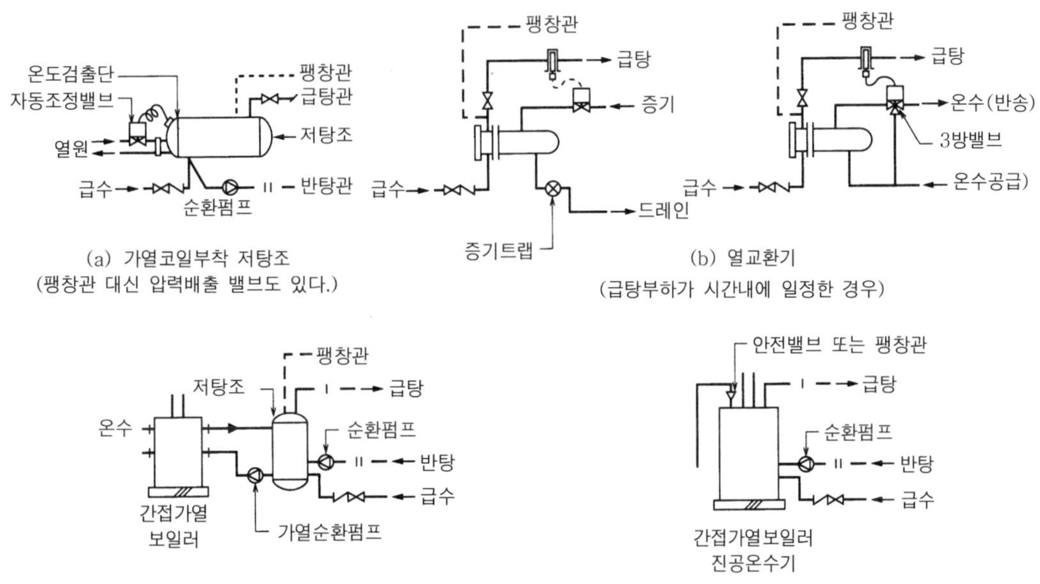

(a) 가열코일부착 저탕조
(팽창관 대신 압력배출 밸브도 있다.)

(b) 열교환기
(급탕부하가 시간내에 일정한 경우)

(c) 간접가열기와 저탕조 조합
(가열장치에 히트펌프를 사용하는 경우도 있다.)

(d) 저탕식 급탕보일러

그림 3.3 중앙급탕방식의 가열장치

[1] 직접가열방식

(a) 저탕식 보일러

급탕설비에서는 강판제 저탕식 보일러가 사용되며, 급탕량이 많을 경우에는 저탕조와 조합시켜서 사용하는 경우도 있다. 중소규모의 중앙급탕방식이나 비교적 급탕량의 많은 국소급탕방식에 사용된다.

저탕식 보일러에는 저압용(최대사용압력 0.1MPa)과 중압용(최대사용압력 0.3 MPa)이 있으며, 최근에는 소형 보일러의 경우 수두압이 10 m 이상 20 m 이하로, 또한 전열면적 $2\,m^2$ 이하로 구분하고 있어서, 일반가정에서 사용하는 경우에는 설치신고나 정기 자주점검이 불필요하게 되어, 저탕식 보일러의 선택 범위가 넓어졌다.

보일러의 최대사용압력에 맞춰서 감압탱크나 감압밸브에 의해 급수압력을 조정해서 사용한다. 따라서 저탕식 보일러를 사용하는 급탕계통에서는 급수계통도 급탕압력에 맞춰서 압력을 조절할 필요가 있다.

(b) 가스 온수기

가스온수기는 능력표시로 「호」를 사용하며, 1호는 유량 1 L/min의 물의 온도를 25℃ 상승시키는 능력을 말한다. 즉, 1호 가열능력은

$$1\text{호} = 1\,\text{L}/\text{min} \times 25℃ \times 4.186\,\text{kJ} = 104.65\,\text{kJ}/\text{min} = 1.74\,\text{kW}$$

가 된다.

그림 3.4에 가정용 가스온수기의 종류를 나타내었다.

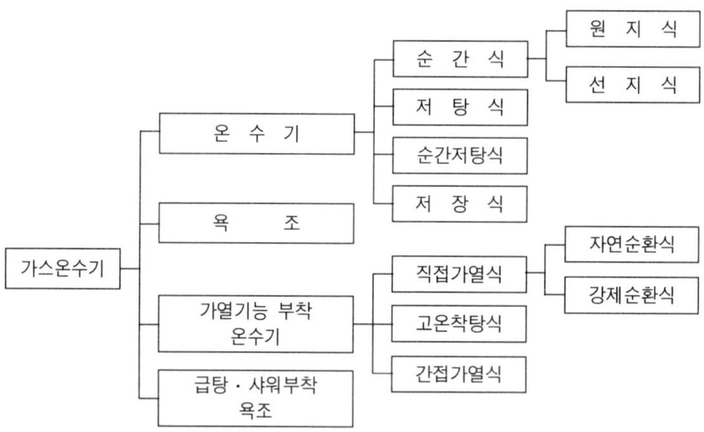

그림 3.4 가스온수기의 종류

가스순간식 온수기에는 원지식(元止式)과 선지식(先止式)이 있다. 원지식은 온수기 입구의 수전을 열면 가스 버너가 점화해서 기기에 부착된 급탕전으로부터 출탕하는 것으로, 온수기를 설치한 장소에서만 온수를 사용할 수 있다. 원지식은 배기가스를 기기로부터 직접 배출하는 개방연소식으로, 환기용 송풍기 등의 환기설비가 필요하므로 소형만이 생산되고 있다.

선지식은 온수기와 접속된 배관의 급탕전을 열면서 생기는 온수기 내의 수류 혹은 수압의 변화에

의해 가스를 점화시켜서 가열하는 것으로, 여러가지 제어기구에 의해 설정 탕온을 유지할 수 있게 되어 있으며, 종류도 풍부해서 주택용 온수기로서 많이 사용되고 있다.

가스저탕식 온수기는 60~80℃ 정도의 온수를 저장하고 있기 때문에 단시간에 다량의 온수를 공급할 수 있고 탕온도 안정되어 있으나, 사용압력이 0.1MPa 이하로 제한되고 설치장소가 크다는 등의 이유로, 급탕능력이 크고 탕온이 안정된 순간식이 개발됨에 따라 현재에 그다지 사용되지 않고 있다.

순간저탕식은 순간식 온수기의 내부에 소용량의 저탕부를 설치한 것으로, 사용압력이 제한되어 있어 저탕식과 마찬가지로 현재는 사용되는 경우가 적다[6]. 최근에서는 각종 욕조를 부착시켜 기능이 추가된 가스 온수기가 주택용으로서 많이 사용되고 있으며, 그림 3.5에 그 개요도를 나타내었다.

가스순간식 온수기는 설치장소에 따라, 그림 3.6에 나타낸 급배기방식중에서 적절한 방식을 선택하는 동시에, 다음 사항에 주의해서 기종을 선정한다.

(1) 최대능력뿐만 아니라 능력을 줄여서 운전하는 최소능력이나, 가스가 착화하는 최저유량을 조사해서 양자가 작은 것을 선정한다.
(2) 온수기의 위치보다 위쪽에 있는 욕조로 공급할 수 없는 기종이 있으므로 주의한다.

가스순간식 온수기에 의한 주택의 급탕설비에서는 욕조로의 온수공급시간(일반적으로 10~15 min 이내)에 의해 기종을 결정하는 경우가 많으며, 표 3.8에 온수의 공급시간 목표를 나타냈다.

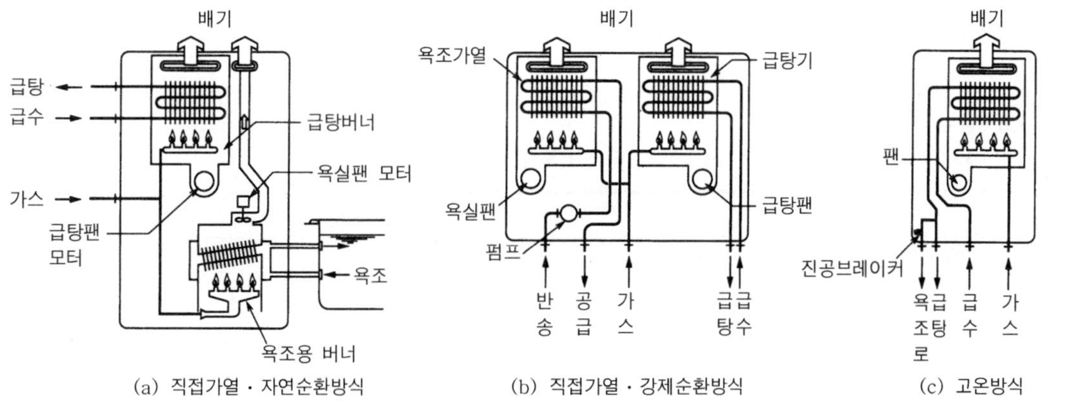

그림 3.5 추가기능부착 온수기의 개요도

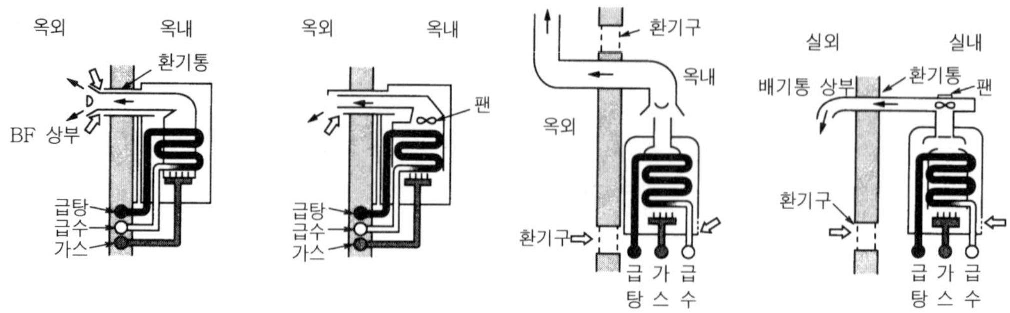

(a) 밸런스 방식 (BF방식) (b) 강제급배기방식 (FF방식) (c) 자연연소방식 (CF방식) (c) 강제배기방식 (FE방식)

그림 3.6 가스순간식 온수기의 배기방식

(c) 심야전력 온수기

전력사용료가 저렴한 심야전력 시간대(일반적으로 23시~7시)나 제2 심야전력 시간대(1시~5시)에 물을 85~90℃로 가열해서 탱크내에 저탕해 두고 온수를 공급하는 방식이다. 전류가 공급된 후 단시간에 온수를 쓸 수 있도록 상하에 히터를 설치한 제품이나, 하부에서 가열한 온수를 상부로부터 저탕해 나가는 그림 3.7에 나타낸 것 같은 제품도 있으며, (a)항에서 말한 수두압 10~20 m, 전열면적 2.0 m^2 이하의 구분에 해당하는 고압 형식도 있다. 또한 주간에 급탕사용량이 많을 경우에는, 주간전력도 사용하는 시간대별 전등계약도 있다.

학생기숙사나 독신기숙사 혹은 임대집합주택 등, 가스의 사용에 따르는 위험을 피하고 싶은 시설에 사용되는 경우가 많다. 표 3.9에 일반적인 사용 예를 나타내었다.

표 3.8 온수공급 시간의 목표

45℃의 온수를 공급할 경우(찬물과 더운물을 혼합한 계산값) (단위 : min)

공급온수량(L)	급수온도(℃)	급탕능력				
		13호	16호	20호	24호	32호
180	5(겨울)	22	18	14	12	9
	25(여름)	11	9	7	6	4.5
200	5(겨울)	24	20	16	13	10
	25(여름)	12	10	8	6.5	5
220	5(겨울)	27	22	18	14.5	11
	25(여름)	14	11	9	7.3	5.5

(주) 1. 수압, 혼합수전의 저항에 따라 다른 경우가 있다.
2. 공급온수의 온도는 목욕온도 40.5℃보다 높지만 욕조에 의해 온도강하 등을 고려하여 45℃로 한다.

표 3.9 심야전력 온수기의 일반적인 설치 예

규 모	거주인원(인)	저탕량(L)	가열능력(kW)
단독세대	1	170～200	2.1～2.4
소규모세대	2～3	250～300	3.0～3.4
일반세대	3～4	380～420	4.4
	4～5	420～460	4.4～5.5
	5～6	500～560	5.5～6.0

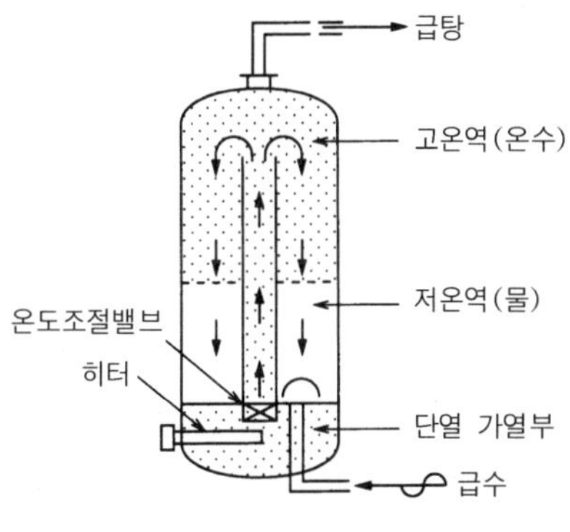

그림 3.7 심야전력 온수기의 예

[2] 간접가열방식

(a) 온수발생기 · 저탕조 조합방식

온수발생기와 저탕조를 조합시키고, 온수발생기 내부의 열매에 따라 간접적으로 가열해서 저탕하는 방식으로 진공식과 무압식이 있다.

온수발생기는 범용제품으로 3회로의 가열코일을 조합할 수 있기 때문에, 난방이나 그 밖의 가열용도로 병용할 수 있다.

(b) 저탕조 열매 가열방식

(1) 가열용 열원

가열용 열원으로는 증기, 고온수, 온수 등을 사용한다. 공조 · 주방 · 세탁설비 등으로 증기를 사용하는 대규모 숙박시설이나 병원 등에서는, 코제너레이션, 지역냉난방열원, 쓰레기 소각장 폐열 등 공급을 받는 시설의 저탕조내에 가열코일을 설치하여서 가열한다.

(2) 저탕조

밀폐식과 개방식이 있으며, 일반적으로 밀폐식이 많이 이용되고 있다. 저탕조는 항상 부식되기 쉬운 환경에 있으므로 내식성에 강한 재료가 요구된다. 최근에서는 고순도 페라이트(Ferrite)계 스테인리스강제품이나, 내면을 수지 라이닝한 강판제가 사용되고 있다. 형상으로서는 설치면적이 작은 수직형 저탕조를 사용하는 경향이 있다. 그러나 저탕조 내부가 온수의 밀도차에 의해 고온층과 저온층으로 나누어지므로 가열기로부터의 온수를 탱크상부에 넣어서 고온영역이 상부로부터 하부로 진행하도록 하여, 급수나 반탕에 의해 탱크내를 휘저어서 더운물과 찬물혼합영역이 많아지지 않도록 급탕순환펌프나 급수접속구를 배치한다. 그림 3.8에 수직형 저탕조 주변의 배관접속 예를 나타냈다.

히트펌프나 전기히터 등을 열원으로 하는 경우에는 가열능력을 작게 하고 저탕용량을 크게 할 필요가 있으므로 개방식 저탕조가 사용되는 경우가 많다. 일반적으로 개방식 저탕조는 옥상 등 건물의 최고위치에 설치하는 경우가 많으며, 압력용기에 해당되지 않으나 수중에서 분리된 기체를 배출시키기 쉬우므로 배관의 부식원인을 제거하기 쉽다는 이점이 있지만, 외부로부터 오염되기 쉬워 설치장소나 통기관의 개구부에는 충분한 주의를 기울여야 한다.

저탕조는 나중에 기술하는 노동안전위생법에 의한 압력용기에 해당하는 경우가 많고, 정기점검을 의무적으로 해야하므로, 복수의 저탕조를 설치하여 급탕설비가 운행중지가 되지 않도록 배려한다. 또한 증기나 고온수 등 고온의 열원을 사용하는 경우에는 급탕온도제어에 만전을 기할 필요가 있다. 증기나 온수 등의 열매(熱媒)에 의한 가열장치의 가열코일은 다음 식에 의해 구할 수 있다.

$$L = Sl(1+\alpha) = \frac{Hl(1+\alpha)}{K\{(\Delta t_1 - \Delta t_2)/\ln(\Delta t_1/\Delta t_2)\}} \tag{3.9}$$

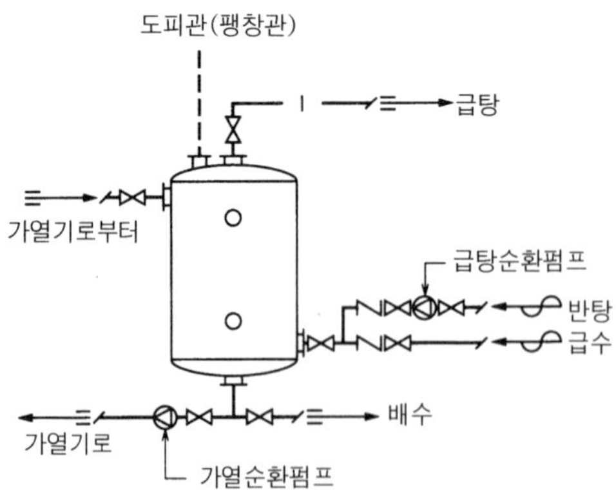

(주) 도피관을 대신하여 압력조절밸브를 설치하는 경우도 있다.

그림 3.8 저탕조 주변 배관 예

여기서, L : 가열코일의 길이[m]

S : 전열면적[m^2]

H : 가열능력[W]

K : 가열코일의 열통과율[$W/m^2 \cdot ℃$] (표 3.10)

Δt_1 : 열매공급온도 − 급수온도[℃]

Δt_2 : 열매반송온도 − 급탕온도[℃]

(다만, 증기의 경우는 증기온도 − 급탕온도)

l : 전열면적 $1m^2$ 당 코일의 길이 [m/m^2] (표 3.11)

α : 스케일의 부착 등에 대한 여유율(일반적으로 0.3 정도)

증기의 압력과 온도를 표 3.12에 나타내었다.

표 3.10 가열코일의 열통과율[24)]

[단위 : $W/(m^2 \cdot ℃)$]

관 재질 / 열원의 종류	동 관	스테인리스강관
증기	1,280	1,050
80℃ 정도의 온수	870	560
150℃ 정도의 온수	—	700

표 3.11 전열면적 1 m^2당 전열관의 길이와 전열관의 최소두께[24)]

바깥지름[mm]	전열면적 1 m^2당 전열관의 길이 [m/m^2]	최소두께[mm]	
		동관[*1]	스테인리스강관[*2]
15.9	20.0	1.2	1.2
19.0	16.7	1.2	1.2
25.4	12.5	1.6	1.2
31.8	10.0	-	1.6
38.1	8.3	-	2.0

*1 KS D 5301(이음매없는 동 및 동합금관)

*2 KS D 3577(보일러 · 열교환기용 스테인리스강관)

*3 압력용기구조규격 제23조(일본)

표 3.12 증기의 압력 · 온도 · 응축잠열[25)]

증기의 절대압력[kPa]	98.1	117.7	137.3	156.9	176.5	196.1	215.7	235.4
증기의 온도[℃]	99.09	104.25	108.74	112.73	116.33	119.65	122.64	125.45
증기의 응축잠열[kJ/kg]	2,259	2,245	2,233	2,222	2,212	2,201	2,194	2,186
증기의 절대압력[kPa]	255.0	274.6	294.2	313.8	333.4	353.0	372.7	392.3
증기의 온도[℃]	128.08	130.55	132.88	135.08	137.18	139.18	141.09	142.92
증기의 응축잠열[kJ/kg]	2,179	2,172	2,165	2,158	2,152	2,146	2,140	2,135

[3] 히트펌프 가열방식

미이용 에너지의 유효이용으로서 해수, 하천수, 폐수처리장 처리수, 공장이나 목욕탕의 더운물배수 또는 대기 등을 열원으로 한 히트펌프 급탕이 있다.

히트펌프에는 공기열원방식과 수열원방식이 있으며, 공기열원방식은 수열원에 비해 효율은 나쁘지만 취급이 용이하기 때문에, 대기를 열원으로 한 장치가 욕탕시설 등에 사용되고 있다. 수열원은 콤팩트해서 효율이 좋지만, 열원에 따라서는 열교환기나 수처리장치 등을 매개로 한 간접이용으로 이루어므로 설비비가 고가로 될 경우가 많다.

그림 3.9에 히트펌프 급탕시스템의 개념을, 그림 3.10에 욕탕의 더운물배수(溫排水)를 열원으로 한 시스템의 예를 나타내었다.

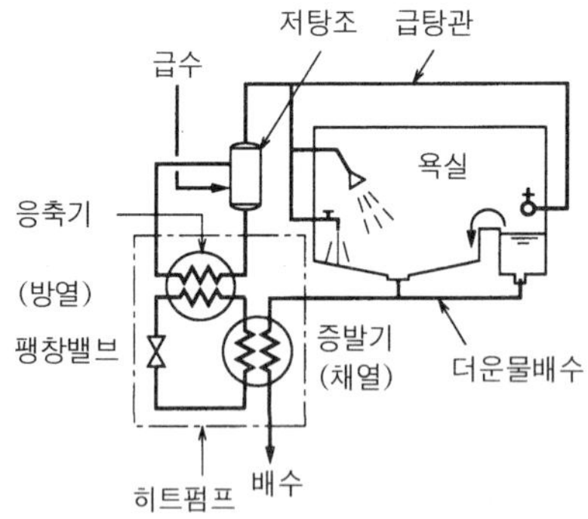

그림 3.9 수열원 히트펌프 급탕개념도

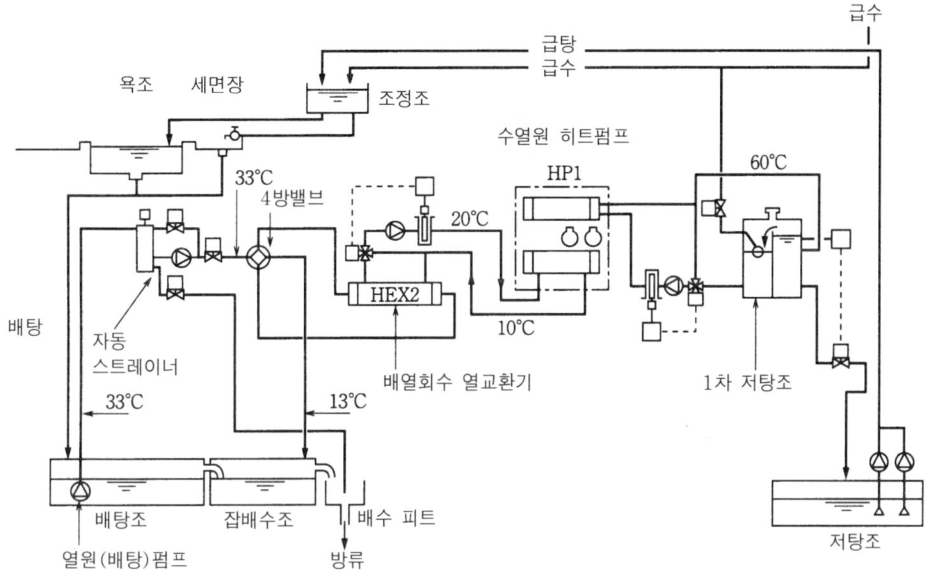

그림 3.10 목욕탕의 배탕(排湯) 이용 히트펌프 급탕시스템 흐름도

3.2.5 배관방식

[1] 중앙급탕방식의 배관방식

중앙급탕방식에서는 배관이 길어지므로 공급온도의 저하를 막기 위해서 온수를 순환시키는 2관식 배관으로 한다. 그림 3.11과 같이 하향 배관방식과 상향 배관방식이 있으나, 가열에 의해 분리되는 수중용존기체를 대기로 방출한 후 각 계통으로 공급하는 것이 바람직하므로, 하향 배관방식이 적합하다. 반탕관(返湯管)은 온수가 전배관계통 내를 균등하게 순환하도록 설계하는 것이 필요하고, 각 계통의 반탕관에 유량조절밸브를 설치해서 조절하는 것이 바람직하다.

공조설비의 냉온수배관 등에서 사용되고 있는 리버스리턴(reverse return) 방식은, 급탕배관에서는 탕온(湯溫)유지를 위한 순환량에 비해 급탕공급관경이 크므로 마찰손실이 적은 급탕공급관을 흐르는 경향이 있어, 그림 3.12에 나타낸 바와 같이 가장 먼 계통으로 집중하기 때문에 효과가 없다[9].

[2] 국소급탕방식의 배관방식

국소급탕방식의 경우도 배관이 길어질 경우에는 2관식으로 계획하는 것이 바람직하지만, 배관이 짧을 경우나 비교적 연속해서 온수가 사용되는 주방이나 욕탕 등에서는 반탕관을 설치하지 않는 1관식으로 하는 경우가 많다.

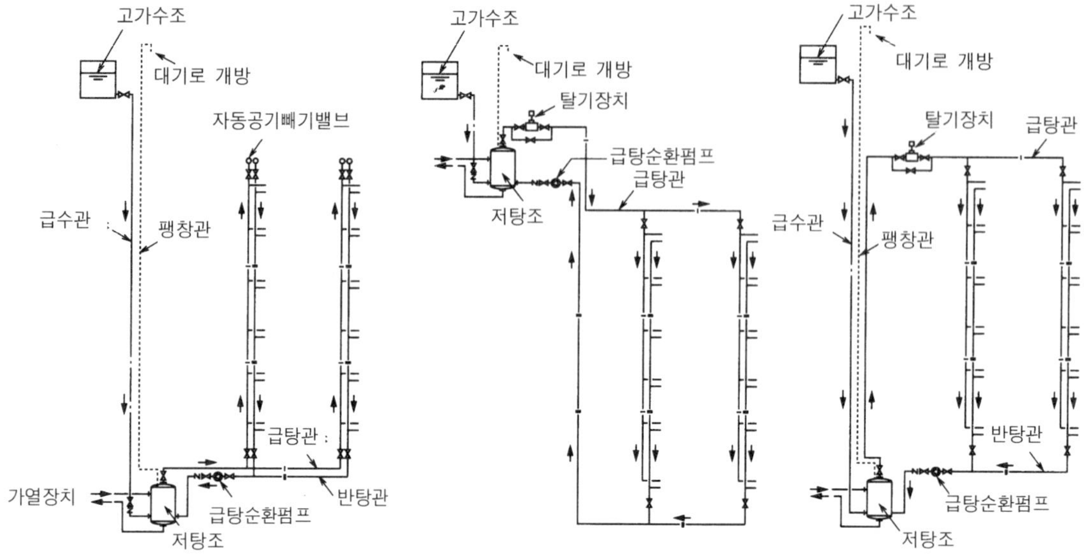

(a) 밀폐 상향 공급방식　　(b) 밀폐 하향 공급방식(1)　　(c) 밀폐 하향 공급방식(2)

그림 3.11 급탕배관방식

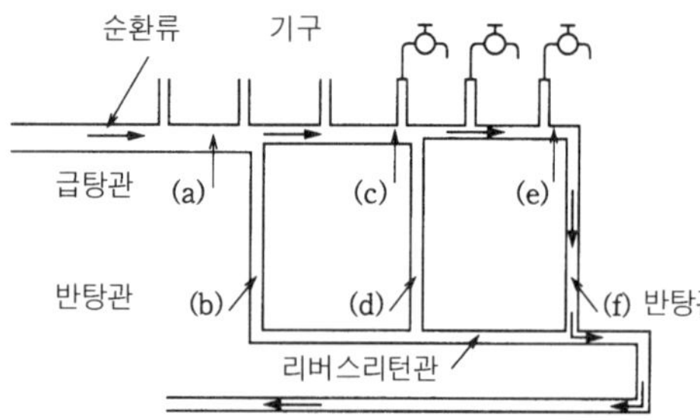

순환류는 반탕관 (b), (d)보다도 저탕이 적은 급탕관 (a)→(c)→(e)로 흐르며, (f)에 흐름량이 많아진다.

그림 3.12 리버스턴 배관에서의 탕의 흐름

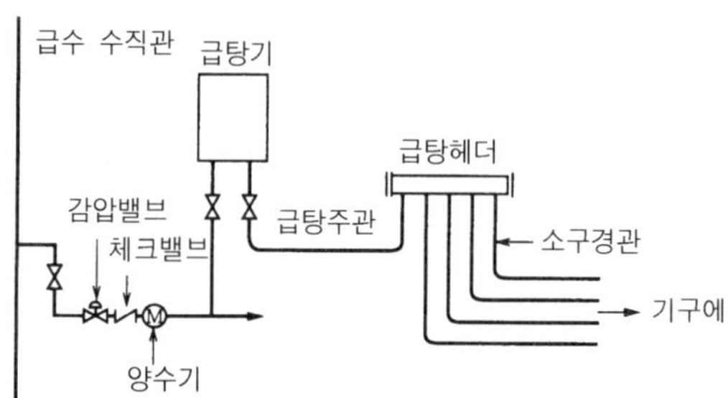

감압밸브는 수압이 0.2MPa을 초과할 경우에 설치한다. 설치 위치는 수도사업자에 따라 다르다.

그림 3.13 헤더 배관방식

1관식의 경우 수전을 열고나서 희망하는 온수가 나올 때까지의 시간 (온수대기시간)을 짧게 하기 위해서, 될 수 있는 한 배관길이를 짧게 하는 동시에 과대한 관경이 되지 않도록 주의한다.

온수대기시간은 배관내의 체류시간(배관내 보유수량/유수량)에 급탕기의 착화시간(3초 정도)과 급탕기나 배관의 축열에 필요한 시간(5~10초 정도)의 합계다. 온수대기시간은 30초 이하로 하는 것이 바람직하므로, 체류시간은 15초 이하를 목표로 한다[10].

기구의 배치상 배관이 길어지는 경우는, 순환형의 급탕기(즉탕식)를 사용해서 온수를 순환시키거나, 배관에 소용량의 저탕부를 설치하여 재가열하는 즉탕 부스(booth)를 설치할 것인가 등을 검토한다. 다만, 이 경우에는 배관으로 고온의 온수가 유출하는 경우가 있으므로, 동관이나 스테인리스강관 등 내열성이 뛰어난 관재를 사용해야 한다.

급탕배관의 부식 대부분은 과대한 유속에 기인하는 것으로, 관내유속은 동관에서 0.4~1.5 m/s, 스테인리스강관이나 피복 수지관 혹은 수지관에서 0.4~2.0 m/s의 범위를 엄수하는 동시에, 과대한 순환펌프가 원인이 되어서 반탕관에 부식이 발생하는 일이 많으므로, 순환펌프의 선정에는 충분한 주의가 필요하다.

국소급탕방식에서는 배관이 짧은 경우가 많으므로, 주관만의 1관식 배관이 일반적으로 이용되고 있다.

최근에는 집합주택의 가구내 배관 등에 헤더 배관방식이 사용되어지는 경향이 있으며, 그림 3.13에 개요를 나타내었다. 헤더 배관방식에서는 급탕기의 입구에서 0.2 MPa의 수압이 필요하고, 소구경의 수지관을 사용할 경우는 관의 열전도율이 동관에 비해 가교화 폴리에틸렌(polyethylene)관은 1/1,000, 폴리브틸렌관은 1/1,700로 작으므로 방열이 적으며, 2중관 헤더 배관방식에서는 2중관 끝부분을 밀폐하면 관의 보온은 필요하지 않다.

[3] 조닝

조닝(zoning)은 압력계통을 구분하는 것으로서, 급탕은 급수와 같은 압력으로 공급하므로 급수설비와 동일한 압력계통으로 한다. 양자의 공급압력이 다르면, 온수와 물의 혼합비율이 사용중에 변화되는 등 사용하기가 나빠지고, 샤워 등 전신에 끼얹는 기구에서는 화상의 위험도 있다. 조닝방법은 구역(zone)마다 저탕조를 설치하는 방법과 감압밸브에 의한 방법이 있다. 감압밸브 방식에서는 감압밸브의 2차측(하류)은 반탕관을 설치하지 않으므로, 배관길이는 온수대기시간의 허용범위로 한정된다.

감압밸브는 정기적인 점검이 필요하므로 쉽게 점검할 수 있는 장소에 설치한다. 그림 3.14에 고층건물에서의 조닝 예를 나타내었다.

3.2.6 배관재료

급탕배관은 항상 부식환경에 노출되어 있는 동시에, 급탕온도의 변화에 따라 신축을 되풀이하고 있는 것을 염두에 두고, 내식 · 내구성능을 우선으로 고려한다. 또한 건물의 신축, 증개축, 갱신공사 등 공사의 내용에 따라 시공시에 화기사용의 가부나 시공장소의 공간 등 시공성을 고려해서 선정한다. 일반적으로 사용되고 있는 급탕용 배관재를 표 3.13에 나타내었다.

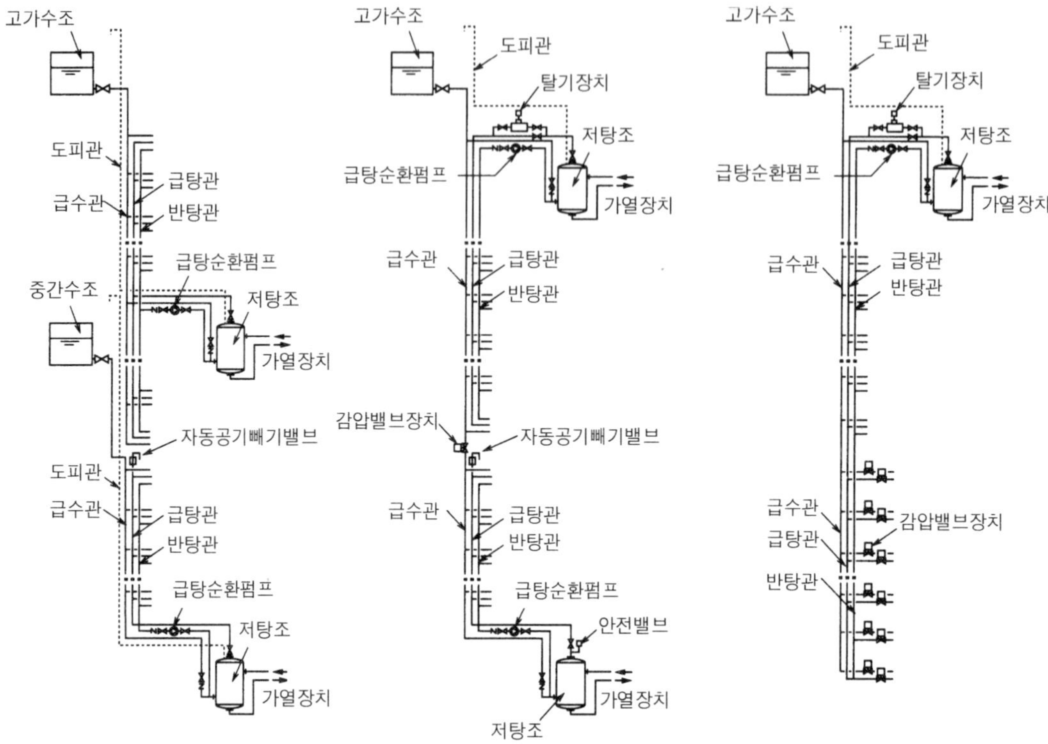

(a) 중간수조에 의한 조닝 (b) 일괄 감압밸브장치에 의한 조닝 (c) 저층의 각층 감압밸브에 의한 조닝

그림 3.14 고층건물의 급탕 조닝 예

3.2.7 배관 설계

가열장치를 아래층에 설치하는 경우는, 급탕주관을 일단 최상층까지 세워서 기수분리기 등으로 관내의 기체를 방출한 후, 급탕사용개소에 공급하도록 배관경로를 계획한다. 배관로에 있어서도 기체가 관내에 체류하는 일이 없도록 기구를 향해서 선상구배를 유지하고, 요철(凹凸)배관이 되지 않도록 주의한다. 요철배관 때문에 그 부분에 기체가 체류해서 온수의 공급이 원활하게 이루어지지 않는 예가 종종 일어난다.

[1] 급탕관경의 결정

급탕배관의 관경은 각 계통 혹은 각 구간에서의 순간최대급탕량을 산출해서 허용마찰손실수두 및 관내유속에 의해 결정한다. 순간최대급탕량은 3.2.3 [1]항의 산정에서 기술한 다음의 방법에 의해 산출한다.

표 3.13 급탕용배관재

관 재	규 격	접합방법	사용 범위[℃]	내충격성	내화성	내식성		열신축	시공성	중량 (20A) [kg/m]	유 의 사 항
						내면	외면				
동 관	KS D 5301 JIS H 3300 -C 1220T JWWA H 101	경납접합 플랜지접합 메커니컬접합	100	△	○	△ 순환부에서는 해식(海食)	매설부 매크로셀부식 보온재에 주의	△	△	0.62	유속 0.4~1.5 m/s 시공후 관내의 이물을 제거
스테인리스강관	KS D 3576 JIS G 3448 JWWA G 115	압축식・프레스식접합 신축흡수식접합 플랜지접합 용접접합		△	○	△ 공식 응력부식균열 틈새부식	○	○	○	0.53	이음쇠 접합부의 차입부족 이음쇠 O링의 내구성 주의 시공현장에서의 용접금지 염소이온에 주의 플랜지 패킹부의 틈부식
내열염화비닐라이닝강관	WSP 043	나사입접합 플랜지접합	85	○	△	나사가공의 정밀도에 따른다 △	내외면라이닝강관의 사용으로 해결	○	△	1.9	나사가공의 정밀도로 내구성이 좌우된다.
내열경질염화비닐관	KS M 3414 JIS K 6776	접착접합 플랜지접합	60	×	×	○	○	×	○	0.32	열에 의한 신축이 크고, 신축처리가 필요 단독 주택용 가스순간식 급탕기・전기온수기에서의 사용은 피한다.
폴리브틸렌관	KS M 3363 JIS K 6778 JPBP A 101	메커니칼 접합 플랜지접합 융착접합	90	○	×	○	○	△	○	0.19	메커니컬접합의 조임불량에 주의 2중관헤더・헤더배관
수도용가교폴리에틸렌관	KS M 3357 JIS K 6769 JXP A001	메커니컬접합	100	○	×	○	○	△	○	0.2	메커니컬접합의 조임불량에 주의 2중관헤더・헤더배관
금속강화복합플라스틱관	제조자규격	메커니컬접합	100	△	×	○	○	△	○	0.21	메커니컬접합의 조임불량에 주의 2중관헤더・헤더배관
연질동관	JIS H 3300 -C 1220 T JWWA H 101	메커니컬접합 플레어접합 메커니컬접합	100	×	○	△ 순환부에서 해식	매설부 매크로셀부식 보온재에 주의	△	○	0.62	유속 0.4~1.5 m/s 시공후 관내의 이물질 제거

(주) ○ : 양호 △ : 보통 × : 불량

[주택의 급탕시스템 매뉴얼(베터리빙)의 표를 참조로 작성]

(1) 기구이용의 예측에 의한 방법
(2) 급탕단위에 의한 방법
(3) 물사용시간율과 기구급탕단위에 의한 방법
(4) 기구의 유량과 사용온도에 의한 방법

(4)는 체육시설 · 공장 등의 샤워룸이나 대형 목욕탕의 씻는 곳 · 샤워 등 기구의 집중적인 동시사용이 예상될 경우의 순간최대급탕량을 구할 때에 쓰는 방법이다. 기구에서의 사용온도와 계획지의 급수온도에 의해 요구되는 급탕기의 혼합비율을 기구의 사용유량에 곱하여 급탕량을 산출하고, 그 계통 · 구간의 급탕유량을 산출하는 방식이다.

예제 3.4 벽걸이 샤워 6조에 대한 급탕량을 구하시오.
다만, 급탕온도 60℃, 사용온도 42℃, 급수온도 10℃, 사용유량 12 L/min · 조로 한다.

풀이

표 3.3에 의해 상기조건에 있어서의 온수의 혼합비율은 0.64이므로

$$(12\ \mathrm{L/min} \times 6\text{조}) \times 0.64 \fallingdotseq 46\ \mathrm{L/min}$$

[2] 반탕관경의 결정

(a) 반탕관경의 가결정

반탕관의 관경은 우선 표 3.14에 의해 관경을 가결정한 후에, 배관이나 기기로부터의 방열량으로 필요한 순환량을 산출하고, 가결정한 반탕관내의 유속이 허용유속을 넘지 않는가를 점검(check)해서 결정한다. 관내의 유속을 점검할 때는 산출한 순환량과 필요양정에 의해 결정한 순환펌프의 유량선도상에서 최소양정에서의 유량을 구하고, 그 유량의 50%정도가 일부의 계통에 집중해서 흐르는 숏서킷(short circuit)을 일으켰을 경우라도 허용유속을 초과하지 않는지를 점검하는 것이 중요하다.

특히 강관을 사용하는 경우는 과대유속에 의한 부식이 반탕관에 많이 발생하므로, 반탕관내의 유속점검을 충분히 할 필요가 있다.

표 3.14 반탕관의 관경

급탕관경(A)	20~32	40~50	65~80	100 이상
반탕관경(A)	20	25	32	40

표 3.15 배관으로부터의 열손실[24)]

종별 \ 호칭경(A)	15	20	25	30	32	40	50	60	65	75	80	100	125	150
보온을 실시한 동관	0.20	0.24	0.29	–	0.33	0.37	0.44	–	0.45	–	0.52	0.64	0.77	0.78
보온을 실시한 스테인리스강관	0.20	0.24	0.29	0.32	–	0.37	0.41	0.42	–	0.50	0.56	0.69	0.82	0.82
피복하지 않은 동관	0.58	0.81	1.04	–	1.27	1.51	1.97	–	2.43	–	2.90	3.82	4.75	5.67
피복하지 않은 스테인리스강관	0.58	0.81	1.04	1.24	–	1.56	1.77	2.20	–	2.78	3.25	4.16	5.09	6.01

(주) 외표면열전달율은 11.63W/(m^2 · ℃), 내표면열전달율은 7,000W/(m^2 · ℃), 동관의 열전달율은 388W/(m^2 · ℃), 스테인리스강관의 열전달율은 16W/(m^2 · ℃), 보온재의 열전달율은 0.045W/(m^2 · ℃), 배관의 보온재 두께는 15~50A는 20 mm, 60~125A는 25 mm, 150A는 30 mm로 한다.

(b) 순환유량의 산출

순환유량은 순환관로의 열손실과 허용온도강하(급탕온도와 반탕온도의 차)에 의해, 다음식에 의해 구한다[11)].

$$W = \frac{3,600\,\Sigma H_L}{4,186 \times 60\Delta T} = 0.0143\Sigma H_L/\Delta T \qquad (3.10)$$

여기서, W : 순환유량 [L/min]

ΣH_L : 배관 · 밸브 · 펌프로부터의 합계 방열량 [W]

ΔT : 허용온도강하(일반적으로 5℃)

배관으로부터의 열손실은 순환관로의 각 배관구경마다의 합계 배관길이에, 표 3.15에 나타낸 배관으로부터의 단위방열량을 곱하여 방열량을 산출하고, 관경마다 구한 값을 합계하여 관로 전체의 방열량을 구한 다음, 밸브 · 펌프 등으로부터의 방열량을 가산해서 구한다. 밸브 · 펌프 등으로부터의 방열량은 개략값으로서 배관 방열량의 20~30%로 한다.

3.2.8 급탕순환펌프

식 (3.10)에 의해 산출한 순환유량에 대하여 급탕관의 관경이 크고 마찰손실수두는 거의 무시할 수 있으므로, 급탕순환펌프의 양정은 저탕조로부터 가장 먼 계통 반탕관로의 순환유량에 대한 손실만을 고려하면 된다. 양정을 과대하게 설정하면 결과적으로 과대한 유량이 배관내를 순환하게 되고 부식의 원인이 되므로 주의가 필요하다. 특히 강관의 경우는 과대유속에 의한 반탕관의 부식 예가 수많이 보고되어 있다.

급탕순환펌프는 청동제나 스테인리스강제 등의 내식성이 있는 제품을 사용하고, 배관 도중에 설치하는 인라인(in line)펌프가 일반적으로 많이 사용되고 있다. 선정할 때는 펌프 배압에 견딜 수 있는 기종을 고르고, 배압이 큰 경우는 캔트모터펌프 등 누설 방지구조로 된 펌프를 사용한다.

3.3 안전장치

3.3.1 팽창에 대한 안전장치

물의 가열에 따른 부피의 팽창에 의해 배관이나 밀폐용기 내의 압력이 과대하게 상승하는 것을 방지하기 위한 장치로서, 그림 3.15에 나타낸 밸브(안전밸브), 용해전, 도피관(팽창관), 밀폐팽창탱크 등이 있다.

[1] 도피관(팽창관)

그림 3.15에서 도피관의 입상높이는 다음 식으로 구한다[12].

$$H > (\rho_c/\rho_h - 1)h \tag{3.11}$$

여기서, ρ_c : 물의 밀도 [kg/L] (표 3.1)

ρ_h : 탕의 밀도 [kg/L]

[2] 도피밸브

급탕보일러나 저탕조 내부의 압력이 최고사용압력에 도달했을 경우, 온수를 배출해서 용기내의 압력을 내리는 장치이다. 작동했을 경우에는 고온의 온수를 배출하므로, 배출관의 방류위치는 안전성을 고려해서 결정하여야 한다. 그림 3.16에 도피밸브의 예를 나타냈다.

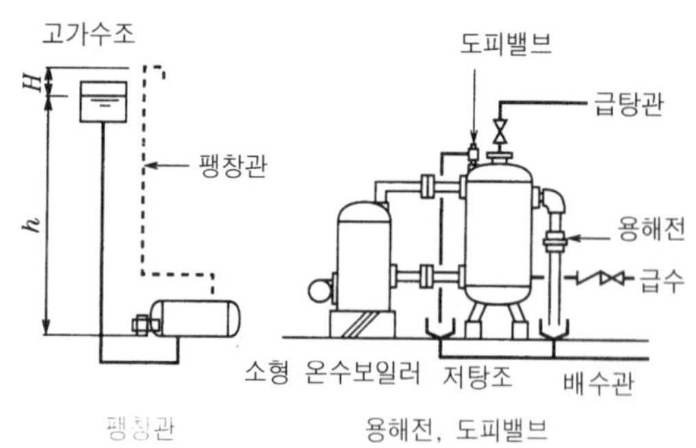

그림 3.15 밀폐용기의 안전장치

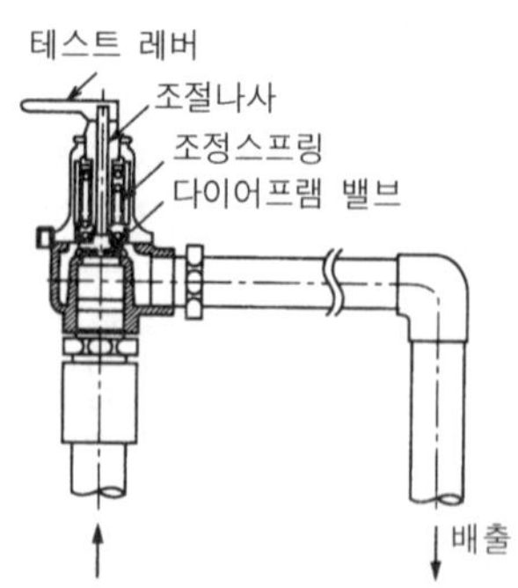

그림 3.16 도피밸브

[3] 팽창탱크

팽창탱크의 용량 V는 식 (3.12) 및 식 (3.13)에 의해 산출할 수 있다.

$$\text{개방식 팽창탱크} \quad V = 2\varDelta V = 2(\gamma / \gamma' - 1)\, v \tag{312}$$

$$\text{밀폐식 팽창탱크} \quad V = \frac{\varDelta V}{P_0/P_1 - P_0/P_2} \tag{3.13}$$

여기서, $\varDelta V$: 온수의 팽창량 [L]

v : 급탕설비의 전수량 [L]

P_0 : 밀폐식 팽창탱크의 초기봉입 절대압력 [kPa]

P_1 : 팽창탱크 설치위치에서 가열 전의 절대압력 [kPa]

P_2 : 급탕장치의 허용압력 [kPa]

예제 3.5 절대압력 300 kPa의 정수압이 걸리는 위치에 설치하는 밀폐식 팽창탱크의 용량을 구하시오. 다만, 급수온도 5℃, 급탕온도 60℃, 가열 전 급탕설비의 전 수량 2,000L , 급수와 급탕의 압력차 50 kPa(5 m), 팽창탱크의 초기봉입 절대압력을 300 kPa라고 한다.

풀이

$\varDelta V = (1.0000 / 0.9832 - 1) \times 2,000 = 34.2\,\text{L}$

$P_0 = 300$ kPa, $P_1 = 300$ kPa로, $P_2 = 300 + 50 = 350$ kPa부터

$V = 34.2/(300/300 - 300/350) \fallingdotseq 240\,\text{L}$

개방식 팽창탱크는 급수방식이 고가수조방식과 같이 항상 일정한 정수두가 유지되고 있을 경우에 적합하지만, 수도직결 증압급수방식이나 펌프직송 급수방식과 같이 정수두가 팽창탱크의 설치위치를 넘을 경우가 많은 급수방식에서는, 개방식은 사용할 수 없기 때문에 밀폐식 팽창탱크를 사용한다. 또한 고가수조방식에서도 한랭지 등 팽창탱크가 동결할 우려가 있을 경우에는 밀폐식을 사용한다. 그림 3.16에 밀폐식 팽창탱크를 나타내었다.

3.3.2 배관의 신축에 대한 안전장치

급탕배관은 관경과 길이 모두 탕온의 변화에 따라 신축한다. 관경의 신축은 미미한 것이므로 무시할

수 있지만, 관길이의 신축은 배관이 긴만큼 커지며, 이음에 과대한 응력이 걸려서 파손될 경우도 있다. 관의 신축량은 다음 식으로 구할 수 있다.

$$\Delta l = 1,000\, a l \Delta t \tag{3.14}$$

여기서, Δl : 관길이의 신축량 [mm]

α : 관의 선팽창계수 [1/℃] (표 3.16)

l : 온도변화전의 관 길이 [m]

Δt : 온도변화 [℃]

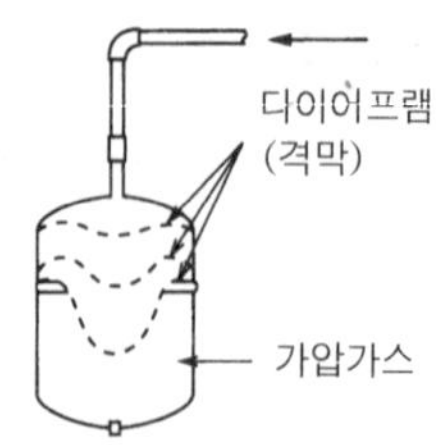

그림 3.17 밀폐식 팽창탱크

배관의 신축을 흡수하기 위해서 직관부에서는 그림 3.18과 같은 신축곡관이나 신축이음을 사용하고, 수평주관으로부터의 분기부 등에는 그림 3.19에 나타낸 것 같은 엘보를 사용해서 배관에 가요성을 갖게 하는 스위블이음(swivel joint)이 사용된다.

표 3.16 각종 관의 선팽창계수[16)]

관 종류	선팽창계수 [1/℃]
강 관	0.00001098
스테인리스강관	0.000016
동 관	0.00001710
내열성 경질염화빌닐관	0.00007
폴리브틸렌관	0.00015
가교화폴리에틸렌관	0.0002

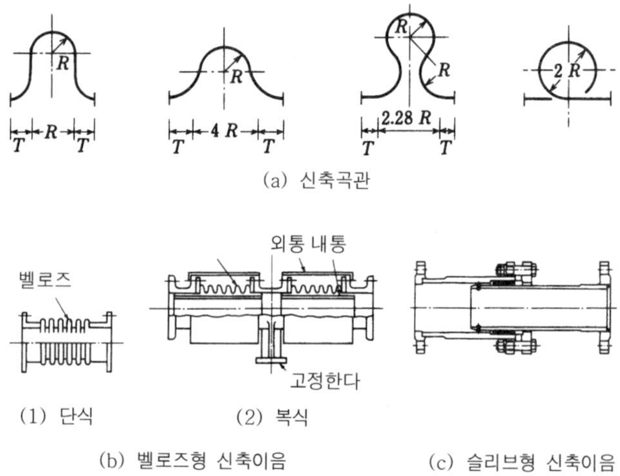

그림 3.18 신축이음

3.3.3 과열방지를 위한 제어

급탕을 필요이상으로 가열하는 것은 에너지의 낭비나 배관·기기의 부식을 촉진하게 되고 위험하기도 하므로, 가열원인을 제어하여 급탕온도를 일정하게 유지할 필요가 있다. 보일러에서는 온수의 온도에 따라 연소기기나 열원의 공급을 제어하고, 저탕조에서는 내부의 탕온에 의해 열원을 제어하는 방법이 사용되고 있다.

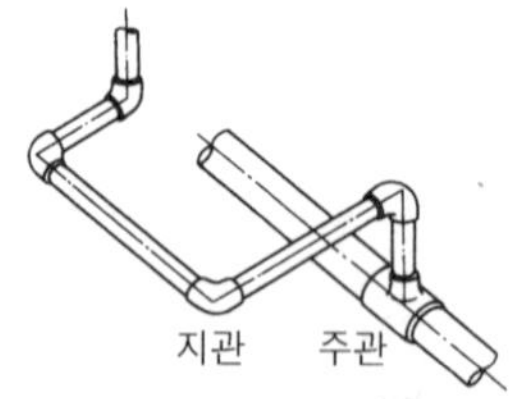

그림 3.19 스위블 조인트

3.3.4 가열장치에 대한 법적 규제

가열장치는 노동안전위생법(일본)에 의해 설치나 취급에 대해서 가열기는 보일러에서, 저탕조 · 밀폐식 팽창탱크 등은 압력용기로서 규제되고 있으며, 그림 3.20 및 표 3.17에 그 개요를 나타내었다.

표 3.17 압력용기에 대한 규정

법에 의한 구분	설치신고 등	취급책임자	정기 자주검사	성능검사	비고
소형 압력용기	–	–	1회/년	–	증기 등의 열매에 의해 액체를 가열하는 용기에서 대기압을 넘는 것
제1종 압력용기	설치신고 등 완성검사	–	1회/월	1회/년	
제2종 압력용기	–	–	1회/년	–	상기 이외

(주) 소형 압력용기 : $P \leq 0.1$에서 $PV \leq 0.04$, $200 < D < 500$ mm 그리고 $L \leq 1{,}000$ mm
제1종 압력용기 : 상기의 범위를 넘는 것
제2종 압력용기 : $P \geq 0.2$에서 $V \geq 0.04$, $P \geq 0.2$에서 $D \geq 200$ mm 그리고 $L \geq 1{,}000$ mm
A : 전열면적 [m^2], P : 사용게이지압력[MPa], V : 용기의 내용적 [m^3], D : 용기의 내경 [mm], L : 용기의 길이 [mm]

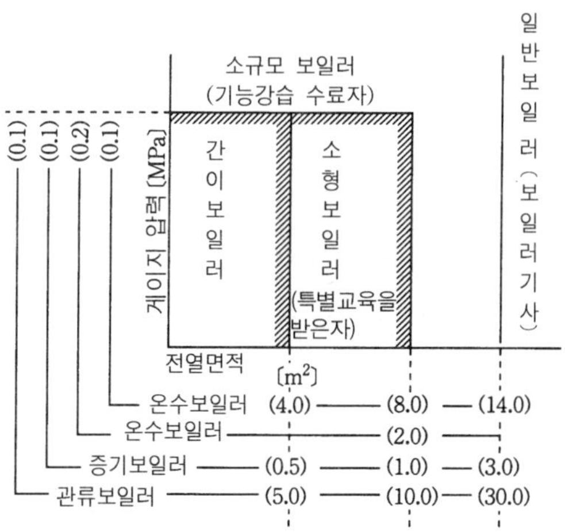

(주) 진공식 · 무압식 온수기는 보일러에 해당하지 않는다. 게이지 압력 0.1~0.2 MPa 전열면적 2.0 m^2 이하의 온수보일러에서 일반 가정 등에 설치하는 경우는 설치신청 및 정기검사 불필요.

그림 3.20 보일러의 법적구분과 취급자격자

3.4 열원 소비량

급탕설비에서 소비되는 열원의 소비량은 물과 온수의 밀도를 1kg/L로 하여 다음 식에서 구할 수 있다.

$$F = 4,186\,Q(t_h - t_c)\,/\,HE \tag{3.15}$$

여기서, F : 열원 소비량(단위는 표 3.18)

Q : 급탕 소비량 [L]

t_h : 급탕온도[℃]

t_c : 소비기간에서의 평균급수온도 [℃]

H : 열원의 발열량(표 3.18)

E : 가열기의 효율(표 3.19)

표 3.18 열원의 발열량

열 원		저발열량	고발열량
주요 도시가스	13A	41.5MJ/m^3(N)	46.0MJ/m^3(N)
	12A	37.5MJ/m^3(N)	41.9MJ/m^3(N)
	6A	27.1MJ/m^3(N)	29.3MJ/m^3(N)
	L1(6B)	18.8MJ/m^3(N)	20.9MJ/m^3(N)
	L1(6C)	17.0MJ/m^3(N)	18.8MJ/m^3(N)
액화석유가스		92.5MJ/m^3(N)	100.5MJ/m^3(N)
등 유		43.5MJ/kg	46.1MJ/kg
A중유		42.7MJ/kg	45.2MJ/kg
전 기		3.6MJ(/kWh)	
증기(코일)		증기의 응축잠열량	
증기(직접)		증기의 전열량－탕의 열량[MJ/kg]	

(주) 1. 연료의 발열량은 개산치이다.
2. 도시가스의 발열량은 1999년 12월 현재의 값이다.

표 3.19 급탕용 가열장치의 효율[24)]

가 열 장 치	저발열량기준효율[%]	비 고
주철제 섹셔널 진공식 · 무압식 온수발생기	85~92	평균 90% 정도
그 밖의 진공식 · 무압식 온수발생기	82~91	평균 87% 정도
일반 급탕보일러(관류형을 포함)	80~90	평균 85% 정도
잠열회수형 급탕보일러	100~108	평균 105% 정도
가스순간식 급탕기	83~90	평균 86% 정도
가스 · 석유급탕기	83~89	낮은 값은 소유량시 욕조강제순환은 83% 정도
음료용 저장식 급탕기	71~87	평균 84% 정도

(주) 1. 가스 가열장치의 효율은 고발열량기준으로 나타내는 경우가 많으나, 여기에서는 비교의 의미로 저발열량기준으로 통일하였다.
2. 가열장치의 효율은 제조자 · 형식 · 형번 등에 의해 다르다.
3. 전기식 가열장치의 효율은 90~95%이다.

3.5 태양열이용 급탕설비

태양열이용 급탕설비의 계획은, 면적당의 태양 에너지는 반드시 큰 량이 아니라는 사실, 계절에 의한 변동이나 지역차, 날씨에 좌우되는 등 그 특성을 충분히 이해한 뒤에 진행시킬 필요가 있다.

3.5.1 일사량과 집열량

일사에는 직달일사와 확산일사가 있으며, 양자를 합계한 값을 전천일사량(全天日射量)이라고 한다. 집열기의 수열면이 받는 일사량은 집열기의 경사각도 및 방위각에 따라 다르다. 북위 35°의 지역에서는 경사각도 30°, 방위각도 정남 −10°에서의 연간집열량이 최대가 되지만, 경사각도 15~35°, 정남 ±45°의 범위이면 거의 바뀌지 않는다[13)]. 경사각도에 따른 전천일사량은 공기조화 · 위생공학 편람 등에 게재되어 있으므로 참조하기 바란다.

3.5.2 태양열 집열기

태양열 집열기에는 평판형과 진공 유리관형이 있으며 그 개요를 그림 3.21에 나타내었다.

3.5.3 태양열이용 시스템

태양열을 이용하는 급탕시스템은 집열기의 상부에 저탕조를 설치한 자연 순환식과 집열기와 저탕조사이를 순환시키면서 물을 가열해 저탕하는 강제 순환식이 있다. 전자는 주로 주택용에 후자는 비교적 대규모 태양열 급탕설비에 사용된다.

그러나 집열이 기후에 좌우되기 때문에, 급탕부하에 동일한 보조열원을 필요로 하는 등 설비비가 고가가 되어, 화석연료 가격이 비교적 염가로 안정되어 있는 현재 상태에서는 경제적인 장점을 요구하는 것은 어렵지만, 화석연료의 절약이나 CO_2 발생량의 억제를 위해서는 유효한 설비이다. 그림 3.22에 태양열 급탕시스템의 예를 나타내었다.

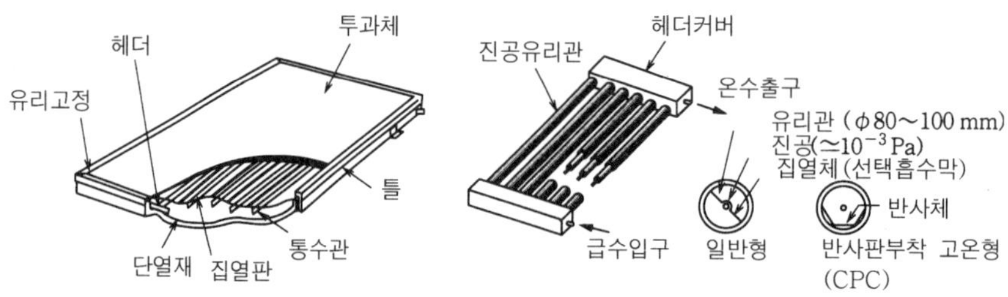

(a) 평판형 집열기 (b) 진공유리관형 집열기

그림 3.21 태양열 집열기

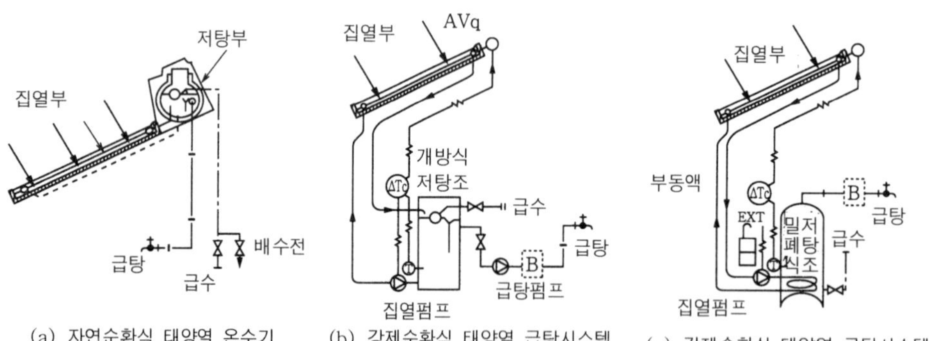

(a) 자연순환식 태양열 온수기 (b) 강제순환식 태양열 급탕시스템 (직접집열방식) (c) 강제순환식 태양열 급탕시스템 (부동액에 의한 간접집열방식)

그림 3.22 태양열 급탕시스템의 예

[1] 자연순환식

단독주택에서 일몰 후에도 보온 효과가 있는 저탕부를 갖는 간이 자연순환식 태양열 온수기가 일반적으로 사용되고 있다. 집열부가 3~4 m^2로 저탕량 250~300 L 정도의 것이 많고, 욕조나 부엌싱크대 등에 직접 급탕하는 경우가 많다.

계획시에는 급탕기구에 대한 수압이 확보가능할 것, 동결방지를 위해서 급수·급탕 배관내의 잔류수가 완전하게 배수될 수 있는 것 등을 검토한다.

태양열 온수기는 남쪽의 지붕에 15~35°의 범위로 지붕 구배에 맞추어 설치되는 예가 많다.

[2] 강제순환식

집열기에 물을 직접 순환시키는 직접집열방식과 부동액을 혼입한 물을 순환시키는 간접집열방식이 있다. 직접집열방식은 집열효율이 좋고 설비비는 간접집열방식에 비해 염가이지만, 동결방지에 충분히 유의할 필요가 있으며, 간접집열식은 동결의 우려가 없고 수도직결로 사용할 수 있지만 집열효율이 떨어진다.

참고문헌

1) 鎌田元康 편저 : 급탕설비의 ABC (1993) TOTO 출판
2) 빌딩관리교육센터 : 레지오넬라증 방지지침 (1994)
3) 공기조화・위생공학회편 : 공기조화・위생공학편람, 제12판, 제4권 (1995) p. 148, 공기조화・위생공학회
4) 공기조화・위생공학회규격 「HASS 206-2000 급배수위생설비규준・동 해설」 (2000) 공기조화・위생공학회
5) 공기조화・위생공학회편 : 급배수・위생설비계획설계의 실무지식 (1995) p. 82, オーム사
6) 鎌田元康 편저 : 급탕설비의 ABC (1993) p. 44, TOTO 출판
7) U사 카탈로그
8) 공기조화・위생공학회편 : 공기조화・위생공학편람, 제12판, 제4권 (1995) p. 152, 공기조화・위생공학회
9) 공기조화・위생공학회편 : 도해공조・급배수 대백과 (1998) p. 389, オーム사
10) 공기조화・위생공학회 : 제공시설정비 (8) 급수 등 기술동향조사 보고서 (1998) p. 59
11) 공기조화・위생공학회편 : 공기조화・위생공학편람, 제12판, 제4권 (1995) p. 153, 공기조화・위생공학회
12) 공기조화・위생공학회편 : 공기조화・위생공학편람, 제12판, 제4권 (1995) p. 146, 공기조화・위생공학회
13) 공기조화・위생공학회편 : 급배수・위생설비 계획 설계의 실무지식 (1995) p. 98, オーム사
14) ASHRAE : ASHRAE Handbook, HVAC Appli-Cations (1991) p. 44. 19
15) 鎌田元康 편저 : 급탕설비의 ABC (1993) pp. 46-47, TOTO출판
16) 공기조화・위생공학회편 : 급배수・위생설비계획설계의 실무지식 (1995) p. 96, オーム사
17) 공기조화・위생공학회편 : 공기조화・위생공학편람, 제12판, 제4권 (1995) p. 325, 공기조화・위생공학회
18) 공기조화・위생공학회편 : 공기조화・위생공학편람, 제12판, 제4권 (1995) p. 137, 공기조화・위생공학회
19) 일본기계학회편 : 기계공학편람 (1991) p. 46, 丸善
20) 鎌田元康 편저 : 급탕설비의 ABC (1993) p. 27, TOTO출판
21) ASHRAE : ASHRAE Handbook, HVAC Appli・Cations (1991) p. 44. 14
22) ASHRAE : ASHRAE Handbook, HVAC Appli-Cations (1991) p. 44. 4
23) 鎌田元康 편저 : 급탕설비의 ABC (1993) p. 98, TOTO출판
24) 공기조화・위생공학회편 : 공기조화・위생공학편람, 제12판, 제4권 (1995) p. 152, 공기조화・위생공학회
25) 일본기계학회편 : 증기표
26) 공기조화・위생공학회편 : 공기조화・위생공학편람, 제12판, 제4권 (1995) p. 153, 공기조화・위생공학회
27) 공기조화・위생공학회편 : 공기조화・위생공학편람, 제13판, 제4권 (2001) p. 151, 공기조화・위생공학회

04 배수 통기설비

4.1 기초사항

4.1.1 배수관내의 배수 흐름

배수관내의 흐름은 물, 공기, 고형물로 되어 있어 자연유하식의 배수수평관에는 적절한 구배가 필요하다. 배수관내는 배수에 수반하여 유인된 공기에 의해 큰 압력 변동이 생길 우려가 있으므로, 배수관내는 가능한 한 대기압이 유지되도록 적절히 통기하지 않으면 안 된다. 실내와 배수관내를 차단하여 하수가스의 실내 침입을 저지하는 기구트랩의 봉수가, 배수의 흐름에 수반하는 압력변동 등에 의해 감소하여 봉수가 파괴되는 일(파봉이라고 한다)이 없고, 게다가 불쾌한 소음을 발생하지 않고 각 기구의 배수를 신속하게 배제하는 것이 배수관 및 통기관의 역할이다.

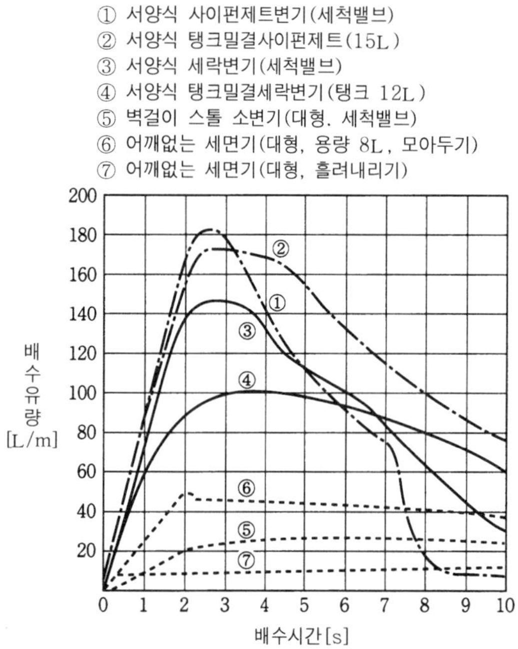

그림 4.1 각종 위생기구의 배수특성 예

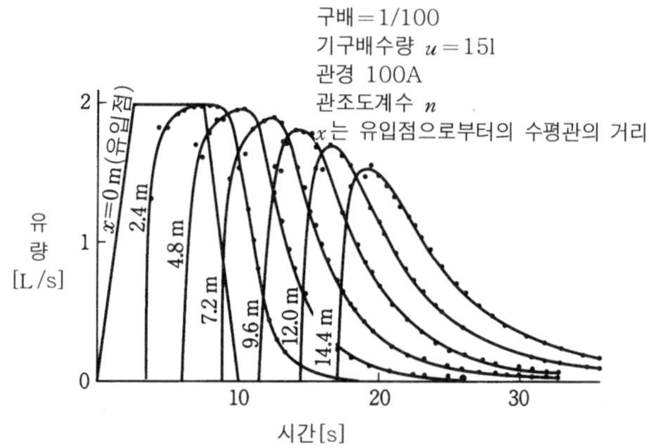

그림 4.2 배수흐름 패턴의 유하에 따른 변화수치 계산 예[2)]

[1] 기구 배수와 배수수평지관의 흐름

배수관의 부하는 위생기구의 배수에 의해 생기므로 그 배수특성을 아는 것이 필요하다. 그림 4.1에 나타낸 것처럼, 세면기는 물을 흘러내리면서 사용하는 것에 비해, 모아 두고 사용하면 유량도 크고 배수직후부터 배수종료 직전까지 기구 트랩 · 기구 배수관을 만류상태로 흐른다.

대변기는 1회당의 사용수량이 비교적 큰 피크 유량을 나타내었다. 그 특성은 대변기의 기능 · 세척 방식 등에 따라서 다르다. 기구 배수관을 유하하는 배수는 그림 4.2에 나타낸 것처럼, 배수수평지관을 유하함에 따라 배수특성의 패턴이 완만하다. 이 경향은 피크유량이 가파른 배수패턴일수록, 또한 배수구배가 완만할수록 빨리 평균화한다.

[2] 배수수직관의 흐름

배수수평지관으로부터 배수수직관에 유입하는 배수는, 비교적 적은 유량일 때는 관 내벽을 따라 물테를 형성해 환상류로 흘러 내리며, 그 가운데는 공기 핵이 나타날 수 있는 상태가 된다. 그러나 유량이 많아지면 공기 핵 부분에 물방울이 포함된 슬러그류의 상태로 낙하된다.

물이 중력에 의해 낙하하는 경우 중력과 마찰력의 밸런스에 의해 속도가 일정하게 된다. 이 속도를 종국속도라고 하며, 물이 종국속도에 이르기까지 낙하하는 거리를 종국길이라고 한다. 배수수직관의 관경에 따라 다르나, 환상류의 상태에서는 약 2～6 m에서 종국속도에 이른다. 「와이리」와 「이튼」은 매닝 공식을 기초로 하여 식 (4.1), (4.2)의 실험식을 유도하고 있다.

$$v_t = 0.635(Q/D)^{2/5} \tag{4.1}$$

$$L_t = 0.144\, v_t^2 \tag{4.2}$$

여기서, v_t : 종국속도 [m/s]

L_t : 종국길이 [m]

Q : 유량 [L/s]

D : 관경 [m]

[3] 배수수평주관의 흐름

배수수직관으로부터 배수수평주관에 배수가 유입하는 곳에는 유입속도가 배수수평주관내의 유속보다 크기 때문에 급격하게 감소하여 수심이 부분적으로 증가하여 관 단면적을 만수할 정도로 된다. 이것을 도수현상(hydrolic jump)이라고 한다.

이 현상은 배수수직관의 허용유량 정도의 흐름 범위에서는, 배수수직관 기단부로부터 수직관경의 수배정도의 곳에서 생긴다. 도수현상이 생긴 하류에서는 마찰손실의 영향을 받아 유속이나 파동상태는 감소하면서 차츰 평활한 흐름이 되지만, 거기에 도달하기까지 수십 m의 거리를 필요로 하는 경우도 있다.

4.1.2 배수 통기관내의 공기흐름

배수가 수직관내를 유하하면 공기도 유인되어 배수수직관 상부는 부압이 되며, 배수가 수직관 하부에서 수평주관으로 유입할 경우에는 급격하게 감속되고 도수현상 등도 일어나, 공기의 흐름이 저해되어 정압(+)이 되면서 큰 압력상승이 발생한다.

통기수직관을 설치한 루프 통기방식 또는 각개통기방식에서는, 통기수직관의 하부에서 이 공기를 윗쪽으로 밀어내어 압력상승을 완화한다. 윗쪽으로 밀린 공기는, 배수수직관 상부의 부압역에서 통기수직관 및 통기수평지관을 통해서 배수수직관에 유인되어 배수 수직관내와 통기 수직관내를 순환하게 된다. 따라서 통기수직관 및 통기수평지관의 설치는, 신정통기관 대기 개구부로부터의 유입 공기량의 감소에 기여한다[6].

4.1.3 트랩

[1] 목적과 구조

트랩을 설치하는 목적은 하수관내로부터 불쾌한 하수 가스, 악취 또는 위생 해충 등이 위생기구를 통해 실내에 침입하여, 실내가 비위생적으로 되는 것을 방지하는 것이다.

트랩의 구조는 수봉식으로서 적절한 봉수유지기능을 가지며, 기구 사용시에 트랩내의 봉수나 배수중에 혼입된 고형물을 배출하는 자소력(自掃力)이 필요하다. 기계식 트랩은 고장 등에 의해 오랫동안 기능을 손상시키므로 사용해서는 안 된다.

배수트랩은 그림 4.3에 나타낸 것처럼 적절한 깊이의 봉수(이것을 봉수심이라고 한다)에 의해 트랩을 형성하며, 봉수심은 50～100 mm로 한다. 봉수심이 너무 얕으면 [4]항에 나타내는 각종의 봉수손실현상에 의해 쉽게 파봉되고, 또한 봉수를 너무 깊게 하면 자소작용[自掃作用]이 약해져, 수저면(水底面)에 고형물・유지의 부착, 미생물의 번식 등이 생기기 쉽기 때문이다.

[2] 트랩의 종류

트랩을 기능적으로 대별하면 사이펀식과 비사이펀식으로 나누어 진다. 사이펀식은 관트랩이라고도 하며 배수가 통수로를 만류상태로 흘러내려 자기사이펀이 생기기 쉬운 트랩으로서, 배수 및 배수중에 포함되어 있는 고형물을 동시에 배출할 수 있는 잇점이 있다. 그림 4.4(a)에 나타낸 것처럼 P트랩, S트랩, U트랩 등이 있다.

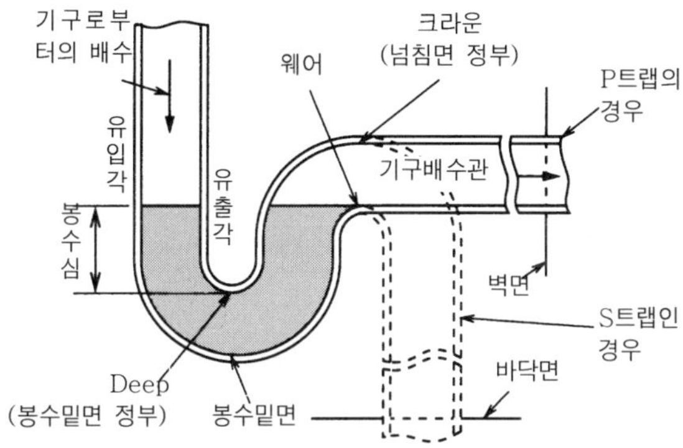

그림 4.3 배수트랩 각부의 명칭(HASS 206 해설)

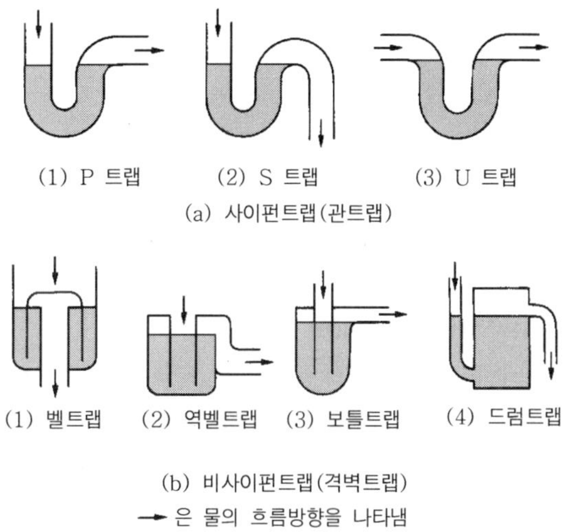

그림 4.4 트랩의 종류

비사이편식 트랩은 사이펀식보다 봉수강도가 높아지도록, 그림 4.3에 나타낸 유출각(流出脚)의 단면적이 유입각의 그것보다 넓어져 있고, 또한 유수가 통수로를 통해 하부로부터 저수부(貯水部)로 들어가, 상단으로부터 넘쳐 나와 배출하도록 되어 있다. 그림 4.4(b)에 나타낸 것처럼 드럼트랩, 벨트랩, 병 트랩 등이 있다.

그 외에 대변기와 같이 기구와 트랩을 일체로 한 붙박이 트랩이나 배수하는 중간에 트랩을 형성한 트랩피트 등이 있다. 트랩피트는 우수관을 배수관에 접속할 때 등 비교적 깨끗한 배수에 이용되고 있다.

[3] 사용이 바람직하지 않은 트랩

(a) 벨트랩

벨트랩은 바닥배수 · 싱크대 등에 많이 사용되며 벨모양으로 된 부품을 씌워 트랩을 형성한 것이다. 벨을 없애면 트랩 기능이 없어진다.

벨은 쉽게 떼어낼 수 있으며 떼어낸 채로 사용되는 예도 많이 보여진다. 또한 벨을 격벽으로 하여 트랩을 형성하고 있기 때문에, 벨에 구멍이 뚫리면 트랩기능이 없어지므로 트랩으로서 추천할 수 있는 것은 아니다.

(b) 격벽 트랩

격벽에 의해 트랩을 형성하고 있는 벨트랩이나 보틀트랩은, 격벽에 구멍이 뚫리면 하수가스가 통과하거나 봉수심이 얕아져 안전한 것이라고는 할 수 없다.

(c) 기타

봉수심이 50 mm 이하의 트랩은 다음에 말하는 이유때문에 봉수가 쉽게 파괴되므로 사용해서는 안 된다. 또한 설거지대의 배수금구에 주름관 등을 굽혀 트랩을 만든 것은, 쉽게 트랩형상이 부서지고 배수의 흐름도 나빠질 우려가 있으므로 사용해서는 안 된다.

[4] 봉수손실현상과 그 방지책

(a) 자기사이펀 작용

기구로부터 배수가 트랩내를 만류상태로 흐르는 경우에, 사이펀 작용으로 봉수가 배수관측으로 흡인되는 현상을 자기사이펀 작용이라고 한다. 세면기에 물을 받아서 사용한 다음 배수하는 경우 등에서 볼 수 있다. 자기사이펀 작용에 의한 봉수손실을 방지하기 위해서는 다음과 같은 방법이 있다.

(1) 각개통기관을 설치하여 공기를 유입시켜서 사이펀 현상을 파괴한다.

(2) 자기사이펀에 의한 봉수손실이 적은 트랩을 사용한다. 트랩의 유입각에 비해 유출각 단면적비가 큰 것은, 자기사이펀 작용이나 (b)항의 유도사이펀 작용에 대해서 봉수손실이 적은 즉 봉수강도가 높은 트랩이다(그림 4.5 참조).

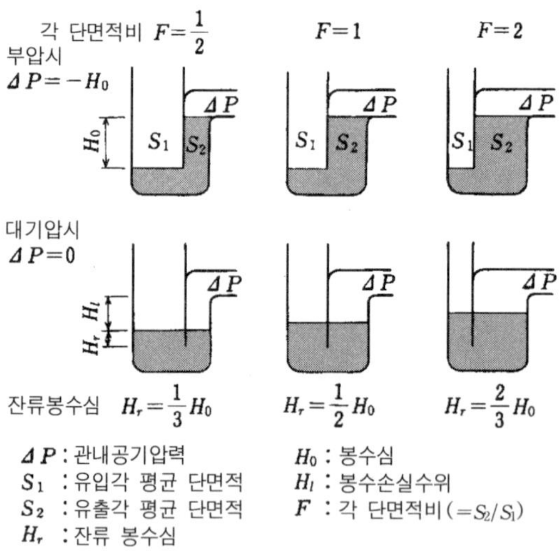

그림 4.5 정적인 부압에 대한 각[脚] 단면적비와 봉수손실과의 관계

(3) 기구 바닥면의 구배는 가능한 한 완만한 것을 사용한다. 바닥면이 평평할수록 마지막으로 흐르는 물이 봉수를 보급하는 역할을 한다.

(4) 기구배수관의 지름을 크게 한다. 그러나 트랩지름을 2구경 이상 늘리지 않으면 효과가 적은 경

우가 있다.

(b) 유도사이펀 작용 · 취출현상

다른 기구배수가 유하하면서 생기는 관내의 압력변동에 의해 트랩내의 봉수가 응답해 진동을 일으켜, 배수관측으로 유인되어 봉수 손실을 일으키는 현상을 유도사이펀 작용이라 하고, 기구쪽으로 취출하는 현상을 취출현상이라고 한다. 최근에는 취출현상도 포함시켜 유도사이펀 작용이라고 하는 것이 일반적이다.

유도사이펀 작용으로부터 트랩을 보호하기 위해서는, 배수관의 요소에 통기관(또는 통기 기능)을 설치하여 배수관내의 압력을 가능한 한 대기압으로 접근하는 것이다. 또한 각 단면적비가 큰 트랩이나 봉수심이 큰 트랩을 설치하는 것도 도움이 된다.

(c) 증발

사용빈도가 적은 트랩에서 생기는 문제이다. 봉수의 증발량은 공조(설비)의 유무 등에 따라 다르나 보통 1개월에 20~25 mm이므로, 봉수를 장기간 보급하지 않으면 트랩이 파봉된다.

따라서 바닥배수는 바닥 물청소 등이 정기적으로 이루어지는 장소 이외에 설치해서는 안 된다. 정기적으로 청소 등의 물이 흘러들어가지 않는 바닥배수에는, 그림 4.6에 나타낸 것 같은 자동 보급수 장치를 설치한다. 최근에는 화장실 등의 바닥을 물로 씻는 경우가 적기 때문에 주의가 필요하다.

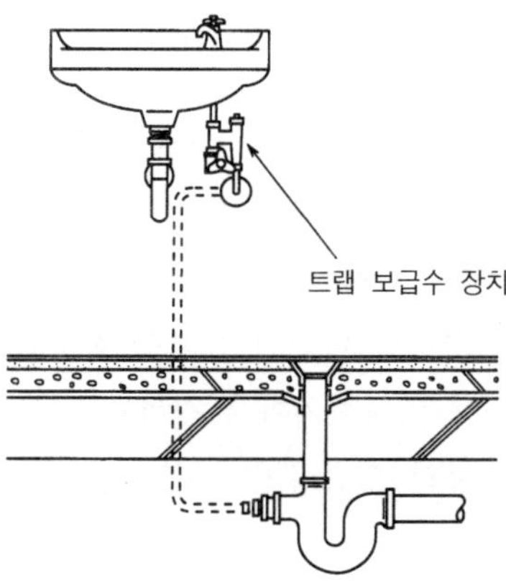

그림 4.6 트랩 보급수장치의 예

(d) 모세관현상

트랩의 넘침면에 머리카락, 솜털 등이 걸려 모세관현상으로 서서히 봉수가 빨려들어 파봉되는 경우가 있다. 가능한 한 관 내면이 평활한 것을 사용한다.

(e) 기타

일부이지만 바람에 의해 배수관내의 압력변동이나 배수관의 진동으로 트랩봉수가 공진[共振]을 하여 봉수손실이 발생하는 경우가 있다. 풍압이 높아지는 것이 예상되는 경우는 봉수심이 큰 것을 사용한다. 또한 배수관은 진동하지 않도록 견고하게 고정한다.

4.1.4 배수량과 배수의 수질

[1] 배수량

배수량의 산정은 배수관 지름, 배수조의 용량, 오수처리 · 배수 재이용, 배수량의 억제 등에 필요하다. 배수관 지름은 피크부하 유량에, 배수조의 용량은 시간 부하량에, 오수처리 · 배수 재이용 및 배수량의 억제는 일 부하량에 주로 관계하고 있으므로, 보다 적절한 설계를 하기 위해서는 배수량을 평소 계측하여 파악해 두는 것이 바람직하다.

배수량의 산정방법은 일반적으로 급수량의 산정에 준하지만, 배수조의 용량산정에는 주로 위생기구의 사용회수로부터 산정한다. 배수관 지름의 결정에 필요한 피크부하유량은, 4.4.3항을 참조하기 바란다. 또한 용수량에 대해서는 건물이나 부지조건에 따라 큰 폭으로 다르지만, 지중에 접하는 바닥 · 벽 면적 1 m^2당 (통상 4.0～최대 11) L/일[8])이면 좋다.

[2] 배수의 수질

배수의 수질은 건물의 용도, 배수의 종류에 따라 다르며 또한 시간경과에 따라 차이가 있는 등 상당한 폭이 있으므로, 오수처리장치를 설계할 때는 조정조를 설치하여 배수가 일정하게 흐르도록 하는 등의 주의가 필요하다. 배수의 수질 항목에 대해서는 6장을 참조하기 바란다.

또한 건물내 배수의 온도는 15～30℃로 비교적 높고 일정하므로 배수의 폐열 이용이 일부에서 실시되고 있다. 폐열을 이용하는 경우는 열교환기가 부식하므로 배수가 다른 계통 내로 유입하지 않도록, 열교환기를 이중으로 설치하는 등의 오염방지대책을 강구할 필요가 있다.

4.2 설계순서

설계시에는 우선 부지와 하수도의 상황을 조사하여 가능한 한 중력식으로 배제할 수 있도록 검토한다. 그 다음으로 건물의 용도, 규모 등에 따라 적절한 배수 통기방식을 선정하여 트랩의 봉수를 유지한다. 배수를 배제할 때는 건설장소, 배수의 수질, 하수도의 종류 등에 따라 각종의 제약이 있으므로, 충분히 조사하여 적절한 조치를 강구하여야 한다.

4.3 방류방식

4.3.1 하수도

하수도는 오수와 빗물을 합친 합류식과 오수와 빗물을 분리한 분류식으로 분류된다. 근래에는 분류식에 의해 하수도를 정비하는 것이 원칙이 되고 있다. 1일 50 m^3 이상의 배수를 공공 하수도로 배출하는 경우는, 다음에 기술하는 특정시설의 경우와 마찬가지로, 하수도법에 의해 사용개시 시기에 하수도 관리자에게 신고가 필요하다. 하수도에는 다음과 같은 종류가 있다.

[1] 공공 하수도

주로 시가지에서의 하수를 배제·처리하는 하수도로 지방자치단체가 관리한다. 종말처리장이나 유역 하수도에 접속한다.

잠정적으로 공공 하수도에 의해 하수를 배제할 수 있는 지역을 배수구역이라고 하며, 오수를 직접 방류할 수 있는 종말처리장이 있는 배수구역을 처리구역이라고 한다.

[2] 유역 하수도

유역하수도는 유역 내에 있는 시읍면이 행정구역을 넘어서 일괄처리하므로 공공수역의 보전상 효과가 있는 경우에 적용되며 종말처리장을 가진다.

[3] 도시 하수로

시가지의 빗물을 배제할 목적으로 설치되며, 주로 기존의 수로 등을 도시 하수로로 정비한 것이다.

[4] 압력식 하수도와 진공식 하수도

압력식 하수도는 그림 4.7(a)에 나타낸 것처럼, 건물내는 중력식으로 옥외에 설치한 그라인더펌프 유닛까지 이끌어 파쇄기구를 갖춘 펌프로 배수를 압송하고, 압송 본관을 통해서 처리시설 또는 하수 본관으로 이끄는 시스템이다. 압송하므로 지름이 작아지기 때문에 매설 심도를 얕게 할 수 있으며, 또한 관내에 지하수의 침입이 없는 등의 이점이 있다.

진공식 하수도는, 그림 4.7(b)에 나타내는 진공밸브 부착 오수받이를 설치해, 진공 하수관을 통하여 진공장치가 있는 처리장 또는 하수 본관까지 이끈다. 소구경으로 매설 심도를 얕게 할 수 있으며, 지하수의 침입 등은 있을 수 있으나, 누출의 우려가 적으므로 오수의 누출을 꺼리는 장소나 위험한 유체의 반송 등에 적용하고 있다.

압력식 및 진공식 하수도는 구미에서 1970~1980년대에, 일본에서는 1980년말부터 일부 실용화하고 있다. 자연유하식의 하수도에서는 관로 길이가 길고 하수관로의 매설 심도가 깊어지므로 건설비용이 증가하기 때문에 특히 기복이 많은 지역이나 산간지역에서 유효하다.

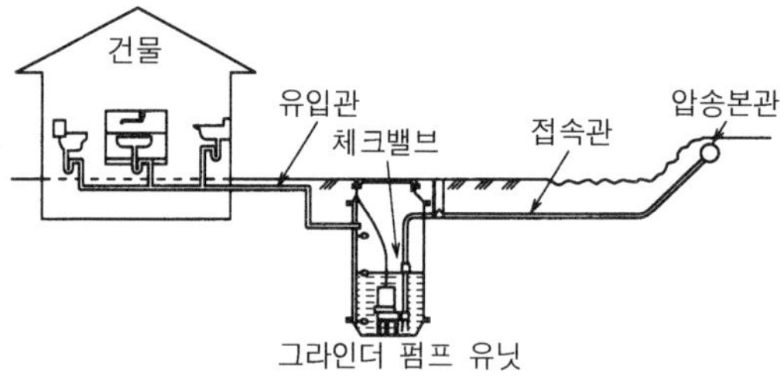

(a) 압력식 하수도[9)]

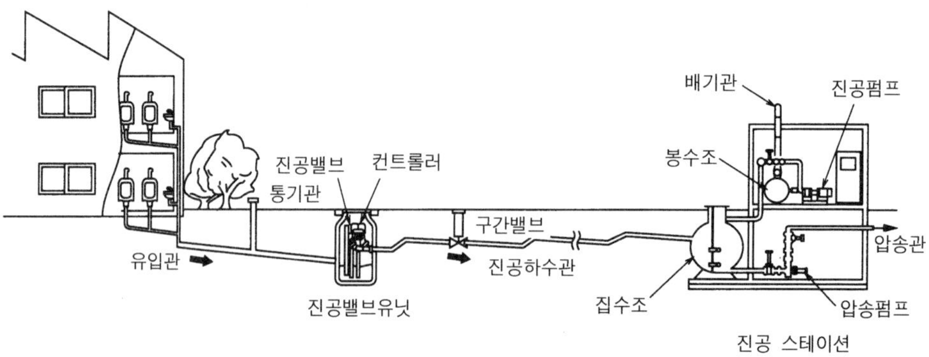

(b) 진공식 하수도(I사 기술자료)

그림 4.7 압력식 하수도와 진공식 하수도의 예

4.3.2 공공용 수역 등

[1] 공공용 수역

공공용 수역이란 하천, 호수와 늪, 항만, 연안해역 등의 공공용 수역 및 이것에 접속하는 공공 구거(溝渠), 관개용수로 등의 공공용으로 제공되는 수로를 말한다.

공공 하수도가 미정비된 경우에는, 건물내 배수는 정화조를 거쳐 공공용 수역으로 방류한다. 최근

대도시권을 중심으로 생활배수나 공장배수의 증가에 의한 오염이 진행하고 있어, 공공용 수역의 수질보전을 위해서 수질오탁 방지법이 제정되었다.

수질오탁 방지법은 특정 사업장으로부터 공공용 수역으로 배출되는 배수가 규제 대상이 되어, 시·도의 지방자치 조례에 의해 국가의 일률기준보다 엄격한 추가 기준을 설정하도록 되어 있다.

[2] 특정시설

특정시설이란 사람의 건강에 관계된 피해를 미칠 우려가 있는 물질을 포함한 배수, 또는 물의 오염상태에 의해 생활환경과 관련된 피해를 일으킬 우려가 있는 물질을 포함한 배수를 배출하는 시설로, 제조업·여관업·병원의 주방시설·세탁시설(병원에서는 세척시설)·목욕시설, 음식시설 등이며 일정 규모 이상의 것이 해당한다.

사무소나 점포에서 음식시설의 바닥 면적이 420 m^2 이상의 경우 특정시설에 해당하여, 노르말 헥산 추출물질 함유량(기름 성분), 부유물질량(SS), 생물화학적 산소요구량(BOD) 등이 시도 조례에서 정하는 배수기준을 넘을 때는, 주방배수처리(제해)시설의 설치 등 개선명령을 지방자치단체가 내리는 경우가 있다.

4.3.3 기타

지방의 일부에서는 방류처가 없는 경우에 배수를 지하침투시키는 예가 있다. 다만, 토양의 침투력과 설치면적 등을 충분히 조사하고, 토양이나 지하수의 오염 등을 일으키지 않도록 주의하지 않으면 안 된다.

4.4 배수 통기방식과 허용유량

4.4.1 배수방식

배수방식에는 오수와 잡배수를 동일한 계통으로 배제하는 합류식과, 오수와 잡배수를 다른 계통으로 배제하는 분류식이 있다. 표 4.1에 부지내외에 따른 합류식과 분류식의 차이를 나타냈다. 오수용어의 의미가 다르므로 주의가 필요하다.

어느 방식을 채용할 것인가는 배수관의 청소나 오수관의 흐름이 나빠질 경우 역류 등의 관점을 고려해 결정한다. 부지배수와 하수도의 편성 예를 그림 4.8에 나타내었다. 배수의 배제방식으로는 중력식 배수와 기계식 배수가 있다.

표 4.1 부지내외에 따른 합류식과 분류식의 차이

방 식	부지내 설비	하수도
합 류 식	오수 + 잡배수	오수 + 잡배수 + 우수
분 류 식	오수	오수 + 잡배수
	잡배수	우수

(주) 1. 여기서 말하는 오수는 대소변기 등으로부터 배출되는 배수로, 설비에서 일반적으로 사용되고 있는 용어이다.
2. 건축법, 하수도법 등에서 말하는 오수는 상기의 오수, 잡배수 등을 말한다. 우수를 제외한 생활·사업에 기인하는 배수를 말한다.

방류처의 관거(하수도)와 건물 내 배수관 높이의 관계로부터 중력식 배수를 할 수 없는 부분은 배수조를 설치하여 배수펌프로 양수하는 기계식 배수로 한다. 그림 4.9에 건물 내 배수 통기배관의 예를 나타내었다.

4.4.2 통기방식

[1] 통기방식의 종류

통기방식에는 다음과 같은 방법이 있다.

- 루프통기방식
- 각개통기방식
- 신정통기방식
- 특수이음쇠 배수시스템
- 그 외의 보조적 통기방식

신정통기방식 및 특수이음쇠 배수시스템 이외의 경우에는, 배수 수직관내의 압력변동을 완화하기 위해서 통기관을 설치한다.

배수수직관의 하부에 생기는 정압을 억제하기 위해서는 통기수직관을 설치하며, 배수수평지관의 정압 또는 부압을 억제하기 위해서는 루프통기관 또는 각개통기관을 설치하여 각각 통기수직관에 접속한다.

(a) 루프통기방식

그림 4.10에 나타낸 것처럼, 2개 이상의 트랩을 보호하기 위해 최상류의 기구배수관이 배수수평지관에 접속하는 지점의 바로 하류로부터 시작해 통기수직관 등에 접속할 때까지의 관을 말한다. 중고층이나 초고층 건물에서 통상 채용되고 있는 방식이다.

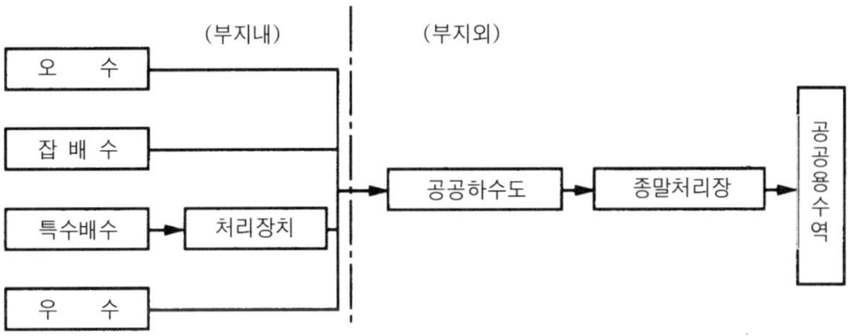

(a) 건물내 합류식 또는 분류식(부지내 합류식)
+부지외 합류식 하수도

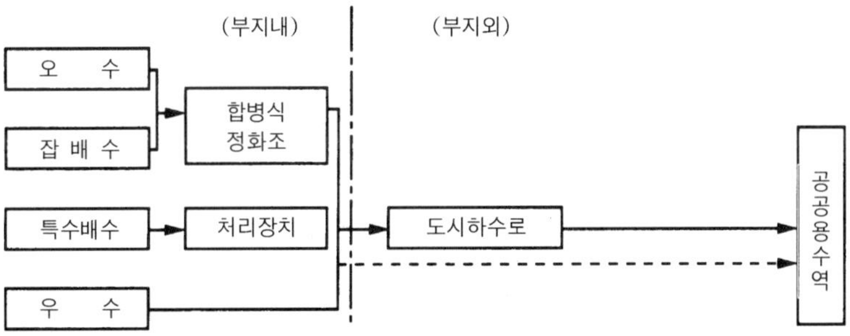

(b) 건물내 합류식 또는 분류식(부지내 합류식)
+부지외 하수도 미정비

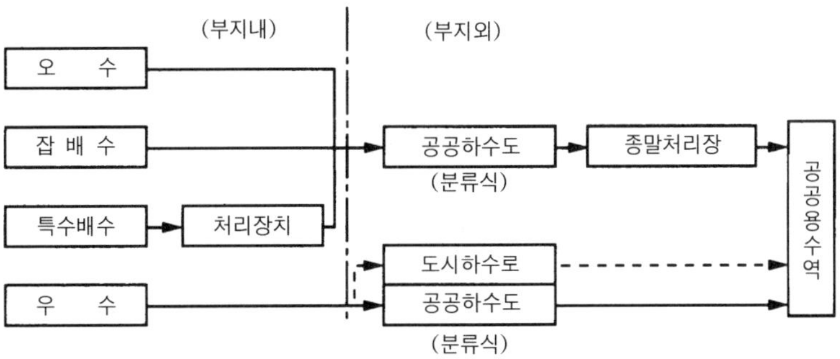

(c) 건물내 합류식 또는 분류식(부지내 합류식)
+분류식 하수도

그림 4.8 배수방식과 하수도

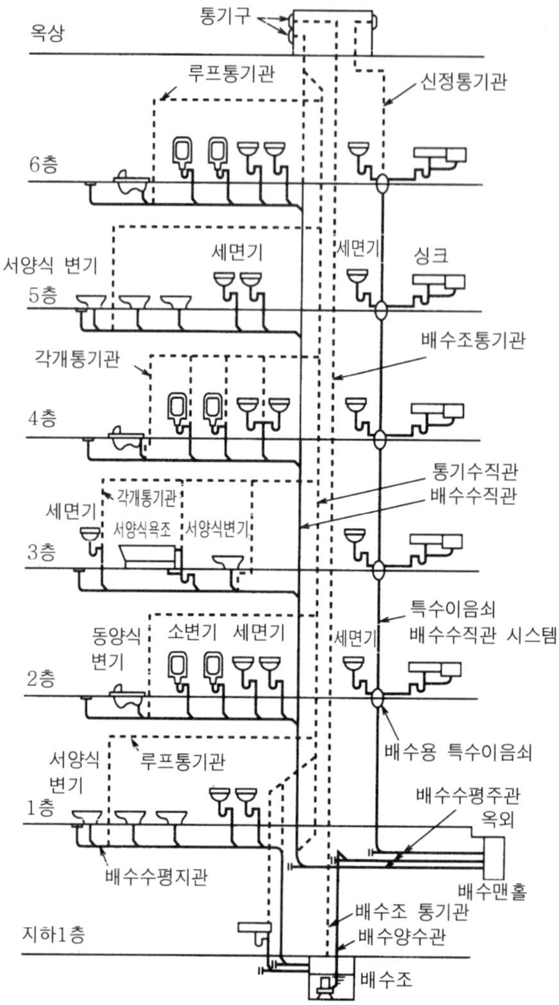

그림 4.9 건물내 배수통기배관의 예

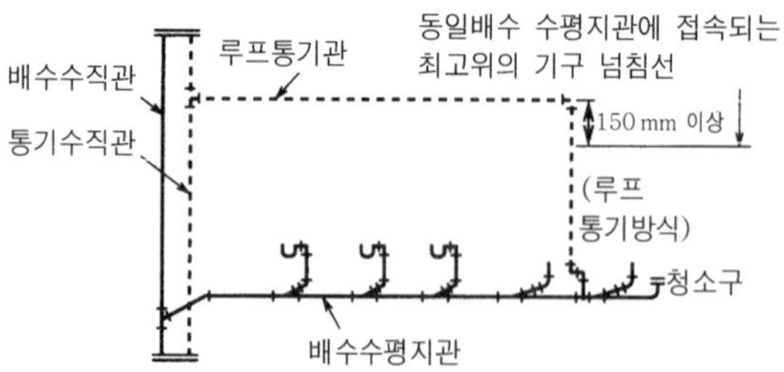

그림 4.10 루프통기방식

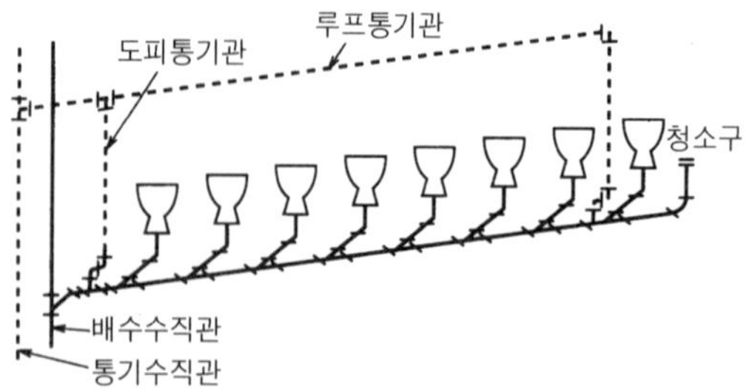

그림 4.11 루프통기방식의 도피통기 사례 (HASS206해설)

루프통기방식의 허용유량에 대해서는 각개통기방식과 동일한 정도의 능력을 가지지만, 자기사이펀 작용의 방지에는 유효하지 않고, 자기사이펀 작용을 일으키기 쉽기 때문에 흘려내리며 사용하는 세면기 등의 기구에는 각개통기관을 설치하는 것이 바람직하다. 또한 대변기가 8개 이상이거나 또는 바닥기구와 세면기 등의 기구가 혼재하고 있는 배수수평지관으로 최상층 이외에 설치하는 경우에는 도피통기관을 설치한다(그림 4.11).

(b) 각개통기방식

그림 4.12에 나타낸 것처럼, 각 기구트랩마다 통기관을 설치하여 그것들을 통기수평지관에 접속해 그 지관의 말단을 통기수직관 또는 신정통기관에 접속하는 방식이다. 트랩마다 통기되어 있으므로 가장 성능이 좋은 방식으로, 자기사이펀 작용의 방지에도 유효하다. 미국에서는 일반적으로 각개통기 방식을 사용하는 것을 법규로 규정하고 있다.

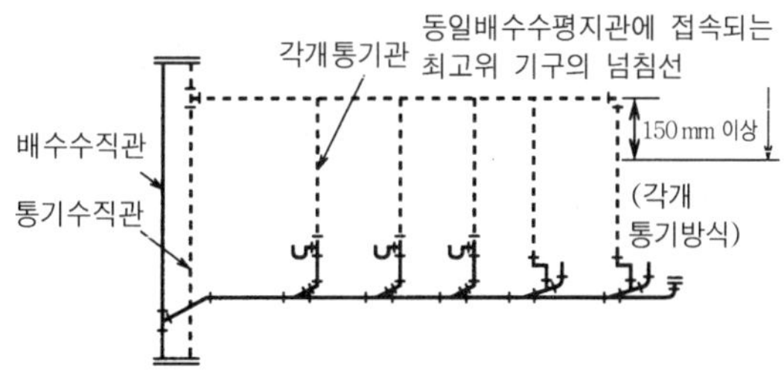

그림 4.12 각개통기방식의 예

(c) 신정통기방식

배수수직관의 정부(頂部)는 관경을 축소하지 않고 신정통기관으로서 연장해 대기중으로 개구해야 한다. 신정통기방식은 통기수직관을 설치하지 않고 신정통기관만의 통기방식으로, 배수수직관 하부의 정압억제 기능이나 배수수평지관내의 부압완화 기능이 뒤떨어지기 때문에, 상기 (a), (b) 항의 두 방식보다 허용유량이 적어서, 아래와 같은 조건부로 인정되는 방법이다[3].

신정통기관만을 가지는 특수이음쇠 배수시스템에도, 원칙적으로 아래와 같은 조건이 적용된다.

(1) 배수수직관에는 원칙으로서 오프셋을 설치하여서는 안 된다.
(2) 신정통기부에는 과도한 통기저항을 가지는 부품을 사용해서는 안 된다.
(3) 배수수평주관의 수평굽힘은 배수수직관의 저부보다 3 m 이내에 설치하여서는 안 된다.
(4) 배수수직관과 배수수평주관의 접속에는 굽힘반경이 큰 벤드를 사용한다.
(5) 복수의 배수수직관을 동일한 배수수평주관에 접속하는 경우는 충분한 통기를 확보한다.
(6) 배수수평주관 이후가 만류가 되는 경우는 신정통기방식으로 해서는 안 된다.

(d) 특수이음쇠 배수시스템

특수이음쇠 배수시스템에 사용하는 특수이음쇠는, 일반적으로 배수수직관내의 흐름과 배수수평지관내의 흐름이 교차하여 합류하는 것을 원활히 하고, 또 배수수직관내의 유속을 줄이는 역할을 하고 있다. 신정통기관으로부터의 유입 공기량을 줄여 신정통기방식보다 성능의 향상을 꾀하고 있는 것과, 시공방법을 간편하게 하기 위해서 형상에 노력한 것이 있다. 일반적으로 집합주택이나 호텔의 객실계통에 많이 채용되고 있다.

(e) 그 외의 통기방식

(1) 통기밸브방식

통기밸브는 스웨덴에서 개발된 것으로 공기의 흡입만 이루어지므로, 옥외에 통기관의 개구부를 설치하지 않아도 되도록 고안된 장치이다(그림 4.13 참조). 배수관에 배수의 흐름이 생기면 대기 개구부로부터 신정통기관내의 공기도 흐름이 생겨, 배수가 유하할 때 관내는 부압이라는 것에 주목하여, 공기의 흡입만이 이루어지고 배출은 하지 않는 역지 기구를 설치한 밸브이다. 그러므로 악취를 발생시키지 않기 때문에 옥내에 설치할 수가 있다. 한랭지의 집합주택 등을 중심으로 사용되고 있다

사용시에는 다음의 점에 주의해야 한다.

(1) 배수관내의 정압 완화에는 도움이 되지 않기 때문에 설치장소에 충분히 주의한다.
(2) 통기밸브는 이물질 등에 의한 고장에 대비하여, 점검 · 보수 · 교환을 할 수 있는 장소에 설치한다.
(3) 파이프 샤프트(PS)나 천정과 지붕 사이의 공간 등에 설치하는 경우는 450×450 mm 이상의 점검구를 설치한다.

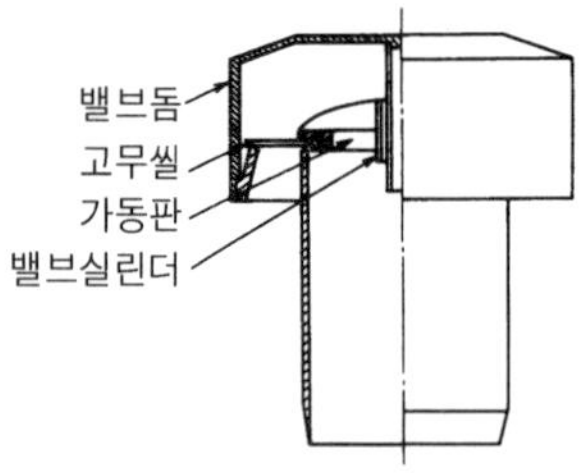

그림 4.13 통기밸브의 구조 예

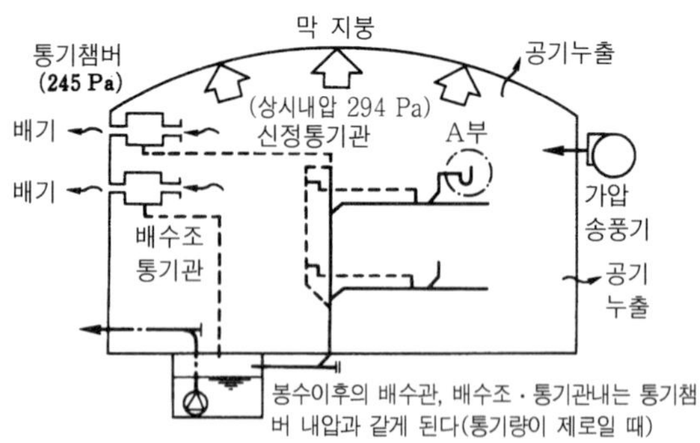

그림 4.14 가압공간의 배수통기설비의 예[11)]

(2) 가압 공간의 배수통기설비

막구조물내는 항상 가압되어 있기 때문에, 내외의 기압차이에 의해 트랩의 봉수는 파봉할 우려가 있다. 그 해결책으로서 그림 4.14에 나타낸 것 같은 통기챔버를 통기관의 대기 개구부 앞에 설치하므로서 파봉방지에 효과를 나타내고 있다. 막구조의 건물 내 기구트랩의 봉수심을 65 mm로 하고 있는 예도 있다.

[2] 금지해야 할 통기방식

(a) 저위통기

루프통기방식의 경우 배수 유입의 가능성이 있는 물넘침선보다 낮은 위치의 통기관은 가능한 한 피한다.

바닥 밑에서 통기관끼리의 접속 및 저위 통기관을 바닥 밑에서 통기관에 접속하는 것(그림 4.15 참조)은 배수관이 찰 경우에 통기관으로 배수가 유입해 통기관이 배수관의 바이패스가 될 우려가 있으며, 또한 통기관을 차게 하는 우려가 있으므로 금지해야 할 방법이다.

올바른 통기배관의 예는 그림 4.10에 나타낸 대로이지만, 어쩔수 없이 바닥밑 통기로서 인정되는 예를 그림 4.16에 나타내었다. 이 경우에서도 바닥밑 통기길이는 최소한으로 억제한다.

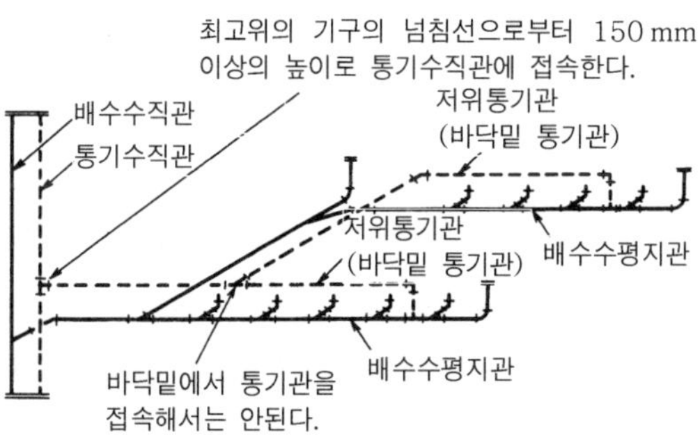

그림 4.15 잘못된 통기배관 예(HASS 206 해설)[3]

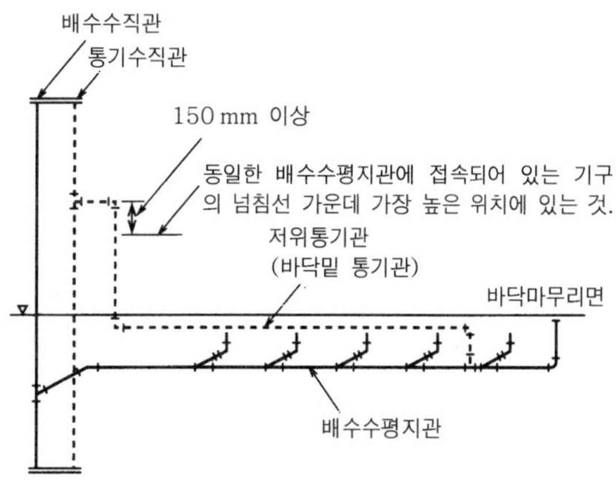

그림 4.16 조건부로 인정되는 저위통기배관의 예 (HASS 206 해설)[3]

(b) 정부(頂部)통기

각개통기방식에서는 통기수직방향 부분에 배수가 상승하면 부착한 고형물 등으로 인해 그 부분이 폐쇄되어 버리므로, 수직부분에 배수가 상승하지 않도록 충분한 거리를 잡고 나서 각개통기관을 시작할 필요가 있다. 트랩 웨어로부터 관경의 2배 이내인 곳에 통기관을 설치(이것을 정부통기라고 한다)해서는 안된다.

4.4.3 허용유량

[1] 배수수직관의 허용유량

배수수직관내의 흐름은 만류가 아니고, HASS 206에서는 허용유량을 각개 · 루프통기방식에서는 충수율을 0.3으로 하고, 신정통기방식에서는 기구배수에 대해서 충수율을 0.18로 정하고 있다. 배수수직관의 허용유량은, 윌리(Willy)-이튼(Eaton)의 실험식 (4.3)을 이용해 상기의 충수율을 적용하여 식 (4.4) 및 식 (4.5)으로 나타낸다.

$$Q_a = (635\pi\alpha/4)^{5/3} D^{8/3} \tag{4.3}$$

여기서 Q_a : 충수율 α에서의 수직관 유량 [L/s]

α : 수직관의 충수율

D : 관경 [m]

$$Q_{p1} = 4,200\, D^{8/3} \tag{4.4}$$

$$Q_{p2} = 1,800\, D^{8/3} \tag{4.5}$$

여기서, Q_{p1} : 각개 · 루프통기방식의 경우 수직관 허용유량 [L/s]

Q_{p2} : 신정통기방식의 경우 수직관 허용유량 [L/s]

최근 초고층의 실험 타워에 의한 배수실험의 결과, 신정통기방식이나 특수이음쇠 배수시스템에서는 배수층이 높아지면 허용유량의 저하가 나타나[12], HASS 218에서는 배수높이에 의한 배수능력의 저하를 허용유량에 포함시키도록 요망하고 있다. 상기 산정식이나 종국속도를 포함한 관경설계법 전반의 재검토가 과제가 되고 있다.

[2] 배수수평관의 허용유량

배수수평관의 허용유량은 만류 · 비압송으로서, 개수로의 정상류에서 마닝공식 [식 (4.6)]의 관 조도(粗度)계수 $\nu = 0.012$로 하여 얻어지는 식 (4.7)에 의해 정해진다.

$$v = (1/\nu) I^{1/2} R^{2/3} \tag{4.6}$$

여기서, v : 관내 평균유속 [m/s]

ν : 마닝의 조도계수(주철관으로서 0.012를 채용)

I : 관의 구배

R : 수력반경[유수 단면적/접수길이] [m]

$$Q_{p3} = 26,000\, I^{1/2} D^{8/3} \tag{4.7}$$

여기서, Q_{p3} : 각개통기방식 또는 루프통기방식에서의 배수수평관의 허용유량[L/s]

신정통기방식에서는 수평관내의 통기를 확보하기 위해서 반류(伴流)로 하여, 식 (4.7)의 1/2을 허용유량으로 하고 있다. 다만, 이후에 기술하는 특수이음쇠 배수시스템의 배수수평주관에서는 배수수직관의 배수능력에 알맞은 허용유량이 되도록 관경을 선정하는 것이 중요하다.

[3] 배수 통기관내의 통기유량

후에 기술할 정상유량법에서는, 기구배수관을 배수가 만류로 흐르는 것으로 하며, 각개통기관도 같은 양의 공기를 공급할 수 있는 것으로 하였다. 마찬가지로 루프통기관도 배수수평지관을 배수가 만류로 흐른다고 보아, 같은 양의 공기가 흐르는 것으로 하고 있다. 통기수직관 및 배수수직관내에서는, 배수수직관을 물이 낙하함에 따라 거의 같은 속도로 공기도 유인된다.

수직관을 허용유량으로 물이 흐른다고 하면 약 1/3을 물이 차지하고 나머지 2/3는 공기가 차지하게 되므로, 통기 수직관의 부하는 배수수직관 유량의 2배로 하면 된다.

배수수직관내의 낙하 공기는 배수수직관과 배수수평주관으로 흐른다. 통기수직관내를 상승한 공기는 배수수직관 상부로 유인되어 순환하게 되므로, 신정통기관의 개구부로부터 유입하는 공기량은 상당히 적을 것으로 생각된다. 그러나 통기수직관을 신정통기관에 접속하지 않고 대기로 개구하는 것도 인정하고 있으므로, 정상유량법에서는 그 공기량을 배수수평주관 부하유량의 2배로 하고 있다. 또한 신정통기방식에서는 신정통기관내 공기유량은 배수수직관 부하의 4배가 되므로, 상기와 같은 이유로 배수수평주관 유량의 4배로 하고 있다.

4.5 배수배관

4.5.1 건물내 배수

[1] 배수배관

(a) 배수수평관의 구배

자연유하식 배수수평관의 구배는, 완만할 경우 유속이 늦어져 세척력이 약해지므로 고형물이나 스케일 부착이 쉬워지기 때문에 최소유속를 0.6 m/s 정도가 되도록 한다. 구배를 너무 크게 하여 유속을 빠르게 하면 유수심이 얕아져 고형물에 대한 반송능력이 약해지므로, 한계 유속을 1.5 m/s 정도로 한다. 최소구배를 표 4.2에 나타내었다.

표 4.2 배수수평관의 구배(HASS 206)[2)]

관경 [mm]	구배 [최소]
65 이하	1/50
75, 100	1/100
125	1/150
150	1/200
200	1/200
250	1/200
300	1/200

(주) 실험에서 확인한 경우는 이 구배에 따르지 않아도 됨.

(b) 배수수직관의 오프셋

배수수직관의 오프셋이란 파이프 샤프트의 이동 등으로 수직배관이 평행 이동하는 경우에 생기는 것으로, 벤드 이음쇠 등으로 구성된 배관 부분을 말하며, 배수관내의 배수흐름이 흐트러져 관내의 압력변동이 생기기 쉽다. 따라서 오프셋을 설치하는 경우 오프셋부의 상하 600 mm 이내에는 배수지관을 접속해서는 안 된다[3)].

(c) 최하층의 배수수평지관

최하층의 배수수평지관은 저층 건물의 경우를 제외하고는 원칙으로 배수수직관에 접속하지 않고, 3 m 하류 이후의 배수수평주관 또는 배수조까지 단독으로 배관한다.

(d) 배관방법

배수배관에는 배수 전용의 이음쇠를 사용한다. 배수수직관에는 배수 뿐만이 아니라, 공기도 흐르기 때문에 관내의 압력변동을 완화할 필요가 있다. 최하부로부터 최정부까지 동일 관경으로 한다는 전제하에 배수수직관의 관경결정법이 정해졌으므로 배수부하에 따라 관경을 바꾸어서는 안 된다. 또한 막다름 배관은 고형물 등이 퇴적하며, 막힘이나 부패에 의한 악취의 원인이 되므로 해서는 안 된다.

(e) 기타

이중트랩으로 하면 트랩간의 배관 부분이 폐쇄상태가 되어 공기의 배출장소가 없고, 관내에 압력변동을 가져와 배수의 흐름에 악영향을 미치므로, 그림 4.17에 나타낸 것처럼 이중트랩이 되는 배관을 해서는 안 된다.

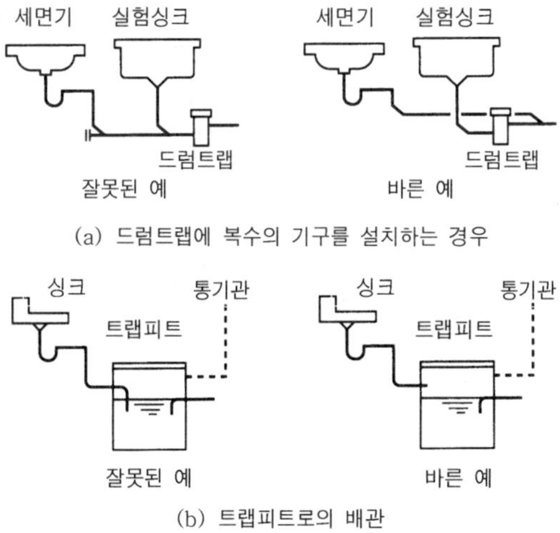

그림 4.17 이중트랩의 예

[2] 청소구

청소구는 배수관내의 점검이나 청소를 하기 위해서 필요하다. 최근 건물 규모가 커지면서 청소방법도 다양화하고 있으므로, 실제의 청소에 지장이 없도록 청소구를 설치하는 것이 필요하다.

(a) 청소구 설치개소

아래에 나타낸 것처럼 배수가 차기 쉬운 곳, 청소하기 쉬운 곳 및 긴 경로의 도중에 설치하는 것이 원칙이다.

(1) 배수수평주관 및 배수수평지관의 기점

(2) 길이가 긴 배수수평관의 도중

(3) 배수관이 45°을 넘는 각도로 방향을 바꾸는 곳

(4) 배수수직관의 최하부 또는 그 부근

(5) 배수수평주관과 부지배수관의 접속개소에 가까이 있는 곳

(b) 청소구의 설치간격

청소용구의 삽입길이로 결정하는 것이 타당하며, 통상 30 m 정도가 한도이다. 다만 배수관의 관경이 100 mm 이하인 경우는 15 m 이내로 한다. 배수수직관도 5층간격 정도로 청소구를 설치하는 것이 필요하다.

(c) 청소구의 크기

청소용구의 출납을 고려해 배수관 지름으로 하는 것이 바람직하다. 관경이 100 mm 이하인 경우는 배관과 동일관경으로 하고, 100 mm를 넘는 경우는 100 mm 보다 작게 해서는 안 된다.

(d) 청소구의 부착위치

용이하게 접근할 수 있고 청소구의 개구부로부터 배수가 넘쳐 나오지 않는 높이로 한다. 청소의 작업공간을 확보하는 것이 필요하다.

바닥밑의 배수관에 직접 청소구를 부착하는 바닥밑 청소구는 청소구를 열면 배수가 흐르기 시작하므로, 45° 엘보 등으로 세워 올려 청소구로부터 배수의 유출을 막는 위치에 설치한다. 최하층의 배수수직관 등에 설치하는 청소구는 그림 4.18에 나타낸 것처럼 쉽게 청소할 수 있도록 설치한다. 집합주택 등에 설치하는 배수수직관이나 수평주관의 청소구는, 청소시에 공용 부분에서 작업을 할 수 있도록 설치위치를 고려해 둘 필요가 있다.

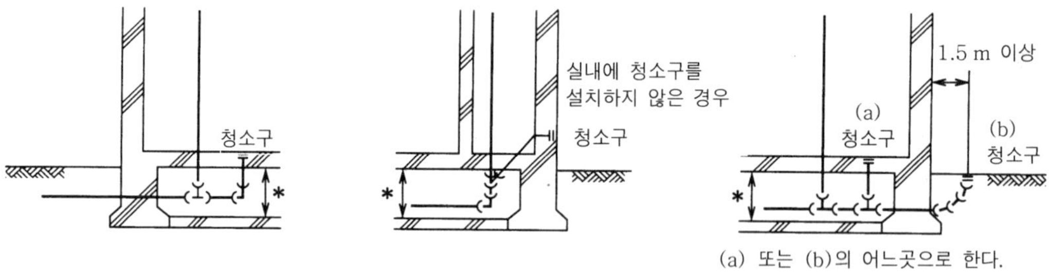

* 450 mm 이내 또는 배관이 지중매설 배관이 되는 경우

그림 4.18 청소구 부착위치의 예

4.5.2 부지배수

[1] 부지 배수관

매설배관은 외부 부식을 고려하여 경질염화비닐관 등을 사용하고 누수가 없도록 접속한다. 성토나 연약지반에 매설되는 경우는 부등침하하지 않도록 견고한 기초 위에 설치한다. 매설배관의 굽힘부·분기개소 등에는 배수피트를 설치한다. 중량물이 통과할 것 같은 통로에 매설하는 배수관이나 배수피트는, 내하중을 고려해 매설심도·재질·보강방법 등을 결정한다. 한랭지 등에서는 동결심도 이하로 매설해야 한다.

[2] 배수피트

(a) 배수피트의 설치개소

배수피트의 설치개소는 아래와 같다.

(1) 부지 배수관의 직관이 긴 경우는, 관내경의 120배 이내의 범위마다 설치한다.
(2) 부지 배수관의 기점
(3) 부지 배수관의 합류개소 및 방향 변환개소
(4) 구배가 현저하게 변화하는 곳
(5) 부지 배수관의 신설관과 기설관의 접속개소
(6) 그 외 청소·점검 등에 필요한 곳

(b) 배수피트 크기

배수피트의 크기 예를 표 4.3에 나타내었다.

접속하는 배관의 크기와 개수 및 사람의 출입을 고려해 할 증을 고려한다. 또한 소형의 수지제 배수피트에 대해서는, 청소구의 연장이라고 생각하여 표 4.3에 따르지 않고 최소구경을 150 mm로 하여도 지장이 없다.

표 4.3 배수피트의 크기와 깊이[13]

내경 [cm]	피트의 깊이 [cm]
30	30～60 미만
36	60～90 미만
45	90～120 미만
60	120～150 미만

4.5.3 간접배수

[1] 간접배수의 목적

음식물을 취급하는 기기나 의료기구 등에서 배수구를 가지는 기기·장치 등은, 일반배수 계통이 막힐 경우 배수의 역류나 트랩의 파봉에 의한 하수가스·위생해충의 침입을 방지하기 위해, 그림

4.19에 나타낸 간접배수로 한다.

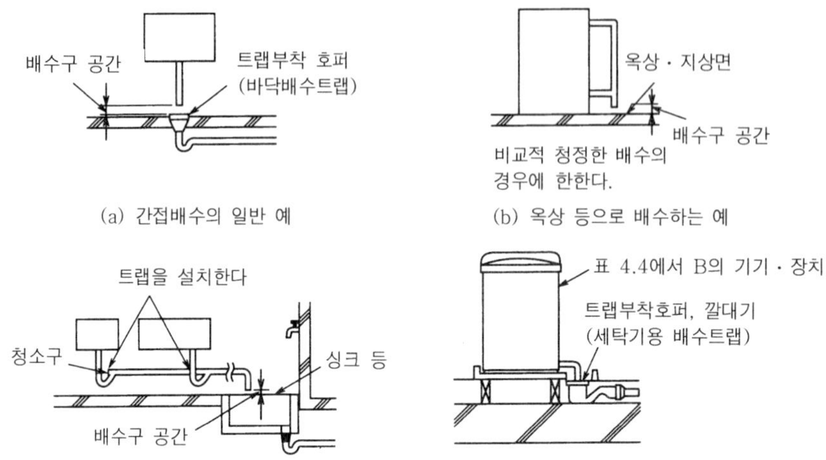

그림 4.19 간접배수방법 예(HASS 206 해설)[3)]

[2] 간접배수를 필요로 하는 기기 · 장치

음식물을 취급하는 기기나 의료기구 이외에, 표 4.4에 나타낸 급수 · 급탕 기기류배관, 수영장 배수, 냉온수 열원기기배관의 배수 등은 간접배수로 한다.

[3] 배수구 공간과 배수구 개방

간접배수는 표 4.5에 나타낸 배수구 공간을 취하며, 일반 배수계통에 접속된 트랩을 갖는 수수(水受)용기에 개구한다. 또한 표 4.4의 B에 적합한 기기 등에서 배수구 공간을 취하는 것이 곤란한 경우는, 그림 4.19(d)에 나타낸 배수구 개방으로 해도 좋다.

배수구 개방을 하는 경우의 배관 끝은 물이 튀지 않도록 하고, 더욱이 배수의 역류 등을 방지하기 위해 가능한 한 얕은 위치에서 수수용기로 개방한다.

[4] 간접배수관

간접배수관은 부패물질의 부착 등을 간단하게 제거할 수 있고, 용이하게 접근할 수 있으며 청소하기 쉬운 배관으로 한다. 간접배수관의 길이가 길어지면 부패물질이 부착하기 쉽고 청소하기가 어려워지므로, 길이가 500 mm를 넘을 때는 그 부분에 트랩을 설치한다. 또한 배수의 종류가 다른 경우의 간접배수는 배수의 종류마다 계통을 나누어 배관한다.

표 4.4 간접배수를 필요로 하는 기기 · 장치 등[3]

구분	방법	기기 · 장치명칭	
서비스용 기기	A	음료용	음용수기, 음료용 냉수기, 급차기, 정수기
	A	냉장용	냉장고, 냉동고, 그 밖의 식품냉장 · 냉동기기
	A	주방용	박피기, 세미기, 제빙기, 식기세척기, 소독기, 조리용 싱크, 기타 물 사용기기
	B	세탁기	세탁기, 탈수기
의료 · 연구용 기기	A	증류수장치, 멸균수장치, 멸균기, 멸균장치, 소독기, 세척기 등	
수영풀	A	풀자체의 배수, 오버플로배수, 여과장치 역세수	
	B	주변 보도의 바닥배수	
분수지	B	분수지 자체의 배수, 오버플로배수, 여과장치 역세수	
배관 · 장치의 배수	A	저수조 · 팽창수조의 오버플로 및 배수	
	B	이슬받이의 배수	
	B	상수 · 급탕 · 음료용 냉수펌프	
	B	상수 · 급탕 · 음료용 냉수계통의 물빼기	
	A	압력수조용 배출밸브 및 저탕조로부터의 배수	
	B	소화전계통 및 스프링클러 계통의 물빼기	
	B	공기조화기기의 배수	
	B	냉동기, 냉각기, 열매로서 물을 사용하는 장치, 물자켓의 배수	
	B	상수용 수처리장치의 배수	
온수계통 등의 배수	A	저탕조로부터의 배수	
	B	보일러, 열교환기 및 증기관 트랩 등의 배수	

(주) 1. 방법 A : 배수구 공간에 의한 간접배수, 방법 B : 배수구 공간 또는 배수구 개방에 의한 간접배수
2. 온수계통의 배수는 원칙적으로 45℃ 이하로 하여 배수한다.

표 4.5 배수구 공간(HASS 206)[3]

간접배수관의 직경 [mm]	배수구 공간 [mm]
25 이하	최소 50
30～50	최소 100
65 이상	최소 150

(주) 각종 음료용 저수조 등의 간접배수관 배수구 공간은 위 표에 따르지 않고 최소 150 mm로 한다.

[5] 수수용기

간접배수를 받는 수수용기는 전용의 배수구 또는 바닥배수, 청소싱크 등으로 한다. 세면기 등에 간접배수를 개구하는 것은 피한다.

4.5.4 디스포저 배수와 처리

디스포저(음식 쓰레기 파쇄기)를 부엌싱크대에 달아 음식 쓰레기를 파쇄하여 물과 함께 배수하는 디스포저 배수처리시스템이 개발되어, 집합주택이나 단독주택에 설치되고 있다. 그러나 디스포저 배수는 오탁 부하가 크고, 그대로 하수도에 흘리면 하수관로나 하수처리장에 악영향을 주기 때문에, 현재는 디스포저, 배수배관 및 배수 처리조를 편성한 시스템으로서 설치할 필요가 있다. 디스포저만을 설치해 사용하는 것은 대부분의 하수도 사업자에게 인정되지 않고 있다.

하수도 미정비지역에서는 디스포저 대응형 합병처리정화조를 설치하거나 디스포저 배수전용처리조를 설치하여, 합병처리정화조에 배수하는 방법이 수행되고 있다. 디스포저 배수처리시스템을 설치하는 경우에는, 부엌싱크대 배수관은 전용배관으로서 배수처리조에 접속하며, 연 1회 이상의 배관 세척이 필요하기 때문에 적절한 위치에 청소구를 설치하지 않으면 안 된다.

배수관지름은 다음에 기술하는 관경 결정법으로 구하며 구배는 1/50로 한다. 디스포저 배수처리시스템의 흐름도를 그림 4.20에 나타내었다.

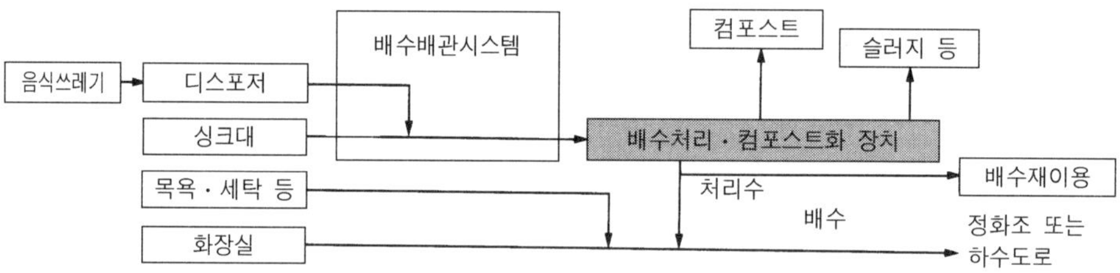

그림 4.20 주방계통분류에 의한 디스포저 배수처리시스템[14)]

4.6 통기배관

4.6.1 신정통기관

배수수직관을 최상층의 배수수평지관 접속부보다 관경을 축소하지 않고 상부로 연장해 대기에 개구하거나, 또는 통기헤더에 접속할 때까지의 관을 신정통기관이라고 한다.

4.6.2 통기수직관

브랜치 간격 3 이상의 배수수직관에서 루프통기방식 또는 각개통기방식으로 하는 경우는 통기수직관을 설치한다.

[1] 통기수직관의 상부

통기수직관의 상부는 관경을 축소하지 않고 연장해, 최고위치의 위생기구 넘침선으로부터 150 mm 이상 높은 위치에서 신정통기관에 접속하는 것을 원칙으로 한다. 어쩔 수 없는 경우는 단독으로 대기중으로 개구하여도 된다. 신정통기관 및 통기수직관은 그 정부에서 통기헤더에 접속하여 1개소에서 대기중에 개구해도 지장이 없다.

[2] 통기수직관의 하부

통기수직관의 하부는 최저위치의 배수수평지관보다 낮은 위치에서 배수수직관으로부터 수평면보다 45°이상의 각도로 취출한다. 부득이한 경우는 배수수평주관으로부터 수평면보다 45° 이상의 각도로 취출한다.

4.6.3 통기관의 말단 등

배수가 흘러내리는 경우 이외에는 배수수직관이나 통기수직관 안에는 굴뚝효과에 의한 상승기류가 생겨 하수가스가 상향으로 흐르고 있다. 그 때문에, 통기관의 말단은 배수관내의 하수가스가 건물내로 침입하지 않도록, 직접 외기에 위생적으로 개방하는 것이 필요하다. 이를 위한 구체적 조치를 표 4.6에 나타내었다.

4.6.4 그 외의 통기배관

[1] 결합통기관

결합통기관이란 배수수직관내의 압력변화를 방지 또는 완화하기 위해서, 배수수직관에서 분기해 올려 통기수직관에 접속하는 도피통기관을 말한다. 고층건물의 경우 브랜치 간격 10 이상의 배수수직관에서, 최상층으로부터 세어 브랜치 간격 10 이내마다 결합통기관을 설치한다. 브랜치 간격에 대해서는 본장 4.9절을 참조하기 바란다.

고층건물에 설치하는 결합통기관을 배수수직관에 접속할 때는 그림 4.21에 나타낸 것처럼, 결합통기관의 하단을 배수수평지관이 배수수직관에 접속하는 부분보다 하부에서 Y관을 사용해 배수수직관으로부터 분기하여 수직으로 세워 그 층의 바닥면으로부터 1 m 윗쪽 지점의 통기수직관에 접속한다.

표 4.6 통기관 말단 등의 조치

옥상 또는 지붕에 개방하는 통기관	① 옥상을 정원, 건조장 등으로 사용하는 경우는 통기관을 2 m 이상*1 높인 위치에 개구한다. ② 옥상을 이용하지 않는 경우는 통기관을 200 mm*1 이상 높여서 개구한다. ③ 한랭지, 적설지에서는 통기관 말단이 막히지 않도록 적설심도 이상으로 높이고, 또한 눈이 관내로 들어오지 않도록 조치를 취한다. ④ 통기관이 외벽이나 옥상 등을 관통하는 경우는 방재 · 방수상 지장이 없도록 하고, 개구부의 구멍 메우기에 주의한다.
대기 개구부	① 통기관의 말단을 창 · 환기구 등의 부근에 설치하는 경우는 그 상단으로부터 600 mm 이상 높여 대기중으로 개구한다. 600 mm*1 이상 높이지 않는 경우는 개구부로부터 수평으로 3m 이상*1 떨어져서 개구한다. ② 통기관의 말단에는 해충 등이 침입하지 않도록 유효개구면적이 관내단면적 이상인 방충망을 설치한다. ③ 통기관의 말단은 건물의 돌출부 하부에 개구하지 않는다*2. ④ 한랭지 등에서는 통기관의 말단이 동결되지 않도록 개구부의 내경을 75 mm 이상*2으로 하고, 관의 내경을 증대시킬 필요가 있을 경우는 외벽면의 내면으로부터 300 mm 이상*2 떨어지게 한다.

*1 급배수설비기술기준 · 동해설 및 HASS 206에 따른다.

*2 HASS 206에 따른다.

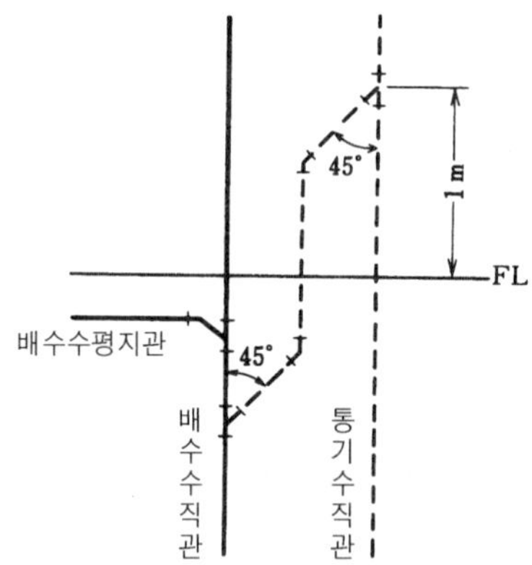

그림 4.21 결합통기관의 접속방법

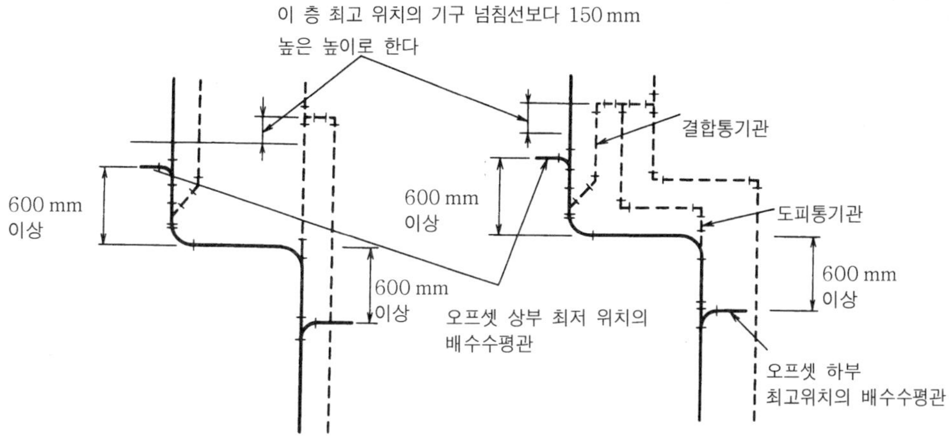

(a) 오프셋의 상부와 하부를 단독으로 통기하는 방법　(b) 오프셋부에 도피통기관과 결합통기관을 설치하는 방법

그림 4.22 45°를 넘는 오프셋부의 통기방법(HASS 206 해설)[3]

[2] 배수수직관의 오프셋

수직에 대해서 45°를 넘는 오프셋(off-set)의 통기방법은, 오프셋의 상부와 하부를 각각 단독의 배수수직관으로 간주해 통기관을 설치한다. 또는 오프셋 하부 배수수직관의 최고위 배수수평지관이 접속되는 곳으로부터 윗쪽 부분에 도피통기관을 설치하고, 오프셋의 윗쪽 부분에는 결합통기관을 설치한다. 그림 4.22에 45°를 넘는 오프셋부의 통기방법을 나타냈다.

수직에 대해서 45° 이하로 오프셋을 하는 경우 상기에 의한 통기관을 설치하면, 오프셋 부분에서 윗쪽 또는 하부의 600 mm 이내에 배수수평지관을 접속할 수가 있다.

[3] 공용 통기관

서로 등을 대거나 병렬로 설치한 위생기구의 기구배수관 교점에 접속하여 입상시켜서 그 양쪽 기구의 트랩봉수를 보호하는 1개의 통기관을 말한다[3]. 주로 각개통기관에서 채용된다(그림 4.23).

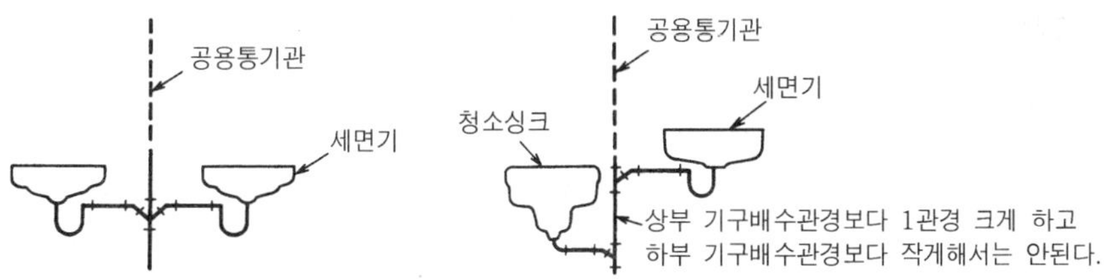

(a) 동일한 높이로 연결하는 경우　(b) 높이를 달리하여 연결하는 경우

그림 4.23 공용통기관의 예(HASS 206 해설)[3]

[4] 습 통기관

2개 이상의 트랩을 보호하기 위해 기구배수관과 통기관을 겸하는 부분으로 그림 4.24에 예를 나타내었다. Ⓐ～Ⓑ사이는 세면기의 배수관인 것과 동시에, 서양식 욕조 및 대변기의 통기관 역할도 겸하고 있다.

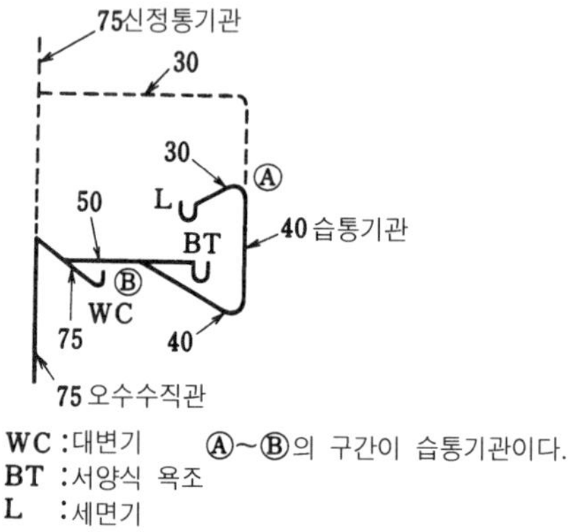

그림 4.24 습통기관의 예(관경은 참고치) (HASS 206 해설)[3)]

4.6.5 각종 통기관의 배관방법

일반 통기배관, 루프 통기배관, 각개 통기배관 등에 대해서 통기기능을 발휘할 수 있는 적절한 배관 방법을 표 4.7에 정리하여 나타내었다.

4.7 기기 · 재료

4.7.1 포집기

[1] 포집기의 목적

포집기는 배수 중에 포함된 유해 · 위험한 물질, 바람직하지 않은 물질 또는 재이용 할 수 있는 물질의 유하를 저지 · 분리 · 수집하고, 나머지의 수액만을 배수할 수 있는 형상 · 구조를 가진 기구 또는 장치이다. 포집기를 설치하므로서 배수관의 막힘 · 손상, 오수처리 능력의 저하, 배수관 속으로부터 휘발하는 가솔린 등에 의한 폭발 등을 방지할 수가 있다.

포집기의 종류에는 포집해야 할 물질에 따라 그리스 · 오일 · 모래 · 플라스터 · 모발 · 세탁장 포집기

표 4.7 각종 통기관의 배관방법

<table>
<tr><th>항목</th><th>배관방법</th><th>예시도</th></tr>
<tr><td>일반적 통기 배관</td><td>① 통기관은 모든 관내의 물방울이 자연유하하여 배수관으로 흐를 수 있도록 구배를 준다.
② 배수수평관으로부터 통기의 취출은 배수관 단면의 수직중심선 상부로부터 45° 이내의 각도에서 취출한다(오른쪽 그림 참조).
③ 수평통기관은 그 층 최고위치의 기구 넘침선으로부터 150 mm 이상 위쪽에서 수평으로 연결되도록 하는 것을 원칙으로 한다.</td><td>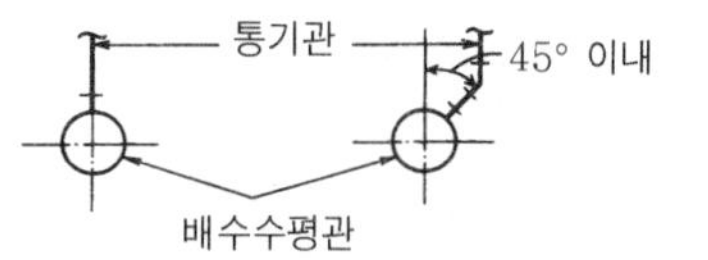

통기의 취출방법</td></tr>
<tr><td>루프 통기 배관</td><td>① 루프통기관의 취출위치는 최상류의 기구배수관을 배수수평지관에 접속한 직후의 하류측으로 한다.
② 루프통기관은 통기수직관 또는 신정통기관에 접속하는 것을 원칙으로 한다.
③ 배수수평지관이 다시 분기된 배수수평지관인 경우는 분기된 배수수평지관별로 통기관을 설치한다(오른쪽 그림 참조).
④ 단층집 또는 최상층을 제외한 층에서 대변기 또는 이와 유사한 기구 8개 이상을 가진 배수수평지관에는 도피통기관을 설치한다.
⑤ 단층집 또는 최상층을 제외한 층에서 대변기, 청소싱크 S 트랩, 핸드샤워, 바닥배수 등의 바닥면에 설치하는 기구와, 세면기 또는 유사한 기구가 혼재하는 경우에는 도피통기관을 설치한다.</td><td>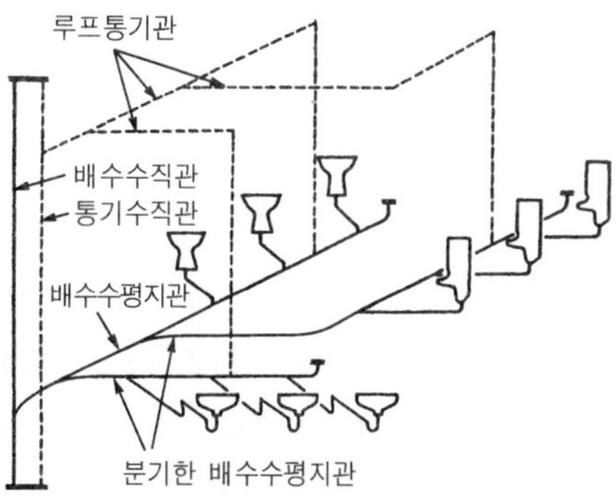
</td></tr>
<tr><td>각개 통기 배관</td><td>① 트랩웨어로부터 통기접속개소까지의 기구배수관의 길이는 아래의 표에 나타낸 길이 이내로 한다.
<table><tr><th>기구배수관의 관경 [mm]</th><th>거리 [m]</th></tr><tr><td>30</td><td>0.8</td></tr><tr><td>40</td><td>1.0</td></tr><tr><td>50</td><td>1.5</td></tr><tr><td>75</td><td>1.8</td></tr><tr><td>100</td><td>3.0</td></tr></table>② 각개통기관은 트랩웨어로부터 관경의 2배 이상 떨어진 위치로부터 취출한다(오른쪽 그림 참조).
③ 대변기 기타 이것과 유사한 기구를 제외하고, 통기접속개소는 트랩웨어보다 높은 위치에 설치한다.
④ 기구배수관을 높이가 다르게 하여 수직관에 접속하는 경우, 최고위에서 수직관에 접속되는 기구이외는 통기관을 설치한다.</td><td>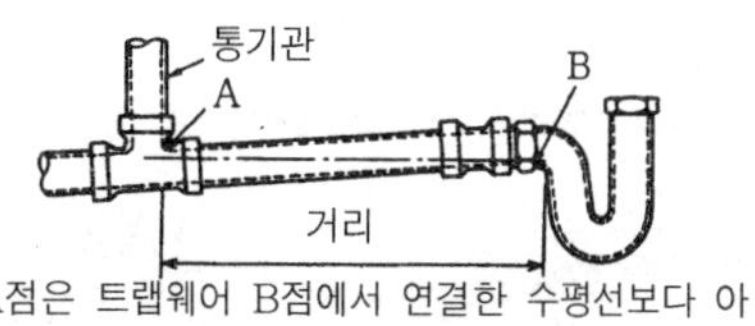

A점은 트랩웨어 B점에서 연결한 수평선보다 아래로 되어서는 안된다.
트랩웨어와 통기관과의 거리(HASS 206 해설)
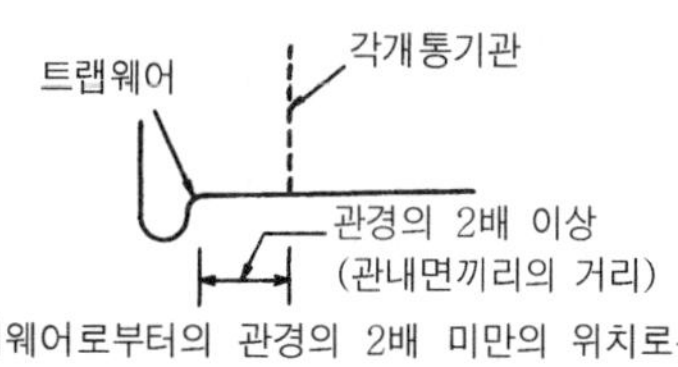

트랩웨어로부터의 관경의 2배 미만의 위치로부터 취출한 통기관을 정부통기관이라 한다.
각개통기관의 취출위치(HASS 206 해설)</td></tr>
</table>

등이 있다. 포집기로 분리 · 수집된 물질은 차츰 용기내에 축적되어 포집기의 능력을 저하시키므로, 정기적으로 청소하는 것이 필요하다. 그러므로 포집기는 쉽게 청소할 수 있는 구조이면서 유지 관리를 용이하게 할 수 있는 장소에 설치하지 않으면 안 된다.

[2] 그리스 포집기

영업용 주방 등에서 나오는 배수중에 포함되어 있는 다량의 유지분을 분리 · 수집하여 배수계통의 막힘 등을 방지한다. 기내에는 격판을 다양한 위치에 여러 매 설치하여, 유입배수의 속도를 완만하게 하므로서 포집효율을 높인다(그림 4.25 참조).

유입구 부근에는 바스켓을 설치하여 음식찌꺼기 등을 포집한다. 그리스 포집기는 현장에서 콘크리트제로 만든 것도 있지만, 대부분은 스테인리스강판제, FRP제 등의 공장제품이 사용되고 있다. 공장제품의 포집기를 사용할 때는 성능시험에 합격한 인증표가 있는 것을 채택하는 것이 바람직하다.

[3] 오일 포집기

자동차의 수리 가공 · 급유 · 세차장 · 주차장 등에서 나오는 배수중에 포함되어 있는 가솔린 · 유류를 저지 · 분리 · 수집하기 위해서 설치하며, 오일 등이 배수관중에 유입하여 인화 · 폭발하는 것을 방지한다. 오일은 그리이스보다 분리하기 쉽기 때문에, 그리이스 포집기보다 격판은 간략하게 해도 된다(그림 4.26 참조). 밀폐구조의 오일포집기에는 통기관을 설치하여 단독으로 대기에 개구한다. 세차장 · 주차장에 설치하는 오일포집기는, 세차 때에 유출하는 토사류를 저지할 수 있는 구조로 한다.

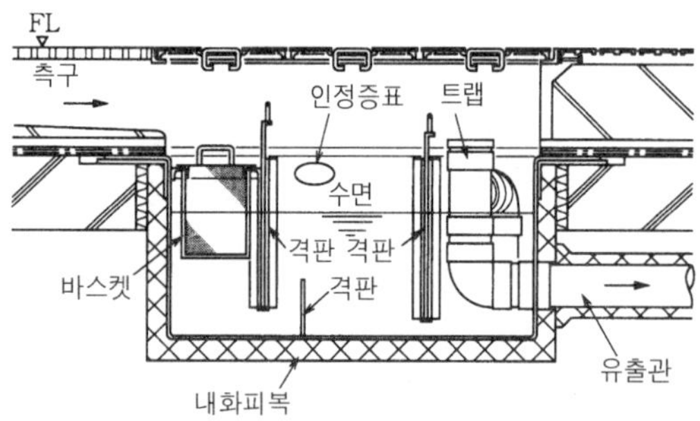

그림 4.25 그리이스 포집기의 예

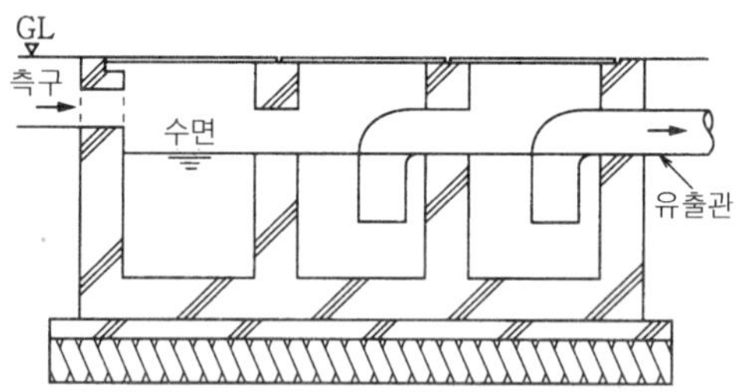

그림 4.26 현장시공 오일포집기의 일례

[4] 모래 포집기

건설현장이나 시멘트공장 등의 배수중에 포함되는 토사 등의 무거운 고형물을 저지 · 분리 · 수집하기 위해서 설치하며, 토사 등이 배수관중에 퇴적해 배수관을 막히게 하는 것을 방지한다(그림 4.27 참조).

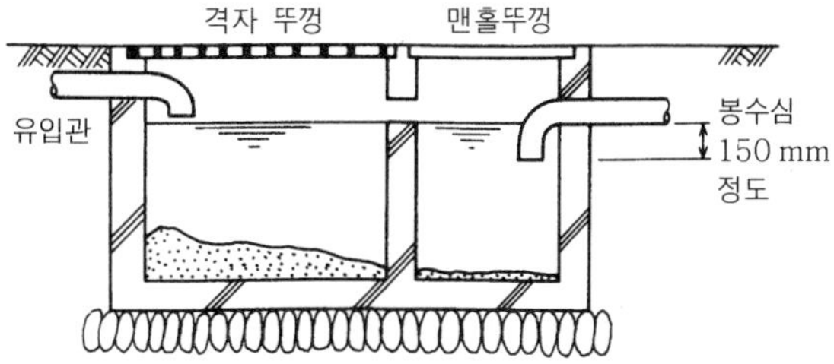

그림 4.27 모래 포집기의 예

[5] 플라스터 포집기

치과 기공실 · 외과 기브스실 등에서 나오는 배수 중에 포함되어 있는 플라스터 · 귀금속 등을 저지 · 분리 · 수집하기 위해서 설치한다. 플라스터가 배수관중에 유입되면 관 벽에 부착 · 응고하여 쉽게 제거되지 않는다. 그러나 플라스터 포집기내에는 청소가 용이한 구조때문에 플라스터의 제거가 간단하다.

[6] 모발 포집기

미용실 · 이발관 등의 세면 · 세발기의 배수 중에, 혹은 수영장이나 공중목욕탕에서 순환 여과하는 배관계에 포함되어 있는 모발 등을 저지 · 분리 · 수집한다.

[7] 세탁장 포집기

영업용 세탁소 등에서 나오는 배수 중에 포함되어 있는 솜털, 버튼류를 저지 · 분리 · 수집해, 배수관의 막힘을 방지한다. 포집기안에는 분리가능한 13메쉬 이하의 철망 바스켓을 설치한다.

4.7.2 배수조 · 배수펌프

[1] 배수조

(a) 배수조의 종류

배수조는 저장하는 배수의 종류에 따라 오수 · 잡배수 · 용수 · 빗물탱크 등으로 나눌 수 있다. 잡배수조는 다시 생활계 일반잡배수 · 주방배수 · 기계실 계통 배수조 등으로 나누는 경우가 있다. 용수조(湧水槽)는 지하 이중 슬래브나 이중벽의 용수를 저장 · 배제하는 것으로, 용수가 나오지 않는 경우와 배수펌프의 정상적인 운전을 확보하기 위해서, 기계실 계통의 배수나 드라이 에리어의 빗물을 유입시키기도 한다.

그러나 빗물에는 토사 · 쓰레기 등이 포함되어 있으므로, 다량의 빗물이 용수조에 유입할 가능성이 있는 경우는 우수조를 설치한다. 하수도 사업자에 따라서는 용수에 하수요금을 부과하는 경우가 있으므로, 용수조에 빗물을 유입시키는 경우는 조사가 필요하다.

(b) 배수조의 위치와 구조

배수조는 부하가 발생하는 근처에 설치하는 것을 원칙으로 하지만, 청소·유지관리의 측면을 고려하여 가능한 한 작게 되도록 계획한다. 배수조의 평면 형상은 오수가 부분적으로 체류하지 않는 형상으로 하고 복잡한 형상은 피한다. 또한 유입배수가 단락(短絡)하지 않도록, 유입구와 펌프피트의 위치 관계를 결정한다.

배수조의 구조는 청소가 쉬워서 슬러지 등이 퇴적하지 않도록, 또한 악취가 새지 않도록 한다(그림 4.28 참조). 맨홀은 패킹이 들어가 있는 밀폐형으로 하고, 크기는 유효내경을 600 mm 이상으로 한다. 맨홀의 설치위치는 내부의 청소나 배수펌프·액면스위치의 보수·점검이 용이하고, 주위에 작업공간이 확보되는 곳으로 한다. 또한 맨홀은 내부 청소시 통기용 등의 목적으로 2개 이상 설치하는 것이 바람직하다.

용수조의 고수위면(HWL)은 이중 슬래브 전체면에 용수가 고이는 것을 방지하기 위해, 이중 슬래브의 저면보다 낮은 위치로 한다.

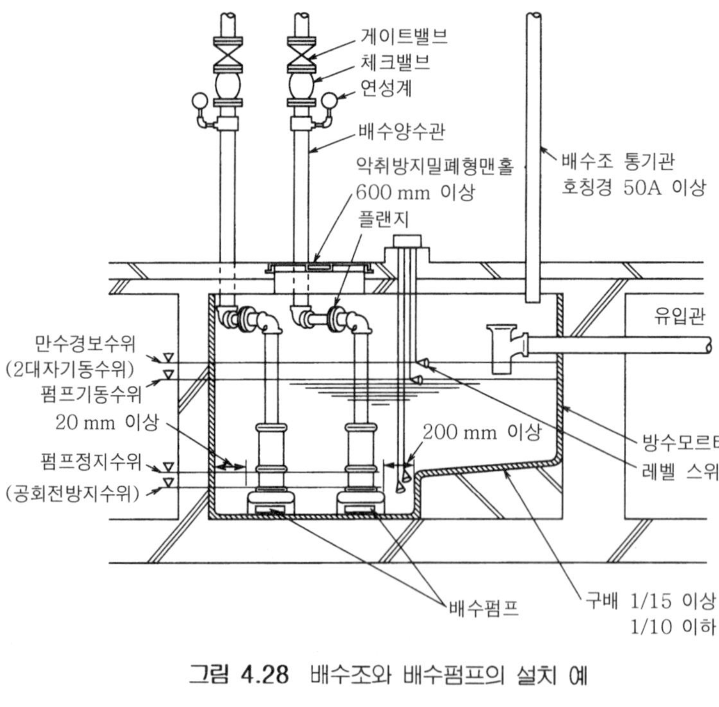

그림 4.28 배수조와 배수펌프의 설치 예

(c) 배수조의 방취대책

배수조는 배수중에 포함되어 있는 유기물 등이 시간의 경과에 따라 부패하여 악취가 발생한다. 악취를 방지하기 위해서는 배수의 저장시간을 짧게 하고, 슬러지 등이 가능한 한 잔류하지 않도록 함과 동시에 정기적으로 청소를 하는 것이 필요하다. 표 4.8에 배수조의 악취 방지대책을 나타내었다.

(d) 배수조의 부식 대책[16]

배수가 체류하여 혐기성 상태가 되면, 배수중의 황산염이 황산염 환원균에 의해 환원되어 황화수소가 생성되어 공기층 속으로 방산된다. 공기층 안의 황화수소는 농축하여 콘크리트 벽면에 결로하여 부착해, 배수조 상부의 호기성 상태로 황산화세균에 의해 산화되어 황산이 생성된다. 그 결과 황산과 콘크리트면이 반응하여 콘크리트가 팽윤하여 열화되고 떨어져 나간다.

이 현상에 의한 콘크리트의 열화를 방지하기 위해서는, 황화수소가 발생하지 않도록 배수조의 청소를 정기적으로 하여 슬러지 등을 제거하는 것이 무엇보다 중요하다. 부득이한 경우는 배수조 내면을 에폭시수지 등으로 수지 도장을 한다.

표 4.8 배수조의 악취방지대책

검토단계	대 책	비 고
설치단계	① 배수조의 용량은 가능한 작게 한다. ② 배수조의 바닥면에는 1/15 이상 1/10 이하의 구배를 주고, 최하부에 배수피트를 설치한다. ③ 배수펌프의 흡입구는 가능한 낮게 한다. ④ 오수조와 잡배수조(특히 주방배수조 등)는 분리하여 별도로 설치한다. ⑤ 배수펌프의 운전제어는 수위제어와 타이머제어의 병용방식으로 한다. ⑥ 배수조정조 등을 설치하는 경우는 폭기장치 또는 폭기교반장치를 설치한다.	최대에서 매시최대배수량으로 한다. 배수, 슬러지 배출을 쉽게 한다. 바닥면으로부터 200 mm 정도의 높이로 한다. 주방 등의 잡배수와 오수를 합치면 악취가 발생하기 쉽다. 조내에 배수가 12시간 이상 저류되어 있으면 악취가 강하게 된다.
유지관리 단계	① 배수조의 청소는 연 2회 이상으로 하고, 상황에 따라 증대시킨다. ② 배수시 공설 오수피트내의 황화수소의 공기중 농도를 10 mg/L로 하고, 배수 중의 황화수소농도를 2 mg/L 이하로 한다. ③ 이미 설치된 배수조에서 악취가 발생하고 있는 경우는, 폭기장치 또는 폭기교반장치를 설치한다.	동경도에서는 연 3회 이상으로 하고 있다. 이 농도를 넘는 경우는 청소회수를 증가시키고, 필요에 따라 폭기장치 등을 설치한다.

[2] 배수펌프

(a) 배수펌프의 종류

배수펌프는 주로 배출할 수 있는 이물질의 크기에 따라 오물 · 잡배수 · 오수펌프로 분류된다. 오물펌프는 임펠러를 1~2매로 하고 통로를 넓게 잡아 고형물의 통과를 용이하게 하고 있다. 잡배수 펌프는 스트레이너를 가지고 있으므로 1~2 cm 이상 크기의 고형물 통과는 곤란하다. 오수펌프는 거의 이물질을 포함하지 않는 배수에 이용된다. 표 4.9에 각 펌프의 특징을 나타내었다.

배수펌프의 형식에는 수직형 · 횡형 · 수중형이 있지만, 건축설비에서는 현재 거의 수중형이 사용되고 있다. 오물용 펌프에는 전동기 · 펌프 본체를 배관으로부터 착탈해 조(탱크) 밖으로 끌어올릴 수 있는 형식의 것도 있다.

(b) 배수펌프의 설치와 배관

수중형 펌프는 조내에 담궈 설치하므로 바닥위에 설치면적을 필요로 하지 않지만, 점검 · 수리 등의 경우는 바닥위로 끌어올려 작업하므로 작업공간이 필요하다. 배수펌프에는 예비펌프를 설치하여 통상은 자동 교호운전으로 하고, 조내의 수위가 이상 상승하는 경우는 동시운전으로 한다. 화재시에 소화용수가 유입하는 배수조에서는 소화펌프의 작동에 의한 배출량을 조달할 수 있는 조 · 펌프용량으로 한다. 또한 배수펌프에는 비상전원을 설치하는 것이 바람직하다.

펌프 토출관은 일반배수계통에 접속하지 말고 옥외 배수까지 단독으로 배관한다. 부득이 배수수평주관에 접속하는 경우는 가능한 한 하류에서 접속한다. 펌프 토출관의 수평주관이 긴 경우는, 펌프 정지시에 잔류수가 고액분리해 관이 막힐 우려가 있으므로, 자연유하로 배수할 수 있도록 배관을 선하구배로 한다.

표 4.9 오수펌프의 종류와 용도

<table>
<tr><th colspan="2"></th><th>대상배수</th><th>최소구경</th><th>통과이물질의 크기</th><th>비 고</th></tr>
<tr><td colspan="2">오수펌프</td><td>정화조배수, 용수, 우수</td><td>40</td><td>구경의 10% 이하</td><td>원칙적으로 고형물을 포함하지 않는 배수로 한다.</td></tr>
<tr><td colspan="2">잡배수펌프</td><td>주방이외의 잡배수, 우수</td><td>50</td><td>구경의 30~40% 이하</td><td>구경 50 mm로 20 mm의 구형물질이 통과할 것</td></tr>
<tr><td rowspan="2">오물펌프</td><td>논크록형</td><td rowspan="2">오수, 주방배수, 산업배수</td><td rowspan="2">80*</td><td>구경의 50~60% 이하</td><td rowspan="2">구경 80 mm에서 53 mm의 둥그런 나무토막을 통과할 것</td></tr>
<tr><td>볼텍스형</td><td>구경의 100%</td></tr>
</table>

* 오물의 통과에 지장이 없도록 파쇄기구가 부착되어 있는 경우, 53 mm의 둥그런 나무토막을 통과할 수 있는 경우, 또는 특정한 것을 사용하여 관리할 수 있는 경우에는 볼텍스형으로 한 경우에 한하여, 최소구경을 50 mm로 해도 된다.

4.7.3 배수피트

[1] 일반사항

피트 뚜껑은 내구성을 고려해 주철제, 철근콘크리트제 또는 수지제로 한다. 주철제 뚜껑의 종류 · 품질 · 형상 등은 HASS 209(맨홀 및 뚜껑)와 동등 이상의 것을 사용하는 것이 바람직하다. 뚜껑 구조는 수봉형과 밀폐형이 있으나 바닥청소를 물로 씻지 않는 경우는 밀폐형을 사용한다. 또한 옥외설치의 맨홀 뚜껑은 적재하중에 따라 종류가 다르므로 설치조건을 파악해야 한다. 피트의 재질은 철근콘크리트제와 수지제가 있다. 콘크리트제에는 현장타설, 프리캐스트 및 조합형태가 있으며, 대형은 일반적으로 프리캐스트 제품과 현장타설을 병용하여 만들어진다. 수지제는 주택 등의 소형(지름 350 mm이하)에서는 주로 경질염화비닐제이며(그림 4.29 참조), 대형은 폴리에틸렌 등을 주원료로 이용하고 있다.

[2] 배수피트(인버트 피트)

빗물피트 이외의 배수피트 바닥에는, 접속관의 내경에 따라 반원모양의 도랑(인버트)을 설치한다. 또한 2개 이상의 배수관이 유입하는 경우는, 고형물을 포함한 배수가 원활히 자연유하할 수 있도록 흐름방향으로 인버트를 설치한다.

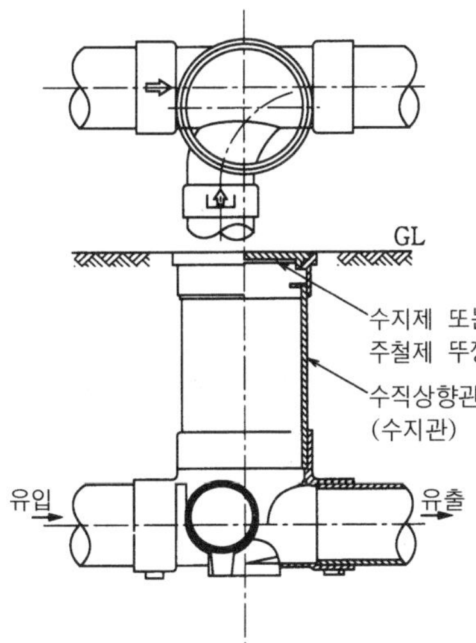

그림 4.29 수지제 피트(인버트 피트)의 예

4.7.4 바닥배수

배닥배수는 일반적으로 트랩이 있는 것을 가리키며, 이것을 바닥배수트랩이라고 하지만 트랩 부분이 없는 바닥배수 금구도 포함된다.

[1] 바닥배수트랩의 종류

바닥배수트랩에는 그림 4.30과 같은 종류가 있으며, 비방수용의 A형과 방수용의 B형으로 나누어진다. 방수형은 물을 배출하는 물빼기 구멍이 있으므로, 시공할 때는 막히지 않도록 주의가 필요하다.

[2] 사발형 바닥배수트랩

사발형 바닥배수트랩은 4.1.3 [3] (a) 항에 나타낸 것 같은 결점을 가지고 있으므로, 가능한 한 사용하지 않는 것이 바람직하다.

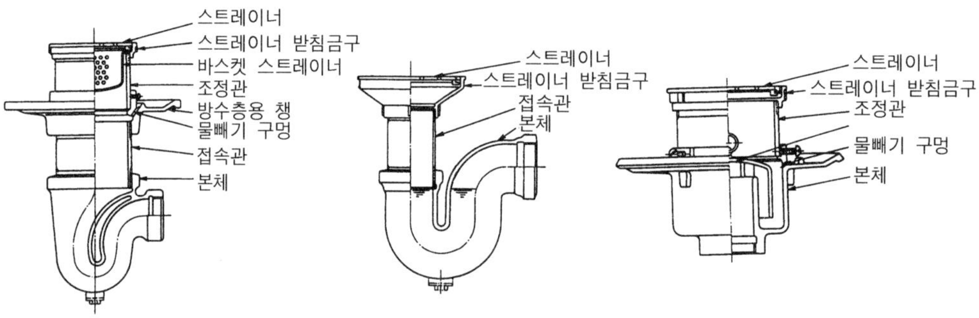

(a) 챙붙이 변형 P형(T16B) (b) P형(T3A) (c) 챙붙이 사발형(T5B)

그림 4.30 바닥배수트랩의 종류

[3] 바닥배수트랩의 설치장소

바닥배수는 항상 물을 흘리는 욕실 · 주방 등에 설치하고 화장실에는 설치하지 않도록 한다. 부득이 바닥배수를 설치하는 경우는, 그림 4.6에 나타낸 것 같은 트랩 보급수장치를 부착한다.

4.7.5 배관재료

[1] 배수용 관

배수용 관으로 사용되고 있는 종류는 많으며 접합법도 여러 가지 방법이 있다. 표 4.10에 대표적인 관의 특징을 나타내었다.

표 4.10 대표적인 배수관의 종류와 특징

관종	규격	관경[mm]	특징 및 유의사항	비고
배수용 주철관	KS D 4307	메커니컬형 1종 50~200 2종 75~125	내식성은 크나 무겁다. 주로 오수, 주방배수용으로 사용된다.	메커니컬형 1, 2종관과 차입형(R-J)이 있다.
배관용 탄소강관 (SPP)	KS D 3507	6~350	흑관과 백관이 있으며 백관을 사용한다. 주로 주방배수를 제외한 잡배수관, 통기관에 사용된다.	30 mm이상의 관을 사용한다.
배수용 경질염화비닐 라이닝강관	WSP 042	40~200	배수강관용 가동이음쇠와 조합하여 사용하며 나사절삭은 불가하다. 주철관에 비해 가볍고 취급이 쉽다.	경량강관인 흑관을 사용하며, 외면은 일차방청도장이 되어 있다.
배수용 타르에폭시 도장강관	WSP 032	30~350	오수, 잡배수용으로 사용한다. 나사절삭은 가능하지만, 원칙적으로는 배수강관용 가동이음쇠를 사용한다.	SPP 흑관의 내면을 도장한 것으로, 외면은 1차 방청도장이 되어 있다.
배수통기용 연관	HASS 203	30~100	굽힘가공으로 원형단면이 손상되지 않도록 공장가공을 원칙으로 한다. 주로 대변기의 접속에 사용된다.	두께 65 mm까지 3 mm 75 mm 이상 4.5 mm
경질염화비닐관	KS M 3404	VG_1 10~300 VG_2 35~1,000	일반적으로는 VG_1을 사용한다. 건물배관은 신축대책을 수행한다. 매설관에 널리 사용된다.	수압시험 VG_1 : 2.5 MPa VG_2 : 1.5 MPa
배수용 내화2층관	FDPS-1	40~150	신축대책을 한다 건물의 배수통기용으로 사용한다.	섬유모르타르에 의한 외관과 경질염화비닐관으로 이루어진 내관의 조합이다.
원심력철근콘크리트관	KS F 4403	150~1,350	일반적으로 하수도에 사용되며, 부지내에서는 매설로 외압이 큰 경우 등에 사용한다.	이형관 형상에 따라 A형, B형, C형, NC형이 있다.

(주) WSP : 일본 수도강관협회규격, FDPS : 일본 내화2층관협회규격

[2] 배수용 이음쇠

배수관에는 고형물을 포함한 배수가 자연유하할 수 있도록 다음에 나타낸 것 같은 방안이 있으며,

배수 전용의 나사형 이음쇠, MD이음쇠, 배수용 주철관, 배수용 수지이음쇠 등을 사용한다.

(a) 이음쇠의 방향성

분기하는 경우에 자연스럽게 흐르도록 Y · ST · TY이음쇠 등과 같이 흐름방향이 정해져 있다. 일반적으로 합류시키는 경우 수평관에서는 Y이음쇠를 사용하지만, TY이음쇠도 필요에 따라서 사용해도 된다. 수직관에서는 원칙적으로 수직관내의 흐름을 교란시키지 않도록 ST이음쇠를 사용한다.

(b) 큰 곡율반경

급수용 이음쇠에 비해 곡율반경이 커서 흐름을 원활히 할 수 있다. 특히 수직관 기초부에는 대곡 90° 곡관 또는 동등의 것을 사용한다.

(c) 관내의 평활성

그림 4.31에 나타낸 것처럼 관의 내경과 이음쇠의 내면이 거의 평활하게 되어 있다.

(d) 배관구배의 확보

그림 4.32에 나타낸 것과 같이 나사식 이음쇠에서는 수직관에서 분기하는 수평관에 구배가 주어졌다.

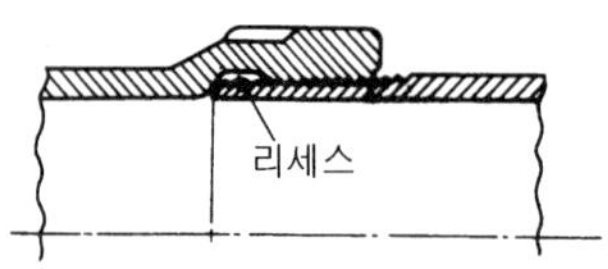

그림 4.31 나사식 배수관 이음쇠의 접합

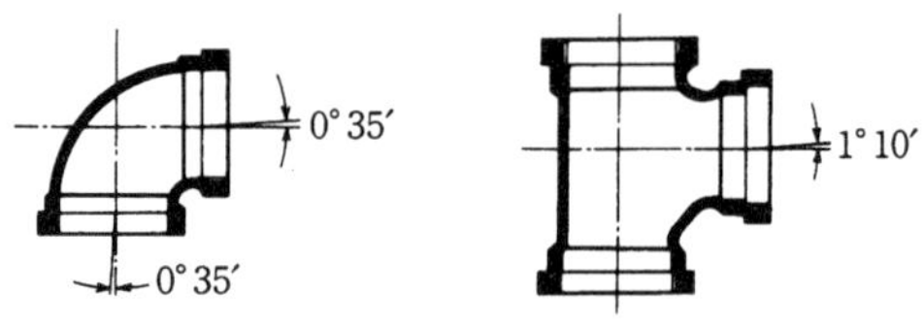

(a) 90° 엘보 (b) 90° Y

그림 4.32 나사식 배수관 이음쇠

4.8 기기 용량의 결정

4.8.1 배수조 · 배수펌프

[1] 배수조와 배수펌프의 관계식

배수조와 배수펌프의 관계를 식 (4.8)에, 관련된 내용을 그림 4.33에 나타냈다. 다만, 이상시를 고려하여 예비펌프를 설치하며, 비상시 동시운전하는 경우에 적용한다.

$$V = (Q_p - Q_{pu})T_1 + Q_{pu} \cdot T_2 \tag{4.8}$$

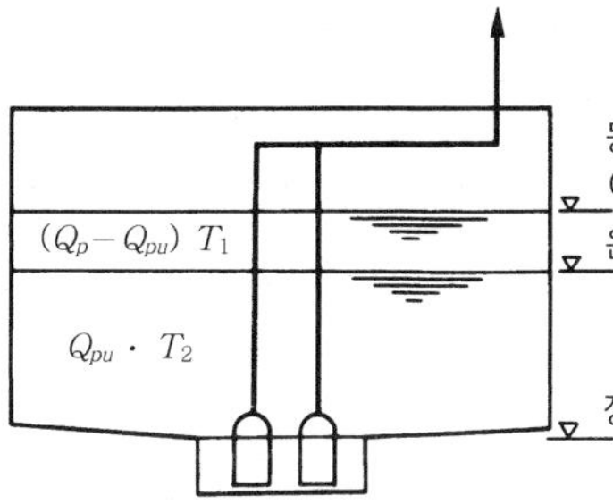

그림 4.33

여기서, V : 배수조의 유효용량 [L]

Q_p : 배수조로의 피크 유입유량 [L/min]

Q_{pu} : 배수펌프의 양수량 [L/min] − $Q_p \leq Q_{pu}$의 경우는 0으로 한다.

T_1 : 피크 배수시의 계속시간 [min] − 급수와 같이 30 min 정도로 한다.

T_2 : 배수펌프의 최단운전시간 [min] − 5 min(소형) ~ 15 min(대형)으로 한다.

다만, 펌프에 지장이 없으면 최단운전시간을 단축할 수 있다.

[2] 배수조의 용량

배수조의 용량은 식 (4.8)에 의해 구하는 방식 외에, 식 (4.9)에 의한 매시최대배수량을 기준으로 하여 용량을 결정하는 경우도 있다. 이 경우 배수펌프는 용량을 5분(소) ~ 20분(대)에 배출하는 양수량으로 한다.

$$V = (Q_d \,/\, T) \cdot K_1 \cdot K_2 \tag{4.9}$$

여기서, T : 배수조에 배수를 유입시키는 부분에서의 1일당 급수시간 [h]

Q_d : 배수조에 유입하는 1일 평균 배수량 [L]

K_1 : 매시최대배수량으로 하기 위한 계수. 일반적으로는 1.5 ~ 2.0이지만 2.0 ~ 2.5[15]로 하는 경우도 있다.

K_2 : 매시최대배수량의 저장시간을 고려한 계수. 0.25 ~ 1로 한다. 1로 고정하는 경우[15]도 있다.

배수조 · 배수펌프의 용량을 결정하는 경우에는 아래 사항에 주의한다.

(a) 오수나 주방배수 등 배수량의 변동이 있는 경우

식 (4.8), (4.9) 어느 식으로 산정해도 지장이 없으나 식 (4.8)을 이용하는 경우는, 배수펌프의 용량(양수량이 일반적으로 크다)을 먼저 결정하고 배수조용량을 구하는 방법이 일반적이다. 이 경우 배수조는 작아지는 경향이 있으므로, 배수조의 상부 공간에 여유를 갖게 하는 것이 바람직하다.

(b) 용수 등 배수량이 일정한 경우

배수펌프는 평균 배수유입유량의 1.2~1.5배로 하고, 피크시 배수유입유량의 평균 배수유입유량에 대한 비율이 작기 때문에 배수조는 소용량으로 된다. 일반적으로 펌프 양수량의 10~20분간 분으로 한다. 다만, 만일을 고려해 배수조의 상부 공간에 여유를 갖게 한다.

우수조나 우수배수펌프의 산정도 최대 빗물량을 평균 배수유입유량과 치환하여 마찬가지로 한다.

(c) 방류처의 규제

방류처의 하수관 용량이 배수량을 받아들이는데 충분하지 않은 경우, 일시적으로 배수를 저장하였다가 부하가 적은 야간 등에 배출한다. 배수조와 배수펌프의 용량은, 1일 총배수량과 하수관의 낮과 야간의 허용유량 및 허용배수시간을 고려해 결정한다.

예제 4.1 지하에 있는 남자・여자 화장실의 배수조, 배수펌프의 용량을 구하시오.
남자화장실 : 대변기 4, 소변기 6, 세면기 4, 청소싱크 1
여자화장실 : 탕비싱크수전 2, 대변기 6, 세면기 6

풀이

배수량의 산정 : 표 4.11에 따른다.

매시평균급수량(배수량) = 매시 최대사용수량 /2 = 3,200 / 2

$= 1,600\,\mathrm{L/h}$

피크배수량(급수량) = 매시 최대사용수량 × 2

$= 3,200 \times 2\,\mathrm{L/h} \fallingdotseq 110\,\mathrm{L/min}$

배수조와 배수펌프의 관계식 (4.8)에 의한 배수조용량 : 오물펌프 80A의 표준 양수량을 300 L /min로 하고, $T_i = 30$, $T_2 = 15$로 하면

$V = (110 - 300) \times 30 + 100 \times 15 \fallingdotseq 1,500\,\mathrm{L}$ (제1항은 0으로 한다)

식 (4.9)에 의해 배수조를 정하는 경우 :

매시최대배수량은 표 4.11에서 3,200 L , K_2를 1로 하면

배수조용량 $V = 3,200 \times 1 = 3,200\,\mathrm{L}$

배수펌프는 배수조용량을 10분에 배출할 수 있는 것으로 하면,

배수펌프의 양수량 = 3,200 / 10 = 320 L / min

표 4.11 [예제 4-1]에 기초한 배수량의 계산 예

기구명	개 수	1회당 사용수량 [L]	시간당 최대사용회수	매시 최대사용수량 [L/h]
대 변 기	4+6=10	13	12	10×13×12=1,560
소 변 기	6	5	12	6×5×12= 360
세 면 기	4+6=10	7	12	10×7×12= 840
청소싱크	1	25	8	1×8×25= 200
싱크수전	2	15	8	2×15×8= 240
합 계				3,200

4.8.2 그리스 포집기 · 오일 포집기

[1] 그리스 포집기

공장제조 포집기의 선정은 유입유량과 포집 그리스량을 계산하여 HASS 277[17]의 성능시험방법에 표시된 허용유입유량과 표준포집 그리스량보다 큰 포집기를 선정한다.

HASS 217의 시험방법에서는, 유입유량은 실용량의 75%를 1분간에 흘리는 값이므로, 허용유입유량으로부터 실용량을 산출할 수가 있다. 유입유량과 포집 그리스량의 산정방법은 HASS 217을 참조하기 바란다.

[2] 오일 포집기[3]

공장제조의 오일 포집기 용량은, 후술하는 최대유입유량, 오일포집량, 토사 퇴적량을 계산하여 구하고, 그 값을 허용하는 오일 포집기 제조자의 카탈로그로부터 선정한다. 현장시공의 오일 포집기 산정은 HASS 206을 참조하기 바란다.

(a) 최대유입유량

최대유입유량은 식 (4.10)에 따른다.

$$Q = Q_m \cdot K \tag{4.10}$$

여기서, Q : 최대유입유량 [L/min]

Q_m : 평균유입유량 [L/min]

K : 평균유입유량에 대해서 사용방법 · 사용수압 등을 고려한 안전계수 (표준값은 5.0) [배]

Q_{m1} : 수전을 사용하는 경우의 유량(표 4.12 참조) [L/min]

n_1 : 수전 개수에 대한 동시사용배율(표준값을 표 4.13에 나타낸다)

Q_{m2} : 세차기를 사용하는 경우의 유량(세차기의 사양에 따른다) [L/min]

n_2 : 세차기의 대수 [대]

표 4.12 수전의 표준유량[3)]

구 경	[mm]	13	20	25
유 량	[L/min]	17	40	65

표 4.13 수전개수에 대한 동시사용배율[3)]

수전개수[개]	1	2	3	4	5	6	7	8	9	10
동시사용배율[배]	1.0	1.4	1.7	2.0	2.2	2.4	2.6	2.8	2.9	3.0

(b) 오일 포집량

오일 포집량은 식 (4.11)에 따른다.

$$O = O_n \cdot n \cdot i \cdot c_1 \tag{4.11}$$

여기서, O : 오일 포집량 [L]

O_n : 1대당 오일량 (0.7(최소)～5.4(평균) ～15.0(최대)로 한다] [g/대]

n : 1일당 세차대수(사용자와 비교하여 결정한다) [대/일]

i : 청소 주기 (상동) [일]

c_1 : 정수 (10^{-3}) [L/g]

(c) 토사 퇴적량

토사 퇴적량은 식 (4.12)에 따른다.

$$S = S_n \cdot n \cdot i \tag{4.12}$$

여기서, S : 토사 퇴적량 [L]

S_n : 1대당 토사 퇴적량 (보통으로 세차하는 경우는 0.5～1 L/대, 정성스레 세차하는 경우는 1～2 L/대로 한다. [L/대]

예제 4.2 주차대수 30대, 수전 2개를 가지는 주차장의 오일 포집기를 산정하시오.

풀이

수전을 13 mm로 하고, 표 4.12로부터 수전의 표준수량은 17 L/min, 수전개수에 대한 동시 사용배율은 표 4.13으로부터 1.4가 되므로,

최대유입유량 $Q = 17 \times 1.4 \times 5.0 = 119\,\mathrm{L/min}$

1대당 오일량을 5.4 g, 1일당의 세차대수를 5대, 청소주기를 15일로 하면,

오일 포집량 $= 5.4 \times 5 \times 15 \times 10^{-3} = 0.405\,\mathrm{L}$

1대당 토사 퇴적량을 1 L 로 하면,

토사 퇴적량 $= 1 \times 5 \times 15 = 75\,\mathrm{L}$

따라서 최대유입유량 119 L/min, 오일 포집량 0.405 L, 토사 퇴적량 75 L를 만족하는 오일포집기를 제조자의 카탈로그로부터 선정한다.

4.9 배수통기관경의 결정

4.9.1 관경결정의 기초

관경의 결정은 부하를 예측하는 산정방법, 배수통기방식에 의해 정한 허용유량으로부터 관경을 구하는 종량법칙 및 트랩의 구경과 배수관의 최소관경 등에 의한 기본법칙으로 이루어진다. 종량법칙은 일반적으로 미국의 배수부하단위법이 사용되고 있지만, HASS 206의 정상유량법도 특수이음쇠 배수시스템에서 채용되는 등 보급되고 있다.

[1] 기구배수부하단위법

배수부하는 기구배수에 따라 부하의 크기를 나타내는 기구배수부하단위와 기구의 동시사용률로부터 주어지지만, 부하량은 관경 결정법에 직접 나타내지 않는다. 기구배수부하단위는 구경 32 mm의 트랩을 가지는 세면기의 최대배수량 28.5 L/min를 기준으로 하여, 각 기구의 최대배수량을 기준 배수량으로 나누고, 이것에 기구의 동시사용률 등을 고려해 결정한 것이다.

[2] 정상유량법

기구의 배수특성을 표현하는 것으로서 기구배수량, 기구평균 배수유량 및 기구평균 배수간격을 이용하고 정상유량을 변수로 하여 동시 최대배수에 의해 배수 부하량을 예측할 수 있도록 한 것이다.

부하유량은 포아송분포의 확률 계산식으로 구한 최대동시 배수기구수에 기구평균 배수유량을 곱한 것이다[2).

(a) 기구평균 배수유량

어느 기구 1회당의 기구배수량이 w[L]이고, 기구의 배수시험에서 전체의 20%가 배출되고 나서 80%가 배출될 때까지 필요한 시간을 t[s]라고 하면, 기구평균 배수유량 q_d[L/s]는 $q_d = 0.6\,w/t$로 정해진다.

(b) 기구평균 배수간격 T_0

기구에서 1회의 배수 개시부터 다음 번의 배수 개시까지의 평균시간을 말한다. 기구의 사용빈도를 나타낸다.

(c) 정상유량

기구정상유량이란 기구배수량을 그 기구의 기구평균 배수간격으로 나눈 수치를 말하며, 배수관의 정상유량이란 관경을 결정하려고 하는 개소보다 상류에 설치된 전 기구의 기구정상유량을 합계한 것이다. 배수관의 정상유량은 관경계산상 편의적으로 생각한 것으로, 해당 배수관의 상류에 설치되어 있는 전 기구의 배수량을 시간적으로 평균화하여 정상연속배수로 가상한 유량이다.

(d) 필요 통기량

배수의 유하에 수반하여 공기도 유인되어 허용최대배수량으로 배수가 관내를 유하하는 경우에, 관내 단면적에서 차지하는 배수의 비율에 따라 공기량이 변화하는 것으로서 필요 통기량을 정하고 있다.

[3] HASS 218에 의한 방법

특수이음쇠 배수시스템 등 신규로 개발된 배수방식의 배수 허용유량에 대해서는, HASS 218에 근거한 시험법에서 실험적으로 확인된 수치에 의해 배수관경을 결정한다. 통기관경에 대해서도 HASS 218에 의한 실험으로 확인된 통기량을 채용하는 것으로 한다. 정상유량법으로 신정통기방식의 관경을 결정하는 경우, 관경선정 선도는 30 m의 배수수직관의 실험 결과에 근거하여 작성되어 있으므로, 30 m를 넘는 신정통기방식을 채용하는 경우는, 고층으로부터 배수하면 허용유량이 저감하여 통기유량이 증가하는 경향이 있는 것을 고려하여, HASS 218에 의한 시험법에 의해 확인된 허용유량 · 통기유량을 채용한다.

4.9.2 배수관지름 결정의 기본법칙

배수관지름의 결정에는 부하량에 관계없이 최소한 지키지 않으면 안 되는 기본법칙이 있다.

[1] 트랩의 구경 및 기구 배수관경

위생기구의 트랩 구경을 표 4.14에 나타내었다. 기구 배수관의 관경은 트랩의 구경 이상으로 하되 최소 30 mm로 한다.

[2] 관경축소의 금지

배수관은 수직관 · 수평관 어느 경우에서도, 배수 유하방향의 관경을 축소해서는 안 된다.

[3] 배수수직관의 관경

배수수직관은 최하부의 가장 큰 배수부하를 부담하는 부분의 관경으로 한다.

[4] 지중매설배관의 관경

지중 또는 지하층의 바닥밑에 매설되는 배수관의 관경은 50 mm 이상으로 한다.

[5] 배수수직관의 오프셋부 관경

(1) 배수수직관에 대해서 45° 이하의 오프셋 관경은, 수직관으로 간주하여 결정한다.

(2) 배수수직관에 대해서 45°를 넘는 오프셋의 경우, 각부의 관경은 다음과 같이 결정한다.

(a) 오프셋보다 상부 수직관의 관경은, 그 오프셋 상부의 부하유량에 따라 통상적인 수직관으로서 결정한다.

(b) 오프셋의 관경은 배수수평주관으로 결정한다.

(c) 오프셋보다 하부 수직관의 관경은, 오프셋의 관경과 수직관 전체에 대한 부하유량에 의해 정한 관경중에서, 어느 것이든 큰 것으로 결정한다.

배수수평지관의 관경결정에 필요한 배수수평지관의 브랜치 간격은 다음과 같이 결정한다. 브랜치 간격은 2.5 m 이상으로 결정되어 있고, 배수수평지관이 2.5 m 미만인 경우는 1 브랜치 간격으로 간주하지 않는다. 그림 4.34(a)에서 ※의 c구간은 1 브랜치 간격으로 되지 않고, 2.5 m를 넘는 *e*를 1 브랜치 간격으로 한다. 그림 4.34(b)～(d)에는 브랜치 간격수를 세는 방법의 예를 나타내었다.

표 4.14 각종 위생기구 등의 기구배수부하단위수

기 구 명	트랩의 최소 구경[mm][*1]	기구배수 부하단위수	기 구 명	트랩의 최소 구경[mm][*1]	기구배수 부하단위수
대변기(개인 주택용)	75※	4	수술용 싱크	40	3
(공중용)	75※	6, 8[*3]	조리용 싱크(주택용)	40※	2
소변기(벽걸이 소형)	40※	4	(주택용 디스포저 부착)[*2)]	40	2
(스톨 대형)	50※	4, 5[*3]	(주택용 디스포저 부착 식기세척기 부착)[*2]	40	3
세면기	30※	1			
세면기(병렬식)	40	2	(팬트리, 접시세척용)	40~50	4
수세기	25※	0.5	(탕비장용)	40~50	3
수술용 세면기	30※	2	(바싱크 개인용)[*2]	40	1
세발기	30※	2	(바싱크 공중용)[*2]	40	2
음용수기 또는 냉수기	30※	0.5	식기세척기(주택용)	40	2
치과용 유닛, 치과용 세면기	30	1	디스포저 (영업용)[*2]	50	3
욕조[*4](주택용)	30※, 40	2	(영업용)[*5]	1.8 L/min별	2
(서양식)	40※, 50	3			
샤워	50	2	바닥배수[*2]	40	2
연립샤워(헤드 1개당)		3		50	3
비데	30※	1		75	5
청소싱크(트랩 부착)	65※	2.5	표준기구 이외의 것	30	1
	75			40	2
세탁싱크	40	3		50	3
청소·잡용싱크(P트랩 부착)	40~50	2		65	4
세탁기(주택용)[*2]	50	3		75	5
(영업용)[*2]	50	3		100	6
연합싱크	40※	2	1셋트의 욕실기구(세척탱크 부착대변기, 세면기, 욕조)		6
연합싱크(디스포저 부착)	40	4	1셋트의 욕실기구(세척밸브 부착 대변기, 세면기, 욕조)		8
오물싱크[*2)]	75	6	배수펌프 · 이젝터토출량 3.6 L/min당[*2]		2
실험싱크[*2)]	40※	1.5			

(주) 기구에서 표시가 없는 것은 참고문헌 4)에 따른다.

*1 ※표시는 HASS206에 규정이 있다.

*2 UPC1[9] IPC[20], ASPE[21], ANS[22] 등을 감안하여 정하였다.

*3 집중이용(또는 사용이 많음)의 경우에 사용한다.

*4 욕조위에 부착된 샤워는 기구배수부하단위수에 관계는 없다. HASS 206에서 주택용은 일본식으로 하고 있다.

*5 연속사용에 사용하며, 공기조화 위생공학, 75-3[23]을 일부수정

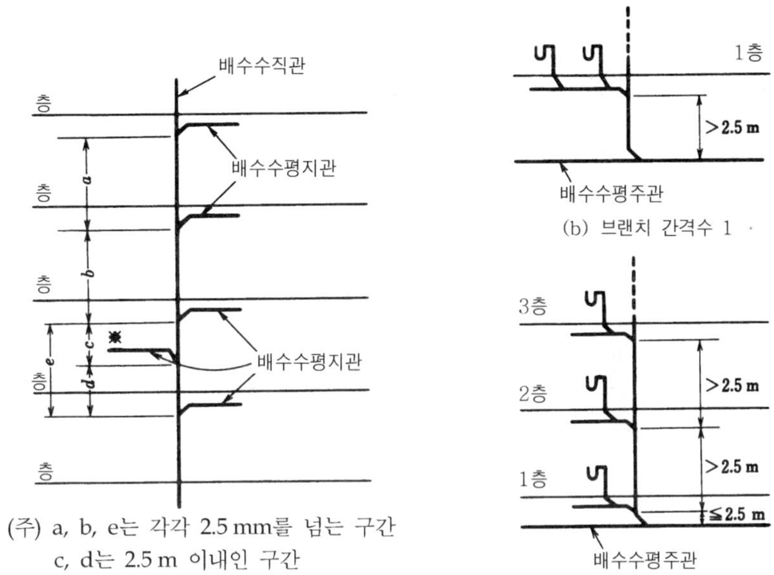

(a) 브랜치 간격의 설명도

(b) 브랜치 간격수 1

(c) 브랜치 간격수 2

그림 4.34 브랜치 간격 세는 방법(HASS 206 해설)

표 4.15 배수수평지관 및 수직관의 허용최대배수단위*1

관 경 [mm]	담당할 수 있는 허용최대배수단위수			
	배수수평지관*2	3층 건물 또는 브랜치 간격 3을 가진 1개 수직관	3층 건물을 넘는 경우: 1수직관에 대한 합계	3층 건물을 넘는 경우: 1층분 또는 1브랜치 간격의 합계
30	1	2	2	1
40	3	4	8	2
50	6	10	24	6
65	12	20	42	9
75	20	30	60	16
100	160	240	500	90
125	360	540	1,100	200
150	620	960	1,900	350
200	1,400	2,200	3,600	600
250	2,500	3,800	5,600	1,000
300	2,900*3	6,000	8,400	1,500

(주) 신정통기방식, 특수이음쇠 배수시스템에는 적용할 수 없다

*1 ASA A 40.8[18]을 기본으로 작성한 것이지만 IPC[20]를 참조하여 일부 변경하였다.

*2 배수수평주관의 지관은 포함하지 않는다.

*3 IPC[20]에 따른다

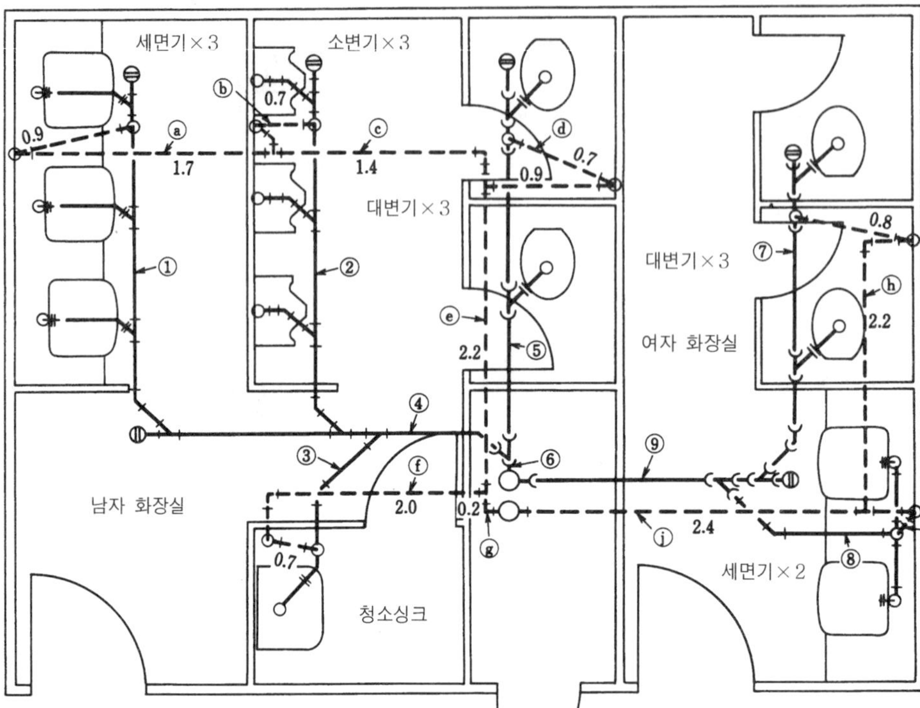

1) 대변기의 세척방식은 절수형 세척밸브이다.
2) 소변기는 대형벽걸이 스톨, 탱크자동세척이다.
3) 청소싱크의 트랩구경은 65 mm이다.
4) 배수관의 구배는 1/50이다.

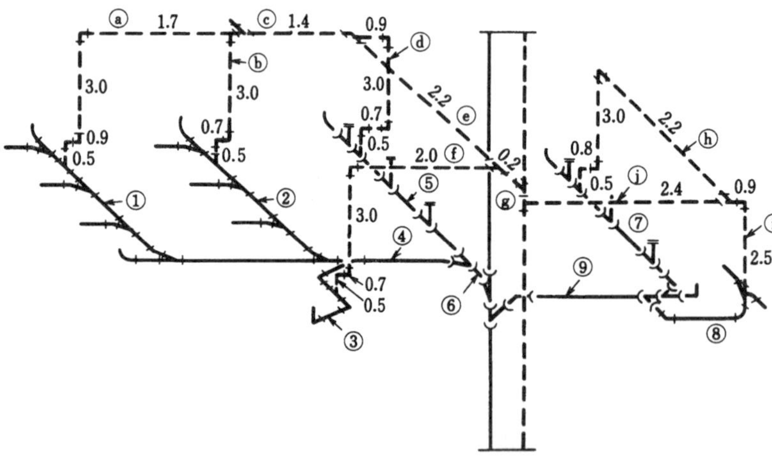

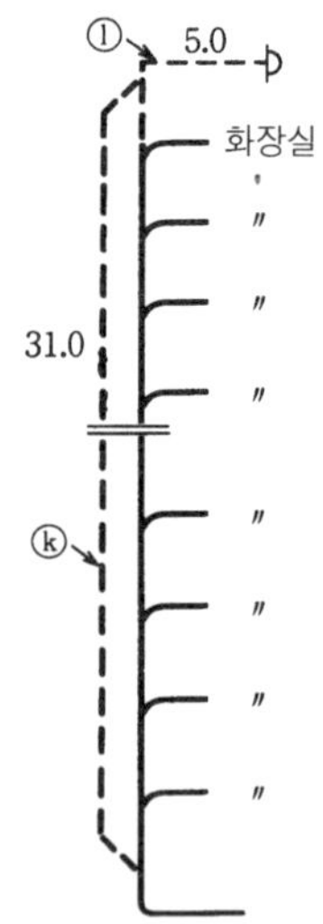

그림 4.35 화장실 배관도

표 4.16 배수수평주관 및 부지배수관의 허용최대배수단위*1

관 경 [mm]	배수수평주관 및 부지배수관에 접속가능한 허용최대 배수단위수			
	구 배			
	1/192*2	1/96*2	1/48*2	1/24*2
50			21	26
65			24	31
75		20	27	36
100		180	216	250
125		390	480	575
150		700	840	1,000
200	1,400	1,600	1,920	2,300
250	2,500	2,900	3,500	4,200
300	2,900*3	4,600	5,600	6,700

(주) 신정통기방식, 특수이음쇠 배수시스템에는 적용할 수 없다.
*1 ASA A 40.8[18]을 기본으로 작성한 것이지만 IPC[20]을 참조하여 일부 변경하였다.
*2 ASA A 40.8-1955에서는 구배를 각각 1피트당 1/16, 1/8, 1/4 및 1/2인치로서 하고 있으므로, 이 표와 같이 우수리가 있는 숫자로 되었다.
*3 IPC[20]에 따른다

4.9.3 배수관지름의 결정

배수관지름 결정의 종량법칙으로서 기구배수부하단위법과 정상유량법을 나타내었다. 종량법칙으로 산정한 후, 공통의 요구사항인 기본법칙에 따르고 있는 지를 확인한다.

[1] 기구배수부하단위법에 의한 관경 결정

(1) 각 위생기구의 기구배수부하단위를 표 4.14로부터 구한다.
(2) 구간마다 기구배수부하단위를 누계한다.
(3) 누계한 배수부하단위에 의해, 배수수평지관 및 배수수직관의 관경은 표 4.15으로부터, 배수수평주관의 관경은 표 4.16으로부터 구한다.
(4) 배수수직관경의 선정은, 1 브랜치 간격에 속하는 수평지관의 부하유량이 배수수직관 허용유량의 1/2을 넘어서는 안 된다(표 4.15의 우측란 참조).
(5) 구한 관경이 4.9.2항의 기본법칙을 만족하고 있는가 확인한 다음 결정한다.

예제 4.3 10층건물 사무소 빌딩의 각 층에 그림 4.35와 같은 화장실이 있는 경우, 배수수평지관, 배수수직관 및 배수수평주관의 관경을 기구배수부하단위법으로 구하시오.

풀이

① 세면기 배수수평지관 : 표 4.14로부터 세면기의 기구배수부하단위는 1이고, 합계 $3 \times 1 = 3$, 표 4.15로부터 관경 $D = 40$ mm.

② 소변기 배수수평지관 : 표 4.14로부터 소변기의 기구배수부하단위는 4이고, 합계 $4 \times 3 = 12$, 표 4.15로부터 관경 $D = 65$ mm.

③ 청소싱크 배수수평지관 : 표 4.14로부터 청소싱크의 기구배수부하단위는 2.5이므로 표 4.15로부터 관경 $D = 40$ mm가 되지만, 트랩구경이 65 mm이기 때문에 관경 $D = 65$ mm.

④ 합류 배수수평지관 : 기구배수부하단위의 합계는 $3 + 12 + 2.5 = 17.5$, 그러므로 관경 $D = 75$ mm.

⑤ 남자 대변기 배수수평지관 : 대변기의 기구배수부하단위는 6이고, 합계 $6 \times 2 = 12$, 관경은 $D = 65$ mm가 되지만, 트랩 구경이 75 mm 이므로 관경 $D = 75$ mm.

⑥ 합류 배수수평지관 : ④와 ⑤의 기구배수부하단위의 합계는 $17.5 + 12 = 29.5$, 그러므로 관경 $D = 100$ mm.

⑦ 여자 대변기 배수수평지관 : ⑤와 같으므로 관경 $D = 75$ mm.

⑧ 세면기 배수수평지관 : 세면기의 기구배수부하단위는 1이고, 합계 $2 \times 1 = 2$, 그러므로 관경 $D = 40$ mm.

⑨ 합류 배수수평지관 : 기구배수부하단위의 합계는 $12 + 2 = 14$, 그러므로 관경 $D = 75$ mm.

⑩ 배수수직관 : 10층분의 합계 기구배수부하단위는 $(29.5 + 14) \times 10 = 435$, 표 4.15로부터 관경은 100 mm가 된다.

⑪ 배수수평주관 : 기구배수부하단위는 435이기 때문에 표 4.16로부터 150 mm가 된다.

[2] 정상유량법에 의한 관경결정

관경결정 순서를 이하에 나타내었다.

(1) 설치 기구군의 기구평균 배수유량 q_d, 기구배수량 w를 표 4.17로부터 구한다.

(2) 설치기구의 평균배수간격 T_0는 표 4.18로부터 구한다.

(3) 주택의 기구평균 배수유량 q_d, 기구배수량 w, 설치기구의 평균배수간격 T_0는 표 4.19에 따른다.

(4) 정상유량 $\overline{Q} = \Sigma w / T_0$를 산출한다. 다만, 주택의 부하산정에서 욕조, 세탁기가 2개 이상 접속되어 있는 경우는 표 4.19에 나타낸 배수율 β를 곱한 값으로 한다.

(5) 기구평균 배수유량 q_d, 정상유량 $\overline{Q}$로부터, 그림 4.36~4.39에 나타낸 배수관 선정선도에 의해 부하유량 θ_L 및 관경 D를 구한다.

(6) 설치기구가 여러 종류가 되는 경우는 원칙적으로 전 종류의 q_d 중 최대의 것을 이용한다. 그

러나 보다 작은 q_d의 기구가 대다수를 차지하고, 그 중에 소수의 것보다 큰 q_d의 기구가 혼합되어는 있는 경우, 최대의 비율을 차지하고 있는 기구의 q_d를 채용한다.

(7) 배수 수직관경의 선정은 1 브랜치 간격에 속하는 수평지관 부하유량이, 배수수직관 허용유량의 1/2을 넘어서는 안된다.

(8) 구한 관경이 전항 [1]의 기본법칙을 만족하고 있는가를 확인한 다음 결정한다.

펌프・공기조화용 기기 또는 이것들과 유사한 장치로부터의 배수와 같이 연속적 혹은 단속적인 배수는, 그 유량을 부하유량으로 한다.

표 4.17 각종 위생기구의 기구배수량 w 및 기구평균배수량 q_d의 표준값[3)]

기 구		트랩의 구경 [mm]	기구배수량 w[*1)] [L]		기구평균배수유량 q_d [L/s]
대변기	보통형	75 또는 100	사이펀젯트・사이펀・블로아웃	15	1.5 (사이펀젯트만 2.0)
			세출・세락	11	
	절수형[*2]	75	사이펀젯트・사이펀	13	
			세출・세락	8	
소변기	소 형	40	4~6		각개 세척 0.5 자동세척 : 동시세척개수×0.5 다만, 2.0을 최대값으로 한다
	대 형	50			
세면기	소 형	30	모아씻기	5	1.0
	중 형			7	
	대 형			8	
			흘리면서 씻기	3	0.3
수세기		25	3		0.3
수술용 수세기		30	20		0.3
세발기		30	40		0.3
욕조	동양식	30	190~230~250		1.0
	서양식	40	90~140~180		
샤 워		50	50		0.3
조리싱크		40	50		모아씻기 1.0 흘리면서 씻기 0.3
청소싱크		65	40		모아씻기 2.0 흘리면서 씻기 1.0
세탁싱크		40	40		모아씻기 1.0 흘리면서 씻기 0.3
오물싱크		75 또는 100	15		20
실험싱크		40	40		0.3

*1 이 배수량은 설계용 표준치로, 필요최소량을 의미하지 않는다.

*2 배수량을 줄여 사용하는 경우는 배수관에 적절한 조치를 강구한 후에, 그 수량을 기구배수량 w[L]로서 사용하여도 된다.

표 4.18 각종 위생기구의 평균배수간격[3)]

기구 종별		기구평균배수간격 T_0 [s]												
		집중이용형태	임의 이용형태(1개소에 설치되는 기구수 N_F)											
			1	2	3	4	5	6	7	8	9	10	11	12
화장실	여자대변기	60	400	280	220	190	170	150	140	140	130	130	120	120
	남자대변기	200	600	600	600	600	560	510	480	480	440	420	400	390
	소변기(각개세척)	35	240	160	130	110	10	90	85	80	75	75	70	70
	세면기	25	170	120	90	80	70	65	60	55	55	50	50	50
	소변기(자동세척)	$T_0 = 180 \sim 900$(평균 600), T_0는 사용빈도에 따라 설계자의 판단에 의해 180~900 s의 사이에서 결정한다.												
욕조		$T_0 = 1,800$												
샤워		$T_0 = 300$												
기타의 기구		아주 빈번하게 사용하는 경우 $T_0 = 60$ 좀 빈번하게 사용하는 경우 $T_0 = 300$ 그 밖의 경우 $T_0 = 600$												

표 4.19 주택 배수기구의 부하산정 표준치[*1]

No. 기구명	기구특성		사용빈도	1기구당 정상유량 $\bar{q}(= w/T_0)$ [L/s]	배수율 β
	기구배수량[*6] w [L]	기구평균배수유량 q_d [L/s]	기구평균배수간격 T_0 [s]		
1. 변기	9	1.5	700[*2]	0.013	1.0
2. 세면기	6	0.75	700[*3]	0.009	1.0
3. 부엌싱크	6	0.75	200[*4]	0.03	1.0
4. 욕조	180	1.0	3,600[*5]	0.05	0.3
5. 세탁기	120	0.75	3,600	0.033	0.5

*1 冢越信行 : 공기조화·위생공학회 학술강연논문집. 집합주택의 급배수부하에 관한 연구(그 6 배수부하산정), pp.85~88, 1987.10을 기초로 하여 결정하였다.

*2 $T_0 = 3,600/(m \cdot n)$으로 산출한다. 다만, m : 1인당 피크시간대 평균배수간격, $m = 1.5$회/인, $n = 3.5 \sim 4.0$인/가구로 한다.

*3 변기와 같게 한다.

*4 수전토수량 6.0 L/min으로 하고, 평균수전개방율 1/3으로 하면, 평균토수량은 6.0 L/min이 되며, 수용기 6 L를 만수하는 시간은 6.0 L/(2.0 L/min)=3 min이 된다. 이것으로부터 개략적 값으로 결정한다.

*5 피크시간대 1시간에 한번 배수하는 것으로 한다.

*6 기구배수량 w가 표준치를 크게 넘는 경우는 그 값을 설계치로 한다.

또한, 배수수직관의 선정선도를 그림 4.37과 그림 4.38에 나타냈다. 여기서 브랜치 간격이 2 이하인 경우는 배수가 종국속도에 이를 때까지 흐름의 영향이 크게 작용하므로, 브랜치 간격 3 이상의 경우와 구분하였다.

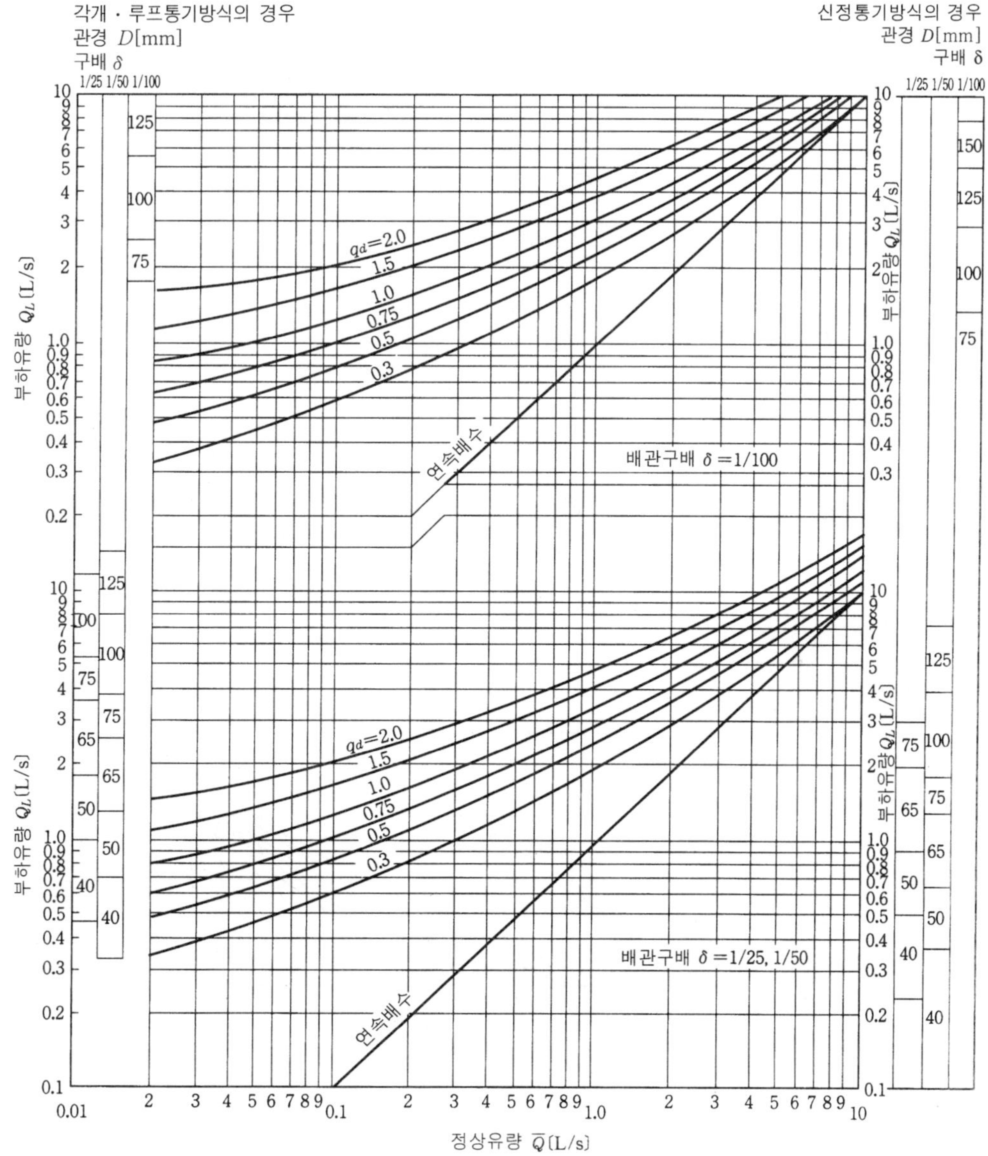

그림 4.36 배수관 선정선도(수평지관)

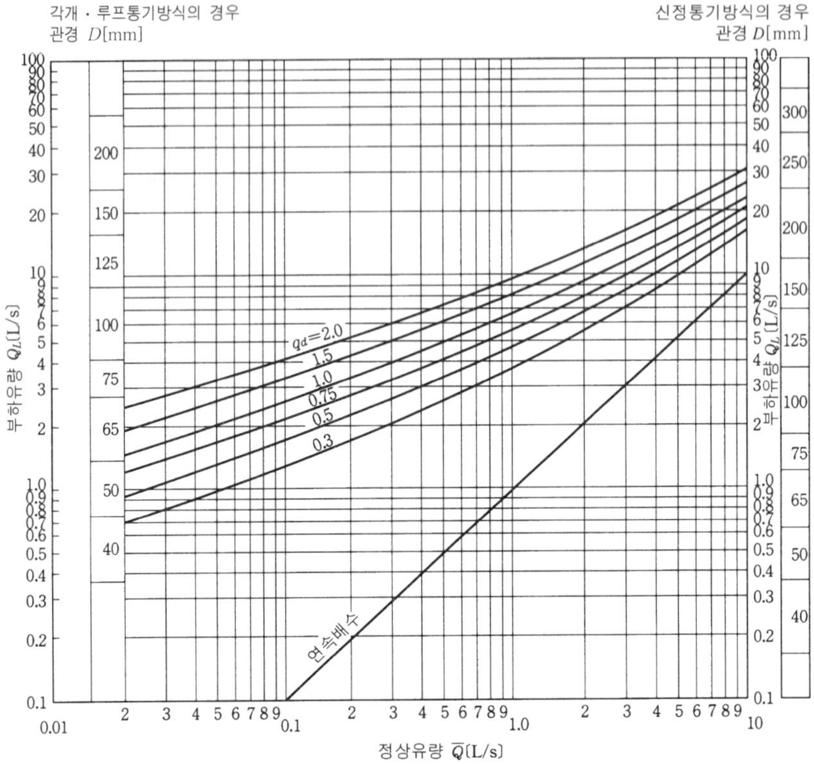

그림 4.37 배수관 선정선도(수직관 : 브랜치 간격수 $N_B \leq 2$)

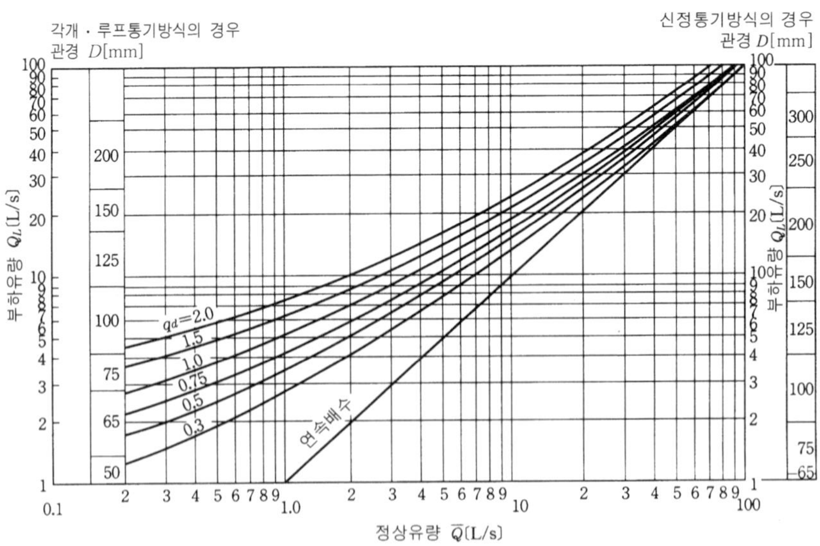

그림 4.38 배수관 선정선도(수직관 : 브랜치 간격수 $N_B \geq 3$)

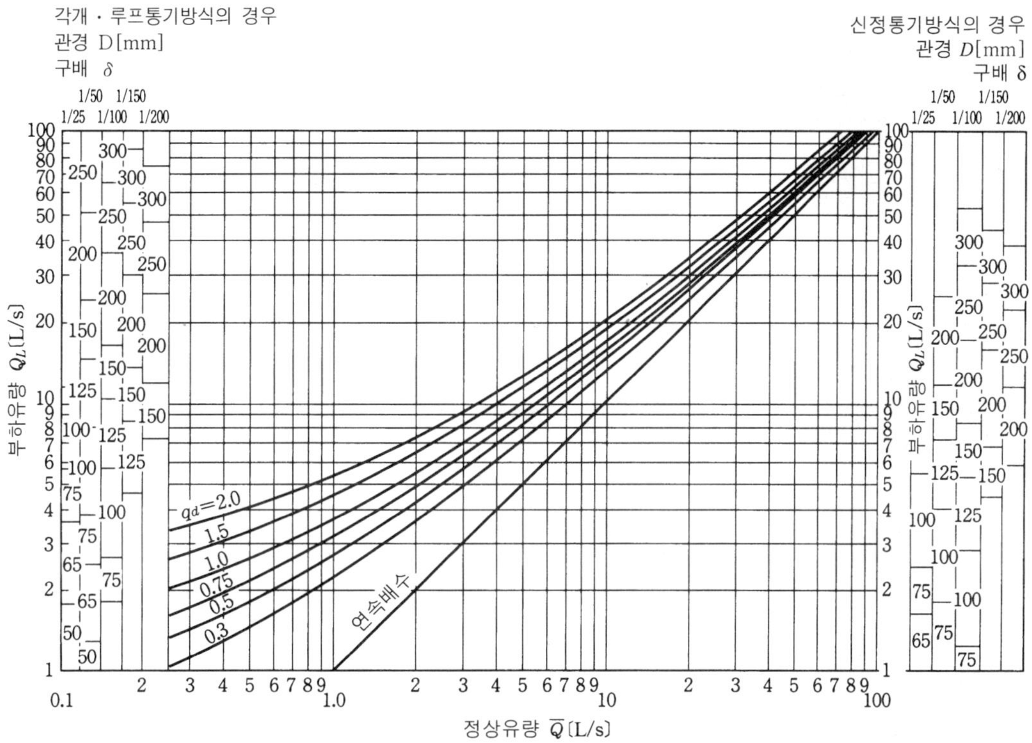

그림 4.39 배수관 선정선도(수평주관)

예제 4.4 전술의 [예제 4.3]에서 화장실의 배수수평지관, 배수수직관 및 배수수평주관의 관경을 정상유량법으로 구하시오.

풀이

사무소이기 때문에 임의이용형태가 된다. 관경결정의 산정법을 표 4.20에 나타내었다.

표 4.20 [예제 4-4]의 계산결과

기초 데이터						동일기구군 계통								합류기구군 계통				
구간	기구명	트랩구경 [mm]	기구개수	기구평균배수량 q_d [L/s]	기구배수량 w[L]	기구배수량 합계 Σw [L]	기구배수간격 T_0 [s]	정상유량 $\overline{Q}=\Sigma w/T_0$ [L/s]	부하유량 $\overline{Q}_L$ [L/s]	관경 [mm]	보정관경 [mm]	구배	정상유량 $\overline{Q}=\Sigma\overline{Q}_t$ [L/s]	부하유량 Q_L [L/s]	관경 [mm]	보정관경 [mm]	구배
①	세면기(남)	30	3	0.3	3	3×3=9	90	9/90=0.1	0.6	40	—	1/50					
②	소변기	50	3	3×0.5 =1.5	5	3×5=15	600	15/600 ≒0.026	1.2	50	—	1/50					
③	청소싱크	65	1	2.0	40	40	600	40/600 ≒0.067	1.8	65	—	1/50					
④				2.0									0.1+0.025+ 0.067=0.192	2.4	65	—	1/50
⑤	대변기(남)	75	2	1.5	13	2×13=26	600	26/600 ≒0.043	1.14	65		1/50					
⑥				2.0									0.192+0.043 ≒0.235	2.7	75	—	1/50
⑦	대변기(여)	75	2	1.5	13	2×13=26	280	26/280 ≒0.093	1.7	65		1/50					
⑧	세면기(여)	30	2	0.3	3	2×3=6	120	6/120 ≒0.05	0.45	40		1/50					
⑨				1.5									0.093+0.05 ≒0.143	1.8	65	75	1/50
⑩				1.5									(0.235+0.143) ×10=3.78	12	125	—	—
⑪				1.5									3.78	9.3	150	—	1/150

4.9.4 통기관경

통기관경의 결정도 배수관경의 결정방법과 마찬가지로 기본법칙과 종량법칙이 있으며, 종량법칙으로는 기구배수부하단위법과 정상유량법이 있다.

[1] 통기관경 결정의 기본법칙[3)]

(a) 통기관의 최소관경

최소관경은 30 mm로 한다.

(b) 신정통기관의 관경

신정통기관의 관경은 배수수직관의 관경과 동일한 관경 이상으로 한다.

(c) 루프통기관의 관경

(1) 루프통기관의 관경은 배수수평지관과 통기수직관 중에서 작은 편 관경의 1/2보다 작게 해서는 안 된다.

(2) 배수수평지관의 도피통기관 관경은 그것을 접속하는 배수수평지관 관경의 1/2보다 작게 해서는 안 된다.

(d) 각개통기관의 관경

(1) 각개통기관의 관경은 그것이 접속되는 배수관 관경의 1/2보다 작게 해서는 안 된다.

(2) 동일층에서 서로 맞대거나 병렬로 설치된 2개 기구의 기구배수관이 하나의 하향 수직관에 다른 높이로 접속하여 공용통기관을 설치하는 경우, 배수수직관의 관경은, 상부 기구의 기구 배수관 관경보다 1사이즈 크게 하고, 하부 기구배수관의 관경보다 작게 해서는 안 된다.

(3) 습통기관으로 흘리는 것이 가능한 부하유량은, 그 습통기관을 배수관으로 간주할 경우의 1/2로 한다.

(e) 결합통기관의 관경

결합통기관의 관경은 통기수직관과 배수수직관 중에서 작은 편의 관지름 이상으로 한다.

(f) 오프셋의 도피통기관 관경

오프셋의 도피통기관 관경은 통기수직관과 배수수직관중에서 작은 편의 관지름 이상으로 한다.

(g) 배수조 통기관의 최소관경

건물의 배수조에 설치하는 통기관의 최소관경은 50 mm로 한다.

[2] 기구배수부하단위법에 의한 관경

(a) 통기관경 결정순서

(1) 통기관의 길이를 다음 항목의 (b)에 의해 구한다.

(2) 루프통기관, 통기수직관 및 통기주관의 관경은, 통기관의 길이와 4.9.3항에서 구한 배수관지름 · 기구배수부하단위로부터 표 4.21에 의해 구한다.

(3) 상기에서 구한 관경이 기본법칙에 따르고 있는가를 확인한다.

표 4.21 통기관의 관경과 길이[18), 24)]

오수 또는 잡배수관의 관경 [mm]	배수단위	통기관의 관경[mm]								
		30	40	50	65	75	100	125	150	200
		통기관의 최장거리[m]								
30	2	9								
40	8	15	45							
40	10	9	30							
50	12	9	22.5	60						
50	20	7.8	15	45						
65	42	—	9	30	90					
75	10	—	9	30	60	180				
75	30	—	—	18	60	150				
75	60	—	—	15	24	120				
100	100	—	—	10.5	30	78	300			
100	200	—	—	9	27	75	270			
100	500	—	—	6	21	54	210			
125	200	—	—	—	10.5	24	105	300		
125	500	—	—	—	9	21	90	270		
125	1,100	—	—	—	6	15	60	210		
150	350	—	—	—	7.5	15	60	120	390	
150	620	—	—	—	4.5	9	37.5	90	330	
150	960	—	—	—	—	7.2	30	75	300	
150	1,900	—	—	—	—	6	21	60	210	
200	600	—	—	—	—	—	15	45	150	390
200	1,400	—	—	—	—	—	12	30	120	360
200	2,200	—	—	—	—	—	9	24	105	330
200	3,600	—	—	—	—	—	7.5	18	75	240
250	1,000	—	—	—	—	—	—	22.5	37.5	300
250	3,600	—	—	—	—	—	—	15	30	150
250	3,800	—	—	—	—	—	—	9	24	105
250	5,600	—	—	—	—	—	—	7.5	18	75

(주) 관경(mm)은 근사값을 나타냄.

(b) 통기관의 길이

(1) 통기관의 길이는 실제길이로 하며 국부손실은 가산하지 않는다. 표 4.21에 나타낸 통기관의 최장거리는 실제길이로서 이음쇠 등에 의한 상당관길이는 수치 속에 포함되어 있다.

(2) 루프통기관의 길이는 기점을 배수수평지관의 접속부, 종점을 통기수직관과의 접속부로 한다.

(3) 통기수직관의 길이는 배수수직관 또는 배수수평주관과의 접속부로부터 단독으로 대기중에 개구하는 경우는 통기수직관의 말단까지, 2개 이상의 통기관이 접속되어 1개가 되어 대기에 개방되어 있는 경우는 통기수직관이 신정통기관에 접속될 때까지의 길이에, 그 접속점으로부터 대기중으로 개구할 때까지의 신정통기관의 길이를 가산한 것으로 한다.

(4) 통기헤더의 관경결정에서 연장된 관길이는 가장 먼 수직관 기초부의 교점으로부터 대기에 개구한 통기관 말단까지의 길이로 한다.

예제 4.5 그림 4.35에 나타낸 화장실의 루프통기관경을 기구배수부하단위법으로 구하시오. 또한, 통기수직관 및 신정통기관의 관경을 구하시오.

풀이

배수관지름은 40 mm, 배수부하단위는 3, 최장거리는 그림 4.35에서 0.5+0.9+3.0+1.7+1.4+2.2+0.2=9.9, 따라서 표 4.21으로부터 통기관경은 30 mm가 된다.

이하 루프통기관경 선정법을 표 4.22에 나타내었다.

ⓚ 통기수직관의 관경 : 배수수직관의 배수부하단위는 435, 관경은 100, 통기길이는 31.0+5.0=36.0, 따라서 표 4.21에 의해 75 mm가 된다.

ⓛ 신정통기관의 관경 : 배수수직관의 배수부하단위는 435, 관경은 100, 통기길이는 31.0+5.0=36.0, 따라서 표 4.21로부터 75 mm가 되지만, 배수관지름이 100 mm이므로 통기관경은 100 mm가 된다.

[3] 정상유량법에 의한 통기관경

(a) 관경결정 순서

(1) 통기관의 배관경로를 정한다.

(2) 각 배관 부위의 필요 통기량 및 허용 압력차를 표 4.23으로부터 구한다. 신정통기방식의 필요통기량은 30 m의 배수수직관 실험에 따른 것으로, 30 m를 넘는 경우는 HASS 218에 의한 실험으로 확인된 통기량을 채용한다.

(3) 각 배관 부위의 직관길이를 구한다. 직관길이를 구하는 방법은 다음 항의 (b)에 따른다.

(4) 허용 압력차와 국부손실 상당길이(표 4.24, 표 4.25 참조)를 포함한 배관상당길이로부터, 각 배

관 부위의 단위길이당 허용 압력차를 산정한다.

(5) 필요 통기량과 단위길이당 허용 압력차로부터, 그림 4.40에 나타낸 손실선도에 의해 각 배관 부위의 관경을 선정한다.

(6) 구한 관경이 [1] 항의 기본법칙을 만족하고 있는가를 확인하여 결정한다.

표 4.22 [예제 4.5]의 계산 결과

관 기호	배수관경[mm]	기구배수부하단위	최장거리[m]	통기관경[mm]
ⓐ	40	3	0.9+3.5+3.1+2.2+0.2=9.9	30
ⓑ	65	12	0.7+3.5+1.4+2.2+0.2=8.0	40
ⓒ	75	15	9.9	50
ⓓ	75	12	0.7+3.5+0.9+2.2+0.2=7.5	50
ⓔ	75	27	9.9	50
ⓕ	65	2.5	0.7+3.5+2.0+0.2=6.4	40
ⓖ	100	29.5	9.9	50
ⓗ	75	12	0.8+3.5+2.2+2.4=8.9	50
ⓘ	40	2	0.9+2.5+2.4=5.8	30
ⓙ	75	14	8.9	50
ⓚ	100	435	31.0+5.0=36.0	75
ⓛ	100	435	36.0	100

표 4.23 통기관의 필요통기량 및 허용압력차 (HASS 206)[3]

통기방식	종 별	필요통기량[L/s]	허용압력차[Pa]
각개·루프통기 방식인 경우	각개통기관 또는 루프통기관	배수수평지관의 부하유량과 같은 양	100
	통기수직관	배수수평주관 부하유량의 2배	250
	신정통기관 또는 통기헤더	배수수평주관 부하유량의 2배	250
	배수조	배수수평주관 부하유량의 3배, 또는 펌프 토출량중 큰 값	250
신정통기방식인 경우	신정통기관 또는 통기헤더	배수수평지관 부하유량의 4배	250
	배수조	배수수평지관 부하유량의 5배 또는 펌프 토출량중 큰 값	250

(b) 통기관의 통기길이

통기관의 통기길이는 통기관의 실제길이에 국부손실 상당길이을 더한 것으로 한다. 통기관에 분기가 있는 경우는 최장의 경로를 잡는다. 통기길이를 구하는 경우의 기점과 종점은 다음에 따른다[3].

(1) 통기지관 : 기점은 배수수평지관 또는 기구트랩 접속부, 종점은 통기수직관의 접속부로 한다.
(2) 통기수직관 : 기점은 배수수직관 기초부 또는 수평주관으로부터의 취출부분, 종점은 신정통기관의 접속부로 한다.
(3) 신정통기관 · 통기수평주관 기점은 통기수직관과의 접속부, 종점은 대기 개구부로 한다.

표 4.24 통기관 설계용 국부손실 상당길이 [m][26]

이음쇠의 종류 \ 관경[mm]	32	40	50	65	80	100	125	150
90° 엘보	1.2	1.5	2.1	2.4	3.0	4.2	5.1	6.0
45° 엘보	0.72	0.9	1.2	1.5	1.8	2.4	3.0	3.6
90° T(분류)	1.8	2.1	3.0	3.6	4.5	6.3	7.5	9.0
90° T(직류)	0.36	0.45	0.6	0.75	0.90	1.20	1.50	1.80
135° T(분류)	5.1	6.1	8.4	11.7	14.6	20.2	27.3	33.0
45° T(합류)	0.4	0.5	0.7	0.9	1.2	1.6	2.2	2.6

표 4.25 벤트캡의 국부손실 상당길이(참고치) [m]*3

종류 \ 구경[mm]	100*1)	125*2)	150*2)
노출형	14.3	18.5	22.2
은폐형	27.5	35.6	42.7

*1 大塚雅之, 斎藤平蔵 : 공기조화 · 위생공학회 논문집(1988. 2) No. 36
*2 구경 100 mm를 기초로 하여 표 4.24로부터 각 상당길이의 평균치 배율로 비례할증하였음

예제 4.6 그림 4.35의 루프통기관경을 정상유량법으로 구하시오.

풀이

허용 압력차는 표 4.23으로부터 루프통기관 $\varDelta P = 100$ Pa, 통기수직관 및 신정통기관 $\varDelta P = 250$ Pa. 국부손실 상당길이를 1/2이라고 하면 단위길이당 허용압력손실은 다음과 같다.

루프통기관 남자 화장실계통

$$\varDelta P/L = 100/(0.9 + 3.5 + 1.7 + 1.4 + 2.2 + 0.2) \times 1.5 = 6.8 \text{ Pa/m}$$

루프통기관 여자 화장실계통

$$\Delta P/L = 100/(0.8 + 3.5 + 2.2 + 2.4) \times 1.5 = 7.5\ \text{Pa/m}$$

통기수직관

$$\Delta P/L = 250/31.0 \times 1.5 = 5.4\ \text{Pa/m}$$

신정통기관

$$\Delta P/L = 250/(31.0 + 5.0) \times 1.5 = 4.6\ \text{Pa/m}$$

각 통기계통의 필요 통기량은 표 4.23으로부터 구해진다. 계산결과를 표 4.26에 나타내었다. ⓒ, ⓔ의 계통은 배수관의 접속 순서와 다르므로, 가상적으로 배수관지름을 나타내서 통기관경을 구하였다.

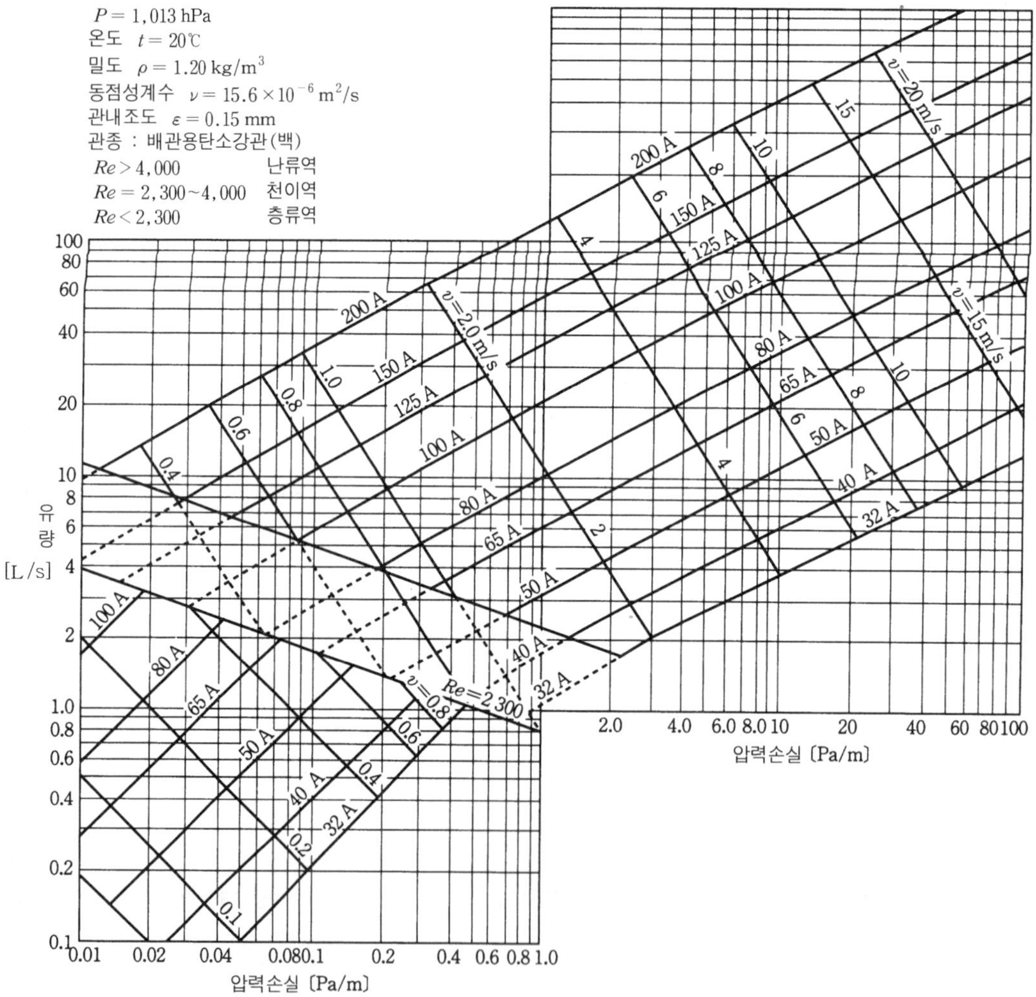

그림 4.40 통기관 손실선도(HASS 206)[3]

표 4.26 [예제 4.6]의 정상유량법에 따른 통기관경의 계산결과

관 기호	배수관경 [mm]	기구평균 배수유량 q_d[L/s]	정상유량 $\overline{Q}$ [L/s]	부하 유량 Q_L[L/s]	통기량 [L/s]	허용압력 손실 [Pa/m]	통기관경 [mm]	보정관경 [mm]
ⓐ	40	0.3	0.1	0.6	0.6	6.8	32	–
ⓑ	50	1.5	0.025	1.2	1.2	6.8	32	–
ⓒ	65	1.5	0.1+0.025=0.125	1.7	1.7	6.8	1.7	40
ⓓ	75	1.5	0.043	1.4	1.4	6.8	32	40
ⓔ	75	1.5	0.125+0.043=0.168	1.8	1.8	6.8	32	40
ⓕ	65	2	0.067	1.7	1.7	6.8	32	40
ⓖ	75	2	0.168+0.067=0.235	2.7	2.7	6.8	32	40
ⓗ	75	1.5	0.093	1.7	1.7	7.5	32	40
ⓘ	40	0.3	0.05	0.5	0.5	7.5	32	–
ⓙ	75	1.5	0.143	1.8	1.8	7.5	32	40
ⓚ	125	1.5	3.78	9.3	18.6	5.4	80	–
ⓛ	150	1.5	3.78	9.3	9.3×2=18.6	4.6	80	125

4.10 우수배수설비

4.10.1 건물 우수배수

건물의 옥상이나 발코니 등에 내리는 빗물은 루프 드레인으로 집수하여, 우수배수관에 유하시켜 옥외의 우수용 피트나 측구에 접속하여 배수한다. 드라이 에어리어 등의 낮은 위치에 떨어지는 빗물은 빗물배수탱크에 유입시켜 우수배수펌프로 배출한다.

공공 하수도의 유하능력이 작은 경우에는 빗물의 유출량을 억제하기 위해서, 빗물저장탱크를 설치하여 강우시에 일시적으로 저장하고 맑은 날에 배출하는 방법이 권장되고 있다.

[1] 우수계통의 분리

공공 하수도가 합류식인 경우에도 건물내의 빗물배수관은 일반의 배수계통과는 별도 계통으로 하고, 원칙적으로 옥외의 배수피트에 합류시킨다.

빗물배수관과 다른 배수관을 겸용시키면, 배수관이 찰 경우에 빗물이 위생기구 등에서 실내로 침입해 오게 된다. 또한 다량의 강우시에는 기구의 트랩봉수가 파괴될 우려도 있다. 이러한 이유로 우수배수관은 배수관이나 통기관과 겸용하지 않는다.

[2] 루프 드레인

루프 드레인은 지붕면이나 발코니의 빗물을 집수하여 우수배수관에 이끌기 위한 것으로, 스트레이너나 배수구의 형상, 방수층과의 접속상태 등에 따라 많은 종류가 있다. 그림 4.41은 수직형 루프 드레인, 그림 4.42는 코너형(앵글형) 루프 드레인, 그림 4.43은 발코니용의 중계형 루프 드레인이다.

루프 드레인의 재질 · 구조에 대해서는 JIS A5522 [루프 드레인(지붕용)]에 정해져 있으며, 재질은 회주철품 2종(FC 150) 또는 동등품으로 하고 있으나, 최근에는 스테인리스강제품도 많이 사용된다. 한랭지의 경우는 루프 드레인으로부터의 우수배수관(수직관)을 난방공간에 설치하여 동결을 방지한다. 비난방 공간에 설치하는 경우는 최상층 부분만이라도 동결방지 히터를 감도록 한다.

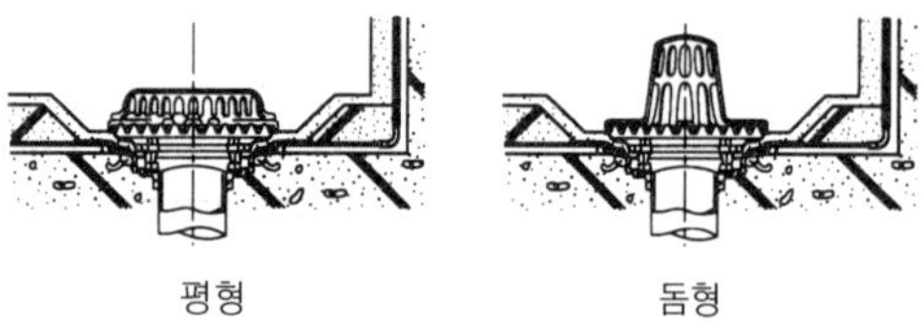

그림 4.41 수직형 루프드레인

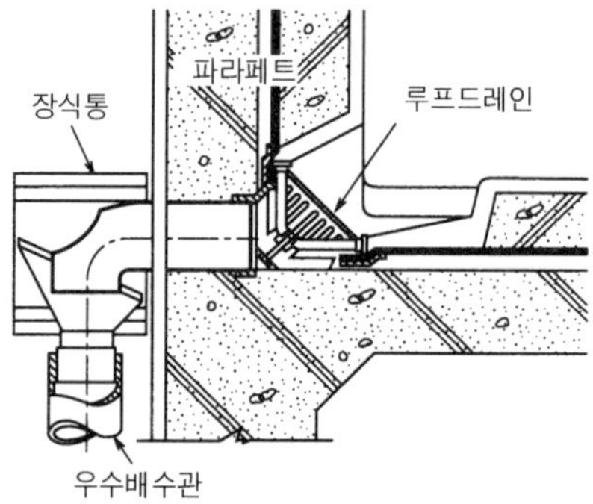

그림 4.42 코너형(앵글형) 루프드레인

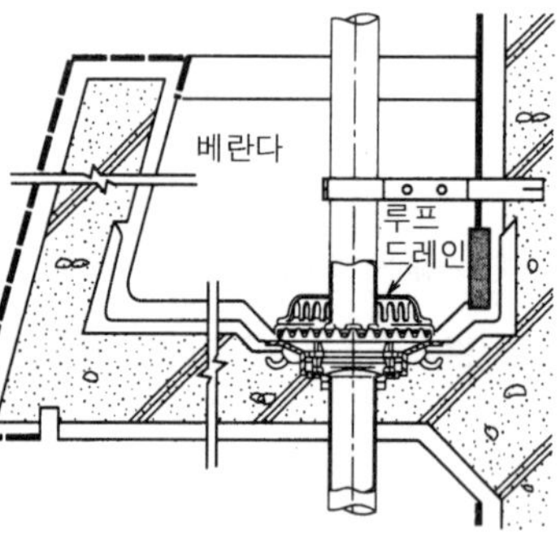

그림 4.43 중계형(발코니형) 루프드레인

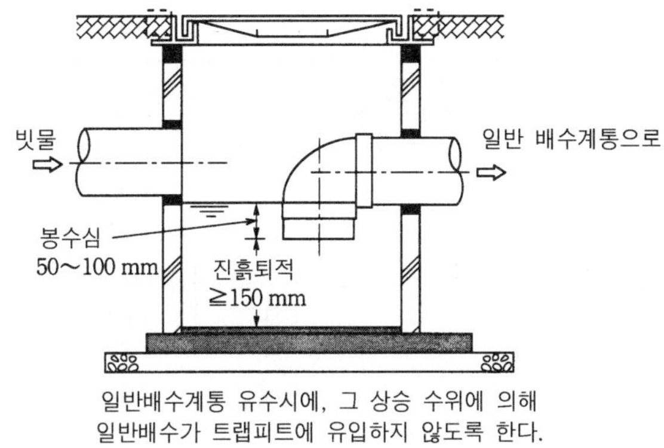

그림 4.44 트랩피트

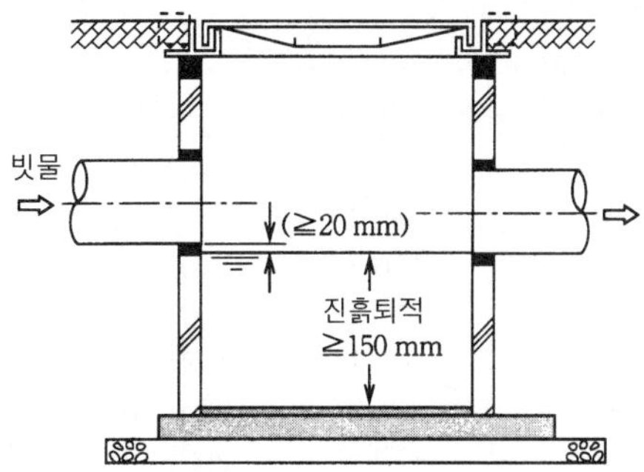

그림 4.45 빗물피트

[3] 우수트랩의 설치

루프 드레인에는 트랩의 기능이 없기 때문에 우수배수계통으로 배수관이나 하수도로부터 악취가 침입하는 것을 막기 위해서, 우수배수관을 일반배수계통의 부지배수관에 합류시키는 경우, 트랩을 만들어 접속한다. 트랩의 예를 그림 4.44에 나타내었다.

4.10.2 부지 우수배수

부지내의 빗물도 이웃 토지나 주위 도로로 유출하지 않게, 또한 부지 내에 체류하지 않도록 부지 우수관을 설치하여 건물의 빗물과 함께 공공 하수도 등으로 배출한다.

건물의 주위, 부지내의 통로, 부지 경계 등 빗물이 체류할 우려가 있는 장소에 L형 측구, U형 측구(그레이칭 부착)나 격자뚜껑이 부착된 빗물피트 등을 설치 집수하여, 부지우수관을 매개로 배수한다. 분류식 하수도의 경우는 우수전용 하수관에 접속하고, 합류식 하수도인 경우는 일반배수의 부지 배수관에 트랩을 매개로 접속한다.

4.10.3 우수피트

우수피트는 부지우수관의 기점이나 합류처의 방향을 바꾸는 곳, 배관거리가 긴 곳 등에 이음쇠 대신에 설치하여, 부지우수관의 청소구 역할을 하는 것이다. 우수피트에는 우수중에 혼재하는 진흙 등이 배관에 흘러들지 않게 하기 위해, 그림 4.45에 나타낸 것처럼 150 mm 이상의 진흙 고입부를 설치하고, 유입배관과 유출배관에서 20 mm 정도 차이가 나도록 한다.

표 4.27 각 지역의 최대 강우량

지 역	일 강수량		1시간 강수량		10분 강수량	
	값(mm)	년월일	값(mm)	년월일	값(mm)	년월일
속 초	314.2	1984. 9. 2	69.0	2004. 7. 4	24.5	1986. 8. 21
철 원	280.3	1999. 8. 1	69.5	2003. 8. 6	18.3	1995. 8. 8
문 산	150.5	2003. 9. 18	35.0	2003. 9. 18	16.5	2003. 8. 23
대관령	712.5	2002. 8. 31	67.5	2002. 8. 31	18.0	1976. 6. 25
춘 천	308.5	1991. 7. 25	62.0	1988. 7. 13	33.0	1970. 8. 15
백령도	924.0	2001. 6. 29	56.5	2004. 8. 8	16.0	2004. 8. 8
강 능	870.5	2001. 8. 31	100.5	2002. 8. 31	21.6	1992. 9. 19
서 울	354.7	1920. 8. 2	118.6	1942. 8. 5	47.2	1956. 6. 22
인 천	347.5	1922. 8. 22	103.3	1953. 8. 13	24.1	1953. 8. 13
원 주	308.3	1972. 8. 19	79.5	1976. 8. 13	33.7	1990. 7. 17
울릉도	257.8	1981. 9. 3	81.6	1942. 9. 13	25.5	2004. 8. 18
수 원	333.2	2000. 7. 22	92.5	2000. 7. 22	28.0	1993. 7. 11
충 주	263.0	1994. 6. 30	89.5	1989. 7. 25	24.5	1978. 8. 11
울 진	279.0	1991. 8. 23	42.0	1975. 8. 13	15.0	1989. 8. 21
청 주	293.0	1995. 8. 25	62.7	1981. 7. 3	24.6	1983. 9. 2
대 전	303.3	1987. 7. 22	79.1	1969. 7. 31	29.6	1971. 6. 28
포 항	516.4	1998. 9. 30	93.4	1998. 9. 30	27.0	1998. 9. 30
대 구	225.8	1998. 9. 30	80.0	1941. 7. 6	25.7	1931. 8. 4
전 주	336.1	1942. 8. 9	109.6	1951. 5. 26	29.5	1951. 5. 26
울 산	417.8	1991. 8. 23	76.7	1993. 8. 21	24.4	1958. 9. 6
마 산	268.0	1999. 7. 30	86.6	1999. 7. 30	28.0	1999. 9. 10
광 주	335.6	1989. 7. 25	70.3	1997. 8. 4	26.7	1994. 7. 22
부 산	439.0	1991. 8. 23	89.0	1970. 9. 10	40.0	1981. 9. 24
목 포	394.7	1981. 9. 2	64.5	2004. 7. 3	26.5	2004. 7. 3
완 도	414.3	1981. 9. 2	86.0	1982. 7. 23	25.5	1979. 8. 25
제 주	301.2	1927. 9. 11	105.0	1927. 9. 11	33.0	1952. 7. 1
서귀포	365.5	1995. 7. 2	92.5	1995. 7. 7	27.0	1984. 7. 22
강 화	481.0	1998. 8. 6	123.5	1998. 8. 6	31.0	1989. 8. 11
태 백	338.5	1990. 9. 11	57.5	1999. 8. 2	20.5	1992. 7. 2
천 안	273.5	1995. 8. 9	90.0	1976. 8. 14	27.0	1976. 8. 14
부 안	202.5	1998. 9. 30	82.5	1983. 8. 18	31.0	1988. 7. 14
남 원	218.0	2004. 8. 18	68.0	1988. 7. 14	25.0	1998. 8. 9
순 천	254.5	2002. 8. 31	145.0	1998. 7. 31	42.5	1998. 7. 31
해 남	477.5	1981. 9. 2	80.5	1998. 8. 2	24.0	1986. 8. 14
영 주	259.5	1994. 6. 30	86.0	1978. 8. 16	29.0	1978. 8. 16
영 덕	296.0	1991. 8. 23	69.5	1982. 8. 14	21.0	1973. 8. 3
구 미	221.0	1998. 9. 30	47.5	2004. 8. 4	24.5	1985. 9. 6
거 제	438.3	1985. 5. 5	96.5	2001. 7. 5	22.5	2001. 7. 5

주) 기상청 기후정보자료(2004. 10. 1)

4.10.4 우수관경

[1] 우수관경 산정의 기본사항

(1) 우수관경의 산정에 이용하는 강우량은 각 지역마다의 최대 강우량을 채용한다. 표 4.27에 각 지역의 최대 강우량을 나타내었다.

(2) 지붕면적은 모두 수평으로 투영한 면적으로 한다.

(3) 벽면에 떨어진 빗물이 하부의 지붕면 등에 합류하는 경우는, 벽면 면적의 50%를 하부의 지붕면적에 가산한다.

표 4.28 우수수직관의 관경

관경[mm]	허용최대지붕면적 [m^2]
50	67
65	135
75	197
100	425
125	770
150	1,250
200	2,700

(주) 1. 지붕면적은 모두 수평으로 투영한 면적으로 한다.
2. 허용최대 지붕면적은 강우량 100 mm/h를 기초로서 산출한 것이다. 따라서 이외의 강우량에 대해서는 표의 수치에 「100/해당지역의 최대 강우량」을 곱해 산출한다.
3. 정사각형 또는 직사각형의 우수수직관은, 거기에 접속하는 유입관의 단면적 이상으로 한다. 또한, 안쪽 면의 짧은 변을 가지는 상당관경으로 하고, 「장변/단변」의 배율을 표의 수치에 곱하여 그 허용최대지붕면적으로 한다.

(4) 지방 자치체 등의 하수도 조례 등이 적용되는 경우는 그 조례에 따른다.

[2] 우수관의 관경 산정

우수관의 관경은 그 우수관이 담당하는 지붕면적을 산출하고, 수직관의 경우는 표 4.28로부터, 우수수평지관 · 수평주관 · 부지 우수관의 경우는 표 4.29로부터 관경을 구한다. 반원형의 홈통 · 구(溝)의 내경은 표 4.30으로부터 구한다.

이러한 표는 (주) 2에 기술하였듯이 강우량 100 mm/h 경우의 허용지붕면적이다. 강우량이 100 mm/h이외인 경우는 식 (4.13)에 의해, 각 지역이 담당하는 지붕면적을 강우량 100 mm/h의 지붕면적으로 환산해, 각각의 표에 적용시켜 관경을 구한다.

강우량 100 m/h로 환산한 지붕면적

$$=\text{각 지역의 담당지붕면적} \times \frac{\text{각 지역의 최대 강우량 [mm/h]}}{100\ \text{mm/h}} \quad (4.13)$$

또한 표 (주) 2. 후단에 나타낸 것처럼, 표 4.28～4.30의 수치에 100 mm/h/(각 지역의 최대 강우량 [mm/h])를 곱해 각 지역의 허용최대 지붕면적의 표를 작성해 사용하는 방법도 있다.

표 4.29 우수수평관의 관경[3)]

관 경 [mm]	허용최대 지붕면적 [m²]								
	배 관 구 배								
	1/25	1/50	1/75	1/100	1/125	1/150	1/200	1/300	1/400
65	137	97	79	—	—	—	—	—	
75	201	141	116	100	—	—	—	—	
100	—	306	250	216	193	176	—	—	
125	—	554	454	392	351	320	27.8	—	
150	—	904	738	637	572	552	450	—	
200	—	—	1,590	1,380	1,230	1,120	972	792	688
250	—	—	—	2,490	2,230	2,030	1,760	1,440	1,250
300	—	—	—	—	3,640	3,310	2,870	2,340	2,030
350	—	—	—	—	—	5,000	4,320	3,530	3,060
400	—	—	—	—	—	—	6,160	5,040	4,360

(주) 1. 지붕면적은 모두 수평으로 투영한 면적으로 한다.
2. 허용최대지붕면적은 강우량 100 mm/h를 기초로하여 산출한 것이다. 그러므로 이외의 강우량에 대해서는 표의 수치에 「100/해당지역의 최대 강우량」을 곱하여 산출한다. 또한, 유속이 0.6 m/s 미만 또는 1.5 m/s를 넘는 것은 바람직하지 않으므로 제외하였다.
3. 도시의 하수도조례가 적용되는 지역에서는 그 조례의 기준에 적합하도록 해야 한다.

예제 4.7 최대 강우량 70 mm/h의 지역에서 지붕면적 250 m²의 우수수직관과 수평주관의 관경을 구하시오.

풀이

250 m²에 70 mm/h/(100 mm/h)를 곱해 175 m², 표 4.28로부터 수직관 관경 75 mm, 표 4.29로부터 수평주관 관경 100 mm(구배 1/125)가 된다.

표 4.30 반원형 홈통 · 구의 직경(深井英一, 山崎和生 수정)

내경 [mm]	유수단면적 [cm²]	허용최대지붕면적[m²]								
		홈통 · 구의 구배								
		1/25	1/50	1/75	1/100	1/125	1/150	1/200	1/300	1/400
65	12.4	43	30							
75	16.6	62	44							
100	29.3	135	96	78						
125	45.8	245	174	141	123	110				
150	66.0	400	282	230	200	178	163			
200	117.4	862	609	497	431	385	352	304		
250	183.4	1,560	1,105	902	781	698	638	552	451	
300	264.0	2,545	1,798	1,462	1,267	1,137	1,037	899	733	635
350	359.4	3,835	2,708	2,210	1,917	1,711	1,560	1,354	1,105	958
400	469.4	5,470	3,867	3,163	2,740	2,448	2,231	1,939	1,581	1,365

(주) 1. 지붕면적은 모두 수평으로 투영한 면적으로 한다.
2. 허용최대지붕면적은 강우량 100 mm/h를 기초로서 산출한 것이다. 따라서 이외의 강우량에 대해서는, 표의 수치에 「100/해당 지역의 최대 강우량」을 곱해 산출한다.
3. 반원형 이외 형상의 홈통 · 구를 이용하는 경우, 그 유수 단면적은 이 표의 수치 이상의 것으로 한다.
4. 유량은 마닝공식을 기초로 조도계수 0.012, 유수 단면적은 유수심이 전체깊이(반경)의 80% 때의 단면적으로 한다. 유속 0.6 m/s미만은 제외했다.
5. 유량 1 L/min 마다 강우량 100 mm/h에서 0.6 m^2의 지붕면적으로 했다.

[3] 우수수평주관 · 부지우수관을 합류시키는 일반배수 부지배수관의 관경산정

일반배수의 부지배수관에 우수수평주관 · 부지우수관을 합류시키는 경우의 관경산정은 일반배수의 부하유량(정상유량법의 경우) 또는 기구배수부하단위(기구배수부하단위법의 경우)를 지붕면적으로 환산한다. 이 산정방법을 표 4.31에 나타내었다.

배수조로부터의 펌프 양수 등 연속배수는, 그 배수량을 부하유량으로 하여 지붕면적으로 환산한다.

표 4.31 지붕면적과 부하유량, 기구배수단위수의 환산(前島　健、山崎和生)

정상유량법의 경우
부하유량 1 L/s 마다 강우량 100 mm/h에서 36 m^2의 지붕면적으로 한다(1 L/min~0.6 m^2).
부하유량으로부터 지붕면적으로 환산
$A' = 36 \times Q_L$ $\left(A \times \frac{h}{100}\right) + A'$로부터 표 4.29에서 구한다.
기구단위법의 경우
강우량 100 mm/h에서, 지붕면적 93 m^2까지는 그것에 상당하는 기구배수단위를 256으로 하고, 93 m^2을 넘는 경우는 넘은 분에 대해 0.36 m^2마다 1기구배수단위로 한다.
기구배수단위수로부터 지붕면적으로 환산
• FU ≤ 256인 경우는 $A' = 93$ • FU > 256인 경우는 $\left(A \times \frac{h}{100}\right) + A'$로부터 표 4.29에서 구한다.
Q_L : 일반배수의 부하유량 [L/s] A : 지붕면적 [m^2] A' : 부하유량 또는 기구배수단위를 환산한 지붕면적[m^2] FU : 기구배수단위수 [FU] h : 해당 지역의 최대 강우량[mm/h] 36의 단위 : m^2/(L · s) 0.36의 단위 : m^2/FU 100의 단위 : mm/h 93의 단위 : m^2 256의 단위 : FU

(주) 이 표는 강우량 100 mm/h로 환산하여 계산하는 방법이다.

예제 4.8 그림 4.46에 나타낸 건물에서 a~h의 배수관지름을 구하시오. 다만, 최대 강우량은 80 mm/h으로 하고, 그림 중 건물 내로부터의 배수부하의 기구배수부하단위는 300 단위로 한다.

풀이

표 4.32에 계산 결과를 나타내었다.

표 4.32 [예제 4.8]의 계산결과

배관	해당 지붕면적[m²] 또는 배수부하	100 mm/h로 환산한 지붕면적 [m²]	배수관경
ⓐ	3×4=12	12×80/100=9.6	표 4.28로부터 관경 50 mm
ⓑ	12+(4×18)+(4×4/2)=92	92×80/100=73.6	표 4.28로부터 관경 65 mm
ⓒ		73.6	표 4.29로부터 관경 75 mm, 구배 1/100
ⓓ	배수펌프의 값 250÷60 ≒ 4.17l/s (부하유량)	ⓒ로부터의 값 73.6 배수펌프, 표 4.31로부터 4.17×36 ≒ 150 합계 73.6+150=223.6	표 4.29로부터 관경 125 mm, 구배 1/200
ⓔ	3×4=12	12×80/100=9.6	표 4.28로부터, 관경 50 mm
ⓕ	12+(24×12)+(6×4/2)=312	312×80/100=249.6	표 4.29로부터 관경 100 mm
ⓖ		249.6	표 4.29로부터, 관경 125mm, 구배 1/200
ⓗ	배수부하 300 단위	ⓖ로부터의 값 249.6 배수부하, 표 4.31로부터 93+0.36(300−256) ≒ 109 합계 249.6+109=358.6	표 4.29로부터 관경 150 mm, 구배 1/200

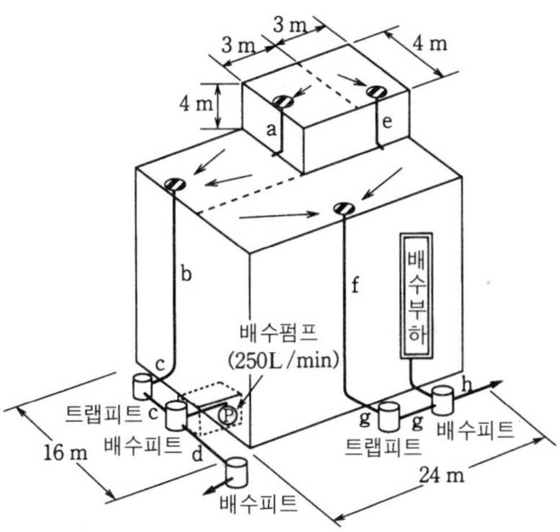

그림 4.46 [예제 4.8]의 그림

4.10.5 넓은 부지의 우수관경

[1] 우수 유출량의 산정식

넓은 부지의 우수 유출량 산정에 이용하는 산정식에는 합리식과 실험식이 있으며, 지역에 따라서 다르지만 일반적으로 합리식을 사용하는 경우가 많다.

(a) 합리식

$$Q = \frac{1}{360} C \cdot I \cdot A$$

여기서, Q : 우수 유출량 [m^3/s]

C : 유출계수([2]항에 따른다)

I : 강우 강도 [mm/h] ([3]항에 따른다)

A : 부지면적 [ha]

(b) 실험식

실험식에는 다음의 2가지 식이 있다.

빌 크리-치그라의 식

$$Q = \frac{1}{360} C \cdot I \cdot A \sqrt[4]{\frac{S}{A}}$$

브릭스의 식

$$Q = \frac{1}{360} C \cdot I \cdot A \sqrt[6]{\frac{S}{A}}$$

여기서, Q : 우수 유출량 [m^3/s]

C : 유출계수([2]항에 따른다)

I : 강우 강도 [mm/h] ([3]항에 따른다)

A : 부지면적 [ha]

S : 지표 평균구배 [‰]

[2] 유출계수

유출계수는 강우량에 대한 유출량의 비로서 부지의 상황에 따라 다르다. 표 4.33은 부지의 공종별 및 용도별의 유출계수이다.

표 4.33 유출계수[29]

(a) 공종별 기초 유출계수의 표준치

공 종 별	유출계수	공 종 별	유출계수
지 붕	0.85~0.95	간지(間地)	0.10~0.30
도 로	0.80~0.90	수목이 많은 공원	0.05~0.25
그 밖의 불투수면	0.75~0.85	구배가 완만한 산지	0.20~0.40
수 면	1.00	구배가 급한 산지	0.40~0.60

(b) 용도별 총괄 유출계수의 표준치

부지내에 간지가 아주 적은 상업지역 및 유사한 주택지역	0.80
침투면의 야외작업장 등 간지를 약간 가진 공장지역 및 정원이 약간 있는 주택지역	0.65
주택공단단지(신도시 등의 아파트단지) 등의 중산층 주택단지 및 단독주택이 많은 지역	0.50
정원을 많이 가진 고급주택지역 및 밭 등이 비교적 많이 남아 있는 교외지역	0.35

[3] 강우강도

각 도시에서 많이 채용되고 있는 강우강도의 공식(Talbot식)을 다음에 나타내었다.

$$I = \frac{a}{t+b}$$

여기서, t : 유하시간 [min]

a, b : 정수

정수 a, b는 각 도시의 강우 실적 등으로 각각 정해진다.

[4] 유달시간

유달시간[流達時間]은 유입시간과 유하시간의 합이다. 유입시간은 강우수가 배수구역의 지표면을 흘러 빗물관에 유입할 때까지의 시간(5~10 min 정도)으로, 일반적으로는 5 min로 하고 있다. 유하시간은 그 빗물이 우수관내를 유하하는 시간으로, 배수관의 거리를 평균유속(통상 1 m/s)으로 나누어 산출한다.

[5] 우수관경의 산정

우수관경의 산정은 우수 유출량으로부터 관거의 유량공식인 간기레이·쿠타의 공식 또는 마닝공식으로 유량 조견표를 이용해 정한다.

간기레이·쿠타의 공식에 의한 유량조견표를 표 4.34에 나타내었다.

표 4.34 원형관 유량표[30)]

(간기레이·쿠타공식, 만류, 조도계수 0.013) 상단 : 유속[m/s], 하단 : 유량[m^3/s]

구배[%] \ 관경[mm]	250	300	350	400	450	500
20.0	1.607 0.0789	1.848 0.1307	2.077 0.1999	2.295 0.2884	2.504 0.3981	2.705 0.5312
10.0	1.135 0.0570	1.306 0.0923	1.467 0.1412	1.622 0.2038	1.769 0.2813	1.911 0.3753
8.0	1.015 0.0498	1.167 0.0825	1.312 0.1262	1.450 0.1822	1.582 0.2515	1.709 0.3356
6.0	0.878 0.0431	1.010 0.0714	1.135 01092	1.255 0.1576	1.369 0.2177	1.479 0.2904
5.0	0.801 0.0393	0.921 0.0651	1.036 0.0997	1.145 0.1438	1.249 0.1986	1.350 0.2650
4.0	0.716 0.0351	0.823 0.0582	0.926 0.0891	1.023 0.1285	1.116 0.1774	1.206 0.2368
3.0	0.619 0.0304	0.712 0.0503	0.800 0.0770	0.885 0.1112	0.965 0.1534	1.043 0.2048
2.4	0.552 0.0271	0.636 0.0450	0.715 0.0688	0.790 0.0993	0.862 0.1371	0.932 0.1830
2.0	0.503 0.0247	0.579 0.0409	0.651 0.0627	0.720 0.0905	0.786 0.1250	0.850 0.1668

예제 4.9 그림 4.47에 나타낸 부지에서 a~c의 우수관경을 구하시오. 다만, 우수유출량은 합리식에 의해 산정하는 것으로 하고, 강우강도의 식은 $I = 5000/(t+40)$을 사용하며, 유출계수는 0.50, 우수관내 유속은 1 m/s, 유입시간 $t = 5$ min로 한다.

풀이

표 4.35에 계산 결과를 나타내었다.

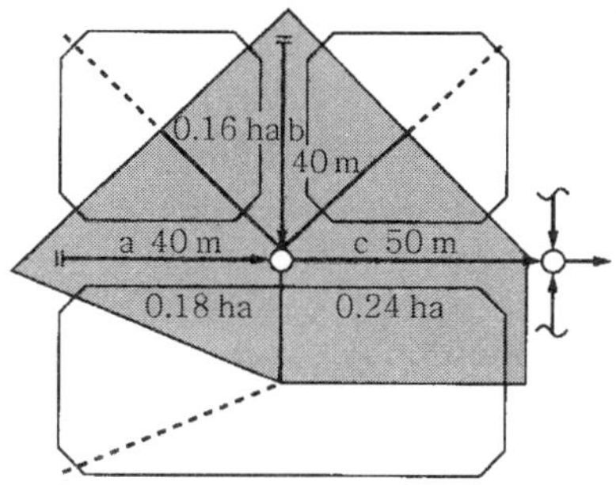

그림 4.47 [예제 4.9] 의 그림

표 4.35 [예제 4.9] 의 계산결과

우수관	해당배수면적 [ha]	우수관의 누적거리 [m]	유달시간 $t = t_1 + t_2$	강우강도 $I = 5000/(t+40)$	우수유출량 $C \cdot I \cdot A/360$ [m^3/s]	표 4.34로부터	
						관경[mm]	구배[‰]
ⓐ	0.18	40	5+(40/60)≒5.67	5000/(5.67+40)≒ 109.5	0.5×109.5×0.18 /360≒0.0274	250	3.0
ⓑ	0.16	40	5+(40/60)≒5.67	5000/(5.67+40)≒ 109.5	0.5×109.5×0.16 /360≒0.0243	250	2.0
ⓒ	0.18+0.16+ 0.24=0.58	90	5+(90/60)≒6.5	5000/(6.5+40)≒ 107.5	0.5×109.5×0.58 /360≒0.0866	350	4.0

t_1 : 유입시간, t_2 : 유하시간=거리/유속

참고문헌

1) 공기조화・위생공학회편 : 급배수・위생설비계획설계의 실무지식 (1995) オーム사
2) 松尾陽 : 공기조화・위생공학, Vol. 53, No. 3 (1979) p74, 및 공기조화・위생공학, Vol. 53, No. 4 (1979)
3) 공기조화・위생공학회규격「HASS206-2000 급배수위생설비규준・동 해설」(2000) 공기조화・위생공학회
4) 공기조화・위생공학회편 : 공기조화・위생공학편람, 제12판 (1995) 공기조화・위생공학회
5) 淺野良晴 : 공기조화・위생공학, Vol. 53, No. 2 (1979) p. 189
6) 坂上恭助・篠原隆政 : 배수통기시스템에 관한 실험적 보고서 (1984) pp. 79-80, 공기조화・위생공학회
7) 건축설비학 교과서연구회 : 건축설비학 교과서 (1991) p. 52, 彰國社

8) 공기조화・위생공학회 부하산정과 최적계획 소위원회 성과보고서 : 부하변동에 대응한 기기설계법의 제안 (2001) p. 88
9) 大久保泰宏 : 최근의 압력식 하수도시스템 동향, 급배수설비연구, Vol 11, No.1(1994.1) 급배수설비연구회
10) 공기조화・위생공학회규격 「HASS 218-1999 집합주택의 배수수직관 시스템 배수능력 시험법」(1999) 공기조화・위생공학회
11) 折原明夫・千葉孝典 외 : 공기조화・위생공학, Vol. 64, No. 12 (2000. 12) p. 32
12) 大塚雅之 외 : 일본 건축학회대회 학술강연 초록집(1998) pp. 523~524
13) 일본하수도협회편 : 하수도시설계획・설계지침과 해설전편, 1994년판 (1994) p.201
14) 山海敏弘 : 건축설비와 배관공사, Vol 38, No. 5(2005. 5) p.5
15) 동경도 빌딩피트 대책회의 : 건축물에서의 배수조 등의 구조・유지관리에 관한 지도요항(1986)
16) 일본 하수도공단 : 콘크리트 방식지침(안) (1993)
17) 공기조화・위생공학회규격 「HASS 218-1999 그리스포집기」(1999) 공기조화・위생공학회
18) American Standard National Plumbing Code, ASA A40.8 (1955)
19) International Association and Mechanical Officials : Uniform Plumbing Code (1'977)
20) International Code Council : International Plumbing Code Commentary (1997)
21) American Society of Plumbing Engineers : Data Book Volume 2 Plumbing Systems (2000)
22) American National Standard Institute : American National Standard ANSI A40(1993) Safety Requirement for Plumbing
23) 前島健 : 공기조화・위생공학, Vol 75, No. 3(2001. 3) pp. 36~38
24) 공기조화・위생공학회편 : 공기조화・위생공학편람, 소화39년판, 중권(1963) p.492 공기조화・위생공학회
25) 건설성 주택국 건축지도과 감수 : 급배수위생설비기술기준・동 해설 1983년판 (1983) 일본 건축센터
26) 공기조화・위생공학회편 : 공기조화・위생공학편람, 제9판. 제III권(1975) 공기조화・위생공학회
27) 공기조화・위생공학회편 : 공기조화・위생공학편람, 제12판. 제4권(1995) p.231 공기조화・위생공학회
28) 국립천문대편 : 이과연표 (2001) 丸善
29) 건설성 도시국 하수도부 감수 : 하수도시설계획・설계지침과 해설, 1994년판 (1994) 일본하수도협회
30) 공기조화・위생공학회편 : 공기조화・위생공학편람, 제10판. 제III권(1981) 공기조화・위생공학회

05

위생기구설비

5.1 위생기구

5.1.1 위생기구가 구비해야 할 조건

급배수 · 위생설비에서는, 급수관이나 급탕관에 직결한 수전이나 토수구 등에서 방수된 물은 오염된 것으로서 취급하며, 급수 · 급탕설비와 배수 · 통기설비의 접점에 있는 위생기구는 급수 · 급탕설비를 절대로 오염시키지 않도록, 안전하고도 확실한 오염방지기능과 구조를 가지는 것이 요구된다.

또한 환경공생(환경친화), 에너지 절약, 자원절약의 관점에서 절수나 리사이클에 대한 배려가 필요하고, 더욱이 고령자나 신체에 장해가 있는 사람들은 물론 누구라도 사용하기 쉽게 배려된(유니버설 디자인) 것이 요구된다.

위생기구는 급수기구(급수전 · 세척밸브 · 볼탭 등), 수수(水受)용기(변기 · 세면기 · 욕조 등), 배수금구(트랩 · 바닥배수구 등) 및 부속품으로 분류되며, 구비해야 할 조건으로서 공통된 사항은 다음과 같다.

(1) 항상 청결을 유지할 수 있도록 흡수 · 흡습성이 없고, 표면이 매끈하고 위생적일 것
(2) 내구성, 내마모성을 가지며 쉽게 파손되지 않는 것
(3) 기구의 제작 · 제조가 용이하고, 견고하게 접속 · 고정할 수 있는 것
(4) 급수 · 급탕 계통으로의 역류 등 오염방지에 대한 배려가 이루어지고 있는 것

현재 사용되고 있는 재료로는, 급수금구나 배수금구에는 황동 · 청동 · 알루미늄 합금 · 플라스틱 · 주철 · 강재 · 스테인리스강 등이, 수수용기에는 도기 · 강판 혹은 주물철기 · 스테인리스강 · 플라스틱 · 인조석 등이 있으며, 그 중에서 도기가 많이 사용되기 때문에 위생도기로 불리고 있다.

5.1.2 대변기

대변기는 형식에 따라 동양식과 서양식으로 분류된다. 일반적으로 서양식은 수세식 변기이나 동양식의 경우는 수세식과 비수세식으로 나누인다. 현재에는 서양식 변기가 대부분을 차지하고 있다. 그러나 변기시트가 오손되기 쉬운 역사 · 버스터미널 등의 공중 화장실에서는 현재에도 동양식 변기를 선호하는 경향이 있다.

[1] 대변기에 요구되는 성능

대변기에는 다음과 같은 기능이 요구된다.

(1) 오물을 받은 유수면(그림 5.1)이 넓고, 사용시 오물 부착이 적을 것
(2) 유수부는 오물로부터의 악취 발산을 막기 위해 적당한 깊이가 있는 것

(3) 배수로 내경이 크고, 오물이나 화장지 등의 막힘이 적은 것
(4) 배수계통의 압력변동 등에 의해 트랩파봉을 방지할 수 있는 봉수심(최소 50 mm)을 유지하고 있는 것
(5) 급수나 세척할 때 소음이 없이 조용한 것
(6) 적은 세척수량으로 오물을 배출할 수 있는 것

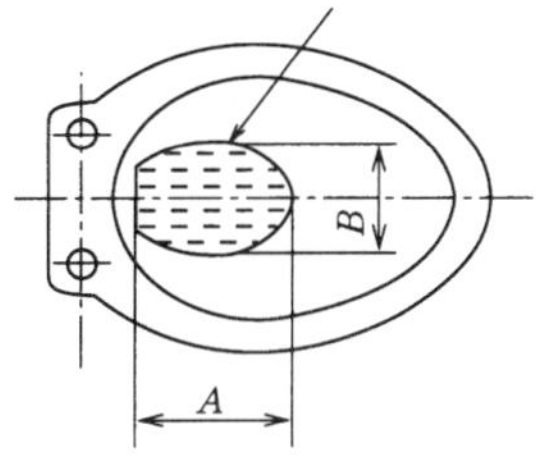

A×B : 사이펀변기 180 mm×40 mm 이상
사이펀제트변기 240 mm×200 mm 이상

그림 5.1 서양식 변기의 유수면 크기

[2] 대변기의 종류와 특징

대변기의 종류와 특징을 그림 5.2에 나타내었다.

(a) 서양식 변기

세척방식에 따라 오물받이내 유수면의 넓이, 변기, 변기시트의 치수가 정해져 있다. 최근에는 절수형으로 유수면이 넓은 사이펀식 이상의 변기가 채용되는 것이 많다.

(b) 동양식 변기

세출식과 세락식이 있으며 일반적으로는 세출식이 많이 사용된다. 한랭지에서는 변기 오물받이의 유수(留水)가 동결하기 때문에 세락식이 사용되는 경우가 많다. 최근에는 변기 앞부분을 사용자가 접근하기 쉬운 모양으로 함과 동시에 변기의 전체길이를 길게 하여, 변기 후방 부분의 오물부착을 저감시키는 에론게이트 타입의 변기도 개발되었다. 또한 공중 화장실용 변기로 많이 사용되기 때문에, 변기의 막힘을 없애기 위한 청소구가 부착된 변기도 있다.

세락식

물의 낙차에 의한 유수작용으로 오물을 밀어 씻어내는 방식으로 가장 구조가 간단하고 염가인 변기이다. 물을 저장하는 면이 좁기 때문에 용기내 건조면에 오물이 부착하기 쉽고, 세척시에 다소 물이 튀는 경우가 있다. 또한 변기시트면의 크기가 다른 방식보다 작고, 다소 비좁아보이는 감도 있다.

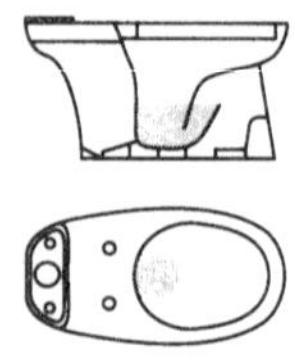

세출식

변기에 일시 오물을 저장해두었다가 세척수의 힘에 의해 오물을 배수관으로 씻어내는 방식이다. 물 저장부가 매우 낮기 때문에 물이 튀지 않는 반면 악취를 발산하기 쉽다.

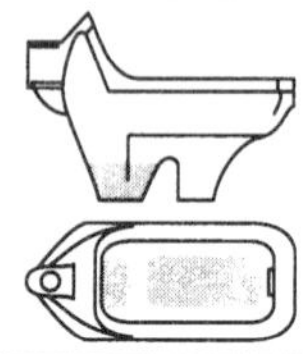

세미사이펀식

세척수량을 억제하기 위해 물저장면을 사이펀식과 세락식의 중간으로 설계하였다. 사이펀식에 비해 용기내 건조면에 오물이 부착하기 쉽고, 세척시에 다소 물이 튈수 있다. 세미사이펀식에는 오물배출에 사이펀작용을 동반하는 것과 유수작용으로 밀어서 세척하는 것이 있다.

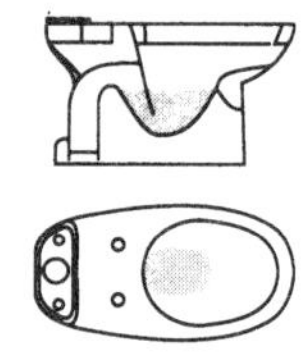

사이펀식

사이펀작용으로 오물을 흡입하도록 배출하는 변기이다. 물의 저장면이 사이펀젯트식에 비해 작기 때문에, 용기내 건조면에 간혹 오물이 부착하는 경향이 있다. 사이펀제트식과 사이펀식은 물저장면의 넓이로 구별한다(사이펀식 중에서도 제트 구멍이 있는 구조로 된 것도 있다).

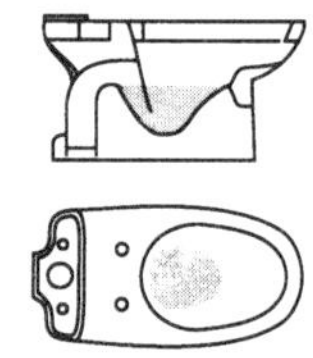

사이펀 젯트식

젯트 구멍으로 분출하는 물이 강한 사이펀작용을 일으켜 오물을 흡입하도록 하여 배출한다. 물저장면이 넓기 때문에 오물이 수중으로 가라앉기 쉽고 악취의 발산이 적다는 것과 용기내 건조면으로의 오물 부착이 거의 없다는 것이 특징이다.

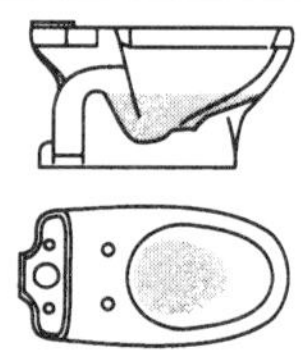

블로아웃식

젯트구멍으로부터 세척수를 강력하게 분출시켜 그 힘으로 오물을 씻어 내도록 하는 변기이다. 물 저장면이 넓기 때문에 용기내의 건조면에 오물부착이나 악취의 발산이 거의 없는 것이 특징이다. 또한 배수구는 벽측에서 다른 변기보다도 높기 때문에 연립하여 설치하는 경우에 적합하다. 세척장치는 플러시 밸브식에 한하며, 변기 세척음이 다른 세척방식보다 크다고 하는 단점이 있다.

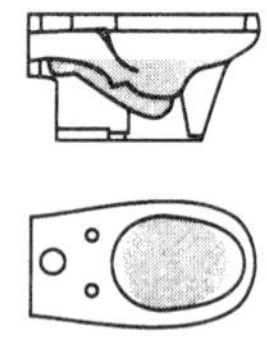

사이펀볼텍스식

탱크와 변기가 일체형인 원피스타입으로 사이펀작용과 와류작용을 병용하였다. 세척시에 공기의 혼입이 거의 없고, 세척음이 가장 조용한 고급변기이다. 물저장면이 넓기 때문에 오물이 수중에 가라앉기 쉽고 악취의 발산이 적다는 것과 용기내의 건조면에 오물부착이 거의 없다는 것이 특징이다.

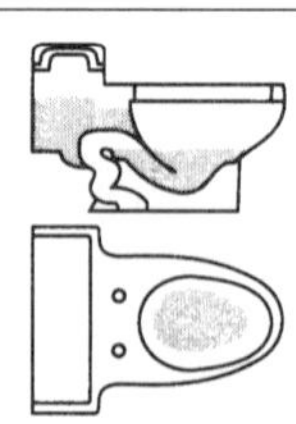

그림 5.2 대변기의 종류와 특징

그림 5.3에 에론게이트 타입(elongate type)의 동양식 변기를, 그림 5.4에 청소구 부착 동양식 변기를 나타내었다.

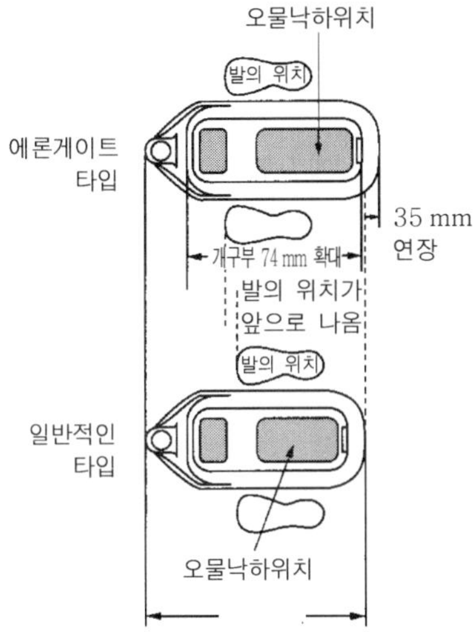

그림 5.3 에론게이트 타입 동양식 변기

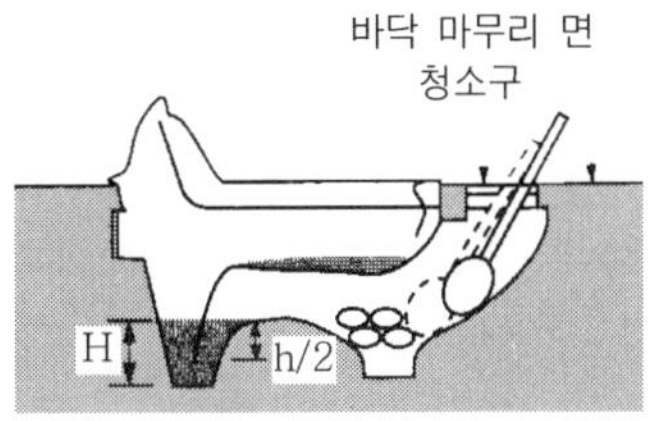

그림 5.4 청소구 부착 동양식 변기

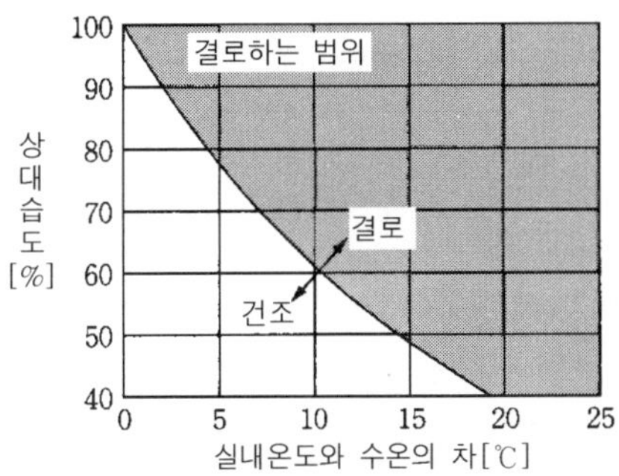

표중의 곡선보다 아래는 결로하지 않는 범위를, 윗부분은 결로하는 범위를 나타냄.

그림 5.5 변기 · 세척탱크의 결로발생 판정도

(c) 방로형 변기

장마철이나 난방의 계절 변기나 탱크 유수부의 수온과 실내의 공기온도에 현저한 온도차가 생기면, 도기 표면에 공기중의 수분이 결로하여 바닥면을 적신다. 특히 우물물이나 지하수를 변기 세척수로 사용할 때는 주의가 필요하다. 그림 5.5에 결로발생 판정도를 나타내었다.

(d) 절수형 변기

변기의 세척수량은 얼마나 빨리 오물·오수를 변기로부터 배출할 수 있는가에 의해서 결정되므로 절수형 변기는 변기내 배수로 등의 구조를 바꾸어 적은 수량으로 사이펀 작용이 일어나도록 한 것이다. 세척수량을 줄이는데는 세척용 로탱크의 경우 핸들레버를 계속 조작해도 일정량의 세척수량 밖에 토수되지 않는 기구(non-hold식 대소 전환핸들)가 있으며, 플러시밸브의 경우는 non-hold식 핸들, 설정 토수량의 표시, 세척밸브 개수용 절수 킷트 등이 있다.

또한 사용중의 소리를 숨기기 위해서 사용되고 있는, 로탱크나 세척밸브의 조작을 저감하는 효과가 있는 유사음장치를 설치하여, 세척수량을 삭감할 수가 있다.

절수형 변기를 사용하는 경우는 배수관 구배에 의해 배수수평주관의 허용추천길이가 정해져 있는 경우가 있으므로 제조회사에 문의가 필요하며, 동시에 지역에 따라서는 행정 당국과의 협의가 필요한 경우가 있으므로 주의한다.

(e) 한랭지용 변기

한랭지에서는 화장실내를 난방하여 동결을 방지하는 것 이외에 변기유수부의 히터가열, 물빼기, 유동방식 등에 의해 변기의 동결을 방지한다. 이외에 트랩을 지중 부동위치에 매설하는 트랩 분리형의 변기나, 비교적 유수량이 많은 세락식 변기도 화장실내의 온도저하가 적은 경우에 사용된다. 유동방식은 절수의 관점에서는 바람직하지 않다. 트랩 분리형 변기는 하수 본관과의 배수관 구배의 관계나, 시공비가 고가로 되는 등의 이유 때문에, 히터부착 변기와 물빼기 꼭지를 병용하는 예를 많이 볼 수 있다. 그림 5.6에 한랭지용 변기, 그림 5.7에 히터부착 변기의 예를 나타내었다.

[3] 대변기의 세척방법

대변기의 세척방식에는 로탱크식, 하이탱크식, 플러시밸브식이 있다. 최근에는 유지·보수면에서 어려움이 있고 설치도 번잡한 하이탱크식은 거의 사용되고 있지 않다. 어떠한 세척방식이든 모두 확실한 역류방지기구를 갖춘 것이 아니면 안 된다. 그림 5.8에 로탱크식을, 그림 5.9에 플러시밸브(세척밸브)의 예를 나타내었다.

(a) 로탱크식

주택이나 여관·호텔의 객실 등 비교적 특정의 사람이 사용하는 변기에 주로 사용되며, 탱크로의 급수를 수세와 겸용으로 한 것도 있다. 접속 급수관의 구경이 13 mm이기 때문에 전용 급수관 구경이 20 A정도인 주택이나 집합주택에서는 거의 로탱크식이 사용된다. 다만 파손되기 쉽고, 탱크 저수시간에 60~90초를 필요하므로 연속 이용에 적합하지 않기 때문에, 불특정 다수가 사용하는 화장실 등에서는 일반적으로 플러시밸브식이 사용되고 있다.

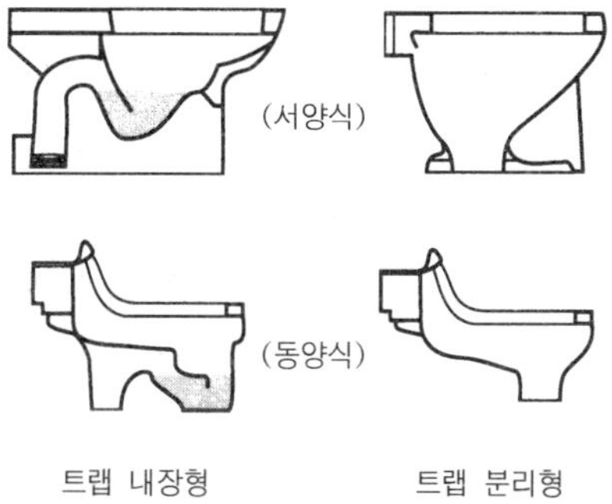

그림 5.6 한랭지용 변기의 예

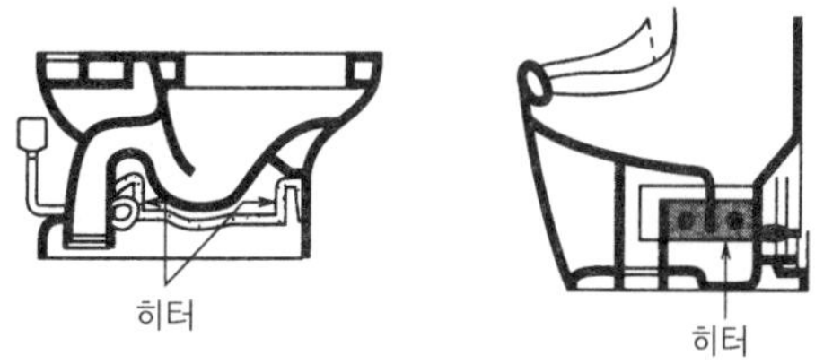

그림 5.7 히터내장형 대변기 · 소변기의 예

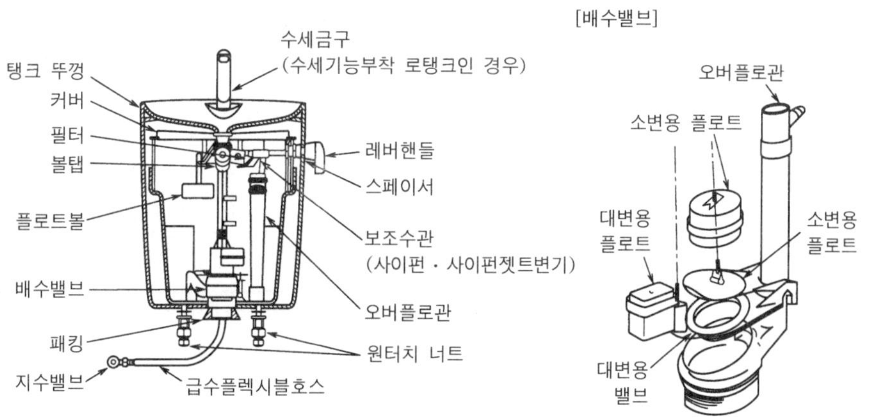

그림 5.8 로탱크식 세척장치의 예

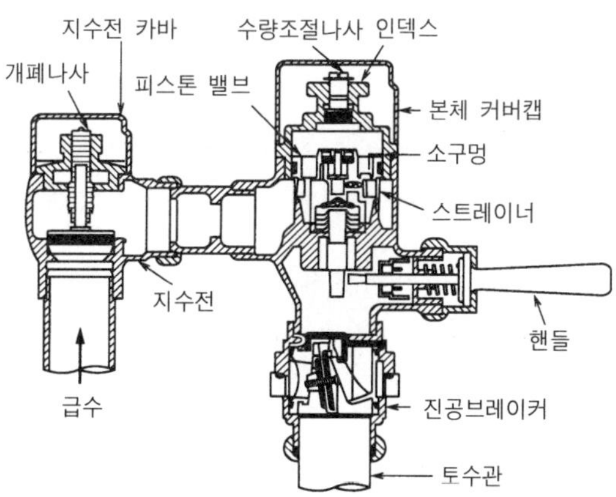

그림 5.9 대변기 플러시밸브(세척밸브)의 예

(b) 플러시밸브(세척밸브)식

역사, 경기장, 대형 점포, 여관・호텔의 공공 화장실 등 연속이용 기능이 필요한 화장실에서 널리 사용된다. 변기세척에 필요한 순간유량을 얻기 위해서, 25 mm 이상의 급수관 구경과 유동시의 급수압 0.07 MPa 이상(블로 아웃식은 0.1 MPa 이상)의 급수압력이 필요하다.

플러시밸브는 진공브레이커를 통해 변기에 접속한다. 또한 변기에 내장된 센서에 의해 사용시간에 대변용 세척인지 소변용 세척인지를 판단하여 자동플러시밸브를 작동시키는 자동세척변기도 개발되어 있다.

표 5.1 변기의 절수화 경향

국가	세척수량 [L]	채용년도
북구	4.5	1980년대
유럽	6.0	
중국	6.0	1999
홍콩	7.5(해수이용)	
싱가폴	1.5	1996
호주	6.0	1993
브라질	6.0	2002
미국	6.0	1992
사우디	6.0	2000
일본	8.0	1976
한국	8.0	2000

표 5.2 변기 세척수량의 기준

변 기 종 류	세척수량 [L]	
	JIS	BL 기준
세출・세락변기	11	–
세출・세락변기(절수형)	8	≦9.5
세출・세락변기(초절수형)	–	대≦6.5 소≦5
사이펀・사이펀젯트 변기	13	≦13
사이펀・사이펀젯트 변기(절수형)	9	–
사이펀볼텍스 변기	–	≦18

(주) 대는 대변기 세척, 소는 소변기 세척을 나타냄

[4] 대변기 세척수량의 규정

변기의 세척수량은 표 5.1에 나타낸 것처럼 세계적으로 절수화하는 경향에 있다. 그러나 대변기의 세척수량은 변기로부터 오물・오수를 배출시킴과 동시에 배수관내의 오물반송기능으로부터 필요한 유량을 결정하기 때문에, 안이한 수량 삭감은 아래와 같은 불편을 초래한다.

(1) 변기 내부나 배수관로내에서 오물이나 화장지의 막힘
(2) 변기의 용기내에 부착한 오물을 씻어 내리는 기능의 저하
(3) 유수나 봉수를 세척때마다 청결한 물로 교환하여 위생성을 유지하는 기능의 저하

이 때문에 KS L 1551(위생도기) 및 보다 풍족한 생활우량주택 부품인정기준(일본) WC-2000에서는 표 5.2에 나타낸 것 같은 세척수량이 규정되어 있다. 표 5.3에 서양식 변기의 세척수량 예를 나타내었다.

표 5.3 서양식 변기의 세척수량 예

	탱크용량[L]			표준세척수량[L]		
	신절수형	절수형	종래형	신절수형	절수형	종래형
사이펀볼텍스식	–	–	11	–	–	16
사이펀젯트식	7.5	9	15	10～8	13	20
사이펀식			13			16
세미사이펀식	8	8	–	8	8	–
세락식	–		11	8		12
세출식						

[5] 온수세척변좌(비데)

비데(bidet)는 온수세척기능을 갖는 변기로 고급주택이나 호텔 또는 병원에서 주로 이용되어 왔다. 그러나 최근에는 비데의 일종으로 일반 변기에 설치하여 사용하는 다기능 변기시트(온수세척변좌)가 많이 보급되어 가정집은 물론 숙박시설이나 사무소시설에도 많이 설치되고 있다.

온수세척변좌는 급수관을 접속해 변좌내에서 세척에 적절한 온도로 가열하는 자력식과, 중앙식 급탕설비로부터 급탕관을 접속하는 급탕식이 있으며, 전원은 전자가 AC 100V, 후자는 AC 100V 및 리튬 전지가 있다. 사용시에는 급수(온수) 압력이 0.05～0.75 MPa의 범위에 있는 지를 확인한다.

급탕식의 경우에는 적당히 미지근하게 될 때까지 배관내의 온수를 방수하므로, 순환계 급탕관으로부터의 분기 배관길이는 2 m 이내로 하여 에너지 절약을 도모한다. 동시에 욕조용 급탕배관으로부터 분기하면 욕조로 온수를 공급할 때 온수세척변좌에서 토수하지 않는 경우도 있으므로, 욕실용 급탕관의 분기부로부터 전용배관으로 접속하는 편이 좋다. 표 5.4에 온수세척변좌의 배관길이에 따른 온수대기시간을 나타내었다. 급탕식의 전원(AC 100V)은 보수 때에 화장실내의 조명이 끊어지지 않도록, 조명 콘센트 계통과는 다른 전용 전원으로 하고, 누전 차단기나 D종 접지선을 설치한다.

표 5.4 급탕식 온수세척변좌의 온수대기시간 측정치

(단위 : S)

급수온도 -급탕온도	급수압력 -급탕압력	배관경 15A				배관경 20A			
		배관길이 [m]				배관길이 [m]			
[℃]	[MPa]	1	2	3	5	1	2	3	5
15－60	0.07－0.07	21	28	35	49	23	33	45	55
	0.6－0.07	22	31	37	51	23	34	45	71
	0.2－0.2	16	20	27	31	16	24	30	44

5.1.3 소변기

소변기에는 벽걸이형과 바닥설치형이 있으며, 또한 트랩을 내장한 것과 트랩이 없는 것이 있다. 일반적으로는 소변기 주위의 청소가 편리한 벽걸이형이 선호되는 경향이지만 초등학교·극장·상업시설 등 어린이가 많이 사용하는 건물에서는 바닥설치형을 병용할 필요가 있다. 최근에는 소변기 리브면(넘침선)까지의 높이를 낮게 한 저리브형 소변기도 있다. 불특정 다수가 사용하는 화장실에는 트랩의 막힘을 쉽게 복구 할 수 있는 트랩 착탈식이 편리하다. 그림 5.10에 일반적인 소변기의 예를 나타내었다.

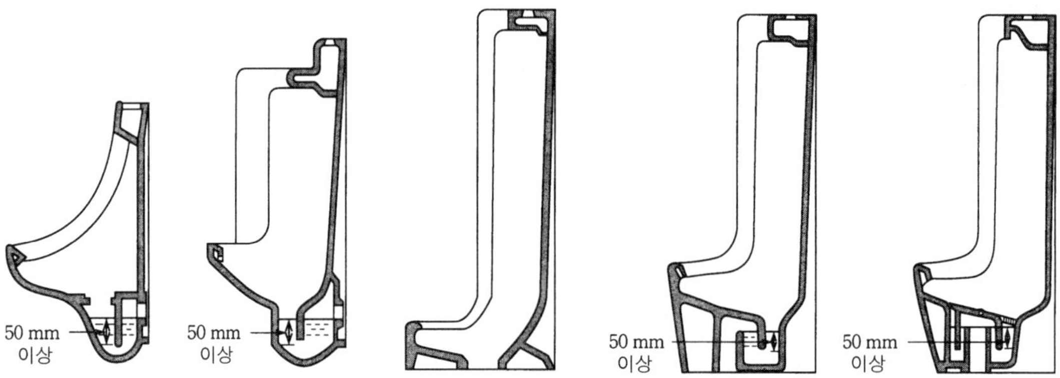

(a) 벽걸이 소변기 (세락식) (b) 벽걸이 스톨 소변기 (세락식) (c) 트랩이 없는 스톨 소변기(자립형·세락식) (d) 트랩부착 스톨 소변기 (자립형·세락식) (e) 트랩착탈식 스톨 소변기(자립형·세락식)

그림 5.10 소변기의 종류

소변기 세척장치 소변기 세척수는 오수의 배출, 소변기의 세척 및 트랩이나 배수관내의 요석(尿石) 부착을 늦추기 위해서 사용된다. 최근에는 세척수량이 6 L/회부터 4 L/회로서 절수가 꾀해지고 있으며, 세척방법으로는 개별 세척밸브방식과 연립 세척방식이 있다. 개별 세척밸브에는 사용자가 조작하는 플러시밸브와 조작이 필요없는 감지식 세척밸브가 있다.

감지식 세척밸브에는 매립형, 노출형, 소변기 일체형, 기설치 교체형 등이 있으며, 조작용 전원은 AC 100V 또는 전지가 사용되고 사용빈도나 사용시간대별로 세척수량을 자동조절하는 절수형도 있다.

연립 세척방식은 2~5개의 소변기를 설정한 시간대마다 동시에 세척하는 것으로 자동 플러시밸브식과 하이탱크세척식이 있으며, 센서로 사용자를 감지해 세척하는 감지세척방식과 타이머나 조명스위치 혹은 전용 스위치와의 조합방식이 있다.

감지세척방식은 사용인원수나 사용시간대에 따라 세척수량을 자동조절하여 직접 자동 플러시밸브로 세척하는 방식과, 하이탱크에 급수밸브를 개폐하여 하이탱크의 자동사이펀(탱크 내의 수위가 상승하면 사이펀현상이 일어나 배수하는 기구)에 의해 세척하는 방식이 있다. 이용이 집중하는 시간대는 세척회수가 많아지므로 사용빈도가 적은 시간대보다 세척수량을 적게 토수하는 절수기능도 있다. 타이머나 스위치와의 조합방식은 모두 하이탱크 급수밸브를 조작해 하이탱크 자동 사이펀으로 세척하는 것이다.

최근에는 불특정자가 사용하는 화장실에서는 감지식 세척밸브나 감지식 연립세척방식이 많이 사용되고 있다.

5.1.4 세면기 · 수세기류

세면기는 물을 모아 두기 위한 배수마개를 구비한 것으로 얼굴이나 손을 씻는 목적에 적합한 크기가 있으며 벽부착형, 자립형, 카운터형이 있다.

수세기는 손을 씻는 것이 주목적이므로 비교적 소형으로서 벽부착형이 많으며 평 부착, 구석 부착, 벽매립형, 끼어넣기형이 있다. 세면기와 수세기는 큰 차이가 없어서 세면기를 수세기로 사용하는 경우가 많으며, 대부분 위생도기가 이용되고 있다.

부속 급수전은 세로꼭지(급수꼭지만 또는 급수와 급탕꼭지) 2핸들 혼합꼭지, 자동온도조절장치 혼합꼭지, 싱글레버 혼합꼭지, 자동수전 등이 사용된다. 최근에는 싱글레버 혼합꼭지나 자동 · 자폐식 수도꼭지가 선호되는 경향에 있으며, 화장실용으로는 자동수전이 절수목적으로 사용되는 것이 많고 사용목적에 따라 토수량을 바꿀 수 있는 정유량밸브를 구비한 것도 있다.

이 외에 머리를 감을 수 있는 대형의 세면 · 세발기가 주택 등에 사용되는 경향이 많으며, 또 식후에 양치하는 습관이 보편화되면서, 양치 이후에 세척을 용이하게 할 수 있도록 컵이 없어도 입을 헹굴 수 있는 상향 토수꼭지를 설치한 양치기구가 사무소 건물 등에 설치되는 경우도 있다.

5.1.5 욕조

욕조에는 동양식, 서양식, 동양식과 서양식의 절충형이 있으며, 서양식형에는 오버플로 배수구가 있지만 동양식이나 절충식에는 없다. 배수트랩은 욕조에는 설치되어 있지 않기 때문에 욕조의 바로 옆에 설치한다. 세탁장의 배수와 겸용하는 트랩을 사용하면 편리하다.

욕조는 플라스틱, 법랑철기, 스테인리스강, 인조석, 도기 등의 재료가 사용되며, 최근에는 플라스틱이나 인조석이 채색감이나 시공성이 좋아서 많이 사용되고 있다.

또한, 다양한 분출기능을 설치한 기포욕조가 주택이나 숙박시설에 설치되어 있지만, 분출에 의한 진동 · 소음의 전달방지를 고려할 필요가 있으므로, 욕조나 접속배관을 건축 구조체에 직접 접촉하지 않도록 시공한다.

5.1.6 수전(수도꼭지) · 샤워류

수도꼭지는 그림 5.11에 나타낸 것처럼 분류되며, 단독꼭지나 2핸들 혼합꼭지에서는 물을 멈추게 하는 디스크 부분이 그림 5.12에 나타내는 것 같은 형식이 있다.

단독꼭지에는 세면기의 윗면이나 카운터 상부 등 수평면에 설치하는 세로꼭지와 벽 등의 수직면에 설치하는 가로꼭지가 있다.

2핸들 혼합꼭지는 사용자가 물과 온수의 핸들을 조절하여 적당한 온도로 혼합시켜 사용한다. 싱글레버 혼합꼭지는 레버에 의해 개폐되며, 토수온도나 유량을 간단히 조절할 수 있지만, 레버에 의해 급개폐하기 때문에 워터해머가 일어나기 쉬우므로, 워터해머 방지기를 설치하거나 워터해머 방지기구 내장형을 사용하는 것이 바람직하다. 최근에 싱크대나 세면기 등에 많이 사용되고 있다.

더모스탯 혼합꼭지는 온도설정 핸들에 의해 탕온을 설정하며, 급수 · 급탕 공급압력의 변동이 있어도 안정된 탕온을 얻을 수 있는 것으로, 최근에는 급탕온도의 변화에도 신속하게 대응하는 형상기억합금을 이용한 온도조절기구를 가진 것도 있다.

장시간 온수를 사용하는 주방의 설거지대는, 급탕 단독꼭지의 핸들이 고온으로 되는 경향이 있으므로 도기나 수지제의 핸들을 사용하는 것이 바람직하다. 또한, 더모스탯 혼합꼭지도 본체가 고온이 되는 것이 많으므로, 어린이나 고령자용으로는 혼합꼭지 내부의 온수 통로 외측을 급수로로 하여 본체의 온도상승을 방지하는 구조의 혼합꼭지를 사용하는 것이 바람직하다.

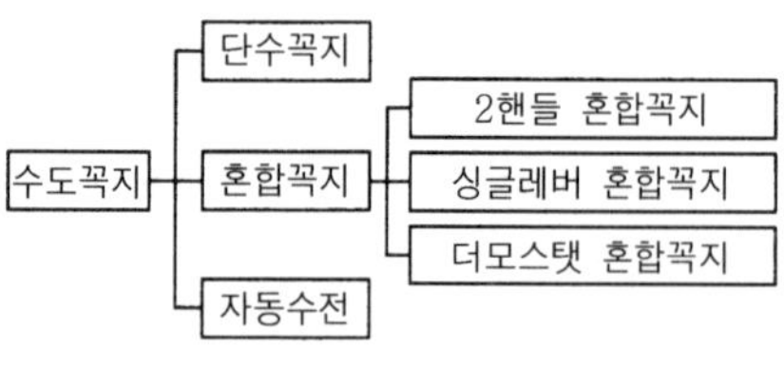

그림 5.11 수도꼭지의 종류

분리 디스크식
스핀들과 분리된 디스크에 시트를 개폐하는 시트패킹을 고정한 것이다.

고정 디스크식
스핀들에 직접 시트패킹을 고정한 것으로, 주로 한냉지용으로 사용된다.

절수 디스크식
절수가 되도록 시트패킹 고정용 너트를 특수한 형상으로 한 것으로, 디스크 분리식과 고정식이 있다.

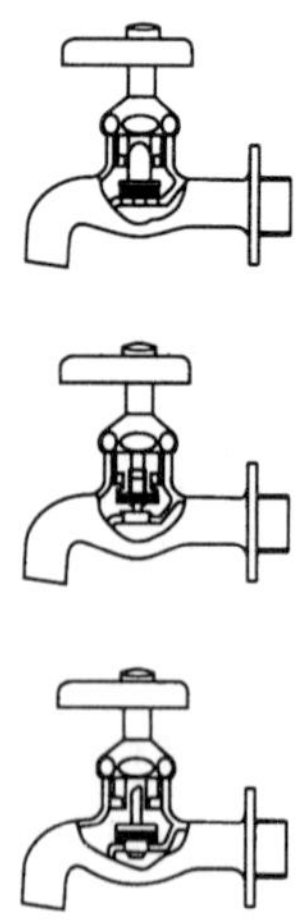

그림 5.12 수도꼭지의 디스크 종류

5.2 위생기구의 선정

5.2.1 위생기구 선정상의 주의점

위생기구는 일반적으로 건축 설계자의 디자인을 기초로 선정하는 것이 많지만, 설비 기술자로서 아래와 같은 점에 대해서 충분히 검토하여 편리성이나 기능적인 면에서 검토를 할 필요가 있다.

(1) 기능을 발휘하기 위한 수압을 얻을 수 있는가 : 기구의 최저 사용수압을 고려하지 않고 선정되는 경우도 많기 때문에 주의한다.

(2) 접속하는 급수 · 급탕 · 배수관의 설치공간이 확보되어 있는가 : 접속배관을 콘크리트벽 등의 구조체에 매설 배관하는 것은 피하고 배관용 라이닝벽을 설치하는 것이 바람직하다. 특히 세면기류의 배수트랩은 바닥청소에 장해가 되지 않고 자기사이펀작용이 일어나기 어려운 P트랩이 바람직하기 때문에, 배수관 입상공간을 확보하는 것이 바람직하다. 대소변기의 배수관이 보 등의 장해에 의해 배관이 불가능한 기구배치가 되고 있는 경우도 많다.

(3) 벽면 등 벽부착기구 설치부분의 강도는 충분한가 : 경량벽 등에 벽부착 세면기를 설치하는 경우는 충분한 강도의 지지재가 필요하다.

(4) 기구 주위의 공간은 편리성을 고려해 확보되어 있는가

(5) 절수에 대해서 고려되어 있는가 : 지구 환경보전이 주장되고 있는 현재, 절수에 의한 환경부하의 저감은 필수적이므로 절수기구의 사용을 진행시켜야 할 것이다.

(6) 기구 사용에 수반하는 소음 · 진동에 대한 건축상의 배려가 되어 있는가 : 기포욕조 등에 대한 대책은 무엇보다도 유수음이나 배수음에 대한 건축상의 대책이 필요하다.

(7) 설치 기구수에 부족은 없는가

5.2.2 위생기구 설치공간

위생기구 주위의 적절한 공간치수를 그림 5.13에 나타내었다. 그 외, 서양식 변기 부스에서는 남성이 소변용으로 사용하는 경우를 고려해, 화장실 부스의 문 면으로부터 변기선단까지의 공간은 500 mm 이상 확보하고, 동양식 변기에서는 사용 후에 일어설 때에 머리 부분이 벽면에 닿지 않도록, 변기 전방에 200 mm 이상의 공간을 확보한다. 휠체어 이용 화장실 등에 관해서는 「사람에게 편리한 건축 · 주택 추진협의회(건축기술교육보급센터내)」에서 발간한 「Heart building manual」 등을 참조하기 바란다.

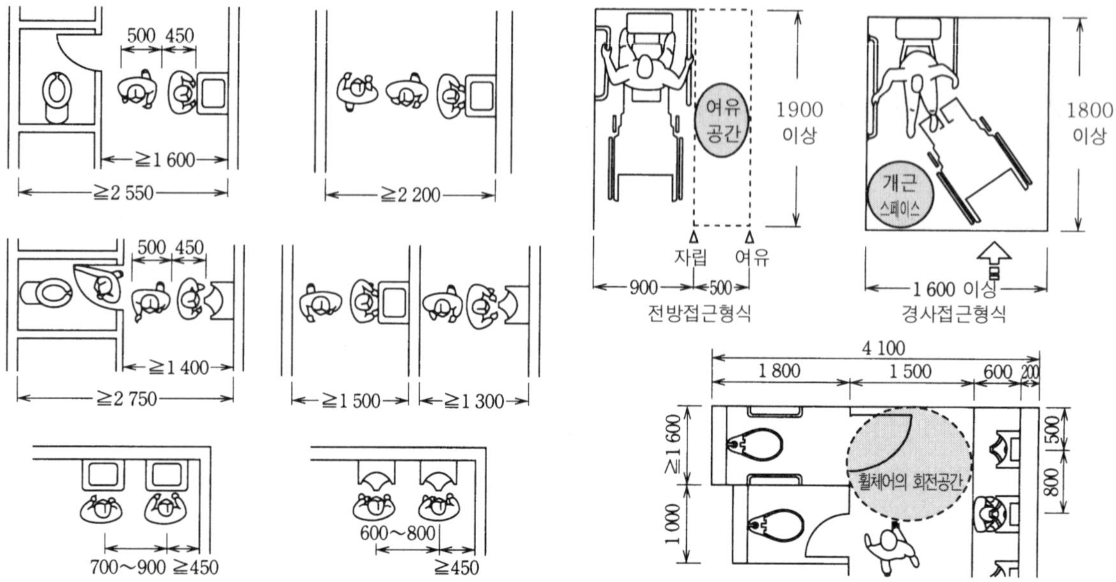

그림 5.13 위생기구 주위공간(수치단위 mm)[6)7)]

5.2.3 소요 기구수

법규 등에 의한 위생기구 소요 기구수를 표 5.5에 나타내었다. 건물내에 설치하는 위생기구의 수는 건물의 특성, 기구가 사용되는 방법, 서비스 수준, 경제성, 시공성 등을 기초로 하여 결정되지만, 공기조화 · 위생공학회에서는 대기행렬 이론 또는, 시뮬레이션 모델에 의한 산정법을 제안하고 있으며 그 산정순서를 그림 5.14에 나타내었다. 예를 들어 동산정법에 의한 사무소의 소요 기구수산정 예를 그림 5.15에 나타내었다. 자세한 것은 공기조화 · 위생공학회규격 HASS 206 2000 「급배수위생설비규준 · 동해설」을 참조하기 바란다.

표 5.5 법규 등에 의한 소요기구[8)]

(a) 법령 등의 기준

건물종류*1	적용법규 등의 명칭	구 분	최소기구수(개)		비 고
			대변기	소변기	
작업(사업)장	노동안전위생규칙	남자	$\frac{\text{노동자수}}{60}$	$\frac{\text{노동자수}}{30}$	동시에 취업하는 노동자수
		여자	$\frac{\text{노동자수}}{20}$		
사무소	사무소위생기준규칙	남자 여자	상동 상동	상동	
사업부속 기숙사	사업부속기숙사규정	기술자수 100인 이하	$\frac{\text{기숙자수}}{15}$		
		101～500인	$7+\frac{\text{기숙자수}-100}{20}$		
		501인 이상	$27+\frac{\text{기숙자수}-500}{25}$		
독신자 공동기숙사	주택금융공고융자 주택건설기준		$\frac{\text{층의 수용인원}}{8}$ (남자최소1)	(최소1)	화장실·세면소는 각 층마다 설치한다.
유치원	유치원설치기준	70인 이하	$\frac{\text{유아수}}{20}$	좌동	
		80～239인	$4+\frac{\text{유아수}-80}{30}$	좌동	
		240인 이상	$10+\frac{\text{유아수}-240}{40}$	좌동	

(b) 조례의 기준

건물종별*2	적용법규 등의 명칭	구 분	최소기구수[개]		비 고
			대변기	소변기	
극장 · 영화관 연예장 · 관람장 교회 · 집회장	동경도건축안전조례	층의 객석 바닥면적 300 m² 이하	$\frac{\text{객석 바닥면적}}{15}$		· 남자의 대변기수+소변기수와 여자변기수는 거의 동수로 한다.
		300 m²을 초과 600 m² 이하	$20+\frac{\text{객석 바닥면적}-300}{20}$		
		600 m²을 초과 900 m² 이하	$35+\frac{\text{객석 바닥면적}-600}{30}$		· 남자의 대변기는 소변기 5개마다 1개 설치한다.
		900 m²을 초과	$45+\frac{\text{객석 바닥면적}-900}{60}$		
공동주택 등	상 동		공용하는 가구 2 또는 주실 3 또는 숙박실 5마다 1개		대변기는 총수의 1/2 이상으로 한다.
호텔 등	상 동		$\frac{\text{객실수}}{5}$	좌동	

*1. 건설업 부속 기숙사, 유스호스텔에도 각각 기준이 있다.
*2. 초등학교 등에 대해 기준을 정하고 있는 지자체도 있다.

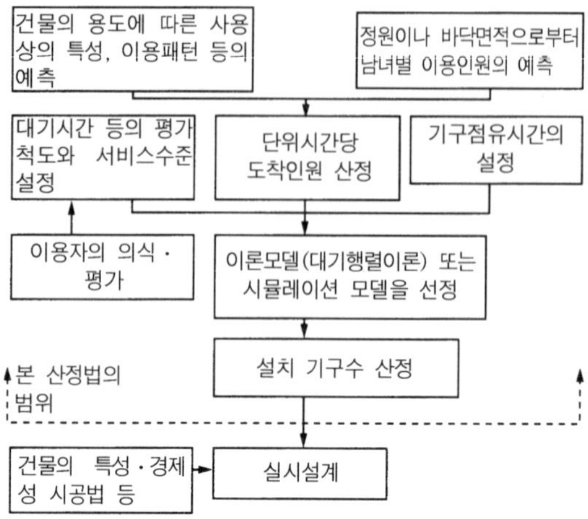

그림 5.14 설치 기구수의 산정순서[9]

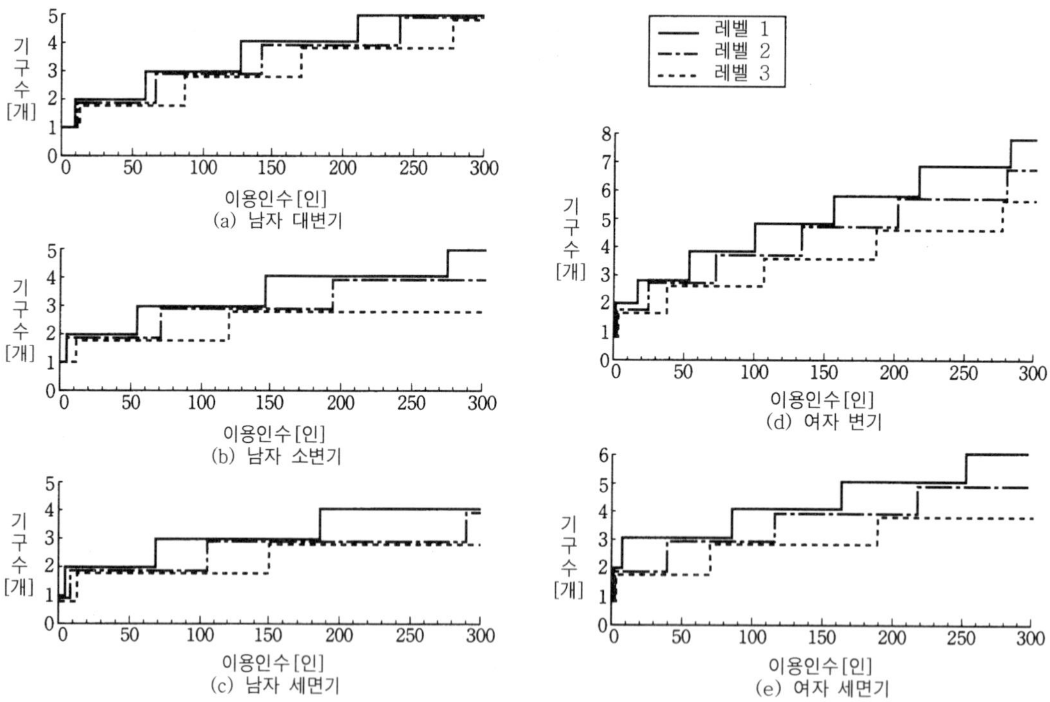

그림 5.15 사무소의 적정기구수 산정 예

참고문헌

1) 공기조화 · 위생공학회편 : 급배수 · 위생설비계획 설계의 실무지식 (1995) p. 157, オーム사
2) 공기조화 · 위생공학회편 : 공기조화 · 위생설비의 지식 (1991) p. 153, オーム사
3) 공기조화 · 위생공학회편 : 공기조화 · 위생설비의 지식 (1991) p. 168, オーム사
4) 동경도기 2000－2001 종합카탈로그
5) 原賀久人 : 주택에서의 물의 유효이용 심포지엄 자료 (1997)
6) 일본건축학회편 : 건축설계자료집성 (3) (1964) p. 102, 丸善
7) 건설성 · 주택금융공고 감수 : 고령화대응주택 리폼 매뉴얼 (1990) 일본주택 리폼센터, 주택금융보급협회
8) 공기조화 · 위생공학회규격「HASS 206－2000 급배수위생설비규준 · 동 해설」(2000) p. 137, 공기조화 · 위생공학회
9) 공기조화 · 위생공학회규격「HASS 206－2000 급배수위생설비규준 · 동 해설」(2000) p. 186, 공기조화 · 위생공학회
10) 공기조화 · 위생공학회규격「HASS 206－2000 급배수위생설비규준 · 동해설」(2000) p. 187, 공기조화 · 위생공학회

06 배수처리·재이용 설비

6.1 기초사항

6.1.1 정화조

[1] 정화시설의 구분

오수처리설비는 건물에서 배출하는 각종 배수를 하수종말처리장을 갖춘 공공하수도 이외로 방출할 경우에 설치하는 정화처리장치로서, 보건 · 위생상의 예방은 물론 수질오염방지에 의한 수자원 확보와 자연환경 및 경관의 보전을 위해 필수적인 설비이다. 생활계의 배수처리설비는 「오수 · 분뇨 및 축산폐수의 처리에 관한 법률」의 기준에 따라 단독정화조와 오수처리시설로 나누인다.

단독정화조는 수세식 화장실에서 나오는 오수만을 처리하는 시설이다. 주로 부패 · 분해 등의 과정을 거쳐 정화되나, 처리효율이 50~65%선으로 매우 낮은 1차 정화처리에 불과하다.

오수처리시설은 수세식 화장실에서 나오는 오수뿐만 아니라, 사람의 일상생활과 관련하여 발생되는 욕실배수 · 주방배수 · 세탁배수 등의 잡배수도 함께 처리하는 시설이다. 오수는 물리적, 생물학적 또는 화학적으로 분해 및 분리하는 과정에 의해 정화되며, 처리효율이 85~95%로서 매우 높다.

오수정화시설에서 처리된 방류수의 수질은 표 6.1의 기준에 따라야 한다.

표 6.1 방류수 수질기준

지 역	항목구분	단독정화조	오수처리시설
수변구역	생물학적 산소요구량 제거율(%)	65 이상	
	생물학적 산소요구량(mg/L)	100 이하	10 이하
	부유물질량(mg/L)		10 이하
특정지역	생물학적 산소요구량 제거율(%)	65 이상	
	생물학적 산소요구량(mg/L)	100 이하	20 이하
	부유물질량(mg/L)		20 이하
기타지역	생물화학적 산소요구량 제거율(%)	50 이상	
	생물화학적 산소요구량(mg/L)		20 이하
	부유물질량(mg/L)		20 이하

토양 침투처리방법에 의한 단독정화조의 방류수 수질기준은 다음과 같다.
가. 1차 처리장치에 의한 부유물질 50% 이상 제거
나. 1차 처리장치를 거쳐 토양침투시킬 때의 방류수의 부유물질량 250 mg/L 이하

골프장 및 스키장에 설치된 오수처리시설의 방류수 수질기준은 생물학적 산소요구량 10 mg/L 이하, 부유물질량 10 mg/L 이하로 한다. 다만, 숙박시설이 있는 골프장에 설치된 오수처리시설의 방류수 수질기준은 생물학적 산소요구량 5 mg/L 이하, 부유물질량 5 mg/L 이하로 한다.

주 1) 수변구역 : 한강수계 상수원 수질개선 및 주민지원 등에 법률이 정한 구역
2) 특정지역 : 상수원 보호구역, 취수시설로부터 유하거리 4 km 이내의 상류지역, 상수원의 수질보전을 위한 특별대책지역, 호소수질 보호구역, 자연공원 및 공원보호구역, 지하수 보존구역

또한 오수처리시설의 관리기준은 아래와 같다.

1) 1일처리용량이 200 m^3 이상인 오수정화시설과 1일처리대상인원이 2,000명 이상인 단독정화조는 6개월마다 1회 이상 방류수 수질을 측정하고 결과를 3년간 보존한다.
2) 단독정화조나 오수처리시설은 년 1회 이상 내부청소를 한다. 다만, 상수보호구역 · 특별대책지역 · 특정호소관리구역 내에서 아래와 같은 영업을 하는 시설물의 정화조는 6개월마다 1회 이상 청소를 한다.
   ① 관광숙박업 또는 관광객이용 시설업
   ② 식품접객업(과자영업과 다방영업은 제외) 또는 조리판매업
   ③ 숙박업
3) 처리대상인원이 500인 이상인 단독정화조 또는 1일처리용량이 100 m^3 이상인 오수정화시설에서 배출되는 방류수에 대해서는 염소 등에 의한 소독을 한다.

[2] 단독정화조

수세식 화장실을 설치하는 일반주택, 소형상가, 점포 등의 소형건물에 주로 설치하며, 설치구역은 다음과 같다.

1) 하수종말 처리구역내 합류식 하수관거 지역의 모든 건물
2) 기존 오수처리시설 미설치 대상건물로서 일정규모 미만의 건축물 증축 또는 용도변경 건물

[3] 오수처리시설(합병처리 정화조)

(a) 생물막법과 활성오니법

정화조의 주요한 생물 반응조의 종류에는 생물막법과 활성오니법이 있다. 생물막법의 처리방식에는 호기성 처리의 접촉폭기(수중에 접촉재가 침지되어 있어, 외부로부터 기계적으로 공기를 공급), 회전원판접촉방식(회전원판이 약 반정도 수중에 침지하고, 원판이 회전함에 따라 공기를 공급한다), 살수여상방식(쇄석 또는 플라스틱재가 공기중에 설치되어 이 사이를 오수가 흘러내린다), 혐기성 처리의 혐기여상방식(수중에 여재가 침지) 등이 있다.

생물막법은 여상 등의 담체표면에 부착 또는 고착하고 있는 미생물에 오수를 접촉시켜, 미생물의 대사작용에 의해 오수중의 유기물을 분해하는 것이다. 생물량의 조정은 회전원판접촉방식, 살수여상방식의 경우 자연적으로 박리(剝離)가 이루어 지며, 접촉폭기, 혐기여상방식은 공기를 사용하는 역세(逆洗)에 의해 강제적으로 박리를 하며, 박리된 생물막은 침전조로 분리된다. 한편, 활성오니는 조내에서 부유하고 있는 미생물의 플록(floc), 즉 활성오니와 오수중의 유기물질을 접촉시킴으로서 플록 표면에 유기물질이 흡착되어 한층 더 흡수한 후에 산화된다. 그 후, 침전조로 이송되고 상징수(上澄

水)와 침전오니로 분리된다. 이러한 과정에서 산화와 동시에 합성을 하기 때문에, 처리수가 깨끗하게 되고 잉여의 오니가 생긴다.

표 6.2 정화시설의 처리방식과 대상인원 및 처리성능(일본 건축기준법 시행령)

고시 구분	처리 방식		처리대상인원[인] (5, 50, 100, 200, 500, 2,000, 5,000)	처리 성능: BOD 제거율 [%]	BOD 농도 [mg/L]	COD 농도 [mg/L]	T-N 농도 [mg/L]	T-P 농도 [mg/L]
제1조	합병	분리접촉폭기		90 이상	20 이하	–	–	
		혐기여상접촉폭기				–	–	
		탈질여상접촉폭기				–	20 이하	
제2조	합병	회전판접촉		70 이상	60 이하	60 이하	–	–
		접촉폭기						
		살수여상						
		장시간폭기						
제3조	합병	회전판접촉		85 이상	30 이하	45 이하	–	–
		접촉폭기						
		살수여상						
		장시간폭기						
		표준활성오니						
제4조	분뇨	부패조		55 이상	120 이하	–	–	–
제5조	분뇨	지하침투		SS제거율 55 이상	SS농도 250 이하			
제6조	합병	회전판접촉		90 이상	20 이하	30 이하		
		접촉폭기						
		살수여상						
		장시간폭기						
		표준활성오니						
제7조	합병	제6 + 접촉폭기 · 모래여과		-	10 이하	15 이하		
		제6 + 응집분리						
제8조	합병	접촉폭기		-	10 이하	10 이하		
		제6 + 응집분리 · 활성오니						
제9조	합병	질산화액순환활성오니		-	10 이하	15 이하	20 이하	1 이하
		제6 + 3차처리 탈질 · 탈인						
제10조	합병	질산화액순환활성오니		-	10 이하	15 이하	15 이하	1 이하
		제6 + 3차처리 탈질 · 탈인						
제11조	합병	질산화액순환활성오니		-	10 이하	15 이하	10 이하	1 이하
		제6 + 3차처리 탈질 · 탈인						

고시 구분	처리 방식	COD (mg/L)	SS [mg/L]	n-Hex [mg/L]	pH	대장균군수 [개/cm²]	구조
제12조	수질오염방지법에 의한 배수기준	60 이하	70 이하	20 이하	5.8 ~ 8.6	3,000 이하	제2, 제3, 제6, 제7, 제8, 제10, 제11
		45 이하	60 이하	20 이하	5.8 ~ 8.6	3,000 이하	제3, 제6, 제7, 제8, 제9, 제10, 제11
		30 이하	50 이하	20 이하	5.8 ~ 8.6	3,000 이하	제6, 제7, 제8, 제9, 제10, 제11
		15 이하	15 이하	20 이하	5.8 ~ 8.6	3,000 이하	제7, 제8, 제9, 제10, 제11
		10 이하	15 이하	20 이하	5.8 ~ 8.6	3,000 이하	제8

* 제9, 제10, 제11의 질산화액순환 활성오니방식에서는 일 평균오수량이 10 m^3 이상의 경우에 한한다.

(b) 질소 제거

배수중에는 암모니아성 질소 혹은 유기성 질소의 형태로 질소분이 함유되어 있다. 생물처리가 진행함에 따라, 배수중에 포함되어 있는 유기성 질소는 탈아미노반응에 의해 암모니아성 질소(NH_4^+-N)가 되며, 원래 배수중의 질소분의 주체인 NH_4^+-N와 함께 호기성 상태에서 질산화균의 기능으로, 아질산성 질소(NO_2^--N)를 거쳐 질산성 질소(NO_2^--N)로 질산화된다. 아질산성 질소나 질산성 질소는 혐기성하에서 탈질균의 기능으로 대기중 또는 처리수중에서 질소가스로 분리된다. 탈질균의 영양원이 부족한 경우는 메탄올을 첨가하는 경우가 있다.

(c) 인의 제거

인의 제거에는 응집침전, 생물학적 처리, 정석탈인방식이 있지만, 정화조에서는 응집침전이 이용되고 있다. 응집제에는 무기 응집제와 고분자 응집제가 있으며, 응집작용에 영향을 주는 인자로는 응집제의 종류, 주입량, pH, 수온 등이 있으며, 특히 pH는 플록형성에 관련이 크다. 급속과 완속의 응집제 교반공정이 필요하다.

6.1.2 주방배수(제해 시설)

주방배수는 고농도의 유기물질(BOD농도), 고농도의 부유물질(SS농도), 고농도의 기름성분(노말헥산 추출물 함유량)이기 때문에, 하수도 관로 등의 시설이나 오수처리시설에 악영향을 주어 방류수가 규정의 수질을 유지할 수 없는 상황이 된다. 이 때문에 일정한 수질까지 처리하는 제해시설(除害施設)이 필요하다.

6.1.3 배수재이용시설

건물등에서 배출되는 오수를 처리한 방류수를, 다시한번 변기의 세척수 등으로 이용하기 위한 시설을 배수재이용시설이라고 한다.

6.1.4 우수이용시설

강수된 비를 오염이 적은 장소인 건물의 옥상 등에서 집수하고 저장하여, 변기의 세척수 등으로 이용하는 시설이다.

6.2 정화시설

6.2.1 설계순서

각 항목의 설계 진행방식을 아래에 개략적으로 설명한다.

[1] 대상지역의 수처리 계획 파악

계획지역이 하수도 보급구역 또는 농업촌락 배수대상구역의 처리구역 외인지, 혹은 장래 머지않아 하수도나 농업촌락 배수시설이 시설될 것인가 등을 조사한다. 그것에 따라 항구적인 시설을 만들 것인가, 그렇지 않으면 일시적인 시설로서 강판제나 FRP제의 조를 매설 또는 지상에 설치하고, 장래 철거 후에 축열조, 우수저장조, 창고 등으로 전용할 것인가를 고려할 필요가 있다.

[2] 처리대상인원

정화시설의 규모는 6.2.4항에 나타내는 처리대상인원 1인 1일당의 오수량 · BOD량으로 결정된다.

[3] 정화시설의 성능

정화시설을 설치하는 장소가 표 6.1의 어느 것에 해당하는 가에 따라 정화시설에 대한 요구성능이 결정된다. 그것에 의해 표 6.2에 적합한 처리방식을 선정한다. 또한 수질오탁방지법에 근거한 배수기준에 추가기준이나 호소수질보전특별조치법에 근거하는 질소, 인의 규제가 있는가에 대해서 확인한다.

그 밖에 방류처가 농업용수, 수산용수, 수도용수 등 수리용 상황에 따라서는 다양한 규제를 받는 경우도 있다.

[4] 오수량 · 성질과 상태의 결정

우선 유입수량 · 수질에 대해서는 다음 사항을 점검하여 결정한다.

(a) 건물의 물사용 용도의 분석

오수가 발생하는 물사용 용도를 밝힘으로서 개략적인 오수량 · 질의 파악이 가능하다. 특히 주방오수에 대해서는 배수계통을 독립시켜 유지(油脂) 분리조를 설치할 필요가 있는가에 대해서 검토한다.

(b) 오수량 · 질의 크로스체크

(1) 오수량 및 BOD 농도

(2) 급배수분야의 기존 데이터값

(3) 동종 건물의 과거실적 또는 실태조사

이상의 데이터로부터 설계값을 산출한다.

[5] 정화시설에 대한 제약조건의 정리

정화시설 설치를 계획하는 경우 아래와 같은 제약조건이 있으므로 이들을 정리한다.

(1) 유입・방류의 위치

(2) 유입・방류관 하부 깊이

(3) 굴삭이 가능한 지반 및 흙의 내력(耐力)

(4) 설치공간

(5) 주변환경(악취・소음・진동・경관)

(6) 진공차량의 진입공간

(7) 탱크상부의 이용방법

(8) 공사기간

(9) 이웃과의 거리

(10) 기온・수온・강설량 등의 기상조건

일반적으로 FRP제에 대해서는 500명 정도까지의 처리대상인원에서 채용되며, RC조는 100명 정도에서 채용되고 있다.

[6] 처리방식의 선정

정화시설에서 처리하는 건물용도는 다종 다양하므로, 유입수량・질・유입패턴이 일률적이지 않다. 그래서 다음에 오수의 처리방식 선정시 유의해야 할 사항에 대해서 기술한다.

(a) 오탁 농도가 낮은 배수

학교・집회장・주방이 없는 작업소 등은 BOD, SS 모두 낮고 화장실 세척수량이 많기 때문에 생물막법이 적합하다.

(b) 오탁 농도가 높은 배수

대규모 소매점포, 고속도로의 휴게소, 다목적 시티호텔 등은 주방배수의 비율이 높고 BOD, SS 모두 높기 때문에, 생물막법은 여재의 막힘이 빈번하게 일어날 위험성이 있으므로, 활성오니법쪽이 슬러지농도를 조정하기 쉽다.

(c) 배출의 변동이 큰 배수

계절 변동이 있는 스키장 · 리조트 호텔 · 바다의 집, 주말 변동이 있는 교외의 호텔 · 여관, 휴지일(休止日)이 계속되는 경마장 · 경륜장, 1개월 정도의 방학이 계속되는 학교 등에서는 배수량의 변동이 크기 때문에, 복수계열로 처리조를 나누어 대응하면 처리방식에 관계없이 대응할 수 있다. 주말 변동 · 휴지일이 계속되는 경우는, 오수는 유량 조정조를 크게 잡아 일시적으로 저장하여, 몇일간 걸쳐 생물 반응조로 이송하거나, 생물 반응조를 구분해서 생물량을 유지하여 전체 부하시에 대응할 수 있도록 한다. 1개월 정도의 휴지일이 빈번하게 계속되는 오수는 생물막법이 좋다.

(d) 단계적으로 부하가 걸리는 배수

분양지나 분양주택 단지 등 저부하로 설계부하가 될 때까지 장시간이 되는 경우에는, 활성오니법에서는 복수계열로 한다. 생물막법에서는 1 계열로도 문제가 없으나 복수계열 쪽이 좋다. 복수계열의 경우는 침전조도 생물 반응조의 계열로 맞추어 설치하지 않으면 침전시간이 길어져 스컴의 발생으로 이어진다. 다만, 복수로 설치하지 않는 경우는 오니를 제거할 수 있는 형식으로 하여, 스컴발생을 방지하는 방법을 선택할 필요가 있다.

(e) 유지류가 많은 배수

중국요리점 · 레스토랑 · 호텔 · 어육의 해체를 취급하는 점포가 많은 슈퍼마켓 등 유지류가 많은 배수가 유입하는 경우에는, 그리스 포집기가 설치되어 있어도 노말헥산 추출물질은 그다지 제거되지 않기 때문에, 사전처리로서 유지 분리조 또는 유지분리장치를 설치할 필요가 있다. 생물막법의 경우는 기름이 막에 부착하여 악영향을 주기도 하므로 충분히 사전처리하는 것이 중요하다.

(f) BOD/N비

질소제거를 위한 처리방식을 채용하는 경우에는, 유기물(BOD)과 질소(N)의 농도비가 3 이상이면 수소 공여체로서 에탄올을 첨가할 필요는 없다. 그러나 하숙 · 기숙사, 결혼식장을 가지고 있지 않은 호텔 · 여관, 모텔, 업무용 주방시설을 가지고 있지 않은 병원 · 의원, 점포 · 마켓, 백화점, 빠찡코점과 같은 오락시설, 업무용 주방시설이 없는 학교 · 사무실, 작업소, 공중탕 등은, 소변의 비율이 높기 때문에 질소 농도가 높아져 에탄올의 첨가가 필요하다.

(g) 특수구조의 정화조

정화조를 설치할 때에는 오수 · 분뇨 및 축산 폐수의 처리에 관한 법률에 따라야 한다. 환경부장관의 인정을 받은 것이 특수 구조의 정화조이다. 이것들은 종래형에 비해 경제성, 유지관리성이나 신기술의 도입에 의해 생긴 것으로, 회분식 활성오니법, 막을 이용한 오수처리, 농업촌락 배수시설의 혐기 · 접촉폭기방식의 JARUS형이 특수한 구조의 정화조이다.

[7] 탱크용량의 산정

시행규칙에 규정된 구조방법을 기초로 결정한다.

[8] 전체의 레이아웃

유입・방류의 위치, 유입관저, 방류관저의 깊이, 조의 수심 등에서 각 조의 배치를 결정한다. 공기배관・배수배관・슬러지 배관은 수리나 유지관리가 용이하도록 설계한다. 또한 전체적인 시공성이나 유지 관리성의 측면에서도 검토한다. 예를 들어 유지 관리면에 대해서는, 계단이 아닌 트랩(발판)으로 작업실에 출입한다든가, 이중 슬래브의 작업실 조명이나 통기를 충분히 한다. 또한, 주차장의 자동차가 장해가 되어 작업을 할 수 없는 일이 생기지 않도록 배려한다.

6.2.2 단독정화조의 구조와 기능

[1] 부패조

부패조는 오수의 침전・분리 및 혐기성박테리아에 의해 부패・분해하는 역할을 한다. 처리방식에 따라 2～4실로 구분하여 직렬로 접속한다. 유효용량(V)은 1.5 m^3 이상으로 하고 처리대상인원이 5명을 초과할 때는 초과인원 매 5명마다 0.5 m^3을 가산한다.

$$V \geq 1.5 + 0.5\frac{(n-5)}{5}(m^3)$$

$$\text{또는} \quad V \geq 1.5 + 0.1(n-5)$$

제1실의 유효용량은 2실형의 경우 총 유효용량의 2/3, 3실형 및 4실형의 경우에는 1/2로 하여야 하고, 최종실에는 여과장치를 설치하되 해당 장치의 아래로부터 오수가 통과하는 구조로 하여야 한다. 3실의 경우 제1부패조(침전분리조), 제2부패조(부패분해조), 예비여과조로 나누이며, 각 조의 용적비는 4 : 2 : 1 또는 4 : 2 : 2로 한다. 여과조의 쇄석층 또는 이에 준하는 여재부분의 부피는 총 유효용량의 5～10%로 하여 이를 해당 유효용량에 가산한다.

각 조의 유효수심은 1～3 m 이하이어야 하며, 유입관 개구부의 위치는 수면으로부터 유효수심의 1/3 깊이로 한다. 유출관 또는 단층벽 하단 개구부의 위치는 수면으로부터 유효수심의 1/2 깊이로 하거나, 각 조간 벽의 동일깊이에 적당한 수의 폭 3 cm의 세로구멍을 6 cm 간격으로 설치하되, 부상물 또는 스컴의 유출이 방지되는 구조로 한다.

제1실의 유입관은 T자형 관으로 설치하되, 단층벽이나 T자형 관을 설치하는 경우에는 위에서 볼 수 있는 점검뚜껑을 두고, T자형 관의 지름은 10 cm 이상으로 한다. 그리고 오니를 제거할 수 있는 뚜껑을 설치하여야 한다.

[2] 살수여상조

부패조를 거친 오수를 살수홈통에서 살수시키어 호기성박테리아에 의해 섭취 · 분해하는 역할을 한다. 살수여상조 여재부분의 체적(V_1)은 0.75 m^3 이상으로 한다. 처리인원이 5명을 초과할 때는 초과인원 매 5명마다 0.25 m^{3}를 가산한다.

$$V_1 \geq 0.75 + 0.25\frac{(n-5)}{5}(\text{m}^3)$$

$$\text{또는} \quad V_1 \geq 0.75 + 0.05(n-5)$$

여재의 깊이는 0.9～2 m로 하고, 입자의 지름은 5～7.5 cm의 경질쇄석 기타 이와 유사한 것으로서 호기성생물막을 생성할 수 있는 것을 사용한다. 살수통을 사용하는 경우에는 살수통의 아랫면과 여재면과의 간격을 10 cm 이상으로 한다. 그리고 쇄석을 받치는 아랫면과 탱크 밑면과의 간격을 10 cm 이상으로 하여 공기가 잘 통하는 구조로 한다.

배기관은 건물보다 높게 하거나 지상 3 m 이상 높게 하고, 여재면에 균등하게 살수할 수 있는 구조로 한다.

[3] 폭기조

산기장치로 오수를 균등하게 섞어 용존산소를 0.3 mg/L 이상으로 유지할 수 있도록 충분한 산소를 공급할 수 있는 구조로 한다. 또한 상태확인이나 오니의 제거를 위하여 상부에 뚜껑을 설치한다.

[4] 접촉폭기조

접촉재는 생물막 등에 의하여 폐쇄상태가 발생되지 않는 형상으로 하고, 생물막이 부착하기 쉬운 구조로 하며, 유효용량에 대한 접촉재의 충전율은 50% 이상으로 한다. 용존산소를 0.3 mg/L 이상으로 유지할 수 있도록 산기장치에 의해 충분한 산소를 공급할 수 있는 구조로 한다. 또한 응결된 오니를 부패조로 이송할 수 있는 구조로 한다.

[5] 여재층

여재층은 최종침전조의 상부에 설치하고 상단의 위치는 수면으로부터 15 cm 깊이로 한다. 여재층의 부피는 0.06 cm^3 이상으로 하고, 처리대상인원이 5인을 초과하는 때에는 5인마다 0.045 cm^3 이상을 가산한 부피로 한다.

여재는 입자의 지름 2.5 cm, 높이 1.9 cm, 비표면적 280 cm^2/cm^3, 공극율 88%, 비중 0.89인 바이오레이트 기타 이와 동등 이상의 특성을 지닌 것으로 한다. 여재의 충전율은 50% 이상으로 하고, 여재를 지지할 수 있는 받침대를 여재층의 상 · 하단에 설치한다.

[6] 침전분리조

침전분리조의 유효용량은 0.75 m^3 이상으로 하고, 처리대상인원이 5인을 초과하는 때에는 5인마다 0.05 cm^3 이상을 가산한 용량으로 한다. 소형실을 침전분리조 안에 설치하되, 그 용량은 침전분리조 유효용량의 8/100 이상, 폭은 침전분리조 폭의 1/3 이상, 길이는 침전분리조 길이의 1/2 이상, 높이는 침전분리조 높이의 1/2 이상의 규모로 유입구 하단의 침전분리조 바닥에 설치한다.

유입관은 T자형 관으로 설치하되, 상단 개구부의 위치를 수면으로부터 15 cm 이상의 높이로 하고, 하단 개구부의 위치를 수면으로부터 유효수심의 1/3의 깊이로 하며, T자형관의 지름은 10 cm 이상으로 한다. 유입관 바로 하단에 수면으로부터 유효수심의 1/2 깊이에 윗변 7.5cm, 아랫면 7.5 cm, 깊이 22.5, 내각 60° 의 "▷"형의 턱을 설한다.

유출관은 폭 10 cm, 길이 5 cm의 직사각형관을 유입구의 대각선 방향으로 설치하고, 유출관 하단의 위치는 수면으로부터 유효수심의 1/4의 깊이로 한다. 유출관 바로 하단에 깔때기 형태의 유출관 분리벽(윗변은 폭 40 cm, 길이 20 cm, 아랫변은 폭 7 cm, 길이 10 cm, 높이 25 cm)을 설치한다.

발생가스의 배출을 위하여 배기관을 설치하며, 오니 및 스컴의 제거를 위하여 상부에 뚜껑을 설치한다.

[7] 최종침전조

최종침전조는 오수의 침전작용을 신속하게 할 수 있어야 하고, 침전된 오니 전부를 폭기조로 되돌려 보낼 수 있어야 한다. 또한 스컴이 적게 떠오르도록 하고, 부상물의 유출을 방지할 수 있는 구조로 한다.

6.2.3 오수정화시설의 구조와 기능

표 6.2에 나타낸 고시 구분 제1의 처리대상인원 50명 이하용의 분리접촉폭기방식, 혐기여상 접촉폭기방식, 탈질여상 접촉폭기방식은 소규모 합병처리정화조로 불리고 있다.

탱크의 재료는 FRP제로서, 유닛형태로 되어 있다.

표 6.3 단독정화조의 처리방식과 유효용량

처리방식	흐름도	유효용량	성 능
부패탱크방식	⇒ ① 부패조(침점 및 소화조) ⇒	① $V \geq 1.5+0.1(n-5)$	생물화학적 산소요구량을 50% 이상 제거할 수 있어야 한다.
폭기방식	⇒ ① 부패조 ⇒ ② 폭기조 ⇒ ③ 최종침전조 ⇒	① $V \geq 0.75+0.09(n-5)$ ② $V \geq 0.45+0.06(n-5)$ ③ $V \geq 1.5+0.02(n-5)$	
접촉폭기방식	⇒ ① 부패조 ⇒ ② 접촉폭기조 ⇒ ③ 최종침전조 ⇒	① $V \geq 0.75+0.09(n-5)$ ② $V \geq 0.25+0.025(n-5)$ ③ $V \geq 0.15+0.015(n-5)$	
살수여상방식	⇒ ① 부패조 ⇒ ② 살수여상 ⇒	① $V \geq 1.5+0.1(n-5)$ ② $V \geq 0.75+0.05(n-5)$	생물화학적 산소요구량을 50% 이상 제거할 수 있어야 한다.
변형접촉 폭기방식	⇒ ① 침전분리 ⇒ ② 폭기조 ⇒ ③ 최종침전조	① $V \geq 0.75+0.1(n-5)$ ② $V \geq 0.25+0.025(n-5)$ ③ $V \geq 0.15+0.015(n-5)$	
산화형 혐기성방식	⇒ ① 부패조 ⇒ ② 침전조 ⇒ ③ 산화조 ⇒ ④ 최종침전조 ⇒	① $V \geq 1.35+0.1(n-5)$ ② $V \geq 0.12+0.076(n-5)$ ③ $V \geq 0.03+0.03(n-5)$ ④ $V \geq 0.02+0.013(n-5)$	
토양침투처리방식	⇒ ① 부패조(1차 처리) ⇒ ② 토양침투지(2차 처리) ⇒	① $V \geq 1.5+0.1(n-5)$	1차처리장치에 의한 부유물질 제거율은 55% 이상, 부유물 질량은 250 mg/L 이하이어야 한다.
무회석 가열식 부패탱크방식	⇒ ① 부패조 ⇒ ② 혼합장치 ⇒ ③ 가열장치 ⇒ ④ 송풍장치 ⇒	① $V \geq 9.5 \times$ 사용횟수	투입분 전량이 부숙되어야 한다.

[1] 소규모 합병처리정화조에서의 각 조의 기능

(a) 침전분리조

침전분리조는 오수중에 포함되는 고형물질이나 협잡물을 분리 · 제거하는 기능과, 제거된 고형물질 등을 슬러지빼내기까지의 일정기간 저장하는 기능을 갖추고 있으며, 가벼운 것은 스컴이 되고 무거운 것은 침전오니가 된다. 조를 2실 또는 3실로 구분해 직렬 접속한다.

(b) 혐기여상조

혐기여상조는 오수중의 부유물질이나 유지류를 분리해 저장하고, 접촉폭기조나 침전조에서 발생한 오니를 이송해 저장한다. 여재에 달라붙어 살아가는 혐기성균의 기능으로 유기물의 가용화・가스화가 진행되어, BOD 농도의 저감과 잉여 오니의 감량화가 이루어진다.

(c) 탈질조

혐기여상조와 동일한 기능에 질소제거기능을 추가한 조이다. 접촉폭기조로부터 순환수가 이송되기 때문에, 탈질기능을 갖는 통성 혐기성 미생물에 의한 유기물 이용에서 질산이온 및 아질산이온중의 결합산소가 이용된다.

(d) 침전조

접촉폭기조의 후단에 침전조를 설치한다. 유효용량 1.5 m^3 이하(처리대상인원 30명 이하)의 경우는 슬롯형, 유효용량 1.5 m^3를 넘을 때는 호퍼형으로 한다.

(e) 소독장치

소독방법은 차아염소산칼슘 함유의 고형 염소제가 일반적이다. 이 염소제가 용해되어 조내에서 충분히 접촉해, 방류수중의 대장균군수를 1 mL 당 3,000개 이하가 되도록 한다. 소독조의 필요용량은 염소와 처리수와의 접촉시간으로 정해지며, 접촉시간은 평균 오수량에 대해서 염소 주입량 10 mg/L 이상의 경우 15분간 정도 필요하다.

[2] 분리접촉 폭기방식

계통도를 그림 6.1에 나타내었다. 오수를 침전 분리하며, 접촉폭기조에서 오수중의 유기물질이 분해되고 침전조에서 고형물이 분리된다.

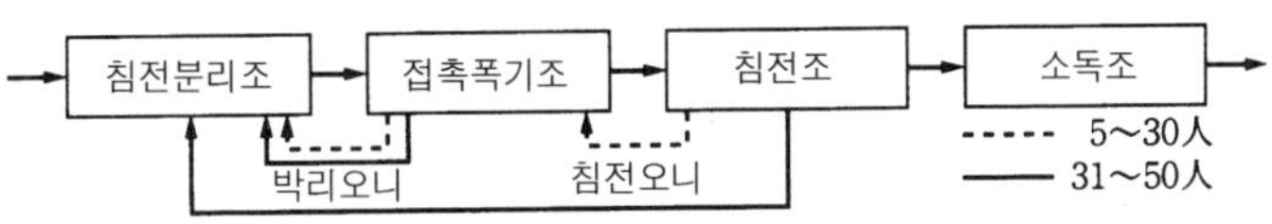

그림 6.1 분리접촉 폭기방식 계통도

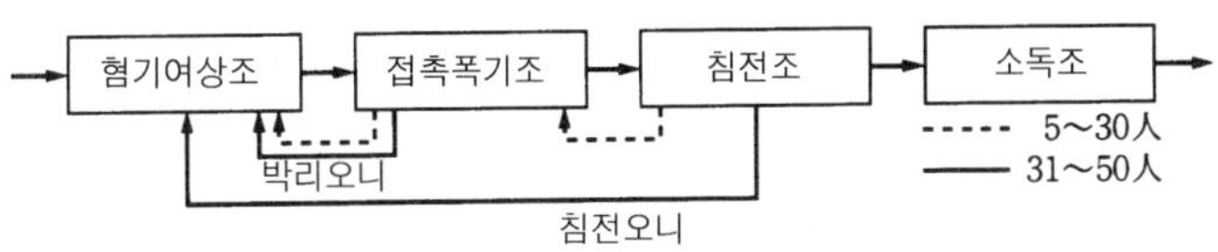

그림 6.2 혐기여상 접촉폭기방식 계통도

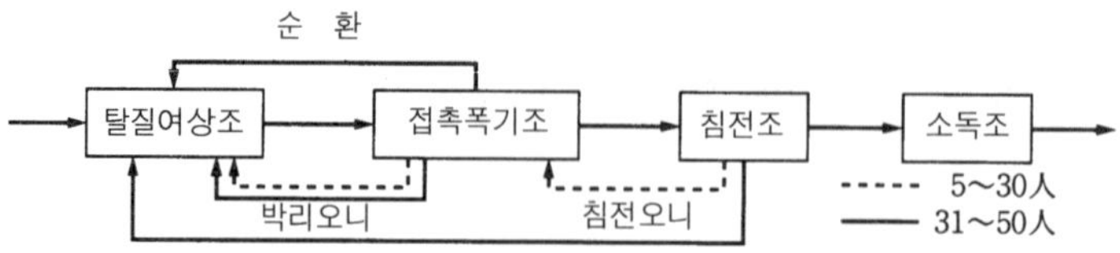

그림 6.3 탈질여상 접촉폭기방식 계통도

[3] 혐기여상 접촉폭기방식

계통도를 그림 6.2에 나타내었다. 혐기여상조에서 오수중의 부유물질 등의 대부분을 분리해 저장한다. 분리된 오수는 접촉폭기조에서 오수중의 유기물질이 분해되고 침전조에서 고형물이 분리된다.

[4] 탈질여상 접촉폭기방식

계통도를 그림 6.3에 나타내었다. 탈질여상조에서 오수중의 부유물질 등의 대부분을 분리하여 저장한다. 분리된 오수는 접촉폭기조에서 오수중의 유기물이 분해되고 침전조에서 고형물이 분리된다.

오니의 이송은 [2], [3]항의 방식과 같지만, 별도로 접촉폭기조로부터 순환수를 탈질여상조의 유입측으로 순환시켜 수중의 질소를 제거한다. 표 6.4에 이들 3방식 각 조의 유효용량을 나타내었다.

[5] 스크린 설비

스크린 설비로서는 스크린, 침사조, 파쇄장치가 있다. 스크린에는 조목(粗目), 세목, 미세목 등이 있으며 활성오니법은 파쇄장치를 설치한다. 생물막법은 미세목 스크린을 반드시 설치하게 되어 있다.

침사조에는 중력에 의한 고액분리 침사조와 폭기침사조가 있다. 중력에 의한 고액분리 침사조는 시간최대오수량의 1/60 이상, 폭기침사조는 3/60 이상의 용량이 필요하다.

[6] 유량조정조

생물처리에서는 유입오수의 수량과 수질에 변동이 있으면 처리성능은 안정되지 않는다. 그래서 처리대상인원 101명 이상에 대해서 유량조정조를 설치한다. 이송펌프의 대수는 이송능력으로부터 다음과 같이 된다.

다음 조의 수위가 유량 조절조에 비해 낮은 경우는 오버플로관을 설치하여 이송펌프를 2대 이상 설치한다. 다음의 수위가 유량조정조의 수위에 비해 높은 경우는 이송펌프을 3대 이상 설치할 필요가 있다. 특히 조내는 고형물이 침전하지 않도록 교반한다.

표 6.4 소규모 합병정화조의 각 조 유효용량 V [m^3]

처 리 방 식	처리대상인원 n[인]	침전분리조, 혐기여상조 또는 탈질여상조	접촉폭기조	침전조
분리접촉폭기방식	$n \leqq 5$	$V=2$	$V=1$	$V=0.3$
	$6 \leqq n \leqq 10$	$V=2.5+0.5(n-5)$	$V=1+0.2(n-5)$	$V=2.5+0.08(n-5)$
	$11 \leqq n \leqq 50$	$V=5+0.5(n-10)$	$V=2+0.16(n-10)$	$V=0.7+0.04(n-10)$
혐기여상접촉방식	$n \leqq 5$	$V=1.5$	$V=1$	$V=0.3$
	$6 \leqq n \leqq 10$	$V=1.5+0.4(n-5)$	$V=1+0.2(n-5)$	$V=0.3+0.08(n-5)$
	$11 \leqq n \leqq 50$	$V=3.5+0.2(n-10)$	$V=2+0.16(n-10)$	$V=0.7+0.04(n-10)$
탈질여상접촉폭기방식	$n \leqq 5$	$V=2.5$	$V=1.5$	$V=0.3$
	$6 \leqq n \leqq 10$	$V=2.5+0.5(n-5)$	$V=1.5+0.3(n-5)$	$V=0.3+0.08(n-5)$
	$11 \leqq n \leqq 50$	$V=5+0.3(n-10)$	$V=3+0.26(n-10)$	$V=0.7+0.04(n-10)$

용량산정은 정량화 기준으로서 고시 제2에서는 시간당 이송량을 일평균 오수량의 1/24의 1.5배 이하, 고시 제3, 제6에서는 1/24이 되도록 용량을 결정하고 있다. 따라서 유량조정조의 필요용량은 다음의 두가지 방법에 의해 산출하여, 큰 편의 용량을 이용하는 것이 바람직하다.

(a) 유입량과 조정량의 차이에 유입시간을 곱하는 방법

$$V=\left(\frac{Q}{T}-\frac{KQ}{24}\right)T$$

여기서, V : 유량조정조 [m^3]

T : 유입시간 [h]

Q : 계획 오수량 [m^3/일]

K : 유량 조정비(일평균 오수량의 1/24의 1배로 조정하는 경우에는 1.0)

(b) 유량변동 및 변동의 계속시간에 의한 방법

$$V=\left(\frac{K_{\max}}{T}-\frac{K}{24}\right)T_cQ$$

여기서, $K_{\max}$: 시간최대의 유량변동계수

T_c : 시간최대 오수량의 계속시간 [h]

K : 유량 조정비

Q : 계획 오수량 [m^3/일]

[7] 회전원판접촉조

회전원판접촉조의 설계제원을 표 6.5에 나타내었다. 회전판은 오수에 잠기고 공기중으로 나오기를 반복한다. 접촉조는 3실 이상으로 나누고 조 벽과 회전판과의 간격은 회전판 지름의 약 10%로 하며, 지붕 등을 설치하는 한편 통풍을 충분히 할 수 있는 구조로 한다. 경질염화비닐 · 폴리에틸렌 · 고밀도발포 폴리스틸렌 등의 플라스틱 회전원판 표면의 침수율은 대개 40%이상, 회전판의 원주속도는 20 m/min 이하로 생물막이 부착되기 쉬운 구조로 한다.

표 6.5 각 방식의 설계제원

회전원판접촉방식				접촉폭기방식			장시간폭기방식			
방류수의 BOD [mg/L]	유효용량 [m^3]	BOD면적부하 [g/(m^2·일)]	유량조정조의 유무	방류수의 BOD [mg/L]	유효용량 [m^3]	BOD면적부하 [kg/(m^2·일)]	방류수의 BOD [mg/L]	유효용량 [m^3]	BOD면적부하 [g/(m^2·일)]	처리대상인원 n [인]
60 이하	1/4Q 이상	12 이하	무	60 이하	$V \geqq 2/5Q$	0.5 이하	60	$2/3Q$ 이상	0.3 이하	2,000인 이하
	1/6Q 이상	12 이하	유		$V \geqq 3/5V$	0.8 이하	30	$2/3Q$ 이상	0.2 이하	500인 이하 부분
30 이하	1/4Q 이상	5 이하	무	30 이하	$V \geqq 2/3Q$	0.3 이하		$2/3Q$ 이상	0.3 이하	501인 이상 부분
	1/6Q 이상	5 이하	유		$V \geqq 3/5V$	0.5 이하	20	$2/3Q$ 이상	0.2 이하	500인 이하 부분
20 이하	1/6Q 이상	5 이하	유	20 이하	$V \geqq 2/3Q$	0.3 이하		$2/3Q$ 이상	0.3 이하	501인 이상 부분
					$V \geqq 3/5V$	0.5 이하	(비고) 표준활성오니방식에서는 유효용량 1/3Q 이상, BOD 용적부하 0.6 kg/(m^3 · 일)이하로, 처리대상인원 5,000 이상			
				(비고) V1 : 제1실의 유효용량						

* 비고 Q : 일평균 오수량 [m^3/일]

[8] 접촉폭기조

접촉폭기조의 설계제원을 표 6.5에 나타내었다. 2실로 나누고 수심 1.5～5 m, 충전율은 대략 55%, 조의 용존산소농도는 약 1 mg/L, 박리 슬러지를 이송할 수 있는 장치를 가지며, 소포장치를 설치하는 것 등이 필요하게 된다.

[9] 폭기조

폭기조의 설계제원을 표 6.5에 나타내었다. 설계상 중요한 사항은 다음과 같다.

(1) 침전물이 생기지 않도록 한 조의 치수

(2) 폭기설비의 적정한 배열

이것들에 영향을 주는 중요한 것은 폭기장치이다. 폭기방식에는 조 바닥에 설치한 산기장치로부터 공기를 공급하는 산기식, 수중에서 펌프 또는 임펠러기구와 공기흡입기구를 조합한 방식이 있다.

[10] 침전조

침전조의 설계제원을 표 6.6에 나타내었다. 활성오니 또는 생물막의 박리 슬러지를 분리하여 상징수와 오니로 분리한다.

표 6.6 침전조의 설계기준 개요(고시제2, 제3, 제6)

처 리 방 식	유효용량 [m^3]	수면적부하 [$m^3/(m^2 \cdot 일)$]	월류부하 [$m^3/(m \cdot 일)$]	유량조정조의 유무	오니반송율 [%]	처리대상인원 [인]
회전판접촉방식 접촉폭기방식 살수여상방식	1/6Q 이상	8 이하	30 이하	무	반송없음	51~500인
	1/8Q 이상	12 이하	45 이하	유		500인 이하부분
		15 이하	50 이하	유		501인 이상부분
장시간폭기방식	1/6Q 이상	8 이하	30 이하	유	200	500인 이하부분
		15 이하	50 이하	유	200	501인 이상부분
표준활성오니방식	1/8Q 이상	18 이하	50 이하	유	100	5,001인 이상

(비고) 1. Q : 일평균오수량 [m^3]

2. 처리대상인원이 90인 이하인 경우 : $V = 2.3 + (1.5Q - 2.3)(n - 50)/40$

여기서, n : 처리대상인원 V : 유효용량 [m^3]

침전된 오니는 공기양수펌프(air lift pump)로 빼내며, 활성오니법에서는 일부가 폭기조로 반송되고 나머지는 오니농축조(슬러지농축 저장조)로 이송된다. 생물막법에서는 반송을 필요로 하지 않는다. 설계상 중요한 요소는 다음과 같다.

(1) $$\text{체류시간}[h] = \frac{\text{침전조의 용량}(m^3)}{\text{오수량}(m^3/\text{일})} \times 24$$

(2) $$\text{수면적}(m^2) = \frac{\text{오수량}(m^3/\text{일})}{\text{수면적부하}[m^3/(m^2 \cdot \text{일})]}$$

(3) $$\text{월류길이} = \frac{\text{오수량}(m^3/\text{일})}{\text{월류부하}[m^3/(m \cdot \text{일})]}$$

표 6.7 잉여오니의 발생량과 수분

<table>
<tr><th colspan="2">처 리 방 식</th><th>잉여오니 발생율
[kg SS/kg 제거BOD]</th><th>잉여오니의 수분
[%]</th></tr>
<tr><td>생물막법</td><td>회전판접촉방식
접촉폭기방식
살수여상방식</td><td>0.4～0.6
(스크린을 포함하면 1.0)</td><td>99.0</td></tr>
<tr><td rowspan="2">활성오니법</td><td>장시간폭기방식</td><td>0.4～0.6</td><td rowspan="2">99.1～99.5</td></tr>
<tr><td>표준활성오니방식</td><td>0.75～1.0</td></tr>
</table>

표 6.8 건축 용도별 처리대상인원 산정기준(KS F 1507) (1)

<table>
<tr><th rowspan="2">유사
용도별
번호</th><th rowspan="2" colspan="2">건축 용도</th><th colspan="2">처 리 대 상 인 원</th></tr>
<tr><th>단위면적당
산정인원</th><th>산정 바닥면적</th></tr>
<tr><td rowspan="3">1</td><td rowspan="3">집회장시설관계</td><td>공회당 · 집회장</td><td colspan="2">동시에 수용할 수 있는(정원)의 $\frac{1}{2}$</td></tr>
<tr><td>극장 · 영화관 · 연예장</td><td colspan="2">동시에 수용할 수 있는 인원(정원)의 $\frac{3}{4}$</td></tr>
<tr><td>관람장 · 경기장 · 체육관</td><td colspan="2">$n = \frac{20c + 120u}{8} \times t \quad t = 0.5 - 3.0$
여기서,
n : 처리대상인원[인]
c : 대변기 수[개]
u[1] : 소변기 수 및 양용 변기 수[개]
t : 단위 변기당 1일 평균사용시간[시간]</td></tr>
<tr><td rowspan="4">2</td><td rowspan="4">주택시설관계</td><td>주택</td><td colspan="2">연면적 100[m^2] 이하일 때는 5인, 100[m^2]를 넘는 부분의 면적에 대하여는 30[m^2] 이내마다 1인을 가산한다. 다만, 연면적 220[m^2]를 넘는 때는 전부 10인으로 한다.</td></tr>
<tr><td>공동주택[3]</td><td colspan="2">1호에 대하여 3.5인으로 하고, 거실[2]수가 2를 초과할 때는 1거실[2]을 더할 때마다 0.5인을 가산한다. 다만, 1호가 1거실[2]만으로 구성되어 있을 때는 2인으로 할 수 있다.</td></tr>
<tr><td>하숙 · 기숙사</td><td>1[m^2]당 0.2인</td><td>거실[2] 바닥면적. 다만, 고정침대 등으로 정원이 명확한 것은 유사 용도별 번호 2의 학교 기숙사에 따른다.</td></tr>
<tr><td>학교 기숙사 · 양로원 · 양호시설</td><td colspan="2">동시에 수용할 수 있는 인원(정원)</td></tr>
</table>

표 6.8 건축 용도별 처리대상인원 산정기준(KS F 1507) (2)

유사 용도별 번호	건축 용도		처리대상인원: 단위면적당 산정인원	처리대상인원: 산정 바닥면적
3		여관 · 호텔 · 모텔	1[m²]당 0.1인	거실[2]의 바닥면적
		간이 숙박 · 합숙소	1[m²]당 0.3인	
		유스호스텔	동시에 수용할 수 있는 인원(정원)	
4	의료시설관계	병원 · 요양소 · 전염병원	1침상당 1.5인	다만, 외래객용은 진료소를 적용한다.
		진료소 · 의원	1[m²]당 0.3인	거실[2]의 바닥면적
5	점포시설관계	점포 · 시장	1[m²]당 0.1인	영업 용도에서 사용하는 부분의 바닥면적
		요정 · 연회장	1[m²]당 0.1인	거실[2]의 바닥면적
		백화점	1[m²]당 0.2인	영업 용도에서 사용하는 부분의 바닥면적
		음식점 · 레스토랑 · 다방 · 카바레 · 비어홀	1[m²]당 0.3인	
		시장	$n = \dfrac{20c + 120u}{8} \times t \quad t = 0.5 \sim 3.0$	
6	오락시설관계	당구장 · 탁구장 · 댄스홀	1[m²]당 0.3인	영업 용도에서 사용하는 부분의 바닥면적
		오락실(슬롯머신) · 기원	1[m²]당 0.6인	
		골프연습장 · 유원지 · 볼링장 · 해수욕장 · 수영장 · 스케이트장	$n = \dfrac{20c + 120u}{8} \times t \quad t = 0.4 \sim 2.0$	
		골프장 · 클럽하우스	18홀까지는 50인[4], 36홀은 100인[4]	
7	자동차차고관계	자동차 차고 · 주차장	$n = \dfrac{20c + 120u}{8} \times t \quad t = 0.4 \sim 2.0$	
		주유소	영업소당 20인	

표 6.8 건축 용도별 처리대상인원 산정기준(KS F 1507) (3)

유사 용도별 번호	건축 용도		처리대상인원: 단위면적당 산정인원	처리대상인원: 산정 바닥면적
8	학교시설관계	보육원 · 유치원 · 초등학교	동시에 수용할 수 있는 인원(정원)의 $\frac{1}{4}$	
		중 · 고등학교, 전문학교, 대학, 각종 학교	동시에 수용할 수 있는 인원(정원)의 $\frac{1}{3}$, 또한 고등학교 및 전문학교 등에서 야간과정을 병설할 경우 야간 정원의 $\frac{1}{4}$을 가산한다.	
		도서관	동시에 수용할 수 있는 인원(정원)의 $\frac{1}{2}$	
		대학 부속 도서관	동시에 수용할 수 있는 인원(정원)의 $\frac{1}{4}$	
		대학 부속 체육관	$n = \frac{20c + 120u}{8} \times t \quad t = 0.5 \sim 1.0$	
9	사무소관계	사무소	1[m²]당 0.1인	사무실[5)]의 바닥면적
		행정관청 등 방문객이 많은 사무소	1[m²]당 0.2인	
10	작업장관계	공장 · 작업장 · 관리실	작업인원의 $\frac{1}{2}$	
		연구소 · 시험소	동시에 수용할 수 있는 인원(정원)의 $\frac{1}{3}$	
11	사무소관계	역 · 버스터미널 · 공중화장실	$n = \frac{20c + 120u}{8} \times t \quad t = 1 \sim 10$	
		공중목욕탕(방에 붙은 욕탕은 제외함)	1[m²]당 0.5인	탈의장[6)]의 바닥면적
		방에 붙은 욕탕(터키탕, 사우나탕)	1[m²]당 0.3인	영업 용도에 사용되는 부분의 바닥면적

(주) 1. 여자 전용 화장실에서 변기 수의 약 $\frac{1}{2}$을 소변기로 본다.

2. 거실이란 건축법에 따른 용어의 정의에서 말하는 거실이며, 거주, 집무, 작업, 집회 및 오락, 기타 이외에 속하는 목적을 위해서 계속적으로 상용하는 방을 말한다. 다만, 공동주택에 있는 부엌 및 식당은 제외한다.
3. 다가구용 단독주택도 포함한다.
4. 골프장의 클럽하우스 처리대상인원에는 종업원 수를 별도 가산한다.
5. 사무실이란 사장실, 비서실, 중역실, 회의실 및 응접실을 포함한다.
6. 탈의장에는 카운터 및 벽에 붙은 로커 부분은 포함하지 않는다.

[11] 오니 처리장치

처리대상인원 500명 이하의 경우는, 오니농축과 오니저장기능을 1조로 하고, 501명 이상의 경우는 각각 독립한 조를 설치한다.

오니 발생량은 스크린설비에서 발생하는 물질을 포함하지 않는 경우 표 6.7에 나타낸 값이 목표가 된다.

6.2.4 처리대상인원

처리대상인원이란 정화조의 규모를 표현하는 것으로, 건물로부터 배출되는 오수가 주택의 표준적인 1인 1일당 오수량 또는 BOD 오탁 부하량 [정화조에 유입하는 오수 200 L/(인 · 일), 40 g/(인 · 일)] 로 환산하여 몇 사람분에 상당할 것인가라고 하는 값이다. 따라서 건물의 정원이나 출입하는 인원수는 아니다.

처리대상인원의 산정은 한국산업규격(KS F 1507)에 따르도록 하고 있다. 표 6.8은 건물의 용도별 단독정화조와 오수처리시설(합병정화조)의 처리대상인원 산정기준을 나타낸 것이다. 이 규격에 의해 산정할 때에, 건물의 사용상황에 따라 분명하게 실정에 맞지 않다고 생각되는 경우는, 산정인원을 증감할 수가 있다.

6.3 배수처리장치

6.3.1 주방배수 처리장치

[1] 설치의 필요성

주방배수의 특징은 BOD, SS농도가 높고, 또한 기름성분이 많으며, 수온이 비교적 높은 것이다. 주방배수의 비율이 높은 건물용도로는, 학교급식의 공동 조리장 · 도시락배달 전문음식점 · 레스토랑 · 중화요리점 등이 있으며, 배수량이 많은 용도로서는 시티호텔이 있다.

여관이나 침대수가 300 이상인 병원의 주방 및 대규모 음식점이나 도시락배달 전문음식점 · 도시락제조업 등의 주방은, 수질오탁 방지법에 근거한 특정시설에 해당하기 때문에, 하천 등의 공공용수역이나 하수도 등으로 배수하는 경우에, 배수 수질기준의 규제를 받는다. 여기에서는, 주로 하수도법에 의해 제해시설의 설치의무가 부여되어 있는 주방배수처리에 대해서 기술한다.

[2] 주방배수의 수량 · 수질

주방으로부터의 배수량은 주방의 종류과 · 면적 · 설비내용 · 식사인원수 · 좌석수의 회전률 등 다양한 요인에 따라서 다르므로, 가능한 한 유사시설에서의 데이터를 기초로 계획수량을 결정할 필요가 있다. 문헌으로부터 보면, 한끼 분의 배수량 [L/(식 · 일)]은 급식센터 [6.0(최소치)~8.0(평균치)~10.0(최대치)], 학교(8.0~10.0~15.0), 사업소(7.0~10.0~12.0), 세끼분의 시설에서는 병원(20.0~25.0~25.0), 두끼 분의 시설에서는 여관(15.0~20.0~25.0), 기숙사(7.0~12.0~15.0)이다. 일반음식점의 식사종류에 따른 조사 예를 표 6.9에 나타내었다. 이 원단위를 기초로 하여 시간변동, 일자변동, 계절변동 등의 특성에 따라 처리방식의 검토자료가 된다. 수질에 대해서는 수량과 마찬가지로 시설에 따라 변동이 크지만, 표 6.10에 나타낸 설계값이 채용되고 있다.

방류수의 수질은 하수도법이나 지방자치정부 조례로 규정되고 있다. 예로서 1일 50 m^3 이상 배출하는 시설에서의 주방배수의 방류수질을 표 6.10에 나타내었다.

표 6.9 음식점의 표준사용수량[7]

음식종류		사 용 수 량			
		이용인(객)수당 [L/인]	점포면적당 [L/m^2]	주방면적당 [L/m^2 · 일]	식당면적당 [L/m^2 · 일]
영업용	중화요리	80	130	490	175
	양식	80	95	455	125
	일식	80	100	440	145
	국수 · 우동 라면	55	150	590	250
	경양식	–	90*	–	–
	찻집	25	85	335	110
	패스트푸드	20	40	130	65
사원 · 종업원용			90	360	135

* 다른 음식종류의 값을 기초로 구한 산정치임

표 6.10 주방배수 제해시설의 설계수질[9]

항 목	원수의 설계수질	방류수질 (동경도의 경우)
pH	5~7	5~9
BOD[mg/L]	300~800	600 미만
SS[mg/L]	200~600	600 미만
노르말헥산추출물질 함유량[mg/L]	100~300	30 (동 · 식물기름)

[3] 처리방식

주방배수의 제해시설은 동식물유의 제거가 주가 되기 때문에, 자연 부상(중력식) 분리법, 부상 분리법 외에, 최근에는 생물처리법이 많이 채용되고 있다.

처리장치는 건물내에 설치되는 것이 많으며, 설치공간이 작고 컴팩트한 것이 바람직하고, 응집가압 또는 상압 부상법이 채용되는 경우가 많다. 그림 6.4에 나타내는 응집가압 부상법은, 응집제를 첨가하여 가압 부상조로 가압한 기포와 응집체를 접촉시켜 부상분리시키는 방법이다. 발생한 오니를 저장하고, 오니량을 경감하기 위해 탈수하여 건물 밖으로 반송한다. 생물처리는 그림 6.5에 나타내는 것 같은 효모균이나 기름 분해균을 이용한 기름성분의 분해효율이 좋은 방법이다. 그러나 균종에 따라 pH, 수온, 분해시간에 차이가 있으므로 균종마다의 특유의 설계 제원에 근거하여 설계하게 된다.

[4] 계획상의 유의점

주방배수의 계획시에는 아래의 점에 유의할 필요가 있다.

(1) 주방배수를 하수도 제해시설로 할 것인가, 배수 재이용수의 원수로 할 것인가에 따라, 배수처리 방식과 방류수의 수질정도를 결정하는 것이 중요하다.

(2) 발생 오니는 부패의 촉진속도가 빠르고, 저장조에서 황화수소 등의 부식가스가 발생하기 때문에, 수조나 주변기기는 부식대책을 세워야 한다.

(3) 부패에 수반하여 악취가 발생하므로, 작업공간을 포함해 통기에 충분히 주의를 해야 하고, 탈취대책도 세워야 한다.

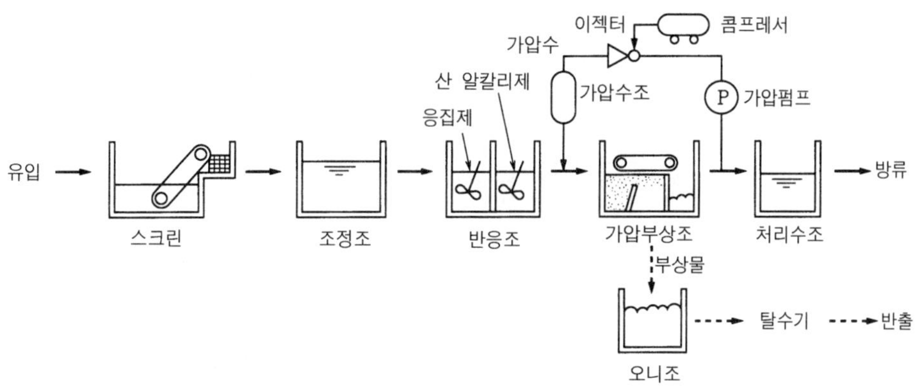

그림 6.4 부상분리법의 흐름도 예[4]

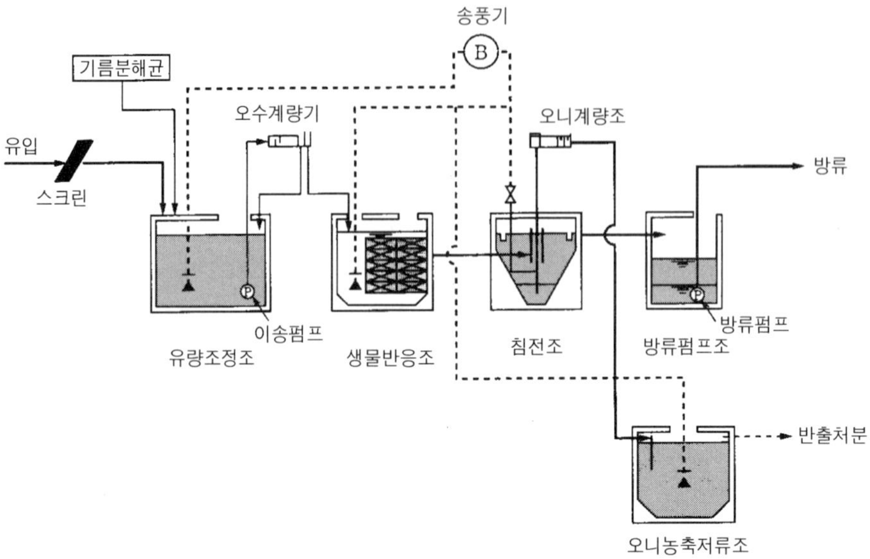

그림 6.5 생물처리법의 흐름도 예[2)]

6.3.2 배수재이용 · 우수이용설비

배수를 처리한 처리수나 건물의 옥상 등에서 집수한 빗물을 화장실 세척수로 사용하는 설비가 설치되는 경우가 많아 지고 있다. 우리나라는 중수도 설치(수도법 11조, 1991년)에 관한 법률이 제정되었으나 설치건수는 99개(2001년)로 미미한 실정이다. 일본의 경우 2,100개(1996년)가 있다.

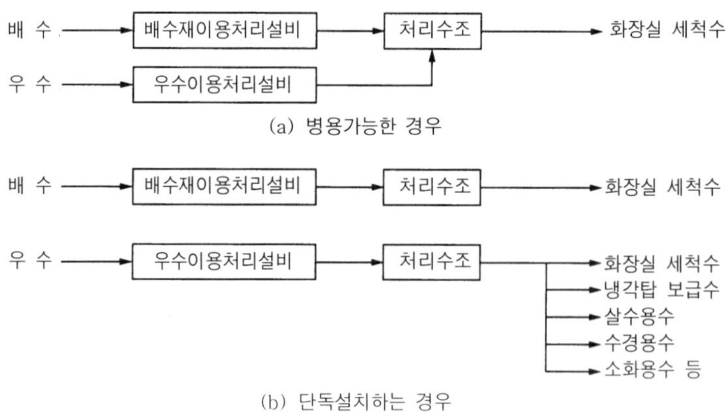

그림 6.6 배수재이용설비 · 우수이용설비의 선택

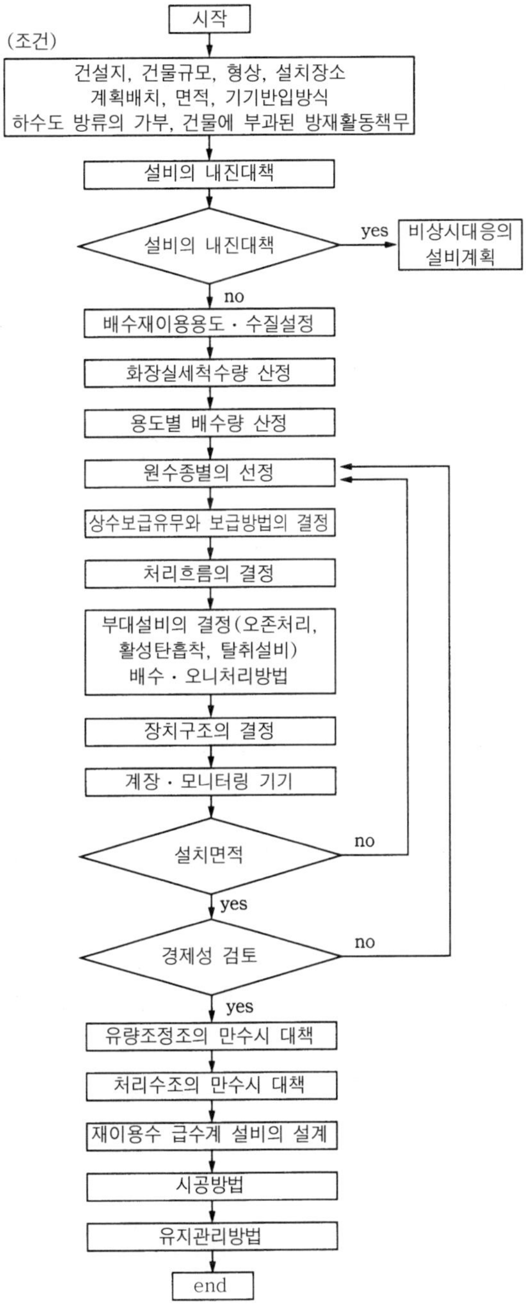

그림 6.7 배수재이용시스템의 표준설계법[11)]

[1] 배수재이용설비 또는 우수이용설비의 채용조건

배수재이용 · 우수이용설비는 건물의 구성, 건축용도에 따라 재이용수 사용 용도처의 수량 또는 원수의 수량에 영향을 받으며, 그림 6.6에 나타낸 것처럼 각각 단독으로 설치되는 경우나 병용하여 설치되는 경우가 있다. 병용인 경우는 우선순위에 근거해 운전을 할 수 있는 설비로 할 필요가 있다.

[2] 배수재이용설비

(a) 배수재이용설비의 계획

그림 6.7에 설계 흐름도를 나타내었다. 근래에는 재해대책의 일환으로서 배수 재이용이 자리를 잡아가고 있다. 재이용 방식에는 이용 규모에 따라 그림 6.8에 나타낸 것처럼 개별순환방식, 지구순환방식 및 광역순환방식이 있다.

(b) 재이용수의 용도 · 수질

재이용수의 용도로서 가장 많은 것이 수세식 화장실의 세척수이다. 그 다음으로 살수, 냉각탑 보급수, 세차 등에 이용되고 있다.

근래에는 환경용수, 인공적으로 만들어진 연못 · 분수 · 벽수 · 시냇물 등에 이용하는 수경용수 등에 이용이 증가하고 있으며, 처리의 정도에 따라서는 용도가 확대될 전망이다.

재이용수에 요구되는 수질은, 재이용처의 용도에 따라 차이는 있지만, 공통된 중요한 요건은 다음과 같다.

(1) 인체에 대해 위생적으로 문제가 없을 것

(2) 이용상 불쾌감이나 지장이 없을 것

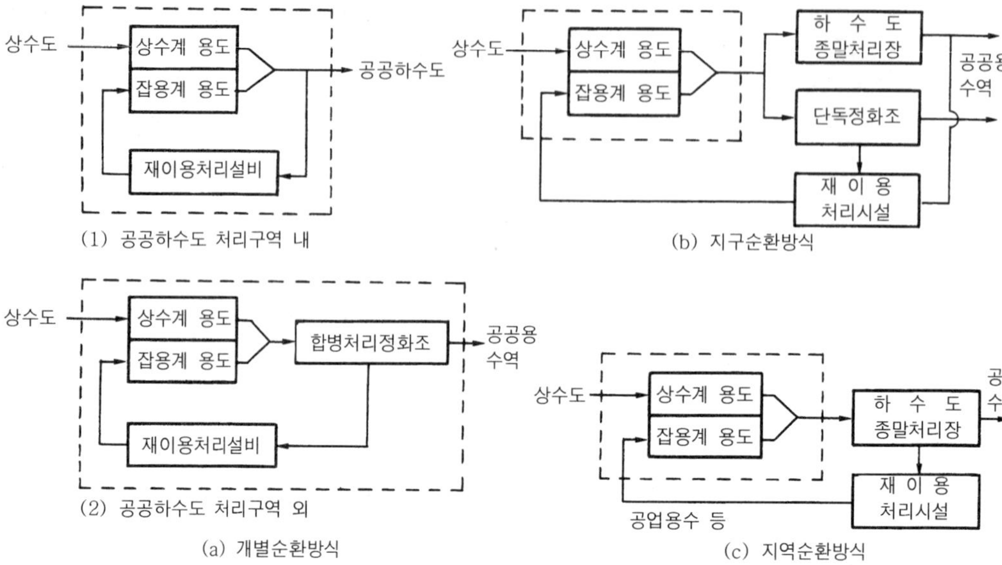

그림 6.8 배수재이용방식[3)]

(3) 시설이나 기기 · 설비에 부식이나 막힘 등 기능상의 장해를 주지 않을 것.

배수재이용에 대해서는 수도법시행규칙 제3조 관련 「중수도 수질기준」이 있다(2장의 표 2.2 참조).

(c) 재이용 원수의 종류 · 수질

재이용수의 원수로서는 잡배수 · 화장실 배수 · 냉각배수 등이 있지만, 연간을 통해서 확실히 안정되게 얻을 수 있는 배수를 원수로 할 필요가 있다.

배수 농도가 낮을수록 재이용 처리비용은 염가가 되므로, 원수의 종류로 세면 · 수세 · 탕비실 · 목욕탕 · 주방 · 화장실배수의 순서로 선택해 필요수량을 처리한다. 원수나 재이용수의 수량을 잘 파악한 후에 배수처리장치의 용량을 결정할 필요가 있다.

화장실 세척수로서 재이용하는 경우, 그 건물 전체 사용수량중 화장실 세척수량이 차지하는 비율에 따라, 원수의 종류는 달라지게 된다.

표 6.11은 사무소 빌딩에서의 용도별 배수량 및 원수종류별의 배수량을 건물규모별로 시험삼아 계산한 도표이다. 원수의 수질은 건물용도나 규모에 따라 바뀐다. 설계값은 표 6.12의 수치가 목표가 된다.

(d) 처리방식

공공 하수도의 처리구역 외의 건물에 대해서는, 정화조를 설치하여 그 처리수를 이용한다. 단독정화조의 설계제원으로 나타낸 고시 중 BOD 10 mg/L 이하의 제7, 8, 9, 10, 11, 12 어느 쪽을 이용하느냐에 따라 배수 재이용이 가능하다. 공공 하수도의 처리구역 내에 대해서는, 사무소 빌딩을 주대상

표 6.11 용도별 배수량(사무소빌딩)[11)]

건 물 규 모		$6,000 m^2$	$15,000 m^2$	$30,000 m^2$
용도별 배수량	①화장실 세척수	11.4±2.1	28.5±5.5	56.9±11.1
	②세수 · 세면	1.9±0.1	4.8±0.4	9.7±0.7
	③탕비	3.0±1.5	7.5±2.1	15.0±7.5
	④주방	8.0±3.2	19.9±8.0	39.8±15.9
원수종류별 배수량	(A)잡배수 ②③	4.9±1.6	12.3±4.2	24.7±8.2
	(B)잡배수(주방을 포함)②③④	12.9±4.8	32.2±12.2	64.5±24.1
	(C)오수+잡배수①②③④	24.3±6.9	60.7±17.7	121.4±35.2

(주) 원수종류별 배수량의 번호는 용도별 배수의 번호를 나타냄.

표 6.12 원수의 수질 예[11)]

(단위 : mg/L)

원수종류별		(A) 잡배수	(B)잡배수	(C)오수+잡배수
항목	BOD	100	300	300
	COD	80	200	200
	SS	100	250	250

(주) (A) 잡배수(수세 · 세면+탕비)
(B) 잡배수(수세 · 세면+탕비+주방)
(C) 오수+잡배수(화장실 세척수+수세(手洗) · 세면+탕비+주방)

으로 한 그림 6.9에 나타낸 표준처리계통을 적용할 수 있다. 처리계통은 원수의 수질 · 재이용수의 수질 · 처리수량 · 건물의 특성 · 처리성능의 안정성 · 유지관리체제 · 비용 등을 고려하여 결정한다.

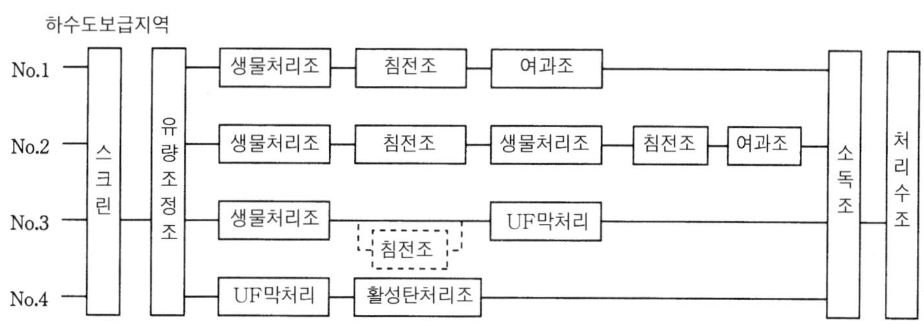

그림 6.9 배수재이용의 처리방식

표 6.13 표준처리계통의 처리수질 및 원수종류별 적용성[11]

표준처리계통	처리수질							원수종류와 적용성		
	BOD	COD	SS	악취	색도	pH	음이온계 면활성제 [mg/L]	A : 잡배수 ②③	B : 잡배수 ②③④	C : 오수+잡배수 ①②③④
1	15 이하	30 이하	10	불쾌감을 느끼지 않음	40 정도	5.8~8.6	1.0	생물막법의 경우는 부하가 적으므로 처리수질은 안정되어 있다. 농도가 저하하면 활성슬러지법에서는 운전관리가 곤란하게 된다.	원수의 수질변동이 있으면, 처리수질이 불안정하게 되기쉽다. 생물처리조의 기능유지·관리가 중요하다. 색도, 악취제거에 활성탄흡착이나 오존처리가 필요하게 되는 경우도 있다.	원수의 수질변동이 있으면, 처리수질이 불안정하게 되기쉽다. 생물처리조의 기능유지·관리가 중요하다. 색도, 악취제거에 활성탄흡착이나 오존처리가 필요하게 되는 경우가 많다.
2	10 이하	20 이하	10	불쾌감을 느끼지 않음	40 정도	5.8~8.6	1.0	과잉설비가 된다.	2단 생물처리이므로 원수의 수질이 변동하여도 처리수질은 안정되어 있다.	2단 생물처리이므로 원수의 수질이 변동하여도 처리수질은 안정되어 있다. 원수①의 혼입비율이 높으면, 색도제거를 위해 활성탄흡착이나 오존처리가 필요한 경우도 있다.
3	10 이하	30 이하	흔적	불쾌감을 느끼지 않음	30 정도	5.8~8.6	1.0	원수의 수질이 변동하여도 수질은 안정되어 있다. 막의 파손방지와 유기오염대책이 필요하다. 막교환비용으로 인하여 처리비용의 비율이 높아진다.	원수의 수질이 변동하여도 수질은 안정되어 있다. 막의 파손방지와 유기오염대책이 필요하다. 막교환비용으로 인하여 처리비용의 비율이 높아진다.	원수의 수질이 변동하여도 수질은 안정되어 있다. 막의 파손방지와 유기오염대책이 필요하다. 막교환비용으로 인하여 처리비용의 비율이 높아진다.
4	15 이하	30 이하	흔적	불쾌감을 느끼지 않음	10 정도	5.8~8.6	1.0	부하가 적으므로 처리수질은 안정되어 있다. 물리화학적 처리이므로 간헐운전에 적합하다. 막의 파손방지와 유기오염대책이 필요하다.	원수중의 유기물에 의해, 활성탄흡착부하가 높고, 처리비용의 비율이 높아진다.	원수 중의 유기물에 의해, 활성탄흡착부하가 높고, 처리비용의 비율이 높아진다.

(주) 원수종류별 : ① 화장실 ② 수세, 세면 ③ 탕비 ④ 주방

표준계통의 실시 예를 조사한 결과 4가지 방식을 들 수 있다. 처리계통은 처음에는 생물처리를 중심으로 하여 No.1, No.2가 많았지만, 장치의 컴팩트화, 처리 수질이 안정된 양호한 것이 많이 채용되고 있다. 대규모 시설에서는, 규모의 장점을 살려 처리비용이 염가가 되는 생물처리방식이 채용되고 있다. 공기조화 · 위생공학회규격 HASS 206에는 처리계통 4방식을 2방식으로 모아서 나타내고 있다. 표 6.13에 표준처리계통별 처리수질, 원수 종류별 적용성을 모아서 나타내었다.

(e) 계획상의 유의점

배수재이용설비의 계획시, 다음 사항에 유의하여 진행할 필요가 있다.

(1) 지방 자치체 등의 행정지도 확인
(2) 원수량과 재이용처의 이용수량에 대한 물수지 균형
(3) 가동률을 높히기 위한 원수 저장조 용량, 재이용 수조용량을 유효하게 이용하기 위한 검토
(4) 불결한 물을 먹거나 접합의 잘못에 따른 위생상의 문제를 생기게 하지 않는 배려
(5) 보수관리, 기기의 반입 · 반출을 위한 필요한 공간의 확보
(6) 설비 상각비, 운전비를 포함한 비용과 상하수도요금을 비교 검토(표 6.14 참조)
(7) 비상시의 대응으로서 자리 매김
(8) 절수 등 환경에 대한 배려
(9) 슬라임 등이 부착하기 어려운 배관재료로 하고, 경질염화비닐 라이닝강관, 스테인리스강관 등의 채용 검토

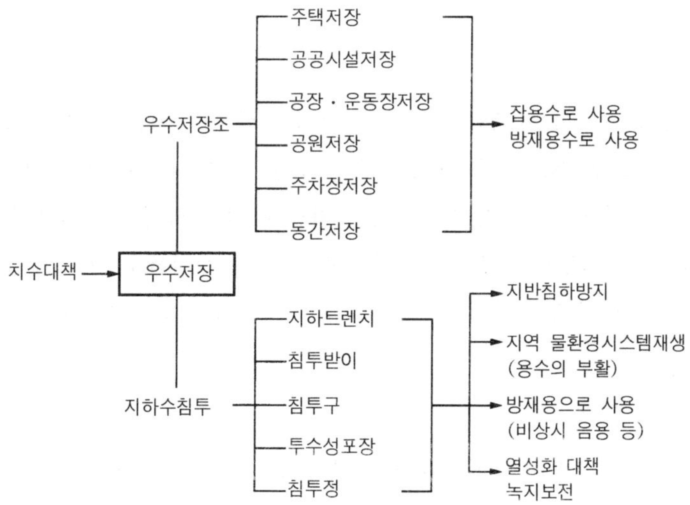

그림 6.10 종합적 우수이용시스템[14)]

표 6.14 표준처리계통의 건설비 등에 대한 비교[11]

표준처리계통	건설비	처리비용	설치면적	유지 관리	비 고
1	100	100	100	○	원수(A)
2	100	100	100	◎	원수(B), (C)
3	110~125	160	35	◎	원수(B), (C)
4	130	500	50	○	원수(A)

(주) 1. 표준처리계통 번호에 따라 최적원수가 다르므로, 계통 No.1 및 No.4는 원수(A), 계통 No.2, No.3은 원수(B) 또는(C)로 하였다.
2. 표중의 숫자는, 원수 종별로 계통 No.1, 계통 No.2를 각각 100으로 할 경우의 지수이다.
3. 건설비에 폭이 있는 것은, 생물처리조 방식이나 막처리장치 시스템 구성의 차이에 따른다.
4. 건설비는 기계 및 전기 · 계장공사분이고, 수조 등의 토목 · 건축공사에 포함되는 구조체 공사와 기기의 기초는 포함되어 있지 않다.
5. 기계의 적산 비교범위는 스크린으로부터 처리수조 내부부품까지로, 재이용수를 급수하는 펌프 이후의 급수계는 포함되어 있지 않다. 또한, 부대설비인 오존처리장치, 활성탄 흡착장치, 탈수장치, 탈취장치는 포함되어 있지 않다.
6. 전기공사는 제어반 이후의 것이고, 1차측의 전원공급은 포함되어 있지 않다. 주된 계측기로는 원수 유량지시 적산계, 처리수 유량지시 적산계, 처리수 pH지시기록계 및 처리수 탁도계가 있다.
7. 처리비용 계산에서 표준처리계통에 포함되어 있지 않은 오존처리와 활성탄 흡착은 고려하고 있지 않다.
8. 막처리 장치의 막 수명을 3년으로 하고, 매년 1/3씩 교환한다고 하여 시산했다.
9. 활성탄수명은 1년으로 하여 시산했다(표준처리계통 No.4의 경우).
10. 각 계통 모두 슬러지의 탈수처리는 하지 않고, 농축후 진공차에 의한 반출처분으로 했다.
11. 설치면적은, 원수 유량조정조 및 처리수조는 공통된 것으로 하여 비교로부터 제외하고, 처리프로세스에 의해 다른 기기류나 수조의 소요면적으로 비교를 했다.

[3] 우수이용설비

빗물은 음료수 등의 수원이 확보되지 않는 지역에서 예부터 이용을 하고 있다. 우수이용을 넓게 잡으면 그림 6.10에 나타낸 대로 빗물을 저장하는 것은, 지역 자기수원의 확보 · 도시 홍수방지 · 지역 방재수원 및 지역 물순환시스템의 재생이라고 하는 네개의 역할을 가지고 있다. 우리나라는 빗물이용시설 수도법(2001. 3. 28)이 시행되면서 월드컵경기장을 시작으로 학교, 공장, 아파트단지 등에서 일부 실시되고 있다. 그러나 일본의 경우 606개(1996)시설이 운영되고 있다.

(a) 우수이용 계획

그림 6.10에 나타낸 것 중에서 빗물을 이용하는 목적을 확실하게 한 다음, 현지(on site)의 수원으로서 실시한다면, 설계는 그림 6.11에 나타낸 계통으로 진행하게 된다. 근래에는 재해대책중에서도 우수이용의 자리매김이 확실해졌다.

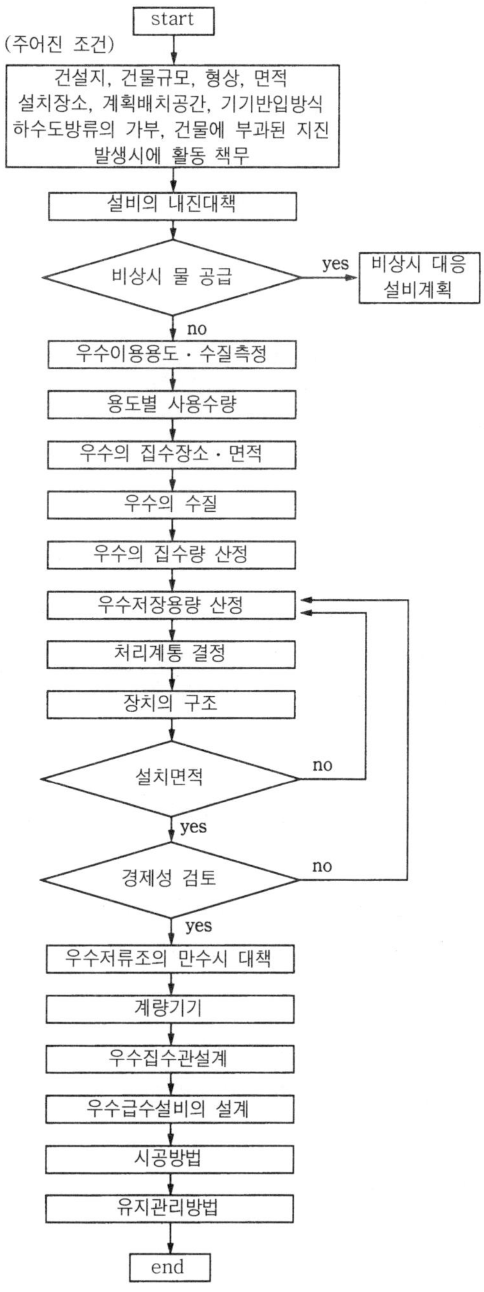

그림 6.11 우수이용 시스템의 표준 설계계통[11)]

(b) 우수이용 계획의 제요인 검토

설계요인으로서 집수면적, 빗물집수량, 사용수량, 우수저장조, 오버플로량의 검토가 필요하다. 이러한 요인은 시뮬레이션 등에 의해 시산하지만, 경제성을 포함한 검토가 필요하다. 각 인자의 산정은 다음과 같다.

① 빗물집수량 [m^3/(년 또는 일)]

$=$집수면적 [m^2]$\times$강수량 [mm/(년 또는 일)]$\times$

빗물유출계수(지붕면의 경우는 0.9)$\times 10^{-3}$

② 우수이용율 [%]

$=$(우수이용량/빗물집수량)$\times 100$

……………………집수한 가운데서 빗물이 이용된 양

③ 상수 대체율 [%]

$=$(우수이용량/사용수량)$\times 100$

……………………사용수량중에서 빗물이 이용된 양

(1) 집수장소

강수면이 집수장소가 되지만, 가능한 한 청정한 빗물을 이용하는 편이 처리가 간단하고 위생면에서의 문제가 적기 때문에, 지붕을 주된 집수장소로 하는 것이 바람직하다.

(2) 우수의 처리법

대상으로 하는 건물의 주변 환경에도 따르지만, 집수한 수질의 과망간산칼륨 소비량이 20 mg/L 이상이 되는 것도 있어, 처리를 하지 않는 경우 배관내의 오염이나 위생기구의 고장이 생기므로, 그림 6.12의 표준처리 계통 중 어느것인가에 의해 처리하는 것이 필요하다. 가동후의 수질악화에 크게 영향을 주는 요인은, 청소빈도와 장시간의 체류에 의한 수질의 열화이다. 그러므로 용이하게 청소를 할 수 있는 구조로 할 필요가 있다. 스크린에 쓰레기가 장기간에 걸쳐 저장되어 있으면, 쓰레기가 부패하여 수질악화로 연결된다. 또한 처리전후에 관계없이, 빗물이 장기간 체류하면 침전조나 저장조에 퇴적물 및 조 내면에 더러움이 생긴다. 그 때문에 수조내를 청소할 수 있는 구조로 해야 한다.

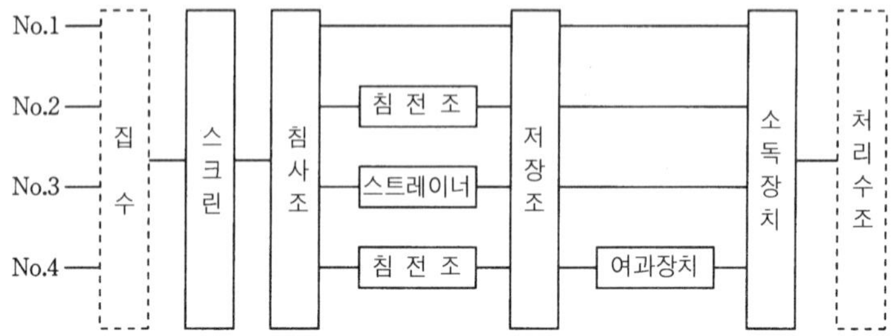

그림 6.12 우수처리 표준처리계통[14)]

(c) 계획집수량에 대한 각 공정의 제약

스크린과 침사조는 계획지역의 1시간최대강수량에 대해서 용량을 결정한다. 뒤쪽 단계의 침전조, 스트레이너, 모래 여과조는 강우강도가 10~20 mm/h 정도 때의 집수량을 기준으로하여 용량을 결정한다. 이 강우강도는, 누적 강수량 분포와 강우강도의 관계로부터 강우강도가 20 mm/h 이상이 되는 것은 강수량 전체로부터 보아 상당히 적다고 하는 이유에서 정해졌다.

(d) 계획상의 유의점

(1) 호우에 대한 안전대책으로서 저장조의 위치에 따라서는, 저장조의 만수시에 잉여 빗물의 배제장치를 설치하지 않으면 안 된다.

(2) 저장조내의 수질을 유지하기 위해, 저장조와 배수조를 철근콘크리트의 지중벽이나 벽에 인접시키지 말고, 또한 20일 정도 이상 체류하는 저장조는 피해야 한다. 설치 할 때는 수질의 열화가 생기지 않는 장치가 필요하다.

(3) 초기에 내린 비를 집수한 수질은 오염이 되어 있으므로 이 초기빗물을 배제하는 장치를 설치할것인가에 대해서는, 주변에 집수장소를 오염시키는 원인이 되는 밭 · 그라운드 등이 있는가, 채용하는 처리장치의 계통, 청소빈도에 따라 결정된다.

(4) 건설비, 운전비를 포함한 처리계통을 비교 검토한다(표 6.15 참조).

표 6.15 처리계통의 비교[11]

처리계통 No	집수장소의 오염도에 대한 적합성	건설비	처리비용	설치면적		유지관리
				우수저장조를 제외	우수저장조를 포함	
1	토사나 매연 등의 집적이 거의 없으며, 깨끗한 지붕면	80	100	15	80	◎
2	토사나 매연 등의 집적이 별로 없으며 비교적 깨끗한 지붕면	100	100	100	100	◎
3	상동	120	110	30	85	○
4	토사나 매연 등이 집적하기 쉽고, 오염이 많은 지붕면	140	105	120	105	○

(주) 1. 집수장소의 오염도라는 것은 용해성 물질에 의한 것은 아니고, 비용해성 물질에 의한 더러움의 정도를 말한다.
2. 건설비, 처리비용, 설치면적은 처리계통 No.2를 기준 (100)으로 작성했다. 시설규모는 사용수량 30 m^3/일로 했다.
3. 건설비중 수조류는 건물의 지하피트를 이용하는 것으로 하고, 건설비에 포함하지 않는다.
4. 처리비용은 운전비용을 나타내며, 설비의 감가상각비는 포함하지 않는다.
5. 설치면적은 표준설계 예를 모델로서 산출했다. 침전조와 우수저장조 상부는 기계실이나 창고로 이용하는 것이 일반적이지만, 여기서는 다른 용도로 이용하지 않는 것으로 했다. 또한, 여과기도 상기 수조의 상부 이외에 설치하는 것으로 했다.
6. 유지관리의 란 ◎, ○은 유지관리의 난이도를 나타내며 ◎가 가장 유지관리하기 쉽다.

참고문헌

1) 건설성 · 후생성 · 환경청 감수, 일본건축센터 : 분뇨정화조의 구조기준 · 동 해설, 1984년판(1984) p. 9, 일본건축센터
2) 건설성 · 후생성 · 환경청 감수, 일본건축센터 : 분뇨정화조의 구조기준 · 동 해설, 1996년판(1996) p. 10, 일본건축센터
3) 공기조화 · 위생공학회편 : 급배수 · 위생설비의 실무지식, 개정 제3판(1986) オーム사
4) 공기조화 · 위생공학회편 : 급배수 · 위생설비계획설계의 실무지식(1995) オーム사
5) JIS A 3302(건축물의 용도별에 따른 분뇨정화조의 처리대상인원 산정기준)
6) 小林千秋 : 주방배수제해시설의 설비내용과 주의점 주방(1990) 일본주방기기공업회, 일본주방설비사
7) 小南和也 · 前島健 외2명 : 「주방사용수량에 관한 조사연구 외2 사용수량의 조사결과」, 공기조화 · 위생공학회 학술강연회 강연논문집(1999)
8) 일본하수도협회편 : 사업장배수 지도지침, 1993년도판(1993)
9) 동경도 하수도국 : 사업장배수의 수질규제 개요(2000)
10) 국토청장관 관방수자원부편 : 일본의 수자원, 평성12년도판(2000) 대장성인쇄국
11) 건설대신관방관청 영선부 감수 : 배수재이용 · 우수이용시스템 계획기준 · 동 해설, 평성9년판 (1997) 공공건축협회
12) 공기조화 · 위생공학회편 : 잡용수의 용도확대, 잡용수용의 처리장치설계 소위원회보고서(1997)
13) 山田信亮 · 岡田誠之 외 : 도해건축설비 지식(1995) オーム사
14) 공기조화 · 위생공학회 물유효이용 소위원회편 : 우수이용 매뉴얼(1987) p. 6
15) 岡田誠之 : 「초 중학교 우수이용시설의 실태조사」, 공기조화 · 위생공학회 학술강연논문집(1995)

07 소화설비

7.1 기초사항

7.1.1 화재와 소방

소방이란 화재를 미리 막기 위한 예방, 화재발생 후의 소화 · 연소(延燒)방지 등 외에도, 재해에 의한 피해의 경감을 꾀하기 위한 조사나 경계, 진압, 구급 등의 활동 전반을 말한다.

7.1.2 연소이론

연소(延燒)란 「열과 빛의 발생을 수반하는 산화반응」이다. 연소가 일어나기 위해서는 다음의 3가지가 필요하며 연소의 3요소로 불리고 있다.

- 피산화성 물질(가연물)
- 산소 공급체
- 활성화(점화) 에너지

7.1.3 화재의 종류와 소화법

[1] 화재의 종류

화재는 다음의 4종으로 대별된다.

- A 화재 : 목재, 종이, 옷감 등 통상의 가연물 화재로 보통화재라고도 한다.
- B 화재 : 가솔린 등의 석유류나 동식물 유류 등의 화재로 유류화재라고도 한다.
- C 화재 : 감전의 위험이 있는 전기기기의 화재로 전기화재라고도 한다.
- D 화재 : 마그네슘, 나트륨, 칼륨 등의 화재로 금속화재라고도 한다.

실제 화재의 경우 매우 초기단계에서는 상기와 같이 분류할 수 있어도, 화재가 연소(延燒) 확대하면 가연물도 다방면에 걸치므로, 화재의 성질과 상태도 복잡한 양상으로 나타내게 된다.

[2] 소화법

주된 소화법에는 다음과 같은 것이 있다.

(a) 질식 소화법

산소의 공급을 차단하는 소화법으로, 4염화탄소 등 불연성의 무거운 기체나 또는 기계적 · 화학적으로 만든 거품으로 연소물을 덮어 공기를 차단해 소화하는 방법이 있다.

(b) 희석 소화법

가연물 희석과 산소농도 희석의 두 종류가 있으며, 가연성 액체의 농도를 연소범위 이하로 내리거나 실 전체에 불활성가스를 방출해 산소농도를 내리는 등의 방법이 있다.

(c) 냉각 소화법

연소열을 빼앗는 소화법으로, 물통으로 직접 물을 뿌리거나 노즐로부터 방수·살수하여 연소물에 분무하는 방법 등이 있다.

(d) 제거 소화법

가연물 자체를 제거해 소화하는 방법으로, 가스의 개폐장치를 닫거나 타고 있는 건물 주위의 물건을 무너뜨리는 등이 이것에 해당한다.

(e) 부촉매효과에 의한 소화법

일반적으로 화학반응에서 그 반응에 직접 관계가 없는 어떠한 물질을 더하면 반응이 촉진되거나 억제되거나 하는 것이 있다. 이것을 통상 촉매효과라고 하며, 억제하는 경우를 특히 부촉매효과라고 부른다. 연소라고 하는 산화반응에 이러한 부촉매효과를 가지는 물질을 가하여 소화하는 방법이다.

7.1.4 소방법규 등

소방법규는 소방법, 소방법시행령, 소방법시행규칙, 위험물의 규제에 관한 정령, 동 규칙, 화재예방조례, 화재예방조례시행규칙, 고시, 지침 및 각 지자체에서 정하는 지도 기준 등으로 이루어져 있다. 이러한 법규에서 위험물과 지정가연물의 종류와 수량 지정, 일정수량 이상의 위험물 제조소, 저장소, 취급소에 대한 소방용 설비 등의 설치, 그리고 건물이나 공작물에 대한 연면적 또는 바닥면적의 규모에 따른 소방용 설비 등의 설치를 의무화하고 있다. 또한, 소방설비에 사용하는 기기의 검정제도나, 소화설비의 공사·정비에 종사하는 사람의 자격으로서 소방기술자 자격증 등이 정해지고 있다.

[1] 지침 및 각 지자체에서 정하는 지도기준

법의 해석, 운용 등에 대한 자세한 기준은 지침으로 나타내고 있다. 지자체에 따라서는 보다 섬세한 기술상의 기준에 대해서, 통일적인 지도기준을 제정해 실무기준서로서 활용을 꾀하고 있는 곳도 있다.

표 7.1 소방용 설비 등의 종류

<table>
<tr><th colspan="2">설비의 구분</th><th>종 류</th></tr>
<tr><td rowspan="3">소방용으로 제공하는 설비</td><td>소화설비</td><td>• 소화기 및 간이소화용구
• 옥내소화전설비
• 스프링클러설비
• 물분무소화설비
• 포소화설비
• 이산화탄소소화설비
• 할로겐화물소화설비
• 분말소화설비
• 옥외소화설비
• 동력소방펌프설비</td></tr>
<tr><td>경보설비</td><td>• 자동화재탐지설비
• 비상방송설비
• 자동화재속보설비
• 전기화재경보기
• 소방기관으로 통보하는 화재검지설비
• 경종, 휴대용 확성기, 수동식 사이렌 그 밖의 비상경보기구 및 비상경보설비</td></tr>
<tr><td>피난설비</td><td>• 피난기구(미끄럼대, 피난 사다리, 구조대, 완강기, 피난교 등)
• 인명구조기구
• 유도등 및 유도표지
• 비상조명등</td></tr>
<tr><td colspan="2">소방용수</td><td>• 상수도 소화용수설비
• 소화수조 · 저수조</td></tr>
<tr><td colspan="2">소화활동에 필요한 시설</td><td>• 제연설비
• 연결살수설비
• 연결송수관설비
• 비상콘센트설비
• 무선통신보조설비</td></tr>
</table>

[2] 위험물시설과 설치해야 할 소화설비

법으로 지정한 일정수량 이상의 위험물 제조소, 저장소, 취급소(「제조소 등」이라고 한다)는 그 위험물의 양에 따라

(1) 현저하게 소화가 곤란한 제조소 등

(2) 소화가 곤란한 제조소 등

(3) 그 외의 제조소 등

으로 분류된다. 이러한 위험물 시설에는, 위험물법의 기준에 따라 소화기 및 소화설비를 설치하여야 한다.

[3] 방화 대상물과 설치해야 할 소방설비

소방시설을 설치해야 할 근린생활시설, 위락시설, 관람집회, 판매, 숙박시설 등의 건축물에 대해 그 규모와 용도, 층수에 따라 필요로 하는 소방설비의 종류와 범위가 소방법 시행령 제28조 및 별표1에 규정되어 있으며, 표 7.2에 요약한 내용을 정리하여 나타냈다.

다만 소방대상물별 소방시설을 적용함에 있어 소방법 시행령 제33조의 2(증축 또는 용도 변경시의 소방시설 적용의 특례)에 의거 다음과 같은 원칙을 지켜야 한다.

(1) 하나의 소방대상물에 개구부가 없는 내화구조의 벽, 바닥으로 구획되어있는 경우 각각 별개의 소방대상물로 보며, 연결통로 등으로 연결되어 있을 경우에는 하나의 소방대상물로 본다.

(2) 기존 건축물이 증축될 경우 기존부분을 포함한 전체에 증축당시의 소방시설기준을 적용하여야 하며, 기존부분과 증축부분이 내화구조의 벽, 바닥, 방화물, 셔터 등으로 구획되어있을 때 증축부분에 대하여서만 증축당시의 시설기준을 적용한다.

[4] 소방시설 기준과 적용의 특례

소방법 제31조에서는 소방시설기준 적용의 특례를 정하고, 시행령 제33조2(증축 또는 용도변경시의 소방시설기준 적용의 특례)와 34조(소방시설적용의 특례)에서 규정하고 있다. 소방시설적용의 특례는 다음과 같다.

(1) 소방서장은 화재경계지구 안에 있는 소방대상물에 대하여는 옥외소화전설비 · 연결송수관설비 · 연결살수설비 또는 포트레일러를 설치하게 할 수 있다.

(2) 소방시설을 설치하여야 할 소방대상물로서 주요 구조부 및 마감재료가 불연재료로 설치되고 정수장, 펄프공장의 작업장 · 음료수공장의 세정 또는 충전하는 작업장, 석재 · 불연성 금속 · 불연성 건축재료 등의 가공공장 · 기계조립공장 · 주물공장 또는 창고로서 가연성 물질을 저장 · 취급하지 아니하는 것에는 당해 소방시설을 설치하지 아니할 수 있다.

(3) 소방서장은 가스시설에 가스관련법령에 의한 물분무장치 등이 설치되고 그 장치에 소방자동차용 연결송수구가 부설된 때에는 연결살수설비를 설치하지 아니하게 할 수 있다.

(4) 소방서장은 소방대상물의 위치 · 구조 및 설비의 상황을 판단하여 소방시설을 설치하지 아니하더라도 화재의 발생 및 연소의 우려가 현저하게 적거나 화재로 인한 피해를 최소한도로 줄일 수 있다고 인정하는 경우에는, 소방시설을 설치해야 할 소방대상물의 전부 또는 일부를 적용하지 아니할 수 있다.

표 7.2 방화대상물과 설치해야 할 소방시설(1)

	적용건물	적용기준사항	적용범위
소화기	가. 모든 특수장소 나. 지정문화재, 가스시설 다. 아파트	• 연면적 33 m^2 이상 • 11층 이상 아파트	• 수동식 또는 간이소화용구 • 6층 이상, 자동식 소화기
옥내소화전설비	가. 근린생활시설 • 위락시설 • 판매시설 • 숙박시설 • 노유자시설 • 의료시설 • 업무시설 • 통신촬영시설 • 공장, 창고시설 • 운수자동차관련시설 및 복합건축물	• 연면적 1,500 m^2 이상 • 지하층, 무창층 또는 4층 이상의 층중 바닥면적 300 m^2 이상인 층이 있을 경우	• 전층
	나. 기타	• 연면적 3,000 m^2 이상 • 지하층, 무창층 또는 4층 이상의 층중 바닥면적 600 m^2 이상인 층이 있을 경우 • 바닥면적 200 m^2 이상의 옥상 차고 또는 주차장	• 전층
	다. 위험물 저장창고, 공장	• 지정수량 750배 이상의 특수가연물을 저장 취급하는 곳	
스프링클러설비	가. 관람집회 및 운동시설	• 지하층, 무창층, 4층 이상의 층에 위치하여 무대부면적 300 m^2 이상시 • 그 밖의 층의 경우 무대부 바닥면적 500 m^2 이상	
	나. 판매시설	• 3층 이하인 건축물로서 바닥면적 6,000 m^2 이상 • 4층 이상인 건축물로서 바닥면적 5,000 m^2 이상	• 전층 • 전층
	다. 여관, 호텔	• 11층 이상인 건물의 경우	• 전층
	라. 아파트	• 16층 이상	• 16층 이상의 층
	마. 공장, 창고	• 반자의 높이가 10 m가 넘는 락크식 창고로서 연면적 1,500 m^2 이상 • 지정수량 1,000배 이상의 특수가연물을 저장, 취급하는 곳	
	바. 지하가	• 연면적 1,000 m^2 이상	
	사. 기타	• 기타 지하층, 무창층, 4층 이상 층으로서 바닥면적 1,000 m^2 이상인 층 • 11층 이상의 건물	• 1,000 m^2 이상의 층 • 11층 이상
	아. 복합건축물	• 연면적 5,000 m^2 이상	• 전층

표 7.2 방화대상물과 설치해야 할 소방시설(2)

	적용건물	적용기준사항	적용범위
물분무등 소화설비	가. 공장, 창고	• 지정수량 1,000배 이상의 특수가연물을 저장, 취급하는 곳 • 비행기 격납고 • 연면적 800 m² 이상의 주차건물 • 차고, 주차장 용도로 바닥면적 200 m² 이상 • 20대 이상 주차할 수 있는 기계주차시설 • 바닥면적 300 m² 이상의 전기실, 발전실, 변전실 등	
옥외소화전설비	가. 일반건축물	• 1, 2층 바닥면적 합계 9,000 m² 이상시	
	나. 지정문화재	• 연면적 1,000 m² 이상	
	다. 공장, 창고	• 지정수량 750배 이상의 특수가연물을 건축물 밖에 저장, 취급하는 것.	
자동화재탐지설비	• 근린생활시설 • 위락시설(일반목욕장 제외) • 숙박시설 • 노유자 시설 • 의료시설 및 복합건축물	• 연면적 600 m² 이상	• 전층
	• 일반목욕장, 관람집회 및 운동시설 • 통신촬영시설, 관광휴게시설, 지하가 • 판매시설 • 아파트 및 기숙사 • 전시시설, 업무시설, 운수자동차 관련시설 • 공장 및 창고시설	• 연면적 1,000 m² 이상	• 전층
	• 교육연구시설 • 종교시설 • 동식물 관련시설 • 위생 등 관련시설 및 교정시설 • 지하구	• 연면적 2,000 m² 이상	• 전층
	• 공장 및 창고시설	• 지정수량 500배 이상 특수 가연물을 저장 취급	
	• 지하구		
누전경보기	• 벽, 바닥, 반자를 가연재료에 철망을 넣어 만든 건축물	• 계약전류용량 100암페어 초과	• 내화구조 건축물 제외
자동화재속보설비	• 판매시설 • 숙박시설 • 의료시설 • 통신촬영시설 • 전시시설 • 공장, 창고시설	• 바닥면적 1,500 m² 이상인 층을 가진 건물 • 노유자시설로서 바닥면적 500 m² 이상인 층 • 청소년시설로서 바닥면적 500 m² 이상인 층	

표 7.2 방화대상물과 설치해야 할 소방시설(3)

	적용건물	적용기준사항	적용범위
비상경보설비	• 비상경보설비	• 연면적 400 m^2 이상 • 지하층, 무창층 바닥면적 150 m^2 이상(공연장인 경우 100 m^2 이상) • 지하가중 터널 길이 500 m 이상	
	• 비상방송설비	• 연면적 3,500 m^2 이상 • 11층 이상 또는 지하 3층 이상	
피난기구	• 피난기구	• 모든 건물	피난층 2~10층
	• 인명구조기구	• 7층 이상의 관광호텔 • 5층 이상의 병원	
유도등	• 피난구 유도등 • 통로 유도등 • 유도표지	• 모든 건물	
	• 객석유도등	• 무도유흥 음식점, 관람집회 및 운동시설	
비상조명등	• 5층 이상 건물 • 지하층, 무창층 • 지하가	• 연면적 3,000 m^2 이상 • 바닥면적 450 m^2 이상 • 터널길이 500 m^2 이상	
소화용수설비	• 상수도, 소화용수설비 • 지상노출 가스탱크	• 연면적 5,000 m^2 이상 • 저장용량 100 ton 이상	
제연설비	가. 관람집회 및 운동시설 나. 근린생활 및 위락시설, 판매시설 및 숙박시설 다. 시외버스 정류장, 철도역사, 공항시설, 해운시설의 대합실 또는 휴게시설 라. 지하가 마. 지하가중 터널 바. 기타	• 무대부 바닥면적 200 m^2 이상 • 지하층 또는 무창층의 바닥면적 1,000 m^2 이상 • 지하층 또는 무창층의 바닥면적 1,000 m^2 이상 • 연면적 1,000 m^2 이상 • 길이 1,000 m 이상 • 특별피난계단 및 비상용 승강기의 승강장	
연결송수관설비	• 5층 이상 건물 • 7층 이상 건물 • 지하층 층수 3 이상인 건물 • 지하가중 터널	• 연면적 6,000 m^2 이상 • 지하층 바닥면적 합계 1,000 m^2 이상 • 길이 2,000 m 이상	
연결살수설비	• 판매시설 • 지하층 • 가스시설	• 바닥적 1,000 m^2 이상 • 바닥면적 150 m^2 이상 다만, 국민주택 규모 이하의 아파트와 학교의 지하층은 700 m^2 이상 • 지상노출 탱크용량 30 ton 이상	
비상콘센트설비	• 지상 11층 이상 건물 • 지하 3층 이상 건물 • 지하가중 터널	• 11층 이상 • 지하층 바닥 면적합계 1,000 m^2 이상 • 길이 500 m 이상	
무선통신보조설비	• 지하가 • 지하층 • 지하층 터널	• 연면적 1,000 m^2 이상 • 지하층 바닥면적 3,000 m^2 이상 또는 지하3층 이상의 건물로서 바닥면적 합계 1,000 m^2 이상 • 길이 500 m 이상	
연소방지설비	• 지하구	• 살수구역은 지하구 길이방향 350 m 이하마다 1개 이상 • 하나의 살수구 길이는 1.6 m 이상	

[5] 손해보험 표준 기준

일본의 소화설비의 기준으로서는, 소방법기준 외에 손해보험료율산정회에서 정하는 소화설비표준 기준이 있다. 법기준은 초기소화를 목적으로 하고 있지만, 손해보험 표준기준은 자력소화를 목표로 하고 있으므로 대체로 법기준을 넘는 사양이 되고 있어, 소화설비를 이 손해보험 표준기준에 따라 설치하면, 연간 화재보험료가 일반보다 높은 비율로 할인받게 된다.

[6] 검정제도 등

소방용 설비 등에 사용하는 주요한 기기는 각각 기술상의 규격, 기준에 따라 제작되고 검정시험에 합격해, 검정 표시표가 붙은 것을 사용한다.

7.2 설계순서

7.2.1 수계 소화설비의 설계

수계 소화설비에는 옥내 및 옥외소화전, 스프링클러, 물분무, 포소화설비, 연결살수설비, 연결송수관 등을 말한다. 설계시에는 우선 대상의 방화 대상물에 대해서, 전체의 용도(어느 항에 해당하는가)·내장·주요 구조·연면적·각층 바닥면적·무창층인가 어떤가·주차장, 보일러실 등에서 특수소화설비가 필요로 하는 부분이 있는가를 확인한다. 또한, 방화 대상물이 건축되는 지역의 화재예방조례나 소방용 설비 등에 관한 기술기준에 대해서도 조사·확인한 뒤 방화 대상물의 구조나 면적 등에서 표 7.2를 이용하고, 특히 화재예방조례도 고려해 대상의 방화 대상물에 필요한 소방용 설비 등을 결정한다.

다음에 필요한 소방용 설비 등에 대해서 소화설비는 소방법만인가, 화재보험 안전기준 등에도 준거하는 것인가, 또한 어느 방식이 적합한가를 검토하여 결정한다. 관할 소방서와는 소방대가 전용으로 사용하는 송수구, 방수구의 구조, 위치 등이나 그 지역의 특별규정에 대해 협의를 한다. 그 후 필요한 소화설비에 대해서 펌프토출량, 수원의 수량을 결정한다.

7.2.2 가스계 소화설비의 설계

가스계 소화설비란 불활성가스(이산화탄소 등), 할로겐화물, 분말소화설비를 말하지만, 이러한 설계순서는 기본적으로는 수계와 같다.

다만, 가스계 소화설비에서는 칸막이, 개구부 및 이들 구조, 또 공조설비의 급배기구 유무 및 그 폐쇄장치 등에 대해서 확인할 필요가 있다.

7.3 옥내소화전설비

옥내소화전설비의 구성을 그림 7.1에 나타내었다.

옥내소화전에는 「1호 소화전」과 「2호 소화전」의 2종이 있으며, 1호 소화전에는 조작성을 개선한 「역조작성 1호 소화전」도 있다. 공장, 창고, 지정 가연물의 저장소 또는 취급소에는 1호 소화전을 설치한다. 그 외는 어디라도 좋지만 여관, 호텔, 사회복지시설, 병원 등의 취침시설에는 조작이 용이한 2호 소화전을 설치하도록 지도하고 있다. 1호 소화전과 2호 소화전의 기준을 표 7.3에 나타내었다.

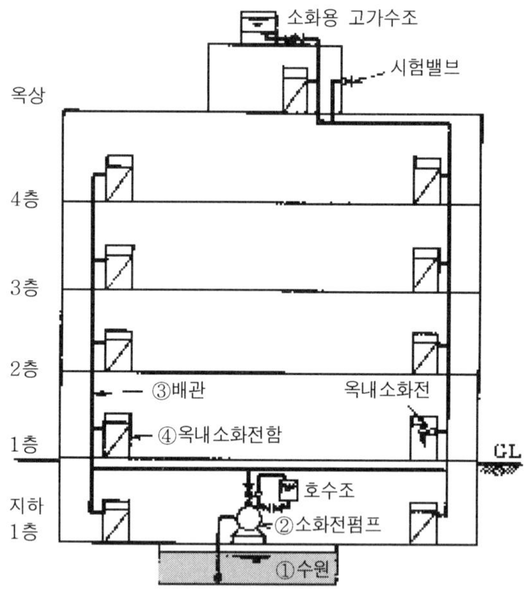

그림 7.1 옥내소화전설비 계통

7.3.1 설치기준

옥내소화전은 방화 대상물의 층 마다, 한 개 호스의 접속구를 중심으로 표 7.3에 나타낸 경계 구역 반경에서, 층의 모든 부분을 포함할 수 있도록 설치한다. 다만, 그 설치 위치는 일반인의 눈에 띄기 쉽고, 장애물이 없는 통로나 복도에 접한 위치로 하며, 가능한 한 각층 동일 장소가 되는 위치로 한다. 그림 7.2에 배치의 일례를 나타내었다. 동일 건물 내에 1호와 2호 소화전을 병설하는 것은 조작에 혼란을 초대하므로 피한다.

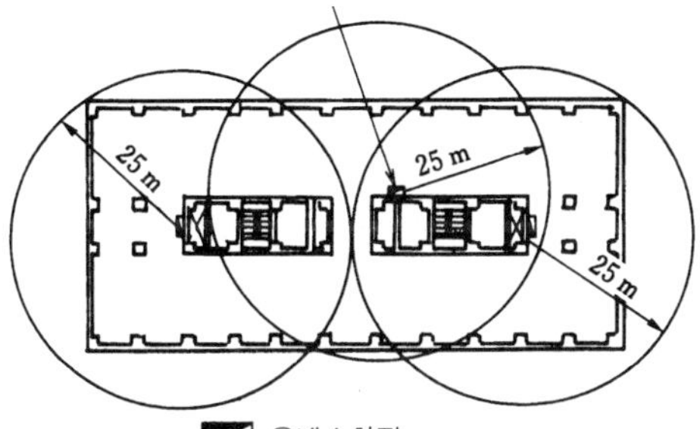

그림 7.2 옥내소화전(1호 소화전)의 배치

표 7.3 옥내, 옥외소화전의 기준

항 목		옥내소화전		옥외소화전
		1호 소화전	2호 소화전	
수원수량	각 층에 설치하는 소화전개수가 1개일 때*1	2.6 m^3	1.2 m^3	7.0 m^3
	각 층에 설치하는 소화전개수가 2개 이상일 때*2	5.2 m^3	2.4 m^3	14.0 m^3
펌프의 토출량	각 층에 설치하는 소화전개수가 1개일 때*1	150 L/min	70 L/min	400 L/min
	각 층에 설치하는 소화전개수가 2개 이상일 때*2	300 L/min	140 L/min	800 L/min
경계구역 반경[m]		25	15*3	40
노즐선단 방출압력[MPa]		0.17 (0.7 이상)	0.25 (0.7 이하)	0.25 (0.6 이하)
방수량[L /min]		130 이상	60 이상	350
노즐구경[mm]		13	8	19
개폐밸브 호칭경 [A]		40	25	65
호스 호칭경[A]×길이 [m] [( )안은 역조작성 1호 소화전]		40×30 (32×30)	25×20	65×40
주배관 중에 수직관 호칭경 [A]		50 이상	32 이상	65 이상

*1 옥외소화전의 경우는 설치개수 1개일 때.
*2 옥외소화전의 경우는 설치개수 2개 이상일 때.
*3 로비, 홀, 무도회장, 레크리에이션 실, 체육관, 강당, 그 밖의 이들에 속하는 부분으로 가연물의 집적이 적고, 방수 장해가 되는 칸막이 등이 없으며, 호스를 직선으로 연장가능한 경우는, 이 수치는 25 m까지 완화될 수 있다. 또한, 15 m의 원내에 들어가지 않는 미경계부분에서 그 직근의 옥외소화전으로부터 호스를 연장하여 소화활동을 수행하는 데 지장이 없는 것으로 인정되는 부분에서는 이 수치는 20 m까지 완화할 수 있다.

7.3.2 옥내소화전의 성능

동일층에 있는 소화전의 모든 것(최대 2개)을 동시에 사용할 경우, 각 노즐 선단압력 및 방수량이 표 7.3에 나타낸 성능 이상인 것으로 한다. 방수압력이 너무 높으면 조작이 곤란하게 되기 때문에, 방수압력의 상한치(0.7 MPa)가 정해져 있다. 일반적으로 고층건물에서는, 고층에서 최저노즐선단압력을 유지하면 저층에서 상한치를 넘어버리는 경우가 생기므로, 이때에는 수직방향으로 조닝을 하여 중간층에 부스터 펌프를 설치하고 저층 펌프로부터 압송수를 보조 가압해 고층으로 보내도록 한다.

그 일례를 그림 7.3에 나타내었다. 소화전의 일부만이 상한치를 넘는 경우는, 압력조정기구를 부착한 소화전밸브를 이용할 수 있다.

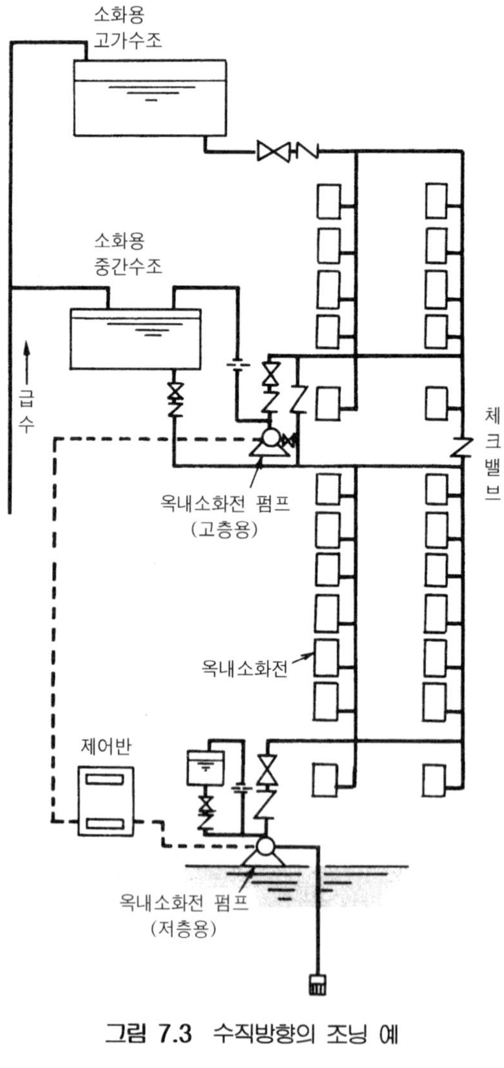

그림 7.3 수직방향의 조닝 예

7.3.3 수원

옥내소화전 수원의 수량은 표 7.3에 의해 결정한다. 수원은 다른 용도와 겸용으로 해도 좋지만, 소방용 설비의 유효수량을 항상 확보할 수 있어야 한다. 펌프를 사용하는 경우 그림 7.4에 나타낸 것처럼, 소화펌프의 풋밸브 위에 다른 용도의 펌프 풋밸브를 설치하거나, 전극봉 등으로 다른 용도의 펌프를 운전을 할 경우, 소방용 설비의 유효수량을 확보할 수 있는 위치에서 정지시킨다. 또한 그림에서와 같이 소화펌프의 풋밸브 윗쪽 1.65 D까지의 수량은 유효수량으로 되지 않기 때문에, 피트를 설치하는 경우 이 1.65 D의 높이가 수조 저면이 되도록 하는 것이 좋다. 그 외의 피트 치수에 대해서는 그림에 따른다. 또한, 인접한 수조를 소방용 수조로 이용하는 경우, 수조간에 발생하는 수위차 H는 무효 수량이 되므로 주의한다. 수위차 H 는 연통관 길이 1.5 m 이하의 경우 식 (7.1)으로 산출한다.

$$H = \frac{1}{2g}\left(\frac{Q}{0.75A}\right)^2 \tag{7.1}$$

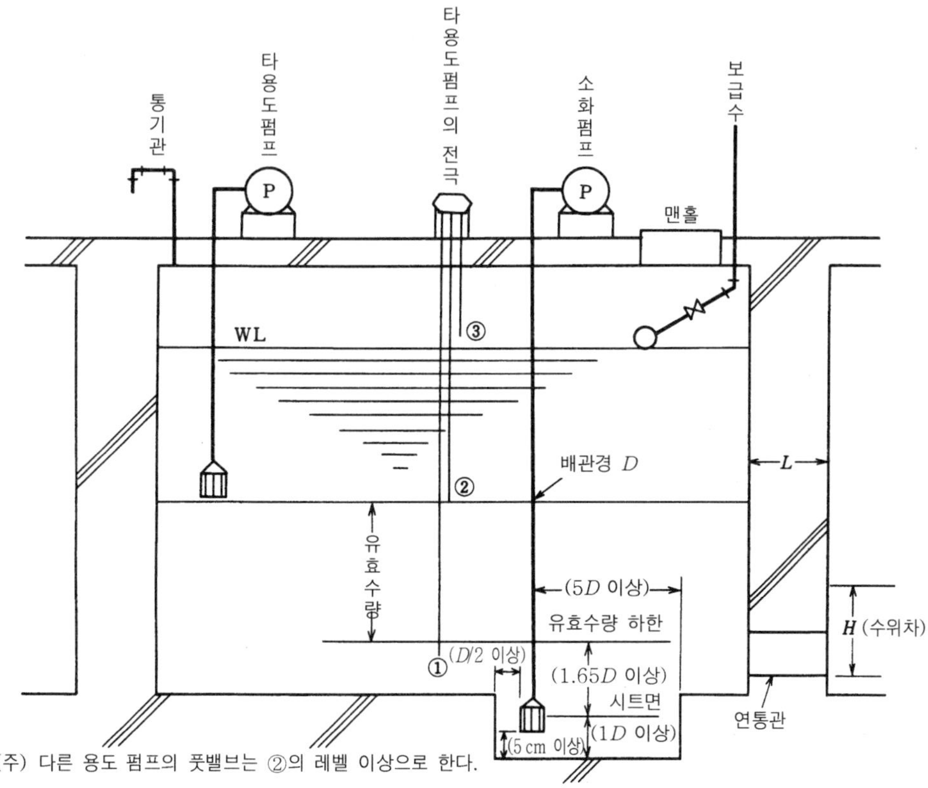

(주) 다른 용도 펌프의 풋밸브는 ②의 레벨 이상으로 한다.

그림 7.4 유효수량의 확보방법 · 산출방법

여기서, H : 수위차 [m]

A : 연통관 단면적 [m^2]

Q : 연통관내 유량 [m^3/s]

g : 중력가속도(=9.8 m/s^2)

7.3.4 가압송수장치

가압송수장치는 점검에 편리하고 화재의 피해를 받을 우려가 적은 장소에 설치한다. 가압송수장치에는 펌프 · 고가수조 · 압력수조 등이 있으나, 펌프를 사용하는 것이 일반적이므로 이 경우에 대해서 기술한다.

[1] 펌프를 이용한 가압송수장치

소방용 펌프에는 횡형 터빈펌프가 주로 사용되고 있으며 제어반, 호수조가 조립된 유닛형으로 설치되는 예가 많다. 또한 특정 조건을 만족하는 경우 수중형 펌프도 사용할 수 있다.

(a) 펌프의 토출량

펌프의 토출량은 표 7.3에 따른다.

(b) 펌프의 전양정

펌프의 전양정은 식 (7.2)에 의해 산출한다.

$$H = h_1 + h_2 + h_3 + h_4 \tag{7.2}$$

여기서, H : 펌프의 전양정 [m]

h_1 : 호스의 마찰손실수두 [m]

h_2 : 배관의 마찰손실수두 [m]

h_3 : 낙차 [m]

h_4 : 노즐 방수압력에 상당하는 수두[m]

(1호 소화전 : 17 m, 2호 소화전 : 25 m)(표 7.3 참조)

식 중에서 배관의 마찰손실계산은, 우선 최상층의 소화전 중 펌프로부터 가장 먼 위치의 것에 대해서 계산하지만, 하층의 소화전에서 $(h_2 + h_3)$의 값이 그것보다 커지는 경우가 있으면 그 값을 채용한다. h_3의 값은 펌프보다 아래의 소화전에 대해서는 음(−)의 값이 된다.

(c) 펌프의 성능

소화설비의 펌프는 항상 정격으로 사용된다고는 할 수 없으므로, 토출량이 정격의 150%일 때 그 전양정은 정격 전양정의 65% 이상인 것, 또 체절시의 전양정은 정격 전양정의 140% 이하인 것 등, 토출량이 변동해도 전양정의 변동이 적은 성능의 펌프로 규정하고 있다.

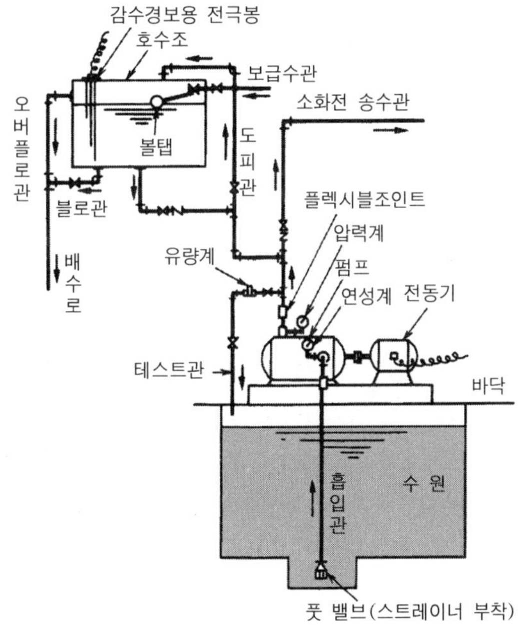

수원이 펌프보다 아래에 있는 경우

그림 7.5 소화펌프 주변의 배관 예

(d) 펌프 원동기 및 원동기 출력

펌프의 원동기는 전동기이어야 한다. 원동기 출력은 토출량과 필요전양정으로부터 제조자 카탈로그에 의해 확인한다.

(e) 펌프의 기동

옥내소화전펌프는 펌프 기동반의 기동장치 뿐만이 아니고, 각 소화전함의 위치에서 원격기동할 수 있도록 한다. 1호 소화전의 원격기동방식에는 다음에 나타내는 것이 있다.

(1) 소화전함의 내부 또는 표면에 설치하는 기동 버튼(자동화재탐지설비의 발신기와 겸용으로 하고 있는 예가 많다)에 의해 기동한다.

(2) 배관내를 상시 펌프의 체절압력으로 유지하고, 소화전밸브의 개방에 의한 감압을 검지해 펌프를 기동시킨다.

대부분의 설비는 (1)의 방식으로 하고 있다.

2호 소화전의 기동은 (2)라도 좋지만, 일반적으로는 개폐밸브의 개방 또는 호스의 연장 조작으로 작동하는 리미트스위치(limit switch)에 의한 기동방식으로 하고 있다.

(f) 펌프의 기동 표시등

각 소화전함의 위치에서 펌프의 기동을 확인할 수 있도록, 소화전함에는 적색의 기동 표시등을 설치한다. 이 기동 표시등은 소화전함 상부에 설치하여 상시 점등해 두는 것을 의무화 하고 있다. 그러나 적색의 위치 표시등을 펌프 기동시에 점멸시키면 설치하지 않아도 되므로 점멸방식으로 하는 것이 일반적이다.

(g) 펌프주위의 부속기기 및 배관

그림 7.5에 소화펌프주위의 배관 예를 나타내었다.

(h) 소화용 고가수조(충수조)

이 수조는 배관에 상시 물을 채워두기 위해서 설치하는 것으로, 일반적으로 건물 옥상에 설치한다. 재질은 강판(화재의 위험이 없는 경우는 합성수지)이다. 일본의 동경도에서는 1호 소화전설비의 소화용 고가수조의 용량은 0.5 m^3, 2호 소화전설비는 0.3 m^3으로 하도록 정하고 있다. 다만, 자동급수로 하여 그 급수관지름을 25A 이상으로 하면 0.2 m^3로 줄일 수가 있다.

[2] 배관의 마찰손실 계산

(a) 배관

마찰손실의 계산식에는 여러 가지가 있지만, 소화설비에 대해서는 하젠-윌리암스의 식에서 유속계수 C의 값을 120으로 한 식 (7.3)이 주로 사용되므로 이것에 의해 계산한다.

$$H = 1.2 \times \frac{Q_k^{1.85}}{D_k^{4.87}} \tag{7.3}$$

여기서, H : 직관길이 100 m당 마찰손실수두 [m]

Q_k : 배관내 수량 [L/min]

D_k : 관내경 [cm]

표 7.4 옥내 · 옥외소화전설비 배관의 마찰손실수두(관길이 1 m 당 m)

설비의 종류	개수	유량(L/min)	40A	50A	65A	80A
옥 내 (1호)	1	150	0.124	0.039	0.012	0.0049
	2	300	—	0.138	0.041	0.018
옥 내 (2호)	개수	유량(L/min)	25A	32A	40A	50A
	1	70	0.222	0.063	0.03	0.0094
	2	140	—	0.228	0.108	0.034
옥 외	개수	유량(L/min)	50A	65A	80A	100A
	1	400	0.235	0.070	0.03	0.009
	2	800	—	0.251	0.108	0.03

(주) 1976. 4. 5. 소방청고시(日) 제3호에 의해 계산한 것.
JIS G 3452 (C=120)

표 7.5 배관용탄소강관(KS D 3507)을 사용하는 경우의 관이음쇠. 밸브류의 직관환산 상당길이

			A	25	32	40	50	65	80	90	100	125	150	200	250	300	350
			B	1	1¼	1½	2	2½	3	3½	4	5	6	8	10	12	14
나사식	45° 엘보			0.4	0.5	0.6	0.7	1.0	1.1	1.3	1.5	1.8	2.2	2.9	3.6	4.3	4.8
	90° 엘보			0.8	1.1	1.3	1.6	2.0	2.4	2.8	3.2	3.9	4.7	6.2	7.6	9.2	10.2
	리턴벤드(180°)			2.0	2.6	3.0	3.9	5.0	5.9	6.8	7.7	9.6	11.3	15.0	18.6	22.3	24.8
	티 또는 크로스 접속(분류 90°)			1.7	2.2	2.5	3.2	4.1	4.9	5.6	6.3	7.9	9.3	12.3	15.3	18.3	20.4
용접식	45° 엘보	긴 것		0.2	0.2	0.3	0.3	0.4	0.5	0.6	0.7	0.8	0.9	1.2	1.5	1.8	2.0
	90° 엘보	짧은 것		0.5	0.6	0.7	0.9	1.1	1.3	1.5	1.7	2.1	2.5	3.3	4.1	4.9	5.4
		긴 것		0.3	0.4	0.5	0.6	0.8	1.0	1.1	1.3	1.6	1.9	2.5	3.1	3.7	4.1
	티 또는 크로스 접속(분류 90°)			1.3	1.6	1.9	2.4	3.1	3.6	4.2	4.7	5.9	7.0	9.2	11.4	13.7	15.3
밸브	슬루스밸브			0.2	0.2	0.3	0.3	0.4	0.5	0.6	0.7	0.8	1.0	1.3	1.6	2.0	2.2
	글로브밸브			9.2	11.9	13.9	17.6	22.6	26.9	31.0	35.1	43.6	51.7	68.2	84.7	101.5	113.2
	앵글밸브			4.6	6.0	7.0	8.9	11.3	13.5	15.6	17.6	21.9	26.0	34.2	42.5	50.9	56.8
	스윙체크밸브			2.3	3.0	3.5	4.4	5.6	6.7	7.7	8.7	10.9	12.9	17.0	21.1	25.3	28.2
소화전밸브	앵글밸브			—	—	7.0	9.0	14.0	—	—	—	—	—	—	—	—	—
	180° 글로브밸브			—	—	16.5	18.0	24.0	—	—	—	—	—	—	—	—	—
	90° 글로브밸브			—	—	19.0	21.0	24.0	—	—	—	—	—	—	—	—	—

식 (7.3)에 의해 산출한 배관용탄소강관(KS D 3507)의 마찰손실값을 표 7.4에 나타내었다.

(b) 이음쇠 · 밸브류

동일구경의 직관길이로 환산해 계산하며, 이 직관상당길이에 대해서도 표 7.5에 나타낸 수치를 직관길이에 가산해 계산한다.

(c) 호 스

일반 1호 소화전용은 표 7.6에 의해, 역조작성 1호 소화전 및 2호 소화전용은 소방안전협회가 실시한 감정에서 인정된 압력손실값을 이용한다. 이 값은 제조자마다 다르다.

표 7.6 소방용 호스의 마찰손실수두(호스길이 1m에 대해 m)

호스구경 / 유량(L /min)	40A	50A	65A
150	0.12	–	–
400	–	0.2	0.06

(주) 1. 일본 동경 소방청 예방사무심사 · 검사 기준에 따른다.
2. 삼으로 된 호스에는 적용할 수 없다.

7.3.5 옥내소화전 개폐밸브

1호 소화전의 개폐밸브는 40A 또는 50A로 하며, 호스 접속구에는 차입식과 나사식의 2 종류가 있으나, 일반적으로 착탈이 용이한 차입식이 사용된다. 2호 소화전의 개폐밸브는 25A이고, 호스의 인출조작과 연동해 여는 것도 있다. 개폐밸브의 설치높이는 조작바닥면으로부터 1.5 m 이내로 한다. 옥상 등에 설치하는 테스트밸브는 사용하는 개폐밸브과 동일구경으로 한다.

7.3.6 노즐

1호 소화전의 노즐에는 막대모양 노즐 외에, 노즐선단의 조작에 의해 방수모양을 우산형태로 할 수 있는 것이나, 노즐의 레버를 바꿈으로서 막대모양에서 분무모양으로 하여 위험물이나 특수 가연물의 화재에도 사용할 수 있는 가변분무노즐 등이 있다. 2호 소화전의 노즐은 1명으로 조작이 가능하도록 노즐선단에도 콕이 설치되어 있다.

7.3.7 호스

현재 사용되고 있는 1호 소화전의 소방용 호스는, 합성수지로 짠 자켓의 내면을 고무 또는 플라스틱으로 피복한 소방용 고무호스로서, 소화전밸브 및 노즐과 접속하여 소화전함 안에 격납된다. 역조작성 1호 소화전 및 2호 소화전의 호스는, 수납상태에서 단면형상이 바뀌지 않는 보호형 호스이다.

7.3.8 소화전함

1호 소화전함은 강철 제품으로 그 내부에는 소화전 개폐밸브, 호스, 호스걸이(바구니, 호스 릴 등), 노즐, 펌프기동장치가 함께 넣어진다. 함의 표면에는 「소화전」의 표시문자, 위치 표시등 및 사용방법의 표시(문 이면에 표시하는 경우도 있다)를 설치한다. 또한 문은 통상 한쪽 열림으로 180°여는 구조로 한다. 그림 7.6에 옥내소화전 함의 예를 나타내었다.

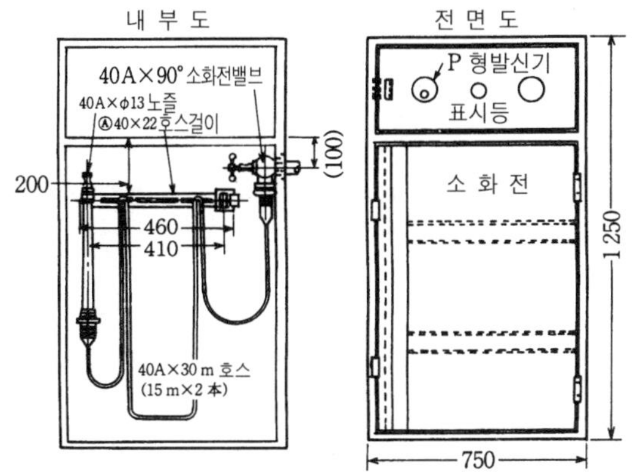

(a) 1호 소화전

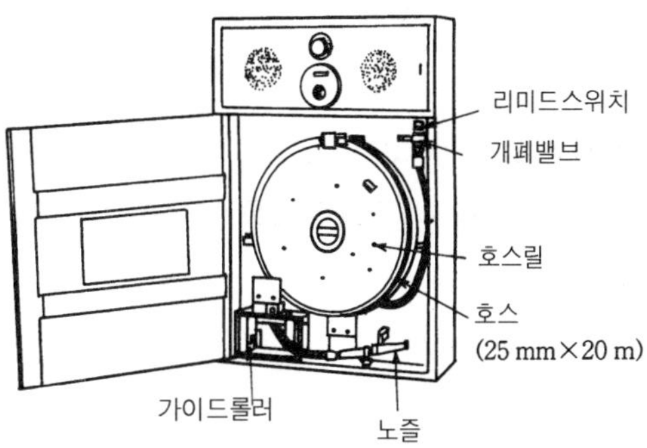

(b) 2호 소화전

그림. 7.6 옥내소화전함(1, 2호)의 예

7.3.9 배관

배관재료는 일반적으로 배관용탄소강관(KS D 3508, 아연도금)을 이용하지만, 고층건물 등에서 관내압력이 1.6 MPa 이상이 되는 경우는 압력배관용 탄소강관(스케줄 40, 아연도금)이 이용된다. 또한, 기준에 적합하는 합성수지관도 이용할 수 있다. 지중매설관에는 방식성이 좋은 경질염화비닐 외면피복강관이나 폴리에틸렌 외면피복강관 등이 이용된다. 배관방식은 원칙적으로 전용으로 하며, 연결송수관 이외의 설비와 겸용해서는 안 된다. 배관지름은 관내유량을 고려해 계산하지만, 1호 소화전의 경우 수직관경은 50 A 이상으로 하고, 2호 소화전의 수직관경은 32 A 이상으로 한다. 표 7.7에 기기

개수에 따른 배관지름의 일반적인 기준을 나타내었다.

표 7.7 배관경의 기준

설비의 종류	구경[A]	관경에 대한 개수[개]								
		25A	32A	40A	50A	65A	80A	100A	125A	150A
옥내소화전(1호)	40				2 이하					
옥내소화전(2호)	25		2 이하							
옥외소화전	65 또는 80						2 이하	3 이상		
연결송수관	65							1 이상		
스프링클러(80)*	15	2 이하	3	5	10	11 이상				
스프링클러(50)*	15	3 이하	4	5	9 이상					
연결살수(개방형)	15		1	2	3	5	6 이상 10 이하			
연결살수(폐쇄형)	15	2 이하	3	5	10	11 이상				

* ( )의 80은 방수압 0.1 Ma에서 방수량 80 L/min의 헤드, 50은 50 L/min의 헤드를 사용하는 경우이다. 114 L/min의 헤드를 사용하는 경우에는 80으로 나타낸 관경을 최저기준으로 하고, 계산에 의해 확인한다.

수직관은 소화용 고가수조에 접속하며, 항상 배관 내에 물을 채워 둔다. 또한, 옥상층에는 실제로 방수할 수 있도록 테스트밸브를 설치한다.

7.3.10 비상전원

화재시에도 소화설비에 전원공급을 확보하기 위해, 소화설비에는 비상전원설비를 의무화하고 있다. 비상전원으로부터 소화설비의 전동기까지는 내화전선을 사용한다. 비상전원설비에는 다음의 3 종류가 있다.

(1) 비상전원전용 수전설비
(2) 자가발전설비
(3) 축전지설비

7.3.11 대체설비

옥내소화전설비를 설치해야 할 부분에 옥외소화전설비, 스프링클러설비, 물분무 소화설비, 포소화설비, 불활성가스 소화설비, 할로겐화물 소화설비, 분말소화설비, 동력소방펌프설비 중 어느 것이든 설치할 경우는, 그 유효 범위내에 한해서 옥내소화전설비를 설치하지 아니하여도 무방하다. 또한 옥외 소화전설비와 동력소방펌프 설비의 유효범위는 1층과 2층만으로 한다.

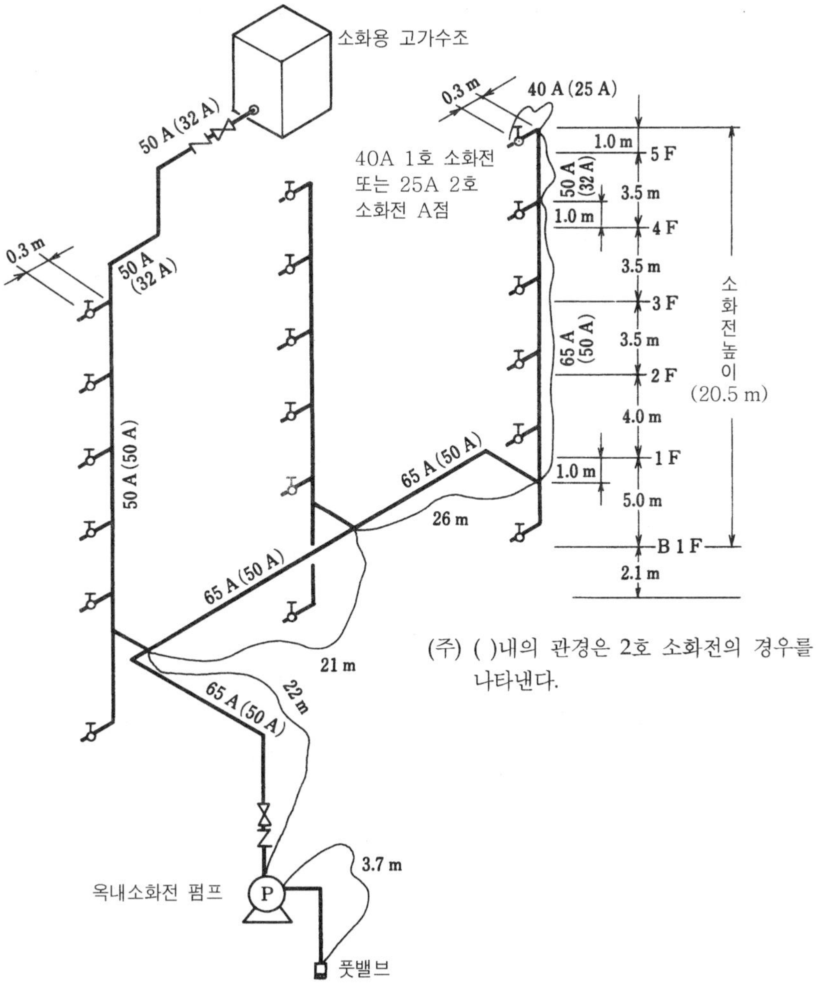

그림 7.7 옥내소화전설비 계산 예의 계통

예제 7.1 그림 7.7에 나타낸 옥내소화전설비에 필요한 수원 수량, 옥내소화전펌프의 토출량 및 전양정을 계산하시오. 다만, 2호 소화전밸브 및 호스의 마찰손실수두의 합계수두는 15 m로 한다.

풀이

(1) 전부 1호 소화전으로 하는 경우

① 수원 수량 : 각층의 설치개수 2개 이상이므로, 5.2 m^3 이상

② 펌프 토출량 : 각층의 설치개수 2개 이상이므로, 300 L/min

③ 펌프 전양정

• 호스 마찰손실

$$h_1 = 0.12 \times 30 = 3.6 \text{ m}$$

• 배관의 마찰손실수두 : 표 7.4, 표 7.5에 의해 계산하면 표 7.8이 된다.

$$h_2 = 5.56 \text{ m}$$

• 낙차 : 낙차는 최상층 소화전밸브의 높이로부터 펌프 흡입수위까지의 합계이다.

$$h_3 = 20.5 + 2.1 = 22.6 \text{ m}$$

따라서 펌프 전양정은

$$\begin{aligned} H &= h_1 + h_2 + h_3 + h_4 \\ &= 3.6 + 5.56 + 22.6 + 17 \\ &= 48.76 \fallingdotseq 49 \text{ m} \end{aligned}$$

(2) 전부 2호 소화전으로 하는 경우

① 수원 수량 : 각층의 설치개수 2개 이상이므로, 2.4 m^3

② 펌프 토출량 : 각층의 설치개수 2개 이상이므로, 140 L/min

③ 펌프 전양정 : 호스와 소화전밸브를 포함한 마찰손실값은 감정(鑑定)에서 나타낸 값으로 한다. 예제에서는 15 m. 배관의 마찰손실수두는 표 7.8이 된다.

따라서 펌프 전양정은

$$\begin{aligned} H &= h_1 + h_2 + h_3 + h_4 \\ &= 15 + 2.93 + 22.6 + 25 = 65.63 \fallingdotseq 66 \text{ m} \end{aligned}$$

가 된다.

표 7.8 [예제 7-1]의 계산 결과

배관경 [A]	소화전 개수(개)	수 량 [L/min]	종 별	개수 [개]	직관상당수 [m]	길이 합계 [m]	단위손실수두 [mAq/m]	손실수두 합계 [m]
			소화전밸브	1	16.5			
40	1	150	직관		0.3	18.1	0.124	2.24
			엘보	1	1.3			
50	1	150	직관		3.5	3.5	0.039	0.14
			직관		39.0			
65	1	150	엘보	1	2.0	45.1	0.012	0.54
			티	1	4.1			
			직관		46.7			
			엘보	3	6.0			
65	2	300	슬루스밸브	1	0.4	64.3	0.041	2.64
			체크밸브	1	5.6			
			풋밸브	1	5.6			
계								① 5.56
			소화전밸브					
25	1	70	직관		0.3			
			엘보	1	0.8	1.1	0.222	0.24
32	1	70	직관		3.5	3.5	0.0633	0.22
			직관		39.0			
50	1	70	엘보	1	1.6			
			티	1	3.2	43.8	0.094	0.41
			직관		46.7			
			엘보	3	4.8			
50	2	140	슬루스밸브	1	0.3			
			체크밸브	1	4.4			
			풋밸브	1	4.4	60.6	0.034	2.06
계								② 2.93

(주) ①은 1호 소화전의 A점으로부터 풋밸브까지의 배관 마찰손실수두
②는 2호 소화전의 A점으로부터 풋밸브까지의 배관 마찰손실수두

7.4 옥외소화전설비

옥외소화전설비의 구성을 그림 7.8에 나타내었다. 기본적으로 옥내소화전설비와 같다.

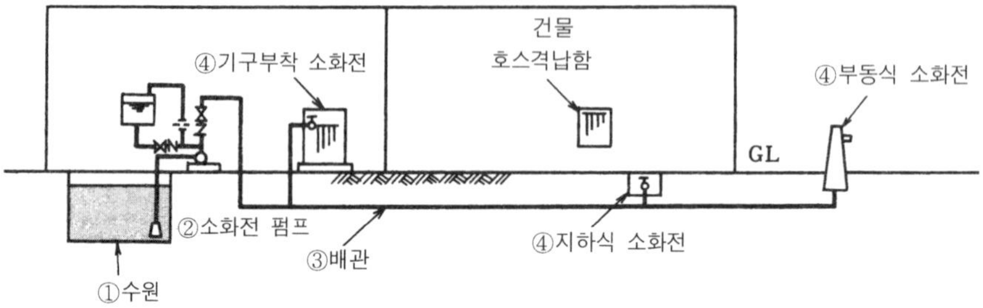

그림 7.8 옥외소화전설비의 계통

7.4.1 설치기준

옥외소화전은 건물의 각 부분을 반경 40 m의 원에 포함할 수 있도록 배치한다. 다만, 옥외소화전은 옥외에서 옥내로 향해 사용하는 것이기 때문에, 배치시에는 출입구, 창 등을 고려한다. 큰 건물 등에서 중앙부에 40 m의 원에 포함할 수 없는 부분이 생기는 경우는, 그 부분에 옥내소화전 등을 설치한다.

7.4.2 옥외소화전의 성능

옥외소화전은 모든 소화전(다만 최대 2개)을 동시에 사용할 경우에, 표 7.3에 나타낸 노즐방수압력 및 방수량 이상의 성능으로 한다.

7.4.3 수원

수원 용량은 표 7.3에 따른다.

7.4.4 가압송수장치

가압송수장치의 종류 등은 옥내소화전설비에 준한다.

[1] 가압송수장치의 용량

가압송수장치로서 펌프를 이용하는 경우의 토출량은 표 7.3에 의해 결정한다. 전양정은 식 (7.2)의 방수압력 및 방수량을 표 7.3에 나타낸 수치로 고쳐 계산하면 된다. 호스의 마찰손실은 유량 400 L/min, 호스길이 40 m로 하여 계산한다.

[2] 펌프의 기동 및 표시

옥내소화전설비에 준한다.

7.4.5 옥외소화전

옥외소화전에는 소화전 개폐밸브형 외에 지상식(스탠드형) 부동 소화전, 지하식 소화전 등이 있다. 호스 접속구는 65A로 단구형이 일반적이지만, 지상식 및 지하식 소화전에는 접속구 2개인 쌍구형도 있다. 개폐밸브는 지반면으로부터의 높이가 1.5 m 이내, 지하식에서는 깊이 0.6 m 이내에 설치한다.

7.4.6 노즐

노즐의 호스 접속부는 65A, 노즐 선단구경은 19 mm이다.

7.4.7 호스

호스는 65A로 20 m 짜리 2개를 접속해 격납함 내에 설치한다.

7.4.8 호스격납함 및 소화전함

호스격납함은 옥외소화전으로부터 보행거리 5 m 이내에 설치하고, 그 내부에는 노즐, 호스, 밸브 개방용 핸들을 격납한다. 함의 표면에는 「호스격납함」이라고 표시하고, 펌프 기동 표시등 및 사용법 설명서를 함 표면 또는 내부에 설치한다. 개폐밸브형 옥외소화전을 격납한 것에는 「소화전」으로 표시한다.

7.4.9 배관 · 비상전원

옥내소화전설비에 준한다.

7.5 스프링클러설비

7.5.1 분 류

스프링클러설비는 폐쇄형, 개방형 및 방수형으로 대별된다. 폐쇄형이란 헤드의 방수구가 상시 닫혀 있다가 화재시에 열을 감지해 방수구가 개방하는 것이고, 개방형은 감열부가 없이 방수구가 상시 개방되어 있는 것이다. 방수형은 일반적으로 스프링클러에서는 효과적인 감지·소화가 곤란한 높은 천장 부분에 설치하는 것이다.

[1] 폐쇄형

폐쇄형에는 습식, 준비작동식, 건식의 3종이 있다.

(a) 습식

습식의 구성을 그림 7.9(3층 및 N층을 제외한다)에 나타내었다. 이 방식은 가장 일반적인 스프링클러설비로서, 가압송수장치로부터 유수검지장치 및 그 다음의 폐쇄형 헤드까지의 배관은 항상 충수가압되어 있으므로, 헤드가 감열 개방하면 곧바로 살수를 시작한다.

(b) 준비작동식

준비작동식의 구성을 그림 7.9(N층)에 나타내었다. 이 방식은 유수검지장치에 준비작동밸브를 사용하는 것으로, 가압송수장치로부터 준비작동밸브까지의 배관은 습식과 같다. 준비작동밸브으로부터 폐쇄형 헤드까지의 배관에는 압축공기가 충전된다. 또한, 준비작동밸브의 기동용으로 헤드 외에 감지기가 설치된다. 화재시에는 이 감지기가 작동해서 준비작동밸브가 개방되면, 헤드까지 충수가 가압되어 헤드가 감열 개방되면 살수한다. 이 방식은 화재가 아닌 경우 오작동에 의한 물 손실사고가 있어서는 안 되는 컴퓨터실 등 특수한 실에 채용되고 있다.

(c) 건식

건식은 유수검지장치로서 건식밸브를 사용하는 것으로, 건식밸브 이후는 준비작동식과 같이 압축공기가 충전된다. 건식밸브는 이 압축공기의 압력으로 닫혀져 있지만, 화재로 인해 헤드가 감열 개방하여 밸브의 2차측 압력이 감압되면, 건식밸브가 개방해 살수한다. 이 방식은 동결의 우려가 있는 한랭지에 설치된다.

건식이나 준비작동식은 원칙적으로 헤드의 작동으로부터 1분 이내에 그 헤드로부터 방수할 수 있도록 할 필요가 있으므로, 2차측 배관용적에 주의가 요구된다.

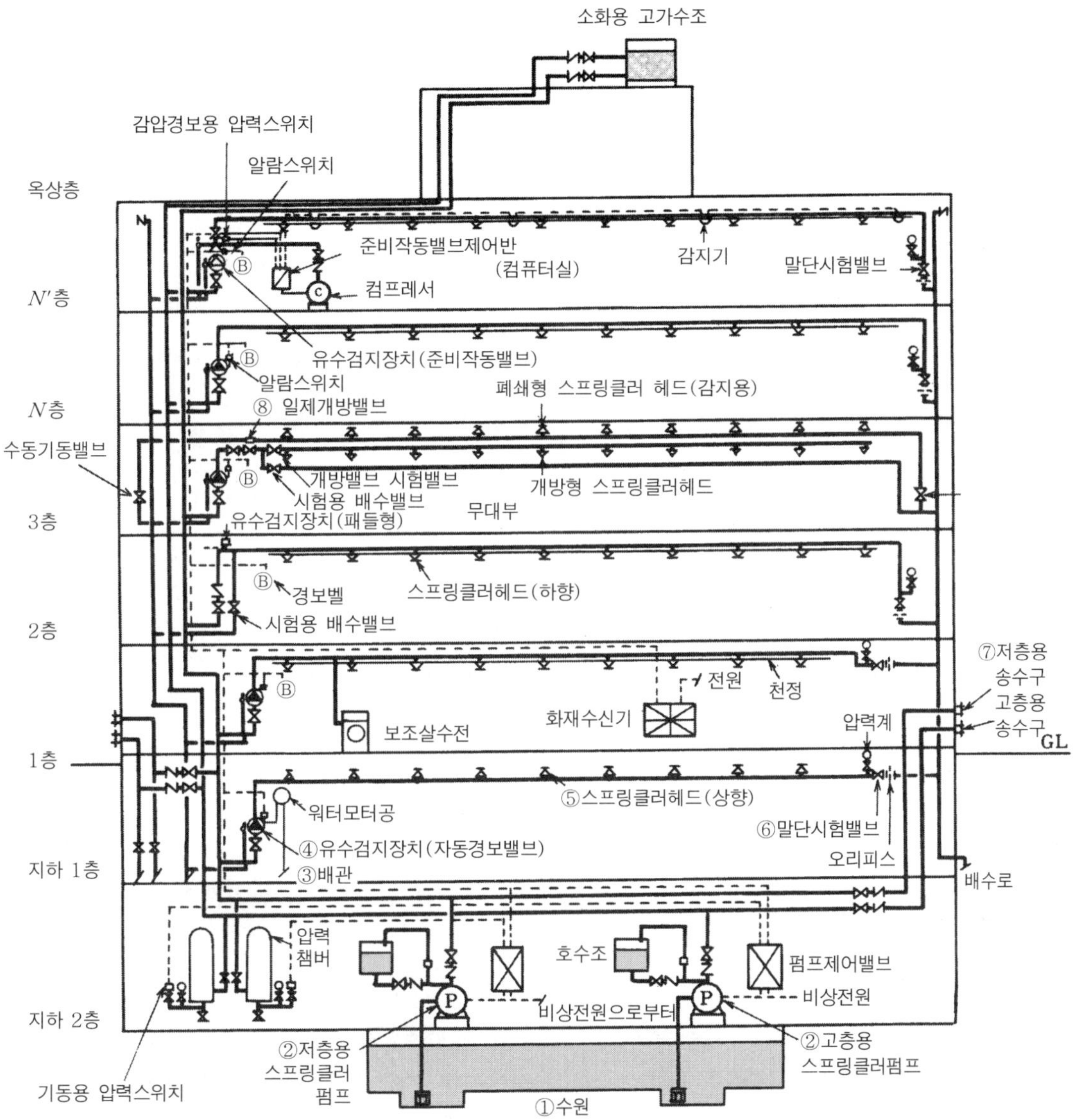

그림 7.9 스프링클러설비의 계통

[2] 개방형

개방형은 방호 대상물의 구획마다 일제개방밸브를 설치하고, 그 다음에 개방형 헤드를 단 것으로, 가압송수장치로부터 일제개방밸브의 1차측까지의 배관은 항상 가압송수장치의 압력으로 충수 가압되어 있다. 화재시에는 일제개방밸브가 열리면서 일제개방밸브 이후의 모든 헤드로부터 살수하는 것으로 텔류지방식이라고도 한다. 이 설비에는, 감지용 헤드 또는 감지기와 연동해서 일제개방밸브를 여는 자동식과, 수동 기동밸브의 조작에 의해 일제개방밸브를 여는 수동식이 있다. 그림 7.9의 3층 부분은 감지헤드를 사용한 자동식이다. 개방형은 무대부 등에 이용한다.

[3] 방수형

방수형 스프링클러설비에는 가동식 헤드(방수총)를 이용하는 가동식과, 고정식 헤드를 이용하는 고정식 설비가 있다. 또 각각의 헤드에는 대형 헤드와 소형 헤드의 2 종류가 있으며, 대형 헤드는 지정 가연물의 취급소나 저장소에, 소형 헤드는 그 외의 부분에 설치한다.

(a) 가동식

다목적 돔 등의 대공간을 방호하기 위해 설치하는 설비이다. 주사형(走査型) 화재검출기 등으로 화재발생 및 위치를 검출해, 방수총의 조준을 화재위치에 자동으로 설정하고, 그 후 방수키(key)의 조작에 의해(또는 자동으로) 방수를 개시하는 설비이다.

(b) 고정식

개방형의 고정식 헤드를 높은 천정부의 천정 또는 벽면에 설치하고, 일제개방밸브를 화염 감지기 등으로 연동해 개방, 살수하는 설비이다. 그 구성을 그림 7.10에 나타내었다.

7.5.2 설치기준

폐쇄형 헤드는 천정면에 설치하는 표준형 헤드와 벽면에 설치하는 측벽형 헤드로 분류된다. 측벽형 헤드를 제외한 표준형 헤드 및 개방형 헤드는, 표 7.9에 나타낸 수평거리를 반지름으로 한 원으로, 건물의 층 각부를 포함하도록 배치한다.

측벽형 헤드는 헤드 전방의 벽면(반대 측벽면에도 측벽형 헤드가 장착되는 경우에는 부착 벽면간의 중심선)까지의 거리 및 헤드 상호간의 거리가, 표 7.9에 나타낸 치수 이하가 되도록 설치한다.

방수형 헤드는 방수구역의 바닥면적 1 m^2 당 5 L/min(지정 가연물의 저장소, 취급소에서는 10 L/min)의 방수량을 얻을 수 있도록, 각 헤드의 성능에 근거해 배치한다.

표 7.10에 폐쇄형 헤드의 배치를 결정할 때 고려해야 할 사항을 나타내었다.

표 7.9 방화대상물 또는 그 부분과 스프링클러의 수평거리

<table>
<tr><th colspan="2">화재 대상물 또는 그 부분</th><th colspan="2">헤드의 종류</th><th>수평거리[m]</th></tr>
<tr><td colspan="2">무 대 부</td><td colspan="2">개 방 형 헤 드</td><td>1.7</td></tr>
<tr><td colspan="2" rowspan="2">지정가연물을 위험물안전관리법 시행령 별표에서 정하는 수량의 1,000배 이상 저장하거나 취급하는 것(가연성 액체류를 제외). 다만, 바닥으로부터 천정까지의 높이가 6 m를 넘는 부분은 제외</td><td rowspan="2">표준형 헤드*</td><td>1종 또는 유효살수반경이 2.3인 헤드</td><td>1.7</td></tr>
<tr><td>고감도형 헤드(유효살수반경을 r로 한다.)</td><td>$0.75 \times r$</td></tr>
<tr><td rowspan="8">아래에 기술한 것 이외의 방화대상물 (무대부를 제외)
다만, 다음의 ①, ②에 나타내는 고천정 부분은 제외.
① 물품판매용도로 제공하는 부분으로 바닥으로부터 천정까지의 높이가 6 m를 넘는 부분
② 그 밖의 부분에서 바닥으로부터 천정까지의 높이가 10m를 넘는 부분</td><td rowspan="4">비내화 건축물</td><td rowspan="2">표준형 헤드*</td><td>1종 또는 유효살수반경이 2.3인 헤드</td><td>1.7</td></tr>
<tr><td>고감도형 헤드(유효살수반경을 r로 한다.)</td><td>$0.9 \times r$</td></tr>
<tr><td>소구획형 헤드*</td><td>1종(숙박실 등에 설치가능)</td><td></td></tr>
<tr><td>측벽형 헤드*</td><td>1종(숙박실 등, 복도, 통로분에 설치가능)</td><td></td></tr>
<tr><td rowspan="4">내화 건축물</td><td rowspan="2">표준형 헤드*</td><td>1종 또는 유효살수반경이 2.3인 헤드</td><td>2.3</td></tr>
<tr><td>고감도형 헤드(유효살수반경을 r로 한다.)</td><td>r</td></tr>
<tr><td>소구획형 헤드*</td><td>1종(숙박실 등에 설치가능)</td><td>2.6</td></tr>
<tr><td>측벽형 헤드*</td><td>1종(숙박실 등, 복도, 통로분에 설치가능)</td><td>3.6×3.6</td></tr>
<tr><td rowspan="2">랙크식 창고</td><td>천정부분</td><td>표준형 헤드*</td><td>유효살수반경이 2.3이고, 호칭 20인 헤드</td><td>2.1</td></tr>
<tr><td>선반 등을 설치한 부분</td><td>표준형 헤드*</td><td>상동</td><td></td></tr>
<tr><td rowspan="4">지하가
다만, 다음의 ①,②에 나타낸 고천정 부분은 제외.
① 점포, 사무소 등의 부분으로 바닥으로부터 천정까지의 높이가 6 m를 넘는 부분
② 지하도에서 바닥으로부터 천정까지의 높이가 10 m를 넘는 부분</td><td rowspan="2">주방 그 밖의 화기를 사용하는 설비 또는 기구를 설치하는 부분</td><td>표준형 헤드*</td><td>1종 또는 유효살수반경이 2.3인 헤드</td><td>1.7</td></tr>
<tr><td>표준형 헤드*</td><td>고감도형 헤드(유효살수반경을 r로 한다.)</td><td>$0.75 \times r$</td></tr>
<tr><td rowspan="2">그 밖의 부분</td><td rowspan="2">표준형 헤드*</td><td>1종 또는 유효살수반경이 2.3인 헤드</td><td>2.1</td></tr>
<tr><td>고감도형 헤드(유효살수반경을 r로 한다.)</td><td>$0.9 \times r$</td></tr>
<tr><td rowspan="6">준지하가
다만, 바닥으로부터 천정까지의 높이가 6 m를 넘는 고천정 부분은 제외한다.</td><td rowspan="2">주방 그 밖의 화기를 사용하는 설비 또는 기구를 설치하는 부분</td><td rowspan="2">표준형 헤드*</td><td>1종 또는 유효살수반경이 2.3인 헤드</td><td>1.7</td></tr>
<tr><td>고감도형 헤드(유효살수반경을 r로 한다.)</td><td>$0.75 \times r$</td></tr>
<tr><td rowspan="2">그 외: 주요구조를 비내화로 한 것</td><td rowspan="2">표준형 헤드*</td><td>1종 또는 유효살수반경이 2.3인 헤드</td><td>2.1</td></tr>
<tr><td>고감도형 헤드(유효살수반경을 r로 한다.)</td><td>$0.9 \times r$</td></tr>
<tr><td rowspan="2">그 외: 주요구조를 내화로 한 것</td><td rowspan="2">표준형 헤드*</td><td>1종 또는 유효살수반경이 2.3인 헤드</td><td>2.3</td></tr>
<tr><td>고감도형 헤드(유효살수반경을 r로 한다.)</td><td>r</td></tr>
<tr><td colspan="2">상기 각 방화대상물의 고천정 부분</td><td colspan="2">방수형 헤드</td><td>각 헤드의 성능기준에 따른다.</td></tr>
</table>

(주) 표가운데 *표시의 표준형 헤드는 소구획형 헤드 이외의 것을 말한다.

표 7.10 스프링클러헤드의 배치 등에 관한 기준

항 목	기 준
헤드의 배치 및 부착위치	• 표준형 헤드는 부착면으로부터 0.4 m 이상 돌출 또는 칸막이 별로 배치한다(다만, 상호간의 거리가 1.8 m 이하인 경우에는 이러하지 아니하다). • 헤드는 천정아래에 설치한다. 다만, 매달기식 천정의 경우 천정재가 불연재 이외의 것, 또는 그 천정 뒷면의 높이가 0.5 m이상에서 연면적이 1,000 m^2 이상의 지하가에서는 천정 뒷면에도 헤드를 설치한다. • 표준형 헤드의 부착위치는 부착면으로부터 0.3 m 이내로 한다. • 측벽형 헤드의 부착은 천정면 및 부착벽면으로부터 각각 0.15 m 이내로 한다. • 랙크식 창고의 랙크 내에 설치하는 헤드는 랙크식 창고 등의 등급 I ~ III에서는 높이 4 m, 등급 IV에서는 높이 6 m 이하마다 설치한다. 그 밖의 상세한 사항에 대해서는 「랙크식 창고의 랙크를 설치한 부분에서 스프링클러헤드의 설치에 관한 기준」(1988 소방청고시제5호) 및 「랙크식 창고의 방화안전대책 가이드라인에 대해」(1998.7.24. 소방예제119호)에 따른다.
살수장해	• 헤드의 하방으로 폭 또는 길이가 1.2 m를 넘는 덕트, 선반 등이 있는 경우는 이들 덕트, 선반 등의 아랫면에도 헤드를 설치한다. • 표준형 헤드로부터 수평방향 0.3 m 이내, 하방 0.45 m 이내(연소하기 쉬운 가연물을 수용하는 경우는 0.9 m 이내), 측벽형 헤드에서는 헤드로부터 수평방향 0.45 m 이내, 하방 0.45 m 이내에는 아무것도 두지 않아야 한다.

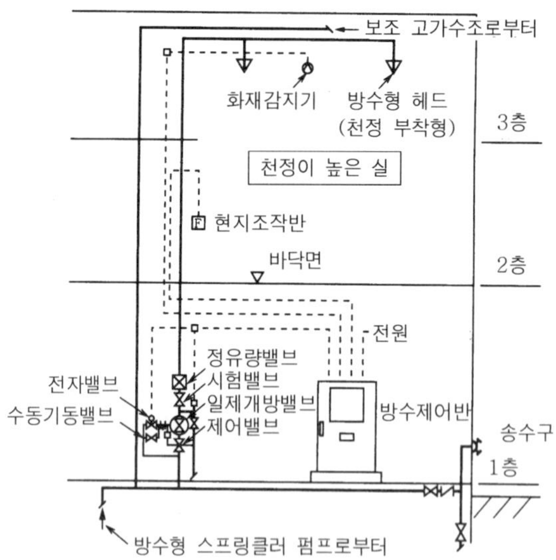

그림 7.10 방수형 스프링클러설비

표 7.11 방화대상물의 구분에 따른 스프링클러헤드의 산출개수 (수원용 수량 및 가압송수장치의 토출량 산정용)

<table>
<tr><th colspan="2" rowspan="2">헤드의 종류</th><th colspan="3" rowspan="2">방화대상물의 구분</th><th colspan="2">산출개수</th><th rowspan="2">헤드의 성능</th></tr>
<tr><th>습식</th><th>건식 · 준비작동식</th></tr>
<tr><td rowspan="11">폐쇄형 헤드</td><td rowspan="7">표준형 헤드 (소구획형 헤드는 제외)</td><td rowspan="3">일반 (하기 이외의 방화대상물)</td><td colspan="2">백화점 및 복합용도로서 백화점 용도로 제공되는 부분이 있는 것 (1,000 m^2 이상의 소매점포를 포함)</td><td>15[*1] (고감도형 12)</td><td rowspan="3">좌란 헤드개수의 1.5배[*2]</td><td rowspan="3">방수압 0.1 MPa 이상에서 방수량 80 L/min 이상</td></tr>
<tr><td rowspan="2">상기 이외의 것</td><td>지층을 제외한 층수가 10 이하인 것</td><td>10[*1] (고감도형 8)</td></tr>
<tr><td>지층을 제외한 층수가 11 이상인 것</td><td>15[*1] (고감도형 12)</td></tr>
<tr><td rowspan="2">랙크식 창고</td><td colspan="2">등급이 Ⅰ,Ⅱ 및 Ⅲ인 것</td><td>30[*1] (1종헤드24)</td><td rowspan="2">좌란의 헤드개수의 1.5배[*2,*3] (다만, 예작동식은 사용불가)</td><td rowspan="2">방수압 0.1 MPa 이상에서 방수량 114 L/min 이상</td></tr>
<tr><td colspan="2">등급이 Ⅳ인 것</td><td>20[*1] (1종헤드16)</td></tr>
<tr><td colspan="3">지하가 및 준지하가</td><td>15[*1] (고감도형 12)</td><td rowspan="2">좌란의 헤드개수의 1.5배[*2]</td><td rowspan="2">방수압 0.1 MPa 이상에서 방수량 80 L/min 이상</td></tr>
<tr><td colspan="3">지정가연물을 위험물관리법에서 규정하는 수량의 1,000배 이상 저장 또는 취급하는 것</td><td>20[*1] (1종헤드 16)</td></tr>
<tr><td rowspan="2">소구획형 헤드</td><td colspan="3">지층을 제외한 층수가 10 이하인 것</td><td>8[*1]</td><td rowspan="2"></td><td rowspan="2">방수압 0.1 MPa 이상에서 방수량 50 L/min 이상</td></tr>
<tr><td colspan="3">지층을 제외한 층수가 11 이상인 것</td><td>12[*1]</td></tr>
<tr><td rowspan="2">측벽형 헤드</td><td colspan="3">지층을 제외한 층수가 10 이하인 것</td><td>8[*1]</td><td rowspan="2">좌란의 헤드갯수의 1.5</td><td rowspan="2">방수압 0.1 MPa 이상에서 방수량 80 L/min 이상</td></tr>
<tr><td colspan="3">지층을 제외한 층수가 11 이상인 것</td><td>12[*1]</td></tr>
<tr><td colspan="2" rowspan="2">개방형 헤드</td><td colspan="3">무대부가 10층 이하의 층에 있을 때</td><td colspan="2">최대의 방수구역에 설치되는 헤드 개수의 1.6배[*4]</td><td rowspan="2">방수압 0.1 MPa 이상에서 방수량 80 L/min 이상</td></tr>
<tr><td colspan="3">무대부가 11층 이상의 층에 있을 때</td><td colspan="2">헤드의 설치개수가 가장 많은 층의 개수</td></tr>
<tr><td colspan="2" rowspan="2">방수형 헤드</td><td>고정식</td><td colspan="4">방수역 가운데 면적이 최대가 되는 구역에 설치된 헤드 수</td><td rowspan="2">소방청장관이 정하는 성능 이상</td></tr>
<tr><td>가동식</td><td colspan="4">방수량이 최대가 되는 헤드의 방수량에 준한다.</td></tr>
</table>

*1 헤드의 설치개수가 표의 개수에 만족하지 않을 경우는 실제의 설치개수라도 무방

*2 우수리가 나온 경우는 올림한다.

*3 랙크식 창고에서 건식설비로 할 때, ① 1종헤드를 사용하고 있음, ② 수평차폐판을 규정대로 설치하고 있는 경우, 그 산출개수는 1.5배의 규정에도 불구하고 등급 Ⅰ,Ⅱ,Ⅲ의 창고에서는 30개, 등급 Ⅳ의 창고인 경우는 20개로 하여도 된다.

*4 가압송수장치의 토출량을 산출하는 경우는 1.6배로 하지 않는 값이 좋다.

7.5.3 스프링클러헤드의 성능

폐쇄형 및 개방형 헤드는 표 7.11에 나타낸 산출개수가 동시에 방수했을 때에, 어느 헤드의 방수압력 및 방수량도 동표 성능란에 나타내는 수치 이상인 것으로 한다.

공동주택에 대해서는「공동주택 등과 관련되는 소방설비 등의 특례에 대해서」(일본)에 의해, 스프링클러설비는 공동주택용 설비라고 하는 것, 또 스프링클러 헤드는 소구획형으로 하고, 산출개수는 4개로 한다라는 특례기준이 통지되어 있으므로, 4개가 동시에 방수했을 때 표의 성능을 만족하면 좋다.

방수형 헤드의 성능은,「방수형 헤드 등을 이용하는 스프링클러설비의 설치 및 유지에 관한 기술상의 기준 세목」(일본)에 따른다.

7.5.4 수원

폐쇄형 및 개방형 스프링클러설비의 수원 수량은 식 (7.4)에 의해 산출한다.

$$Q_w \geq q_w \cdot D_s \tag{7.4}$$

여기서, Q_w : 수원 수량 [m^3]

q_w : 헤드 1개당 필요한 수원 수량 [m^3/개] (표 7.12)

D_s : 표 7.11의 산출개수 [개] (공동주택에서 특례에 의한 경우는 4개)

보조 살수전을 병설해도 그 방수량을 가산할 필요는 없다.

7.5.5 가압송수장치

가압송수장치의 종류, 설치위치 등은 옥내소화전설비에 준한다.

표 7.12 헤드 1개당 필요한 수원 수량 q_w

방화대상물의 구분		q_w [m^3/개]
일 반	소구획형 헤드를 사용하는 설비	1.0
	소구획형 헤드를 사용하는 설비 이외	1.6
랙크식 창고	등급 Ⅲ 또는 Ⅳ로 수평차폐판이 있는 것	2.28
	상기 이외	3.42

(비고) 방수형 스프링클러설비의 수원 수량은, 고정식 헤드에서는 최대의 방수구획에 방수했을 때의 수량, 가동식 헤드에서는 1분당의 수량이 최대가 될 때의 방수량으로, 20분 방수할 수 있는 양 이상으로 한다.

표 7.13 펌프 토출량의 산출

헤드의 종류별	헤드 1개당 수량[L/min · 개]
일 반	90
소구획형 헤드	60
랙크식 창고에 설치하는 것	130

[1] 펌프를 이용하는 가압송수장치

(a) 펌프의 토출량

스프링클러펌프의 토출량은 표 7.11의 산출개수에, 표 7.13에 나타내는 수치를 곱해 산출한다. 공동주택에서 특례기준에 의한 경우는 220 L/min의 토출량으로 한다. 개방형 스프링클러설비는 동시에 살수하는 헤드수가 많기 때문에 상세한 수력계산을 하여, 상기에 의해 구한 토출량으로 부족이 없는가 확인할 필요가 있다.

방수형 스프링클러설비의 펌프 토출량은 7.5.3항에 나타낸 성능을 만족하는 양으로 한다.

(b) 펌프의 전양정

펌프의 전양정은 식 (7.5)에 의해 산출한다.

$$H \geq (h_1 + 5) + H_2 + 10 \tag{7.5}$$

여기서, H : 펌프의 전양정 [m]

h_1 : 배관의 마찰손실수두 [m]

h_2 : 낙차 [m]

5 : 유수검지장치의 마찰손실수두 [m]

10 : 헤드의 방수 압력수두 [m]

헤드를 설치하지 않는 부분을 방호하기 위한 보조 살수전를 병설하는 경우는 식 (7.2)의 2호 소화전으로도 계산해, 큰 편의 수치를 채용한다. 이 경우 인접하는 보조 살수전 상호의 수평거리가 30 m 이상의 경우는, 2대 동시 방수로 하지 않고 1대로 하여도 무난하다(고가수조, 압력수조를 이용하는 경우도 같다).

(c) 펌프의 성능 · 원동기

옥내소화전설비에 준한다.

(d) 펌프의 기동

가압송수장치로서 고가수조 또는 압력수조를 이용하는 경우, 특별한 기동장치를 필요로 하지 않고도 소정의 능력을 발휘하지만, 펌프를 이용하는 경우는 헤드의 감열 개방, 일제개방밸브의 개방, 또는 보조살수전의 방수와 연동해 펌프를 자동으로 기동시키지 않으면 안 된다. 일반적으로 이용되고 있는 자동기동방식에는 다음의 두개가 있다.

(1) 압력검지방식

상시 가압되어 있는 펌프 2차측 배관의 압력수가 헤드의 감열개방 등으로 감압하는 것을, 압력 스윗치로 검지해 펌프를 자동기동시키는 방식이다. 이 방식에서는, 압력유지를 위해서 압축공기탱크(압력챔버)를 설치하고 이 탱크에 압력스위치를 접속하는 것이 일반적이다.

(2) 유수검지방식

상시 가압되어 있는 펌프 2차측 배관의 압력수가 헤드의 감열개방 등에 의해 유수했을 때, 이것을 검지해 그 신호에 의해 펌프를 자동으로 기동시키는 방식이다. 이 방식에 이용하는 유수검지장치는 자동경보밸브(알람밸브)에 한정한다.

(e) 펌프주위의 부속기기 및 배관

기기 및 배관은 옥내소화전설비에 준하지만, 압력검지에 의한 기동방식에서는 기동용 압력스위치를 설치한 압축공기탱크가 부설된다.

[2] 배관의 마찰손실 계산

옥내소화전설비와 마찬가지로 압력이 가장 낮아진다고 예상되는 헤드의 방수량을 헤드의 종별마다 정해진 값(소구획형 헤드는 50, 랙크식 창고에 설치하는 표준형 헤드는 114, 그 외의 헤드는 80 L/min)으로 하고, 이 헤드를 기점으로 차례차례 각 헤드로부터의 방수량을 더해 배관의 마찰손실수두를 계산한다. 지역에 따라서는 헤드의 산출개수마다 정해진 손실수두를 계산값에 가산하거나, 헤드 산출개수 이후의 배관 내 유량은, 펌프의 규정 토출량으로서 배관의 마찰손실을 계산하는 것 등이 정해져 있으므로 주의한다.

[3] 헤드수와 배관지름

헤드수에 대한 배관지름은 표 7.7에 의해 결정한다. 표에서 규정개수 이상의 배관지름은 전항에 따라 계산한 뒤 결정하지만, 일반적으로는 유량 900～3,900 L/min에서 100～200 A이다.

[4] 스프링클러헤드

폐쇄형 헤드는 천정에 다는 표준형 헤드와 벽면에 다는 측벽형 헤드로 분류된다. 표준형 헤드에는 상향으로 달아 하부로 살수하는 상향형, 하향으로 달아 하부로 살수하는 하향형이 있다. 측벽형에는 상향으로 설치하는 상향형과 수평으로 설치하는 수평형가 있으며, 모두 앞쪽과 수평방향으로 살수한다. 폐쇄형 헤드는 감도 종별에 따라 1종(속동형)과 2종(표준형)으로 구분된다. 소구획형 헤드는 1종이고, 고감도형 헤드는 1종 중에서 유효살수반경 2.6 m 이상의 것을 말한다. 측벽형 1종과 소구획형 헤드는 주택의 거실, 호텔의 객실 등에 이용할 수가 있다. 또한 폐쇄형 헤드에는 표시온도(정격작동온도)가 있으므로, 표 7.14로부터 적절한 것을 선택한다. 사무실 등의 일반실은 보통온도, 주방・탕비실 등은 중간온도의 것을 이용한다.

개방형은 폐쇄형 헤드에 있는 감열 부분이 없는 것이다. 방수형 헤드에 대해서는 여러 가지가 개발되어 있으므로, 방호 대상물에 의해 적절한 것을 선택한다.

표 7.14 스프링클러헤드 부착장소의 최고주위온도와 작동온도

부착장소의 최고주위온도[℃]	39 미만	39 이상, 64 미만	64 이상, 106 미만	106 이상
표시온도(정격작동온도)[℃]	79 미만	79 이상, 121 미만	121 이상, 162 미만	162 이상
표시온도에 따른 호칭법	보통온도	중간온도	고온도	최고온도
헤드의 색별표시	흑색	흰색	청색	적색, 그 이상 고온의 경우는 녹색, 주황색

[5] 자동경보장치

자동경보장치는 화재의 발생을 신속하게 알리는 것으로, 발신부인 유수검지장치와 수신부인 화재표시반으로 구성된다. 발신부인 유수검지장치는 각층 또는 각 방수구역마다 설치한다. 화재시에는 폐쇄형 헤드의 감열개방 등에 의한 유수로 작동해, 감시실 등의 화재 표시반에 화재층(화재구역)을 표시함과 함께, 음향경보장치에 의해 화재발생을 알리는 것이다. 이 음향경보장치는 유수검지장치의 작동과 연동시키면, 자동화재탐지설비의 지구 벨 등으로 겸용할 수가 있다.

유수검지장치는 각각의 시스템 별로, 습식에는 자동경보밸브 또는 유량스위치, 준비작동식에는 준비작동밸브, 건식에는 건식밸브를 이용한다.

습식 유수검지장치에는 검지할 수 있는 최저유량에 따라 50, 60, 80 및 50・60 병용형 등이 있다. 소구획형 헤드를 이용하는 경우는 50 형, 보조 살수전를 병설하는 경우는 50・60 병용형 등, 그 유량을 검지할 수 있는 적절한 검지유량 정수를 가진 유수검지장치를 사용한다. 준비작동밸브 및 건식밸브

에는 2차측에 압축공기를 충전하기 위한 공기압축기가 필요하다. 그 능력은 30분 이내에 소정의 공기압까지 보충할 수 있는 것으로 하며, 전원은 전용전원으로 한다. 또한 이러한 설비에서는 헤드가 감열 개방할 경우, 원칙으로 1분 이내에 방수할 수 있도록 한다.

[6] 일제개방밸브 및 방수구역

일제개방밸브는 개방형이나 방수형 스프링클러설비 이외에 드렌처 · 물분무 · 포 소화설비 등에 이용되고 있으며 자동 또는 수동으로 작동된다.

밸브의 일차측은 항상 가압수로 충수되어 있으며 2차측은 개방형 헤드를 통해 대기압이 되고 있다. 밸브가 작동하면 2차측 배관에 장착된 헤드 모두로부터 일제히 살수하며, 일제히 살수되는 구역을 방수구역이라고 한다. 큰 무대에 설치하는 경우 방수구역은 4개까지 나눌 수가 있다. 다만, 인접하는 헤드 상호간의 거리는 0.5 m 이내로 하며 방수구역이 서로 중복되도록 설치한다. 자동식으로 할 경우에도 수동으로 기동할 수 있도록, 수동기동밸브를 2개소에 분산해 설치한다.

[7] 스프링클러 전용 송수구

송수구는 소방차가 옥외에서 스프링클러배관으로 송수하기 위한의 것으로서, 소방펌프차가 지장없이 접근할 수 있는 위치에 설치하며, 설치높이는 지반면으로부터 0.5~1.0 m로 한다. 또한 송수구에는 스프링클러설비의 송수구라고 하는 취지의 표시 및 송수압력 범위를 표시하며, 가압송수장치로부터 유수검지장치까지의 배관은 구경 100A 이상의 관으로 접속한다.

송수구의 호스 접속구는 65 A로, 지자체의 소방대가 사용하는 호스 접속구에 맞게 한다. 또한 펌프차의 흡수원이 근처에 필요하기 때문에, 송수구의 설치위치에 대해서는 관할 소방서와 잘 협의한 후 결정한다.

[8] 말단 시험밸브장치

말단 시험밸브장치는 폐쇄형 헤드를 여는 일 없이 설비의 기능을 확인하는 장치로, 유수검지장치마다 그 배관계의 말단에 설치한다. 시험밸브에는 압력계 및 헤드 1개와 동등한 방수성능을 가지는 오리피스가 설치된다.

[9] 보조 살수전

스프링클러의 말단 경계부분을 방호하기 위해서 설치하는 것으로, 성능 및 설치 기준은 표 7.3의 2호 소화전과 같다. 보조 살수전으로의 배관은 사용했을 때 방수경보가 발령될 수 있도록 반드시 습식 유수검지장치의 2차측 배관으로부터 분기한다.

7.6 드렌처설비

드렌처설비는 외부의 화재로부터 건물을 방호하기 위해, 연소의 우려가 있는 지붕 · 외벽 · 개구부에 드렌처헤드를 설치하여 헤드로부터의 수막에 의해 연소를 방지하는 것이다.

설비방식은 개방형 스프링클러설비와 같지만, 설치위치가 외부이고 조작도 용이함으로 일제개방밸브 대신에 볼밸브나 지수밸브를 방수 제어밸브로서 이용하는 사례도 있다. 설비의 구성을 그림 7.11에 나타내었다. 드렌처헤드를 개구부에 설치하는 경우는 개구부의 길이 2.5 m 이내마다, 외벽에 설치하는 경우는 외벽을 따라 수평거리 2.4 m, 높이 4 m 이내마다, 지붕에서는 길이방향으로 수평거리 2.4 m 이내, 지붕의 경사를 따라 6 m 이내마다 헤드 1개를 설치한다.

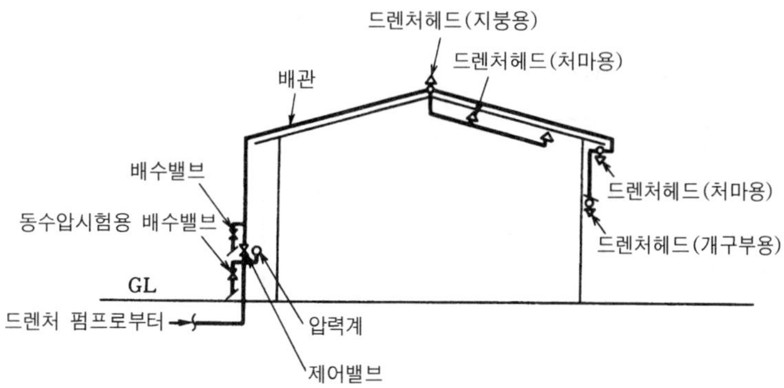

그림 7.11 드렌처설비의 계통

7.7 물분무 소화설비

물분무 소화설비는 물분무 헤드에 의해 물을 미립상으로 뿌려 화재의 소화 · 억제 · 연소 방지를 하는 것이다. 미립상이기 때문에 증발하기 쉽고 냉각효과가 뛰어나며 또한 이 때 발생하는 수증기에 의한 질식효과도 있어서, 주차장, 도로, 지정 가연물의 취급소 · 저장소의 소화설비에 적용된다. 다만, 이 설비를 도로 또는 주차장에 설치하는 경우 방사된 물의 배수설비가 요구되기 때문에, 주차장 등에 설치되어 있는 예는 거의 없으므로 상세한 기술은 생략한다.

7.8 포 소화설비

포 소화설비는 소화제로서 물에 포 소화약제를 일정한 비율로 혼합한 것을 사용해서, 거품에 의한 질식효과와 냉각작용에 의해 소화하는 것으로, 물만으로는 소화가 곤란한 주차장, 격납고, 위험물 시설 등에 이용된다. 설비방식에는 고정의 포 방출구를 이용하는 고정식과 노즐·호스를 사용하는 이동식이 있으며, 이 중 고정식은 발생하는 거품의 팽창비(발생한 거품의 체적을, 발생시키는데 필요한 포 수용액의 체적으로 나눈 값)에 의해, 팽창비 20 이하의 저발포와 80 이상 1,000 이하의 고발포의 두 종류로 구분된다. 이동식은 저발포만 있다. 고발포 포 소화설비에는, 밀폐 방호구획 전체에 거품이 충만한 전역방출방식과 방호 대상물 주위에 거품을 채워 소화하는 국소방출방식이 있다. 일반 주차장에서 이용되는 것은, 그림 7.12에 나타낸 포 헤드를 사용하는 저발포의 고정식 설비이지만, 둘레에 벽이 없고, 화재때 연기가 충만할 우려가 없는 주차장이나 옥상의 주차장에서는 이동식을 이용할 수가 있다.

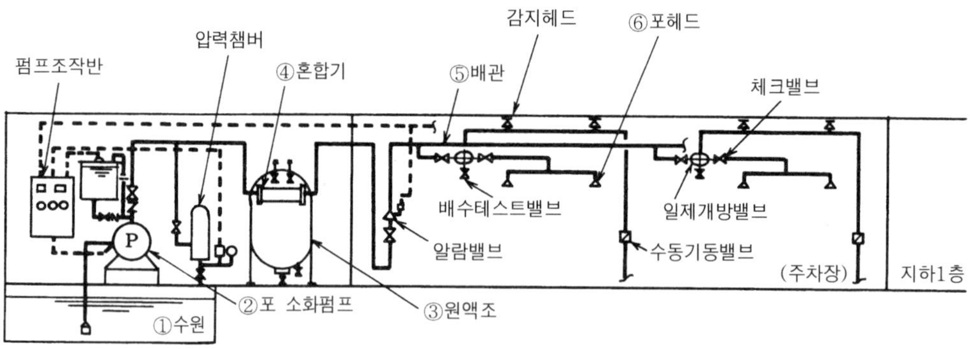

그림 7.12 포 소화설비의 계통

7.8.1 포의 혼합방식

대표적인 혼합방식의 예를 다음에 나타내었다.

(a) 프레져 프로포셔너(pressure proportioner : 차압혼합)

주차장 등에 채용되는 가장 일반적인 방식으로 포 소화펌프의 토출압력을 포 소화약제 저장탱크에 가하여 혼합기에 의해 포 원액을 물과 일정한 비율로 혼합시키는 방식이다. 그림 7.12에 이 방식의 설비를 나타내었다.

(b) 프레져 사이드 프로포셔너(pressure sinde proportioner : 압입혼합)

소화펌프와는 별도로 전용의 소화약제용 원액펌프를 설치해 혼합기로 물과 일정한 비율로 혼합시키는 방식이다.

(c) 라인 프로포셔너(line proportioner : 관로혼합)

포 소화전 등에 이용되고 있는 방식으로, 포 소화전 펌프의 토출측 배관에 흡입기를 설치하여 소화약제 저장탱크의 포 원액을 흡인하여, 물과 일정한 비율로 혼합시키는 방식이다.

7.8.2 설치기준

저발포 포 소화설비의 포 방출구는 다음의 포헤드로 한다.

(1) 회전익 항공기 · 수직 이착륙 항공기의 발착장 : 폼워터 스프링클러헤드(foam water sprinkler head)
(2) 지정 가연물의 저장소 · 취급소 : 폼워터 스프링클러헤드 또는 포헤드
(3) 도로용으로 이용되는 부분 · 자동차의 수리 · 정비장 또는 주차장 : 포헤드

상기 폼워터 스프링클러헤드는 8 m^2에 1개, 포헤드는 9 m^2에 1개 설치한다. 또한 자동화재감지장치로서 감지헤드(폐쇄형 헤드)를 이용하는 경우, 20 m^2에 1개 이상을 화재를 유효하게 감지할 수 있도록 설치한다. 감지장치로서 화재 감지기를 사용하는 경우는 열감지기로 하며 자동화재탐지설비의 설치기준에 따라 설치한다.

이동식 포 소화설비(포 소화전)는, 반경 15 m의 원으로 방호 대상물의 각 부분을 방호하도록 배치한다. 또한 전역방출방식 고발포 포 소화설비의 고발포용 포 방출구는 방호구획의 바닥면적 500 m^2 마다 1개 이상을 설치한다.

7.8.3 수원 및 포 소화약제

수원의 구조 등에 대해서는 옥내소화전설비에 준한다. 주차장에 설치하는 고정식 포 소화설비의 수원 수량 및 원액 저장량은, 최대의 방사구역(인접하는 2 방사구역의 면적이 최대가 되는 부분)의 포헤드로부터 10분간 방사할 수 있는 양 이상으로 한다. 이동식은 15분간 방사할 수 있는 양 이상으로 한다. 그림 7.12에 나타낸 설비를 건식으로 할 경우는, 배관내를 충만할 만하는 양을 원액 저장량에 부가한다.

현재 사용되고 있는 포 소화약제에는 수성막 포 소화약제, 계면활성제 포 소화약제, 단백포 소화약제가 있으며, 3% 또는 6%의 혼합비로 사용된다. 이중 주차장 포 소화설비의 소화약제로서 현재 가장

많이 사용되고 있는 것은, 원액량, 가압송수장치 용량이 작게 할 수 있는 수성막 포 소화약제로 3% 혼합형이다. 이 경우의 필요 방사량은 바닥면적 1 m^2당 3.7 L/min 이상이다.

7.8.4 포 방출구

포 방출구는 포 소화약제의 수용액에 공기를 혼입해서 발포시키는 것으로, 고발포 포 소화설비에는 고발포용 포 방출구를 저발포에는 7.8.2항에서 말한 포헤드를 사용한다. 폼워터 스프링클러헤드는 물만의 경우 스프링클러헤드와 같이 살수하는 것이다. 수성막용 포헤드의 성능은 대부분의 것이 0.25 MPa의 방사압력으로 35 L/min의 방사량이 되고 있다.

7.9 불활성가스 소화설비

불활성가스 소화설비란 소화약제로서 「이산화탄소」, 「질소」, 「질소와 아르곤의 등량 혼합물(IG55라고 한다)」 및 「질소 52%, 아르곤 40%, 이산화탄소 8%의 혼합물(IG541라고 한다)」을 사용하는 설비의 총칭이다. 주로 소화약제의 방출에 의한 산소농도의 희석작용에 의해 소화하는 설비이다. 원칙적으로 사람이 없는 통신기기실, 자동차 수리・정비장, 주차장 등의 소화설비로서 이용되지만, 질식소화에서 특히 이산화탄소 소화설비에 대해서는 안전에 대한 배려가 필요하다. 이산화탄소 소화설비에는 고정식의 전역방출방식, 국소방출방식 및 이동식이 있다. 또한 고압식과 저압식이 있으며, 저압식은 주로 선박에 이용되고 일반 건물에서는 고압식이다. 그림 7.13에 전역방출방식의 이산화탄소 소화설비의 구성을 나타내었다. 질소계 소화설비는 전역방출방식뿐이다.

7.9.1 방출방식

(a) 전역방출방식

밀폐된 구획 전체에 소화약제를 방출・충만시켜 소화하는 방식이다.

(b) 국소방출방식

방호 대상물에 직접 소화약제를 분사해 소화하는 방식으로 설비의 구성은 전역방출방식과 같다.

(c) 이동식

저장용기, 호스, 분사노즐로 구성되어 있으며, 화재시에는 노즐로부터 직접 발화점으로 향해 소화약제를 분사해 소화한다.

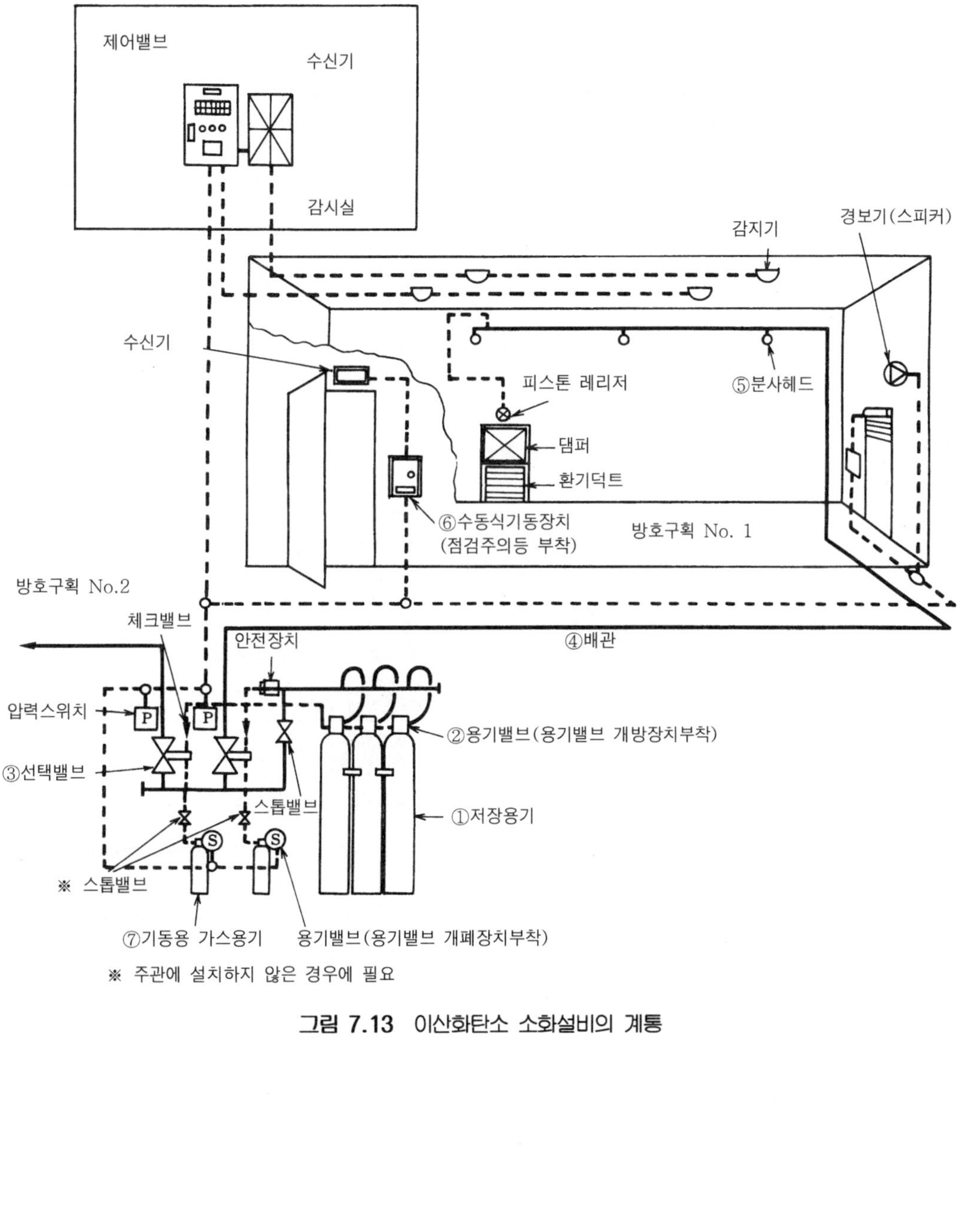

그림 7.13 이산화탄소 소화설비의 계통

표 7.15 이산화탄소 소화설비의 소화약제량 산출기준

<table>
<tr><th colspan="2">항 목</th><th>산 출 기 준</th></tr>
<tr><td rowspan="3">전역방출방식</td><td>분사헤드의 방사압력</td><td>고압식(소화약제가 상온에서 용기에 저장된 것) .... 1.4 MPa 이상
저압식(소화약제가 영하 18도 이하에서 저장된 것) .... 0.9 MPa 이상</td></tr>
<tr><td>필요소화약제량</td><td>
<table>
<tr><th>방화대상물 또는 그 부분</th><th>방호구획의 체적[m³]</th><th>방호구획의 단위체적당 소화약제량 [kg/m³]</th><th>소화약제 총량의 최저한도 [kg]</th><th>개구부 부가량 [kg/m²]</th></tr>
<tr><td rowspan="4">주차장 · 자동차 수리공장 · 발전기실 · 변압기실 · 단조장 · 보일러실 · 건조실 · 화기를 사용하는 장소 · 그 밖에 아래에 기술하는 방화대상물 이외의 방화대상물 또는 그 부분</td><td>50 미만</td><td>1.00</td><td>–</td><td rowspan="4">5</td></tr>
<tr><td>50 이상 150 미만</td><td>0.90</td><td>50</td></tr>
<tr><td>150 이상 1,500 미만</td><td>0.80</td><td>135</td></tr>
<tr><td>1,500 이상</td><td>0.75</td><td>1,200</td></tr>
</table>
<table>
<tr><th colspan="2">방화대상물 또는 그 부분</th><th>방호구획의 단위체적당 소화약제량 [kg/m³]</th><th>개구부 부가량 [kg/m²]</th></tr>
<tr><td colspan="2">통신기기실</td><td>1.2</td><td>10</td></tr>
<tr><td rowspan="3">지정가연물(가연성 고체류 및 가연성 액체류를 제외)을 저장하거나 또는 취급하는 방화대상물 또는 그 부분</td><td>면화류, 목모 또는 대패밥, 넝마 또는 종이류(식물성 기름이 포함되어 있는 베 또는 종이 및 이들 제품을 제함), 섬유류, 볏짚류 또는 합성수지류(불연성 또는 난연성이 아닌 고무제품, 고무반제품, 원료고무 및 고무조각 등에 한한다)에 관련된 것</td><td>2.7</td><td>20</td></tr>
<tr><td>목재가공품 또는 목재조각에 관련된 것</td><td>2.0</td><td>15</td></tr>
<tr><td>합성수지류(불연성 또는 난연성이 아닌 고무, 고무반제품 및 고무조각을 제외)에 관련된 것</td><td>0.75</td><td>5</td></tr>
</table>
</td></tr>
<tr><td>방사시간</td><td>
<table>
<tr><th>방화대상물 또는 그 부분</th><th>시간[min]</th></tr>
<tr><td>통신기기실</td><td>3.5 이내</td></tr>
<tr><td>지정가연물(가연성 고체류 및 가연성 액체류 제외)을 저장하거나, 또는 취급하는 방화대상물 또는 그 부분</td><td>7 이내</td></tr>
<tr><td>그 밖의 방화대상물 또는 그 부분</td><td>1 이내</td></tr>
</table>
</td></tr>
<tr><td rowspan="3">국소방출방식</td><td>필요소화약제량 (면적식)</td><td>S [m²]×Q [kg/m²]×곱수
S : 한변의 길이가 0.6 m 이내인 경우는 0.6 m로 하여 계산한 면적 [m²]
Q : 단위표면적당의 소화제량 … 13 [kg/m²]
곱수 : 1.4 … 고압식의 것 1.1 … 저압식의 것</td></tr>
<tr><td>필요소화약제량 (체적식)</td><td>V [m³]×Q [kg/m³]×곱수
V : 방호대상물의 모든 부분으로부터 0.6 m 떨어진 부분에 의해 포함된 공간[m³]
$Q = 8 - 6\frac{a}{A}$
다만, Q : 단위체적당 소화약제량 [kg/m³]
a : 방호대상물의 주위에 설치된 벽의 면적 합계 [m²]
A : 방호공간의 벽 면적(벽이 없는 부분에서는 벽이 있다고 가정한 경우에서 당해부분의 면적의 합계 [m²])</td></tr>
<tr><td>방사시간</td><td>30 s 이내로 방사할 수 있을 것</td></tr>
<tr><td rowspan="2">이동식</td><td>배치</td><td>호스접속구는 모든 방호대상물의 부분으로부터 하나의 호스 접속구까지의 수평거리가 15 m 이하가 되도록 설치한다.</td></tr>
<tr><td>필요소화약제량</td><td>하나의 노즐당 90 kg 이상인 양으로 한다.</td></tr>
</table>

7.9.2 필요 소화약제의 산출 및 이동식의 배치

(a) 전역방출방식

방호구획의 체적에 방호구획 단위체적당 필요 소화약제량을 곱해 구한 량 이상으로 한다. 방호구획 단위체적당의 소화약제량에 대해서는 표 7.15(이산화탄소) 및 표 7.16(질소계)에 나타내었다. 이산화탄소 소화설비의 경우, 폐쇄할 수 없는 개구부가 있을 때에는 그 만큼의 소화약제량을 추가한다. 그 외 질소계 소화설비에서는, 개구부를 소화약제 방출전에 반드시 폐쇄한다. 또한 질소계 소화설비에는, 소화약제 방출시의 방호구획 내압력 상승을 방지하기 위한 압력도피구가 필요하다.

(b) 국소방출방식

방호 대상물의 체적 또는 면적에 표 7.15에 나타낸 단위체적 또는 면적당의 필요 소화약제량을 곱해 산출한다.

(c) 이동식

표 7.15에 따른다.

7.9.3 기동 및 방출 표시등

이산화탄소 소화설비의 기동은 원칙적으로 수동이지만, 평상시 사람이 없는 방호 대상물에서는 자동・수동 변환식으로 할 수 있다. 기동장치에는 조작한 사람이 안전하게 피난할 수 있도록, 수동 기동버튼 조작으로부터 기동까지 20초 이상이 되는 지연장치를 설치한다.

표 7.16 질소계 소화설비의 필요소화약제량 산출기준 외

<table>
<tr><th colspan="2">항 목</th><th colspan="2">기 준</th></tr>
<tr><td rowspan="6">전역
방출
방식</td><td>분사헤드의 방사압력</td><td colspan="2">1.9 MPa 이상</td></tr>
<tr><td>방사시간
(필요소화약제량의 9/10 이상의 양을 방사할 수 있을 때까지의 시간)</td><td colspan="2">1 min 이내</td></tr>
<tr><td rowspan="4">필요소화약제량
(온도 20℃에서 1기압 상태로 환산한 값)</td><td>소화약제의 종류</td><td>방호구획 단위체적당 부가량[m^3/m^2]</td></tr>
<tr><td>질소</td><td>0.516 이상 0.740 이하</td></tr>
<tr><td>IG55</td><td>0.477 이상 0.562 이하</td></tr>
<tr><td>IG541</td><td>0.472 이상 0.562 이하</td></tr>
</table>

질소계 소화설비의 기동은 원칙 자동으로 하며, 방호구획 형성에 필요한 시간 이상의 지연시간은 설정하지 않는다. 그러나 점검을 위해 사람이 들어가는 경우 등은 수동으로 전환할 수가 있다. 방호구획의 각 출입구에는 소화약제가 방출된 것을 나타내는 「방출 표시등」을 설치한다.

7.9.4 배출 조치

불활성가스 소화설비를 설치한 장소에는 소화약제 및 연소가스를 안전한 장소에 배출하기 위한 장치를 설치한다.

7.9.5 기기 및 배관

(a) 분사헤드

가스를 방출 · 확산하기 위한 것이다.

(b) 선택밸브

방호구획이 두개 이상 있어서 저장용기를 공용하는 경우에 설치한다.

(c) 수동기동장치

수동으로 가스를 방출시키기 위한 장치로, 방호구획마다 그 방호구획을 간파할 수 있는 출입구 부근에서, 조작한 사람이 용이하게 피난할 수 있는 곳에 설치한다.

(d) 음향경보장치

소화약제를 방출하기 전에, 방호구획 내에 있는 사람에게 가스를 방출한다라는 취지를 알려서 피난시키기 위한 것이다

(e) 배관

압력배관용 탄소강관(KS D 3562)의 스케줄 40 또는 80 이상으로 아연도금 등의 방식처리를 한 것을 사용한다.

7.10 할로겐화합물 소화설비

할로겐화합물 소화설비는 소화약제로서 할로겐화합물을 사용하며, 이 물질의 부촉매 효과에 의해 소화하는 설비이다. 소화약제에는 종래부터 사용되어 온 프레온 1301, 1211, 2402와 최근 개발된, 오

존층 파괴계수가 0인 HFC-23(트리플루오르 메탄) 및 HFC-227 ea(헵타플르오로프로판)가 있다. 종래의 프레온은 오존층 파괴의 원인 물질이기 때문에, 불가결한 용도에 한해서 사용할 수 있다고 여겨진다.

HFC 소화설비의 방식은 전역방출방식만이고, 원칙적으로 평상시 사람이 없는 주차장, 통신기기실 등에 이용할 수가 있다. 화재가 소규모 단계에서 소화약제를 방사할 필요가 있는 것으로써, 기동방식은 자동식으로 방호구획의 폐쇄에 필요한 시간 이상의 지연시간은 마련하지 않는다. 소화약제의 필요 저장량 등에 대해서는 표 7.17에 따른다.

이 설비에서는, 방사때 방호구획의 압력이 상승하는 것을 방지하는 압력도피구와 소화약제 및 연소가스를 안전하게 배출하는 설비가 필요하다.

표 7.17 HFC 소화설비의 필요소화약제량 산출기준 외

<table>
<tr><th colspan="2">항 목</th><th colspan="2">기 준</th></tr>
<tr><td rowspan="6">전역방출방식</td><td rowspan="2">분사헤드의 방사압력</td><td>HFC-23을 방사하는 것</td><td>0.9 MPa 이상</td></tr>
<tr><td>HFC-227ea를 방사하는 것</td><td>0.3 MPa 이상</td></tr>
<tr><td>방사시간
(필요소화약제량 전량을 방사할 수 있을때까지의 시간)</td><td colspan="2">10s 이내</td></tr>
<tr><td rowspan="3">필요소화약제량</td><td>소화약제종류</td><td>방호구획 단위체적당의 부가량 [kg/m²]</td></tr>
<tr><td>HFC-23</td><td>0.52 이상 0.80 이하</td></tr>
<tr><td>HFC-227ea</td><td>0.55 이상 0.72 이하</td></tr>
</table>

7.11 분말소화설비

분말소화설비는 중탄산나트륨 등의 미세한 분말을 사용해 부촉매 효과에 의해 소화하는 설비이다. 이 설비는 소화약제가 분말이므로 동결하지 않아 한랭지에 적합하고, 또 인화성 액체의 표면화재에 속효성이 있는 것 등의 이유로 항공기 격납고, 회전익 항공기 발착장, 한랭지 주차장, 옥상 주차장 등 외, 마그네슘 등 특수화재의 소화설비로서 이용되고 있다. 설비방식에는 전역방출방식, 국소방출방식, 이동식이 있다. 소화약제의 저장법에는, 동일 용기 내에 가압가스와 함께 봉입되는 축압식과 가압가스를 다른 용기에 넣어 두는 가압식이 있다. 가압식으로 전역방출방식 설비의 구성을 그림 7.14에 나타내었다. 일반적으로 전역방출방식과 국소방출방식은 도로 부분에는 설치할 수 없다.

표 7.18 분말소화설비의 소화약제량 산출기준

항목		산출기준		
전역방출방식	필요소화약제량	소화약제의 종류	방호구획의 단위체적당 소화약제량 [kg/m³]	개구부 부가량 [kg/m²]
		제1종 분말	0.6	4.5
		제2종 분말	0.36	2.7
		제3종 분말	0.36	2.7
		제4종 분말	0.24	1.8

국소방출방식 – 필요소화약제량 (면적식)

화염시 연소면이 하나로 한정되며, 가연물의 비산 위험이 없는 경우

S [m²] × Q [kg/m²] × 곱수

S : 한변의 길이가 0.6 m 이내인 경우는 0.6 m로 하여 계산한 면적 [m²]

Q : 아래의 표에 따른다.

소화약제의 종류	방호대상물의 단위면적당 소화약제량 Q [kg/m²]
제1종 분말	8.8
제2종 분말	5.2
제3종 분말	5.2
제4종 분말	3.6

국소방출방식 – 필요소화약제량 (체적식)

상기 이외의 경우

V[m³] × Q [kg/m³] × 곱수 (통신기기실의 경우 0.7을 곱한다)

V : 방호대상물의 모든 부분으로부터 0.6 m떨어진 부분에 의해 포함된 공간[m³]

$$Q = X - Y\frac{a}{A}$$

단, Q : 단위체적당 소화약제량 [kg/m³]

a : 방호대상물의 주위에 설치된 벽 면적의 합계 [m²]

A : 방호공간의 벽면적(벽이 없는 부분에서는 벽이 있다고 가정한 경우에서 당해부분 면적의 합계 [m²])

X 및 Y 는 아래의 표에 따른다.

소화약제의 종류	X	Y	곱수
제1종 분말	5.2	3.9	1.1
제2종 분말	3.2	2.4	1.1
제3종 분말	3.2	2.4	1.1
제4종 분말	2.0	1.5	1.1

이동식 – 배치

호스접속구는 모든 방호대상물의 부분으로부터 하나의 호스 접속구까지의 수평거리가 15 m 이하가 되도록 설치한다.

이동식 – 필요소화약제량

소화약제의 종류	1개 노즐의 소화약제량 [kg]
제1종 분말	50
제2종 분말	30
제3종 분말	30
제4종 분말	20

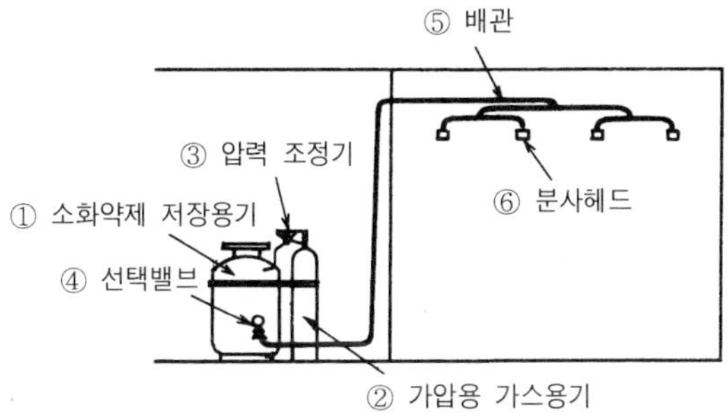

그림 7.14 분말소화설비의 계통

7.11.1 필요 소화약제량의 산출 및 이동식의 배치

필요 소화약제량은 전역방출방식에서는 방호구획의 체적에, 국소방출방식에서는 연소면이 1면으로 한정되는 경우는 그 면적에, 그 외의 경우는 방호 대상물로부터 0.6 m 떨어진 부분에 의해 둘러싸인 공간의 체적에, 표 7.18에 나타내는 수치를 곱해 산출한 양 이상으로 한다. 이동식의 배치 및 저장량은 표 7.18에 따른다. 주차장 및 도로용으로 제공되는 부분에 설치하는 경우의 소화약제는, 제3종 분말에 한정한다.

7.11.2 배 관

배관은 배관용탄소강관 또는 압력배관용 탄소강관으로 아연도금한 것을 사용하며, 소화약제와 가압용(또는 축압용) 가스가 분리하지 않도록, 배관의 곡부에서 관경의 20배 이상의 직관부를 취함과 동시에, 가능한 한 압력이 균등하게 되도록 하는 토너먼트 방식(이등분 배관방식)의 배관으로 한다. 밸브류는 소화약제의 분리 · 체류가 일어나지 않도록 볼밸브, 그랜드 콕 등을 이용한다.

7.12 그 외의 소화설비

지금까지 기술한 소화설비 이외에 아래와 같은 소화설비, 점검 시스템이 개발되어 이용되고 있다.

7.12.1 후드 등의 소화설비

업무용 주방내의 레인지, 플라이어 등에서의 유지화재 및 유지가 부착된 덕트 등의 화재에 대한 소화설비로서, 소화약제는 강화액(탄산칼륨을 주성분으로 한 수용액) 또는 분말이 사용된다.

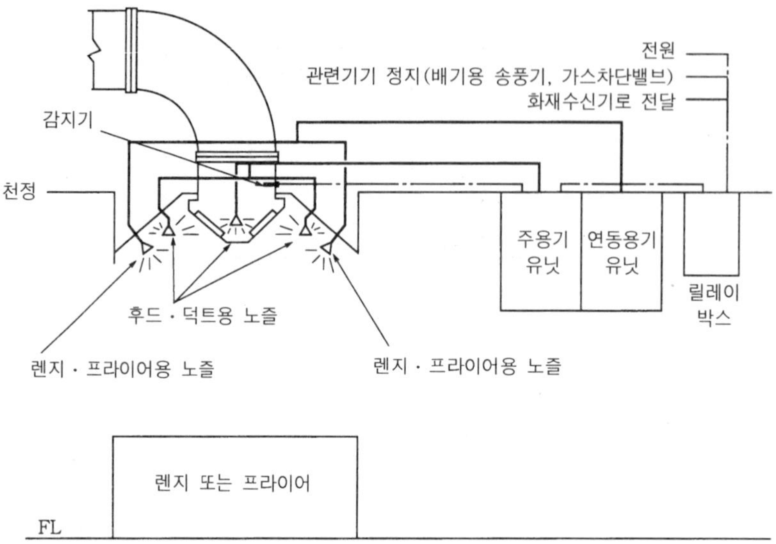

그림 7.15 후드 소화설비 계통도

강화액을 사용한 설비의 구성을 그림 7.15에 나타내었다. 이 설비는 오작동 방지를 위해 감지기가 화재에 의한 열을 감지하면 연료가스의 공급을 차단하고, 그런데도 온도가 계속 상승할 때에 처음으로 소화약제를 방출하는 2단계 감지방식으로 되어 있다.

7.12.2 패키지형 소화설비

소화약제로서 습윤제가 들어 있는 물이나 강화액을 사용한다. 소화약제 저장용기, 가압용 가스용기, 노즐, 호스 등을 컴팩트한 상자내에 일체로 수납한 소화설비로서, 화재시에는 사람이 호스를 연장하여 노즐로부터 방사하여 소화를 한다.

표 7.19에 나타낸 조건을 만족하는 방화 대상물에 옥내소화전의 대체로서 이용할 수가 있다. 또한 동일한 소화약제 · 가압가스를 저장해 두고, 화재에 의한 열 또는 연기를 감지해서 자동적으로 소화약제를 방사하는 패키지형 자동소화설비도 개발되어 있으며, 표 7.19에 나타낸 조건을 만족하는 방화 대상물에 스프링클러설비의 대체로서 이용할 수 있다.

표 7.19 팩키지형 (자동)소화설비가 설치가능한 방화대상물 외[7)]

<table>
<tr><th rowspan="2"></th><th colspan="2">팩키지형 소화설비</th><th rowspan="2">팩키지형 자동소화설비</th></tr>
<tr><th>I 형</th><th>II 형</th></tr>
<tr><td rowspan="2">팩키지형 소화설비가 설치가능한 방화대상물</td><td>1. 내화건축물
지하층을 제외한 층수가 6 이하, 그리고 연면적이 대략 3,000 m^2 이하인 것</td><td>1. 내화건축물
지하층을 제외한 층수가 4 이하, 그리고 연면적이 대략 1,500 m^2 이하인 것</td><td rowspan="2">호텔, 기숙사, 공동주택 등[소방령별표(5)항] 및 병원, 사회복지시설, 유치원 등[소방령별표(6)항]의 용도로 제공되는 부분에서, 연면적이 대략 10,000 m^2 이하인 것</td></tr>
<tr><td>2. 내화건축물 이외
지하층을 제외한 층수가 3 이하, 그리고 연면적이 대략 2,000 m^2 이하인 것</td><td>2. 내화건축물 이외
지하층을 제외한 층수가 2 이하, 그리고 연면적이 대략 1,000 m^2 이하인 것</td></tr>
<tr><td rowspan="2">설치기준</td><td colspan="2">하나의 접속구로부터 층의 각 부분까지의 거리[m]</td><td rowspan="2">원칙적으로 벽, 바닥, 천정 등에서 구획된 실별로 설치</td></tr>
<tr><td>20</td><td>15</td></tr>
<tr><td>호스길이</td><td>25 m 이상</td><td>20 m 이상</td><td>—</td></tr>
</table>

7.12.3 소방설비의 자동점검시스템

건물의 대형화 · 고층화 · 다양화에 따라, 소방용 설비의 점검작업 인원이나 소요일수가 증대하고, 또한 작업도 복잡해졌기 때문에 개발된 시스템으로 다음과 같은 사항이 구성된다.

(a) 자동점검 관리패널

시스템의 중추로서 중앙감시실 등에 설치한다. 점검 관리, 스케줄 관리, 데이터 관리 등의 관리 및 표시기능을 가지며, 패널면에는 CRT 표시부, 제어부, 조작 패널부가 있다.

(b) 자동점검 중계패널

소방설비의 단말기기와의 인터페이스 기능을 주관함과 동시에, 그러한 기기의 상시 감시, 데이터 계측, 또 자동 점검 관리반으로부터의 명령에 의한 단말기기의 제어, 데이터의 전송을 하는 패널이다.

(c) 단말기기

압력 센서 · 유량 센서 · 회전수 검출기 · 전동밸브 등의 조합에 의해, 그 설비기기의 기능 확인이나 상시 감시를 하는 기기이다.

7.13 연결살수설비

건물의 지하층에서 화재가 발생하면 연기가 충만해 소화활동이 매우 곤란하게 되기 때문에 미리 천정면에 살수헤드를 설치하여 송수구까지 배관을 접속해 두고, 화재 시에는 소방펌프차로 송수하여 소화하는 설비이다. 설비는 송수구, 살수헤드 및 배관으로 구성되며, 1개의 송수구에서 송수구역을 선택할 수 있도록 하는 경우는 선택밸브를 설치한다. 설비의 구성을 그림 7.16의 지하 1, 2층 부분에 나타내었다. 설비방식으로는, 개방형 헤드를 이용하는 개방형과 폐쇄형 헤드를 이용하는 폐쇄형이 있으며, 폐쇄형의 경우 소방대가 도착할 때까지의 사이는 고가수조 등에서 급수되는 방식으로 하도록 정하고 있는 지자체도 있다.

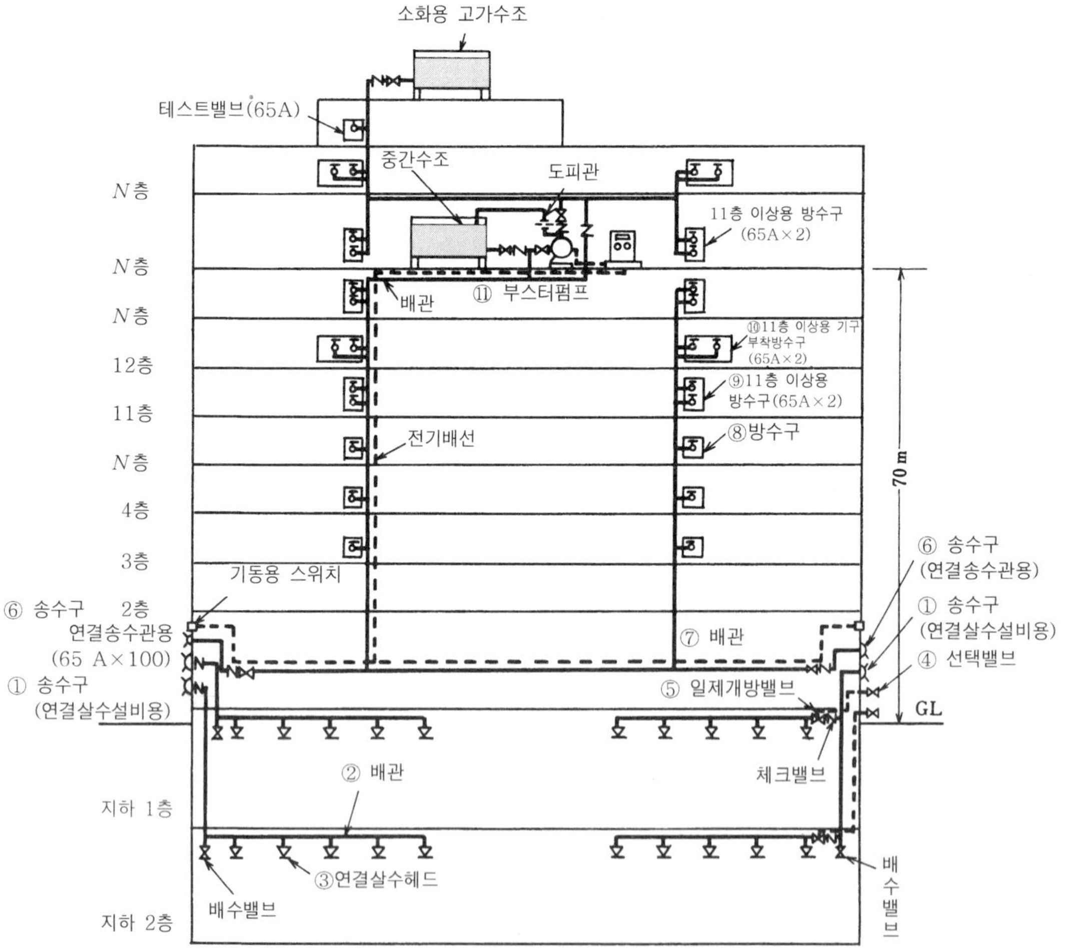

그림. 7.16 연결송수관 · 연결살수설비의 계통

7.13.1 설치기준

개방형 연결살수헤드는, 헤드를 중심으로 한 반경 3.7 m의 원으로 방호구역의 각부를 포함할 수 있도록 배치한다. 폐쇄형 헤드의 배치는 스프링클러설비(고감도형 헤드는 제외한다)에 준하지만, 부착면의 높이가 2.1 m 이하의 경우는, 사용하는 헤드의 살수분포에 따른 거리로 한다. 또한 헤드는 천정 아래와 천정과 지붕 사이의 공간에 설치하지만, 천정과 지붕 사이의 공간 높이가 0.5 m 미만의 부분이나, 천정을 난연재료로 한 부분의 천정과 지붕사이의 공간에는 헤드를 설치할 필요가 없다.

연결송수관이 설치되고 법기준에 의해 배연설비가 설치되는 부분 또는 유효한 개구부가 있어서 배연설비의 설치가 필요하지 않는 부분에는, 연결살수설비를 설치하지 않아도 된다.

7.13.2 살수헤드

개방형 헤드는 소방대가 송수할 때까지 화재의 열에 노출되어 있기 때문에, 재질은 고열, 급냉각에 견딜 수 있는 것으로 한다. 살수량은 0.5 MPa에서 195 L/min 전후이다. 폐쇄형은 고감도형을 제외한 일반적인 스프링클러헤드를 사용한다.

7.13.3 송수구역

하나의 송수구 또는 선택밸브에 접속된 살수헤드의 방호범위를 송수구역이라고 한다. 하나의 송수구역에 접속하는 헤드는 폐쇄형, 개방형 중에서 한 종류로 하며, 그 접속 헤드수는 개방형에서는 10개, 폐쇄형에서는 20개 이하로 한다.

7.13.4 선택밸브 · 일제개방밸브

두 개 이상의 송수구역이 있는 경우, 송수구역을 선택할 수 있는 선택밸브를 송수구 부근에 설치하면 송수구는 하나로 된다. 선택밸브로서 일제개방밸브를 사용하는 경우는, 그 수동 기동밸브를 송수구 부근에 설치한다.

7.13.5 송수구

송수구는 지반면으로부터의 높이가 0.5 m 이상 1 m 이하, 또는 지반면 아래 0.3 m 이내에 설치한다. 하나의 송수구역에 다는 살수헤드수가 4개 이하의 경우는 단구형의 송수구를 설치한다. 송수구에는 「연결살수설비 송수구」의 표지와 송수구역 · 선택밸브 · 송수구를 명시한 계통도를 송수구 부근에 설치한다.

7.13.6 배관

배관재료 · 이음쇠 등은 옥내소화전설비에 준하지만, 내화성이 요구되기 때문에 합성수지관은 사용할 수 없다. 배관지름은 표 7.7에 나타낸 관지름 이상으로 한다.

7.14 연결송수관

연결송수관은 소방대 전용설비로서, 각 층에 설치하는 방수구와 지상 또는 1층 외벽면에 설치하는 송수구 및 배관으로 구성된다. 방수구는 3층 이상의 각 층에 설치하며, 11층 이상의 방수구에는 방수용 기구를 부설한다(다만, 비상용 엘리베이터가 설치되어 있어 방수용 기구의 반송이 용이하다고 인정된 건물은 설치가 면제된다). 또한 높이 70 m 이상의 건물에는 고층에서도 규정의 방수압력을 얻을 수 있도록 가압송수장치(부스터 펌프)를 설치한다.

7.14.1 설치기준

방수구의 위치는 소방대가 유효하게 활동할 수 있도록 계단실 또는 비상용 엘리베이터의 승강 로비 등으로 하며, 건물의 층마다, 그 층의 각 부분이 방수구를 중심으로 한 반경 50 m(아케이드 및 도로의 부분은 반경 25 m)의 원에 포함할 수 있도록 배치한다. 송수구의 설치대수는 수직관의 개수 이상으로 한다.

7.14.2 방수구

방수구는 소화전밸브와 같은 구조로서 구경은 65A이다. 부착높이는 바닥면으로부터 0.5～1 m 이하로 하며, 11층 이상에 설치하는 방수구는 쌍구형(또는 단구형 2개)으로 한다.

7.14.3 송수구

구조 · 구경 · 설치높이 등은 스프링클러설비에 준한다. 표지는 「송수구」라고 한다.

7.14.4 방수기구함

방수기구함은 구경 65A, 길이 20 m의 호스 2개 및 노즐 2개 이상을 수납한 것으로, 하나의 직통 계단에 대해 층수 3 이내마다, 방수구로부터의 거리 5 m 이내에 설치한다. 다만, 각 층에 설치하도록 규제하고 있는 지자체도 있다.

7.14.5 배관

주관 구경은 원칙 100A 이상으로 하며, 소방서장 등이 지정한 건물에서는, 수력계산에 의해 산출한 관경으로 할 수가 있다. 배관 · 관이음쇠는 연결살수설비에 준하지만, 노즐첨단 방수압력이 0.6 MPa(소방서장 등이 지정할 경우는 그 지정압력)이 되도록 송수할 경우의 송수압력(설계 송수압력이라고 한다)이, 1 MPa를 넘을 때는 압력배관용 탄소강관 스케줄 40 이상으로 한다. 송수시 워터해머나 에어포켓 방지를 위해 고층건물의 연결송수관은 반드시 습식으로 하고, 그 외의 건물에서도 원칙적으로 습식으로 한다.

7.14.6 가압송수장치(부스터 펌프)

토출량은 인접하는 두개의 층에 설치된 방수구의 설치개수(최대 3)에 800 L/min를 곱한 양 이상으로 한다. 수직관마다 가압송수장치를 설치하는 경우는, 800 L/min의 2배가 되는 1,600 L/min 이상으로 한다. 전양정은 식 (7.2)에 의해 산출한 수치에서 송수구로부터 펌프차로 송수했을 때의 펌프 흡입구에서의 잔압을 뺀 값으로 한다. 동경도에서는 펌프차에 의한 송수압력의 상한치를 1.6 MPa로 하도록 규정하고 있다. 그 외 보다 섬세한 기준이 정해져 있는 지자체도 있으므로, 관할 소방당국과 자주 협의한다. 펌프는 펌프 기동반으로 조작할 수 있는 것 외에, 송수구의 바로 옆 또는 중앙관리실에서 원격조작할 수 있도록 한다. 펌프를 설치한 연결송수관의 구성을 그림 7.16에 나타냈다.

7.14.7 비상전원

비상전원은 옥내소화전설비에 준하지만, 그 용량은 가압송수장치를 유효하게 2시간 이상 작동할 수 있는 용량으로 한다.

표 7.20 소방용수의 수량산출을 위한 면적

건축물의 구분		면적[m^2]
지반면으로부터의 높이가 31 m 이하인 것	내화건축물	7,500
	준내화건축물	5,000
	그 밖의 건축물	2,500
지반면으로부터의 높이가 31 m를 넘는 것		12,500

표 7.21 소방용 수량에 대한 소방용수 설비의 필요한 사항

소방용수의 소요수량[m^3]		40 미만	40 이상 100 미만	120 이상
소방용수설비	펌프의 양수량 [L/min]	1,100	2,200	3,300
	채수구의 수 [개]	1	2	3
	펌프로부터 채수구까지의 관경[A]	80 이상	100 이상	125 이상

(주) 위의 표에서 관경은 참고치이다.

7.15 소방용수

소방용수는 공설 소방대가 소방펌프차로 물을 끌어 올려 소화활동에 사용하기 위한 수원으로, 저수조에 저장한 물 뿐만이 아니라 흐르는 물도 이용할 수 있다.

7.15.1 설치기준

소방용수로부터 건물 각 부분까지의 수평거리가 100 m 이내가 되는 위치에서, 소방펌프차가 2 m 이내에 접근할 수 있는 위치에 설치한다. 펌프차가 직접 접근할 수 없는 경우는, 접근할 수 있는 위치에 채수구를 설치하고 소방용수까지 배관해 둔다. 소방펌프차의 흡입관을 투입하는 입구는 한변의 길이 또는 직경을 60 cm 이상으로 한다. 동경도에서는 용량 80 m^3 이상의 소방용수에는, 흡입관 투입구를 2개 이상 설치하도록 정하고 있다.

7.15.2 유효수량의 산출

유효수량이란 펌프차가 끌어 올릴 수가 있는 수량으로 하고, 지반면 아래에 설치하는 경우는 지반면으로부터 4.5 m 이내 부분의 수량으로 한정된다.

필요한 소방용수 유효수량의 합은 식 (7.6)에 의해 산출한다.

$$Q = 20q \tag{7.6}$$

여기서, Q : 소방용수 유효수량의 합 [m^3]

q : 바닥면적(지상 31 m 이하의 건물) 또는 연면적(지상 31 m를 넘는 건물)을 표 7.20에 나타낸 값으로 나눈 값(소수점 이하 반올림)

[주] 흐르는 물을 이용하는 경우는 0.8 m^3의 유량을 20 m^3로 환산한다. 또한 하나의 소방용수 유효수량은 20 m^3 이상으로 한다.

7.15.3 대 체 법

지반면 아래 4.5 m 이하에 설치되는 수조를 소방용수로 하려면, 송수펌프 및 채수구를 설치하여 소방펌프차가 유효하게 채수할 수 있는 조치를 강구한다. 송수펌프의 채수구 수에 대한 동경도의 기준을 표 7.21에 나타내었다.

참고문헌

1) 공기조화・위생공학회편 : 공기조화・위생공학편람, 제12판. 제4권(1995) 공기조화・위생공학회
2) 일본화재학회편 : 화재편람, 제3판 (1997) 公立출판
3) 동경 소방청 예방부 예방과 감수 : 예방사무심사・검사기준, 개정 제6판, 제11권 (2001) 동경방재지도협회
4) 스프링클러설비 표준기준 (2000) 손해보험료율 산정회
5) 물분무소화설비 표준기준 (2000) 손해보험료율 산정회
6) 아메리카 방화협회 (NFPA) : NFPA 13 (1996)
7) 옥내소화전 및 스프링클러설비의 대체설비 취급에 대해서(1997.11 소방예 제182호)

08

가스설비

8.1 도시가스의 기초사항

도시가스는 도시생활에서 빠뜨릴 수 없는 에너지의 하나로서 다방면에 걸쳐 이용되고 있다.

8.1.1 종류 · 특성

[1] 종류

도시가스는 국내 에너지사업의 변천에서 원료의 합리화 추구이래 주요원료는 석탄계로부터 석유계로 옮겨졌으며, 다시 가스계로 변천되고 있다. 가스계는 외국에서 생산된 천연가스를 액화해, 해상수송에 의해 수입하고 있는 액화천연가스(LNG)가 주류를 이루고 있다.

가스의 종류는 도시가스와 액화석유가스(LP가스)로 대별된다. 일반적으로 「가스」라고 불리는 도시가스는 공급하고 있는 도시가스 사업자마다 가스그룹이 차이가 난다. 가스사업법에서는 전국의 도시가스를 비중, 열량, 연소속도의 차이에 의해 그림 8.1과 같이 7종류의 가스그룹으로 분류하고 있다.

[2] 특성

(a) 발열량

가스의 연소는 발열반응으로, 표준상태의 가스 1 m^3 [1 m^3(N)로 표현한다]가 완전연소했을 때 발생하는 열량을 발열량이라고 하며 [MJ/m^3(N)]로 표현한다. 또한, 가스의 연소에서는 수소의 연소에 의해 수증기가 생기는데, 수증기가 가지고 있는 열량(잠열)을 제외한 것을 저발열량(저위발열량, 진발열량)이라고 하고, 잠열을 포함한 것을 고발열량(고위발열량, 총발열량)이라고 한다. 도시가스의 발열량은 일반적으로 고발열량으로 나타낸다.

(b) 비중

가스의 비중은 동일한 용적의 가스와 공기의 질량비를 말하며, 1보다 큰 경우는 공기보다 무겁고, 1보다 작은 경우는 공기보다 가벼운 것을 나타낸다. 가스비중의 대소는, 배관의 수송량 및 가스기기 노즐로부터의 가스 분출량에 크게 영향을 준다.

(c) 압력

가스의 압력은 [Pa] 로 나타내며, 일반적인 도시가스의 공급압력을 표 8.1에 나타내었다. 가스설비를 계획할 때는 공급되는 가스조성의 차이에 의해 비중 및 발열량이 다르므로, 가스의 배관설계, 기구 선정시에는 건축 예정지에서의 가스사업자가 공급하고 있는 가스그룹을 확인하는 것이 중요하다.

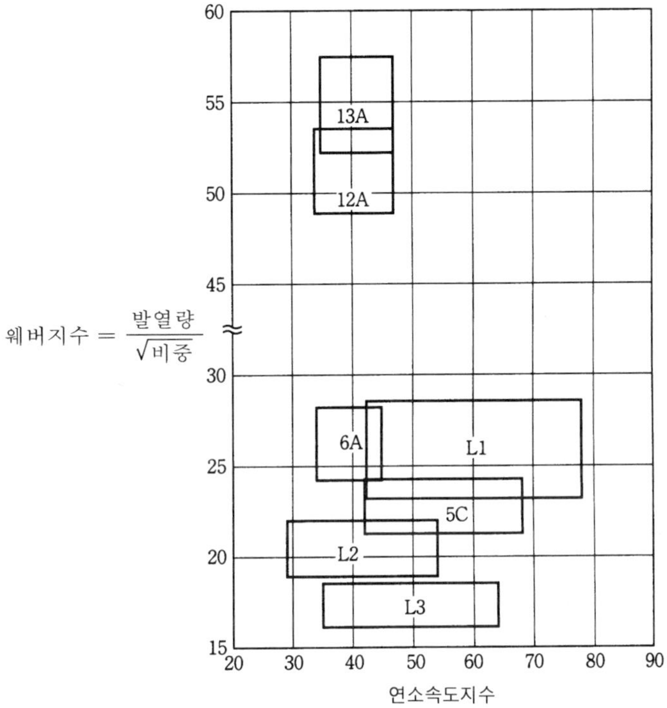

그림 8.1 가스사업법에서의 도시가스 그룹

표 8.1 저압가스의 공급압력 [kPa]

가스의 종류 / 압력	도 시 가 스			LP가스
	13A 12A	6A	Ll , L2 L3, 5C	
최고 가스 압력	2.5	2.2	2.0	3.3
표준 가스 압력	2.0	1.5	1.0	2.8
최저 가스 압력	1.0	0.7	0.5	2.0

8.1.2 관련 법규

가스사업은 「도시가스사업법」과 「액화석유가스의 안전 및 사업관리법」에 의해 규제를 받고 있으며, “가스 도매사업”, "일반도시가스사업“, ”액화석유가스 집단공급사업“, ”액화석유가스 판매사업“으로 나누어진다.

가스도매사업이란 “일반도시가스사업자와 자가 일반도시가스사업자 또는 산업자원부령이 정하는 대량수요자에게 천연가스(액화한 것을 포함한다.)를 공급하는 사업”을 말한다. 일반도시가스사업이란

"가스를 제조하거 가스도매사업자로부터 천연가스를 공급받아 일반의 수요에 따라 배관으로 수요자에게 공급하는 사업"을 말한다. 그리고 액화석유가스 집단공급사업이란 "액화석유가스를 일반의 수요에 따라 배관을 통하여 연료로 공급하는 사업"을 말하고, 액화석유가스 판매사업이란 "용기에 충전된 액화석유가스를 판매하는 사업"을 말한다.

가스설비공사에 관련된 주요 관련법규를 표 8.2에 나타냈다.

표 8.2

항목	사업별	정 의	관 련 법 규				
			제조·공급·판매	가스배관	가스용품[*1)]	가스기기설치기준	방화상의 조치
도시가스	가스도매사업	일반도시가스사업자외의 자가 일반도시가스사업자 또는 산업자원부령이 정하는 대량수요자에게 천연가스(액화한 것을 포함)를 공급하는 사업	도시가스사업법	도시가스사업법	도시가스사업법, 가스용품제조사업의 시설기준 및 기술기준	도시가스사업법	
	일반도시가스사업	가스를 제조하거나 가스도매사업자로부터 천연가스를 공급받아 일반의 수요에 따라 배관으로 수요자에게 공급하는 사업					
LP가스	액화석유가스집단공급사업	액화석유가스를 일반의 수요에 따라 배관을 통하여 연료를 공급하는 사업	액화석유가스의 안전 및 사업관리법, 고압가스안전관리법[*2)]	액화석유가스의 안전 및 사업관리법[*2)]	액화석유가스의 안전 및 사업관리법[*2)], 가스용품제조사업의 시설기준 및 기술기준	액화석유가스의 안전 및 사업관리법[*2)]	
	액화석유가스판매사업	용기에 충전된 액화석유가스를 판매하는 사업					
공통	–	–	계량법	전기설비기술기준, 건축법, 도로법		건축법, 고압가스안전관리법	소방법, 소방기술기준에 관한 규칙

*1) 주로 일반 소비자가 가스를 소비할 경우 채택할 수 있는 기계, 기구 또는 재료이며, LP가스의 경우는 액화석유가스기구로 한다.

*2) 액화석유가스의 보안확보 및 거래의 적정화에 관한 법률

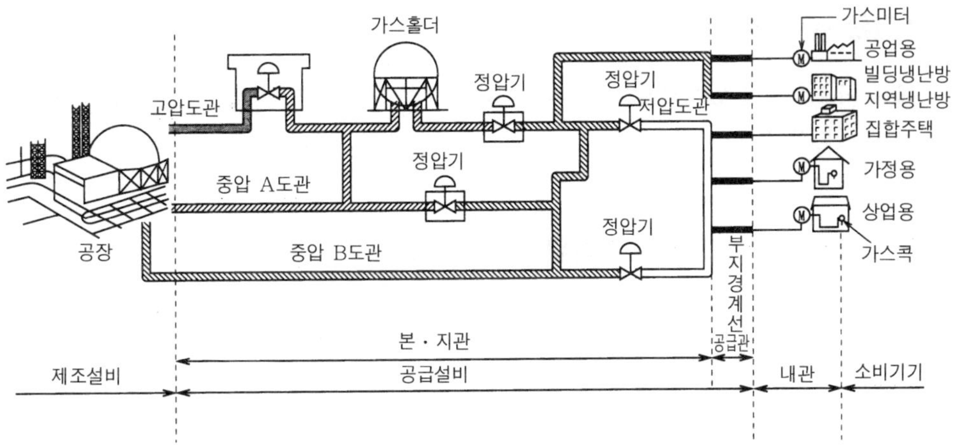

그림 8.2 도시가스 공급 계통도

8.2 도시가스의 공급방식

도시가스의 공급은 제조소로부터 도로에 매설된 도관에 의해 수요가에게 공급될 때의 수송압력에 따라 저압공급방식, 중압공급방식, 고압공급방식으로 나눌 수 있다. 도시가스사업 시행규칙에 의해 1 MPa이상의 압력을 고압, 0.1 MPa 이상 1 MPa 미만의 압력을 중압, 0.1 MPa 미만의 압력을 저압으로 정의하고 있다.

저압공급은 그 공급압력을 공급약관에 의해 규정하고 있으며, 가스의 종류별 압력은 표 8.1에 나타낸 것과 같다. 또한 중 · 고압공급은 0.1 MPa 이상의 압력으로 간선 수송용에 많이 이용되고 있어 도관의 도중에 정압기(governor)를 설치하여 통상 사용하는 압력(저압 또는 중압)으로 조정해 사용한다. 공급방식의 일례를 그림 8.2에 나타내었다.

8.3 도시가스의 배관계획

배관설계는 가스사용장소에서의 공급조건, 시공조건 등 필요한 정보를 파악하기 위한 사전 조사를 한 후에 실시한다.

8.3.1 가스그룹 등의 확인

도시가스에는 가스그룹이 있으므로, 공급되고 있는 가스그룹에 적응하는 가스기기의 선정 및 배관 구경 등을 결정하기 위해, 가스사용장소에서의 가스 발열량을 확인한다.

8.3.2 가스기기의 가스 소비량과 설치위치

가스기기의 1시간당 가스 소비량 및 설치위치는 배관구경의 결정요소가 되며 동시에 배관 경로, 급배기설비에도 관계하기 때문에 충분히 조사한다.

8.3.3 가스콕

가스콕은 형상, 내경 및 과유출 안전기구의 유무 등에 따라 다르므로, 사용하는 가스기기 · 설치장소 등의 용도에 적합한 것(표 8.3)을 선택할 필요가 있다.

가스기기의 종류별에 의한 접속기구의 선택기준 및 접속방법은, 일본 가스기기 검사 협회 발행의 「가스기기의 설치기준 및 실무지침」을 참조하기 바란다.

표 8.3 도시가스용 가스콕의 종류

가스콕의 종류		가스콕의 명칭	접속부 형상	용도 등
퓨즈 가스콕(과유출 안전기구*가 내장되어 있는 가스콕)	노출형 매립형	호스 가스콕	호스 엔드	출구측이 가스용 고무관 또는 강화 가스호스로 직접 접속할 수 있는 형상의 가스콕
		콘센트 가스콕 (가스 콘센트)	콘센트	출구측이 금속이음쇠의 소켓으로 접속할 수 있는 형상의 가스콕(콘센트 가스콕의 안에, 콕을 개폐하는 꼭지가 없는 가스콕을 가스 콘센트라고 부른다)
나사가스콕(입구측 및 출구측이 나사 형상인 가스콕)	노출형	플렉시블관 가스콕	나사	가스기기 근방에 사용되는 것으로, 출구측에 플렉시블관을 나사에 의해 접속할 수 있는 가스콕
		기기접속 가스콕		접속 도구를 이용하지 않고, 가스기기의 가스접속부에 가스콕의 출구측을 직접 접속하는 가스콕
		나사 가스콕		플렉시블관 가스콕, 기기접속 가스콕 이외의 나사 가스콕

* 만일 고무관이 떨어진 경우나 가스콕이 잘못 개방되었을 경우에 자동적으로 가스를 잠그는 기구로, 가스콕으로부터 가스의 유출을 막는 것에 의해 폭발이나 중독사고를 미연에 방지한다.

8.3.4 설계유량의 결정

단독주택 및 집합주택의 각 가구의 설계유량은, 설치가 예정되 있는 가스기기 중, 가스사업자가 정하는 설계대상 기기의 합계가스소비량에 동시사용률을 곱해 산출한다. 이 동시사용률은 지역특성 및 실태조사 등에 의해 정해지고 있으며, 일반적으로는 70%의 수치가 사용되고 있다.

집합주택에서 공용 배관부의 설계유량은 그 배관부를 사용하는 가구의 설계유량 합계에 가스사업자가 정한 집합주택 동시사용률을 곱해 산출한다.

업무용 · 공업용 등의 설계유량은 가스기기의 사용 상황을 감안해 결정한다. 가스사업자중에는 업무용 임대빌딩 등의 업종별로, 설계유량을 산출하기 위한 바닥면적당 표준열량 및 동시사용률을 정하고 있는 가스사업자도 있다.

8.3.5 가스미터[계량기]

가스미터로서 주로 사용되고 있는 것은 막식 가스미터와 루츠 가스미터이다. 막식 미터는 일반 수요가용으로서 사용되며 용량은 1～160 m^3/h의 범위이다. 루츠 미터는 대형 수요가용으로 사용되며 용량은 25～2,500 m^3/h의 범위이고, 중압가스를 계량할 수 있다.

표 8.4 마이콤미터의 주요기능

기 능	항 목	작 동 조 건
차단기능	합계유량초과 개별유량초과	가스콕의 오개방, 고무관 등 미터 하류측에 정상이상의 대유량이 흘렀을 경우
	연속사용시간 초과	가스기기를 잠그지 않은 것 등에 의해 비정상으로 장시간 사용한 경우
	감진	가스 사용중에 250 gal(진도 5강)을 초월하는 지진이 발생한 경우
	압력저하	가스 사용중에 미터 상류측의 가스공급압력이 0.2 kPa 이하인 경우
	외부신호 입력	도시 가스경보기 등으로부터 신호가 입력된 경우
	전지전압 저하	전지전압이 소정의 전압 이하가 되었을 경우
경보기능	내관누설 검지	내관에서의 소량 누설이나 불을 연속 사용했을 경우 등, 30일간 연속적으로 가스가 계속해서 흐른 경우

(주) 자동검사, 자동통보 등에 대응할 수 있는 통신기능을 갖춘 마이콤 미터도 있다 .

또한 유량이나 압력의 이상시, 대규모 지진시 등에 가스공급을 차단하는 기능을 가지는 마이콤 미터(micro computermeter)가 보급되고 있으며, 현재는 「가스 공작물의 기술상 기준을 정한 성령」에서 사용최대유량이 16 m^3/h 이하, 사용최대압력이 4 kPa 이하 및 구경 250 mm 이하의 경우에 대해서는 마이콤 미터의 설치가 의무화 되고 있다. 마이콤 미터의 주된 기능을 표 8.4에 나타내었다.

가스미터는 설계유량을 통과할 수 있는 능력을 가진 것을 선정하고, 필요 이상으로 대용량의 미터를 선정하지 않도록 한다.

8.3.6 배관재료와 접합방법

배관재료 및 접합방법은 사용조건, 시공성, 내진성, 방식성 및 유지관리성 등을 고려하여 선정한다.

8.3.7 배관경로 및 위치

배관의 경로 및 위치는 안전성 · 시공성 · 장래계획 · 건축설비와의 조화 · 경제성 및 유지관리의 용이성 등을 배려하여 결정한다. 특히 다음의 점에는 주의한다.

(1) 도로로부터의 인입은 1 건물 1개를 원칙으로 하고, 유지관리를 용이하게 하기 위해 본 · 지관과는 직각으로 배관한다. 또한 부지내에서의 매설깊이는, 일반차량 중량이 걸릴 우려가 있는 장소에서 30 cm 이상, 차량중량이 없는 장소에서는 15 cm 이상으로 한다. 다만, 한랭지에서의 매설깊이는 동결에 의한 손상의 우려가 있기 때문에 손상방지조치를 강구한다.

(2) 연약한 지반에서의 배관 및 초중량 건물로의 인입배관에는 부등침하 대책을 강구한다.

(3) 건물 주요 구조부의 관통은 피한다.

(4) 원칙적으로 제삼자의 부지내에는 배관하지 않는다.

(5) 외부로부터의 손상을 받을 우려가 있는 장소는 피하고, 온도변화에 의한 신축을 받기 어려운 파이프 샤프트(PS) 등의 배관전용 공간 내에 배관하는 것이 바람직하다.

(6) 건물 확장부에의 배관은 피한다. 어쩔수 없이 배관하는 경우는, 지진이나 지반침하에 의한 건물간의 상대변위를 흡수하는 조치를 강구한다. 또한 내진구조건물에서 내진부로 배관하는 경우는, 지진시에 내진부와 건물기초와의 상대변위를 흡수할 수 있는 조치를 강구한다.

(7) 분기관 또는 계절적으로 사용하는 관에는, 분기밸브 등의 개폐장치를 설치하는 것이 바람직하다.

(8) 가스배관과 전기설비와의 위치 관계에 대해서는, 「전기설비에 관한 기술기준을 정한 성령」 및 「화재예방조례」 등에서 규정하는 이격거리를 확보한다.

(9) 엘리베이터 승강로내, 수전실 · 변전실 등 고압전기설비가 있는 실내, 굴뚝내 등 고온배기가스가 있는 장소에는 배관하지 않는다.

8.3.8 가스관경

가스관경은 설계유량의 가스가 흘렀을 때에 가스콕의 출구에서 필요한 압력이 확보되도록 정한다.

[1] 압력손실의 계산(저압)

폴의 식을 기초로 이음쇠 상당길이 등을 고려한 실용식을 이용한다.

$$H = \alpha Q^2 L \tag{8.1}$$

여기서, Q : 구간 설계유량 [m^3/h]

H : 구간 압력손실 [Pa]

L : 구간 길이 [m]

α : 표 8.5에 따른다.

식 (8.1)로부터, 계통마다의 각 배관부 압력손실값의 전체 합이 허용압력손실값 이하가 되도록 반복 계산하여 최소관경을 산출한다.

허용압력손실은 본·지관 취출부로부터 가스콕 말단까지의 허용되는 압력강하로 하며, 각 가스사업자가 공급압력에 따라 정하고 있다.

[2] 고도차이의 배려

배관의 입상관내에서는 가스의 비중을 고려해 압력손실값을 보정할 필요가 있다. 보정값은 식 (8.2)에 의해 구한다.

$$P = mH(S - 1) \times 9.8 \tag{8.2}$$

여기서, P : 압력변화 [Pa]

m : 공기의 밀도 [$= 1.293\ kg/m^3(N)$]

H : 고저차 [m]

S : 가스의 비중

식 (8.2)으로부터 알 수 있듯이 비중이 1보다 작은 경우는, 배관의 입상부에 생긴 압력 상승분을 배관의 압력손실로부터 뺀 것이 된다. 고층건물 등에서는 승압분을 미리 승압방지장치에 의해 조절한다.

표 8.5 α값 (A사의 예)

관 종	관 경A)	α 값
강관(SPP)	15	5.30
	20	0.897
	25	0.242
	32	0.0541
	40	0.0298
	50	0.00800
	80	0.00068
	100	0.000248
	150	0.0000402
폴리에틸렌관 (PE관)	25	0.242
	30	0.0541
	50	0.0127
	75	0.00123
	100	0.000396
	150	0.0000700

8.4 액화석유가스의 기초사항

액화석유가스는 LPG(Liquefied Petroleum Gas) 또는 LP가스로 불리며 프로판가스, 부탄가스 등의 가스 총칭이다.

8.4.1 종별 · 특성

일반의 소비자에게 공급되는 LP가스의 규격은, 「액화석유가스의 안전 및 사업관리법」(이하 「액화석유가스법」이라고 한다)에 의해 표 8.6과 같이 정해져 있으며, 일반적으로 「가호」가 사용되고 있다.

표 8.6 일반소비자 등에 공급하는 액화석유가스의 규격[1)]

명칭	프로판 및 프로필렌 합계량의 함유율 [%]	에탄 및 에틸렌 합계량의 함유율 [%]	부타디엔 함유율 [%]
가호 액화석유가스	80 이상	5 이하	0.5 이하
나호 액화석유가스	60 이상 80 미만	5 이하	0.5 이하
다호 액화석유가스	60 미만	5 이하	0.5 이하

(비고) 1. 압력은 온도 40℃에서 1.53MPa 이하로 한다.
2. 함유율은 몰(mol)비에 의한 것으로 한다.

LP가스는 상온 · 상압에서는 기체이지만, LP가스용기에는 가압 액화된 LP가스가 충전되어 있다. LP가스는 액화가 되면 체적이 약 1/250으로 압축되는데, 이 점이 수송 · 저장상의 큰 이점이 되고 있다. 통상 LP가스로서 사용되고 있는 프로판의 물리적 성질을 표 8.7에 나타내었다.

표 8.7 프로판의 물리적 성질[2)]

항 목		프로판
분 자 식		C_3H_8
분 자 량		44
가스의 비중(표준상태)		1.52
액의 밀도(0℃, 포화증기압)		530 kg/m^3
비점(대기압)		−42℃
증기압(20℃) (게이지 압력)		0.73 MPa
발열량(표준상태)	단위질량당	약 50 MJ/kg
	단위체적당	약 99 MJ/m^3(N)
연소 범위		2.1~9.5%
용해성		유지류나 천연 고무를 녹인다

8.4.2 관련법규

LP가스의 판매 · 소비 등에 관해서는 공업용 소비 등에 관계되는 고압가스안전관리법, 69세대 이하의 일반소비자 등에 관계되는 액화석유가스법 및 도관에 의해 70세대 이상의 소비자에게 가스를 공급하는 가스사업법이 있으며, 소비자의 소비형태, 공급형태 등에 의해 해당 법규가 통용된다. 그 외 환기 · 방화상의 견지로부터 건축기준법, 소방법 등에 의한 규제가 있다(표 8.2 참조). 배관공사의 시공에 대해서는, 액화석유가스의 안전 및 사업관리법에서 규정한 액화석유가스설비사에 의한 시공이 의무화되고 있다.

8.5 액화석유가스배관의 설계순서

LP가스의 배관설계는 용기, 조정기나 강제기화장치(vaporiser)의 설치를 제외하고는 일반적으로 도시가스의 배관설계와 같다. LP가스의 배관설계는 다음의 순서로 한다.

(1) 피크시 최대가스유량(피크시 최대가스 소비량)의 산정
(2) 용기설치 개수의 결정(용기실 포함)
(3) 조정기의 능력 선정
(3) 가스미터의 호수 선정
(4) 가스콕류의 종별, 위치 선정
(5) 배관지름, 위치 선정

8.6 액화석유가스의 공급방식

LP가스의 공급형태는 대개 다음과 같이 분류된다.

8.6.1 액화석유가스의 일반적인 공급방식

[1] 개별공급방식

개별적으로 설치한 용기로부터 배관 등에 의해 일반소비자에 공급하는 방식을 말한다.

[2] 소규모 집단공급방식

1개소에 설치한 용기로부터 배관 등에 의해 2세대 이상 10세대 이하의 일반소비자에게 공급하는 방식을 말한다.

[3] 중규모 집단공급방식

1개소에 설치한 용기로부터 배관 등에 의해 11세대 이상 69세대 이하의 일반소비자에게 공급하는 방식을 말한다.

[4] 업무용 공급방식

일반소비가정과 가스의 사용형태가 다른 요리 음식점, 호텔 등에 공급하는 방식을 말한다.

[5] 벌크공급방식

일반소비가정 또는 업무용 소비처 등에 설치한 벌크저장탱크 또는 벌크용기 충전설비(벌크로리 : bulklorry)로부터 직접 LP가스를 충전하는 공급방식을 말한다. 용기가 벌크저장탱크 또는 벌크용기인 것 이외는, 설비면에서는 일반 공급방식과 같다.

8.6.2 대규모 공급방식

공업용 또는 업무용 등 대량 사용하는 경우에서는, 자연기화방식과 비교하면 용기의 설비면적이 적은 강제기화장치를 설치하여 강제로 기화시키는 방법을 취하는 것도 있다. 또한, LP가스 저장설비의 저장능력이 일정량을 넘으면 그 설비와 관련되는 시설 · 위치 · 구조 등에 대해서 규제된다. 공급방식에는 특정공급설비와 특정고압가스 소비시설이 있으며 저장능력 등은 다음과 같다.

[1] 특정공급설비

액화석유가스법으로 규정되어 있으며, 저장능력 1톤 이상의 저장탱크 또는 저장능력 3톤 이상의 용기 및 이들 용기를 설치할 때는 산업자원부장관 또는 시도지사의 허가가 필요하다.

[2] 특정고압가스 소비시설

고압가스안전관리법으로 규정되어 있으며, 저장능력이 3,000 kg 이상 또는 다른 사업소로부터 도관에 의해 LP가스의 공급을 받는 경우, 소비를 위한 시설 · 위치 · 구조 및 설비 · 소비방법 등을 시도지사에 신고하지 않으면 안 된다. 고압가스저장소의 설치는 미리 시도지사의 허가가 필요하다.

8.7 액화석유가스의 공급설비 · 배관설계

8.7.1 설계유량의 산정

설계유량 즉 최대소비량(피크시 최대가스유량)은 공급방식별로 다음에 따른다.

[1] 개별공급방식

각 연소기에 표시되어 있는 가스소비량의 합계값으로 한다. 다만, 설치되는 연소기의 상세가 판명되지 않는 경우는 건물의 크기 등에서 추정한다.

[2] 소규모 집단공급방식

사용하는 연소기가 분명한 경우는 연소기에 표시되어 있는 가스소비량의 합계값, 사용하는 연소기의 상세가 판명되지 않는 경우는 개별공급방식과 마찬가지로 추정값을 산출하여, 함께 공급세대수에 따른 그림 8.3의 계수를 곱한 값으로 한다.

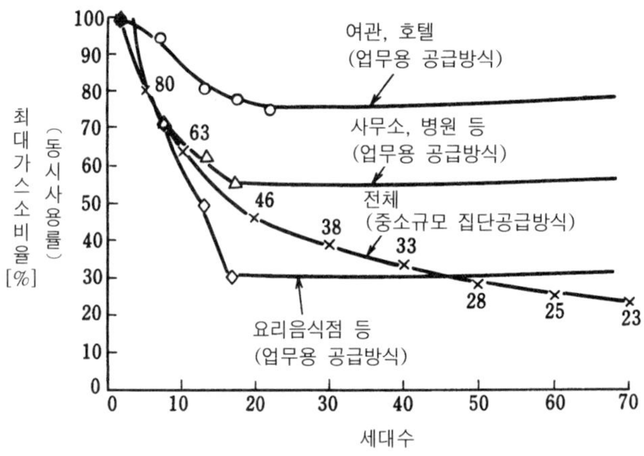

그림 8.3 피크시 최대가스 소비율과 세대수의 관계

[3] 중규모 집단공급방식

건물면적이나 입지조건 등에서 다음의 (1)~(5) 중에서 가장 많이 사용하는 1개월동안 1가구 가스소비량을 추정하고, 이것에 세대주로부터 최대가스소비율을 곱한 값으로 한다. 현재는 안전률을 예상해 강제기화계수(그림 8.3 참조)를 이용해 설계하고 있는 경우가 많다.

(1) 대량소비인 경우 2.33 kg/(가구 · 일)
(2) 약간 대량소비인 경우 2.00 kg/(가구 · 일)
(3) 보통 1.66 kg/(가구 · 일)
(4) 약간 소량소비인 경우 1.33 kg/(가구 · 일)
(5) 소량소비인 경우 1.00 kg/(가구 · 일)

[4] 업무용 공급방식의 경우

최대소비량은 다음의 요소에 의해 결정한다.

(a) 사용 연소기의 규모(최대소비량) 및 수

연소기를 접속하고 있지 않은 말단 가스콕에 접속해 사용할 예정의 연소기도 대상으로 한다.

(b) 연소기의 동시사용률

연소기의 동시사용률은 업종에 따라 동시사용률 예를 참고로 하여 사용자와 협의 후 추정한다.

(1) 동일기종이 다수 있는 경우의 동시사용률은 업종에 따라 그림 8.3에 따른다.
  (가) 요리 음식점 등의 객석 레인지, 사무소 등의 급탕기구, 온수기 그 외의 기구
  (나) 관공서, 회사 사무소의 급탕기 및 병원, 진료소의 환자용 테이블 레인지류
  (다) 여관, 호텔 객실의 난방기구
(2) 소비자와의 협의 등에 의해 분명하게 동시 사용하지 않아도 인정되는 경우 그 소비량은 제외해도 괜찮다.
(3) 사무실, 숙직실, 수위실, 휴게실 등에서 사용하는 연소기의 설계유량은, 그 외의 시설에 업무용 등의 대형 연소기가 없는 경우 또는 적은 경우 이외는 제로(0)로 해도 좋다.

8.7.2 용기의 설치위치 · 개수

[1] 설치위치

용기 교환이 쉬운 도로변 근처 또는 적당한 넓이를 가지는 장소에 용기를 설치한다. 액화석유가스법 시행규칙에는 용기 등의 설치에 대해서 다음과 같은 규제가 있다. LP가스저장설비의 외면으로부터 보안물건 등까지의 거리를 표 8.8에 나타내었다.

표 8.8 액화석유가스 저장설비의 외면에서 보안물건 등까지의 거리 (단위 : m)

	용기의 경우					
저장 능력 [kg]	1,000 미만		1,000 이상 3,000 미만		3,000 이상	
보안물건 등 | 장벽	유	무	유	무	유	무
제 1 종	0	0	0	16.97 이상	13.58 이상	16.97 이상
제 2 종	0	0	0	11.31 이상	9.05 이상	11.31 이상
화 기	2 이상	2 이상	—	—	—	—
화기취급시설	—	—	5	5	8	8

	벌크저장탱크(지상설치) 벌크용기의 경우						신형 충전 설비
저장 능력 [kg]	1,000 미만		1,000 이상 3,000 미만		3,000 이상		—
보안물건 등 | 장벽	저장탱크	용기	유	무	유	무	—
제 1 종	1.5	0	0	16.97 이상	13.58 이상	16.97 이상	1 .5
제 2 종	2	0	0	11.31 이상	9.05 이상	11.31 이상	1
화 기	—	2	—	—	—	—	—
화기취급시설	5	-	5	5	8	8	—

(주) 제1종 보안물건 및 제2종 보안물건의 정의는, 액화석유가스법 시행규칙에 정의되어 있다.

(1) 내용적이 20 L 이상인 용기는, 용기의 설치위치로부터 2 m 이내에 있는 화기를 차단하는 조치를 강구하는 한편 옥외에 설치할 것. 다만, 옥외에 용기를 설치하는 것이 대단히 곤란한 경우는, 누설한 LP가스가 옥내에 체류하지 않도록 조치를 강구하고, 또한 누설이 있는 LP가스가 화기에 접하지 않는 조치를 강구했을 때는 옥내에 설치할 수가 있다.

(2) 용기는 습기, 물방울 등에 의한 부식을 방지하기 위해서 방식도장을 하며, 배수가 좋은 평평한 장소 또는 평평한 받침대 위에 설치하고, 밑바닥을 건조가 쉽도록 할 것.

(3) 용기는 항상 온도 40℃ 이하로 유지하며, 햇빛에 의해 온도 40℃를 넘게 가열될 우려가 있는 경우는 항상 온도 40℃ 이하가 유지되도록 조치하고, 태양광 이외의 열원에 의해 용기가 40℃를 넘게 가열될 우려가 있는 경우는, 불연성 격벽을 용기와의 사이에 설치할 것.

(4) 용기는 전락・전도를 방지하기 위해 다음의 조치를 할 것.

(가) 용기는 수평지반 위에 특히 위로부터 물건이 떨어질 우려가 없는 지붕 또는 차양의 수직투영면의 안쪽에 있어야 하고, 또한 적설에 의해 매몰하는 우려가 없는 위치 또는 짚으로 싼 것을 두르는 것 등에 의해 보호된 위치일 것. 다만, 낙설에 의한 충격 등의 외력에도 견디는 구조의 용기 수납고내(측판 하부의 통풍이 좋은 것에 한정한다)에 용기를 설치할 경우는 예외로 한다.

(나) 가옥이나 그 외 구축물의 용기는 체인으로 고정할 것.

[2] 설치개수

(1) 필요한 용기의 설치개수는 다음 식에 의해 산정한다.

$$\text{용기설치개수} = \frac{\text{최대소비량[kg/h]}}{\text{표준가스발생능력[kg/(h · 본)]}}$$

[주] ① 자동변환식 조정기를 이용하는 경우에는, 최대소비수량에 1.1을 곱해 계산할 것.

② 자동변환식 조정기를 이용할 때 예비측의 용기를 포함하면 상기 계산의 2배의 용기 개수가 필요하다.

③ 표준가스발생능력은 표 8.9, 표 8.10을 참조할 것.

(2) 강제기화장치를 이용하는 경우 등 1일의 가스 소비량이 많은 경우에 필요한 용기의 설치개수는 다음 식에 의해 산정한다.

용기설치개수=가스 소비량 [kg/일]×1.1×용기교환 주기일수[일]/설치하는 용기 1개의 충전량 [kg/본]

또한, 강제기화장치는 최대 소비량의 1.2배 이상의 가스발생능력이 있는 것을 선정할 것.

표 8.9 표준가스발생능력 (50kg 용기, 잔액 30%, 기온 -5℃, 0℃, 5℃인 경우)[4)]

액화석유가스의 규격	1회의 소비상황(예)	용기 1개의 표준가스발생 능력 [kg/h]		
		-5℃	0℃	5℃
가 호	1 시간 소비	1.85	2.50	3.20
	1.5 시간 소비	1.35	1.85	2.35
	장시간 연속소비	0.70	0.95	1.20

표 8.10 자동교체방식에 의한 경우의 가스증발량(50 kg용기 1개당)[5)]

소비자 세대수	50세대 이상 70세대 미만			30세대 이상 50세대 미만			10세대 이상 30세대 미만			5세대			1세대		
피 크 시 간 [h]	5			4			3			2			1		
기 온 [℃]	5	0	−5	5	0	−5	5	0	−5	5	0	−5	5	0	−5
가호 가스발생능력 [kg/h]	1.80	1.40	1.05	1.90	1.50	1.10	2.20	1.70	1.20	2.70	2.10	1.40	4.20	3.20	2.10

[3] 용기의 배열

집단공급을 할 때 집합장치의 용기배열 및 연결 사례를 그림 8.4에 나타내었다.

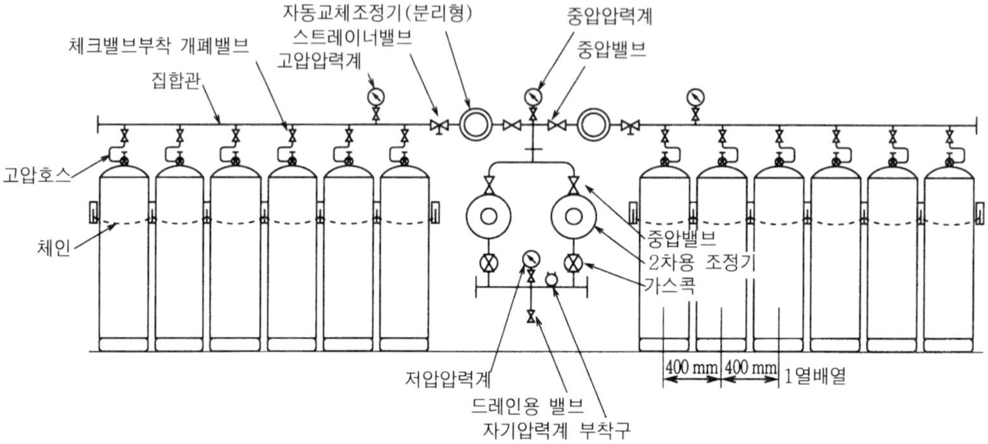

그림 8.4 집합장치의 용기 연결 예[6]

[4] 조정기의 선정

사용되는 연소기의 종류와 수에 의해 가스 소비량을 구하고, 다음에 열거하는 사항에 주의해서 적정한 조정기를 선정한다.

(1) 연소기의 공급압력에 따라 선정한다.

(2) 공급방식이 단단식인가 2단감압식인가 등에 따라 선정한다.

(3) 조정기의 용량은 피크시 최대소비량의 1.5배의 것을 선정한다.

1개소의 공급설비에 2이상의 소비설비로 가스를 공급하는 경우, 용기교환시에 가스를 중단하지 않는 설비로 하기 위해, 자동변환식 조정기 또는 체크밸브부착 고압호스를 이용한다.

8.7.3 가스콕과 설치위치

LP가스용으로 사용하는 가스콕은 액화석유가스법에서 「액화석유가스용 가스콕」으로 규제되어 있으므로 액화석유가스법에 근거한 표시가 부착된 것을 사용해야 한다. 가스콕의 종류나 부착위치에 대한 주의점은 도시가스와 같다.

8.7.4 가스미터와 설치위치

가스미터는 일반소비자에 대해서 1개 이상 설치한다. 또한, 마이콤 미터 이외의 가스미터 용량은, LP가스를 통했을 때 해당 일반소비자 등의 최대소비량(피크시의 최대가스유량)의 1.2배 이상의 것을 선정한다.

LP가스용의 가스미터는 일반적으로 막식 가스미터가 사용되며, 현재 가장 많이 설치되고 있는 것으로는 가스누출 등에 의한 사고 방지를 목적으로 개발된 마이콤 미터(S형, II형, SB형)이다. LP가스용 마이콤 미터의 용량 및 용도를 표 8.11에 나타내었다.

미터의 설치위치로 적합한 조건은 도시가스의 경우와 거의 같지만, LP가스 특유의 것으로는 다음의 항목을 들 수 있다.

(1) 용기와의 접촉에 의해 가스미터가 파손하지 않는 위치로 할 것.

(2) 철근콘크리트조 등의 건물인 경우에는, 미터 및 그 전후의 배관이 건물의 외벽에 직접 접촉하지 않는 위치일 것.

(3) 용기의 바로 옆에 가스미터를 설치하는 경우는 다음의 점에 주의할 것.

(가) 미터 입구는 드레인이 침입하지 않는 조치를 강구할 경우를 제외하고는, 밸브 출구보다 높은 위치에 설치할 것.

(나) 미터 입상관은 드레인이 하류로 흘러들지 않도록 필요한 배관의 길이를 잡을 것.

8.7.5 배관재료

LP가스의 배관재료는 용기 · 가스미터 등의 기구류를 연결하여 연소기에 가스를 공급하는 중요한 것이다. LP가스 설비용으로서 일반적으로 사용되고 있는 재료와 적절한 설치장소를 표 8.12에 나타내었다.

표 8-11 액화석유가스용 마이콤 미터의 용량 · 용도

종 류	용 량[m^3/h]	주요 용도
마이콤 미터 S	2.5	일반가정용
마이콤 미터 II	2.5	일반가정용
마이콤 미터 SB	4~16	업 무 용

표 8.12 설치장소별 공급관 등의 재료일람[7)]

매설장소 \ 공급관등의 종류			염화비닐 피복강관	폴리에틸렌 피복강관	나일론 피복강관	가스용 폴리에틸렌 관*2)	배관용 플렉시블관	백관	피복 백관	도장 백관	동관	저압배관용 이음쇠 금구 부착금속 플렉시블 호스	피복 흑관	도장 흑관*1)
노출부	옥외		◎	◎	◎	×	◎	○	○	○	○	○	○	○
노출부	피트 내*7		◎	◎	◎	×	◎	×	×	×	○	○	○	○
노출부	바닥 밑	다습·물	◎	◎	◎	×	◎	×	×	×	×	○	○	×
노출부	바닥 밑	기타	◎	◎	◎	×	◎	○	○	○	○ (2중관리)	○	○	○
노출부	실내	다습부	◎	◎	◎	×	◎	×	○	○	○	○	○	×
노출부	실내	물의영향	◎	◎	◎	×	◎	×	×	×	○	○	○	×
노출부	실내	기타	◎	◎	◎	×	◎	○	○	○	○	○	○	○
매설부	옥외		◎	◎	◎	◎	◎ (2중관내)	×	×	×	×	○ (점검 상자내)	○*6	×
매설부	바닥 밑		◎	◎	◎	◎	◎ (2중관내)	×	×	×	×	×	○*6	×
매설부	피트 내*8		◎	◎	◎	◎	◎ (2중관내)	×	×	×	×	○ (점검 상자내)	○*6	×
벽·마루 등의 내부	매립·관통		◎	◎	◎	×	◎*3)	×	○	×	○ (2중관내)	×	○	×
벽·마루 등의 내부	공동부		◎	◎	◎	×	◎*4	○	○	○	○ (2중관내)	○	○	○

(비고) ○사용할 수 있는 것 ◎ 권장 재료 ×사용할 수 없는 것

*1 피복흑관·도장흑관은 용접접합할 필요가 있는 경우에 한해 사용할 수 있다.

*2 폴리에틸렌관은 매설부에서의 입상부로, 일부 노출할 경우 또는 기초를 관통할 경우는 이중관 그 밖의 방호조치를 강구할 것.

*3 매설부에 사용할 경우는 2중관을 사용할 것.

*4 못 치기의 우려가 있는 경우에는 금속제의 방호판, 구멍을 뚫을 우려가 있는 개소에는 방호관 기타의 방호조치를 강구할 것.

*5 내후성을 가진 폴리에틸렌을 피복한 이외의 물건은 2중관 내에 수납할 것.

*6 가능한 한 노출배관으로 하는 것이 바람직하지만, 어쩔 수 없이 매설하는 경우는 플라스틱피복강관 또는 폴리에틸렌관을 사용할 것.

*7 지표면에 개구부가 있는 피트(뚜껑 첨부의 것을 포함한다)

*8 지표면에 개구부가 없는 피트

8.7.6 배관위치 등

적설땅 등에서는 눈의 압력에 의한 손상방지를 위해 적절한 조치를 강구할 필요가 있다. 그 외의 일반적 주의사항에 대해서는 8.3.7항을 참조하기 바란다.

8.7.7 관경

수송량의 공식으로서는 도시가스와 같은 폴의 공식을 이용하며, 허용압력손실값을 표 8.13에, 유량선도를 그림 8.5에 나타내었다. 또한 배관의 입상에 의한 압력손실값을 표 8.14에 나타내었다.

표 8.13 액화석유가스의 허용압력손실 (단위 : kPa)

종 별	조정기로부터 말단가스콕까지
허용압력손실	0.3
공급압력	2.3~3.3

표 8.14 배관의 수직상승에 의한 압력손실(개산)[9]

입상높이[m]	압력손실[Pa]
	프로판
1	6.57
3	19.7
5	33.0
10	65.0
15	99.0
20	131.4
30	197.1

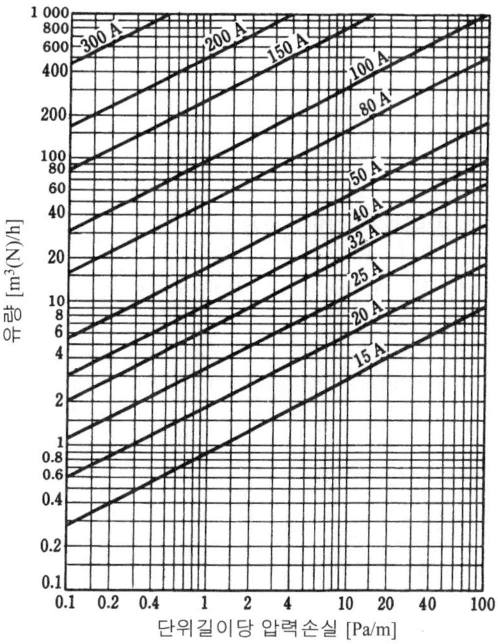

그림 8.5 액화석유가스 유량선도[8]

8.8 급배기설비

가스를 안전하게 연소시키기 위해서는 신선한 공기를 공급하고, 연소에 의해 생기는 연소 배기가스를 배출하기 위한 급배기설비가 필요하다.

가스기기를 실내에 설치하고 사용하는 경우에는, 설치하는 가스기기의 급배기 방식, 가스 소비량 및 설치실의 상황 등에 따른 적절한 급배기설비 및 가스기기에 갖추어야 할 급배기부 등의 설치가 필요하다.

8.8.1 급배기 방식

[1] 개방식 가스기기

연소용 공기를 옥내에서 취하고, 연소 배기가스를 그대로 옥내로 배출하는 방식의 가스기기로, 가스조리기기, 소형 급탕기, 소형 스토브, 팬히터 등이 이것에 해당한다.

개방식 가스기기를 사용하는 경우, 환기가 나쁘면 시간의 경과와 함께 옥내공기가 연소 배기가스로 오염되고 또한 연소에 필요한 신선한 공기가 부족해 가스기기가 불완전 연소를 일으켜, 일산화탄소 중독이 될 가능성이 있으므로, 특히 환기(신선한 공기의 도입과 연소배기가스의 배출)에 주의할 필요가 있다.

[2] 반밀폐식 가스기기

연소용 공기를 옥내로부터 취해, 연소 배기가스를 배기통으로 옥외에 배출하는 방식의 가스기기로서, 자연 환기력에 의한 자연 배기식 Conventional Flue : CF식)과 배기용 송풍기를 이용하는 강제 배기식(Forced Exhaust : FE식)이 있다.

반밀폐식 가스기기를 설치할 때는, 배기통을 올바르게 설치하고 적절한 급기구를 설치하지 않으면 일산화탄소 중독의 원인이 되므로 주의를 요한다.

강제 배기식의 가스기기는, 가스기기 자체에 배기용 송풍기를 갖추고 있으며 거기에 배기통을 설치하도록 설계되고 있다.

[3] 밀폐식 가스기기

옥내공기와 격리된 연소실내에서 옥외로부터 끌어 들인 공기에 의해 연소하고, 옥외에 연소 배기가스를 배출하는 방식의 가스기기로서, 급배기를 자연 환기력으로 하는 자연 급배기식(Balanced Flue : BF식)과 급배기용 송풍기에 의해 급배기를 강제적으로 하는 강제 급배기식(Forced draft balanced Flue : FF식)이 있다. 일반적으로 강제 급배기식은 내풍성이 뛰어나 고층 주택에서도 설치할 수 있고, 급배기 펌프도 소형이라는 점 등 시공 및 미관면에서 우수하다.

[4] 옥외식 가스기기

가스기기 본체를 옥외에 설치하여 옥외에서 급배기를 하는 가스기기(Rooftop Flue : RF식)이다. 옥외식 가스기기는 파이프샤프트, 처마 밑 등의 빈 공간에 설치할 수 있다고 하는 큰 장점이 있다. 그러나 근처에 연소 배기가스가 실내로 유입할 우려가 있는 개구부가 없고, 배기 분출구의 근처에 「불연재료 이외의 재료로 마감한 건축물 등의 부분」이 없는 장소에 설치할 필요가 있다.

8.8.2 급배기량

가스의 연소에는 산소가 필요하다. 산소는 공기중에 포함되어 있으므로 특별히 고온을 얻고 싶은 경우를 제외하고 연소에는 공기가 사용된다.

표준상태의 가스 1 m^3를 완전연소시키기 위해서 필요한 최소의 공기량을 이론공기량이라고 한다. 일반적으로 기체연료에서는 발열량 4.19 MJ(1,000 kcal)에 대해 그 이론공기량은 약 0.9 m^3로 거의 일정하다. 그러나 실제로는 이론 공기량만으로 가스를 완전연소시킬 수 없고, 20~40%의 과잉공기가 필요하다.

가스가 연소하면 연소 화학방정식에서 알 수 있듯이 이산화탄소(CO_2), 수증기(H_2O)를 생성하고, 이와 함께 불연성으로 연소에 기여하지 않는 공기중의 질소(N_2)가 연소 배기가스로서 생성된다. 가스 1 m^3가 이론 공기량의 공기와 반응하여 완전연소할 경우의 연소가스량을 이론 배기가스량이라고 한다.

일반적으로는 가스의 소비량 4.19 MJ(1000 kcal)에 대해 그 이론 배기가스량은 약 1 m^3로서, 그 일례를 표 8.15에 나타내었다.

표 8.15 이론공기량 · 이론배가스량의 예

가스의 종류		발열량 [MJ/m³]	이론공기량 [m³/4.19 MJ]	이론배기 가스량 [m³/4.19 MJ]
도시가스	13A	46.1	0.995	1.095
	L1	19.0	0.876	1.044
	5C	18.8	0.860	1.049
액화석유가스		50.2MJ/kg	0.992	0.977

8.8.3 급배기설비의 상세

급배기설비를 설계하는 경우, 건축법(건축기준법 : 일본), 소방법, 화재예방조례, 도시가스사업법(가스사업법 : 일본) 등의 법규제에 적합하도록 하는 것 이외에, 안전면이나 환경위생상의 배려가 필요하다. 설치방법의 상세한 사항에 대하여는, 8.3.3항에 기술한 「가스기기의 설치기준 및 실무지침」을 참조하기 바란다.

특히 가스기기 중에서도 특정가스 소비기기는 구조나 사용 상황 등으로 보아 설치 또는 변경공사의 결함과 관련되어 가스에 의한 재해발생의 우려가 많다고 인정되는 것으로, 국가자격취득자의 감독하에 설치기준에 따른 설치공사를 하도록 정해져 있다(「특정가스 소비기기의 설치공사 감독에 관한 법률」참조). 특정가스 소비기기란 다음의 것을 가리킨다.

(1) 가스 목욕조
(2) 가스급탕난방기
- 가스순간급탕기(가스 소비량이 12 kW를 넘는 것)
- 저탕 · 상압 저장급탕기(가스 소비량이 7kW를 넘는 것)

(3) 상기 가스기기의 배기통 및 그 배기통에 접속되어 있는 배기용 송풍기

8.9 보안대책

가스설비에서는 만일의 경우에 대비해 가스사용장소의 특성에 따른 안전대책을 강구한다.

8.9.1 인입관 가스차단장치

다음에 해당하는 건물의 인입관에는, 긴급시에 지상으로부터 용이하게 조작할 수 있고 유지 관리하기 쉬운 장소에 반드시 인입관 가스차단장치를 설치하지 않으면 안 된다.

(1) 가스사업법 고시에서 정하는 특정 지하가 · 특정 지하실 · 초고층 건물 · 특정 대규모 건물 · 고층건물
(2) 중압건물
(3) 인입관 구경이 70 mm 이상의 건물
(4) 지하실 · 지하가 그 외 지하로 가스가 충만할 우려가 있는 장소로의 인입관

8.9.2 긴급 가스차단장치

다음에 해당하는 건물에는 해당 건물의 보안 상황을 감시할 수 있는 장소로부터 즉시 공급가스를 차단할 수 있는 긴급 가스차단장치를 설치하지 않으면 안 된다.

(1) 가스사업법 고시에서 정하는 특정 지하가 · 특정 지하실 · 초고층 건물 · 특정 대규모 건물

(2) 옥내 중압건물

8.9.3 가스누출 경보설비

가스사업법 고시에서 정하는 특정 지하가 · 특정 지하실에는 가스누출 경보설비를 설치하지 않으면 안 된다. 표 8.16, 표 8.17에 시스템의 개요를 나타내었다.

8.9.4 자동가스차단장치 또는 도시가스 경보기

가스사업법 고시에서 정하는 초고층 건물 · 특정 대규모 건물 및 옥내 중압건물에는, 자동가스차단장치 또는 도시가스 경보기를 설치하지 않으면 안 된다. 표 8.16, 표 8.17에 시스템의 개요를 나타내었다.

표 8.16 도시가스경보기 등의 설치 예

(a) 설치예(비중이 공기보다 가벼운 경우)

	실내 경보형	옥외 경보버저형	집중감시형(1)
대상	I 단독주택	II 아파트 · 빌라 등의 집합주택	III 빌라 등의 집합주택 백화점 등의 빌딩
조합	경보기	경보기+옥외 경보버저	경보기+집중감시반
개념도	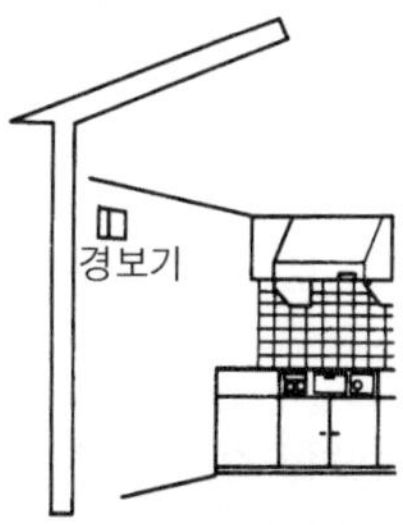	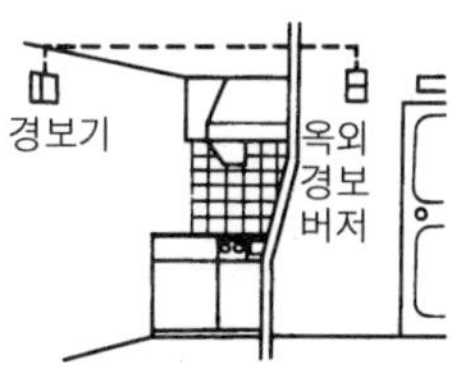	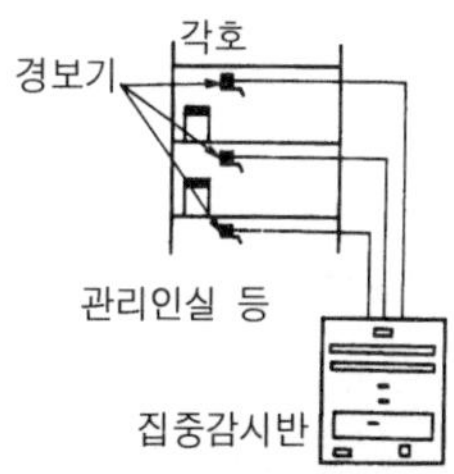
	집중감시형(2)	마이콤 미터 연동형	업무용 가스차단장치 연동형
대상	IV 특정지하가 · 특정지하실 등	V 마이콤 미터 설치 수요가	VI 업무용 수요가
조합	검지기+집중감시반+비상전원장치+음성경보장치	경보기+마이콤 미터	경보기+조작기+자동차단밸브
개념도	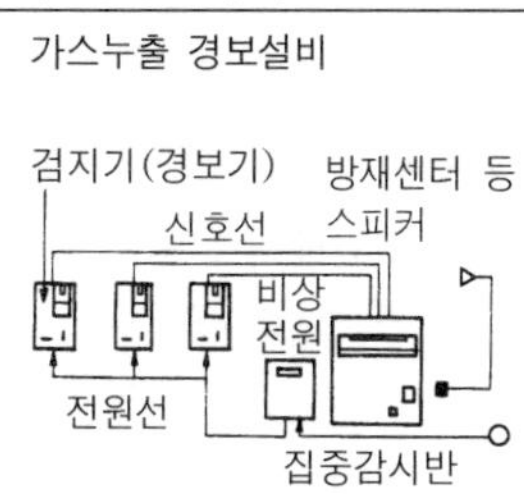		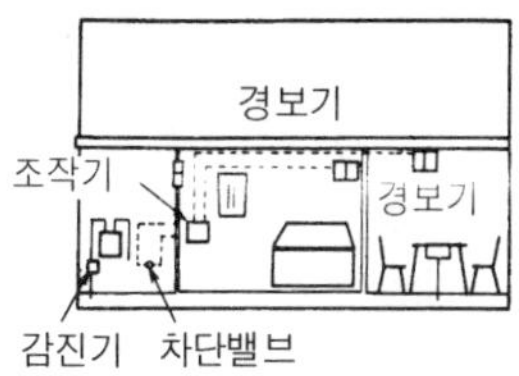

표 8.16 계 속

(b) 가스누출경보기의 검지구역과 설치조건

가스의 종류		연소기로부터의 수평거리 [m]	검지기(경보기)의 부착높이 [m]
도시가스	비중이 공기보다 가벼운 경우	8 이내	천정면 등의 아래쪽 0.3 이내
	비중이 공기보다 무거운 경우	4 이내	바닥면의 윗쪽 0.3 이내
액화석유가스의 경우		4 이내	바닥면의 윗쪽 0.3 이내

(c) 도시가스경보기 설치의 유의점

(1) 공기보다 가벼운 가스의 경우

	설 치 도	재 료
1	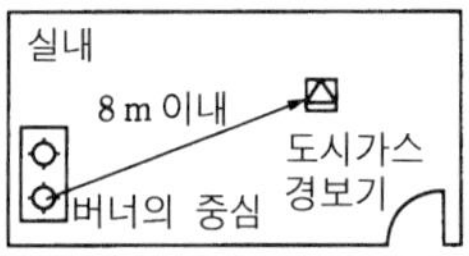	연소기기로부터 수평거리 8 m 이내에 설치한다.
2	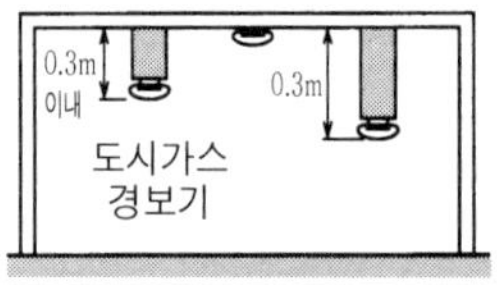	도시가스 경보기의 하단은 천정면의 아래 방향 0.3 m 이내에 설치한다.
3	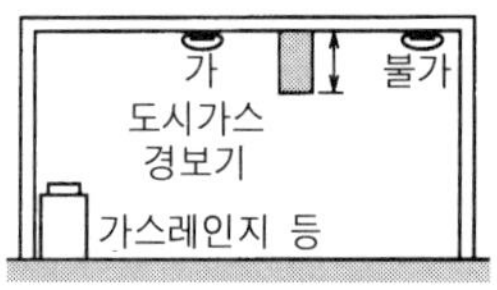	천정면이 0.6 m 이상의 보에 의해 구획되어 있는 경우는 연소기구쪽에 설치한다.
4	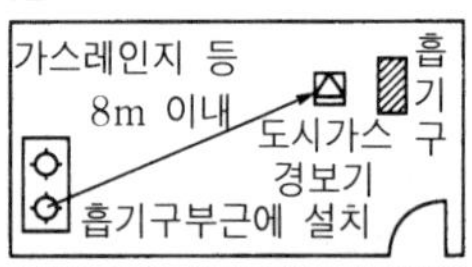	천정 부근에 흡기구가 있는 실내는 연소기구로부터 가장 가까운 흡기구 부근에 설치한다.
	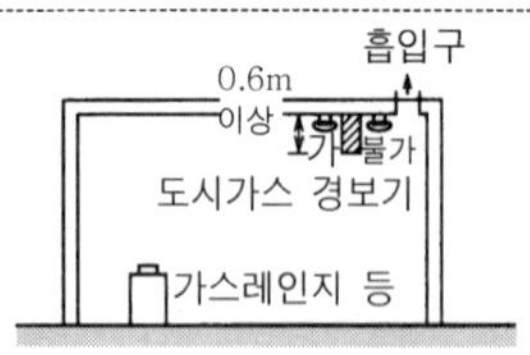	연소기구와 흡기구의 사이에 0.6 m 이상의 보가 있는 장소에는 설치하지 않는다.
5	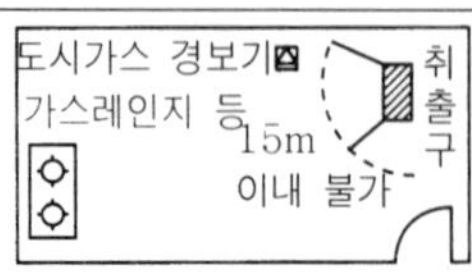	출입구 부근 등 외부의 기류가 유통하는 경우, 환기구의 공기취출구로부터 1.5 m 이내의 장소, 연소기구의 배가스에 접촉하기 쉬운 장소 등 가스누출을 유효하게 검지할 수 있는 장소에는 설치하지 않는다.

표 8.16 계 속

6	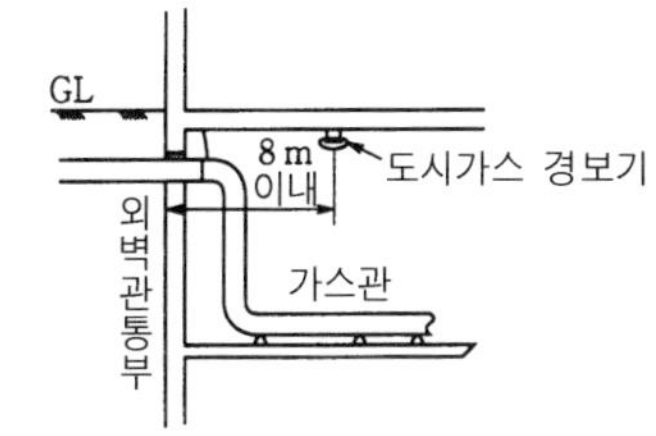	특정 지하가, 특정 지하실 등의 도관 외벽 관통부로부터 8 m 이내에 설치한다.

(2) 공기보다 무거운 가스의 경우

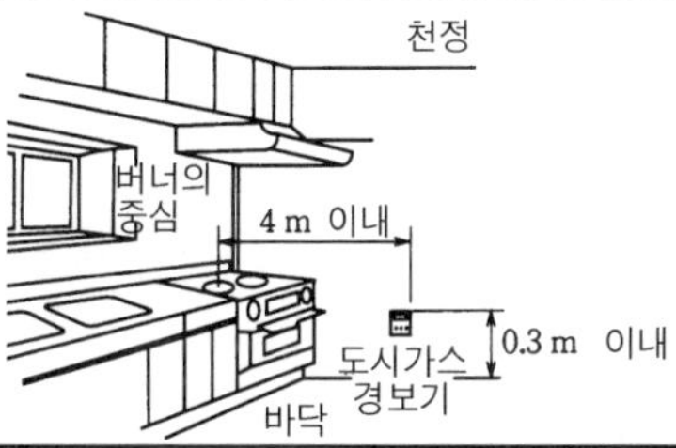	연소기구로부터 수평거리 4 m 이내, 도시가스경보기의 상단이 바닥면으로부터 0.3 m 이내에 설치한다.

표 8.17 도시가스경보기 등의 개요

시 스 템	개 요
가스누설 경보설비	검지기(도시가스 경보기)를 연소기기가 있는 개소 및 배관의 외벽관통부에 설치하는 동시에, 그 작동 상황을 중앙관리실에서 집중감시하는 설비로, 음성경보장치에 의해 가스누설의 발생을 알린다. 또한, 정전시에도 정상기능을 발휘하도록 비상전원의 설치가 필요하다.
도시가스 경보기	단일체에서 연소기기가 있는 개소에 개별로 설치하는 방식으로, 옥외경보 버저와 연동시키는 방식도 가능하다.
자동가스차단장치	가스의 유량·압력 등의 이상 상태 또는 가스누설을 검지하고 자동적으로 가스를 차단하는 기능을 갖는 장치를 말하며, 실용화되고 있는 것으로서는 「마이콤미터」와 「업무용 가스차단장치(도시가스경보기 연동)」가 있다.
집중감시형 가스누설 경보시스템	건물내의 각 개소에 설치되어 있는 도시가스 경보기와 관리인실 등에 설치한 감시반을 접속하여, 각 경보기의 작동상황을 1개소에서 집중 감시하는 시스템이다.

참고문헌

1) 고압가스보안협회 : LP가스설비설치기준 및 취급요령(1998) p. 20
2) 고압가스보안협회 : LP가스설비설치기준 및 취급요령(1998) p. 24
3) 공기조화・위생공학회편 : 급배수・위생설비계획설계의 실무지식(1995) p.267, オーム사
4) 고압가스보안협회 : 액화석유가스설비사 핸드북, 개정5판(1989) p. 182
5) 고압가스보안협회 : 액화석유가스설비사 핸드북, 개정5판(1989) D. 218
6) 고압가스보안협회 : LP가스설비설치기준 및 취급요령(1998) D. 7
7) 고압가스보안협회 : LP가스설비설치기준 및 취급요령(1998) p. 103
8) 공기조화・위생공학회편 : 급배수・위생설비계획설계의 실무지식(1995) p. 271, オーム사
9) 고압가스보안협회 : LP가스설비설치기준 및 취급요령(1998) p. 97

09 특수설비

9.1 순환여과설비(수영장 · 목욕탕)

순환여과설비는 수영장이나 욕조, 관상용 연못 등의 물이나 온수를 항상 청정하고 적정온도로 유지하기 위해 설치되는 것으로, 여과기 · 집모기 · 소독장치 · 순환배관으로 구성되며, 온수풀이나 욕조에는 온도를 유지하기 위한 가열기가 설치된다.

최근에는 목욕탕 시설에서 레지오넬라증에 감염된 환자의 사망이 확인되어, 순환식 욕조에 대한 레지오넬라증 방지대책의 중요성이 높아지고 있다.

9.1.1 순환여과시스템

[1] 순환여과시스템의 종류

순환여과 대상시설의 수질을 양호하게 유지하기 위해서는 탱크내의 물(또는 온수)이 균일하게 순환 · 여과되어 풀이나 욕조내에 체류수(死水) 단계가 생기지 않도록 시스템을 계획해야 한다. 그림 9.1에 수영장 · 욕조의 순환시스템 예를 나타내었다.

과거에는 탱크의 측면에서 급수해 바닥면으로 환수하는 (a)와 같은 방법이 거의 대부분이었다. 그러나 수영장이나 욕조내 물의 오탁물질은 물 표면 근처에 집중하므로, 환수의 대부분 또는 모두를 오버플로로부터 취하는 (b)나 (c)의 방식이 우수하며, 특히 최근에는 절수효과가 있는 것도 있어서 채용예가 많아지고 있으며 오버플로수를 회수하지 않고 배수하고 있는 예도 많다.

(d) 방식은 주택이나 오염도가 적은 소규모의 수영장에 사용되고 있다. (b)나 (c)와 같은 오버플로 환수방식의 경우, 바닥면에 침전하는 모래 등을 제거하기 위해서 20～25% 정도를 바닥면으로부터, 75～80% 정도를 오버플로로부터 환수하는 방법이 일반적으로 이용되고 있다.

오버플로 환수방식의 경우, 풀 사이드의 물이나 목욕탕 샤워장 등의 바닥배수가 오버플로 홈에 흘러들지 않는 구조로 하는 것이 필수조건이다.

수영장의 경우 타액이나 이물질을 처리하기 위한 오버플로 홈을 설치하고 있는 경우에는, 오버플로 회수계통에 전용 여과장치를 설치할 필요가 있다.

오버플로 환수방식은 절수효과나 파도소멸효과에도 뛰어나, 앞으로의 수영장이나 대형 목욕탕의 순환시스템에 많이 이용될 것으로 생각된다. 그러나 오버플로 홈의 설계를 잘못하면 수영장이나 욕조가 오염되는 원인이 되므로, 수영장 본체의 설계자나 관할 보건소와는 충분한 협의가 필요하다.

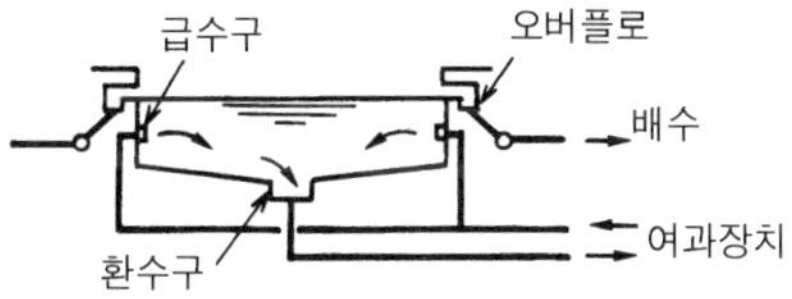

(a) 벽면급수 · 바닥환수

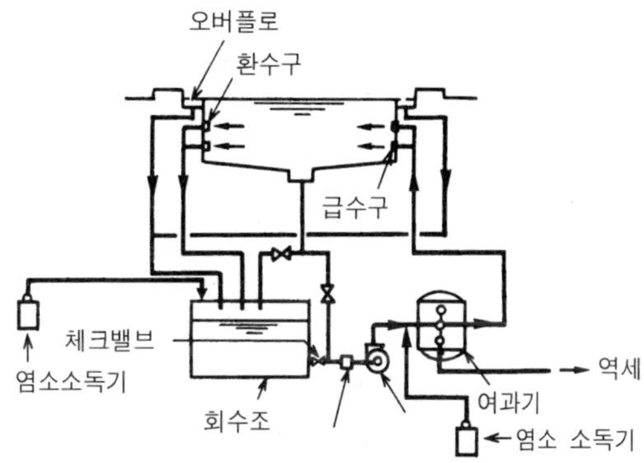

(b) 벽면급수 · 오버플로 환수

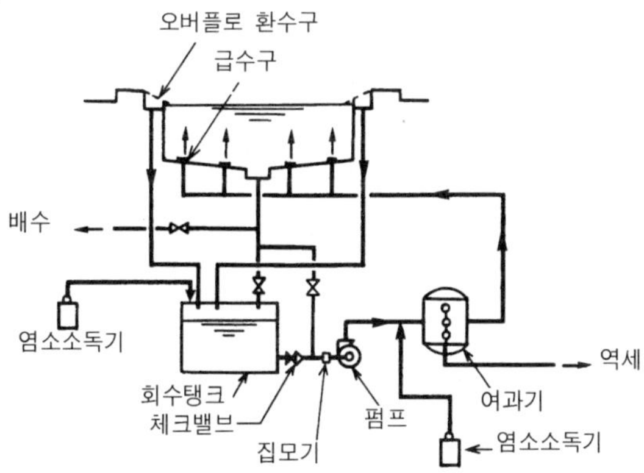

(c) 바닥급수 · 오버플로 환수

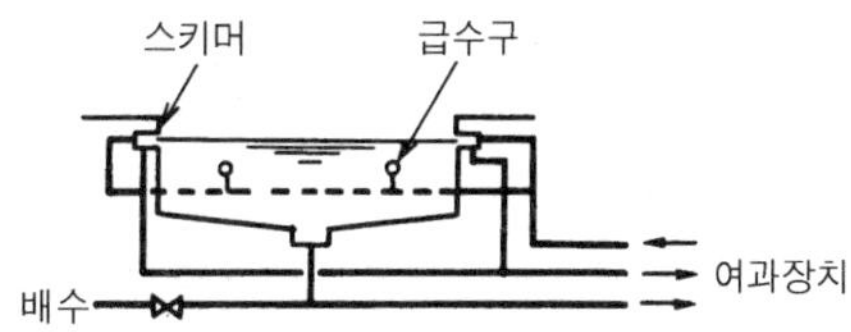

(d) 스키머방식

그림 9.1 수영장 · 욕조의 순환시스템[5]

[2] 여과기의 종류

순환여과에 사용되는 여과기에는 일반적으로 모래식 여과기, 규조토식 여과기, 카트리지식 여과기의 3종류가 있다.

이외에도 고분자섬유를 이용한 중공사막(中空糸膜) 필터가 있으나, 여과성능은 매우 우수하지만 처리수량에 대한 비용이 고가이고 설치 예가 적어 경제적 평가에 관해서는 아직 미지수이다.

표 9.1에 여과기의 특징을 나타내었다.

(a) 모래식 여과기

천연모래나 인공모래(안트라사이트 · 제올라이트 등) 또는 뉴세라믹재를 여재로 하여 입경, 비중, 품종이 다른 것을 탱크내에 적층하여 여과층을 형성하고 있다.

표 9.1 여과기의 특징

항 목	모래식 여과기	규조토식 여과기	카트리지식 여과 기
구 조	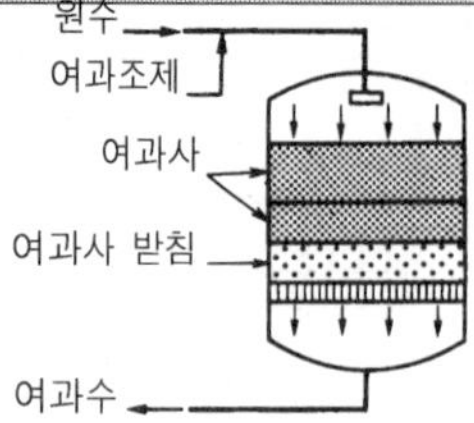	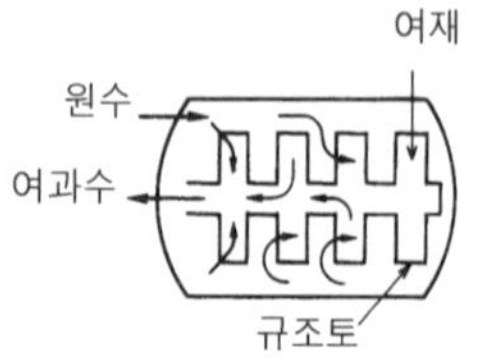	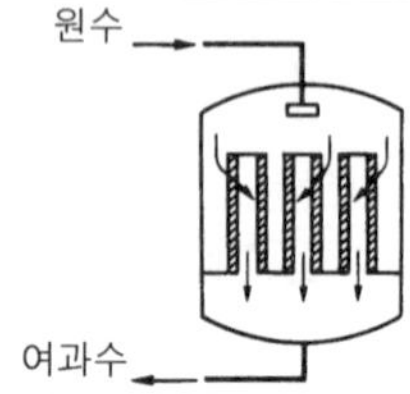
원 리	여재의 표면에 살수하고, 여재에 의해 여과한다.	물에 녹인 규조토를 여재 표면에 부착되게 하고, 여과막을 만들어서 여과한다.	처리수량에 따른 카트리지여재를 탱크안에 넣어서 여과한다.
여 재	천연모래, 샤모트샌드, 안트라사이트, 제올라이트 등을 사용. 입자, 비중이 다른 것을 적층하고 있어 여과능력을 높인다.	원통모양, 원반모양, 엽상, 자루모양 등의 합성섬유.	합성섬유를 통모양으로 감은 카트리지. 중심에 가까울수록 잘잘하게 감아서 표면에서 거친 이물질을, 내층에서 미세한 이물질을 여과한다.
여과 보조재	수영장에서는 황산반토, 소다회 등을 여과하기 전에 주입하고, 오물을 응집시켜 부유물을 여재로 포착한다.	규조토 등의 분말	불필요
여과능력	20~50 μm 정도까지의 수중 오탁물질을 제거	5 μm 정도까지의 수중 오탁물질을 제거	10~15 μm 정도까지의 수중오탁 물질을 제거
여과속도	30~40 m/h	4.0~5.0 m/h	5.5~6.0 m/h
설치면적	100	90	75
설치비용	100	75	80
운전비용	100	115	70
보수 관리	용이	다소 어려움	간단
특 징	수질변동에 강하고 안정된 수질을 얻을 수 있으며, 조작도 용이하기 때문에 비교적 널리 사용되고 있다.	여과 능력은 뛰어나지만 규조토를 포함하는 배수의 처리(침전포집)가 필요하다.	장치가 소형이고 유지 관리가 간단하므로 학교나, 소규모 수영장에 사용되는 경우가 많다.

(주) 설치면적, 설비비, 운전비용은 지수를 나타낸다. 다만, 운전비용에는 역세에 소비되는 물의 비용은 포함하지 않는다.

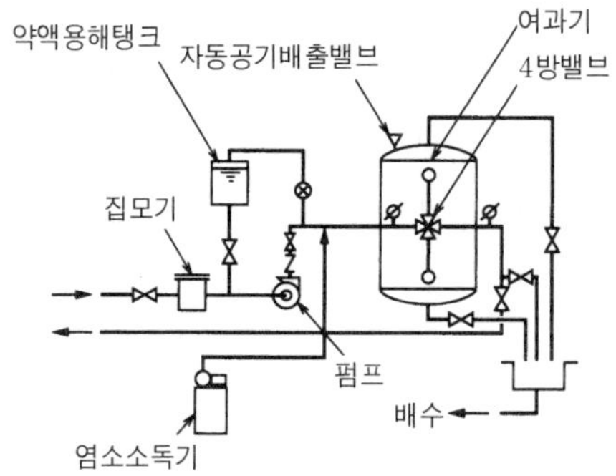

그림 9.2 모래식 여과시스템

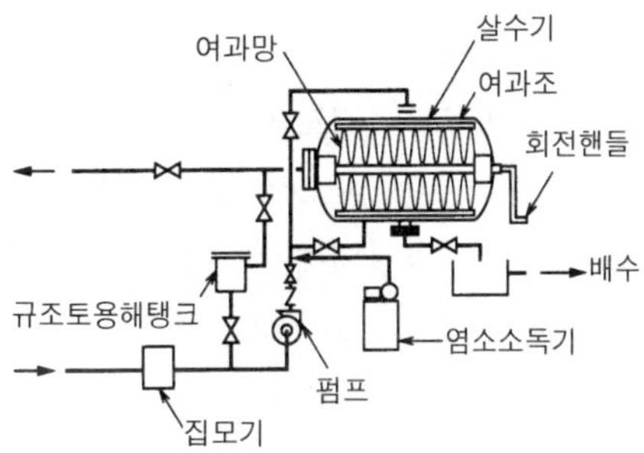

그림 9.3 규조토식 여과시스템

그림 9.2에 모래식 여과시스템의 계통도를 나타내었다.

순환수중의 대형 이물질을 집모기(hair catcher)로 제거한 후, 수영장의 경우에는 응집제(황산반토와 소다회)를 주입해서 응집효과에 의해 표면에 플록(floc)층을 만들어 미세한 부유물을 포착하지만, 욕조의 경우에는 일반적으로 응집제를 사용하지 않는다.

여과한 물(또는 온수)은 필요에 따라서 가열기로 가열한 후에 풀장 혹은 욕조로 송수한다. 여과기는 시간과 함께 오탁물질로 여과층이 막히기 때문에, 역세 즉 물을 여과층 아래에서 위로 반대로 흘려서 막힌 오물을 탱크 바깥으로 배수해, 여과층을 재생하는 역세를 한 다음 여과를 재개한다. 역세는 여과기 전후의 압력차를 읽어서 막힘 상태를 추측한다.

모래식에서의 여과속도는 40 m/h 이하가 바람직하며, 30 m/h 이하로 하면 여과 정밀도가 높아진다. 모래여과기는 비교적 수질변동에도 잘 대처할 수 있어 안정된 수질을 얻을 수 있고 조작도 용이하기 때문에 가장 많이 사용되고 있다.

(b) 규조토식 여과기

미세한 규조토의 분말로 2∼6 mm 정도의 얇은 막을 만들어 여과하는 것으로 여과 정밀도가 가장 우수하다. 규조토식에서는 역세는 하지 않고 로딩한 규조토의 막을 씻어내어, 재차 규조토의 분말을 부착시켜 여과막을 다시 만든다. 일반적인 시설에서는 이 조작이 귀찮다는 등 유지 관리에 난점이 있다고 해 멀리하고 있지만, 여과 정밀도가 뛰어나 역세 등 유지용수가 적고, 상수도를 수원으로 하는 경우에는 유지비가 저렴하기 때문에, 학교 수영장 등에 많이 사용되고 있다. 그림 9.3에 규조토식 여과시스템의 계통을 나타내었다.

(c) 카트리지식 여과기

섬유를 원통형의 실패모양으로 한 카트리지와 폴리에스텔 부직포제의 플리츠형 카트리지를 여재로 한 것으로, 여과수량에 상당하는 개수를 탱크내에 납입한 것이다. 전자는 소모품으로서 눈막힘의 상황에 따르나 일반적으로는 2～3개월에 교환하고, 후자는 세척 재생해 사용한다. 실패형 카트리지도 약품 등으로 세정해 재사용하는 경우도 있다. 그러나 카트리지의 구조상 오물을 완전하게 제거하는 것은 곤란하며, 통과 저항이 증가하여 순환량이 감소하기 때문에 여과능력은 저하한다.

카트리지식 여과기는 비교적 컴팩트하고 역세조작이 없으며 유지관리가 용이하기 때문에, 이용자가 적은 소규모의 여과장치에 사용되는 경우가 많다. 역세에 의한 물의 소비가 없기 때문에 상수도를 수원으로 하는 경우에는 유지비가 적게 든다.

그림 9.4에 카트리지식 여과시스템의 계통을 나타내었다.

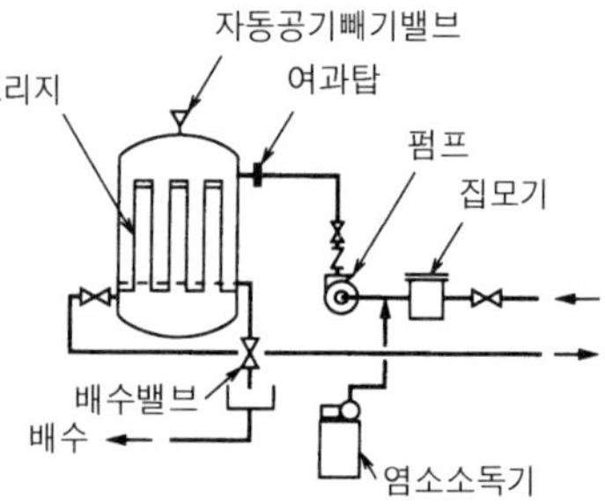

그림 9.4 카트리지식 여과시스템

(d) 기　타

여재에 미생물을 부착시켜 물을 정화하는 생물처리의 여과기도 바이오 여과기 등의 이름으로 시판되고 있다. 그러나 생물정화방식에서는 여재에 세균류, 레지오넬라 속균, 아메바류 등이 대량으로 증식하여 순환수를 오염시키는 원인이 되기 때문에, 특히 미생물의 번식에 적합한 수온을 유지하는 욕조수의 여과기로서는 적합하지 않는다.

이후에 기술하겠지만, 「후생 노동성」에 의한 순환식 욕조의 레지오넬라증 방지대책에서는 여과기의 소독을 의무로 하고 있으며, 소독제를 여과기의 입구측에 주입하는 것을 요구하고 있기 때문에, 욕조용 여과기에는 생물정화식을 사용해서는 안 된다.

[3] 오버플로 회수탱크

오버플로환수식의 순환시스템은 오버플로 회수탱크를 설치하여 수영장의 물을 일단 탱크에 받아서 여과기로 송수한다. 따라서 회수탱크는 풀이나 욕조의 바닥면보다 낮은 위치에 설치하며, 용량은 역세시의 사용수량(순환펌프 수량×역세시간) 이상의 용량으로 하는 것이 바람직하다. 그러나 설치 공간의 관계 등으로 역세수량 이상의 회수탱크를 설치할 수 없는 경우는, 역세시에 수영장이나 욕조로부터 직접 펌프에 흡수하는 배관계통을 설치할 필요가 있다(그림 9.2 참조).

표 9.2 수영장 및 욕조의 가열부하 산출방법[7),8),9)]

수영장, 욕조의 가열부하 L	$L = q_e + q_t + q_s + q_p + q_h + q_f$ q_e : 수면으로부터의 증발에 의한 열손실[W] q_t : 수면에서의 열전달에 의한 열손실[W] q_s : 수영장, 욕조의 벽면, 바닥면으로부터의 열손실[W] q_p : 배관, 여과장치로부터의 열손실[W] q_h : 욕조 입욕자에 의한 열손실량[W]……욕조만 해당 q_f : 보급수의 가열부하[W]
수면으로부터의 증발에 의한 열손실 q_e	옥내 $q_e = (0.114v + 0.134)(P_w - P_a)A_1 \cdot 0.2778\gamma$ 옥외 $q_e = (0.0161v + 0.125)(P_w - P_a)A_1 \cdot 0.2778\gamma$ v : 수영장, 욕조 수면상의 풍속[m/s] (일반적으로 옥내 : 0.5, 옥외 : 3.0) P_w : 수온과 같은 포화공기온도의 포화수증기 분압[kPa] (표 9.3 참조) P_a : 공기의 수증기 분압[kPa](표 9.4 참조) A_1 : 수영장, 욕조의 수표면적[m^2] γ : 수온의 포화수증기의 증발잠열 [kJ/kg]
수면에서의 열전달에 의한 열손실 q_t	$q_t = a(t_w - t_a)A_t$ a : 수영장, 욕조수면의 열전달속도[W/(m^2 · ℃)] t_w : 수영장, 욕조의 수온[℃] t_a : 실내온도[℃](일반적으로 실내수영장 28~30, 욕탕 : 25]
벽면, 바닥면으로부터의 열손실 q_s	$q_s = K_w(t_w - t_g)A_w$ K_w : 벽면, 바닥면의 열통과율. 일반적으로 [W/(m^2 · ℃)] t_g : 지중온도(해당지역의 연평균기온). 공기에 접하고 있을 때는 t_a A_w : 수영장, 욕조의 벽면, 바닥면적[m^2]
배관, 여과장치로부터의 열손실 q_p	$q_p = q_{p1} + q_{p2}$ q_{p1} : 배관, 밸브로부터의 열손실[W] q_{p2} : 여과장치로부터의 열손실[W]. 개략 여과기 표면적당 40 W/m^2 개략치로서 $q_p = 0.03(q_e + q_t + q_c)$
입욕자에 의한 열손실량 q_h	$q_h = 0.1(q_e + q_t + q_s)$ … 욕조만 해당
보급수의 가열부하 q_f	$q_f = 1.163Q_w(t_w - t_s) \times 1/h$ [W] Q_w : 보급수량 [역세수량 + 오버플로수량] [L/일] t_s : 보급수(온수)의 온도[℃] h : 가열시간

(주) 1. 일반적으로 가열시간은 수영장에서는 여과기의 역세종료시부터 수영장 사용개시기간까지, 욕조는 욕조청소 종료후부터 영업개시시간까지의 시간으로 한다.

2. 일반적으로 오버플로수량은 수영장에서는 1일 물사용량의 3~6% 정도, 욕조에서는 욕조가 상시 만수상태로 유지하고 있는 경우는 1일 입욕인원×0.05 m^3/인

오버플로 회수탱크는 더러워지기 쉽고, 레지오넬라 속균의 온상이 되기 쉽기 때문에 소독장치를 설치함과 동시에 청소하기 쉬운 장소에 설치한다. 욕조용의 경우에는 여과기와 마찬가지로 주 1회 이상의 청소나 소독이 필요하다.

지하 매설식은 상기의 조건을 만족하기가 곤란하기 때문에 피해야 하므로 금지되고 있다.

[4] 가열 시스템

수영장 · 욕조의 가열부하 계산법을 표 9.2에, 포화증기의 증발잠열과 포화수증기 분압을 표 9.3에, 공기온습도에 의한 수증기 분압을 표 9.4에 나타내었다. 상기의 가열부하는 이용시간대에서의 부하이고, 실제로는 이용시간 외에 행해지는 역세로 소비되는 물에 대한 보급수의 가열량이나, 수영장 및 욕조의 환수시 가열부하에 대해서도 검토한다.

수영장이나 욕조에서는 소독에 염소제를 사용하기 때문에 염소의 기기에 대한 영향을 고려해, 순환수의 가열은 내식성이 있는 열교환기가 사용되고 있으며, 보일러나 온수기 등으로 직접가열하는 것은 거의 없다.

표 9.3 포화증기의 증발잠열 r과 포화수증기압 P_W

수온 t_w [℃]	증발잠열 [kJ/kg]	포화수증기압 [kPa]
25	2442.5	3.17
30	2430.7	4.24
35	2418.8	5.62
38	2411.7	6.62
39	2409.3	6.99
40	2406.9	7.38
41	2404.5	7.78
42	2402.1	8.20
45	2394.9	9.58

열교환기는 쉘 앤드 튜브형이나 플레이트형이 사용되며, 열원이 증기의 경우는 전자가, 온수의 경우는 양자 모두 사용된다. 최근에는 운전자격이 불필요한 진공식 온수기나 무압개방형 온수기가 사용되는 경우가 많다. 기타 태양열 이용, 코제너레이션 시스템, 열회수 히트펌프, 엔진구동 히트펌프 등의 열을 이용한 가열 시스템도 있다.

표 9.4 공기 온습도와 수증기 분압 [단위 : kPa]

습도 [%] \ 온도 [℃]	0	5	10	15	20	21	22	23	24	25	26	27	28
40	0.245	0.349	0.491	0.682	0.936	0.885	1.058	1.124	1.194	1.268	1.345	1.427	1.513
50	0.306	0.436	0.614	0.853	1.170	1.244	1.323	1.405	1.493	1.585	1.681	1.784	1.891
60	0.367	0.524	0.737	1.023	1.403	1.493	1.587	1.686	1.791	1.901	2.019	2.140	2.269
70	0.428	0.610	0.860	1.194	1.637	1.742	1.852	1.967	2.080	2.218	2.357	2.497	2.647
80	0.489	0.698	0.982	1.364	1.871	1.990	2.116	2.248	2.388	2.585	2.690	2.854	3.026
90	0.550	0.785	1.105	1.535	2.105	2.239	2.381	2.529	2.687	2.852	3.028	3.210	3.404
100	0.611	0.873	1.228	1.705	2.339	2.488	2.645	2.810	2.985	3.169	3.363	3.567	3.782

[5] 소독 시스템

여과기에서는 표 9.1에 나타낸 여과능력 이하의 작은 입자의 물질이나, 용존오탁 물질을 포착할 수 없다. 또 수중에 10^6개/mL 의 세균이 생식하고 있어도 육안으로는 투명하게 보이므로, 병원균을 사멸시키고 수중오탁물질을 제거하기 위해서 소독설비가 필요하다.

소독에는 일반적으로 염소제가 사용된다. 오존, 자외선, 은이나 동이온 등도 사용되고 있지만, 모두 잔류성이 없기 때문에 염소제와 병용할 필요가 있다.

(a) 염소제 소독

염소제는 수중에서 살균력을 길게 유지할 수가 있기 때문에, 수영장의 물이나 욕조의 온수 소독에는 가장 적합하다. 염소가스, 차아염소산 나트륨(NaOCl)용액, 전해차아염화수 등이 사용되고 있으며, 염소가스는 위험물로서의 규제를 받는 등 유지관리가 어렵기 때문에, 일반적으로 취급이 용이한 용액이나 정제가 많이 사용되고 있다. 그러나 염소제만으로는 세균이나 바이러스를 완전하게 사멸시키기 어렵고, 또한 이용자가 배출하는 유기 오염물을 산화・분해하는 것이 곤란한 경우도 있으므로, 오존이나 자외선 소독을 병용하는 것도 있다.

염소의 살균력은 살균력이 강한 차아염소산(HOCl)과 살균력이 그 1/100 정도에 지나지 않는 차아염소산이온(OCl^-)의 비율에 의해 변화한다. 그림 9.5에 나타낸 것처럼 수온 30℃의 경우 수소이온지수(pH) 7에서는 70%를 차지하는데 대해, pH 8에서는 20%로 감소해 살균력이 큰 폭으로 약해진다. 따라서 pH 7을 넘는 알칼리성의 물에서는 염소제의 소비량이 많아짐에 주의하면서 염소제 주입양을 설정한다.

pH 8을 넘는 물이나 온천의 경우는 다른 소독법을 고려하는 편이 좋은 경우도 있다.

시판하고 있는 차아염소산 나트륨은 유효 염소량이 12%로 정량주입펌프를 사용해 주입하지만, 주입밸브가 막히는 경우가 많기 때문에 5~10배 정도로 희석해서 사용한다. 차아염소산 나트륨은 불순

물이 많은 공업용을 사용하지 말고, 식품첨가물 인정품이나 의약품으로서 사용되는 순정품을 사용하면 비교적 막힘현상이 일어나지 않지만 주입밸브는 정기적으로 떼어내 청소할 수 있도록 설치할 필요가 있다. 차아염소산 나트륨은 보관 중에 유효 염소량이 감소해 나가므로 보관기간이나 보관장소에 주의한다.

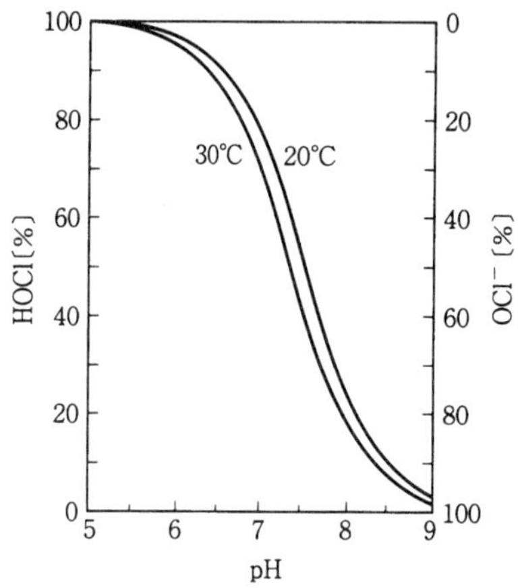

그림 9.5 pH와 HOCL 유리의 비율[10)]

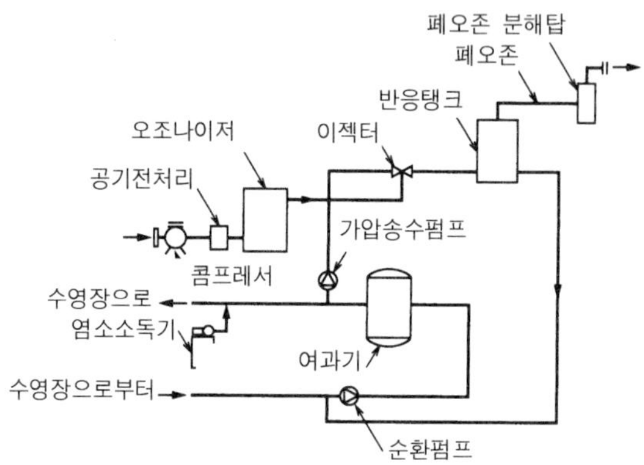

그림 9.6 무성방전법 오조나이저에 의한 오존소독 예

(b) 오존소독

오존소독은 설비비가 고가라는 것 등으로 인해 아직 많고 보급되어 있지 않지만, 극히 강한 살균력이나, 염소에 의한 건물이나 인체에의 악영향이 없다는 것 이외에, 물의 투명도가 좋아지고, 여과기의 역세 빈도가 적게 되어 보급수의 절수효과가 크고, 염소나 응집제의 사용량이 감소하는 등 이점이 많아, 염소소독의 사전처리로서 활용하면 효과적이다.

유럽의 경우 오존소독은 이미 수영장의 소독법으로서 정착하고 있지만, 우리나라에서는 아직 설비비가 고가이기 때문에 그다지 사용되고 있지 않다.

그러나 오존은 인체에 유해한 기체이므로 폐오존처리에는 충분히 주의할 필요가 있으며, 또한 지속성이 없기 때문에 염소제와 병용할 필요가 있다. 그림 9.6에 오존소독의 예를 나타내었다.

(c) 자외선 소독

자외선은 수중의 세균, 박테리아, 해초류, 바이러스, 곰팡이나 미생물 등을 사멸시킬 수가 있지만, 소독대상에 대해서 항상 충분한 조사량(繰絲量)을 확보할 필요가 있고, 자외선 램프의 유리면 투과율을 유지하기 위한 정기적인 청소가 필요하다. 욕조수의 경우에는 수온과의 조사비율을 충분히 검토할 필요가 있다. 설비비는 오존보다 저렴하며, 자외선과 오존의 장점을 살린 자외선·오존 병용시스템도 개발되어 있다.

(d) 동 · 은이온 소독

동이나 은이온의 소독작용을 이용한 것으로, 동이온은 살균용으로, 은이온은 소독용으로 사용되는 것이 많다. 장치가 간단하고 유지관리도 용이하며 설치공간도 작고, 설비비가 비교적 염가이기 때문에 서서히 보급되 가고 있지만, pH가 8.0 이상의 물에 대해서는 그 효과가 의문시되고 있다.

[6] 보급수 공급 시스템

보급수는 수영장이나 욕조에 직접 급수(급탕)하거나, 오버플로 회수탱크 또는 밸런싱 탱크에 급수한다. 어느 경우에도, 수영장이나 욕조의 물이 급수관이나 급탕관으로 역류하지 않도록 토수구 공간을 만든다. 다만, 수영장이나 욕조에 직접 급수하는 경우는 토수구 공간을 만드는 것이 어렵기 때문에, 보급수조를 설치해 급수를 일단 수조로 받고 나서 급수하는 방법으로 하고, 수영장이나 욕조의 수위에 의해 자동급수밸브를 개폐해 급수한다. 순환여과배관에 급수관이나 급탕관을 직접 접속하는 것은 크로스 커넥션(cross connection)이 되어 금지하고 있다.

9.1.2 수영장 순환여과설비

수영장설비를 계획하는 경우 특히 주의할 것은, 불특정 다수의 사람이 이용하며 또한 이용자가 오염원인 점이고, 더욱이 수영장의 물이 쉽게 입이나 코로부터 체내로 들어가며, 눈이나 귓점막에 접해서 전염성 질환의 매개 장소로 되기 때문에, 항상 위생적으로 안전한 환경을 제공해야 한다고 하는 점이다.

수영장 순환여과설비는, 수영장의 수질을 일정한 기준 이내로 유지하기 위한 순환여과 · 소독설비, 온수 수영장에서는 수온을 일정하게 유지하는 가열설비가 주된 것이다. 수영장 물의 수질이나 실내환경 등에 대해서는 「체육청소년부정령」이나 일본의 「후생 노동성」·「문부과학성」에 의한 기준이 있으며, 또한 지방 지자체의 조례에 의해서도 기준이 설치되어 있으므로, 계획에 즈음해서는 그것들을 잘 조사해야 한다.

[1] 수영장 물의 수질기준

실내수영장 물의 수질기준은 후생노동성기준(우리나라의 경우 체육청소년부령의 수영장 수질기준)이 정해져 있으며 표 9.5에 일본의 후생노동성기준을 나타내었다.

표 9.5 수영장의 수질기준(2001. 7.28 후생노동성 건강국장 통지)

No	수질항목	수질기준	측정빈도	비고
1	탁도	2도 이하	매월 1회 이상	
2	수소이온농도(pH)	5.8～8.6	매월 1회 이상	
3	과망간산칼륨소비량	12 mg/L 이하	매월 1회 이상	
4	유리잔류염소농도	0.4 mg/L 이상 1.0 mg/L 이하	매일오전중 1회, 오후 2회 이상으로, 이 가운데 1회는 유영자가 가장 많을 때	염소소독의 경우
	유리잔류염소농도	0.1 mg/L 이상 1.0 mg/L 이하		이산화염소소독의 경우
	아염소산농도	1.2 mg/L 이하		이산화염소소독의 경우
5	대장균류	검출되지 않을 것	매월 1회 이상	
6	일반세균	200 CFU/mL 이하	매월 1회 이상	
7	총 트리할로메탄	0.2 mg/L 이하가 바람직함	매년 1회 이상	

(주) (1) 해수나 온천수를 사용하는 수영장에서 상시 청정한 용수가 유입하여 청정도가 유지되고 있는 경우는 (4), (5)에 대해서는 적용하지 않아도 된다.
(2) 오존이나 자외선처리를 염소소독에 병용하는 경우에도 (1)~(4), (6)~(8)의 기준을 적용할 것.
(3) 순환여과장치의 출구에서 탁도기준치 0.5 이하(0.1 이하가 바람직함).
(4) 수온은 원칙적으로 20℃ 이상으로 할 것.
(5) 기포욕조, 채난조(採暖槽) 등의 설비 그 밖의 에어로졸을 발생하기 쉬운 설비, 또는 비교적 수온이 높은 설비가 있는 경우는 레지오넬라속균 검사를 연1회 이상하고, 검출되지 않을 것.

[2] 순환수량의 산출

(a) 순환회수에 의한 순환수량의 산출

일반적으로 순환수량은 수영장의 물을 1일에 몇회 순환시키는가를 나타내는 순환회수에 의해 산출한다.

$$Q = NV/T \tag{9.1}$$

여기서, Q : 순환수량 [m^3/h]
N : 순환회수 [회/일]
V : 수영장의 보유수량 [m^3]
T : 여과장치의 운전시간 [h/일]

수영장 등의 일반적인 순환회수를 표 9.6에 나타내었다.

유영용 수영장의 위생기준(후생 노동성)에서는, 수영장의 용량에 순환계의 보유수량을 더한 전체의 1/6 이상을 1시간에 처리하는(6시간에 1회) 능력을 가지는 것으로 정했으며, 특히 야간에 여과기장치를 정지하는 경우는 1시간마다 전 용량의 1/4 이상(4시간에 1회)의 처리능력을 요구하고 있다.

표 9.6 표준적인 순환[11)]

종 별	순환회수(턴 오버)*	
	N(옥외)	N(옥내)
학교 수영장	4～6	5～7
연습용 수영장	4～8	6～10
레저 수영장	6～10	8～12
도보 수영장	8～12	10～14

* 순환회수(턴 오버)는 24시간 연속운전 경우의 값이다.

여과장치의 운전시간은 일반적으로는 24시간으로 하지만, 수영장의 운영 · 관리방침에 따라서 다르므로 미리 사업주와 상의하여 결정한다. 학교 수영장에서는 운전시간이 관리자의 근무시간에 한정되는 것도 있으므로, 10～12 h/일이 되는 경우도 있다. 수영장의 위생기준에서는 원칙적으로 1일중 계속 운전하는 것으로 하고 있다.

앞에서 기술하였듯이 수영장은 주로 이용자의 땀 등의 분비물에 의한 유기성 오염물질에 의해 오염되며, 계획실패 예의 주된 원인은 1일 이용자수의 예측을 잘못한 결과에 의하는 것이 많다. 따라서 1일 이용자수를 예측하여, 순환회수에 의해 산출된 순환수량을 점검하는 것이 필요하다.

(b) 이용자수에 의한 순환회수의 산출

수영장의 이용자수는 수영장 수면 면적으로부터 식 (9.2)～(9.4)에 의해 산출한다[1)].

$$N_t = A/3 \tag{9.2}$$

$$N_0 = 2N_t \tag{9.3}$$

$$N = N_0 \cdot C \cdot k \tag{9.4}$$

여기서, N_t : 동시 이용자수(시간 유영자) [인]

N_0 : 동시 입장자수 [인/회]

N : 1일 이용자수 [인/일]

A : 수영장 수면 면적 [m^2]

C : 교체회수 [회/일] (일반적으로 3～4)

k : 이용율(일반적으로 0.75)

식 (9.2)는 1 인당의 수영장 수면 전유면적을 3 m^2로 하여 동시 이용자수를 산출한 것이고, 식 (9.3)은 그 2배의 사람이 수영장 사이드 등에 있다고 가정하여 동시 입장자수를 산출하는 것이다.

수영장 이용자수와 순환회수의 관계를 그림 9.7에 나타내었다.

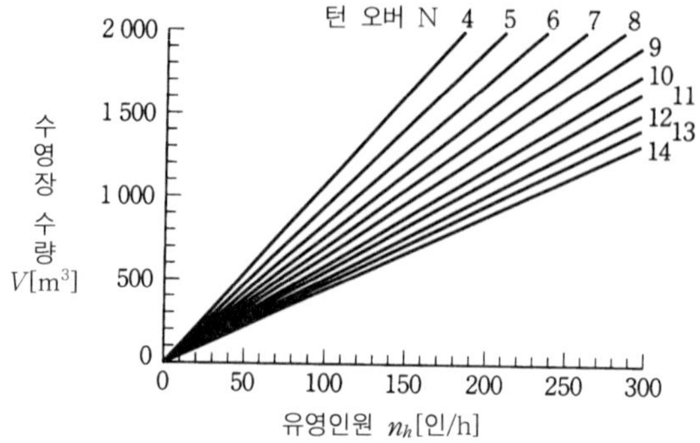

조건의 설명 (기호)

b : 유영자 1인당의 탁도유발량

R : 여과기의 탁도제거율

C_1 : 유영종료시의 여과기 운전시간

t_1 : 유영시간

t_2 : 유영종료후의 여과기 운전시간

그림 9.7 유영인원 · 수영장 수량과 순환회수와의 관계

일반적인 회원제 스위밍 클럽에서는 1코스 1시간당의 이용자수는 24.5명, 1일 이용자수는 회원 총수의 10～20% 정도, 시간최대이용자수는 18～20시 사이가 피크이며, 1일 이용회원 한 달의 60%가 이 시간대에 집중한다[2].

[3] 가열 시스템

표 9.7에 수영장의 수온과 실온을 나타내었다. 일반적으로 옥내 수영장의 수온은 28℃ 전후, 실온은 30℃ 전후, 수온과 실온의 차이를 2～4℃ 전후로 하고 있는 예가 많다[3]. 수영장 물의 가열부하는 표 9.2에 의해 산출한다. 표 9.8에 수영장의 수면적 1 m^{2}당 손실열량의 대략적인 계산값을 나타내었다.

상기의 가열부하는 수영장 이용시간대에서의 부하이고, 실제로는 이용시간 외에 행해지는 역세로 소비되는 수영장 물에 대한 보급수의 가열량이나, 수영장 물을 교체할 때의 가열부하도 검토하지 않으면 안 된다. 일반적으로 수영장 물을 교체할 때 승온시간을 단축하기 위해서 가열용량을 크게 하는 것은, 특별한 경우를 제외하고는 거의 없기 때문에 식 (9.5)에 의해 가열용량을 산출한다.

$$H = 1.2q \cdot h_s / h_m \tag{9.5}$$

여기서, H : 가열기 용량 [W]

q : 수영장 물의 가열부하 [W]

h_s : 야간의 가열시스템 정지시간 [h]

h_m : 아침의 온도상승시간 [h]

숙박시설과 같이 보일러 등의 열원설비가 24시간 가동하고 있는 시설의 경우에는, 순환 시스템 운전중은 가열 시스템도 작동하고 있으므로 산출한 가열부하를 가열기 용량으로 하여도 된다.

표 9.7 수영장의 수온과 실온

수영장의 종류	수온[℃]	실온[℃]	비고
일반 수영장	28～29	28～29	*1
경영 수영장	24～25	28～29	*1
다이빙 수영장	26～27	28～29	*1
옥외수영장 겨울철 사용시	30전후	—	*2

*1 일본체육시설협회 학교 수영장 조사연구위원회
*2 공기조화・위생공학회편 : 공기조화・위생공학편람, 제9판, Ⅲ권
(주) 바닥난방설비가 있는 경우, 실온은 2℃정도 낮아도 된다.

표 9.8 수영장 수면적 1m² 당 손실열량의 개산치[13)]

기온 [℃]	옥내 수영장 [W]	옥외 수영장 [W]
5	640	1260
10	605	1160
15	558	1070
20	512	954
25	419	814
27	384	756
30	327	640

(주) 수온 : 27℃, 공기의 상대습도 : 50%
풍속 : 옥내 0.5 m/s, 옥외 2 m/s

[4] 여과기

여과기에 대해서는 9.1.1 [2]항을 참조하기 바란다.

[5] 소독설비

과잉의 염소제 사용에 따른 건물의 부식이나 이용자 눈의 점막에 악영향을 주는 일이 많아서, 오

존이나 자외선, 동이나 은이온 등에 의한 소독장치를 설치해, 염소주입을 필요 최소한으로 억제하는 수영장도 있다. 최근에는 불순물이 적은 전해차아염화수를 사용해 효과적인 염소소독을 하고 있는데, 염소냄새가 적고 역세수량도 적게 되었다는 보고도 있다. 또한 염소소독의 사전처리로서 오존이나 자외선 소독을 하는 경우 수질 유지를 위한 오버플로 수량을 줄일 수가 있어, 실제로 이러한 사전처리설비 설치전과 비교해 보급수량을 50% 줄일 수가 있었다는 보고도 있다.

[6] 밸런싱 탱크

수영장과 여과장치의 사이에 설치하여 수영장의 수위조정이나 보급수의 공급, 침사 등을 하지만, 현재는 별로 이용되지 않는다. 해변의 수영장 등 모래의 혼입이 많은 옥외 수영장의 경우에는 침사의 목적을 겸해 설치하는 경우가 있다. 탱크의 바닥은 수영장 바닥면보다 1 m 정도 낮은 위치로 한다.

[7] 보급수 공급설비

수영장에서는 염소 소독만의 경우, 수질 유지때문에 오버플로환수식으로 수영장 수량의 3~6%를 오버플로시키는 외에, 역세시에도 순환펌프의 5~15분 정도의 수영장 물을 사용하므로, 그 만큼 보급수를 공급해야 한다. 오버플로를 그대로 배수하는 수영장에서는, 오버플로와 역세수량의 합계가 보급수량이 되므로 수영장 수량의 5~20%를 보급하고 있는 예가 많다[4].

수영장용의 급수관은 수도인입관에서 분기한 직결급수계통으로 하고, 수영장물의 역류를 방지하기 위해서 토수구 공간을 설치한 간접 급수로 한다. 수수조로부터 중력으로 수영장에 급수할 수 있는 경우는 지장이 없으나 고가수조나 가압급수펌프에 의해 급수하는 것은, 많은 동력(에너지)을 사용하게 되므로 바람직하지 않다.

9.1.3 욕조 순환여과설비

욕조의 온수를 깨끗하게 유지하고 온도를 적정하게 관리하기 위한 설비로서 순환여과설비 · 가열설비 · 소독설비로 구성되며, 기본적인 방법은 수영장설비와 큰 차이가 없다.

「감염증 예방 및 감염증 환자의 의료에 관한 법률(감염증 신법)」이 시행되어, 순환식 욕조에서의 레지오넬라증 감염사고가 표면화하면서, 「공중탕에서의 수질 기준등에 관한 지침」, 「공중탕에서의 위생등 관리 요령」 및 「여관업에서의 위생등 관리 요령」이 정해져, 목욕탕 시설에서의 레지오넬라증 방지대책이 강화되었다.

목욕탕설비의 설계에 큰 영향을 주는 것은 다음과 같다.

(1) 순환식 욕조 시스템에서의 레지오넬라 속균의 번식을 방지하기 위해서 욕조는 무엇보다도 여과기, 집모기(헤어 캣처) 및 순환 배관내의 레지오넬라 속균의 온상이 되는 생물막(바이오 필름)을 제거하는 것이 중요하므로 여과기내의 살균 소독은 필수적이다.

(2) 온천이나 우물물을 욕조 원수로서 사용하는 경우 욕조용 저탕조를 설치하는 경우가 많으나, 저탕조는 레지오넬라 속균의 번식을 방지하기 위해서 항상 60℃ 이상으로 유지하거나 소독을 해야 하며, 욕조의 탕온을 적절히 유지하기 위해 물의 사용량을 증대하거나 냉각을 위한 방열장치를 설치하는 등의 대책이 필요하다.

[1] 목욕탕 물의 수질기준

목욕시설에서 사용하는 물(원수)이나 욕조수의 수질은 「통지(고시)」로 정해져 있으며, 반드시 음료에 적합할 필요는 없으나, 가능한 한 청정한 물이 바람직하다. 목욕탕 물의 수질기준을 표 9.9에 나타내었다.

표 9.9 공중목욕탕 · 숙박시설욕탕의 수질기준(2000.12.15 후생노동성 생활위생국장통지)

수 질 항 목	원 수	욕 조 수
색 도	5도를 넘지 않을 것	—
탁 도	2도를 넘지 않을 것	5도를 넘지 않을 것
수소이온농도	5.8~8.6	—
과망간산칼륨 소비량	10 mg/ L 이하	25 mg/ L 이하
대장균류	50 mL 중에 검출되지 않을 것	1개/mL 이하
레지오넬라속균	10 CFU/100 mL 미만	10 CFU/100 mL 미만
암모니아성 질소*		1 mg/L 이하

* 숙박시설의 욕탕에 해당

[2] 설계순서

욕조 순환여과설비의 설계는 상수를 사용하느냐 온천수를 사용하느냐에 따라서, 또한 온천수를 사용하는 경우는 공급량, 온천의 질, 온도에 의해 설계순서가 다르다.

일반적으로 온천 공급량이 욕조의 온수를 1일에 3~5회 교체하는 양 이상 확보가능한 경우에는, 순환여과를 하지 않고 항상 유입 · 오버플로시켜 사용하는 경우가 많다. 특히 온천이 부식성이 강한 경우나 스케일 생성성분이 많은 경우 순환여과가 적절하지 않는 것이 있으므로, 온천을 사용하는 경우에는 그 성분에 주의가 필요하다.

온천지에 따라서는 온천의 공급량에 따라 욕조면적을 정하는 등, 온천이용에 대해서 다양한 규제를 제정하고 있는 경우가 있으므로 주의가 필요하다.

[3] 여과기

지금까지는 수영장과 동일하게 모래식, 규조토식, 카트리지식 등이 사용되어 왔지만, 전술한 「지침」이나 「후생 노동성의 전국 지자체에 통지」에 의해, 1주간에 1회 이상 여과기의 역세, 여과장치나 배관내의 생물막제거를 목적으로 한 소독·청소가 규정되었기 때문에, 역세기능이 없는 카트리지식은 사용할 수가 없다. 또한 공극·투수성이 큰 여재를 사용하여 미생물을 번식시켜 정화하는 생물처리식 여과기도 사용할 수 없다.

여과기는 일반적으로 욕조용량과 순환회로내 보유수량을 합계한 수량을, 1시간에 2회 이상 처리가 능한 능력으로 하고 있으며, 노천탕은 오염이 심하기 때문에 3회 이상으로 하는 것이 바람직하다.

순환식 욕조 시스템에서는 염소소독을 하여도, 여과기나 순환 배관내의 생물막 생성을 완전하게 방지할 수 없다고 알려져 있으므로, 정기적으로 생물막 제거를 목적으로 한 소독(과산화수소수나 고농도 염소소독(10～20 mg/L)이 필요하다. 이때 여과기내로 탈리된 생물막이 들어가지 않도록, 바이패스 회로를 설치하거나 바이패스 회로를 가지는 6방밸브를 설치하는 것이 바람직하다.

[4] 순환시스템

순환시스템은 욕조내의 물(湯)이 균등하게 순환하여, 단락에 의해 욕조내에 체류영역이 생기지 않도록 토수구와 흡입구의 배치를 고려하고, 순환용 토수구는 오음(誤飮)방지를 위해서 반드시 수면 아래에 설치한다. 물이 풍부하게 나오는 것처럼 보이기 위해서 욕조수면 상부의 토탕구(湯口)로부터 순환량을 흐르게 하는 시공예가 많지만, 위생상 위험하므로 공중탕이나 여관에서는 금지되고 있다.

흡입구는 몸이 빨려들어가지 않도록, 흡입유속을 느리게 하기 위해 순환량에 따라 각형 300～600 mm 정도 크기의 흡입받이를 설치하고서 환수한다. 흡입받이에 욕조의 배수구를 설치하는 경우에는, 욕조 청소나 소독시에 약품이나 세제가 혼입한 배수가 순환환수관으로 흘러들지 않도록, 환수구보다 낮은 위치에 배수구를 설치한다.

욕조내의 오염은 수영장과 마찬가지로 수면 근처에 부유하는 것이 많으므로, 오버플로에 의해 제거할 필요가 있다. 사람이 욕조에 있을 때 생기는 오버플로에 의해 오탁물질이 제거되므로, 욕조는 언제나 가장자리까지 물이 고여 있는 상태로 유지하는 것이 입욕자에게 청결감을 준다.

전술한 「지침」도 욕조는 항상 만수상태를 유지하고, 오버플로에 의해 더러워진 물질을 배출하는 것으로 정하고 있다.

욕조 순환시스템은, 일반적으로 그림 9.1에 나타낸 벽면토수, 바닥면환수방식이 많이 사용되고 있다. 오버플로 회수방식은 욕조수면의 오염 제거에 유효하고, 게다가 절수도 되어 욕조순환 여과시스템에 적절한 것이라고 할 수 있다. 그러나 회수탱크는 병원균 특히 레지오넬라 속균의 온상이 되기 쉽기 때문에, 청소 · 소독이 쉬운 장소에 설치하고 전용의 소독장치를 마련할 필요가 있으며, 지하 피트 등을 이용해서는 안 된다. 그림 9.8에 오버플로 회수식 순환여과시스템의 예를 나타내었다.

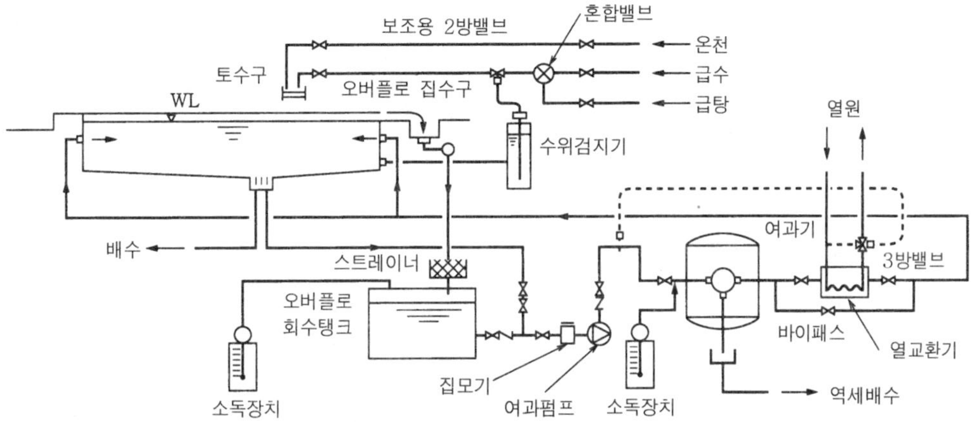

그림 9.8 오버플로 회수방식 순환여과 · 가열시스템의 예

욕조에는 각각 단독으로 전용여과장치를 설치하는 것이 바람직하다. 욕조 수중의 염소는, 목욕탕의 환기상태나 입욕자의 수에 따라 소비량이 다르기 때문에, 욕조마다 염소 주입량을 바꾸는 것이 바람직하지만, 여과기의 직전에 염소를 주입하는 소독방법에서는 불가능하다. 또한, 레지오넬라 속균 대책으로서 욕조물의 유리잔류염소를 정기적으로 측정하여 감시 · 기록하는 것이 요구되며, 기계실내 등 입욕자의 유무에 관계없이 항상 채수할 수 있는 장소에서 채수하려면, 그 장소까지 순환환수관을 단독으로 배관할 필요가 있으므로, 단독으로 설치하는 편이 좋다. 특히 복수의 욕조를 공용 여과기에 의해 동일계통으로 할 경우, 욕조를 항상 만수상태로 유지하기 위해서는 욕조의 테두리를 동일 레벨에 맞추고서 연통관을 설치할 필요가 있지만, 연통관내는 소독제가 순환하기 어려워서 생물막이 생성되기 쉬운 환경이 된다.

어쩔 수 없이 하나의 여과장치로 복수의 욕조를 처리하는 경우에는, 기계실 내에서 순환관 · 반송관 모두 각 욕조계통으로 나누어 각각 순간유량계를 설치해 필요 순환량을 유지하고, 반송관에는 채수용 밸브를 설치한다. 욕조간의 연통관은 욕조 벽면으로부터 취하여, 염소를 포함한 욕조의 물이 항상 흐르도록 순환탕의 일부를 흘리도록 배려한다. 또한 각 욕조의 테두리를 동일하게 맞추고, 욕조 바닥면에서 연통관을 취하는 것은 피해야 한다.

노천탕은 레지오넬라 속균에 오염되기 쉽기 때문에 옥내 목욕탕과는 다른 계통으로 하고, 여과기도 각각 단독으로 설치해야 한다.

순환시스템의 기계실은 욕조 바닥면보다 낮은 위치로 하여 순환펌프에 흡입양정이 생기지 않도록 하고, 또 여과기나 열교환기 등의 공기빼기가 쉽게 이루어질 수 있도록 계획한다.

[5] 가열시스템

욕조의 가열부하는 표 9.2에 의해 산출하며, 대략의 개산값은 식 (9.6)의 개략산정식에 의해 구한다.

$$q = 60(t_w - t_a)A \tag{9.6}$$

여기서, q : 욕조 가열부하 [W]

t_w : 욕조내의 온수 온도 [℃]

t_a : 욕실의 실온 [℃]

A : 욕조 표면적 [m^2]

온천욕조의 경우, 욕조가열부하와 온천 공급량 및 온천온도가 식 (9.7)을 만족하면 가열할 필요는 없다.

$$Q_s \geq 0.86q/(t_h - t_w) \tag{9.7}$$

여기서, Q_s : 온천 공급량 [L/h]

t_h : 온천 온도 [℃]

욕조내의 물은 1주간에 1회 정도 교체를 해야 하고, 온천이 풍부하게 공급되는 경우는 별도로 하며, 일반적으로는 욕조에 물을 넘치게 순환시키면서 가열하는 경우가 많다. 따라서 온수의 배출, 욕조의 청소 · 물의 공급 · 가열에 필요한 시간, 즉 목욕탕의 폐쇄시간이 어느 정도 허용되는가에 따라, 욕조로의 급수능력이나 가열능력을 결정할 필요가 있으며, 이를 위해 필요한 가열부하와 식 (9.6)에 의해 구한 가열부하를 비교하여, 큰 편의 수치에 의해 가열능력을 결정한다.

욕조의 탕온은 입욕자의 수에 따라서도 변화하므로 욕조마다 가열장치를 설치해 각각의 욕조 온도에 의해 제어한다. 탕온의 검출부는 욕조 내에 설치하는 것이 바람직하지만, 관리상 목욕탕 기계실 내에 설치하는 경우가 많다. 이때 가열기 능력을 욕조로부터의 방열부하로 결정하는 경우는 환수관, 욕조의 물을 공급할 때의 가열량으로 결정하여 가열능력이 전자에 비해 현저하게 큰 경우는 여과기 출구의 수온에 의해 제어한다.

이것은 통상시의 가열부하에 비해 가열기의 능력이 과대한 경우, 욕조 토출구에서 고온의 물(湯)이 나오므로 위험하기 때문에, 미리 욕조의 방열부하 등으로부터 욕조를 적절한 온도로 유지하는데 필요한 토출 탕온을 설정하여, 고온의 물이 토출하는 것을 막기 위함이다. 이 방법은 계절에 따라 온도 설정을 바꾸는 등 번잡함이 따르지만, 경험적으로 온도를 설정을 하는 것으로도 욕조 탕온의 유지는 가능이다.

[6] 소독설비

목욕시설은 안심하고 이용할 수 있도록 레지오넬라증 방지대책을 철저히 할 필요가 있다. 소독은 욕조내 물의 유리잔류염소 농도를 측정하는 것에 의해 전문지식이 충분하지 않은 사람이라도 관리할 수 있는 염소계 약제가 가장 적합하다. 레지오넬라 속균은 자연계의 토양이나 하천 · 호수와 늪에 널리 생식하고 있어, 다른 세균류나 해초류, 아메바류가 존재하는 수온이 30～45℃의 환경에서 증식한다. 즉 욕조내나 여과기, 순환배관은 번식에 적절한 환경이므로, 레지오넬라증 방지대책의 기본은 여과장치, 순환배관내의 생물막을 제거하여, 레지오넬라 속균의 번식을 방지하는 것이다.

「후생 노동성」이 제시한 순환식 욕조에서의 주된 대책을 다음에 열거한다.

(1) 샤워 등 에어로졸(눈으로 보이지 않는 것 같은 미세한 물방울)을 발생시키는 설비에는 욕조 순환탕을 사용하지 않는다.
(2) 기포발생장치 등의 공기 취입구에서 흙덩어리가 들어가지 않게 한다.
(3) 욕조는 항상 만수상태로 오버플로시켜 청정하게 유지한다.
(4) 순환식 욕조는 1주간에 1회 이상 여과기를 역세함과 동시에, 완전히 환수하여 순환여과설비나 욕조를 소독 · 청소한다.
(5) 욕조 수중의 유리잔류염소 농도를 0.2～0.4 mg/L로 유지한다.
(6) 순환식 욕조의 물은 년 2회 이상 수질검사를 하고, 그 기록을 3년 이상 보관한다.
(7) 여과 장치재의 종류에 관계없이 여과장치가 레지오넬라 속균의 공급원이 되지 않도록 1주간에 1회 이상 역세하여 소독한다.
(8) 노천탕의 욕조수가 배관을 통해서 옥내 욕조에 섞이지 않게 한다.
(9) 욕조수의 소독에 이용하는 염소계 약제의 주입구는 여과장치내에 들어가는 직전에 설치한다.

온천의 경우 pH가 중성(6.0～7.5) 부근의 단순천에서는 염소제 사용이 문제 없지만, 산성이나 알칼리성 온천에서는 온천성분과 염소제와의 반응으로 유해 또는 불쾌한 상태가 되는 일이 있다.

예를 들어 pH가 낮은 온천에서는 염소가스가 발생한다. 또한 철이나 망간과 반응해 산화물을 생성해 착색하는 일이 있다. pH가 5.0 이하나 나트륨 농도가 높은 온천에는 레지오넬라 속균이 생식하지 않는다고 알려져 있지만, 온천의 경우에는 사전에 염소계 약제의 사용 가부를 충분히 조사하여, 사용이 바람직하지 않을 때는 오존이나 자외선, 동·은이온 등의 소독장치를 이용함과 동시에, 염소제의 병용도 검토한다.

유리잔류염소가 0.2 mg/L 이상 존재하는 욕조수로부터는 레지오넬라 속균이 검출되지 않기 때문에, 수영장과 같이 항상 염소소독장치를 운전시키는 편이 안전하다. 그러나 입욕자의 수에 따라 염소의 소비량은 다르므로, 적절한 농도로 제어하기 위해서는, 욕조수의 유리잔류염소 농도에 의해 염소 주입량을 제어하는 자동염소주입장치를 설치하는 것이 바람직하다.

어쨌든 목욕탕설비는 항상 위생적으로 안전한 수질을 유지하는 것이 중요하고, 적절한 소독장치를 설치해 일상의 관리를 면밀하게 하고, 욕조는 물론 여과기나 순환배관을 정기적으로 청소·소독할 필요가 있다.

[7] 감시 · 보급 시스템

욕조탕온을 적절히 유지하는 것은 서비스면이나 에너지의 낭비를 막기 위해서 중요하다. 필요이상으로 탕온이 높으면, 그 때문에 사용된 에너지나 탕온을 내리기 위해서 사용되는 급수는 전혀 쓸데없는 소비가 된다.

9.1.3항 첫머리에서 말한 「후생성 통지」에서는 욕조내의 탕온을 욕실내에 표시하는 것을 요구하고 있지만, 최근에는 관리실내에 표시하여 감시제어하는 경우가 많아지고 있다.

특히 입욕자의 출입에 의해 변화하는 욕조의 수위를 적정하게 유지하는 자동보급시스템도 필요하다. 욕조 자동보급시스템은 욕조와 연통관으로 연결된 수위 검지관에 수위 검지용의 전극봉이나 전용으로 개발된 시판의 검지기를 삽입해, 그 신호에 의해 보급관의 자동밸브를 개폐해 욕조에 보급하는 것이다. 욕조로 물(湯)을 보급할 때에도 수영장과 마찬가지로, 보급관에 역류방지대책이 필요하다.

9.2 주방설비

9.2.1 개요

주방설비의 계획은 음식업의 업종, 업태에 따라서 다르다. 우선 위생·환경·경제성을 배려하여, 내장, 급배기, 위생, 조명 등의 설비를 검토한다. 식품재료의 구매로부터 보관, 예비조리, 냉가공, 가열조리, 차림, 배선, 세척·식기 보관 등 효율이 좋은 작업동선을 확보해야 한다. 기기는 사용하기 쉽도록 항상 청결하게 유지할 수 있게 하고 경제성이 뛰어난 것을 선정해서 계획하는 것이 바람직하다.

주방의 바닥 사양은 드라이와 웨트의 2가지가 있으며, 작업내용에 의해 물을 다량으로 사용하는 경우를 웨트로 하고, 그 외는 드라이로서 구별하는 것이 오염방지에 도움이 된다. 또한 좋은 작업 환경(온도 · 습도 · 공조)을 만드는 것은 식중독을 막는데도 유효하다.

9.2.2 주방기기

주방은 구매, 검수, 저장, 예비조리, 주조리, 상차림, 배식, 세척, 보관, 주방폐기물질 등의 공간으로 대별된다.

[1] 구매 · 검수 · 저장

식품재료를 구매 · 검수를 하여 식품재료별로 냉동 · 냉장 · 상온저장하는 공간으로, 주된 기기는 저울, 식품선반, 냉동 · 냉장고, 음료용 냉장고 등이 있다.

[2] 예비조리 · 취사

식품재료의 세척, 커팅 등 일차가공을 하며, 쌀 · 물의 계량, 쌀 씻기, 취사를 하는 공간으로, 주된 기기는 스라이서, 진공포장기, 설거지대, 작업대, 냉동 · 냉장고, 세미기, 밥솥 등이 있다.

[3] 조리

삶기, 굽기, 튀기기, 찌기 등의 가열조리 및 냉가공에서는 냉채 등의 조리를 하는 공간으로, 주된 기기는 냉동 · 냉장고, 레인지, 스프 케틀, 오븐, 플라이어 등이 있다.

[4] 차림 · 배선

식품재료를 차리기까지 보온기기나 냉장고에 보존하는 공간으로, 식품재료에 따라서는 그릇에 담아서 보존하는 공간으로, 웨건이나 냉온장차 등으로 배선을 한다. 주된 기기는 탕기, 냉장고, 온장고, 냉온장차, 탕비기, 커피메이커 등이 있다.

[5] 세척 · 보관

사용한 식기 등을 체척하여 식기나 기구를 보관고 등에 수납 보관하는 공간으로, 주된 기기는 설거지대 · 샤워 싱크 · 컨베이어, 남은 음식 담는 용기, 식기세척기 · 기구세척기, 정리대, 식기소독 보관고, 찬장, 회전 식기장 등이 있다.

표 9.10 주방 각 섹션의 주요한 기기와 기능[14)]

공간	명 칭	기 능	급수	급탕	배수	열원	동력
저장	냉장실	저장고내의 수용물을 +10℃ 이하로 냉각할 수 있도록 단열된 구조의 실	○		○		E
	냉동고	저장고내의 수용물을 −20℃ 이하로 냉각할 수 있는 문이 부착된 상자모양의 용기	○		○		E
	냉동실	저장고내의 수용물을 −20℃ 이하로 냉각할 수 있도록 단열된 구조의 실	○		○		E
예비조리	껍질제거기	감자 등의 구근야채를 대량으로 씻으면서 껍질을 제거하는 기계	○		○		E
	음식물 절단기	회전하는 볼내에 원형커터를 회전하여 절단하는 기계					E
	육류 절단기	육류 등을 얇게 절단하는 기계					E
	믹서	용기내에 교반날개를 회전운동시키거나, 또는 2개의 축날개를 상대적으로 회전시켜 식품의 혼합·교반·용해·반죽 등을 하는 기계					E
취사	입체식 취사기	밥솥 등을 입체적으로 사용하여 밥을 짓는 열기구				G E	
	수압 세미기	수중에서 압력수를 노즐로부터 세미간으로 향해 분사하여, 쌀을 씻어 주는 기기	○		○		
조리	싱크	식품·기물을 수세하는 탱크를 가지며, 사용목적에 따라 여러 가지 형태를 지닌다.	○	○	○		
	중화레인지	주로 중화요리용의 레인지	○			G E	
	사라만더	방사열로서 가열조리하는 열기구					
	브로일러	오븐의 형상으로 하부 또는 상부에 열원을 설치하여, 고기 등을 굽는 열기구					
	틸팅팬	앞뒤로 회전하는 낮은 탱크를 가지며, 튀기기·구이, 볶기 등을 행하는 만능조리기구	○	○	배수구 ○	G E	
	포트팬락	포트·팬·용기 등을 수납하는 찬장					
	레인지	상부에 취사가능한 곤로를 가지며, 하부에는 취사가능한 오븐을 구비한 조리기구형태 ① 히트톱 ② 오븐톱 ③ 프라이톱 ④ 그릴톱				G E	
	프라이어	기름을 가열하여 튀김 등을 만드는 조리기구				G E	
	스팀컨벡션오븐	찌고, 굽고, 태우면서 굽는 등의 가열조리를 하는 조리기구	○		○	G E	
	스팀쿠커	증기를 발생하여 가열하는 구조의 열기구	○	○	○	G E S	
	스팀케틀	증기에 의해 가마를 가열하여 취사하는 열기구	○	○	배수구 ○	S	
차림배선	콜드테이블	냉장고의 기능과 작업대의 기능이 조합되어 있는 기구			○		E
	드링크디스펜서	청량음료수 등의 제조가공과 쥬스류를 냉각·공급할 수 있는 기구					E
	스팀테이블	갑판을 가지며, 온수통 내에 포트를 집어넣어 식품을 보온하는 차림대	○	○	○	G E S	
	워밍테이블	테이블 하부를 캐비넷으로 하여 식기 등을 보온하는 작업대				G E S	
	커피메이커	가압에 의해 드립(drip)식으로 커피를 제조하는 열기구	○			E	
	탕선기	온수통 내에 포트·통 등 용기의 식품을 보온하는 구조의 열기구		○	○	G E S	
식기세척보관	식기세척기	식기류를 세척하는 기계		○	○	G E S	E
	식통세척기	식통·배트·포트 등의 식기용기를 고압으로 세척하는 기계		○	○	G E S	E
	글래스세척기	유리를 세척하는 기계		○	○	E S	E
	초음파세척기	온수통 내에 초음파를 발진시켜 식기 등을 세척을 하는 기계	○	○	○	S	E
	삶는 소독기	온수통을 가열하여 식기 등을 삶아서 소독하는 열기구	○	○	○	G E S	
	식기소독 보관고	수납한 식기를 열기로 가열하고, 소독하여 보관하는 구조			○	G E S	

(주) 1. 열원·동력란 중의 기호는 G : 가스, E : 전기, S : 증기를 나타냄
2. 표에는 일본주방공업회제정 주방기기의 통일명칭으로, 주요한 제품명을 열거하였다.

[6] 주방 폐기물실 등

세척실로부터의 찌꺼기나 조리할 때 생기는 쓰레기를 분쇄 탈수처리해 보관하는 장소로, 냉각시켜서 부패나 악취를 억제하고 해충이나 개와 고양이 등의 피해를 막아, 시설의 환경을 청결하게 유지할 필요가 있다. 병이나 캔류도 보관한다. 주된 기기는 냉장실 · 세척설비 · 분쇄기 · 캔프레스 등이 있다. 각 공간의 주된 기기와 기능을 표 9.10에 나타내었다.

9.3 쓰레기 처리설비

9.3.1 개요

쓰레기는 정식으로 폐기물이라고 불리며 "폐기물 관리법(일본; 폐기물의 처리 및 청소에 관한 법률)에서 그림 9.9와 같이 분류하고 있다. 동법에서 "폐기물이라 함은 쓰레기 · 연소재 · 오니 · 폐유 · 폐산 · 폐알카리 · 동물의 사체 등으로서 사람의 생활이나 사업활동에 필요하지 아니하게 된 물질을 말한다."라고 정의하고 있다. 또한 제6조(국민의 책무)에서 "① 모든 국민은 자연환경 및 생활환경을 청결히 유지하고, 폐기물의 감량화 및 자원화를 위하여 노력하여야 한다. ② 토지 · 건물의 소유자 · 점유자 또는 관리자는 그가 소유 · 점유 또는 관리하고 있는 토지 · 건물의 청결을 유지하도록 노력하여야 하며, 시장 · 군수 · 구청장이 정하는 계획에 따라 대청소를 실시하여야 한다."라고 규정하고 있다.

쓰레기처리설비를 계획 · 설계할 때는 위에서 규정한 사항을 염두에 두고 시행해야 한다.

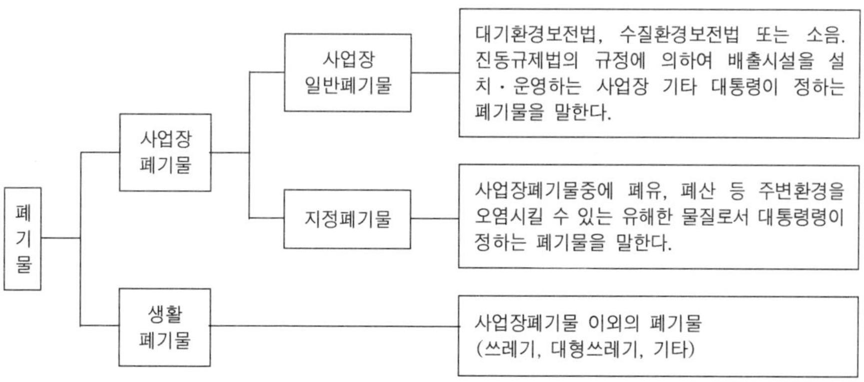

주) 1. 폐기물이란 쓰레기, 대형쓰레기, 소각재, 오니, 분뇨, 폐유, 폐산, 폐알카리 기타 오물 또는 불용물로서 고형상 또는 액상의 것
2. 방사성 오염물질 및 이것에 의하여 오염된 것은 제외한다.

그림 9.9 폐기물관리법에 따른 폐기물의 분류

표 9.11 건물용도에 따른 쓰레기 배출량의 원단위[16)]

건 물 용 도		1인당 원단위	바닥면적당 원단위
주 택		750g/(인·일)	–
소규모 사무소(그 밖의 서비스업을 포함)		690g/(인·일)	31 g/(m^2·일)
대규모 사무소(종업원 20인 이상)		$Y=1,100X_1-7,800$ [g/일]	$Y=54X_2-8,700$ [g/일]
수퍼마켓·백화점		3,100 g/(인·일)	75 g/(m^2·일)
음식점	종업원 20인 미만	600 g/(인·일)	33 g/(m^2·일)
	종업원 20인 이상	$Y=15,000X_1-290,000$[g/일]	$Y=180X_2-88,000$ [g/일]
이미용실·목욕탕		480 g/(인·일)	12 g/(m^2·일)
병원		1,600 g/(인·일)	33 g/(m^2·일)
오락시설	종업원 20인 미만	570 g/(인·일)	7.6 g/(m^2·일)
	종업원 20인 이상	$Y=4,500X_1-75,000$ [g/일]	$Y=11X_2-26,000$ [g/일]
학교·종교·집회소		2,600 g/(인·일)	45 g/(m^2·일)
운송·창고		2,100 g/(인·일)	14 g/(m^2·일)
역		2,400 g/(인·일)	9.8 g/(m^2·일)
대학·연구기관		2,200 g/(인·일)	17 g/(m^2·일)
호텔·여관		5,300 g/(인·일)	69 g/(m^2·일)

(주) 1. 주택 이외는 종업원 1인당
2. Y : 쓰레기 배출량[g/일], X_1 : 건물의 인원 [인], X_2 : 건물의 연면적[m^2]

표 9.12 각종 쓰레기의 단위용적 질량값[17)]

쓰레기의 종류	겉보기 밀도 (t/m^3)	쓰레기의 종류	겉보기 밀도 (t/m^3)
종이류	0.07	물건판매시설 잡쓰레기	0.16
폐지(쌓아 놓은 것)	0.2	골판지(해체상태)	0.14
담배꽁초	0.13	병	0.3
차찌거기	0.33	캔	0.08
부엌쓰레기	0.85	플라스틱	0.04
음식시설 잡쓰레기	0.2	기타 불연 폐기물	0.14

표 9.13 각종 건물에서 쓰레기의 종류별 발생량의 원단위[18)]

건물 등의 용도	잡쓰레기	부엌쓰레기	골판지 등
주택	450 g/인 (0.1)	250 g/인 (0.85)	
사무실	150 g/인 (0.066)		5 g/m^2 (0.14)
회의실	0.12 l/m^2 (0.066)		
연회장	200 g/식 (0.2)	325 g/식 (0.85)	10 g/m^2 (0.14)
고급 레스토랑	200 g/식 (0.2)	325 g/식 (0.85)	10 g/m^2 (0.14)
경음식점	200 g/식 (0.2)	173 g/식 (0.85)	10 g/m^2 (0.14)
바 · 스넥	200 g/식 (0.2)	173 g/식 (0.85)	10 g/m^2 (0.14)
물건판매점포	200 g/m^2 (0.2)		10 g/m^2 (0.14)
공공장소	15 g/m^2 (0.1)		
주차장	15 g/m^2 (0.1)		
기계실	15 g/m^2 (0.1)		
공공부분	40 g/m^2 (0.07)		
문화시설	15 g/m^2 (0.07)		
오락시설	15 g/m^2 (0.07)		
진료소	100 g/m^2 (0.1)		

(주) 1. ( )내의 수치는 겉보기 밀도(t/m^3)를 나타냄
2. 사무소의 인구밀도는 0.112 인/m^2, 연회 · 경음식점은 2.4 m^2/석, 레스토랑은 3.5 m^2/석으로 한다.
3. 골판지 등은 해체하여, 접어서 쌓아놓은 상태로 한다.
4. 레스토랑의 좌석회전율을 5.5회/일, 음식점은 6회/일, 연회장은 3회/일로 한다.
5. 잡쓰레기중에는 연소부적합 폐기물 (0.14t/m^3)이 총중량의 12% 포함되는 것으로 한다.

9.3.2 폐기물의 배출량과 단위용적 질량값

생활계 폐기물의 배출량은 1991년도에 92,246(톤/일)이었으나, 그 이후 계속 감소하다가 1998년도부터 다소 증가하면서 2003년도에는 50,736(톤/일)이 배출되었다. 사업장 폐기물은 2003년도에 98,891(톤/일)로서 최근 몇 년간 답보상태를 유지하고 있다.[통계청 자료)]

건물용도에 따른 쓰레기 배출량의 원단위를 표 9.11에, 각종 쓰레기의 외관밀도를 표 9.12에, 또한 각종 건물에서 쓰레기의 종류별 발생량의 원단위를 표 9.13에 나타냈다.

9.3.3 일반 쓰레기의 처리설비

건물내에서 각 층의 쓰레기는 휴지용, 병・캔용, 폐지 회수용, 분리 수집용 등 일시 저장용기에 저장되어 쓰레기 수집가 등에 의해 쓰레기 집적실에 모아진다. 표 9.14에 쓰레기 용기와 이동용 기재를 나타내었다.

표 9.14 쓰레기 용기와 이동용 기재[19)]

쓰레기의 종류	수집용기	수평이동용 기재
종이(잡쓰레기)	캔버스제 콜렉터 (200 L)	콜렉터에 바퀴가 달려 있음
	봉투, 망, 골판지상자	손수레
주방쓰레기	스테인리스강제 콜렉터(120 L) 폴리에틸렌제 콜렉터(130 L, 190 L)	콜렉터에 바퀴가 달려있음
	폴리비닐통 (120 L)	손수레・박스차
병・캔	강제 콜렉터(200 L)	콜렉터에 바퀴가 달려 있음
골판지 신문지 잡지	폐지회수상자(리사이클 카트)	상자에 바퀴가 달려있음
	모아서 묶는다.	콜렉터・손수레・박스차

대규모 건물에서는 각 층에서 수집가에 의해 모아진 쓰레기는 엘리베이터 또는 더스트 슈트 등에 의해 쓰레기 처리실로 옮겨진다. 더스트 슈트식의 경우에는 가연 쓰레기, 불연 쓰레기, 폐지, 병・캔류를 분리 수집할 수 있는 시스템도 사용되고 있다.

대규모 건물의 경우에는, 모아진 쓰레기의 용적 축소 등을 위해서 컴팩터 혹은 저장 배출기, 병・캔・플라스틱 쓰레기용 파쇄기, 주방용 분쇄기 및 탈수기 등이 쓰레기 처리실에 설치된다.

[1] 컴팩터(압축기)

그림 9.10에 컴팩터의 예를 나타냈다. 컴팩터와 컨테이너의 편성 및 컴팩터로의 투입방법은 쓰레기의 양, 쓰레기 처리실의 배치 등에 따라 검토한다. 컴팩터는 쓰레기의 용적을 25～30%로 압축할 수 있는 것이 일반적이다.

[2] 쓰레기 저장 배출기

쓰레기를 압축・저장하고 저장한 쓰레기를 자동적으로 쓰레기 운반차에 옮겨 싣는 것이 가능한 그림 9.11에 나타낸 것 같은 저장 배출기가 사용되기도 한다.

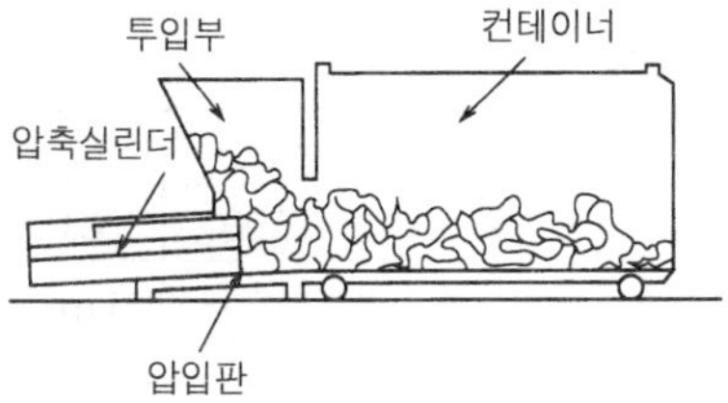

그림 9.10 컴팩터의 예

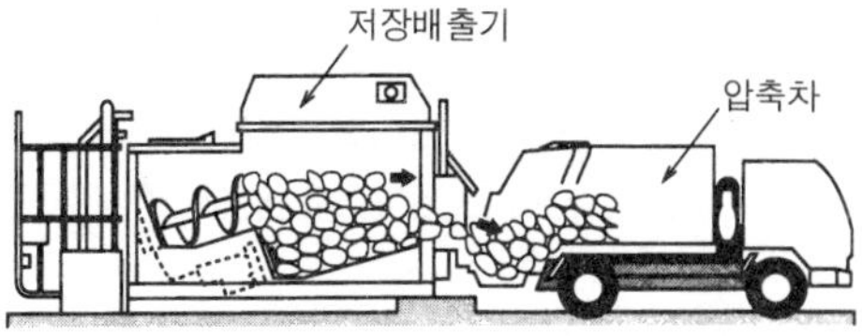

그림 9.11 저장배출기의 예

[3] 파쇄기

병, 캔, 플라스틱류를 파쇄하는 것으로, 병은 25%, 캔은 50%, 플라스틱 용기는 65% 정도의 용적으로 압축할 수가 있다.

[4] 주방쓰레기 탈수기, 처리기

탈수기의 탈수능력은 용적이 1/5 정도로 되며, 겉보기 밀도는 850 kg/m^3 정도가 된다. 이 탈수 쓰레기를 또 한번 쓰레기 처리기로 처리하면 질량은 1/10이 되고, 겉보기 밀도는 600 kg/m^3 정도가 된다. 탈수기 및 처리기기에서는 종합적으로 질량, 용적 모두 약 2%가 된다.

9.3.4 쓰레기처리설비의 설계순서

쓰레기처리설비의 설계시에는, 쓰레기의 발생량을 표 9.13 등을 참고로 하여 잡쓰레기(폐지를 매각하는 경우에는 잡쓰레기를 폐지와 그 이외로 나눈다), 병, 캔, 플라스틱류, 부엌쓰레기, 골판지 등으로 나누어 상정한다.

쓰레기처리기기는 용적으로 선정하는 것과 질량으로 선정하는 것이 있으므로, 발생량의 시점으로부터 탈수, 파쇄, 압축 등의 처리시점마다, 용적과 질량으로 구해가며 필요한 컨테이너의 수나 기기의 용량, 대수를 선정한다.

표 9.15에 사무소 빌딩에서의 쓰레기 처리방식 및 쓰레기 집하장 혹은 처리실의 필요 스페이스를 나타내었다. 쓰레기 집하장 혹은 쓰레기 처리실에는 급배수설비를 하고, 벌레가 생기는 부엌쓰레기는 냉장실에 보관한다. 필요에 따라서 환기설비, 탈취설비 등을 한다.

표 9.15 사무소빌딩에서의 쓰레기 처리방식 및 쓰레기 집하장(처리실)의 필요공간[20]
(동경도 대규모 건축물의 폐기물 보관장소의 설치에 관한 기준으로부터 산출)

	방식 \ 면적	건 물 바 닥 면 적 [m²]						
		~4,000	5,000	10,000	20,000	30,000	40,000	50,000
가연성 쓰레기 집하장, 2일분 저장	컴팩터 · 컨테이너식					필요면적 120~200 m²		
	저장배출기			필요면적 70~140 m²				부적합
	소형 컨테이너 그 밖의 방식	필요면적 60~80 m²			부적합			
분리쓰레기 집하장	재생쓰레기 집하장 (6일분저류)	4 m²			7 m²	10 m²	13 m²	16 m²
	불연 · 재이용부적합 쓰레기집하장 (700 L 콘테이어)	3 m²		4 m²	7 m²	10 m²	13 m²	16 m²
	대형쓰레기 집하장 (15일분 저장)	3 m²			5 m²	7 m²	9 m²	12 m²

(주) 쓰레기 발생대상 바닥면적은 바닥면적의 65%로 한다.

9.3.5 쓰레기 진공수송설비

대규모 개발지역에서는 그림 9.12에 나타내는 것 같은 −30~−50 kPa의 진공도로 쓰레기를 반송하는 쓰레기 진공수송설비가 설치된다. 수송관 구경이 400~600 mm, 수송거리가 2 km 이하인 대구경식과 수송관 구경이 100~250 mm, 수송거리가 500 m 이하의 소구경식이 있으며, 진공식 쓰레기 수집차에 의한 이동식도 있다.

가연 쓰레기, 불연 쓰레기 및 리사이클 쓰레기를 분리 수집하는 시스템도 있다.

9.3.6 주방쓰레기 처리설비

영업용 주방에서는 여러 개소에 파쇄기를 설치하고 중앙에 탈수기를 설치해서, 파쇄기로 파쇄된 부엌쓰레기를 수류에 의해 탈수기로 반송하는 시스템과 디스포저 및 배수 시스템으로 이루어진 시스템이 있다. 후자의 시스템은 주택이나 집합주택에서도 채용되고 있다. 또한 생 쓰레기 처리기나 콤포스트(퇴비)화 장치도 있다.

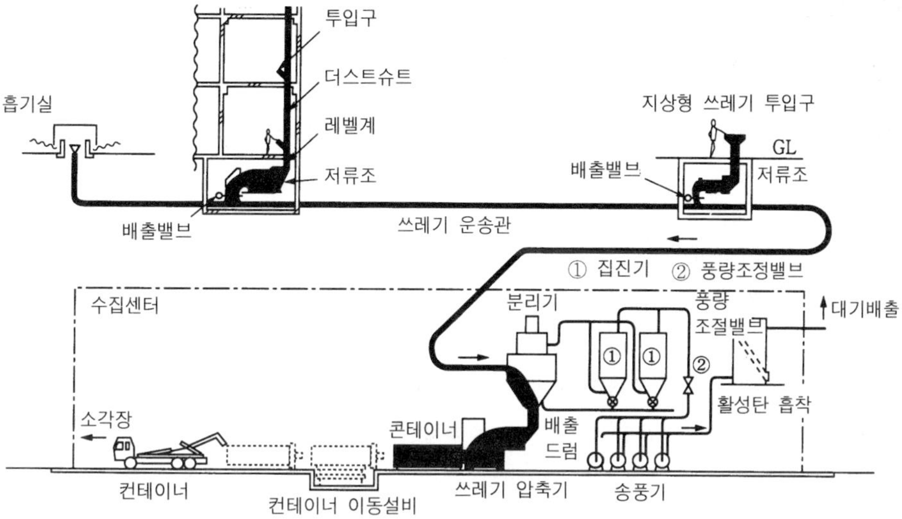

그림 9.12 대구경 진공수송설비

9.4 의료용 설비

9.4.1 개요

급배수 · 위생설비의 특수설비로서 취급하는 의료용 설비에는 다음과 같은 것이 있다. 의료가스 배관설비를 제외한 (1)~(3)에 세척장치 · X선필림 자동현상장치 등도 포함해서 일반적으로 의료설비라고 일컬어지고 있다.

(1) 순수 · 멸균수설비
(2) 멸균 · 소독설비
(3) 물 치료법 설비
(4) 의료가스 배관설비

의료기술은 나날이 발전되고 있으므로, 각종 의료기기 등의 교체 · 갱신에 대해서도 충분히 고려하는 동시에, 의료 폐기물의 처리 등에도 만전의 주의가 필요하다.

9.4.2 순수 · 멸균수설비

[1] 순수 · 멸균수의 종류

제약용수에 대해서는 일본약국방[21]에 기준을 제시하고 있으며, 그 내용을 일부 나타내면 다음과 같다.

(1) 상수(常水)란 수도물의 수질기준과 거의 동등한 수질의 물을 말한다.
(2) 정제수는 상수를 원수로서 하여 증류, 이온교환, 초여과 또는 그것들을 조합해서 정제한 물을 말한다.
(3) 멸균 정제수는 정제수를 멸균처리한 물을 말한다.
(4) 주사용수는 상수나 정제수의 증류 또는 정제수를 초여과에 의해 정제하여 주사제의 조정에 이용하는 것이다. 주사용수의 제조방법으로는 증류법이 압도적으로 널리 이용되고 있다.

순수에 대해서 명확한 정의는 없지만, 수중에 이온으로 용해하고 있는 화학적 불순물을 제거한 물 및 수중의 미생물류를 제거한 물을 말하며, 일본약국방의 정제수, 멸균 정제수에 가까운 것을 말한다. 멸균수는 주로 수중의 미생물을 제거한 것을 말하며, 일본약국방의 멸균 정제수에 가까운 것을 말한다.

최근 막처리기술의 진보에 의해 순수 · 멸균수의 제조법은, 역삼투(RO) 법이나 한외여과(UF) 법 등의 막처리가 중심이 되고 있다.

[2] 순수 · 멸균수의 용도

병원기능의 고도화나 감염방지로부터 순수 · 멸균수의 용도가 확대되고 있다. 표 9.16에 주된 용도를 나타내었다.

[3] 공급방법

순수 · 멸균수의 공급에 대해서는, 미생물 오염을 방지하기 위해 사용개소로 개별공급하는 것이 원칙이다. 순수의 사용이 집중하고 있는 경우는 중앙 · 개별 병용방식으로 하며, 중앙식에 사용하는 배관은 스테인리스강관으로 하고, 관내면도 가능한 한 평활한 메카니컬 이음쇠를 사용하고, 필요에 따라서는 위생용 스테인리스강관을 사용한다.

공급 배관계는 루프배관으로 하여 항상 순환시켜서 관내면에 세균 등이 부착하여 번식하는 것을 방지한다. 또한 물탱크는 환기 개구부에 고성능 에어필터(HEPA)를 설치하고 필요에 따라 탱크내를 자외선으로 살균을 한다. 수세용 수도꼭지 등 공급 말단부에는, 자외선을 조사(照射)하는 오염방지기구가 붙은 수전을 사용한다.

표 9.16 병원에서 사용되는 물[23)]

부 문	용 도	그레이드
약제부		
조제과	내 · 외액제의 조정	멸균정제수
	용기의 세척	멸균정제수
원내제제	주사제 조정	주사용수
	동용기 기구, 세척	주사용수
	점안제 조정	주사용수, 멸균정제수
	소독제 그 밖의 조정용	멸균정제수
중앙검사부		
일반화학검사	일반화학검사용	정제수
생화학부문	생화학검사용	주사용수, 멸균정제수
세균검사부문	세균배양시험	주사용수, 멸균정제수
기타	용기의 세척 특수분석용	멸균정제수, 초순수
	특수분석용	초순수
중앙수술부	수세용수	증류수, 멸균수 또는 RO 수
	기구세척수	증류수 또는 RO 수
	수술세척용	주사용수, RO 수
중앙멸균자재실	기구의 세척	멸균정제수, 증류수
인공투석부	인공투석용수	RO수
ME센터	의료기구배터리 보충액	증류수
영양실	환자의 식사용	증류수
기타	청소용수	상수

9.4.3 멸균 · 소독설비

멸균 · 소독에 대해서 일본약국방[21)]에서는 멸균이란 물질 속의 모든 미생물을 살균 또는 제거하는 것으로 정의하고, 살균이란 미생물을 사멸시키는 것, 소독은 사람과 가축에 대해서 유해한 미생물 또는 목적으로 하는 미생물만을 살균하는 것으로 하고 있어, 병원 등에서도 같은 의미로 사용하고 있다.

일반적으로 병원의 수술기구나 위생재료가 소형인 것은 멸균하고, 대형의 의료기구나 침구류, 병실 등은 소독을 하고 있다.

[1] 가열멸균기

135～200℃의 고온으로 살균하는 것으로, 비교적 단시간에 효과가 있다. 고온에 의한 재료의 변질이 우려되므로, 지장이 없는 것에 적용된다. 열원은 전기나 가스가 사용된다.

[2] 열탕소독기

가스, 증기 또는 전기를 열원으로 하고, 끓는 열탕안에 15분간 넣어 소독한다. 병원의 외래 부문이나 간호실 등에 설치된다.

[3] 고압증기 멸균장치(autoclave)

고온·고압의 증기를 이용해서 균체 담백질을 응고시켜 멸균한다. 보통 멸균은 120~121℃에서 30분간 또는 135℃로 8분간 한다. 대형장치에서는 배기, 가압, 멸균, 증기빼기, 건조의 전공정을 자동으로 한다. 여러대의 멸균장치를 설치할 때는 멸균전과 멸균후의 취급을 명확하게 구별하기 위해, 멸균실을 구획하여 멸균된 것에 오염이 되지 않도록 강구한다.

[4] 가스멸균장치

열에 약한 것을 멸균하기 위해서 사용되며 산화에틸렌가스(EO가스)와 포름알데히드(포르말린)가스의 2 종류가 있다. 포름알데히드는 심부 도달력이 약하고 악취가 강하기 때문에, 최근에는 산화에틸렌가스와 이산화탄소의 혼합가스가 보급되고 있다.

[5] 변기 소독기 그 외

변기 소독기는 증기의 열과 압력으로 세척과 소독을 하는 것으로, 오물싱크와 함께 설치한다. 그 외 린넨류의 소독설비를 설치하는 경우가 있다.

9.4.4 물 치료법 설비

물 치료법은 사회복귀 요법(Rehabilitation)을 하는 의료기관 등에 설치되는 이학요법의 하나로, 고령자 등 운동장해를 가지는 환자가 증가하면서 역할이 중요하게 되고 있다. 온수를 대량으로 사용하는 것과, 또 온수의 오염으로부터 병원균의 감염을 방지하는 것이 특히 중요하다. 욕조계통에서는 배수후에 용이하게 소독과 세척을 할 수 있는 설비를 갖추고, 수영장 계통에서는 순환여과장치 및 소독장치를 설치한다.

[1] 하버드 탱크

반신불수환자, 척추환자 등 중증 환자의 물 치료법으로, 마사지용의 장치 등을 설치한 기기이다. 표주박 형태의 스테인리스강 제품의 욕조(용량 약 1,200 L)로 환자는 전신을 움직여, 이학요법사가

맨손 교정과 수중 마사지를 한다. 마사지 효과나 수중운동 부가를 높이기 위해, 기포욕, 기류욕·분류욕, 압주욕을 갖추거나 온수의 순환여과 소독설비를 설치하는 예가 있다.

[2] 와류욕 장치

욕조내에 노즐·와류펌프를 설치해 욕조내의 물을 소용돌이 모양으로 선회시켜, 인체의 부분욕이나 전신욕을 한다. 비교적 소형 욕조에 설치한다.

[3] 다용도 욕조

일반 욕조, 운동 욕조, 와류욕, 기포욕 등 다목적으로 이용한다. 기포발생장치, 기류욕 장치, 승강장치 등의 부속장치가 있다.

[4] 유아 욕조

신생아용의 욕조로 눈, 귀로부터의 오염을 방지할 수 있도록 고안되어 있다. 1탱크식과 2탱크식이 있으며, 수전에는 자동온도조절장치가 붙어 있다. 병원의 신생아실에 설치한다.

[5] 온수치료용 풀

수중에서의 운동 훈련을 목적으로 한 풀이다. 온수순환여과 소독장치를 설치한다. 치료 전문가가 환자의 수중동작을 관찰하기 위한 조명과 들여다보는 창이 필요하다.

9.4.5 의료가스 배관설비

의료가스는 현재에 병원에서는 불가결한 것이 되고 있지만, 한편 독성이나 지연성(연소의 정지)이 있으므로, 설비에 미비가 있거나 취급을 잘못하면 환자의 생명을 위험에 노출시키고, 화재의 우려도 있으므로, 의료가스 배관설비에 대해서는 설계, 시공, 유지관리, 취급까지 충분한 배려가 필요하다. 의료가스 배관설비의 규격에는 JIS T 7101(의료가스 배관설비)가 있다.

[1] 의료가스의 종류와 용도

의료가스에는 산소, 질소, 이산화탄소, 공기, 흡인, 헬륨 등의 종류가 있으며, 수술실, 치료실, 검사실, 병실 등에 아웃렛(outlet)이 설치된다. 표 9.17에 대표적인 의료가스에 대해서 용도와 사용기기를 나타내었다.

표 9.17 의료가스의 종류와 용도[26)]

가 스 명	용 도	사 용 기 기
산 소	흡입요법 마취 미숙아의 보육치료 고압산소요법 합성공기의 재료	산소흡입기 산소텐트 마취기 인공호흡기 보육기 고압산소치료장치
아산화질소가스	마취	마취기
산소+아산화질소가스	마취	마취기
공 기	흡입요법(산소와 혼합) 의료기기 구동 마취가스 배제	인공호흡기 산소텐트 산소 · 공기믹서 벤튜레이터 수술용 에어드릴 마취가스 배제장치
질 소	수술기계 구동 합성공기의 재료	수술용 에어드릴
이산화탄소	복강경수술의 기복흡입요법(호흡자극)	기복장치
흡 인	수술부위의 정화 기도확보 체내액 흡인 마취가스 배제	각종 흡인기 저압지속 흡인기 마취가스 배제장치
헬 륨	호흡기도협소환자의 호흡가스 (산소와 혼합)	
산화에틸렌	멸균	가스멸균기

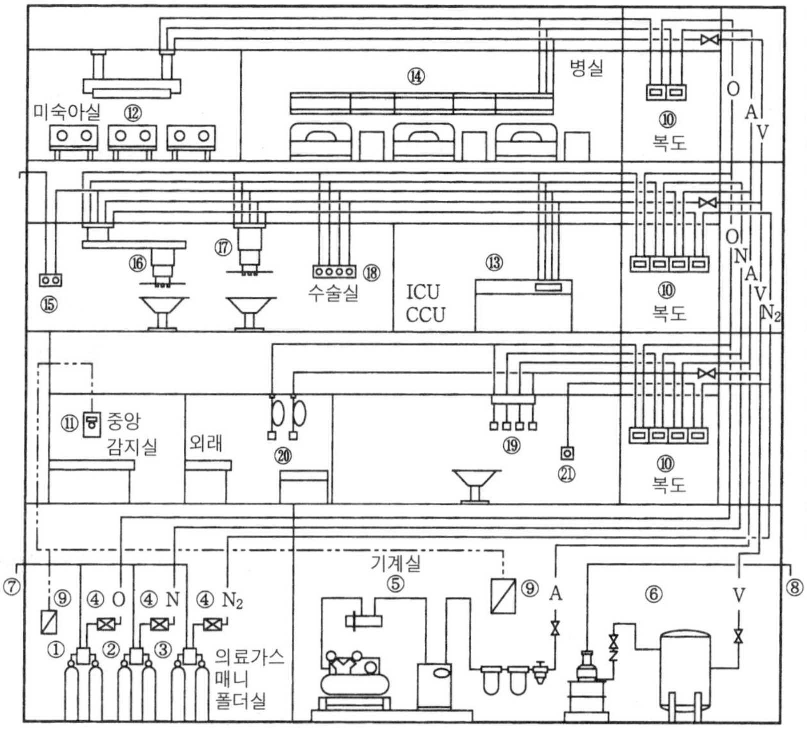

① 산소용 매니폴더
② 아산화질소가스용 매니폴더
③ 질소용 매니폴더
④ 메인샤프트 오프밸브
⑤ 압축공기 공급장치
⑥ 흡인장치
⑦ 안전방출관
⑧ 토출관
⑨ 전원반
⑩ 샷오프밸브
⑪ 경보기
⑫ 메디컬행거
⑬ 메디컬보드
⑭ 메디컬콘솔
⑮ 잉여마취가스 배출유닛
⑯ 승강식 실링암
⑰ 실링코람
⑱ 벽매립형 아웃렛
⑲ 수동릴형 아웃렛
⑳ 천정부착형 아웃렛
㉑ 질소용 조정기부착 아웃렛

그림 9.13 의료가스 배관설비의 구성 예[24)]

[2] 설비 구성의 개요

특수배관설비는 가스 공급원 장치, 배관, 샷오프밸브, 아웃렛 및 감시경보장치로 구성된다. 그림 9.13에 의료가스 배관설비의 구성 예를 나타내었다.

(a) 아웃렛

아웃렛은 배관 단말기로, 의료가스를 사용하는 취출구이다. 아웃렛은 가스의 종류별로 나눈 어댑터 플러그를 설치하여 접속해 사용하지만, 오접속을 방지하기 위해 접속을 가스별로 특정의 구조로서 다른 가스에서는 접속할 수 없게 되어 있다. 종류로는 벽부착형과 천정부착형이 있다.

(b) 배관 · 공급원 장치

배관은 긴급시 필요에 따라서 구획마다 가스의 공급을 멈추는 샷오프밸브를 설치한다. 밸브는 복도 등의 벽면에 유리의 밸브박스를 설치해 그 속에 납입해서 항상 감시할 수 있도록 하고, 또한 조작도 간단하게 할 수 있도록 한다.

배관은 흡인 이외에는 동관이 사용되며 흡인에는 아연도금강관이 사용된다. 보수 · 점검의 용이성과 안전성의 향상을 도모하고, 오접합을 방지하기 위해서 배관을 가스별로 분류하여, 가스명을 표시한다. 또한 가스의 흐름방향으로 화살표를 표시한다.

배관은 원칙적으로 천정배관으로 하고, 배관의 배열을 일정하게 한다. 특히 공기배관은 노점 온도 이하가 되지 않도록 한다. 또한 각 가스의 매니폴드실은 화기엄금으로 하고, 고압가스보안법에 적합한 설비를 설치한다.

ⓒ 감시경보장치

감시경보장치는 의료가스의 보충이나 설비작동의 이상을 감시해 관계자에게 통보하는 것으로, 의료배관설비에는 없으면 안 되는 것이다. 예비공급장치로의 교체, 용기내 잔량, 압축공기, 흡인장치의 이상, 관내압력의 이상 등을 경보한다.

[3] 안정공급의 확보

의료가스배관설비는 고도의 안전성과 신뢰성을 확보하기 위해 다음과 같은 점에 특히 주의해야 한다.

(1) 의료가스는 압력, 유량, 청정도 등 정상적인 상태로 공급가능할 것
(2) 예비공급장치 또는 긴급용 공급장치를 완비하여, 가스공급이 중단되지 않도록 할 것
(3) 감시경보장치를 완비하여 가스의 보완이나 기기의 이상경보가 신속하게 알려질 수 있도록 할 것
(4) 일상 조작하는 기기는 가스별 특정화에 의해 비호환성이 확보될 것
(5) 설비의 식별화를 완전하게 할 것
(6) 공사종료후 검사를 확실하게 하여, 안전성이 확보되고 있는가를 확인할 것
(7) 유지관리를 적절하게 수행하여, 항상 정상적으로 유지할 것
(8) 재해시의 대책을 세우고, 가스공급에 지장이 없도록 할 것

참고문헌

1) 공기조화・위생공학회편 : 공기조화・위생공학편람, 제11판, 제Ⅲ권(1987) p. 174, 공기조화・위생공학회
2) 동경가스 : 스포츠센터시설, p,125
3) 佐野武仁 : 공기조화・위생공학, Vol. 61, No. 6 (1987-6) p.489
4) 공기조화・위생공학회편 : 공기조화・위생공학편람, 제12판, 제4권(1995) p. 493, 공기조화・위생공학회
5) 공기조화・위생공학회편 : 급배수・위생설비계획설계의 실무지식 (1995) p.281, オーム사
6) 공기조화・위생공학회편 : 급배수・위생설비계획설계의 실무지식 (1995) p.282, オーム사
7) 욕조 방열량의 연구위원회 보고서(1) (1996) 공기조화・위생공학회

8) 욕조 방열량의 연구위원회 보고서(2) (1997) 공기조화 · 위생공학회
9) 赤井 · 鎌田 · 小川 : 「대형 욕조에서의 손실열량,」 공기조화 · 위생공학, Vol. 73, No. 1 (1999-1)
10) 공기조화 · 위생공학회편 : 공기조화 · 위생공학편람, 제12판, 제4권(1995) p. 490, 공기조화 · 위생공학회
11) 공기조화 · 위생공학회편 : 공기조화 · 위생공학편람, 제12판, 제4권(1995) p. 483, 공기조화 · 위생공학회
12) 공기조화 · 위생공학회편 : 공기조화 · 위생공학편람, 제12판, 제4권(1995) p. 483, 공기조화 · 위생공학회
13) 공기조화 · 위생공학회편 : 공기조화 · 위생공학편람, 소화42년판, 제Ⅱ권(1967) p. 1569, 공기조화 · 위생공학회
14) 공기조화 · 위생공학회편 : 공기조화 · 위생공학편람, 제11판, 제Ⅲ권(1987) p. 174, 공기조화 · 위생공학회
15) 환경백서
16) 동경도 청소국편 : 사업계 일반폐기물 실태조사 개요(1989) p. 11에서 주택을 가필
17) 공기조화 · 위생공학회편 : 공기조화 · 위생공학편람, 제12판, 제4권(1995) p. 587, 표11 · 2, 공기조화 · 위생공학회를 수정
18) 공기조화 · 위생공학회편 : 공기조화 · 위생공학편람, 제12판, 제4권(1995) p. 588, 표11 · 4, 공기조화 · 위생공학회 주택을 가필
19) 공기조화 · 위생공학회편 : 공기조화 · 위생공학편람, 제12판, 제4권(1995) p. 596, 표11 · 8, 공기조화 · 위생공학회를 수정
20) 공기조화 · 위생공학회편 : 폐기물의 자원회수-보관 수집 운반- (1996) p. 79, 이공도서
21) 일본 공정서협회 : 제9개정 일본 약국방 해설서 (1976), 광천서점
22) 공기조화 · 위생공학회편 : 급배수 · 위생설비계획설계의 실무지식 (1995) オーム사
23) 越川直己 : 공기조화 · 위생공학, Vol. 74, No. 3(2000－3) p. 185
24) 공기조화 · 위생공학회편 : 공기조화 · 위생공학편람, 제12판, 제4권(1995) p. 465, 공기조화 · 위생공학회
25) 일본의료기기학회편 : 의료기기학총서 멸균법 · 소독법대집 (1974) 광문당
26) 坂口德治 : 공기조화 · 위생공학, Vol. 72, No. 2(1998－2) p. 119
27) JIS T 7101 (의료가스배관설비)

10 급배수위생설비의 계획

10.1 계획의 진행방법

10.1.1 계획 · 설계의 기본조건 및 검토항목

급배수위생설비의 계획 · 설계는 기본구상(기획단계), 기본계획, 기본설계, 실시설계의 순서로 이루어지며, 여조건을 기초로 진행된다. 주어지는 조건으로서는 건설되는 지역, 환경에 따른 조건, 건물의 종별 · 용도 · 규모에 따른 조건, 사업 채산, 건설비, 건축주의 의향에 의해 정해지는 조건 등이 있다. 이러한 조건은 서로 관련이 깊은 것이 많지만 상반되는 것도 있다. 건축 및 관련된 다른 설비계획과 조정 · 융합을 꾀하면서 지구환경보전을 배려하고, 안전하게 양호한 건물 내에서의 위생적 환경을 유지할 수 있는 설비계획을 진행시켜 나갈 필요가 있다. 계획을 진행시켜 나가는 각 단계에서 다음과 같은 작업을 한다.

(1) 부지 및 자연조건의 조사 · 자료 수집
(2) 부지 주변의 상하수도 · 도시가스 등의 공급시설이나 처리시설의 유무, 이용상의 조건 · 규모의 조사
(3) 수질오탁, 지구환경 부하대책, 산성비, 오존층의 파괴, 열대 우림의 감소 등 공해 방지상의 법적 규제의 조사
(4) 관계 관공서나 농 · 어업 조합, 수리권자 등 이해관계자와의 조정
특히 건물의 종별 · 용도 · 규모에 의한 조건을 파악한 후에
(5) 법규상 및 건물의 기능상 필요한 설비의 종류 및 설계범위 · 설계구분의 결정
특히 사업 채산, 건설비, 건축주의 의향 등을 고려하여
(6) 설비의 등급, 시스템, 조닝, 에너지절약 수법 등의 결정, 설비기계실용량의 결정, 기계실 · 샤프트의 배치 · 크기의 결정, 재생자원을 이용한 사용재료의 사양결정, 관련공사와의 조정
(7) 공사예산서의 작성

등을 한다.

일반적인 각 단계에서의 작업내용을 표 10.1에 나타내었다. 이러한 내용은 단계를 경과함에 따라 상세하게 된다. 기본구상으로부터 실시설계에 이르는 각 단계에서의 작업내용은, 반드시 명확한 단락이 있는 것은 아니지만, 차츰 충실도를 더해 가는 것이다.

[1] 현장조사사항

현장조사에서 해야 할 사항을 표 10.2에 나타내었다.

표 10.1 급배수위생설비의 계획 · 설계의 각 단계에서의 작업내용

	부여조건의 조사	계획 · 설계	타부문과의 조정	예 산	성과물
기본구상	1) 사전조사 • 시공주 요구사항 파악 • 지형 · 부지의 현상 · 기후(강우량, 외기온도)등 부지상황 파악 • 관계 법령 · 조례등 적용법 규제 검토 • 프로젝트의 실행을 좌우하는 규제등 문제점 조사 · 해결 비용 2) 현지조사 • 지형 · 주변상황 · 도로상태등 • 상수도의 유무 · 공급 능력, 또는 그 밖의 기타의 수원(확보의 가능성 · 수질등) • 하수도의 유무 · 배수수입능력, 또는 그 밖의 배수 방류처 (방류처의 상태 · 배출규제 · 이해관계자등) • 도시가스의 유무 · 공급 능력 관계법령 · 조례등 법규제내용의 확인 상승 기준등의 유무	1) 개략 물사용량의 산출 및 급수방식의 개요 2) 개략 배수량의 산출 및 배수 내용에 따르는 방류처 · 수질의 개요 3) 열원기기로의 도시가스등 연료공급의 개요 4) 관계 법령 · 조례등에 관련된 각종 소화설비 · 배수재이용설비, 우수이용설비 · 폐기물처리설비 시스템의 개요 5) 기타 기능상 필요한 설비종류의 개요 6) 지구환경보호나 장래 계획에의 대응	• 개략 필요 스페이스 • 코어 주변의 위치 • 기기류의 개략 전기용량	부담금 · 보증금 등의 비용을 포함한 단위면적당 개략예산서 작성	기본구상 설명서 • 각종조사 내용 • 계획추진상의 문제점과 해결방법 • 개략예산서 • 계획 · 설계공사를 포함하는 공정등
기본계획	1) 부지상황과 계획안과의 조정 2) 기상조건등의 자료수집 3) 상수도 · 하수도 · 도시가스등의 이용에 대해서 상세조사 · 논의 4) 관계 법령 · 조례등 법규제 · 기준등에 대해서, 관할 관공서등과의 상세타협 5) 프로젝트의 실행을 좌우하는 규제등 문제점해결의 구체적 교섭	1) 설계조건 · 설계방침 설정 2) 설비 항목의 재검토 및 그레이드 설정 3) 에너지절약, 지구환경보호 장래 계획에의 대응등도 배려하여 급수설비등 시스템의 검토 · 결정 4) 배수의 계통분류 및 방류처의 결정 5) 열원의 결정(도시가스 · LP가스 · 기름등) 6) 기기 · 재료의 개략 사양결정 7) 설비유닛의 채용이나 각종 대책의 검토 8) 주요기기의 개략배치	• 설계구분 · 공사구분 • 부지이용계획 건축계획에 대한 소요공간 · 위치 · 층높이 • 설비 유닛이나 배관 트렌치 등 • 소요 스페이스에 관한 타설비와의 취합 • 전기용량 · 급탕용열량 · 공조보급수량등	결정한 그레이드 및 각 설비시스템에 따라 설비항목별 개산예산서를 작성하여, 상기 예산과의 조정	기본계획 개요서 • 설계 조건 · 설계 방침 • 각 설비 시스템 및 다른 검토 자료 • 현지조사보고서 • 관공서등의 회의 기록 • 사양개요서 • 소요 스페이스 관계자료
기본설계	1) 기상조건등에 대해서 필요에 따라 조사 · 자료의 수집 2) 관할 관공서나 이해관계자와 의논하여 최종 양해를 얻는다	1) 각 설비의 부하산정 2) 설비 시스템의 세부검토 3) 기기(수량을 포함) 재료의 사양결정 4) 기기배치 · 배관 경로 결정 5) 건축 의장상 및 구조상의 검토 · 조정 6) 공법계획, 각종대책, 특수부분의 검토 · 결정 7) 방재계획서, 개발행위 등의 신청서 작성	• 소요 스페이스 · 천정내부 · 층높이의 결정 • 기기중량(기초를 포함한다) · 보관통개소 · 관통개소 · 급배기등의 벽개구개소 • 설비 유닛 및 배수조, 배관 피트 · 트렌치 등의 결정 • 기기반입계획 • 설계 구분 · 공사 구분의 결정	기본설계도를 기본으로 복합단가등에 의해 설비항목별 공사개산서를 작성하여 전체 예산과의 조정도모	기본설계도서 • 각 설비설계 설명서 • 기본설계도 • 계통도 • 기기배치도 • 특수부분 상세도 • 각 설비설계 계산서 • 설계 · 공사구분표 • 동력표 · 하중표 • 방재계획서, 개발 행위등의 신청서 • 공사개산서
실시계획	1) 계획에 상기의 부여조건이 빠짐없이 반영되어 있는가를 검토하고, 필요에 따라서 재확인한다.	1) 각 설비의 상세계획 2) 세부 마무리 검토 및 소요 스페이스 확인 3) 각 설비의 설계도 · 계통도 · 상세도등의 작성 4) 각 설비의 설계계산서 작성 5) 설계도 · 계통도 · 상세도등에 배관 사이즈 기입 6) 안내도 · 옥외배치도 · 기기표 · 특기사양서등의 작성 7) 확인 신청 도서등의 작성 8) 수량조서 · 적산내역서 작성	• 스페이스 및 하중 · 보관통개소의 재조정 • 갤러리 · PS입상부 · 점검구등의 결정 • 전기용량 · 급탕용열량 · 공조보급수량등의 재조정	공사입찰의 입찰금액을 사정할 수 있는 적산내역서를 작성	설계도서 • 안내도 · 옥외배치도 • 특기사양서 • 기기표 • 실시설계도 • 계통도 · 상세도등 • 설계 계산서 • 수량조서 · 적산내역서 • 확인신청도서등

표 10.2 현장조사 사항 예

항 목		현장조사 · 타협사항
일반사항		1) 부지 및 부근의 지세 · 토질 2) 지하수위의 높이 3) 기온 · 강수량 · 적설량 · 풍향등의 기상데이터 4) 프로젝트의 완성 또는 관 포설이나 굴착공사등에 따른 이해관계자의 유무
도로관계		1) 국도 · 지방도 · 사도 등의 구별 2) 도로포장등의 종류 3) 도로점유료의 유무 4) 매설물의 상태 5) 굴착 · 메움에 관한 도로관리자로부터의 지시 · 주의사항(주간시공의 가부 · 그 밖의 지시 · 주의사항)
수원관계		수도의 유무
	수도가 있는 경우	1) 급수조례 · 동시행규칙 또는 수도사업자의 공급 규정 2) 부근의 수도관 · 제수밸브 · 소화전등의 위치 · 관경 · 매설심도 · 여름철의 수압 · 재질 3) 인입가능한 수량 · 관경, 인입관의 재질 4) 배수재이용 · 우수이용의 기준 유무 5) 부수수조 또는 정수위밸브의 필요성 유무 6) 수도 인입공사비용 7) 수도인입부담금의 유무. 있는 경우는 그 금액 8) 인입관을 먼 곳에서 연장해 올 경우, 또한 포설교체의 경우 시공주 부담금공사비 9) 지정수도공사업체의 유무. 있는 경우는 그 명부
	수도가 없는 경우	1) 수도의 장래계획 2) 근린시설의 수원 · 수질 · 수온 · 취수시설(착수정등) · 정수 3) 시설의 개략사양 4) 지하수채취의 법적 규제 5) 호소 · 하천으로부터의 취수 가부 6) 취수량의 추정 또는 제한

항 목		현장조사 · 타협 사항
배수선관계		공공하수도의 유무
	공공하수도가 있는 경우	1) 하수도조례 · 동시행규칙 2) 합류식인가 분류식인가등 하수도 방식 3) 부근의 하수도관 · 맨홀등의 위치 · 관경 · 매설 심도 · 재질 4) 방류가능한 수량, 설치가능한 관경 5) 야간 방류용 조정조설치 기준의 유무 6) 배수설비등의 재료 7) 관설치 공사비용 8) 하수도설치 분담금의 유무. 있는 경우는 분담금액 9) 하수도관을 먼 곳에서 포설해 올 경우, 또는 포설교체의 경우의 시공주 부담금액 10) 지정 하수도공사업체의 유무. 있는 경우는 그 명부
	공공하수도가 없는 경우	1) 공공하수도 또는 유역하수도의 장래 계획 2) 도시하수로의 유무. 있는 경우는 그 위치 · 관경 · 매설 심도 · 재질. 없을 경우는 그 장래계획 3) 측구 · 하천 · 호소 등 배출처의 유무 4) 도시하수로 · 측구 · 하천 · 호소의 배출수 수질기준(측구의 경우에는 우수배제만을 대상으로 하고 있을 경우가 있기 때문에 주의를 요한다) 5) 배출처의 수위
가스관계		도시가스의 유무
	도시가스가 있는 경우	1) 가스의 발열량, 종류별 기호(13A등) 2) 인입가능한 관경 3) 인입관을 먼 곳에서 포설해 올 경우, 또는 포설교체의 경우의 시공주 부담 금액
	도시가스가 없는 경우	1) 도시가스의 장래 계획(현재 도시가스가 포설되어 있지 않은 경우에 , LP가스를 당장 사용할 경우라도, 그 배관이 도시가스용의 배관이 되어 있어 가스 사업자가 승인하는 업자가 시공한 것이면, 장래 도시 가스가 포설될 경우에 도시가스로 바꿀 수 있는 경우가 있다) 2) 부근의 LP가스 판매사업자 2~3개 회사의 명칭, 소재 및 주의사항

[2] 계획 · 설계의 기본조건

급배수위생설비의 계획 · 설계는 계획건물의 종별, 용도, 규모, 등급 · 예산 등의 기본조건과, 자연조건 및 기본계획 단계에서 명확하게 된 외부로부터의 조건을 고려하는 한편, 표 10.3에 나타내는 기본조건에 유의하는 것이 중요하다.

표 10.3 급배수위생설비의 계획 · 설계상의 기본조건

항 목	기 본 조 건	비 고
1. 기본원칙의 준수	각 설비는 사람의 건강보전 및 생명유지에 관련된 위생적 환경의 실현과 안전을 확보하고, 사용자의 편리를 도모하는 것을 기본으로 계획 · 설계한다.	급배수위생설비의 기본원칙은 공기조화 · 위생공학회규격 HASS 206을 준수한다.
2. 건축과의 조화	각 설비는 건축계획과 조화를 이루도록 한다.	구체 예 : 에너지절약 · 지구환경부하대책, 내진대책, 홍수 등에 의한 침수방지대책, 부등침하대책, 한냉지 · 적설지대책, 염해대책
3. 사고 · 재해방지	각 설비는 사용상태에 있어서 예상되는 각종 원인 및 재해에 대하여 만전의 예방조치를 강구하며, 만일 발생했을 경우라도 피해를 최소한으로 하고 신속하게 복구할 수 있도록 배려한다. 한편, 각 설비는 점검 · 보수 · 청소작업 등의 경우 안전을 확보하기 위해서 위험방지책을 강구한다.	구체 예(사고) : 누수방지대책, 소화설비에 수반하는 손해방지 대책 구체 예(재해) : 화재 · 폭발 · 용기파열 등의 인공재해 및 지진 · 홍수 등의 자연재해 구체 예(위험방지책) : 낙하 방호울타리의 설치
4. 지역 및 지구환경의 배려(공해방지)	각 설비는 수질오탁, 지구환경부하대책, 산성비, 오존층 파괴, 열대우림감소 등의 환경문제를 배려하여, 환경부하가 적은 기기 · 재료등을 사용한다.	구체 예 : SOx, NOx, CO_2배출량이 적은 연료의 채용 대체프레온 소화설비의 채용
5. 자원절약 · 에너지절약성, 재활용성	각 설비는 자원 및 소비에너지의 절감, 자원 재이용, 대체 에너지 · 폐열의 이용을 도모한다 .	구체 예 : 고효율기기 및 절수형 기기 등의 채용, 우수의 이용, 배수 · 냉각탑 블로 물의 재이용, 도시배열을 이용하는 급탕시스템, 열병합발전의 급탕시스템, 에코 머티리얼(eco material)의 이용, 수도직결 급수방식의 채용
6. 공간 · 장래에 대한 대응	각 설비는 점검 · 보수 · 교체 등을 용이하게 할 수 있도록 적절한 스페이스를 확보해서 설치하는 것 이외에, 장래, 증축 · 개축등이 예상될 경우에는, 효과적으로 대응할 수 있도록 배려한다.	구체 예: 배관 피트 · 트렌치의 채용
7. 시공성 · 신뢰성	각 설비는 시공 및 유지 관리성의 합리화 · 노동력 절감을 추진할 수 있도록 배려하고, 필요한 신뢰성을 확보한다. 주요한 기기 및 배관재료는 적절한 내구성 · 내식성 및 내진성을 가지며, 목표로 하는 내용연수를 만족하는 것을 사용한다.	구체 예 : 화장실 · 세면장 등의 설비유닛 채용, 배관의 프리패브(pre-fab)화
8. 경제성	각 설비는 성능에 걸맞는 건설비 및 운전 관리비용이 되도록 배려한다.	구체 예 : 사용형태 등을 배려한 적정한 설비
9. 보전성	각 설비는 용이하게 유지 관리할 수 있도록 배려한다.	구체 예 : 보수성이 뛰어나고 분해가 용이한 재료의 채용, 재활용이 용이한 재료 등의 채용, 범용기기의 사용

10.1.2 설비의 종류

건물에 필요한 급배수위생설비의 종류는, 어느 건물에나 공통된 건물 이용자의 편리성에서 필요한 설비, 법규상 필요한 설비, 업무지원을 하기 위해서 필요한 설비 및 공장 등의 생산에 필요한 설비로 분류된다.

이것들은 기본구상 · 기본계획의 단계에서 부여된 조건 · 법규 · 건물기능 등을 감안하여 결정해야 한다.

[1] 편리성에서 필요한 설비

편리성에서 필요한 설비로는 급수 · 급탕 · 배수통기 · 위생기구 · 가스 등의 각 설비가 있다. 그 외의 설비에 대해서는 시공주의 요구사항, 경제성, 운영 · 보수 · 관리상의 관점 등으로부터 설치가 필요한가를 결정한다.

[2] 법규상 필요한 설비

법규상 필요한 설비로서는 소방법, 수도법, 하수도법, 수질환경보전법(일본 : 수질오탁방지법), 대기환경보전법(일본 : 대기오염방지법), 지구 온난화 대책의 추진에 관한 법률 등으로 규제되는 것이 있다. 건물로부터 배수를 공공 하수도에 접속할 수 없는 경우에는, 정화조를 설치하지 않으면 안 된다. 정화조의 설치시에는, 건축법(일본 : 건축기준법), 수질환경보전법 및 시 · 도의 공해방지 조례를 검토한다. 또한, 배수재이용이나 우수이용에 대해서도 시 · 도의 조례나 기준을 검토할 필요가 있다. 폐기물처리설비는 사업자(사업활동을 하는 빌딩 등) 부담의 원칙에 의해, 폐기물관리법(일본 : 폐기물처리 및 청소에 관한 법률) 및 자원의 절약과 재활용촉진에 관한 법률(일본 : 리사이클법-재생자원의 이용의 촉진에 관한 법률)에 근거하여, 폐기물의 적정처리, 폐기물의 감량, 재생자원의 이용촉진이 의무화되어 폐기물 분리 수집의 철저와 보관장소나 보관설비가 필요하다.

10.1.3 설비방식의 선정

설비방식을 선정할 때는 주어진 조건에 대해서 다각적으로 검토하여 그 건물에 가장 적합한 방식을 선정 후, 의견을 제안하여 시공주 · 건축 및 다른 설비설계자와 충분히 조정한 후 최종적으로 결정한다.

기기의 선정

급수펌프 · 급탕순환펌프 · 배수펌프는 모두 그 계통마다 통상 2대(1대를 예비)를 설치하고, 자동교호운전을 하여 다른 한쪽만의 열화방지와 고장시의 백업 대응 및 보수 · 점검시에도 기능이 정지하지 않도록 한다.

표 10.4 계획급수량과 수조용량[2)]

건물종별	급수량 · 수조용량	데이터수	평균치
집합주택	계획 급수량 [L/(m^2 · 일)]	151	9.66
	수수조용량 [L/m^2]	154	5.7
	고가수조용량 [L/m^2]	37	1.24
사무소	계획 급수량 [L/(m^2 · 일)]	300	7.2
	수수조용량 [L/m^2]	281	4.09
	고가수조용량 [L/m^2]	166	1.05
여관 · 호텔	계획 급수량 [L/(m^2 · 일)]	84	15.04
	수수조용량 [L/m^2]	84	7.79
	고가수조용량 [L/m^2]	49	1.69
백화점	계획 급수량 [L/(m^2 · 일)]	4	12.51
	수수조용량 [L/m^2]	4	4.71
	고가수조용량 [L/m^2]	4	1.35
물건판매점포	계획 급수량 [L/(m^2 · 일)]	78	7.89
	수수조용량 [L/m^2]	70	4.52
	고가수조용량 [L/m^2]	28	1.11
병 원	계획 급수량 [L/(m^2 · 일)]	64	13.93
	수수조용량 [L/m^2]	63	7.72
	고가수조용량 [L/m^2]	40	2
노인복지시설	계획 급수량 [L/(m^2 · 일)]	73	9.06
	수수조용량 [L/m^2]	86	5.83
	고가수조용량 [L/m^2]	19	1.48
공 장	계획 급수량 [L/(m^2 · 일)]	64	5.21
	수수조용량 [L/m^2]	56	3.74
	고가수조용량 [L/m^2]	8	0.71
연구소	계획 급수량 [L/(m^2 · 일)]	33	9.4
	수수조용량 [L/m^2]	32	6.03
	고가수조용량 [L/m^2]	13	1.38
학 교	계획 급수량 [L/(m^2 · 일)]	55	8.12
	수수조용량 [L/m^2]	50	4.99
	고가수조용량 [L/m^2]	27	1.72

(주) 1. 각 원단위의 분석방법은 4분 위치의 추출에 의해 정리되었다.
2. 데이터수는 전체 데이터 중 부적확한 데이터를 제외한 데이터수의 수치.
3. 평균치는 2.의 데이터수.

기본계획 단계에서는 바닥면적으로부터 기기의 용량을 결정하는 경우가 있다. 표 10.4에 건물 종별에 따른 1일당의 계획 급수량 및 수수조, 고가수조의 용량 예를 나타내었다.

표 10.5에 계획 급탕량 및 저탕조용량의 예를 나타내었다. 또한 표 10.6에 급배수위생설비의 동력과 비상동력의 예를 나타내었다.

표 10.5 계획급탕량과 저탕조용량[2)]

건물종별	계획급탕량 · 저탕조용량	데이터수	평균치
집합주택	계획급탕량 [L/(m^2 · 일)]	60	3.8
	저탕조용량 [L/m^2]	8	0.38
사무소	계획 급탕량 [L/(m^2 · 일)]	134	0.77
	저탕조용량 [L/m^2]	62	0.3
여관 · 호텔	계획 급탕량 [L/(m^2 · 일)]	80	5.39
	저탕조용량 [L/m^2]	85	1.18
물건판매점	계획 급탕량 [L/(m^2 · 일)]	23	0.75
	저탕조용량 [L/m^2]	6	0.17
병 원	계획 급탕량 [L/(m^2 · 일)]	57	3.05
	저탕조용량 [L/m^2]	58	0.69
노인복지시설	계획 급탕량 [L/(m^2 · 일)]	62	3.54
	저탕조용량 [L/m^2]	64	0.99
공 장	계획 급탕량 [L/(m^2 · 일)]	46	0.53
	저탕조용량 [L/m^2]	18	0.37
연구소	계획 급탕량 [L/(m^2 · 일)]	24	1.39
	저탕조용량 [L/m^2]	18	0.4
학 교	계획 급탕량 [L/(m^2 · 일)]	21	1
	저탕조용량 [L/m^2]	11	0.41

(주) 1. 각 원단위의 분석방법은 4분 위치의 추출에 의해 정리했다.
2. 데이터수는 전체 데이터 중 부적확한 데이터를 제외한 데이터수의 수치.
3. 평균치는 2.의 데이터수

10.1.4 비용 계획

기본구상으로부터 기본설계까지의 각 단계에서 비용을 파악하기 위해 개산비용을 산정하는 것이 필요하다. 또한 각 단계에서 설비방식 등을 결정하는 경우는, 각 방식의 비용비교 즉, 경제 비교는 그 중에서 특히 중요한 것이 된다. 비용은 일반적으로는 초기의 건설비용에만 주목하기 십상이지만, 방식결정시에는 설비의 유지관리비용을 고려한 LCC(라이프 사이클 비용) 평가도 하여, 시공주의 의사

결정 자료로 한다.

표 10.6 급배수위생설비의 동력과 비상동력[3)]

건물종별	동력 · 비상동력 및 비상동력의 비율	데이터수	평균치
집합주택	동력 [W/m²]	162	2.75
	비상동력 [W/m²]	41	2.08
	비상동력의 비율 [%]	40	51.07
사무소	동력 [W/m²]	335	7.99
	비뻐동력 [W/m²]	232	3.41
	비상동력의 비율 [%]	230	44.58
여관 · 호텔	동력 [W/m²]	92	8.54
	비상동력 [W/m²]	75	3.76
	비상동력의 비율 [%]	74	43.18
백화점	동력 [W/m²]	5	4.31
	비상동력 [W/m²]	4	2.3
	비상동력의 할 · 합 [%]	4	51.2
물건판매점포	동력 [W/m²]	88	3.66
	비상동력 [W/m²]	70	2.58
	비상동력의 비율 [%]	72	71.07
병 원	동력 [W/m²]	72	6.81
	비상동력 [W/m²]	56	3.55
	비상동력의 비율 [%]	56	51.9
노인복지시설	동력 [W/m²]	91	8.53
	비상근력 [W/m²]	76	3.93
	비상동력의 비율 [%]	73	45.74
공 장	동력 [W/m²]	78	4.99
	비상동력 [W/m²]	42	1.56
	비상동력의 비율 [%]	42	39.15
연구소	동력 [W/m²]	43	6.08
	비상동력 [W/m²]	22	1.7
	비상동력의 비율 [%]	23	31.63
학 교	동력 [W/m²]	68	4.44
	비상동력 [W/m²]	40	1.72
	비상동력의 비율 [%]	41	35.38

(주) 1. 각 원단위의 분석방법은 4분 위치의 추출에 의해 정리했다.
2. 데이터수는 전체 데이터중 부적확한 데이터를 제외한 데이터수의 수치
3. 평균치는 2.의 데이터수

표 10.7 급배수설비 공사비용의 구성비[4)]

건물종별	전체 공사비용에 대한 급배수설비 공사비용의 구성비 [%]	전체 설비공사비용에 대한 급배수설비 공사비의 구성비 [%]
사무소	2.78~6.15	11.64~24.34
의료 · 복지시설	6.95~13.29	24.70~39.63
집합 주택	6.32~8.10	40.13~46.98
점포 · 양판점	4.95~6.30	19.03~24.61
초중학교 · 고교	2.46~15.48	11.99~48.97

(주) 1. 법정 연면적이 30,000 m^2 미만의 건물을 대상으로 했다.
2. 상기 구성비는 주방설비, 오수처리설비를 제외한다. 또한 의료 · 복지시설에 대해서는 주방설비, 오수처리 설비외 특수설비도 제외한다.

[1] 개산비용산출

급배수위생설비의 계획 · 설계시에는 경제성의 추구도 소홀해서는 안된다. 급배수위생설비의 공사비 지표로서는, 건물 종별 · 규모별로 표 10.7에 나타내는 것 같은 총공사비나 총설비공사비에 대한 급배수위생설비 공사비의 자료를 작성해 두는 것이 좋다. 또한 건물의 등급, 공사의 난이도, 공사기간 등에 의한 수정계수를 준비하여, 적당하게 수정하는 것도 정밀도를 올리는데 필요하다. 기본설계 단계에서 비용을 산출하는 경우는 배관설계 등도 꽤 결정되어 있으므로, 주요기기, 배관 그 외에 대해서 그 종별, 설치장소, 용량, 크기별 재료비, 반입, 설치비, 시험비, 가설 제경비까지 포함한 복합 단가를 작성해 두고, 수량을 알아내어 거기에 복합단가를 곱해 구한다.

1999, 2000년 시점의 건물종별마다의 급배수위생설비 공사비 예를 그림 10.1에 나타내었다.

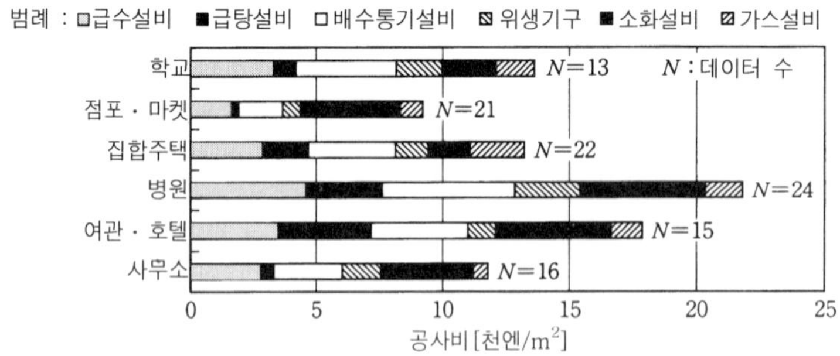

그림 10.1 사무소, 여관, 호텔, 병원 등의 급배수위생설비 공사비(1999, 2000년도)

[2] 라이프 사이클 비용(LCC)에 의한 방식의 경제비교

경제비교의 비교지표에는 많은 것이 있으며, 그 중 연경비법과 연경비 시가법이 넓게 이용되고 있다. 다만, 이러한 방법은 비용비교이기 때문에, 비교하는 대상안 사이에서 성능에 차이가 없다는 것이 전제가 된다. 연경비법은, 연경비 즉 「설비투자액을 회수하기 위해서 매년 할당할 수 있는 비용(자본 회수비)과 설비를 유지하기 위해, 매년 필요로 하는 물 · 가스 · 전력비, 유지 관리비 등을 합친 년간 총비용」이 적은 안을 경제적으로 유리하다고 하는 비교방식으로, 장래 추가 투자가 없고, 초년도 1회만의 경우나 교체를 검토하는 경우는 이 방식으로 충분히 비교할 수 있다. 설비의 연경비는 식(10.1)로 주어진다.

$$A = fC + E - S/(1+i)^n \tag{10.1}$$

가격 변동율을 고려하면,

$$A = f\left[C + \frac{\{(1+i)^n - (1+k)^n\}}{(i-k)(l+k)}E\right]$$

다만, $i = k$

$A = f(C + nE) - S$

여기서, A : 연경비

C : 공사비(설비공사비 · 소요공간의 건축공사비 및 그 사이의 간접비를 합산한 것)

S : 순잔가 (n년 후에 설비를 처분하여 구한 수입)

f : 자본회수계수

$$f = i(1+i)^n / \{(1+i)^n - 1\}$$

여기서, i : 이자율

k : 가격 변동율

n : 설비사용기간(평균실용수명)

E : 연간비

10.1.5 공법계획

프리패브 · 유닛 계획에는 배관의 프리패브 · 유닛화나, 배관 · 기구를 포함한 설비 유닛화 등이 있다. 유닛화에 의해 공사기간의 단축, 현장작업 공정수의 평균화, 현장내의 자재집하장이나 가공작업 공간의 축소, 현장내 작업의 안전성 향상 등과 아울러 공장에서의 품질관리에 의해 품질 향상이나 산업폐기물의 감량화를 꾀할 수가 있다. 또한 건축의 양중(lifting)계획에 맞추는 등의 계획을 세우므로써 비용절감을 꾀하는 것이 가능해진다.

프리패브 · 유닛화를 채용할 때에는, 어느 범위까지 추진할 것인가를 관계자 사이에 충분히 검토하고, 다음에 도입부분의 패턴이나 배합을 면밀하게 타협한다. 또한 구조체의 시공 정밀도 확보 등에 대해서도 충분히 배려해 검토할 필요가 있다.

[1] 배관의 유닛화

배관을 유닛화할 무렵에는 운반 · 반입 · 양중의 제약, 비용 저감을 꾀하는 목적 등에서 그 범위에 저절로 제약이 나온다. 일반적으로 대상이 되는 부분은 반복 배관이 많은 부분이나, 배관의 밀도가 높은 부분, 예를 들어 화장실 · 세면장 · 탕비실 주위의 배관, 파이프 샤프트내 배관, 스프링클러설비, 포 소화설비의 방호대상 실내 배관 등을 들 수 있다. 이러한 유닛화를 진행시키기 위해서는 다음의 점에 유의한다.

(1) 급배수가 필요한 곳을 집중시키고, 또한 각 층과도 최대한 동일한 배관 패턴으로 할 것.
(2) 동일기구를 연결해 설치하는 등 실내에서 설비의 집약화를 꾀할 수가 있는 레이아웃으로 할 것.
(3) 마감을 가능한 한 단순화 할 것.
(4) 배관의 재료 · 관경은 종류를 줄일 것.
(5) 현장시공의 배관을 쉽게, 또한 확실히 접속할 수 있을 것.
(6) 운반 · 반입 · 양중에 지장이 없는 범위에서, 가능한 한 광범위하게 유닛화할 것.

[2] 설비의 유닛화

주택용에 관해서는, KS F 2223(주택용 복합 새니터리유닛), KS F 2226(주택용 배관 유닛) 등의 KS규격이 있다. 사무소 빌딩 · 호텔 등에 설치하는 설비유닛에는, 일반적으로 욕실 유닛(호텔), 화장실 · 세면장 유닛, 탕비유닛, 패널식 배관유닛, 수직관유닛 등의 종류가 있다.

유닛의 구성재는 불연재료, 준불연 재료 또는 난연재료 등을 사용하고, 또 지진 기타 충격에 대해 충분한 강도를 가진 것이 필요하다. 그리고 구성하는 배관의 재료 · 관경 · 접합법 · 배관방법 및 기구 등이 급배수위생설비의 기본원칙에 합치하고 있는 것이 필요하다. 이러한 유닛를 계획할 때에는 [1]항에 기술한 것 이외에 다음의 점에도 유의한다.

(1) 경량이고 운반에 편리한 형상인 것.
(2) 대량생산성이 높고, 현장에서의 작업도 최소한일 것.
(3) 현장에서의 설치, 조립이 용이한 것.

(4) 유닛배관이 수직관으로 바닥 위에서 용이하게 접속할 수 있는 것.

(5) 유닛 내부 배관의 보수·점검을 용이하게 할 수 있는 것.

10.1.6 설비의 종합계획

급배수위생설비의 계획을 진행시키기는 데는 건축·타 설비와의 설계, 공사범위의 확인이나 등급 조정을 하는 것이 필요하다. 공사범위를 명확하게 하고, 건축계획에 큰 영향을 주는 설비관련 제반실 및 스페이스를 결정한다. 건물내의 필요 스페이스에는 기계실·파이프 샤프트·천정내부 등이 있으며, 기본 계획시에는 기기배치나 배관경로 등을 기초로 하여 개략의 크기와 위치를 계획한다.

이 단계에서 하중이나 구조체를 관통하는 장소, 크기를 확인하여, 구조설계담당자와도 충분히 조정을 할 필요가 있다.

기본설계시에는 필요 스페이스를 상세히 검토하고, 실시설계에 들어가고 나서는 건축의 평면계획 등에 영향을 주는 일이 없도록 한다.

이러한 계획시에는, 보수·점검·교환·증설·개수 등에 대응할 수 있도록 고려해 결정해야 마땅하고, 건축, 구조, 전기설비, 공조설비 등의 계획·설계자와도 충분히 협의를 해, 스페이스의 유효이용을 꾀할 수 있도록 조정한다. 특히 파이프 샤프트·천정내부 스페이스는 공조설비의 배관, 덕트가 많기 때문에 충분한 조정이 필요하다. 건물 외부에 기계실이나 관련시설이 필요한 경우는, 기본구상 시부터 규모나 위치를 결정하여 부지이용계획에 편입한다. 설계단계가 진행됨에 따라 하중, 동력 등 건축, 구조, 전기설비, 공조설비 등 다른 부문과의 사이에 세부협의가 필요하므로 누락되지 않도록 한다. 또한 타 설비와의 정보교환도 단계에 따른 정확도의 것이 필요하다.

개략적인 설비동력의 용량이나 열매(熱媒)의 소비량 등은, 기본구상 단계에서 그것들과 관계되는 설비에 필요하다.

또한, 다른 설비에서 보급수량이나 열원사용량 등 급배수설비의 계획에 크게 영향을 주는 것이 있으면, 이것을 파악해 두지 않으면 안 된다.

계획·설계가 진행되어가는 단계에서 세부적인 자료교환이 필요하고, 기기류의 운전이나 제어·감시, 재해시의 제어방법, 빌딩관리의 용이성 등을 고려하여, 타 설비와의 면밀한 협의가 필요하다.

10.2 설비의 성능설계

10.2.1 재료의 사양결정

[1] 배관재료

배관재료는 사용하는 용도에 적합한 것을 규격제품 중에서 선정한다.

건물내의 급수관에는 수도용 경질염화비닐 라이닝강관이 많이 사용되고 있다. 그 밖에 수도용 폴리에틸렌분체 라이닝강관이나 수도용 경질염화비닐관, 일반배관용 스테인리스강관 등이 채용되고 있다. 급탕관에는 동관이 가장 많이 사용되고 있으나, 일반배관용 스테인리스강관 등도 사용되고 있다. 배수관에는 배수용 경질염화비닐 라이닝강관 · 경질염화비닐관 이외에 오수용으로는 배수용 주철관, 잡배수에는 배관용 탄소강관(백관) 등이 사용되고 있다. 통기관으로는 배관용 탄소강관(백관)이 많이 사용되고 있다.

일반적으로 급배수위생설비에서 사용되고 있는 관 및 이음쇠류의 규격과 사용구분은, 공기조화 냉동공학회편 「건축기계설비공사 표준시방서」(HASS 010)를 참조하기 바란다.

설비계통은 기기, 배관재료, 이음쇠, 밸브류로 구성되어 있으며, 전체로서 밸런스가 좋은 것을 선정한다. 이종금속의 조합은 방식(防蝕)조치를 취하지 않으면 부식의 원인이 되므로 설비의 내구성을 손상시킨다.

[2] 보온재

일반적으로 건물내의 배관 보온재로서 급수관, 배수관에는 유리섬유보온재 · 비즈법 폴리스틸렌 폼 보온재료가, 급탕관에는 유리섬유보온재 · 암면보온재가 많이 채용되고 있다. 또한 저탕탱크 · 보일러 등에는 암면보온재가 많이 채용되고 있다. 사용되고 있는 보온재료의 종류 및 배관종류마다의 보온재료의 두께 등은, 「건축기계설비공사 표준시방서」를 참조하기 바란다.

10.2.2 내진설계

건축설비의 내진설계는, 일본건축센터편 「건축설비 내진설계 · 시공지침」이나 공기조화 · 위생공학회편 「건축설비의 내진설계 시공법」 등을 기초로 한다. 급배수위생설비의 내진설계시에는, 특히 수수조 · 고가수조 등 건물과의 고정부분, 가대방진고무 · 방진금속스프링을 이용한 펌프, 배관류의 건물 인입도입부, 신축부, 지진시의 층간변위 등에 대해서 고려할 필요가 있다.

[1] 설비기기 · 배관 등

설비기기에 대한 설계용 지진력에는, ①국부 진도법에 의한 설비기기의 지진력(기기의 중심 등에 표준 지진력이 작용한다고 한 것), ②건물의 동적해석을 하고 있는 경우의 지진력이 있다. 일반적으로 ①이 채용되며 지진시에 설비기기가 전도 · 이동하지 않도록 지지 · 고정한다.

배관 등의 내진설계용 층간변위는 건물이 철골조(S조)의 경우에는 1/100, 철근콘크리트조(RC조), 철골 철근콘크리트조(SRC조)에서는 1/200으로 한다.

[2] 설비기기의 고정 등

(1) 기기류는 구조체와 일체화를 꾀하기 위해, 원칙적으로 콘크리트 슬래브 · 벽체 · 기초 등에 고정한다. 직접 고정할 수가 없는 방진장치가 부착된 기기의 경우는, 내진 스토퍼를 달아 대응한다.

(2) 기기의 기초는 원칙적으로 철근콘크리트 기초로 한다. 기초의 형상은 기초의 부상이 일어나지 않는 것과, 전단력을 하부의 바닥 슬래브에 전달할 수 있는 것으로 한다.

(3) 앵커볼트는 앵커볼트에 가해지는 인발력, 전단력에 대해 충분한 내력을 가지는 것으로 한다.

(4) 종횡비가 큰 기기는 전도 모멘트가 커져, 다리부만의 고정(내진 스토퍼의 경우도 마찬가지임)에서는 앵커볼트에 작용하는 인발력도 커진다. 이러한 경우에는, 정부지지재로 정부(頂部)를 몸체 등으로 묶어 전도를 방지한다.

[3] 배관의 내진지지

(1) 건물 도입부의 배관이나 신축이음부(expansion joint)를 관통하는 배관 등은, 플렉시블이음 또는 플렉시블관이음쇠를 이용하여 건물과 지반사이에 생기는 변위, 신축이음부에서 양건물의 상대변위량에 대해 변위흡수가 가능한 내진조치를 한다. 적층고무 등을 이용한 면진구조 건축물에서는 지진시의 상대 변형량이 크기 때문에, 면진구조의 상부구조부분에 걸친 배관 등에는, 이 상대변형량을 충분히 흡수할 수 있는 조치를 취한다.

(2) 설비기기와 배관 등의 접속부는, 변위에 충분히 대응할 수 있는 플렉시블이음으로 하고, 변위를 흡수함과 함께 배관 등은 과대한 응력이 생기지 않도록 지지재로 지지한다.

(3) 수평배관은 지진에 의한 축직각 방향의 과대한 변위를 억제하고, 행거재와 동일한 정도 이상의 경사재를 설치해 내진지지를 한다.

(4) 수직관은 지진에 의한 축직각 방향의 과대한 변위를 억제하는 한편 건물의 층간변위에 따르도록 내진지지를 한다.

내진설계시에는 건축구조설계자에게 건물의 구조계획방침과 변위량을 확인함과 함께, 기기 및 배관 등의 부위별 상세설계를 하는 것이 중요하다.

10.2.3 내구(耐久)설계

급배수위생설비 기기 및 배관의 부식을 억제하고, 목표로 하는 내용연수까지 유지해가기 위해서는 다음의 순서에 의한 대책을 세울 필요가 있다.

[1] 적정한 재료의 선정

설비의 내구성을 향상시키려면 먼저 적정한 재료의 선정이 필요하다. 특히 배관재료 등은 내식성이 높은 것을 선정하는 것이 중요하다. 그러나 경제적인 이유로 내식성이 높은 재료를 채용할 수 없는 경우에는, 장래에 교체가 용이하도록 배관 스페이스의 확보 등을 배려할 필요가 있다.

[2] 방식(防食)설계

배관부식의 주된 원인으로서는 다음의 네 가지를 생각할 수 있다.

(1) 이종금속의 접촉
(2) 빠른 유속 등 흐르는 물에 의한 기계적 작용
(3) 수중용존산소 농도
(4) 마크로셀(macrocell)에 의한 전해부식

이종금속의 접촉에 의한 부식은 이종 금속간의 이온화 경향의 차이에 의한 부식으로, 전위차가 적은 금속을 접속하는 대책이 필요하고, 또한 배관 지지용의 밴드 및 고정부는 고무 등에 의해 절연할 필요가 있다. 관속을 흐르는 물에 의한 기계적 작용에 대해서는, 적절한 유속에 의한 배관설계, 시공방법에 따른 대책이 필요하다. 수중용존산소에 대해서는 산소의 농도차를 없애고, 균일피막을 생성시키거나, 전위차를 인공적으로 형성시켜 일방적인 부식이 일어나지 않도록 하거나, 용존산소를 효율적으로 제거하는 등의 대책이 필요하다.

마크로셀에 의한 전해부식은 미주(迷走)전류 등이 원인으로 셀(전지)이 형성되어 일어나는 부식으로 방식테이프, 절연이음쇠 등에 의해 방지한다.

다음에 방식설계의 주의점을 나열한다.

(1) 기기의 외형 형상을 아주 단순하게 한다.
(2) 계통의 말단 세부에까지 같은 종류의 재료를 사용한다.
(3) 이종금속의 접촉이 가능한 한 일어나지 않게 한다.
(4) 구조적으로 틈새가 생기지 않도록 한다.
(5) 과도한 응력, 온도, 유속이 되지 않게 한다.

(6) 계통내에 공기가 들어가지 않도록 하고, 또 들어간 공기는 빠지기 쉽게 한다.
(7) 수분이 불필요하게 정체하지 않는 구조로 한다.
(8) 부식성이 있는 환경내에는 가급적 설치하지 않게 한다.
(9) 방식시공 및 방식관리가 쉽도록 배려한다.

[3] 부식환경으로부터의 차단

지중, 콘크리트중, 수중, 오염 대기중 등의 부식환경에 설치하는 배관은 많다. 이러한 배관의 내식성을 확보하기 위해서는, 부식환경으로부터 차단할 필요가 있다. 그 방법으로서는 유기물・무기물에 의한 라이닝・코팅, 금속에 의한 라이닝・도금, 방식테이프 감기, 도장 등이 있으며 현장 단계에서는 방식테이프 감기나 도장에 의한 방법이 채용되고 있다.

또한, 지중 매설관의 경우는 외면라이닝강관이나 경질염화비닐관의 채용 또는 트렌치내 배관으로 하는 등의 대책이 필요하다.

[4] 부식환경의 처리

부식환경의 처리(제어)방법으로서는, 그림 10.2에 나타내는 전기방식에 의한 방법이 있다. 보일러・저탕조・지중매설배관 등의 방식에 과거는 유전양극법이 채용되었지만, 보일러・저탕조 등에는 외부 전원법도 사용되고 있다. 지중매설배관으로 강관에 전기방식을 하는 경우에는, 방식테이프 감기와 병용하는 등의 대책이 필요하다.

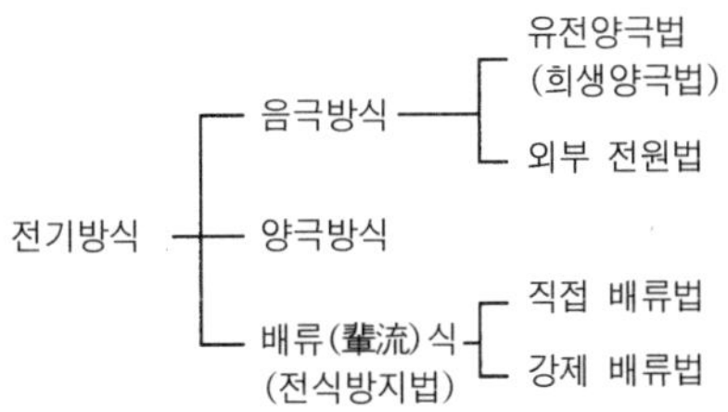

그림 10.2 전기방식의 분류

10.3 각종 건물의 설비계획

건물 종류별로 급배수위생설비를 파악하는 방법, 시스템의 선정법, 그 외 계획상의 요점에 대해서, 설비계획의 요점을 표 10.8~10.18에 나타내었다.

표 10.8 단독주택의 계획 · 설계상의 요점

설비 종별	계획 · 설계상의 요점
공 통	1) 설비는 될 수 있는 한 기계력에 의한 강제적인 방법을 적게 한다. 2) 일상의 유지관리는 간소화하고, 일반인도 할 수 있게 한다.
급수설비	1) 수도직결방식으로 하는 것이 설비비 · 유지비용 · 위생관리면에서 바람직하다. 2) 공급개소에 대하여 수도본관의 수압이 낮을 경우는, 수도인입관에 직접 증압펌프를 접속하는 수도직결 증압식에 의해 급수한다. 3) 온수공급방식이나 냉난방방식에 따라서는, 수도직결방식을 취하지 않고 수조설치방식으로 하지 않으면 안되는 경우가 있다.
급탕설비	1) 열원으로부터 보면, 가스 온수기나 등유때기 온수기 또는 심야 전력이용의 전기온수기 등이 많이 사용되고 있다. 2) 혼합수전이나 샤워가 있을 경우는, 급수와 급수와 급탕의 압력을 동일하게 한다.
배수 통기설비	1) 부엌의 배수는 이물이나 지방이 혼입하고 있으므로, 단독에 최단거리로 옥외의 배수구에 접속한다. 부엌싱크대에 디스포저를 설치할 경우는, 전용의 처리조에 배출하고, BOD부하 등에 대해서 기준값 이하로 처리한 후 배수구에 접속한다. 2) 단층집 건물에서는 통기관을 생략하는 경우도 있지만, 2층 이상의 배수수직관에는, 적어도 신정통기관을 취한다.
정화조설비	1) 설치장소는 악취 · 소음 · 유지 관리를 고려하여 선정한다.

표 10.9 집합주택의 계획 · 설계상의 요점[5)]

설비 종별	계획 · 설계상의 요점
공 통	1) 소유구분 · 관리구분에 충분히 유의한다. 2) 각 세대의 화장실 · 세면장 · 욕실 · 부엌은 가능한 한 집약화하고, 파이프 샤프트에도 인접시켜 수평배관을 짧게 한다. 3) 분양용의 경우는 소유구분을 명확히 한다. 사고가 생겼을 때 다른 세대로의 영향을 최소한으로 하고, 용이하게 복원할 수 있도록 한다. 소음방지를 피하는 것 등의 이유로, 각 세대용의 수평배관은 슬래브 표면과 바닥면 사이의 공간에 배관한다. 4) 각 세대의 계량기실(파이프 샤프트를 겸용)은 수도미터, 가스미터의 검사 · 점검 및 각 층으로의 분기 · 접속을 용이하게 할 수 있고, 복도 · 계단실 등으로부터 출입할 수 있는 위치에 설치한다. 또한, 각 층과도 동일한 위치 · 형상 · 치수로 한다.
급수설비	1) 급수압력은 400 kPa 이하로 한다.
급탕설비	1) 급탕방식은 일반적으로 각 세대마다의 국소급탕방식이 많지만, 고급 집합주택이나 사택 등에서는 중앙급탕방식으로 하는 예도 있다. 2) 국소급탕방식의 경우는, 가스급탕기나 심야 전력이용의 전기급탕기 등을 이용할 수 있다. 가스급탕기는 가능한 한 밀폐형 또는 옥외형을 사용한다. 3) 중앙급탕방식의 경우는 각 세대로의 급탕관에 급탕미터를 설치하고, 그 이후는 단관식으로 한다.

표 10.9 계 속

설비 종별	계획 · 설계상의 요점
배수 통기설비	1) 다층건물의 경우에는, 1층의 배수관은 단독으로 옥외배수구로 이끈다. 2) 배수계통은 용이하게 청소할 수 있도록, 배수수직관을 포함시켜 적절한 위치에 청소구를 설치한다. 부엌싱크 계통은 특히 주의한다. 3) 부엌싱크대에 디스포저를 설치해서 음식물쓰레기를 처리할 경우는, 전용배관으로 하여 처리조로 배출하고, BOD부하 등이 하수도법에서 정하는 기준값 이하로 처리하고 나서 배수구에 접속한다. 4) 일반적으로 배수용 이음쇠 또는 특수이음쇠 사용의 신정통기방식(단관식)을 이용할 수 있다.
위생기구설비	1) 대변기는 로탱크식 (밀결형을 포함한다)으로 한다.
정화조설비	1) 처리방식은 생물막법의 회전판접촉방식 · 접촉폭기방식 · 살수여상방식 및 활성슬러지법의 장시간폭기방식 · 표준활성슬러지방식의 어느것이라도 좋다.
소화설비	1) 집합주택은 소방법 시행령(일본) 별표 제1의(5)항 가(공동 주택)에 해당한다. 다만, 출입구, 복도, 계단 등을 공용하지 않는 테라스하우스 등의 가옥은 해당하지 않는다. 2) 집합주택이라도 구조에 따라서는 연소의 위험성 등이 현저하게 낮은 경우가 있으므로, 특정한 조건을 충족하는 경우는 소화설비의 설치가 면제된다. 따라서 특례기준의 적용을 받고 싶을 때는, 건축 본체의 기본계획 단계에서 건축구조 기타에 대해서 충분히 검토한다. 3) 2방향 피난과 개방형의 집합주택을 제외한 11층 이상의 층은 원칙적으로 스프링클러설비를 필요로 한다.

표 10.10 사무소의 계획 · 설계상의 요점[6]

설비 종별	계획 · 설계상의 요점
공 통	1) 배관이나 화장실 · 세면장 등의 기구 주변은 품질 향상, 공사기간 단축, 건축의 건식공법에 대응, 유지 관리성 향상 등의 면으로부터 적극적으로 유닛화 또는 프리패브화를 꾀한다.
급수설비	1) 급수방식은 가능한 한 수도직결 증압방식의 채용을 검토한다. 2) 일정 규모이상의 건물에서는, 고가수조의 설치공간을 옥탑 엘리베이터 기계실의 옥상에 쉽게 취할 수 있기 때문에 고가수조방식이 많이 이용된다. 3) 대규모 건물에서는, 수수조를 비롯해 급수계통을 음료수계통과 잡용수(세척용 · 소화용 · 냉각탑 보급수용 등) 계통으로 나눈다. 4) 대규모 건물에서는 잡용수로서 배수재이용수나 우수를 쓰는 것을 검토한다.
급탕설비	1) 급탕방식은 대규모 또는 한냉지의 건물은 중앙식으로 한다. 탕비실 및 주방을 대상으로 국소식으로 하는 경우가 많다. 세면기, 탕비실로의 급탕은 전기급탕기가 많다.
배수 통기설비	1) 1층의 배수관은 2층 이상의 배수관과 합류시키지 않고 단독으로 옥외에 내는 것이 좋다.

표 10.10 계 속

설비 종별	계획 · 설계상의 요점
정화조설비	1) 유입수량 및 유입수질은 주방의 유무 및 그 사용실태에 따라 변동하지만, 유입수질은 일반적으로 저농도이다. 2) 처리방식은 주방이 없거나 또는 소규모일 경우는 생물막법이 바람직하다. 유입수질이 집합주택에 가까울 경우는, 회전판접촉방식 · 접촉폭기방식 · 살수여상방식 · 장시간폭기방식의 어느것이라도 좋다.
소화설비	1) 사무소는 소방법 시행령(일본) 별표 제1의 (15)항에 해당하고, 종업원식당 등이 있어도 변하지 않는다. 그러나 사업에 속하지 않고 독립한 음식점 · 점포 등이 혼재하고 있을 경우에, 특정규모 이상이 되면 (16)항(복합용도 방화대상물)에 해당한다. 더욱 일정규모 이상이 되면 스프링클러설비가 필요하게 된다. 2) 스프링클러를 설치하는 천정면이 모듈화되어 있을 경우는, 헤드의 설치위치 · 마무리에 있어서 충분히 검토한다.

표 10.11 백화점 · 점포의 계획 · 설계상의 요점

설비 종별	계획 · 설계상의 요점
공 통	1) 판매장은 계절이나 경영방침 등에 따라 항상 배치바꿈이 있으므로, 자유롭게 바로 적응할 수 있는 설비로 한다. 2) 고객용 시설과 점원용 시설의 2계통으로 나눈다. 점원용에 대해서는 여자의 비율이 높은 것에 주의한다.
급수설비	1) 고가수조방식을 채용하지만, 상수계통과 잡용수계통의 2계통으로 한다. 2) 잡용수가 다량으로 사용되는 곳은, 식품판매장이나 주방의 냉장고냉각수, 소변기의 세척수 등으로, 절수장치를 설치하거나, 우수 또는 배수재이용수의 사용을 고려한다.
급탕설비	1) 세면장 및 주방 등 백야드를 대상으로 국소식으로 한 경우가 많다.
배수 통기설비	1) 백화점의 경우 특히 화장실로부터의 오수에는 여러가지 이물이 포함되므로, 배수조에 스크린을 설치하고, 포착제거한 후 배출한다. 2) 스프링클러의 방출수에 의한 수해를 줄이기 위해서, 각층에 전용의 배수관을 설치한다.
위생기구설비	1) 대변기는 트랩의 막힘이 적은 형이나 유지관리가 용이한 것으로 하고, 절수형을 사용한다.
	2) 세면기는 자동수전으로 한다.
정화조설비	1) 식품가공 · 조리 · 판매의 규모 · 형태에 의해 오수량이나 수질이 다르다. 중화요리계가 많으면 유지배출량이 많으므로, 배수계통을 구분해서 유지분리장치의 설치가 필요하게 된다. 2) 원수의 유지분농도가 높은 경우의 처리방식으로는, 여재에 유지가 부착될 우려가 있는 생물막방식을 피하고, 활성슬러지방식을 채용한다.
소화설비	1) 단층집 건물 이외의 일정규모 이상에서는 스프링클러 소화설비가 필요하다.

표 10.12 호텔 · 여관의 계획 · 설계상의 요점[7]

설비 종별	계획 · 설계상의 요점
공 통	1) 저층부에 공용공간을 중 · 상층부에 객실을 배치하는 계획이 많으므로, 객실 최하층의 바닥밑(공용공간의 천장내)에는 객실계통의 배수관을 수평으로 하기 위해서 큰 스페이스를 필요로 한다. 2) 객실층의 파이프 샤프트는 두개의 인접한 욕실사이나 욕실에 인접해서 설치한다. 파이프 샤프트에 속하는 점검구는 복도측에 설치하고, 객실에 지장이 없게 유지관리할 수 있게 한다. 파이프 샤프트의 폭은 최소 750 mm 정도를 확보한다. 3) 욕실에서 발생하는 소음을 저감시키기 위해서, 위생기구의 선정, 워터해머방지기의 설치, 통기계통의 완비, 방음피복, 파이프 샤프트의 차음 등에 충분히 유의한다.
급수설비	1) 급수압력은 객실계통에서는 350 kPa 이하, 공용계통은 500 kPa 이하, 세탁계통은 200 kPa 이하로 한다. 2) 급수방식은 고가수조방식으로 하는 것이 많다. 3) 배관계통은 객실계통, 공용계통, 주방계통, 세탁계통 등으로 나누는 것이 바람직하다. 특히 세탁계통은 동시에 다량의 물 · 온수를 사용하므로, 다른 계통에 영향을 주지 않도록 단독계통으로 한다. 4) 객실계통에서 대변기에 세척밸브를 채용하는 경우, 세척밸브의 사용시에 옆방에서 샤워를 사용하고 있으면, 샤워의 급수압력이 일시적으로 저하하고, 물 · 온수의 혼합비가 바뀌어 열탕이 나올 우려가 있으므로 배관방법에 배려한다.
급탕설비	1) 급탕전으로의 온수공급압력은 급수압력과 차이가 없도록 한다. 2) 급탕방식은 중앙식으로 한다. 3) 배관계통은 급수계통과 같이 계통을 나눈다. 4) 저탕조로의 급수관은 고가수조로부터 단독계통으로 한다. 5) 저탕조는 압력용기로서의 정기검사나 보수를 행할 때, 급탕이 정지하는 일이 없도록 2개 이상 설치하는 것이 바람직하다.
배수 통기설비	1) 객실 최하층의 배수관은 상층의 배수관에 합류시키지 않고, 단독계통으로서 배수수직관으로 이끄는 것이 바람직하다 2) 객실층의 주된 통기방식은 신정통기방식(단관식)으로 하는 것이 많다. 3) 여관업의 주방 · 세탁장 · 욕실은 특정시설이 되고, 공공하수도처리 구역내에서도 배수량이 50 m^3/일을 넘는 규모에서는, 하수도조례에 의해 배수처리(제해시설)를 필요로 할 경우가 있다.
정화조설비	1) 비지니스 호텔은 주방의 배수량이 비교적 적다. 처리방식은 회전판 접촉식 · 접촉폭기방식 · 살수여상식 · 장시간폭기방식의 어느것이라도 좋지만, 유입수질이 상당히 고농도이면 생물막법이 바람직하다. 2) 다목적 여관 · 호텔은 전체 배수량에 대해 주방배수량의 비율이 높다. 처리방식은 유입수질이 상당히 높은 농도가 되므로, 살수여상방식 이외의 방식이 바람직하다. 3) 특정시설(주방 · 세탁장 · 욕실)을 설치한 경우, 지역에 따라 정화조로부터의 배수가 수질오탁방지법의 적용을 받고, 조례로 수질이 규제되는 경우가 있다.
소화설비	1) 호텔 · 여관은 소방법 시행령(일본) 별표제1의 (5)항에 해당한다. 한편, 회사나 단체가 경영하는 기숙사 · 휴양소의 기타 유스호스텔 · 산장 · 모텔 등도 본 항에 해당한다. 2) 단층집 건물이외나 무창문층 등으로 특정규모 이상 및 11층이상은 스프링클러설비가 필요하다.

표 10.13 극장의 계획 · 설계상의 요점

설비 종별	계획 · 설계상의 요점
공 통	1) 세척밸브의 물내림소리나 급배수관 등의 소리가 객석에 미치지 않도록, 화장실이나 파이프 샤프트의 위치를 검토한다.
급수설비	1) 화장실은 기구의 동시사용률이 높기 때문에 배관지름의 결정에 주의한다.
급탕설비	1) 분장실내의 각실에 세면기를 설치하고, 필요에 따라 화장실, 욕실이 부속하게 한다. 2) 급탕개소가 많을 경우는 중앙식으로 하고, 적을 경우는 가스나 전기에 의한 국소식으로 한다.
위생기구설비	1) 화장실의 위생기구는 휴식시간에 집중해서 사용되므로, 그 개수는 적절한 최대대기시간 등으로부터 구한다.
정화조설비	1) 사용 피크가 겹치기 때문에, 유량조정조 등에 의한 유량조정이 필요하게 되고, 또한 사용빈도에 따라서는 저부하운전에도 견디는 방식으로 할 필요가 있다.
소화설비	1) 규모에 따라 관객석 · 공용부분 · 분장실 · 사무실관계에 대해서는, 옥내소화전과 폐쇄형 스프링클러설비를 설치한다. 2) 일정규모 이상의 무대부에는 개방형 스프링클러, 객석과의 경계에는 드렌처가 필요한 경우가 있다.

표 10.14 병원의 계획 · 설계상의 요점[8)]

설비 종별	계획 · 설계상의 요점
공통	1) 병원에는 물 · 온수 · 가스를 필요로 하는 실이 다수 산재한다. 장래의 수리 등을 고려하여 각종 배관은, 증설 · 변경이 신속 · 용이하게 이루어질 수 있도록, 또한 유지관리도 용이하도록 작업 · 점검 스페이스를 충분히 배려한다 2) 고장 등에 대하여 영향 범위를 지극히 한정할 수 있도록 세세하게 계통을 나누고, 밸브를 적절하게 설치한다. 3) 의료용 기기에는 급수량 · 급탕량 · 수압 등의 제약이 있는 것도 있으므로, 그것들의 수치를 정확하게 파악할 수 있도록 한다.
급수설비	1) 잡용수에 배수재이용수를 사용할 경우에는 오수를 원수로 하는 것은 피하고, 바이러스를 제거할 수 있는 역삼투막에 의해 처리된 배수재이용수를 사용한다.
급탕설비	1) 급탕방식은 중앙식으로 하지만, 레지오넬라증(재향군인병)의 발병증상을 예방하기 위해서, 급탕온도는 피크 때에도 55℃ 이하가 되지 않도록 한다. 2) 열원은 에너지절약성을 염두에 두고, 기름의 경우는 NOx, SOx 배출량이 적은 기종을 선정한다. 3) 저탕조는 일반계통과 주방 · 세탁계통으로 나누어서 설치하는 것이 바람직하다.

표 10.14 계 속

설비 종별	계획 · 설계상의 요점
배수 통기설비	1) 옥내배수관은 생활배수, 주방배수, 세탁배수, 검사실 배수, 방사성배수, 전염병동배수 등의 각계통으로 나누고, 각각의 배수처리장치까지 유도한다. 2) 기공실 · 정형실로부터의 배수에는 석고가 다량 포함되어 있으므로 플러스터포집기를 설치한다. 3) 검사실 배수계통의 배관재료는, 산 · 알칼리나 유기용제에 견디는 재질을 선정한다. 4) 병실내 세면기의 통기는 각개통기방식으로 하는 것이 바람직하다. 5) 300상 이상의 병원에 설치되는 주방시설 · 세척시설 · 목욕시설은 특정시설이 되고, 공공하수도 처리구역내에서도 배수량이 50 m^3/일을 초과하는 규모에서는, 하수도조례에 의해 배수처리(제해시설)를 필요로 하는 경우가 있다. 제해시설의 처리방식에 대해서는 호텔 · 여관의 표 10.12 참조.

표 10.15 스포츠시설(수영장시설)의 계획 · 설계상의 요점

설비 종별	계획 · 설계상의 요점
급수설비	1) 수영장으로의 급수관은 물이 역류하지 않도록 토수공간을 만든다.
급탕설비	1) 수영장 용수의 승온 및 샤워의 집중이용에 대응하는 열원 및 저탕조를 설치한다.
배수 통기설비	1) 수용장 물을 교체할 때 급격한 배수는 부근에 영향을 주기 때문에, 방류처의 능력을 충분히 검토한다.
정화조설비	1) 시설을 사용하는 날과 사용하지 않는 날에 따라 배수량이 크게 다르고, 사용중지기간도 일수적으로 길어지므로, 방식의 선정은 유량변동의 조정방법에 지배된다. 유량조정을 완전히 할 수 있다면 어느 방식이라도 좋다. 2) 장시간 폭기방식에서, 유량조정은 시설을 사용하는 날만 행한다. 사용하지 않는 날에 거의 유입하지 않을 경우는, 폭기조를 나누어 일부의 폭기조에서 활성슬러지의 유지를 하는 등, 생물처리의 특성과 관리방법을 조합한 방식이 필요하게 된다.
소화설비	1) 이용형태에 따라서는 소방법 시행령(일본) 별표 제1의 (2)항에 해당하고, 일정규모 이상이 되면 스프링클러설비가 필요하다.

표 10.16 공장 · 연구소의 계획 · 설계상의 요점

설비 종별	계획 · 설계상의 요점
공 통	1) 급배수량은 가동중일 때는 프로세스용이나 시험용이 차지하고, 휴식시간 특히 종료 직후로부터는 생활용이 차지하게 된다. 2) 공장 · 연구소에서는 작업내용의 특수성을 알고, 요구 · 조건을 충족시키는 설비가 필요하다. 3) 일반건물과 비교해서 배관종류가 많기 때문에, 파이프 샤프트나 배관 스페이스를 충분히 취한다. 4) 실험대에의 배관은 배관을 마감한 유틸리티 박스를 실험대로 조합시켜서 설치한다.
급수설비	1) 공급방식은 고가수조방식 또는 압력수조방식이 일반적이다. 2) 배관은 바닥면에 트렌치를 설치해서 내부에 포설하는 것 이외에 천장에 노출배관한다. 노출배관은 충분한 두께의 방로피복이 필요하다.
급탕설비	1) 프로세스용의 급탕은 세척용으로서 쓸 수 있는 것이 많지만, 대부분은 증기를 사용한다. 2) 중공업 공장 등에서는 세면장 · 욕실의 사용량이 많고, 작업을 마친 후 30분정도까지의 사이에 집중적으로 사용된다.
배수 통기설비	1) 공장내의 배수는 자연유하에 의해 옥외로 유도되며, 생산라인의 변경이나 증설에 대하여 충분한 연동성이 있는 것으로 한다. 2) 냉각수 등 오염되지 않는 배수는, 환원우물 등에 의해 지하로 환원하여 재이용하는 것을 고려한다. 3) 실험실로부터의 배수에는 화학약품을 포함한 것이 있으므로, 배관 · 트랩 등은 내약품성을 사용하고, 옥외에 희석조 · 처리장치 등의 설치를 필요로 하는 경우가 있다. 4) RI배수는 일반배수와 분리하여 저류조에 도입하고, 방사능을 저감한 뒤에 방류한다.
정화조설비	1) 유입수량 및 유입수질은 주방의 유무 및 그 사용실태에 의해 변동하지만, 유입수질은 일반적으로 저농도이다. 2) 처리방식은 주방이 없거나 또는 소규모의 경우는 생물막법이 바람직하다. 3) 실험실로부터의 배수, 프로세스배수 등의 비생활계 배수는 분뇨정화조계통으로 가지 않고 별도로 처리한다.
소화설비	1) 일정규모 이상이 되면 옥내 및 옥외소화전 · 스프링클러설비 등이 필요하다.
그 외	1) 실험실 · 연구실에는 물(상수 · 증류수 · 순수 등), 열원(가스 · 증기 · 급탕 기타), 실험용 가스(산소 · 질소 · 수소 기타), 공기(압축공기), 진공, 배수(일반배수 · RI배수 · 약품함유 배수)등의 배관이 필요하다.

표 10.17 학교의 계획 · 설계상의 요점[9]

설비 종별	계획 · 설계상의 요점
급수설비	1) 학교는 장기간의 휴일이 있으므로, 수수조나 급수관내에서 사수가 생길 우려가 있다. 따라서 수수조에서 수위제어의 가변화나 급수관의 계통나눔 이외, 요소에 물빼기장치를 설치하는 등의 대책을 강구한다. 2) 소변기의 세척방식은 장기휴일에 따른 세척정지방법을 검토한다.
급탕설비	1) 급탕방식은 급탕개소가 산재하고 있으므로 일반적으로 국소식으로 한다. 2) 급식시설의 주방이나 체육시설의 샤워 등에 대하여는, 이들 부근에 집중이용에 대응해서 중앙식 급탕으로 하고, 탕비실 · 실험실 등은 국소식으로 한다.
배수 통기설비	1) 실험실 · 연구실로부터 특수배수가 배출될 경우는 전용배관으로 처리장치까지 유도한다. 2) 수영시설이 있을 경우 그것을 받는 배수관의 관경은 충분한 굵기로 하고, 수영장 배수시 다른 배수에 영향을 주지 않도록 한다.
위생기구설비	1) 위생기구는 휴식시간에 집중해서 사용되므로, 그 개수는 적절한 최대대기시간 등으로부터 구한다. 2) 유치원이나 특수학교의 경우는, 기구의 부착높이도 연령에 따른 것으로 한다.
정화조설비	1) 초 · 중 · 고등학교는, 유입수량이 적고 유입수질도 저농도이며 또한 장기간의 휴일이 있다. 그러기 때문에 장시간폭기방식에서는 활성슬러지의 성상을 통상의 상태로 유지할 수 없는 경향에 있다. 따라서 처리방식은 생물막법에 의한 방식이 바람직하다. 2) 전문대학 · 대학 등도 1)과 같다. 다만, 이과계 · 문과계 등 전문별 구성이나 연간 교과과정의 구성에 의해, 유입수량, 유입수질 및 그 변동 패턴이 다르므로, 유입조건을 충분히 검토할 필요가 있다. 실험실로부터의 배수는 별도로 처리한다.
소화설비	1) 학교는 소방법 시행령(일본) 별표 제1의 (7)항에 해당한다. 또한 체육관 · 강당 등에서 무대 및 객석을 가지며, 일반의 공연 · 집회에도 이용되는 것은, 실태에 따라 (1)항에 해당하는 것도 있다. 도서관 등에 대해서도 마찬가지로 (8)항에 해당하는 것도 있다. 2) 11층 이상은 스프링클러설비를 필요로 한다.

표 10.18 한랭지건물의 계획 · 설계상의 요점

설비 종별	계획 · 설계상의 요점
공 통	1) 수온을 0℃ 이하가 되지 않도록 가열 또는 보온한다. 2) 물이 정체하지 않도록 유동시키거나, 사용하지 않을 때는 물을 뺀다. 3) 지중매설관은 동결심도보다 깊게 한다.
급수설비	1) 옥외는 원칙적으로 매설로 하고, 깊이는 동결심도 이상으로 한다. 2) 옥내배관은 보온을 해도 상시 0℃ 이상을 유지할 수 있는 장소를 고르고, 외벽에 매립하는 것은 피한다. 3) 한랭지용 물빼기꼭지나 물빼기밸브를 설치하여 사용할 때 이외는 물을 빼거나 동결방지히터에 의해 동결을 방지한다.
배수 통기설비	1) 옥외는 동결심도 이상으로 매설하지만, 어쩔수 없이 동결심도보다 위로 배관할 경우는, 주위의 흙을 자갈 · 모래 등 얼기 어려운 것으로 교체한다. 2) 배수관을 외벽이나 바닥 밑에 매립하는 것은 동결의 위험이 크므로 피한다. 3) 통기관의 대기개구부는 동결하지 않도록 구경을 크게 한다.
위생기구설비	1) 위생기구의 트랩은 일반의 동결심도보다도 깊은 위치에 단다. 2) 세척밸브 등도 항상 물을 흘려서 동결방지하는 방법이 있지만, 절수에는 역행한다. 겨울철 장기간 사용하지 않을 경우에는 트랩에 부동액을 넣는다.
정화조설비	1) 폭기조의 활성슬러지는 탱크내 오수온도가 100℃ 이하가 되면 정화능력이 저하한다. 방지책으로서는 탱크의 슬래브면에 단열재료를 붙이거나, 복토를 하는 등의 대책이 있다. 이외에 BOD부하량을 작게 하고, 소정의 기능을 얻을 수 있도록 탱크용량을 크게하는 것도 필요하다.
소화설비	1) 옥내소화전은 일반적으로 습식배관으로 하지만, 일부만 난방을 하는 건물이나 일정기간 난방을 하지 않는 학교에서는 건식배관을 채용한다. 2) 연결송수관은 건식배관으로 하고 최하부에 배수장치를 설치한다. 3) 스프링클러설비는 일반적으로 습식배관이지만, 건식 또는 준비작동식 유수검지장치를 이용할 경우도 있다.
가스설비	1) LP가스의 경우 한냉지에서는 용기로부터 가스의 기화율이 나빠지므로 기화장치를 설치하는 것도 있다.
그 외	1) 도로면이나 지붕면에 눈녹임장치(지하수 · 전열 등을 이용)를 필요로 하는 것도 있다.

10.4 설비관련 제반실의 위치 · 소요공간 · 그 외

기본계획단계에서 각 설비의 방식을 결정한 후, 거기에 알맞은 급배수위생설비관련 제반실 등의 적절한 위치 및 소요공간을 확보해야 한다. 이것들을 소홀히 할 경우는, 나중에 문제 또는 결함이 있는 급배수위생설비가 되어버릴 가능성이 있으므로 충분히 주의한다.

10.4.1 공통사항

[1] 위치

설비기계실 등의 설치층 및 위치는 설비방식을 선정하면서 대략 정해진다. 초고층 건물에서는 필요에 따라 중간층의 코어 내에 급수용 중간수조 · 급탕용 저탕조 · 각 소화설비용 가압송수펌프 등의 스페이스를 설치한다.

화장실 · 세면장 · 탕비실 · 욕실 · 쓰레기 집하장(쓰레기 분리 수집실) · 주방 · 세탁실 및 설비기계실 · 수수조실 · 고가수조실 · 온수보일러실 · 배수펌프실 · 배수재이용처리장치실 · 우수처리장치실 · 소화설비기계실 · 쓰레기처리기계실 등의 스페이스를 적절한 규모로 확보한다. 특히 지구환경부하대책 자원절약의 관점으로부터 상수의 절수, 배수 · 우수의 유출억제, 쓰레기 감량화 등의 대책이 필요해지고 있다.

최근 배수재이용설비, 우수이용설비, 자원절약과 재활용촉진에 관한 법률(일본 : 리사이클법)에 근거한 쓰레기처리시설 등에 대해서 행정지도가 강화되고 있으므로 관계 관공서와 충분한 협의를 한다. 설비공간은 부하에 가까운 곳에 설치하는 것을 원칙으로 하고, 다음에 나타내는 기본조건과 [2]항 이후에 나타내는 각 실 고유의 조건을 만족하도록 적절한 장소를 선정한다.

(1) 파이프 샤프트에 인접하거나 가까운 곳
(2) 기기 기타 옥외로부터의 반입 또는 반출에 지장이 없는 곳
(3) 운전 및 보수 · 점검이 안전하고 용이하게 할 수 있는 곳
(4) 쓰레기 · 오물 · 배수 · 부식성 가스 등의 영향을 받지 않는 곳
(5) 급배수위생설비의 기계실은 전기실 · 컴퓨터실 등 전기관계 제반실의 바로 위쪽이 되지 않도록 또한 주방 · 욕실 등 다량으로 물을 취급하는 실의 바로 아래가 되지 않는 곳

[2] 소요공간

소요공간의 결정에는 다음의 방법이 있다.

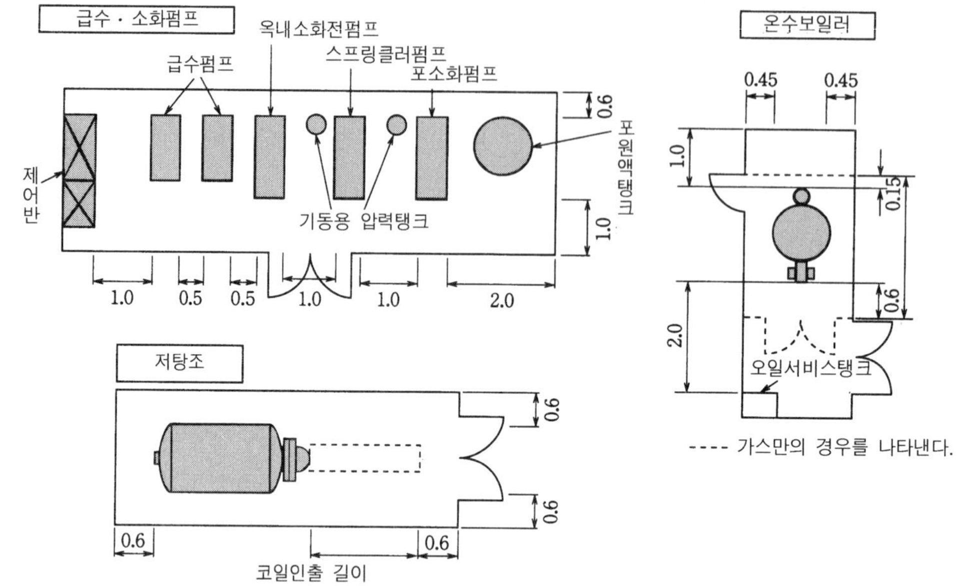

그림 10.3 설비기기의 배치사례

(1) 동류 건물의 실적 데이터를 참고로 하여 구한다.

(2) 상당기기용량의 개략산정을 하고서 개략의 기기배치를 한 후 구한다.

앞의 기술에서, (1)은 기본구상의 단계에 주로 이용된다. (2)는 기본설계 단계에서 이용되며, (1)보다 상당히 정밀도가 높다. (2)의 방법에 의해 기기배치를 하고, 소요 스페이스를 검토하는 경우는 다음의 점에 유의한다.

㉮ 면적, 계획인구 등에 의해 각 설비의 개략부하를 산출하고, 그것을 기초로 하여 기기를 결정한다.

㉯ 기기를 배치할 때는 각 기기의 운전 · 보수 · 점검이나 수리작업상 필요한 기기주위공간 및 반입 · 반출 · 통행상 필요한 공간을 적정한 치수로 예상한다. 평면검토 뿐만이 아니라 기기의 높이를 고려한 배치도 검토한다. 이 때 법규로 정해져 있는 치수에는 특별히 주의한다. 기기의 주위공간은 기기의 정면에서 1.0 m 이상, 측면 · 이면에서 0.6 m 이상, 윗면에서 1.0 m 이상 잡는 것이 바람직하다. 일반적으로 기기의 설치합계면적의 실면적에 대한 비율은 30～40%이다. 저탕조와 같이 코일을 내장하고 있는 기기는 정기점검을 위해서 인출공간을 확보한다. 수수조, 보일러 등은 주변의 이격거리가 법규로 정해져 있다. 그림 10.3에 설비기기의 배치 예를 나타내었다.

㉰ 기기배치는 전체적으로 보아 점검통로 · 루트를 고려하고, 또한 각종 기기간의 연결 배관도 기능적이고 낭비가 생기지 않도록 한다.

㉣ 보수 · 점검이 편리하고 이상적이고도 안전하게 할 수 있도록 한다. 설비기계실 등의 천정높이는 최소 2.5 m 이상으로 한다.

10.4.2 화장실 · 세면장

화장실 · 세면장의 위치, 내부의 레이아웃, 기구의 종별은 자칫하면 건축설계자가 코어형태나 렌터블비(rentable ratio) 등에서 일방적으로 결정하는 습관이 있다. 그러나 설비측에서도 기구의 소요개수 · 성능 · 유지관리 · 샤프트 · 배관과의 관련성 면으로부터 검토를 하는 것이 필요하다.

[1] 배관과 벽면의 관계

화장실 · 세면장의 벽면에 기구를 설치하는 경우, 그 기구주위의 배관에는 다음의 방법이 있다.

(1) 벽에 직접 매립배관으로 한다.

(2) 벽의 전면에 한층 더 배관용의 블록을 쌓든가, 또는 콘크리트 부축벽을 설치해 그 속에 매립배관으로 한다.

(3) 벽의 뒤편에 폭 100~300 mm의 배관용 스페이스(이중벽)를 설치하고 그 속에 노출배관한다.

이상에서 (1)의 방법은 벽의 강도에 악영향을 주며 또한 벽의 두께에 따라서는 올바른 시공을 할 수 없기 때문에 바람직하지 않다. 이점에 대해서 (2)의 방법은 문제 없지만, (1), (2)로도 배관을 수리 또는 교체할 때 많은 비용을 필요로 하며, 벽면이 더렵혀져 손상되므로 권장되지 않는다.

(3)의 방법은 스페이스를 필요하지만, 배관의 시공 · 수리 또는 교체의 점으로써 최선의 방법이다. 또한 벽면을 포함하여 유닛화하는 것도 동등의 방법이라고 할 수 있다. 최근에는 탈취변기를 이용할 경우, 탈취관의 스페이스도 준비할 필요가 있다. (1) 방법에서는 배관을 바닥밑에서 내리게 되지만, 그 내리는 위치에 보가 있으면 보를 우회해서 내리게 되며, 배수의 경우는 특히 기능상 바람직하지 않다.

[2] 천정내부 · 바닥밑 피트

화장실 · 세면장 · 탕비실 등의 바닥밑에 배관을 필요로 하는 경우는 적정한 치수의 파이프 스페이스를 잡지 않으면 안 된다. 천정은 내구성이 있는 재료를 이용해 적절한 위치에 450×450 mm 정도의 점검구를 설치한다. 또한 층고가 높고 이중 피트를 설치하는 것이 가능한 경우나 최하층 피트의 경우는, 사람이 용이하게 안에 들어가 수리나 보수 · 점검을 할 수가 있는, 그림 10.4에 나타낸 높이를 가지는 피트를 설치하고, 바닥면에 맨홀이나 점검구를 설치한다.

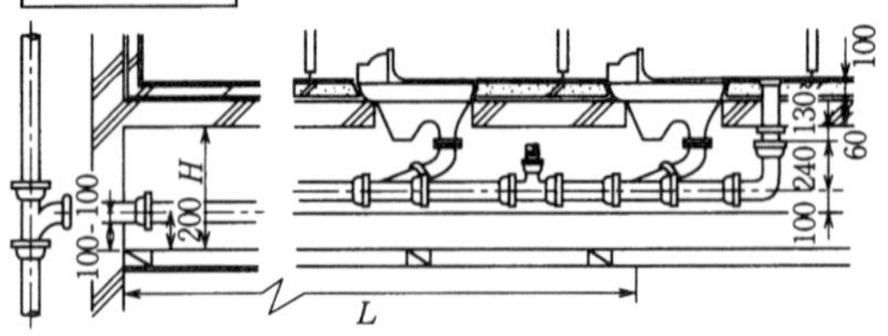

종 별	H〔mm〕	
동양식대변기	600 이상	관경 100 mm, 구배 1/100, L : 10 m
서양식대변기	450 이상	상 동

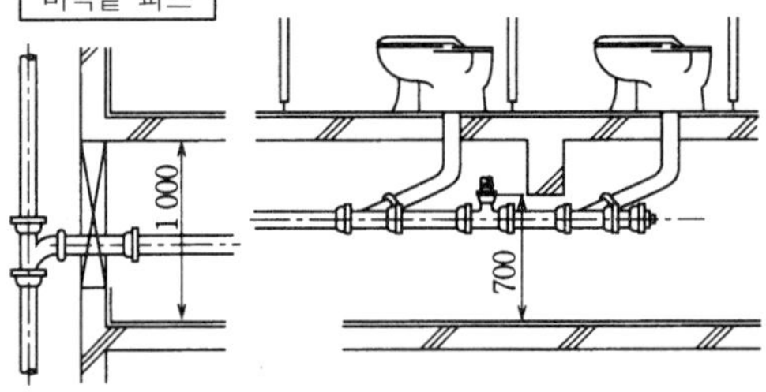

그림 10.4 화장실의 천정내부 · 바닥밑 피트의 상세

10.4.3 탕비실 · 휴게실

탕비실의 계획에서 온수기는 전기식을 채용하는 것이 많지만 반밀폐식 가스온수기를 설치할 때는, 급기구 및 배기통을 설치하여야 한다. 가스온수기 정부와 가연성 천정 · 선반과의 사이는, 배기통이나 덮개를 설치하는 경우를 제외하고 600 mm 이상, 온수기와 가연성벽 · 선반과의 사이는 150 mm 이상의 공간을 잡을 필요가 있으며, 후자의 경우에 충분한 공간을 확보할 수 없는 경우는 불연재를 덮는 등의 조치를 강구한다. 가스온수기의 정부 및 벽은 가능한 한 불연재로 마무리하도록 한다. 또한, 후생시설의 일환으로서 급차기, 자동판매기 등을 설치한 휴게실을 시설하는 경우가 증가하고 있다.

10.4.4 급배수위생설비 기계실

설비기계실의 위치 · 스페이스 · 구조는, 각 설비의 설치목적 · 조건 · 기능 · 경제성을 충분히 가미하여 검토하지 않으면 안 된다. 건축의 기본계획단계에서 안전상 격리해야 할 기기를 제외하고 가능한 한 집중화를 꾀하는 것이 중요하다. 이에 따라 공사비의 저감효과가 있으며, 운전관리도 하기 쉽게 된다. 설비기계실(수수조실)의 층고는 잡용수조 · 소화용 수원을 바닥밑에 설치하는 경우는, 그것들이 설비기계실의 바닥 밑에 오도록 배치하고, 그 피트는 해당 펌프에 가깝고, 보수 · 점검이 용이한 위치에 설치한다. 또한 오수조 · 잡배수조에 인접하지 않도록 주위에는 공간을 설치하는 등의 배려를 한다. 저탕조의 소요 스페이스는, 저탕조의 형식(수평형 · 수직형)에 따라 다르다. 또한 간접가열식 저탕조의 경우는 전면에 코일의 인출용 스페이스를 잡을 필요가 있다. 설비기계실의 배치 등은 다음과 같이 한다.

(1) 공조기계실과 같은 실에 설치한다. 이것이 여러 가지의 조건으로부터 곤란한 경우는, 공조기계실의 근처에 독립한 실로 설치한다.
(2) 펌프의 진동 · 소음이 거실 등에 미치는 우려가 적은 곳으로 한다.
(3) 수도본관으로부터의 인입개소와 고가수조를 최단거리로 연결하는 경로로부터 큰 폭으로 떨어져 있지 않은 곳으로 한다.
(4) 만일의 누수 사고가 일어났을 때에도 다른 시설에 피해를 주지 않는 곳으로 한다.

10.4.5 고가수조실

내구성 향상을 위해서 고가수조는 옥내에 설치하는 것이 바람직하다. 고가수조는 최상층 세척밸브의 필요압력을 만족할 수 있고, 옥상에 설치되는 냉각탑에 대해서도, 보급수를 자연유하로 지장없이 공급할 수 있는 높이에 설치한다. 또한, 한랭지 · 적설지에서는 옥내에 설치하고, 어쩔 수 없이 외부에 설치하는 경우에는 물을 유동시키거나 히터감기 등의 대책을 강구한다.

10.4.6 급탕용 열원기실

소요공간은 연료의 종별, 수두 또는 전열면적에 의한 법적 규제의 유무에 의해 스페이스가 달라진다. 급탕보일러의 법적 공간치수를 표 10.19에 나타내었다. 진공식 및 무압식 온수기는 보일러에 해당하지 않기 때문에, 구조 · 설치 · 취급 책임자 등의 면에서 법적 규제를 받지 않지만, 전열면적 · 연료 소비량이 규정치를 넘으면 소방법 · 건축법(일본 : 건축기준법) · 대기환경보전법(일본 : 대기오염방지법)의 적용을 받는다.

표 10.19 급탕보일러의 법적 공간치수 [mm]

종 별	전 방	측면 및 이면	천 정	비 고
보일러*1	450 이상	450 이상*2	1,200 이상	보일러 및 압력용기 안전규칙
소형보일러 및 간이보일러	150 이상	150 이상	600 이상	화재 예방조례

*1 전용의 구획된 장소에 설치하고(전열면적 3 m^2 이하는 제외), 2 이상의 출입구를 설치한다.
*2 몸통의 내경 500 mm 이하로, 길이 1,000 mm 이하의 보일러는 300 mm 이상으로 한다.

10.4.7 배수 펌프실, 오수 · 잡배수 · 용수조

배수펌프는 형식을 불문하고 원칙적으로 배수조의 바로 위쪽에 전용 펌프정을 설치한다. 수직형 배수펌프를 채용하는 경우는 수리시 펌프를 끌어올리는 관계로, 층고=배수조의 깊이[m]+2 m 정도 취할 수 있는 곳이 바람직하다. 층고를 취할 수 없는 경우는 직상부의 슬래브에 펌프 끌어올리기용 맨홀을 설치한다. 수중펌프(착탈장치가 첨부된 것은 제외한다)를 채용하는 경우도 상기에 준해 고려한다.

오수조는 화장실 부근, 잡배수조는 화장실 · 욕실 · 탕비실 등의 어느쪽이든 가까운 곳에 설치하는 한편 각 조는 인접시킨다. 폭기장치로 블로어를 설치하는 경우에는, 폭기풍량을 배기할 수 있는 배기 장치를 조에 설치하지 않으면 조내가 정압이 되어 악취가 조외로 유출한다.

지하 최하층에 주방이 있는 경우에는 반드시 주방배수조 또는 잡배수조를 설치한다. 조의 위치는 조내에 퇴적된 슬러지의 반출에 편리한 장소로 한다. 배수에 대해서 주간의 방류규제가 있는 지역 등에서는, 부패방지를 위해 폭기장치를 설치하는 것도 있다. 지하 주차장이 지하층의 도중에 있는 경우, 그 배수는 최하층 바닥밑의 배수조로 이끄는 것보다도, 해당층에 오일포집기와 펌프 피트를 편성한 주차장용 배수조를 설치하여 처리하는 것이 좋다.

용수조는 용수를 균등하게 집수할 수 있는 위치로 한다. 그리고 가능한 한 오수조 · 잡배수조와 인접하는 곳에 설치하는 것이 보수 · 관리상 유리하다.

10.4.8 소화용기실

소화용기실에는 불활성가스 소화설비 또는 할로겐화합물 소화설비의 경우 소화약제용기 · 기동용 가스용기 · 선택밸브 · 제어반을, 분말소화설비의 경우는 소화약제용기 · 가압가스용기 · 선택밸브 · 제어반을 설치한다. 소화용기실은 방호 대상실에 가깝고, 해당 방호 대상실을 지나는 일이 없이 출입 또는 도달할 수 있는 장소로, 직접 복도 등에 면하여 독립된 방화구획실로 한다. 또한 용기의 반입 · 반출 및 보수 · 점검에 편리하고, 특히 비상시 조작하기 쉬운 곳, 실온을 40℃ 이하로 유지할 수가 있으며 온도변화가 적고 직사광선을 받지 않는 곳, 또한 심한 진동을 받을 우려가 있는 엔진실 · 보일러실 등의 옆방을 피하여 빗물이 침수하지 않는 곳으로 한다.

저장해야할 용기의 개략 개수는, 프레온1301의 경우를 1로 하면, 할로겐화합물의 경우는 2, 이산화탄소의 경우는 3, 불활성가스의 경우는 9이다.

10.4.9 가스미터실(도시가스용)

가스미터실은 고저온 · 다습 · 진동 · 부식성 가스의 영향을 받지 않는 옥외의 환기가 좋은 곳이 바람직하다. 또한 미터의 검침 · 검사 · 교환 등의 작업이나 미터 콕의 조작이 용이한 곳으로 하며, 전기 개폐기 등에서 600 mm 이상 떨어진 곳으로 한다.

10.4.10 액화석유가스 용기실

통풍이 좋고, 움푹한 곳이 아닌 곳에 단층건물(부속사의 일부에 넣어도 괜찮다)의 독립한 실에 설치한다. 또한 법정의 보안 물건, 화기를 취급하는 장소 등에서 정해진 거리 이상 떨어진 곳, 진동 · 부식성 가스의 영향을 받지 않는 곳, 액화석유가스가 샐 경우 체류하지 않는 곳에 설치한다. 액화석유가스 용기실의 소요 스페이스를 그림 10.5에 나타내었다. 장래의 수요량 증가를 고려하여 30~50%정도의 여유를 두는 것이 바람직하다. 실의 구조 등은 다음과 같다.

(1) 보안 물건이 법정거리 내에 있을 때는 법정의 치수 · 구조의 장벽을 설치한다.
(2) 일사를 받거나 빗물이 침수하지 않는 구조로 한다.
(3) 바닥면은 지반면으로부터 100 mm 이상 높게 하고, 구배를 주어 물이 고이지 않도록 한다.
(4) 실은 불연구조로 하고, 지붕은 내식성 · 단열성이 있는 경량의 불연재(예를 들어 슬레이트 파형판)로 한다.
(5) 누출된 가스가 실내에 체류하지 않게, 바닥면적 1 m^2 당 300 cm^2 이상의 직사각형 환기구를 바닥면에 접한 벽에 설치한다. 환기구 외면의 전방으로 500 mm 이상의 공간을 확보한다.
(6) 문은 갑종 방화문으로 한다.

10.4.11 정 화 조

정화조는 설치장소에 따라 다양한 제약을 받는다. 즉 지상식인가 지하식인가, 가건물을 설치할것인가, 슬래브를 칠 것인가, 지하식의 경우는 건물의 지하층인가, 부지의 형상과 면적의 제약 유무 등에 대해서 미리 확인해 두는 것이 중요하다.

또한 거주 구역으로부터 떨어진 가능한 한 사람의 눈에 띄지 않는 장소를 선정하는 등, 미관상의 배려를 한 후, 건물의 증축예정위치를 피해 유입방향 · 방류위치(장래 공공 하수도로의 접속도 배려), 보수점검 · 슬러지 반출 등의 작업성이나, 작업차의 진입을 고려하여 결정할 필요가 있다.

정화조의 구조에는 유닛형(공장 생산품)과 현장시공형의 2 종류가 있으며, 구조의 선택시에는 설치조건, 설치면적, 공사기간, 공사비 등의 면으로부터 다각적으로 검토한다.

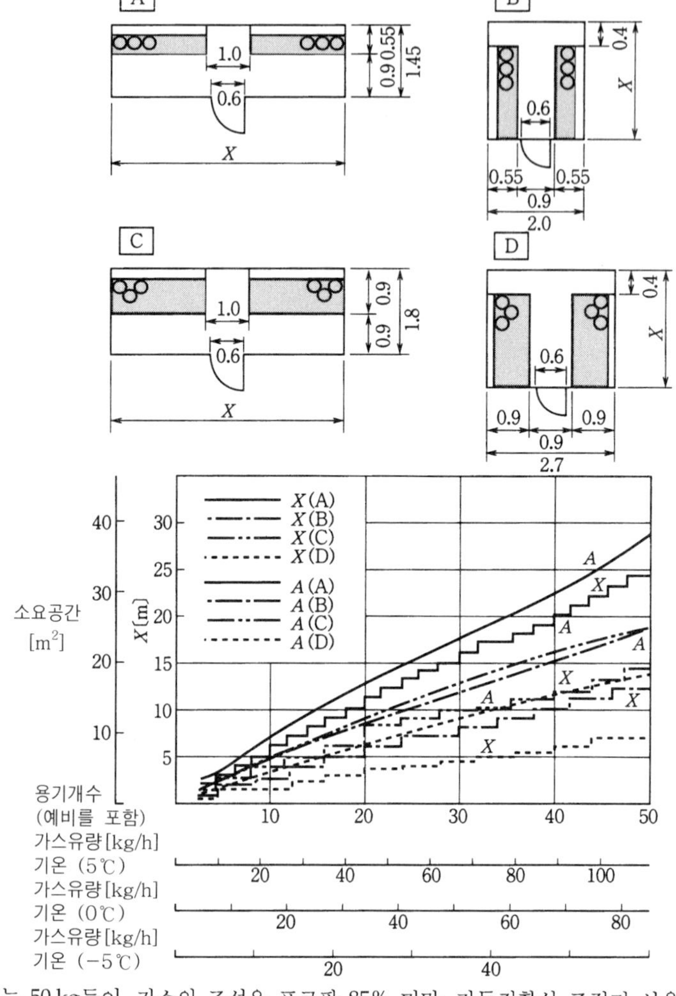

(주) 용기는 50 kg들이, 가스의 조성은 프로판 85% 미만, 자동전환식 조절기 사용, 3시간 연속사용해서 사용측 잔유가스가 50%일 때 용기내의 증기압을 100 kPa로 유지하기 위한 증발량을 기본으로 한다.

그림 10.5 액화석유가스 용기실의 소요공간[2)]

[1] 유닛형 정화조

단독주택용으로부터 처리대상인원이 500명 정도까지의 규모에서는, 유닛형 정화조가 채용되고 있다. 유닛형은 현장시공형에 비해 공사기간이 짧은 이점이 있는 반면, 큰 설치면적을 필요로 한다.

정화조를 차고나 주차장 아래, 적설지역, 벼랑 밑 등의 큰 토압이 걸리는 장소, 큰 건물의 기초에 근접한 장소, 자동차가 빈번하게 통과하는 도로옆 등에 설치하는 경우에는, 하중조건에 따른 보강공사를 한다.

또한 유입관저가 깊고, 뚜껑 부분을 올려서 설치하는 경우는, 점검 · 청소에 지장이 없도록 인상 높이는 30 cm 이내로 한다. 이보다 깊게 매설하는 경우는, 원수 펌프조를 별도 설치하든지 측압에 대한 강도를 확인 후 피트 구조로 한다..

[2] 현장시공형 정화조

유효수심을 크게 취할 수 있어 설치면적을 줄일 수가 있는 것으로부터, 처리대상인원 500명 이상 규모의 정화조에 채용된다.

특히 정화조의 주위나 상부의 이용목적에 맞는 구조체 형상을 선택할 수 있는 이점이 있다. 표 10.20에 현장시공형 정화조의 구조체 형상의 선정 포인트를 나타내었다.

현장시공형 정화조의 경우, 현장에서의 공사, 검사 등에 필요하는 기간이 길어지기 때문에, 착공시기나 가설계획 등을 면밀하게 검토한다.

[3] 정화조의 소요 스페이스

정화조의 소요 공간은 동일한 처리수량이라 하더라도, 건물의 용도(원수 BOD 농도, 건물로부터의 오수 배출시간)나 처리성능, 처리방식, 구조 등에 따라서 다르기 때문에, 계획시에는 이러한 제조건을 확인하는 것이 필요하다.

그림 10.6에 유닛형과 현장시공형 합병처리정화조의 소요 스페이스를 나타내었다.

10.4.12 개별순환방식의 배수재이용설비

개별순환방식의 배수재이용방법으로는, 예를 들어 세면 · 화장실 · 욕조 · 샤워 등에서의 잡배수를 처리하여, 변기세척수 등으로 재이용한 후 공공하수도 등으로 방류하는 방법이 채용되고 있다. 배수재이용 처리장치의 위치로는 원수가 자연유하로 집수 가능한 곳, 처리장치의 형태에 적절한 층고를 취할 수 있고, 바닥밑 피트(이중 슬래브내)가 저장조 등으로 이용할 수 있는 곳, 처리장치의 보수 · 점검에 편리하고, 기기의 반출입을 용이하게 할 수 있는 곳으로 한다. 또한 다른 실에 소음 · 진동에 의한 악영향을 주지 않는 곳, 악취 차단을 용이하게 할 수 있는 곳으로 한다. 배수재이용설비의 소요 스페이스를 그림 10.7에 나타내었다.

표 10.20 현장시공형 합병처리정화조의 구조체 형상의 선정포인트[27)]

항 목	적 요	구조체형상 ①	②	③	④
1) 설치장소	한냉지의 경우	×	△	◎	◎
	다설지의 경우	△	×	◎	◎
2) 설치장소의 지반 등	연약지반·암반의 경우 또는 지하수위가 높은 경우	◎	○	○	△
3) 근린에 대한 환경보전	방음·방취·안전대책·미관 등의 배려를 필요로 하는 경우	×	○	○	◎
4) 토지의 유효이용	상부를 주차장·차로 등으로 이용하고자 하는 경우	×	○	×	○
5) 유지관리성		◎	△	◎	◎
6) 공사비		◎	○	○	△

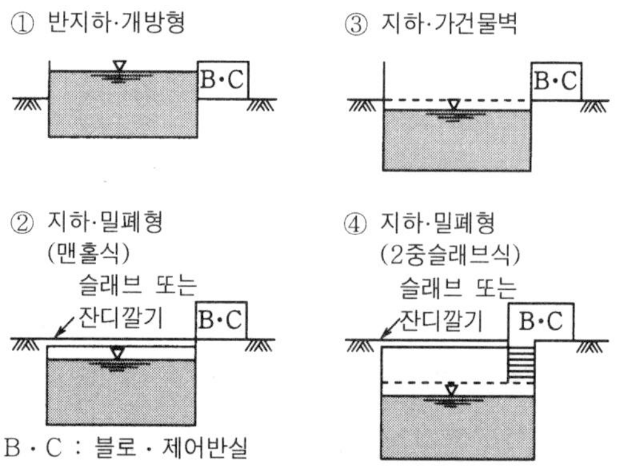

B·C : 블로·제어반실

(주) ◎○△× : 우→열 의 순서를 나타냄.
구조체형상에는 위의 그림 이외에, ①에 맨홀부착 슬래브를 설치한 것, ②의 슬래브를 개방식으로 하는 것, ②④에서 B·C 또는 B를 지하로 하는 것 등이 있다.

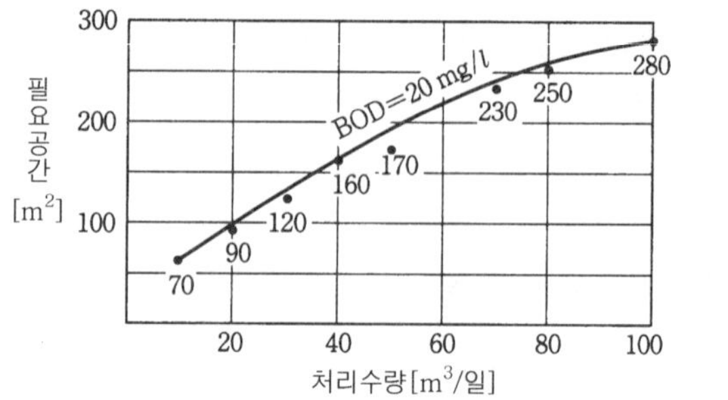

(주) BOD 30 mg/L은 그래프상 20 mg/L과의 차이를 표현하는 것은 곤란한 것으로 생각되어 생략
* 처리수 BOD=20 mg/L
본체의 주위 1.5 m의 여유를 포함
깊이는 3.5~4.5 m이다.
건물용도는 집합주택 (200 L/인, 원수 BOD=200 mg/L)

(a) 유닛형(접촉폭기방식)

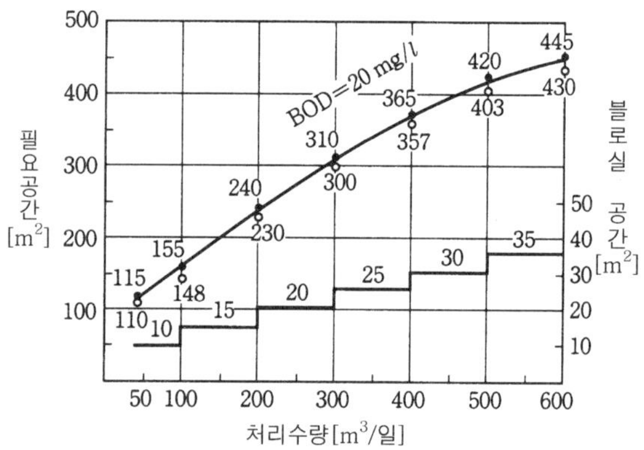

(주) ○인은 30 mg/L의 경우
* 처리수 BOD=20 mg/L
본체의 주위 2 m의 여유를 포함
깊이는 4.0~6.0 m이다.
건물용도는 집합주택(200L/인, 원수 BOD=200mg/L)

(b) 현장 시공형/장시간폭기방식)

그림 10.6 합병처리정화조의 소요공간[27)]

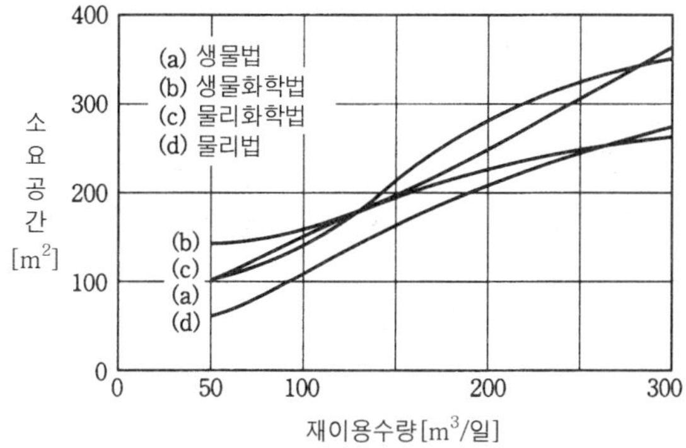

그림 10.7 배수재이용설비의 소요공간

10.4.13 파이프 샤프트

일반적으로 집합주택 · 호텔의 객실 · 병원의 병실 등에서는 2실공용의 파이프 샤프트를 설치하는 예가 많으며, 병원의 진료 · 검사부문이나, 연구소의 실험실에서는 복도측이나 창측에 1 스팬에 1개소, 또는 2 스팬에 1개소의 비율로 파이프 샤프트를 설치하는 예가 많다.

[1] 위치

(1) 일반 건물에서는 화장실 · 탕비실 · 주방 등에 인접하고, 복도 등 공용부로부터 직접 접근할 수 있는 위치에 설치한다.

(2) 스프링클러 등 소화용 배관의 샤프트를 별도로 설치하는 경우는, 복도 등에 면한 알기 쉬운 곳에 설치한다.

(3) 각 층과도 공통의 샤프트로 하고, 도중에서 위치 · 형상 · 치수가 변경되지 않도록 배려한다.

[2] 크기

샤프트의 크기는 배관시공 · 점검 · 수리 · 배관교체 등의 작업을 안전 · 용이하게 할 수 있는 크기로 한다. 그러기 위해서는 배관을 적절히 배열하는 것이 전제가 된다.

(a) 배관의 배열

배관은 벽면에 1열로 배열하고, 그것들은 도중층에서 분기하는 배관과 직통배관으로 그룹을 나누며, 또한 각각의 그룹은 유사한 계통을 인접시켜 배열한다. 이 경우 직통의 수직관은 샤프트의 출입구로부터 안쪽으로 배열하고, 또 도중에서 분기를 필요로 하는 수직관은 각층 위생기구의 배치상황, 지관의 취출방법, 건물의 각종 수평주관과의 배합을 동시에 검토하여 배열을 결정한다. 배관의 배열 및 간격의 예를 그림 10.8에 나타내었다.

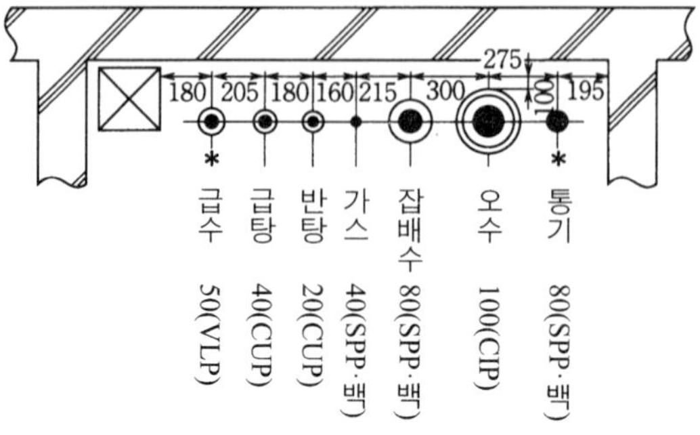

(주) 이 그림은 각 수직관에서의 지관분기를 각 수직관의 앞방향에서 행한 경우를 나타냈다.

그림 10.8 파이프 샤프트내의 수직관 배열 및 상호간격 예

(b) 샤프트의 치수

샤프트의 치수는 각 배관의 관경을 가정한 후, 배관의 간격 · 지관의 분기방법 · 점검구의 위치 등을 고려하여 결정한다. 또한 장래 급수관 · 급탕관 · 배수관 등을 교체하는 경우에 필요한 예비 스페이스를 적절히 예상해 둔다. 샤프트의 개략 치수 및 구조 예를 그림 10.9에, 또한 밸브류 및 공구를 위한 스페이스를 그림 10.10에 나타내었다. 샤프트는 공조 · 환기용 덕트나 배관을 함께 납입하는 것도 많기 때문에, 공조설계자와 면밀한 협의가 필요하다.

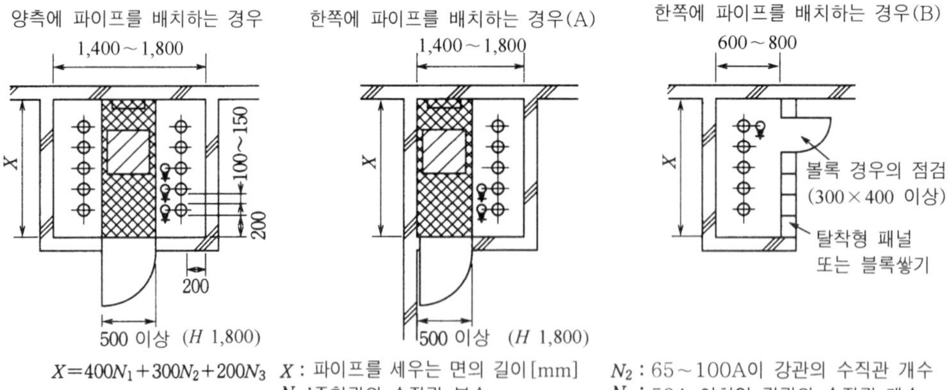

$X = 400N_1 + 300N_2 + 200N_3$ X : 파이프를 세우는 면의 길이 [mm]
N_1 : 주철관의 수직관 본수
N_2 : 65~100A이 강관의 수직관 개수
N_3 : 50A 이하인 강관의 수직관 개수

(주) 1. 환기 · 배연덕트, 공조용 배관, 전기배관 등이 들어가는 경우는 그 만큼의 공간을 고려한다.
2. 장래용 증설배관 또는 배관교체용 공간으로서, 긴쪽방향으로 600~800 mm를 고려한다.

그림 10.9 파이프 사프트의 개략치수 및 구조 예

나사형 슬루스밸브를 나사이음하는 경우의 필요치수(다만, 여유가 없는 경우는 앞에 플랜지를 부착)

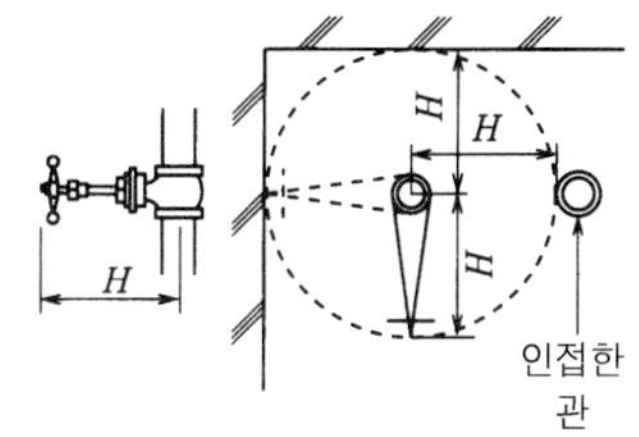

10 K 나사형 슬루스밸브의 치수

호칭경 (mm)	H (mm)
15	150
20	175
25	205
32	245
40	275
50	325
65	430
80	490

플랜지형 슬루스밸브 주위의 치수

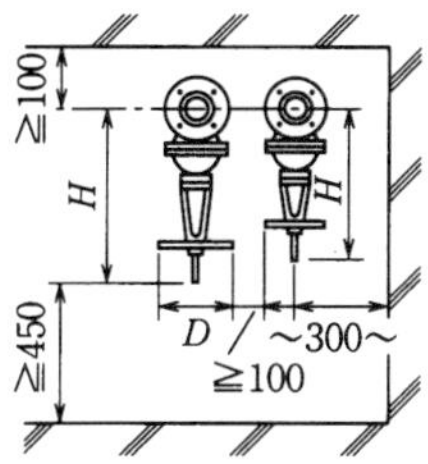

10 K 플랜지형 슬루스밸브의 치수

호칭경 (mm)	H (mm)	D (mm)
50	300	200
65	425	200
80	490	224
100	575	250
125	685	280
150	795	300
200	1 000	355
250	1 210	400
300	1 420	450

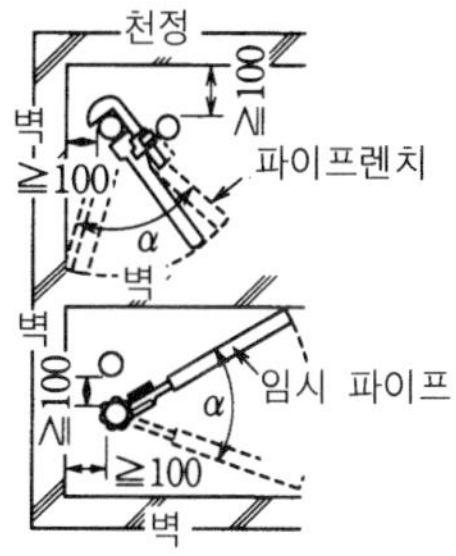

그림 10.10 밸브류 및 공구를 위한 공간

[3] 샤프트의 상세

(1) 화장실 등의 샤프트는 장변을 화장실에 인접하도록 하고, 또한 접하는 부분에 큰 버(burr)가 나오지 않도록 한다.

(2) 유지 관리상 샤프트에는 각 층에도 거실 이외의 장소(예를 들어 복도 등)에 출입구 또는 점검로를 설치한다.

(3) 샤프트는 방화상 · 작업의 안전상 등에서 각 층마다 콘크리트 슬래브로 구획하는 것이 바람직하다. 또한 실의 한 구석에 수직관군을 세트해 놓고 탈착이 가능한 점검구부착 패널로 커버하는 방법도 잇점이 많다.

[4] 샤프트의 정부

샤프트의 정부(頂部)는 고가수조와의 연결 배관을 관통시키거나, 통기관 · 배기관의 정부를 대기에 개구시키거나, 샤프트의 환기를 위해서는 적절한 구조로 하며 충분한 비막이를 한다.

10.4.14 배관용 트렌치 · 플로어

[1] 배관용 트렌치

배관용 트렌치는 다음과 같은 부분에 설치하는 경우가 많다.

(1) 급수의 인입관 · 하수 본관으로의 방류관 · 송수구용 배관이 비교적 집중하고 있는 경우의 건물 외벽으로부터 부지경계까지의 부분

(2) 동일 부지내에 복수의 건물이 있어 연결 배관이 많은 경우의 건물 상호간

(3) 병원 · 연구소 등에서 공급배관이 많은 실의 샤프트로부터 각 기구까지의 바닥부분
(4) 배관의 내용물, 재질 등에서 바닥이나 지반면 아래에 매립하는 것이 부적당한 경우의 해당 배관 부분

배관트렌치의 치수는 배관을 슬래브로부터 벽면에 늘어 놓는 방법에 따라 다르지만, 어느 경우도 배관의 기능에 지장을 주지 않고 점검 · 교체를 용이하게 할 수 있는 크기로 한다. 한편 (1), (2)의 경우는 사람이 안에 들어가 통행할 수 있도록 높이는 적어도 1.5 m 정도를 잡는다. 건물의 최하층에 배관용 트렌치를 설치하는 경우는 기초보에서 토막토막 끊기게 되므로, 기초보에 통행용 개구부를 설치하는 것이 필요하다.

[2] 배관용 플로어

배관용 플로어(floor)는 병원 · 연구소 등에서 수평주관이 많은 부분에 설치한다. 일반적으로는 최하층의 바닥 아래나 천정부분에 설치하지만, 각 층에 설치하는 경우도 있다. 다른 방법으로는 바닥을 프리 액세스 구조로 하는 것도 있다. 배관용 플로어의 경우 높이는 증설이나 장래의 배관교체를 고려하여, 공조 · 환기용 덕트의 설치 및 덕트 · 배관류의 하부에 사람이 서서 걷는 것이 가능한 공간을 확보할 수 있는 높이로 한다.

[3] 천정내부

수평관을 천정 내에 배관하는 경우는, 천정 속의 치수를 신중하게 검토하지 않으면 안 된다. 일반적으로 건물 최하층의 천정 내에는 각종의 주관 외에, 공조 · 환기용 덕트 · 전기배관도 함께 설치되므로, 교차나 지관의 취출방법에 대해서도 상세하게 검토하여 관의 배열을 정하고 필요한 천정 속 치수를 결정한다. 검토시에는 다음의 점에 유의한다.

(1) 가스배관 · 압축공기배관을 제외한 수평주관으로부터의 지관 취출은, 위쪽으로 공급하는 것은 위로 취출하고, 아래쪽으로 공급하는 것은 아래로 취출하여 요철배관이 되지 않게 한다.
(2) 배관을 몇단으로 하면 들어갈 것인가를 검토한다. 다단으로 하면 안쪽의 배관은 수리 · 교체가 곤란하게 되므로, 내용물이나 관종을 고려해 배열을 결정한다.
(3) 배관의 교차나 인출을 위한 스페이스를 올바르게 잡는다.
(4) 일부 배관에 대해 보를 관통시킬지를 검토한다.
(5) 배수관을 길게 수평배관하는 경우에는, 그 구배가 내부 치수의 결정적 수단이 되는 것이 많기 때문에 주의한다.
(6) 천정 속을 충분히 취할 수 없을 경우는, 천정을 아래로 내리든지 하여 보 관통을 검토한다.

10.4.15 배관의 종합계획

기본설계 단계에서는 각 설비의 주관 루트나 취합을 검토하지 않으면 안 된다.

[1] 배관방식

건물내에서 설비배관의 설치방법에는 다음의 것이 있다.

(1) 최하층 또는 최상층의 천정에 주관을 배관하여 수직주관을 다수 분기하는 방식
(2) 파이프 샤프트 내에 주관을 세워서 여기서 각 층으로 수평주관을 분기하는 방식
(3) (1)과 (2)의 중간방식

상기 중 (1)은 (2)에 비해 바닥면적을 차지하지만, 각 층에 높은 밀도로 기구가 설치되는 경우는 일반적으로 배관의 총연장이 짧고, 천정고도 높게 잡을 수가 있으며 유지 관리상에도 이점이 많다. (1)은 배수관이나 옥내소화전배관에 자주 채용되며 또 집합주택 · 호텔 · 병원 · 연구소 등에서 (1)의 방식에 의해 웨트 칼럼(wet column)을 많이 취하여 각종의 배관을 세우는 예도 많다.

(2)는 층의 전역에 걸쳐서 배관하는 스프링클러배관과 같은 경우에 채용된다.

(3)은 기구가 각 층 모두 제한된 부분, 예를 들어 화장실 · 세면장 · 탕비실 등에 한정하는 경우에 채용되며, 일반의 건물은 이 (3)에 의하는 것이 많다.

[2] 배관방법

각 설비의 배관은 노출 · 은폐의 적부에 대해서 검토하고, 다음의 조건을 만족하도록 계획한다.

(1) 관련된 기기사이는 가능한 한 짧은 거리로 연결한다.
(2) 보수 · 점검 · 교체를 쉽게 할 수 있도록 하고, 적절한 곳에 필요한 간격을 잡아 배관한다.
(3) 각종 설비배관과의 취합이 용이하도록 배관한다.
(4) 보 관통의 필요가 있는 경우는, 슬리브의 위치 · 개수 · 치수를 구조담당자와 충분히 타합하여 결정하고, 이를 기초를 하여 배관 루트를 결정한다.
(5) 배관을 콘크리트에 매설하는 경우는 가능한 한 짧게 하고, 욕실 · 방의 바닥매립은 피하며 특히 가스배관은 매립을 전면적으로 피한다.
(6) 엘리베이터의 승강로 · 엘리베이터 기계실 · 전기실 · 통신기기실, 전기 샤프트 등에는 설비용 배관이 통과해서는 안 된다. 또한 일반 취급소가 되는 보일러실이나 발전기실에는 해당실에 필요로 하는 것 이외는 배관하지 않는다.
(7) 전기기기의 상부에는 배관하지 않는다. 또한 상수용 수수조의 상부에는 상수 급수관 이외의 것

은 배관하지 않는다.

(8) 천정에 병렬로 배관하는 경우는 배수관을 우선적으로 고려하고, 상수 급수관은 다른 용도의 급수관 · 배수관보다 상부에 배열한다.

(9) 배관의 지지는 내진 · 방진을 고려해 결정한다.

(10) 건물의 신축이음부를 관통하는 배관은 절대로 피한다. 어쩔 수 없는 경우는 플렉시블이음쇠를 복수용으로 하는 등의 대책을 세운다. 특히 주관끼리는 기계실 이외에서는 절대로 교차하지 않도록 한다. 수평주관의 배열 예를 그림 10.11에 나타내었다.

[3] 보 관통 슬리브

배관의 보 관통은 피해야 하지만 어쩔 수 없이 관통해야 하는 경우에는, 관통 슬리브는 위치 · 개수 · 치수가 모두 구조체 강도의 허용한도를 넘지 않도록 계획한다. 그러기 위해서는 보의 형상 · 관통가능범위 · 관통의 최소간격 · 관통가능 최대치수를 확인하여 배관계획을 세울 필요가 있다. 보의 관통이 많은 건물에서는 보의 높이를 통일(예를 들어 작은 보의 높이를 큰 보 높이로 맞추는 등)하면, 관통가능 범위(높이)가 넓어져 배관의 위치결정이 용이하게 된다.

(a) 철근콘크리트의 경우

철근콘크리트보의 관통가능 위치 · 슬리브 설치간격의 예 · 슬리브의 내경을 그림 10.12에 나타내었다.

(b) 철골보 · 철골철근콘크리트의 경우

철골보 및 철골 철근콘크리트보의 웹(web) 부재에 보 관통 슬리브를 설치할 경우의 관통위치 · 슬리브의 설치간격 예를 그림 10.13에 나타내었다.

(c) 래티스보 · 플레이트보 · 허니컴의 경우

래티스보 · 플레이트보 · 허니컴보의 관통위치 등의 예를 그림 10.14에 나타내었다.

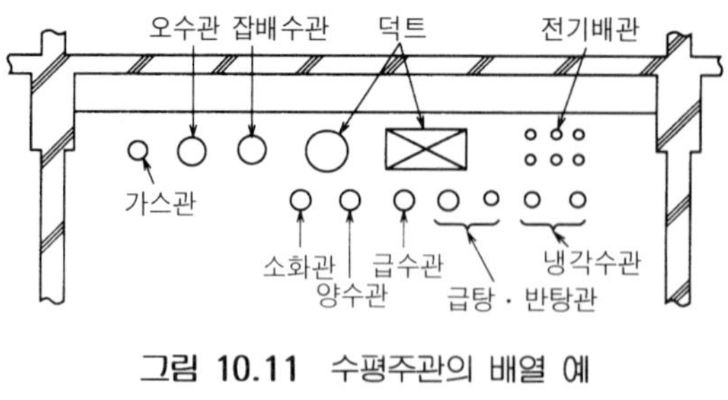

그림 10.11 수평주관의 배열 예

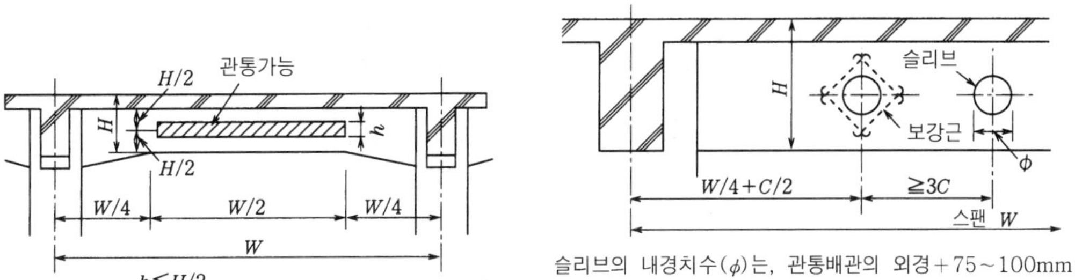

(주) 관통위치는 가능한 한 스팬의 중앙으로 한다.

슬리브의 내경치수(ϕ)는, 관통배관의 외경+75~100mm로 하며, 슬리브의 최대구경은 H 치수의 1/4 이하로 한다.

(a) 관통 가능위치

(b) 슬리브의 설치간격 예

그림 10.12 철근콘크리트보의 관통위치와 기타사항[27)]

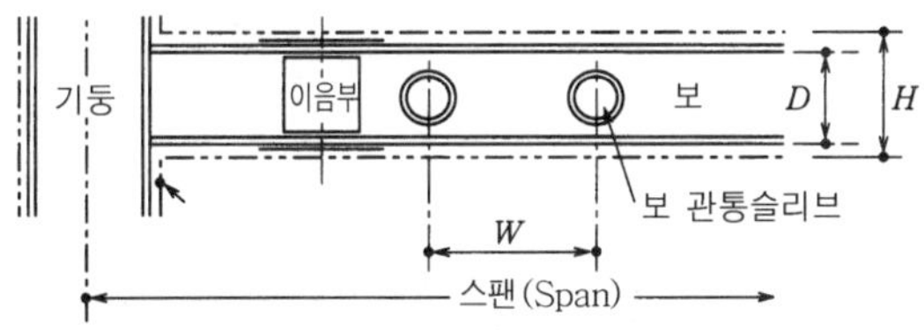

(주) 1. 슬리브의 내경치수(ϕ)는 관통배관의 외경+75~100 mm로 한다.
2. 보 관통슬리브를 플레이트 또는 트러스에 의해 보강하는 경우, 슬리브의 내경치수(ϕ) 및 슬리브의 간격은 다음에 따른다.
· 철골보의 경우는 D 치수의 1/2 이하로 하며, 슬리브의 간격(W)은 양측 관통슬리브경 평균값의 2배 이상으로 한다.
· 철골철근콘크리트보의 경우는 H 치수의 1/3 이하로 하며, 슬리브의 간격(W)은 양측 관통슬리브경의 평균값의 3배 이상으로 한다.

그림 10.13 철골보 · 철골철근콘크리트보의 관통위치와 기타사항

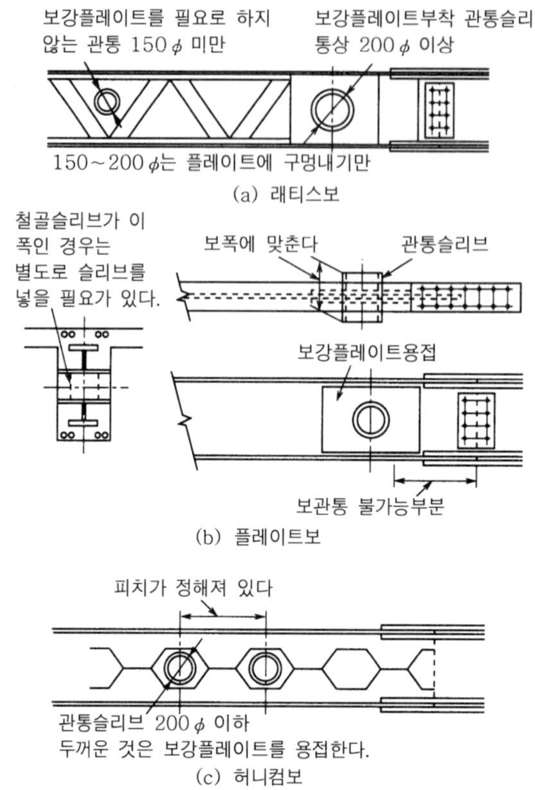

그림 10.14 래티스보 등의 관통위치와 기타[12)]

참고문헌

1) 공기조화・위생공학회편 : 공기조화・위생공학편람, 제12판, 제4권(1995) p. 29, 공기조화・위생공학회 가필
2) 小坂信二・山岸秀嗣 : 공기조화・위생공학, Vol. 75, No. 2(2001−2) pp. 102, 103
3) 小坂信二・山岸秀嗣 : 공기조화・위생공학, Vol. 75, No. 2(2001−2) p. 104
4) 건설공업경영연구회편 : 경연 : 09건축공사원가분석정보(1999) pp. 4~17, 대성출판사
5) 건축설비기술자협회편 : 건축설비설계 매뉴얼Ⅱ, 개정2판(1992) p. 14, 기술서원 가필
6) 건축설비기술자협회편 : 건축설비설계 매뉴얼Ⅱ, 개정2판(1992) p. 13, 기술서원 가필
7) 건축설비기술자협회편 : 건축설비설계 매뉴얼Ⅱ, 개정2판(1992) p. 15, 기술서원 가필
8) 건축설비기술자협회편 : 건축설비설계 매뉴얼Ⅱ, 개정2판(1992) p. 16, 기술서원 가필
9) 건축설비기술자협회편 : 건축설비설계 매뉴얼Ⅱ, 개정2판(1992) p. 17, 기술서원 가필
10) 石福昭・關五郎 : 공기조화・위생공학, Vol. 52, No. 2(1978−2) p. 34

11) 일본건축학회편 : 건축설계자료집성6(1969) pp. 237~238, 丸善
12) 일본건축설비사협회편 : 건축설비시공 매뉴얼, 위생편(1973) pp. 92, 93
13) 공기조화・위생공학회편 : 공기조화・위생공학편람, 제12판, 제4권(1995) 공기조화・위생공학
14) 건축설비기술자협회편 : 건축설비설계 매뉴얼II, 개정2판(1992) 기술서원
15) 건설성 주택국 건축지도과 감수, 일본건축센터편 : 급배수설비기술기준・동 해설, 1983년판 (1983) 일본건축센터
16) 공기조화・위생공학회규격「HASS 206－2000 급배수위생설비규준・동 해설」(2000) 공기조화・위생공학회
17) 건설대신관방관청 영선부 감수, 공공건축협회편 : 건축설비계획기준・동 요령, 평성12년판(2000) 전국건설연수센터
18) 건설대신관방관청 영선부 감수, 공공건축협회편 : 건축설비설계기준・동 요령, 평성10년판(1998) 전국건설연수센터
19) 건설대신관방관청 영선부 감수, 공공건축협회편 : 크린청사계획지침 및 동 해설(1999) 공공건축협회
20) 건설성주택국 건축지도과 감수, 일본건축센터편 : 건축설비내진설계・시공지침, 1997년판(1997) 일본건축센터
21) 공기조화・위생공학회편 : 건축설비의 내진설계시공법(1997) 공기조화・위생공학회
22) 공기조화・위생공학회규격「HASS OIO－2000 공기조화・위생설비공사 표준사양서」(2000) 공기조화・위생공학회
23) 건설대신관방관청 영선부 감수, 공공건축협회편 : 기계설비공사 공통사양서, 평성9년판(1997) 일본공조위생공사업협회
24) 건설대신관방관청 영선부 감수, 공공건축협회편 : 기계설비공사표준도, 평성9년판(1997) 일본공조위생공사업협회
25) 건설대신관방관청 영선부 감수, 건축코스트관리시스템 연구소편 : 건설성건축공사적산기준의 해설(설비공사편), 평성11년기준(1999) 건축코스트관리시스템 연구소
26) 건설성 주택국 건축지도과 감수 : 정화조의 설계・시공상 운용지침(1997) 일본건축주사회의
27) 공기조화・위생공학회편 : 급배수・위생설비계획설계의 실무지식(1995) p. 343, p. 345, p. 346, p. 350, オーム사

11 설계사례

11.1 사무소 건물

11.1.1 건물개요

시가지에 건설되는 지하 1층, 지상 7층, 옥탑 1층의 임대사무소 건물에서, 지하 1층은 음식점과 기계실, 1층은 물건판매 점포와 로비, 2~7층은 임대사무실로 되어 있다. 연면적은 4,060 m^2, 지상건물 높이는 27 m이다. 또한 공조방식은 공냉식 히트펌프 패키지형의 공조시스템, 수변전은 옥상 큐비클에 둔다. 각 층의 사용구분 및 바닥면적 · 유효면적 · 층높이는 표 11.1과 같이 한다.

표 11.1 설계 예의 사용구분, 바닥면적, 유효면적, 층높이

층 수	사용 구분	바닥면적 [m^2]	유효면적 [m^2]	층높이 [m]
옥 탑	엘리베이터 기계실	60	—	3.0
2~7층	임대사무실	(각층)500	(각층)350	3.8
1 층	물건판매점포	300	300	4.2
	입구로비 기타	200	—	
지하1층	음식 점포	250	250	5.0
	기계실 기타	250	—	
합 계	-	4,060	2,650	35.0

11.1.2 설비계획

설비를 계획할 때는 시공주의 요구사항을 파악해서 정리한 정보와, 설계자 자신이 가지고 있는 정보를 가미한 것을 설계부여조건으로 잡아 이것들을 설계조건으로 하여 진행할 필요가 있다.

임대사무소 건물에서는 그 사업의 채산성이 중요하고, 토지대, 상황에 따른 가능한 임대료, 세입자의 가능성, 건물 규모 등에서 건물에 걸리는 자금, 즉 건설비용이나 건물 등급이 정해지게 된다. 계획건물은 중규모의 표준등급이라고 설정하여 계획을 진행시킨다. 계획건물은 전관이 임대용으로 효율을 좋게 하는 등 경제성이 요구되는 것은 말할 필요도 없지만, 일부에 점포가 입주하므로 복합용도 건물로서의 안전성, 신뢰성에 대해서도 충분히 배려한다.

점포에 대해서는 1층은 서점, 사무기기 등의 쇼룸을 가정한다. 지하층은 음식 세입자 유치를 유리하게 하기 위해서, 급수 · 배수 · 가스 등은 시공주측에서 준비하는 것으로 한다.

[1] 급수설비

음식점 부분은 영업형태가 다르므로, 임대사무실 계통과 분리해서 직결 급수방식을 고려할 수 있으나 인입관 지름이 너무 커지므로 동일 계통으로 하고, 개별적으로 계량기를 설치하기로 한다.

급수방식은 고가수조의 설치 스페이스를 옥탑의 엘리베이터 기계실 옥상에 용이하게 확보할 수 있으므로 수압이 안정되고 신뢰성이 높은 고가수조식으로 한다. 또한 급수기구는 절수용 수전 사용, 소유량형, 자동감지작동형 등의 절수형을 채용하여 에너지절약을 도모한다.

[2] 급탕설비

임대사무실의 급탕개소는 탕비싱크대만으로 하고, 화장실의 세면기, 청소싱크에는 급탕하지 않는다. 급탕방식은 안전하고 유지관리가 용이한 국소 전기식으로 하며, 음식점 주방에는 개별적으로 순간식 가스급온수를 설치한다.

[3] 배수 · 통기설비

주방배수를 제외한 오수와 잡배수는 합류식으로 한다. 2~7층은 직접 1층까지 이끌어 자연방류로 하며, 1층의 배수는 지하층으로 이끌어 지하층의 배수와 함께 펌프배수하고 하수관 등에서의 역류에 대처한다. 주방배수는 그리스포집기를 경유해 단독으로 펌프배수하고, 배수조 수위에 의한 것 외에 타이머에 의한 펌프의 강제운전으로 부패방지 조치를 한다.

우수배수관은 건물 외관상 모두 옥내배관으로서 1층까지 이끌며, 부지 내에서는 단독배관으로 부지 끝까지 연장해서 오수 배관계와 합류시킨다.

통기방식은 루프통기방식으로 한다.

[4] 소화설비

이 건물은 점포부분을 가지므로 소방법의 방화대상물이 되어 옥내소화전설비, 소화기구, 연결송수관의 설치가 의무화 되어 있다. 옥내소화전은 안전성, 조작성의 관점으로부터는 2호 소화전이 바람직하지만, 건축 평면성을 생각하면 고비용이 되기 때문에 종래의 1호 소화전을 채용한다.

소화기는 복도의 벽면에 매립 수납상자를 설치해 수납하는 것으로 한다.

음식점 주방부분은, 화재예방 조례에 의해 350 kW 이상의 가스소비가 있는 경우나 플라이어 등 유지를 포함한 배기용 배기후드 등에는, 덕트 · 후드 소화설비가 의무화되어 있다. 이 건물에서는 그것들에 해당하지 않는 것으로 생각되지만, 안전성을 고려하여 입주자에게 설치를 요청할 계획이다.

[5] 가스설비

도시가스 사업자의 공급관으로부터 공급을 받아 지하 1층의 음식점포 주방에만 공급한다. 사용시에는 가스 사업자의 규정에 의해 업무용 차단밸브, 가스누출 감지설비를 설치하고, 이상시는 건물의 관리실에 경보를 울리도록 하여 안전면을 배려한다.

표 11.2 사용 구분별 사용인원

임대사무실	유효면적당 0.2인/m^2
일반점포	매장 1 m^2당 1.5인 (총 손님수) 종업원수=손님수의 3%
음식 점포	점포면적의 70%을 객석면적 1객석 1인/m^2 동시사용률 60% 회전률 0.5회/h 종업원수=손님수의 1%
관리요원	주간 2인, 야간 없음

11.1.3 사용인원

이 건물의 사용인원을 각 사용구분 마다, 표 11.2에 근거해 설정한다.

[1] 임대사무실

$350\ m^2 \times 6층 \times 0.2인/m^2 = 420인$

[2] 일반점포

고객수

$300\ m^2 \times 1.5인/m^2 = 450인$

종업원수

$450인 \times 0.03 \fallingdotseq 14인$

[3] 음식점

고객수

$250\ m^2 \times 0.7(객석\ 면적) \times 1인/m^2 \times 0.6 \times 0.5회/h \times 10h/일 \fallingdotseq 525인$

종업원수

525인 × 0.01 ≒ 6인

표 11.3 전체 급수량[2)]

사용 구분		인원 [인]	급수량 [L/(인 · 일)]	1일급수량 [m³/일]	사용시간 [h]	매시 평균 급수량 [L/h]	매시 최대급수량 [L/h]	피크 때 최대급수량 [L/min]
임대사무실		420	80	33.6	9	3,733	7,467	187
일반점포	손님	450	3	1.4	10	135	270	7
	종업원	14	80	1.1	10	112	224	6
음식점포	손님	525	60	31.5	10	3,150	6,300	158
	종업원	6	80	0.5	10	48	96	2
보수요원 기타		2	80	0.2	9	18	36	1
합 계		–	–	68.3	–	7,196	14,393	361

11.1.4 급수설비

[1] 건물 전체의 급수량

사용인원 1 인당 급수량으로부터, 건물 전체의 1일 급수량을 정리하면 표 11.3과 같이 된다.

[2] 수수조

1일급수량의 40/100(수도국의 지도에서는 40～60%가 많다)를 저수하는 것으로 하고, 지하 1층에 설치한다. 청소 · 점검시를 위해서 중간에 슬루스밸브를 단다.

수수조 : FRP제(단판)

4 m × 2 m × 2 mH(유효 14 m³) × 2기

[3] 고가수조

매시 평균급수량의 1시간분을 저수하는 것으로 하고, 옥상의 옥탑에 설치한다. 7층의 대변기 세척밸브의 소요압력(70 kPa 이상)을 고려하여, 높이 1.5 m의 철골가대를 설치한다. 또한 청소 · 점검의 경우를 위해서 중간에 칸막이를 설치하고, 태양광에 의한 조류의 발생을 방지하기 위해서 복합판으로 한다.

고가수조 : FRP제(복합판)

3 m×2 m×1.5 mH(유효 8 m^3)

[4] 양수펌프

펌프 양수량은 매시 최대급수량을 만족시키는 것으로 하고, 고장 · 점검시를 위해서 2대 설치해 교호운전으로 한다.

(a) 양수량

피크의 계속시간을 30 min, 펌프의 최단운전시간을 15 min로 하면, 고가수조의 유효용량은 8,000 L 이므로

$$Q = \frac{361 \times 30 - 8,000}{30 - 15} = 190 \text{ L / min}$$

(b) 양 정

$$H = [\text{실고} + \text{배관마찰손실수두(실고의 20\%)} + \text{토출속도수두}]$$
$$\fallingdotseq (38 \text{ m} + (38 \text{ m} \times 0.2)) \fallingdotseq 46 \text{ m}$$

배관의 마찰손실수두는 실제의 배관길이, 이음쇠, 밸브류 등으로부터 계산하는 것이지만, 여기에서는 실고의 20%로서 대강 계산한다. 또한 토출속도수두는 얼마되지 않으므로 생략한다.

(c) 전동기 출력

펌프효율 40%, 여유율 0.1로서

$$L_R = (0.163 \times 0.190 \text{ m}^3/\text{min} \times 46 \text{ m} \times 1.1)/0.4 \fallingdotseq 3.92 \text{ kW}$$

펌프 제조자의 성능표로부터

다단 원심펌프 : 40 mm × 135 L / min × 46 m × 5.5 kW × 2 대

[5] 수도인입관

매시 평균급수량을 만족시키는 것으로 한다.

$$6,671 \text{ L / h} \fallingdotseq 110 \text{ L / min}$$

인입관의 유속을 1.5 m/s 이하로 하면, 하젠-윌리암스식의 유량표(일반배관용 스테인리스강관)로부터 관경은 40 mm가 된다. 급수본관의 압력과 양수기의 압력손실 및 정수위밸브의 토출 능력(제조

자 카탈로그에 의한) 등으로부터, 110 L/min 이상이 확보되는 것을 확인한다.

[6] 급수관 지름

물사용시간율과 기구급수단위에 의한 방법으로 구한다. 사무소에서의 사용형태는 임의이용형태로 했다. 다만, 최소관경은 20 mm로 한다. 2～7층의 지관 관경결정의 결과를 그림 11.1 및 표 11.4에 나타내었다.

표 11.4 기준층 화장실의 급수관경 계산

구간	기구명	방식	구경 (A)	개수 [개]	물사용 시간율 [n]	기구급수단위	기구급수 단위유량 q [L/min]	피크 때 최대유량 q (L/min]	합류 기구군 피크 때 최대유량 q [L/min]	관경 (A)
A_1	대변기(남자) 대변기(여자)	세척밸브 〃	25 25	1 1	0.03 0.15	9 9	126 126		남녀 1개에서 126＋(126/2)＝189	50
A_2	대변기(남자) 대변기(여자)	세척밸브 〃	25 25	2 2	0.03 0.15	9 9	—	126 140	남녀 2개에서 140＋(126/2)＝203	50
B_1	소변기	세척밸브	13	1	0.3	2	28			20
B_2	〃	〃	13	2	0.3	2	—	31		25
B_3	〃	〃	13	3	0.3	2	—	41		32
C_1	세면기		13	1	0.5	1	14	-		20
C_2	〃		13	2	0.5	1	—	19		20
C_3	〃		13	3	0.5	1	—	24		25
C_4	〃		13	4	0.5	1	—	30		25
C_5	〃		13	5	0.5	1	—	38		25
D									41＋(38/2)＝60	32
E	청소싱크는 동시에 사용하지 않는 것으로서, 계산으로부터 제외								203＋(41/2)＋(38/2)＝242.5	65

(주) 경질염화비닐 라이닝강관. 유속 2.0 m/s를 초과하지 않는 범위에서 결정.

본 설계예에서는 최대유속을 설정해 관경을 결정하였지만, 건물 최상층이나 직결급수의 경우와 같이 공급수압이 충분하지 않은 경우에는, 그 층의 허용마찰손실을 산출해 관경을 결정한다. 급수 수직관의 관경결정을 그림 11.2 및 표 11.5에 나타내었다.

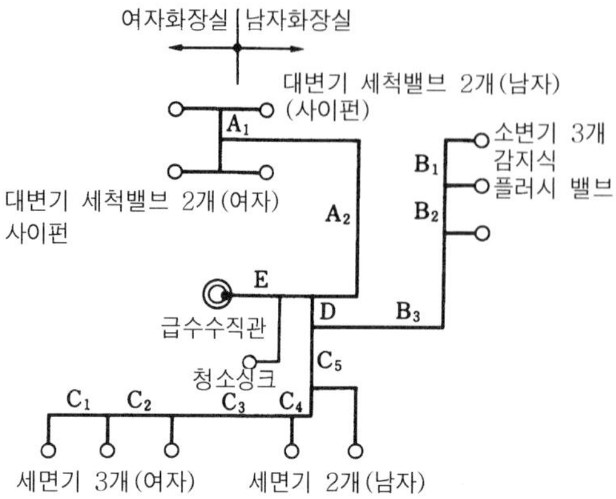

그림 11.1 기준층 화장실 급수관경의 결정

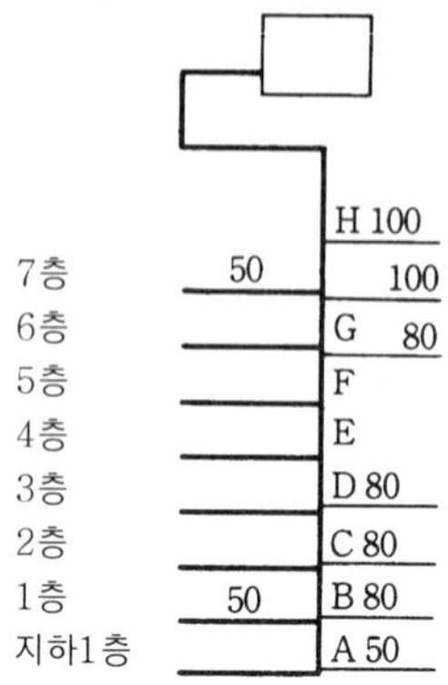

그림 11.2 급수 수직관의 관경

지하층 음식점포에 대해서는 주방의 급수기구, 종업원 및 손님용 화장실의 기구에 대해서 개략 산정법으로서 기구급수단위법에 의해 상정하는 것으로 하여, 합계 기구급수부하단위 55, 동시사용유량 200 L/min으로 하고, 유량선도로부터 급수관 관경 50 mm(유속 1.7 m/s)로 한다. 또한 건물에 설치하는 살수전은 모두 진공 브레이커 부착 벽면 설치형으로 크로스커넥션 방지를 도모했고, 1개소는 수도관 직결계통으로서 정전시에도 채수할 수 있도록 고려했다.

그림 11.3에 급수설비 계통도를 나타내었다.

11.1.5 급탕설비

[1] 임대사무실의 급탕설비

각 층의 탕비실에 음료용을 주목적으로 하는 저탕식 전기온수기(벽걸이)를 설치한다. 용량은 산정식[2]에 따르면

$$Q = (0.25/\text{명} \times 70\text{명})/0.7 = 25\ \text{L}$$

가 되지만, 복수의 세입자가 입주할 경우, 한 번에 집중해 포트 등에 급탕하는 것을 고려하여 저탕량 30 L 인 것을 채용한다. 또한 세탁물 등의 일반 급탕에도 사용하는 것으로 보고 단독꼭지(열탕용)와 혼합꼭지를 준비한다.

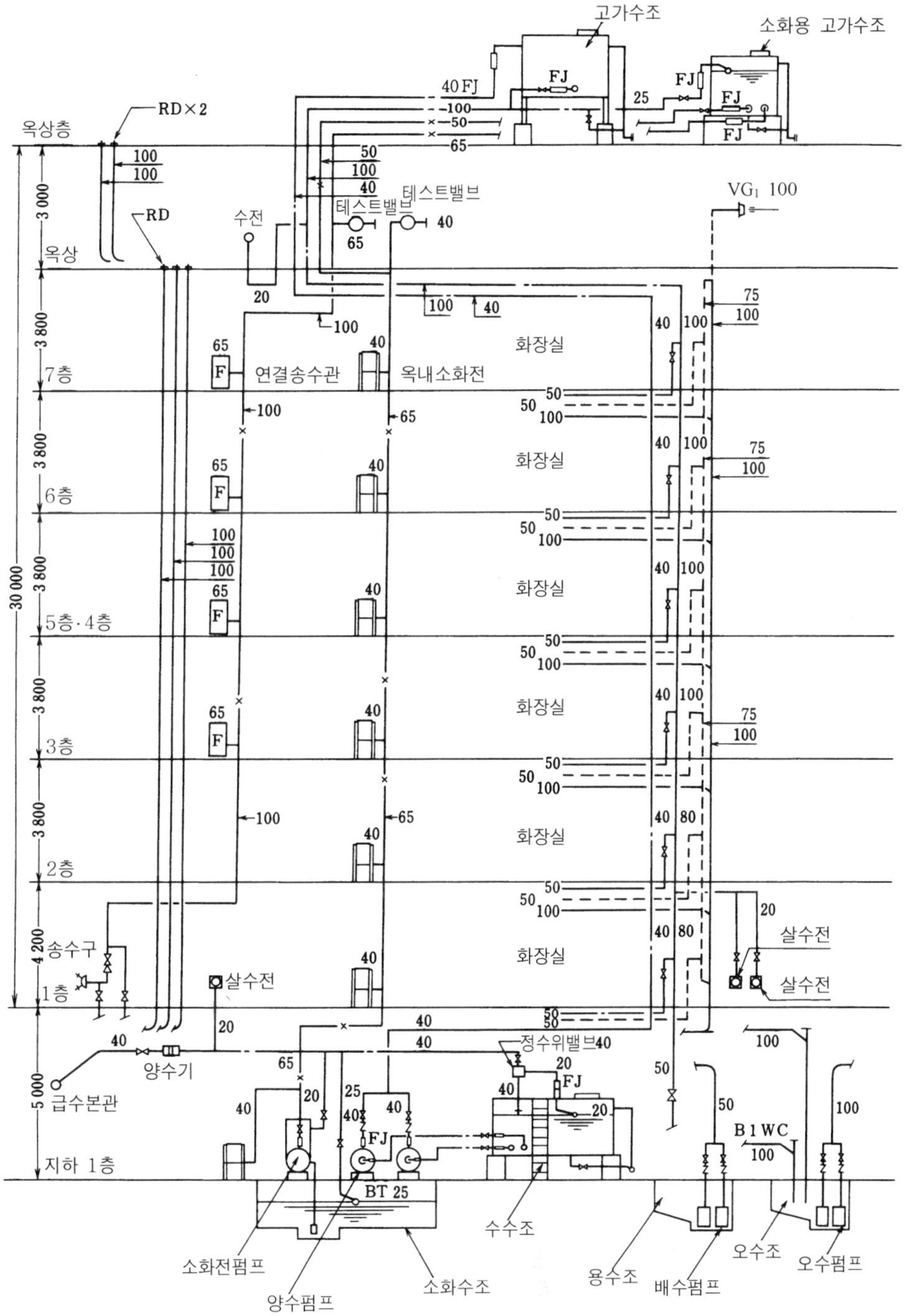

그림 11.3 급수 · 배수 · 소화설비 계통도

표 11.5 급수수직관의 관경결정

기 구	물사용 시간율 η	기구 급수 단위	기준층 (B)		2 층 (C)			3 층 (D)			4 층 (E)			5 층 (F)			6 층 (G)			7 층 (H)		
			개수	사람수	사람수	개수	수량[*1]	사람수	개수	수량[*1]	사람수	개수	수량[*1]	사람수	개수	수량[*1]	사람수	개수	수량[*1]	사람수	개수	수량[*1]
대변기세척 밸브(남자)	0.03	9	2	48	96	3	126	144	4	130	192	5	140	240	5	140	288	6	150	336	6	150
대변기세척 밸브(여자)	0.15	9	2	34	68	3	155	102	4	190	136	4	190	170	5	205	204	6	230	238	6	230
세면기(남자)	0.5	1	2	100	200	3	23	300	4	30	400	4	30	500	5	35	600	5	35	700	5	35
세면기(여자)	0.5	1	3	115	230	5	35	345	6	45	460	6	45	575	7	50	690	8	60	805	9	65
소변기	0.3	2	3	180	360	4	50	540	6	65	720	6	65	900	7	70	1,080	8	80	1,260	9	90
각 층의 수량 [L / min]			242		272[*2]			325			330			352.5			392.5			400		
지하층의 수량 200 L / min을 가산 [L / min]					472			525			530			552.5			592.5			600		
관경(VLP) (A)			50		80			80			80			80			100			100		

*1 단위 : L / min　　*2 155 + 1/2(126 + 23 + 35 + 50) = 272

표 11.6 기준층 화장실의 배수관경 결정

	동일기구군 계통											합류기구군 계통				
	기구명	트랩 구경 (A)	기구평균 배수유량 q_d [L/s]	기구수 n [개]	기구 배수량 w [L/s]	기구배수 간격 T_S [s]	정상유량 $\overline{Q}=\frac{nw}{T_s}$ [L/s]	부하 유량 Q_L [L/s]	관경 (A)	보정 관경 (A)	구배	정상유량 Q [L/s]	기구평균 배수유량 q_d [L/s]	부하유량 Q_L [L/s]	관경 (A)	보정 관경 (A)
A	대변기	75	1.5	2	13	280	0.093	1.7	65	75	1/50					
B	대변기	75	1.5	2	13	600	0.043				1/50	0.093+0.043=0.136	1.5	1.8	65	75
C	소변기	50	0.5	3	5	130	0.115	0.9	50		1/50					
D	세면기	30	0.3	3	3	90	0.100	0.6	40	65[*1]	1/50					
E	청소 싱크	65	2.0	1	40	600	0.067	1.8	65		1/50					
F												0.100+0.067=0.167	2.0	2.2	65	
G	세면기	30	0.3	2	3	120	0.050	0.5	40	75[*2]	1/50					
H											1/50	0.100+0.067+0.050=0.217	2.0	2.7	75	
I											1/100	0.093+0.043+0.115=0.251	1.5	2.4	75	100[*3]
J											1/100	0.251+0.217=0.468	1.5	2.8	100	

*1 청소싱크와 통기관을 겸용하기 때문에, F와 같은 지름으로 하였다.

*2 이 계는 준 주관이 되기 때문에, H와 같은 지름으로 했다.

*3 이 계는 주관이 되기 때문에, L과 같은 지름으로 했다.

[2] 음식점포의 급탕설비

주방의 급탕설비에 대해서는, 11.1.4항의 급수설비와 마찬가지로 급탕기구를 가정해, 입주자 공사에 의해 가스순간식 급탕기 32호×2대 정도를 고려한다.

11.1.6 배수 통기설비

[1] 배수관지름

배수관의 관경은 정상유량법을 이용해 결정한다. 그림 11.4 및 표 11.6에 배수관지름 결정의 결과를 나타내었다.

수직관경은 2~7층의 6층분 수직관을 결정한다. 합계정상유량은

$$Q = 0.468 \times 6 = 2.81\ \mathrm{L/s}$$

최대 기구평균 배수유량 $q_d = 1.5$

부하유량 10 L/s에 의해 수직관경은 125 mm가 된다. 배수수평주관은 부하유량이 8.2 L/s, 구배가 1/150~1/200의 경우로 150 mm가 된다.

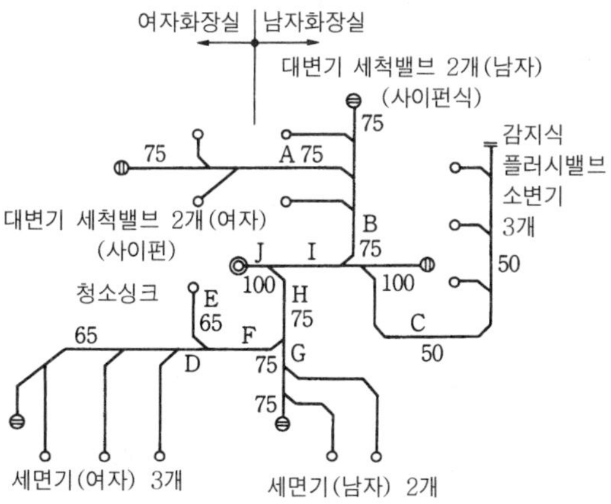

그림 11.4 기준층 화장실의 배수관경 결정

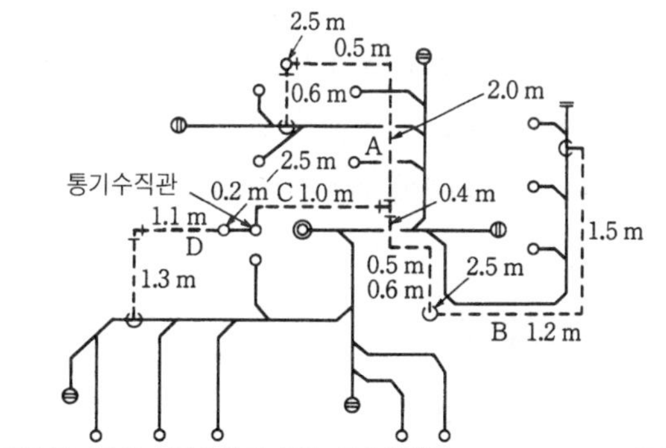

필요통기량은 부하유량과 동량, 허용압력차 Δp=100 Pa로 선정

$$\text{압력손실} = \frac{100}{(1.5+1.2+2.5+0.6+0.5+0.4+1.0+0.2)\times 1.5} \fallingdotseq 8.4\ \mathrm{Pa/m}$$

A : 1.8 l/s 32 A (배수관의 1/2이상부터 40 A로 한다)
B : 0.9 l/s 32 A
C : 2.4 l/s 32 A (배수관의 1/2이상부터 50 A로 한다)
D : 2.7 l/s 32 A (배수관의 1/2이상부터 40 A로 한다)

그림 11.5 기준층 화장실의 통기관경 결정

[2] 통기관경

그림 11.5에 정상유량법에 의한 통기관경 결정을 나타내었다.
통기수직관은 허용마찰손실수두

$$\Delta p = 250 \text{ Pa}$$

실제 길이 30 m의 2배를 상당길이로 한다.

$$250/60 \fallingdotseq 4.2 \text{ Pa/m}$$

통기량은 배수수평주관 부하유량의 2배부터 16.4 L/s로 하면 75 mm가 된다. 지하 1층의 오수조와 주방배수조의 통기관은, 배수수직관 계통의 통기수직관에 접속하지 않고 단독으로 옥상층까지 입상시켜 옥외에 개구한다.

[3] 오수조 · 주방배수조

오수조, 주방배수조의 용량은 유입하는 오수의 저장시간과 펌프의 배수량을 기초로 결정한다. 이 건물에서는 모두 유입하는 오수량이 작으므로, 최소필요구경으로부터 선정한 오수펌프(구경 75 mm)의 수량(300 L/min)과 운전시간 10 min에서 식 (4.8)으로부터 결정하면, 제1항은 0이 되므로 오수조 용량 = 300 L/min × 10 min = 3 m^3로 한다. 또한 용수 등을 처리하는 용수조와 오수펌프는, 수수조의 정수위밸브가 고장나서 오버플로할 경우, 또는 화재시에 소화수가 지하에 유입할 경우도 배수가 가능하도록, 펌프능력과 용수조의 배치를 고려한다. 이 건물에서는 오수펌프 120 L/min, 용수조 1.2 m^3로 한다. 그림 11.3에 배수통기설비 계통도를 나타냈다.

11.1.7 소화설비

[1] 옥내소화전설비

소방법의 설치기준에 근거하여 각층 1개소에 다음과 같이 설치한다.

(1) 수원은 지하 1층의 바닥밑 피트에 단독으로 설치하고 3 m^3(법정에서는 2.6 m^3)로 한다.
(2) 가압송수장치는 소방 인정품으로 하고, 지하 1층의 수수조 · 펌프실내에 설치한다.
(3) 소화전은 각 층의 복도에 벽매립으로 하고, 층마다 같은 위치로 한다.
(4) 소화전 펌프의 기동은 자동화재탐지설비의 P형 발신기와 겸용, 펌프의 비상전원은 자가발전설비로 한다.

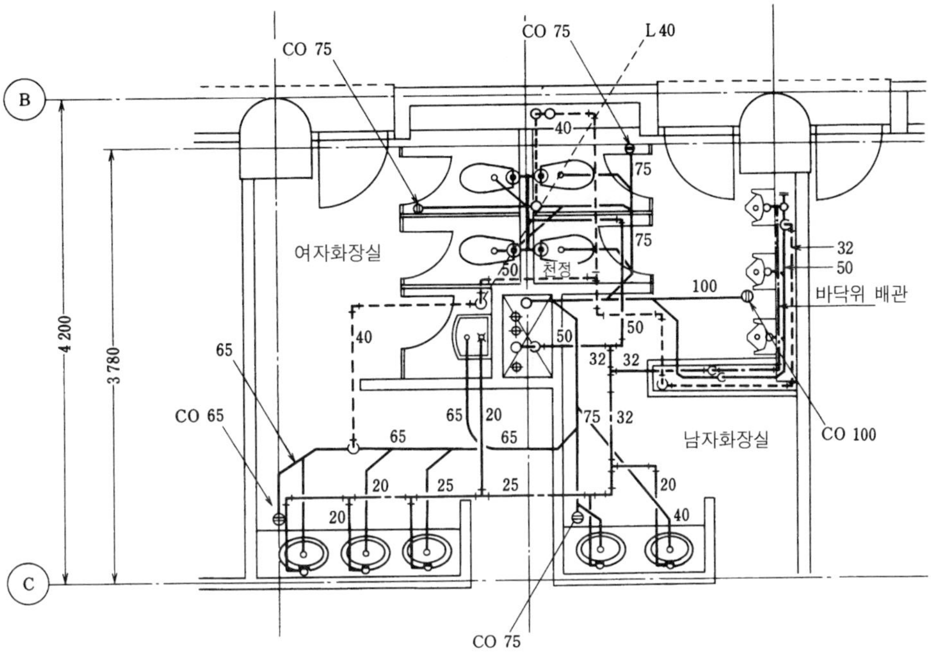

그림 11.6 사무실층 화장실 평면도

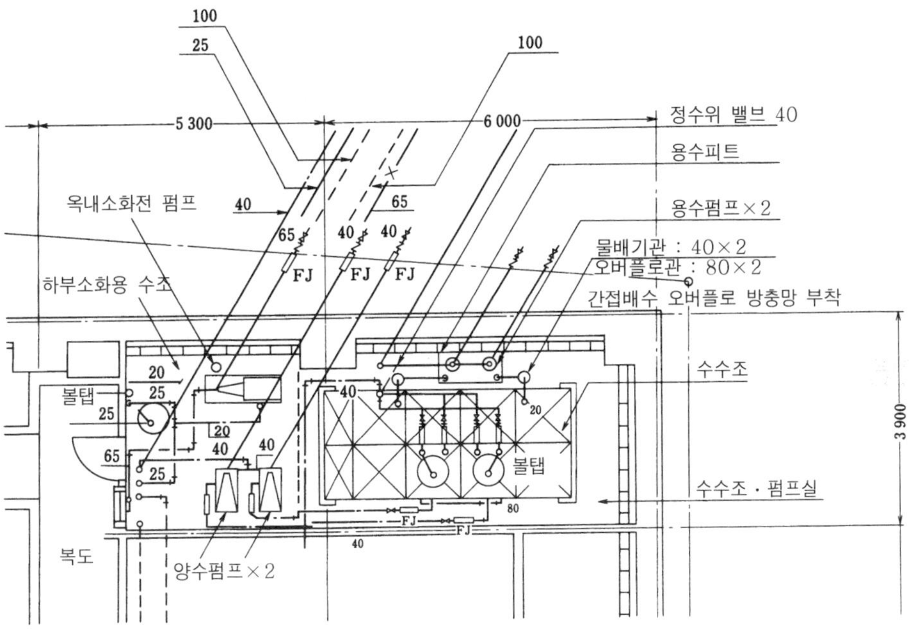

그림 11.7 수수조 · 펌프실 평면도

(5) 방수압력은 어느 소화전에서도 0.7 MPa를 넘어서는 안 되기 때문에, 3층 이하의 소화전은 압력조정장치(오리피스)가 첨부되어 있는 것으로 한다.
(6) 소화전함 안의 노즐은, 조작하는 사람을 화재로부터 지키기 위해서 가변분무노즐로 한다(지자체에 따라서는 조례 등으로 의무를 부여하고 있는 곳이 있다).
(7) 옥상에 테스트밸브, 옥상의 옥탑에 소화용 고가수조(연결송수관과 겸용)를 설치한다.

[2] 연결송수관

방수구는 3층 이상의 각 층마다 1개소로서, 아래와 같이 설치한다.

(1) 수직관은 1 계통으로 하고, 1층에 벽매립형의 송수구를 설치한다.
(2) 3층 이상의 직통 계단실내에 방수구를 설치한다.
(3) 습식으로 하고, 옥상에 테스트밸브을 설치한다.
(4) 배관은 모두 압력관으로 한다.

그림 11.3에 소화설비계통도를 나타냈다.

11.1.8 설비 스페이스

수수조, 고가수조주위 등 법규로 정해진 공간을 확보하는 것 외에, 일상의 운전관리에서의 점검 · 보수시에 지장이 없도록 확보한다. 또 기기 본체를 갱신할 경우도 고려한다. 그림 11.6에 사무실층 화장실 평면도를, 그림 11.7에 수수조 · 펌프실 평면도를 나타내었다.

11.2 호텔

11.2.1 건물의 개요

시가지에 건설되는 지하 1층, 지상 10층, 옥탑 1층, 연면적 8,000 m^{2}의 비지니스용 호텔로, 각 층의 사용구분 및 바닥면적, 층고는 표 11.7에 나타낸 것과 같다. 공조용 냉열원으로는 냉방능력 703 kW의 직접흡수식 냉온수발생기가 사용된다.

표 11.7 설계 예의 건물용도, 바닥면적, 층 높이

층 수	용 도	바닥면적 [m²]	층 높이 [m]
지하 1층	기계실, 전기실 등	600	5.0
1층	프론트, 로비, 사무실 등 주방, 레스토랑	1,000	5.0
2～10층	객실 26실×9층=234실	700×9 =6,300	3.0
옥탑 1층	엘리베이터 기계실, 송풍기실	100	6.0

11.2.2 설비계획

호텔은 불특정 다수의 사람들이 이용하는 24시간 연중무휴의 건물이기 때문에, 주로 아래와 같은 점에 주의하면서 설비계획을 세운다.

(1) 불특정 다수의 사람들이 이용하는 건물이므로 안전성에 유의한다.
(2) 24시간 연속사용의 건물로서 고장시 혹은 유지보수시에, 전관의 기능이 정지하지 않도록 주요 기기는 복수 대수로 나누어 설치한다.
(3) 쾌적한 거주성을 확보하기 위해서 소음, 진동에 유의한다.
(4) 저공해, 에너지절약 관리화를 꾀한다.

설비방식으로는 급수설비는 고가수조 급수방식, 급탕설비는 가스사용 진공식 온수발생기와 저탕조에 의한 중앙급탕방식, 배수 통기설비는 오수・잡배수 합류식 루프통기방식으로 하고, 또 소화설비는 스프링클러설비・보조 살수전설비・연결송수관・불활성가스 소화설비・주방푸드용 간이 자동소화설비를 설치한다.

11.2.3 사용인원

이 건물의 사용인원을 표 11.8에 나타내었다.

표 11.8 인원 산정치[3)]

객실	234실	싱글(1인/실)×80실 트윈(2사람/실)×54실	288인
레스토랑	면적 200 m^2 1.2 m^2/인	동시 사용률 60% 회전률 6회/일	600인
종업원			60인

11.2.4 급수설비

[1] 급수계획

중층의 호텔이므로 높이에 의한 조닝은 하지 않고 1계통급수로 한다. 다만, 급수압력은 객실 부분에서 100 kPa 이상 350 kPa 이하, 퍼블릭 부분에서는 100 kPa 이상 500 kPa 이하가 되도록 고가수조의 설치 높이를 결정함과 함께, 급수압이 350 kPa를 넘는 2층 각 객실의 급수관에는 각각 감압밸브를 설치한다.

양수펌프의 실양정은 52 m로 한다.

[2] 급수 사용량

표 11.8에 의한 사용인원으로부터 급수 사용량을 산정하는 것 외에 공조용 냉각수의 보급수량을 가산한다. 냉각탑의 보급수량은, 냉각수 순환수량 4.9 L/(min.kW)의 2%로 하며, 공조운전시간을 20 h/일, 부하율 80%로서 계산한다. 표 11.9에 급수 사용량의 계산결과를 나타내었다.

[3] 수수조

1일 급수 사용량의 40%분(수도국의 지도에서는 40~60%가 많다)을 저수하는 것으로 하고, 청소, 보수, 점검시의 사용도 고려해 2기로 나눈 바닥 위 수조를 지하 1층에 설치한다.

수수조 용량

$$180\ m^3/일 \times 0.4 \times 1/2기 \fallingdotseq 36\ m^3(2기)$$

[4] 수도인입관

매시 평균급수량을 만족시키는 것으로서 인입관 유량을 13,987 L/h≒230 L/min로 하고, 유속을 1.5 m/s 이하로 억제하면 달시-바이스바하식에 의한 유량표로부터 스테인리스강관을 사용한 인입관의 구경은 60 Su로 한다.

표 11.9 호텔 급수량 산정[4)]

용 도	인원 [인]	단위급수량 [L/(인·일)]	1일급수사용량 [m^3/일]	소비 시간 [h/일]	매시평균 급수량 Q_A[L/h]	매시 최대급수량 Q_M[L/h]	피크 때 최대급수량 Q_P[L/min]	비 고
호텔 손님	288	250	72	10	7,200	14,400	360	$Q_M = 2Q_A$ $Q_p = 3Q_A$
레스토랑 이용객	600	60	36	12	3,000	6,000	150	$Q_M = 2Q_A$ $Q_p = 3Q_A$
종업원	60	80	4.8	10	480	960	24	$Q_M = 2Q_A$ $Q_p = 3Q_A$
냉각탑 보급수	703kW		66.1*	20	3,307	3,307	55	* 703 kW×4.9 L/(min·kW)×0.02×0.8×60 min/h×20 h/일
합 계			178.9		13,987	24,667	589	

[5] 고가수조

매시 평균급수량의 1시간분을 저수하는 것으로 한다. 고가수조는 청소, 보수, 점검시의 사용도 고려하여 옥상의 옥탑에 2기를 설치한다.

고가수조 용량

$$14\ m^3 = 7m^3 \times 2\text{기}$$

[6] 양수펌프

(a) 양수량

피크의 계속시간을 30 min, 펌프의 최단운전시간을 15 min로 하면, 고가수조의 용량은 14,000/일이므로

$$Q = \frac{589 \times 30 - 14,000}{30 - 15} = 245\ \mathrm{L/min}$$

(b) 양 정

H =[실고+배관마찰손실(실고의 20%)+토출속도수지]×1.1

= (52 m + 52 m × 0.2) × 1.1 ≒ 70 m(토출 속도수두는 무시했다)

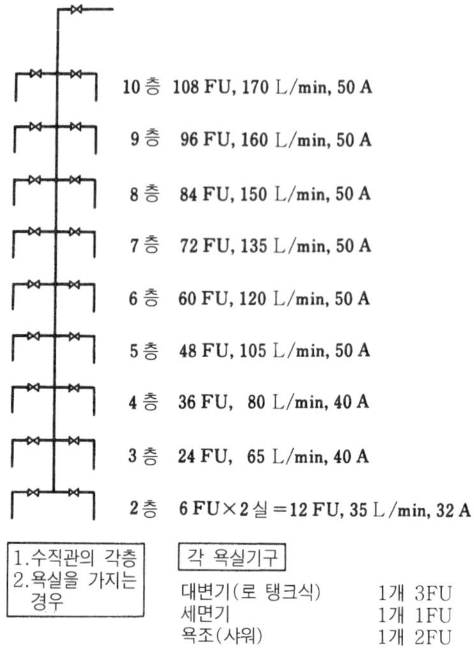

그림 11.8 급수 수직관의 관경

(c) 전동기 출력

펌프효율을 41%, 여유율을 10%로 하면

$$L_R = \frac{0.163 \times 0.245 \times 70 \times 1.1}{0.4} \fallingdotseq 7.5\ \text{kW}$$

따라서, 펌프 성능표로부터

65 mm × 245 L / min × 70 m × 7.5 kW × 2대
(자동교호운전)

[7] 급수관경

각 지관마다 각 수직관과 지관의 기구수, 기구급수부하단위(FU), 유량, 적정 유속을 정하여 관경을 결정한다. 본 예에서의 급수관지름 결정결과를 그림 11.8, 그림 11.9에 나타내었다. 각 객실 욕실내의 사용기구는 세면기 1 FU×1개소, 욕조(샤워기 부착) 2 FU×1개소, 로탱크식 대변기 3 FU×1 개소의 합계 6 FU이다.

각 층은 1 수직관에 대해서 2실로 분기하기 위해 6 FU×2실=12 FU/층이 된다. 이 누계가 2층에서 10층까지의 9층분으로 합계 108 FU가 되어, 헌터곡선으로부터 유량을 산정하면 170 L/min를 얻을 수 있다. 관내 적정유속을 $v = 1.5$ m/s 이하, 단위길이당의 압력손실을 0.6 kPa/m 이하로 하면, 경질염화비닐 라이닝강관을 사용한 급수관의 구경은 50 mm가 된다. 이 순서대로 반복하면 그림 11.9와 같은 건물 전체의 급수관지름이 결정된다.

11.2.5 급탕설비

[1] 급탕계획

본 사례에서는 각 객실, 1층 레스토랑방 및 1층 손님용 화장실에는 중앙급탕방식으로 하고, 또 후방 사무실의 탕비실, 싱크대 등은 국소식으로서 개별 전기온수기를 설치한다. 급탕용 열원으로는 가스용 진공식 온수발생기를 사용하고, 저탕조와 함께 지하 1층 기계실내에 설치한다. 진공식 온수발생기와 저탕조의 조합에 의해 보일러 및 압력용기의 규정적용 밖이 되기 때문에, 운전자격자가 불필요하고 또한 취급이 간편하므로, 본 예와 같은 규모의 건물에서는 장점이 되고 있다. 특히 진공식 온수발생기, 저탕조 등의 주요 기기는 고장 및 보수・점검시의 사용도 고려해 2대씩 설치한다.

그림 11.10에 급탕설비의 계통도를 나타내었다. 급탕압력의 변동을 막기 위해서, 저탕조의 보급수관은 고가수조의 주관으로부터 분기하고 단독배관으로 한다. 퍼블릭 계통의 급탕주관은 저탕조부분의 급탕주관으로부터 분기한다. 또한 급수관과 마찬가지로 급탕압이 350 kPa를 넘는 2층 각 객실의 급탕관에는 각 실마다 감압밸브를 설치한다.

중앙급탕방식의 설계온도는 급탕 60℃, 급수 5℃로서 계산하고, 주방에서 좀 더 높은 온도가 필요한 기구에는 각각 부스터 히터를 설치하여 재가열한다. 급탕량과 각 기기를 선정할 때는 3장의 수치를 기초로 산정한다.

[2] 급탕 사용량

3장의 표 3.5에 나타낸 설계용 급탕량과, 표 11.8에 의한 사용인원으로부터 급탕 사용량을 산정하면 아래와 같이 된다. 다만 종업원의 급탕량은 사무소의 급탕량과 동일하다고 본다.

숙박객

$$288\text{명} \times 150\ \text{L}/(\text{인} \cdot \text{일}) = 43,200\ \text{L}/\text{일}$$

레스토랑손님

$$200\ \text{m}^2 \times 40\ \text{L}/\text{m}^2 = 8,000\ \text{L}/\text{일}$$

종업원

$$60\text{명} \times 10\ \text{L}/(\text{인} \cdot \text{일}) = 600\ \text{L}/\text{일}$$

1일당 급탕량 51,800 L/일

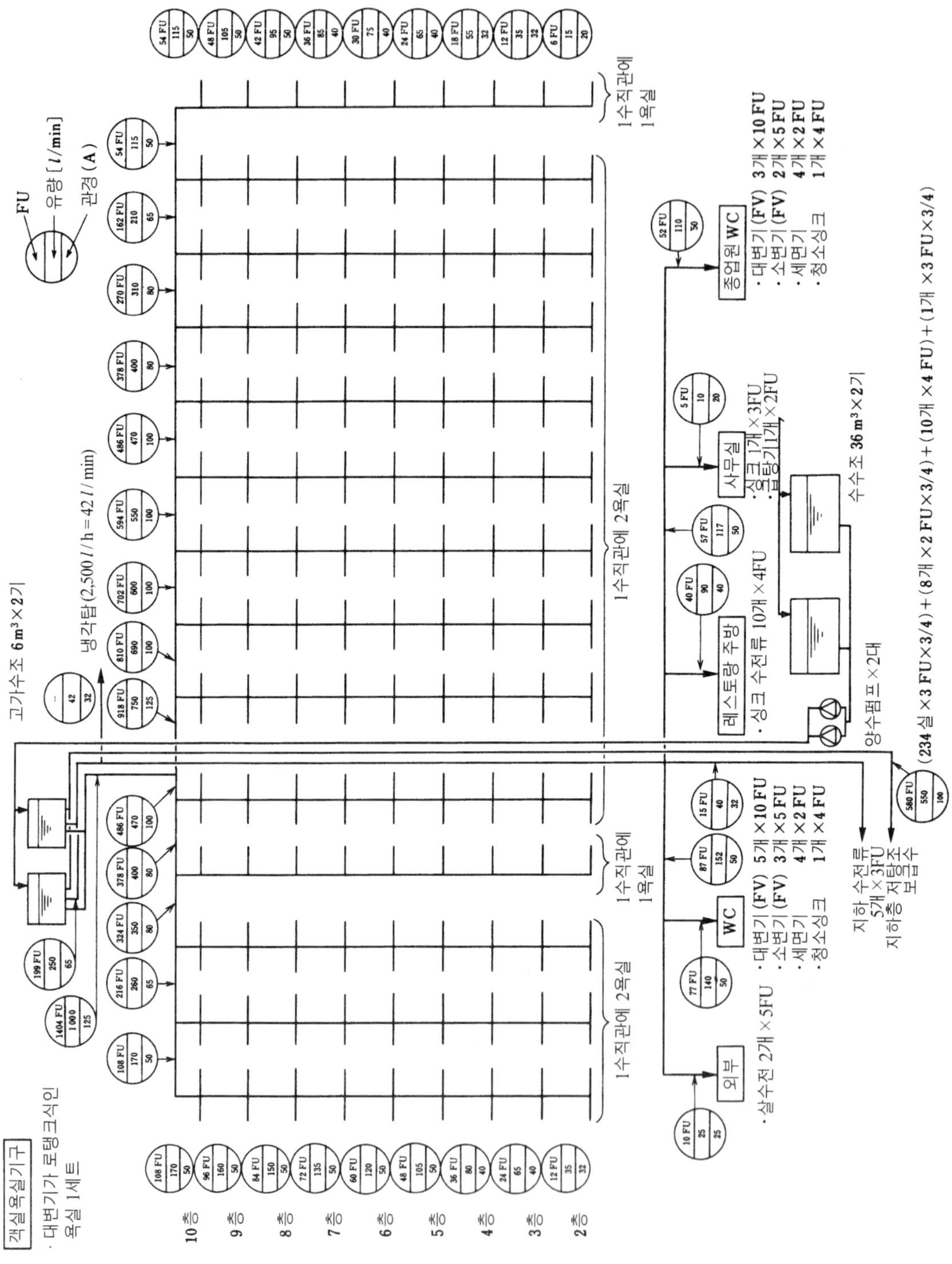

그림 11.9 급수계통도 및 급수관경

[3] 저탕조 용량

마찬가지로 시간최대급탕량을 산출하면

숙박객

$$288\text{명} \times 20\ \mathrm{L/(h \cdot 인)} = 5,760\ \mathrm{L/h}$$

레스토랑손님

$$200\ \mathrm{m}^2 \times 10\ \mathrm{L/(m^2 \cdot 인)} = 2,000\ \mathrm{L/일}$$

종업원

$$60\text{명} \times 1.5\ \mathrm{L/(h \cdot 인)} = 90\ \mathrm{L/일}$$

시간최대급탕량　　7,850 L / h

2기 설치하는 것으로 하면

$$7,850\ \mathrm{L/h} \times \mathrm{L}/2 \fallingdotseq 4,000\ \mathrm{L/기}$$

저탕조의 유효 저수량을 70%로 하면

$$4,000\ \mathrm{L} \times 1/0.7 \fallingdotseq 5,700\ \mathrm{L}$$

따라서, 5,700 L × 2기로 한다.

[4] 가열능력

급탕온도 60℃, 급수온도 5℃, 허용최저탕온 55℃, 시간최대급탕량의 계속시간을 2시간, 시간최대급탕량을 저탕조의 유효저탕량으로 하면 3장의 식 (3.3)으로부터

$$1.163(60 - 55) \times 7850 + 2H \geq 1.163 \times \left(\frac{60 + 55}{2} - 5\right) \times 7850 \times 2$$

$45,648 + 2H \geq 958,603$이 되어

$$H \geq \frac{958,603 - 45,648}{2}$$

$$\fallingdotseq 456 \times 10^3 = 456\ \mathrm{kW}$$

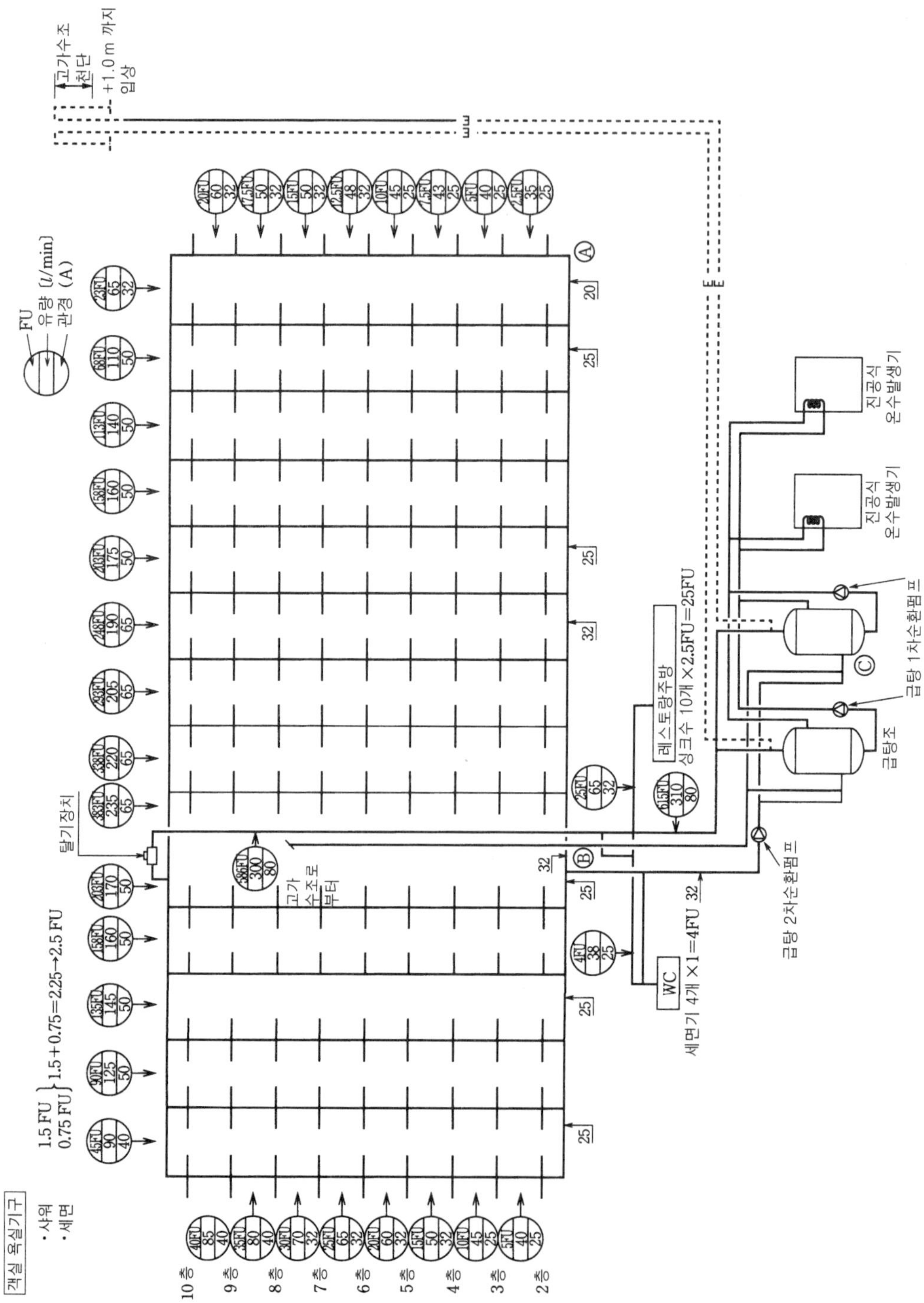

그림 11.10 급탕계통도 및 관경

진공식 온수발생기는 2기 설치하며, 가열코일의 스케일 부착 등에 의한 능력저하를 예상해서 10%의 여유를 보면, 1기당의 가열능력은 $456\ \text{kW} \times 1.1 \times 1/2 = 251 \rightarrow 260\ \text{kW}$/기로 한다.

[5] 급탕배관지름

작성한 배관계통도를 기초로, 3장의 표 3.7 및 그림 3.2를 사용해 급탕단위법에 의해 유속을 1.5 m/s이하로 제한하여, 배관지름을 결정한 결과를 그림 11.10에 나타내었다.

반탕관의 관경은 표 3.15에 의해 가결정 하였다.

[6] 급탕 1차 순환펌프

저탕조의 가열용 급탕 1차 순환펌프는 진공식 온수발생기별로 1대를 설치하는 것으로 하면, 순환수량은 가열코일 입구온도 20℃, 출구온도 60℃로 하여

$$\frac{456,000\ \text{W} \times 1/2}{4,186(60-20)} \times 60 \fallingdotseq 82\ \text{L/min}$$

펌프의 양정은 저탕조와 진공식 온수발생기와의 사이의 순환배관길이를 50 m, 이음쇠 · 밸브류의 상당관길이를 직관의 50%, 배관의 허용마찰손실수두를 30 mm/m로 하면 순환배관의 마찰손실수두는

$$(50 \times 1.5)\text{m} \times 30\ \text{mm/m} = 2.25\ \text{m}$$

진공식 온수발생기 가열코일의 마찰손실수두는 카탈로그로부터 2.0 m가 되며, 펌프의 양정은

$$2.25 + 2.0 = 4.25 \rightarrow 5\ \text{m}$$

가 되어, 급탕 1차 펌프는 $25\ \text{mm} \times 82\ \text{L/min} \times 5\ \text{m} \times 0.15\ \text{kW} \times 2$대로 한다.

[7] 급탕 2차 순환펌프

배관에는 동관을 사용하고, 급탕온도 60℃, 순환에 의한 탕온의 저하를 5℃ 이내로 억제하는 것으로 순환량을 산출한다. 급탕순환계의 배관총연장을 700 m, 배관주위온도를 25℃, 급탕 · 반탕배관의 평균관경을 40 mm로 하면 3장의 표 3.16에 의해 보온된 동관 50 mm의 단위길이당 손실열량은 0.44 W/(m · ℃) 이므로 기기 · 밸브류로부터의 열손실을 배관의 30%로 하면,

$$700\ \text{m} \times 0.44\ \text{W/(m}\cdot{}^\circ\text{C)} \times (60-25) \times 1.3 = 14,014\ \text{W}$$

그리고 순환수량은 식 (3.10)에 의해

$$\frac{0.0143 \times 14014}{5} \fallingdotseq 40 \text{ L / min}$$

이 된다.

펌프의 양정을 산정하는 경우, 상기 순환수량에 대해 급탕주관의 관경은 충분히 크기 때문에 급탕주관의 마찰손실은 무시할 수 있다. 그러므로 반탕관의 손실만을 고려하면 된다.

또한 마찰손실수두는 가결정한 반탕관 A～B 사이에 순환량의 50%가 흐르는 것으로 하여도 관경 32A에 대해

$$40 \text{ L / min} \times 0.5 = 20 \text{ L / min}$$

따라서 동관유량선도로부터 8 mmAq/m 이 된다. 반탕관의 A～C사이의 반탕관길이는 100 m(그림 11.10), 이음쇠・밸브의 상당관길이를 직관의 30%로 보면,

$$(100 \text{ m} \times 1.3) \times 0.008 \text{ m/m} = 1.35 \text{ m} \fallingdotseq 1.5 \text{ m}$$

가 되며, 펌프는 카탈로그에 의해

캔트라인펌프

$$200 \text{ mm} \times 40 \text{ L / min} \times 2 \text{ m} \times 40 \text{ W}$$

로 한다.

11.2.6 배수통기설비

[1] 배수계획

오수 및 잡배수는 건물내 합류식으로 하고, 객실배수, 주방배수, 그 밖의 일반배수의 3계통으로 나누어 계획한다. 일반배수는 가장 가까운 하수본관에 직접 방류하고, 주방배수는 지하 1층에 설치한 주방 제해시설을 거쳐 하수본관으로 방류한다. 1층의 배수는 방류선인 하수본관의 매설깊이에 따라 자연구배에 의한 방류의 가부를 결정하지만, 본 사례에서는 1층 및 지하층의 배수는 지하 1층바닥 밑의 배수조에 일단 저류한 후 배수펌프로 배수한다. 배수펌프 등의 주요한 기기는 고장 및 보수・점검시의 사용도 고려하여 2대씩 설치한다. 그림 11.11에 배수통기설비의 계통도를 나타내었다.

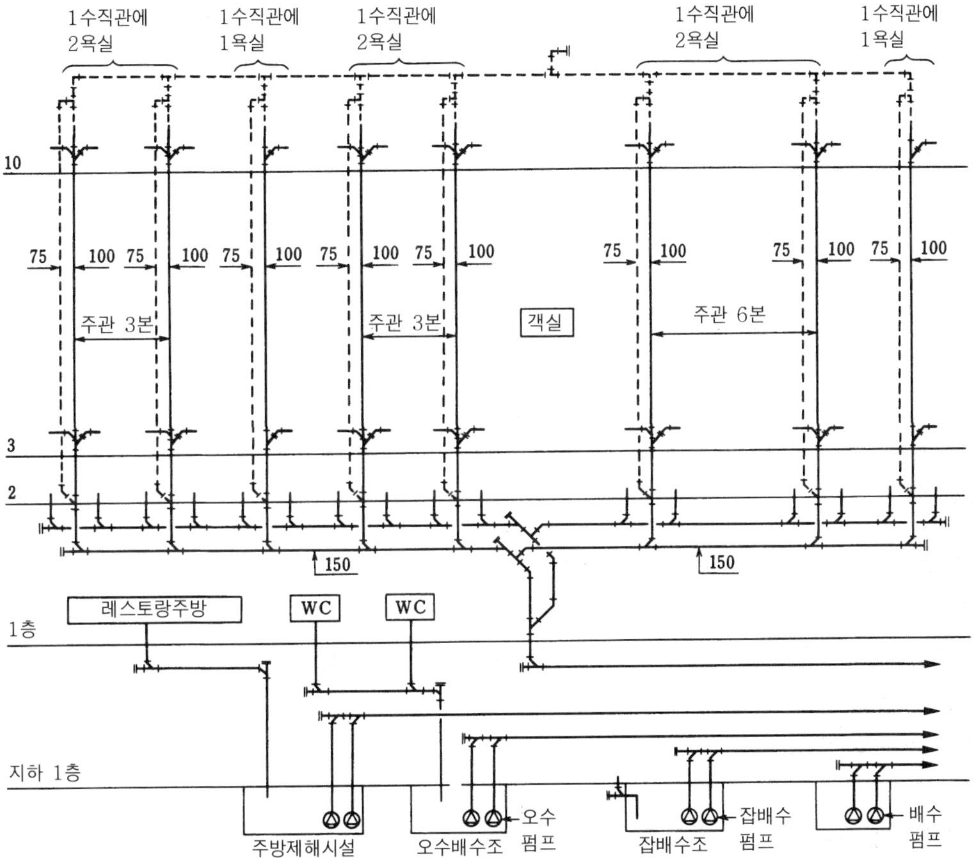

그림 11.11 배수·통기설비 계통도

[2] 배수관경

수직관, 지관, 수평주관별로 기구수에 의한 기구배수부하단위(DFU)의 합계를 구하고, 배수수평지관, 수직관, 수평주관의 순으로 배수단위를 누계하여, 배수관경을 결정한다. 예를들면, 1 수직관에 객실 2(1)실분의 배수가 접속되는 수직관에서는 배수부하단위가 6 DFU/실×2(1)실/층×8층=96(48) DFU가 되어, 4장의 표 4.15 허용배수부하표로부터 수직관의 관경은 100 mm(48 DFU에서는 75 mm가 되지만 안전을 고려하여 100 mm로 한다.) 로 한다. 또한, 상기의 수직관을 7개(1 수직관 2 욕실/층 6개, 1 수직관 1욕실/층 1개) 담당 배수수평주관은 배수부하단위가 96 DFU/수직관×6수직관+48 DFU/수직관×1수직관=624 DFU가 되며, 마찬가지로 4장의 표 4.16 배수수평주관 허용배수부하표로부터, 배관 구배를 1/100으로 하면 수평주관의 관경은 150 mm가 된다.

객실의 최하층인 2층 객실의 배수는, 3층 이상 층의 대량 배수시에서의 압력변동에 의해 트랩봉수의 토출 등을 방지하기 위해서, 객실 배수 수직관에는 직접 접속하지 않고, 1층 천정 내에서 2층 배수계통을 단독으로 수평배관해서 1층 수직관에서 합류한다.

[3] 통기관경

배수부하단위와 통기관길이 및 배수관지름에 의해, 4장의 표 4.21 통기관의 관경표로부터 관경을 결정한다. 예를 들어, 1수직관에 객실 2실분의 배수가 접속되는 수직관의 통기수직관은, 배관길이가 32 m, 배수부하단위 96(48) DFU, 배수수직관의 관경 100 mm인 것으로부터, 표 4.21로부터 통기수직관의 관경은 75(75) mm가 된다.

지하에 설치한 각 배수조의 통기관은, 각각 단독으로 옥외에 개방한다.

[4] 주방배수

주방배수는 단독 배관으로 지하 1층 주방 제해시설에 유입시켜, 배수중의 유지분을 제거한 후에 배수한다. 주방배수량은 급수 사용량 계산에서의 레스토랑 이용객 사용수량(30 m^3/일)과 마찬가지로 하고, 주방 제해시설의 능력은 여유를 두어 40 m^3/일로 한다. 주방배수에서는, 수용화한 기름이 관벽에 부착되어 막히기 쉬우므로, 요소에 그리스포집기나 청소구를 설치함과 동시에 배관지름, 배관구배에 여유를 갖도록 한다.

[5] 배수조 · 배수펌프

지하 1층의 바닥밑에 1층 및 지하 1층의 화장실 오수용 오수조, 지하 1층 기계실의 바닥배수 및 기기로부터의 배수용 잡배수조, 지하벽으로부터의 용수용의 용수 배수조를 설치한다. 배수조의 용량은 식 (4.9)를 사용하는 것으로 하면, $Q_d / T \cdot K_i$가 시간최대배수량이고, K_2를 1로서 1시간분으로 한다. 배수펌프는 10분간에 그 용량을 배출하는 것으로 한다. 예를 들어, 오수량은 기구수로부터 4장을 기초로 시간최대오수량을 산정한다.

대변기	13 L/개×8개×12회/h=	1,248 L/h
소변기	6 L/개×5개×20회/h=	600 L/h
세면기	8 L/개×8개×12회/h=	768 L/h
청소싱크	40 L/개×2개× 6회/h=	480 L/h
탕비싱크	50 L/개×1개× 6회/h=	300 L/h
합 계	=	3,396 L/h

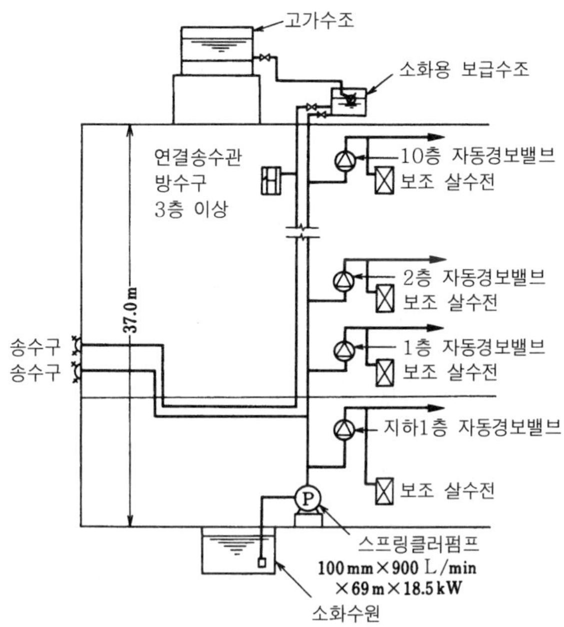

그림 11.12 소화설비의 계통도

오수배수펌프는 고형물의 배출을 고려해 구경 80A 이상으로 한다. 오수배수조의 용량은 3,396 L ≒ 3.4 m^3이 되며, 오수배수펌프의 용량은 3,400 L/10 min = 340 L/min가 된다. 오수배수펌프는 배수조내에서 부패에 의한 악취가 발생하기 때문에, 수위에 의한 운전 이외에도 타이머에 의한 운전 제어를 한다.

11.2.7 소화설비

[1] 소화설비 계획

소방법을 기초로 건물전체에 표준형 헤드를 사용하는 습식 스프링클러 소화설비를 설치하고, 열원 기계실, 자가 발전기실, 전기실에는 불활성가스 소화설비를 설치한다. 스프링클러 및 불활성가스 소화설비로 경계하고 있지 않은 화장실, 계단, 엘리베이터 샤프트, 덕트·배관·배선용 수직샤프트 등을 경계하기 위해서, 스프링클러 소화설비의 배관에 접속하는 보조 살수전을 설치한다. 또한 주방에는 스프링클러 소화설비와 병설하여, 간이자동 소화설비인 덕트·후드 소화설비를 기름연기가 올라올 우려가 있는 주방기구 부분에 설치한다. 연결송수관은 3층 이상의 각 층에 방수구를 1개소 설치하고, 옥외에 송수구를 설치한다.

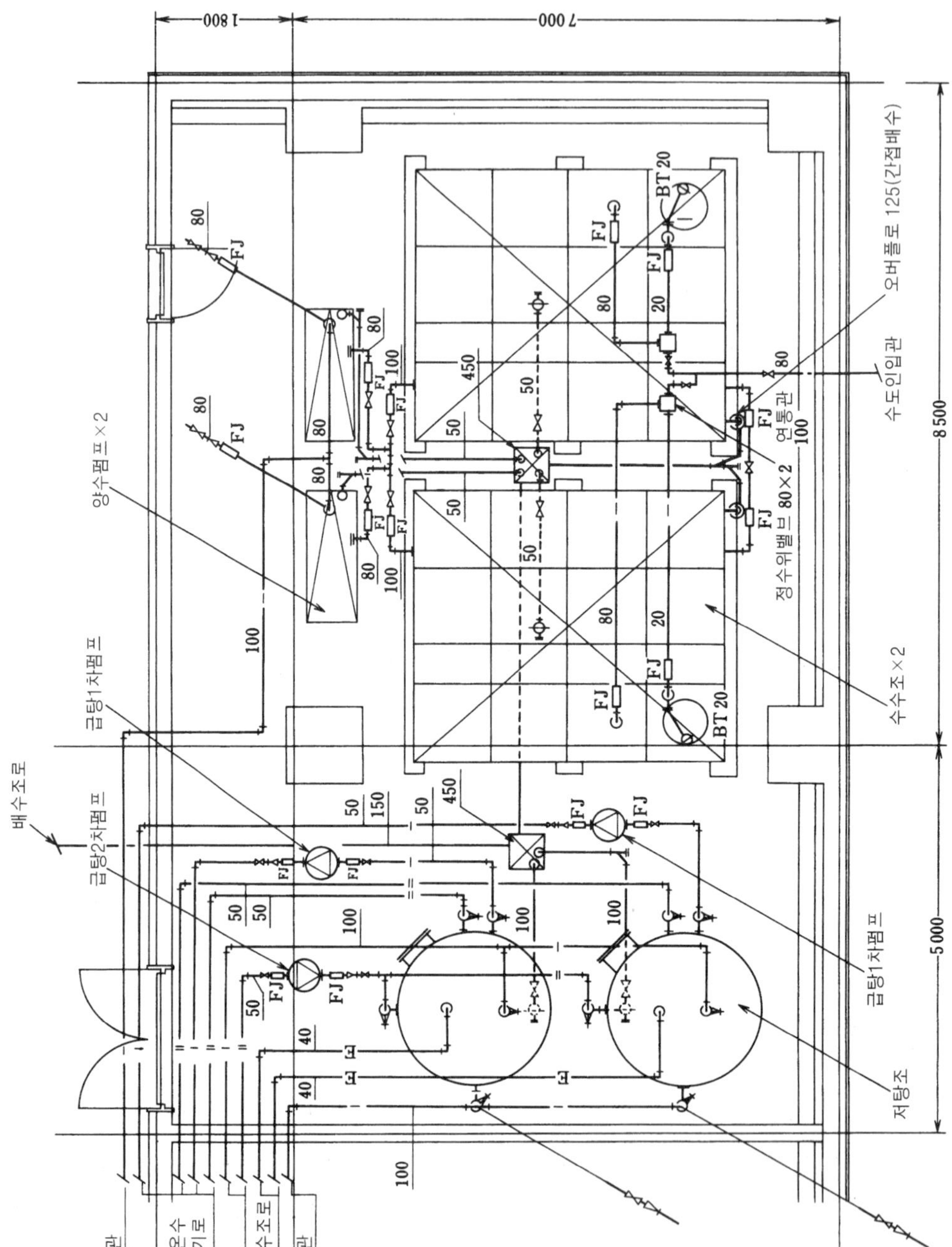

그림 11.13 위생설비 기기실 평면도

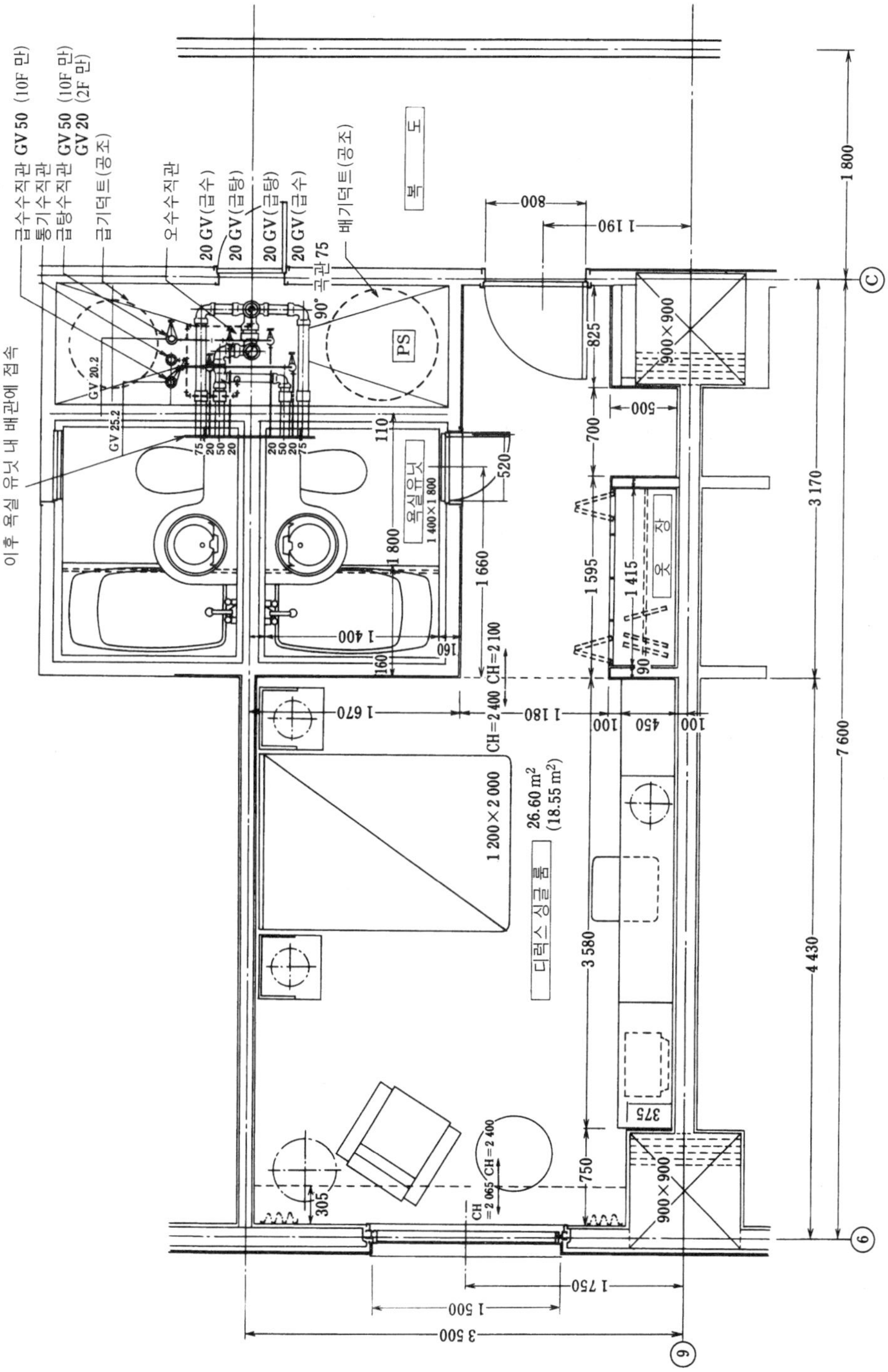

그림 11.14 호텔객실 배관 평면도

[2] 스프링클러 펌프

스프링클러 펌프의 수량은 규정에 의해, 동시개구수가 10개이기 때문에, 10개×90 L/min=900 L/min가 된다. 펌프의 양정은 실고 39 m, 배관마찰손실 50%로 하면 39 m×0.5≒20 m, 헤드의 방수압 10 m를 가산하면, 펌프의 필요양정은 39 m+20 m+10 m=69 m가 되어, 스프링클러 펌프는 100 mm×900 L/min×69 m×37.5 kW로 한다.

11.2.8 설비 스페이스

호텔의 설비 스페이스로서 그림 11.13에 지하 1층 수수조・펌프・저탕조 기계실의 평면도를, 그림 11.14에 호텔 객실의 욕실(unit bath)과 파이프 샤프트 부분의 평면도를 나타내었다.

참고문헌

1) 일본쇼핑센터협회 : 쇼핑센터 년감 77, p. 123, 일본쇼핑센터
2) 공기조화・위생공학회편 : 공기조화・위생공학편람, 제10판, 제III권(1981) p. 103, 공기조화・위생공학회
3) 공기조화・위생공학회편 : 공기조화・위생공학편람, 제11판, 제III권(1987) p. 632, 공기조화・위생공학회
4) 공기조화・위생공학회편 : 공기조화・위생공학편람, 제11판, 제III권(1987) p. 633, 공기조화・위생공학회

찾아보기

급배수위생설비 계획·설계

초판 1쇄 인쇄 2006년 1월 3일
초판 1쇄 발행 2006년 1월 10일

저　자 空気調和·衛生工学会
역　자 유성종·문경환·채경희
발행인 정우용
발행처 圖書出版 東和技術
Tel (02)2236-8121~6
Fax (02)2236-6301~2
E-mail donghwae@kornet.net
http://www.donghwapub.co.kr
(등록) 1977년 12월 19일/ 9-16호

Printed in Korea
ISBN 89-425-1015-9

정가 20,000원